中国国家标准汇编

2008年修订-64

中国标准出版社 编

中国标准出版社
北 京

图书在版编目（CIP）数据

中国国家标准汇编：2008年修订．64/中国标准出版社编．—北京：中国标准出版社，2009

ISBN 978-7-5066-5505-7

Ⅰ．中…　Ⅱ．中…　Ⅲ．国家标准-汇编-中国-2008　Ⅳ．T-652.1

中国版本图书馆CIP数据核字（2009）第185573号

中国标准出版社出版发行
北京复兴门外三里河北街16号
邮政编码：100045
网址 www.spc.net.cn
电话：68523946　68517548
中国标准出版社秦皇岛印刷厂印刷
各地新华书店经销

*

开本 880×1230　1/16　印张 39.5　字数 1 156　千字
2009年12月第一版　2009年12月第一次印刷

*

定价 200.00 元

ISBN 978-7-5066-5505-7

出 版 说 明

1.《中国国家标准汇编》是一部大型综合性国家标准全集。自1983年起，按国家标准顺序号以精装本、平装本两种装帧形式陆续分册汇编出版。它在一定程度上反映了我国建国以来标准化事业发展的基本情况和主要成就，是各级标准化管理机构，工矿企事业单位，农林牧副渔系统，科研、设计、教学等部门必不可少的工具书。

2.《中国国家标准汇编》收入我国每年正式发布的全部国家标准，分为"制定"卷和"修订"卷两种编辑版本。

"制定"卷收入上年度我国发布的、新制定的国家标准，顺延前年度标准编号分成若干分册，封面和书脊上注明"20××年制定"字样及分册号，分册号一直连续。各分册中的标准是按照标准编号顺序连续排列的，如有标准顺序号缺号的，除特殊情况注明外，暂为空号。

"修订"卷收入上年度我国发布的、被修订的国家标准，视篇幅分设若干分册，但与"制定"卷分册号无关联，仅在封面和书脊上注明"20××年修订-1,-2,-3,……"字样。"修订"卷各分册中的标准，仍按标准编号顺序排列(但不连续)；如有遗漏的，均在当年最后一分册中补齐。需提请读者注意的是，个别非顺延前年度标准编号的新制定的国家标准没有收入在"制定"卷中，而是收入在"修订"卷中。

读者配套购买《中国国家标准汇编》"制定"卷和"修订"卷则可收齐上一年度我国制定和修订的全部国家标准。

3. 由于读者需求的变化，自1996年起，《中国国家标准汇编》仅出版精装本。

4. 2008年制修订国家标准共5946项。本分册为"2008年修订-64"，收入新制修订的国家标准54项。

中国标准出版社
2009年10月

目　录

ICS 77.140.01
H 40

中华人民共和国国家标准

GB/T 13304.1—2008
部分代替 GB/T 13304—1991

钢分类 第1部分 按化学成分分类

Steels classification—
Part 1: Classification of according to chemical composition

(ISO 4948-1:1982, MOD)

2008-08-05 发布 2009-04-01 实施

中华人民共和国国家质量监督检验检疫总局
中国国家标准化管理委员会 发布

前 言

GB/T 13304《钢分类》分为如下 2 部分：

——第 1 部分 按钢的化学成分分类；

——第 2 部分 按主要质量等级和主要性能或使用特性的分类。

本部分为 GB/T 13304《钢分类》的第 1 部分。

本部分修改采用 ISO 4948-1：1982《钢分类 第 1 部分：按化学成分分为非合金钢和合金钢》。

本部分与 ISO 4948-1：1982 的主要差别如下：

——根据国内实际情况，增加了低合金钢及分类的基本原则；

——对第 3 章作了编辑性修改，并增加了有效位数的规定；

——修改了 B、Cu、Mn、Mo、Nb、V 及 La 等元素非合金钢规定含量的界限值；

——修改了 B、Cu、Mn、Mo、Ni、Si、Ti、V 及 Zr 等元素合金钢规定含量的界限值；

——将表 1 作为附录表 A.1。

为了便于比较，这些技术性差异用垂直单线标识在它们所涉及的条款的页边空白处。

本部分代替 GB/T 13304—1991《钢分类》中的第一部分。

本部分与 GB/T 13304—1991 中第一部分相比主要变化如下：

——对第 3 章作编辑性修改(见第 3 章)；

——原 3.1.2.1 增加举例说明(1991 年版 3.1.2.1，本版 3.2.2)；

——表 1 中增加“因为海关关税的目的而区分非合金钢、低合金钢和合金钢时，除非合同或订单中另有协商，表中 Bi、Pb、Se、Te、La 系和其他规定元素(S、P、C 和 N 除外)的规定界限值可不予考虑。”(见表 1)；

——增加了“ISO 4948-1 标准非合金钢与合金钢中元素的界限值”(见附录 A)。

本部分附录 A 为资料性附录。

本部分由中国钢铁工业协会提出。

本部分由全国钢标准化技术委员会归口。

本部分起草单位：冶金工业信息标准研究院、首钢总公司。

本部分主要起草人：栾燕、戴强、王丽萍、刘宝石。

本部分于 1991 年 12 月首次发布。

钢分类　第1部分
按化学成分分类

1　范围

本部分规定了按照化学成分对钢进行分类的基本准则，并规定了非合金钢、低合金钢与合金钢中合金元素含量的基本界限值。

本部分适用于按照化学成分对钢进行分类。

2　术语及定义

本部分采用下列术语及定义。

2.1

钢　steel

以铁为主要元素、含碳量一般在2%以下，并含有其他元素的材料。

注：在铬钢中含碳量可能大于2%，但2%通常是钢和铸铁的分界线。

3　分类

钢按化学成分分类：

a)　非合金钢；

b)　低合金钢；

c)　合金钢。

3.1　基本原则

3.1.1　当标准、技术条件或订货单对钢的熔炼分析化学成分规定最小值或范围时，应以最小值作为规定含量进行分类。

3.1.2　当标准、技术条件或订货单对钢的熔炼分析化学成分规定最大值时，应以最大值的0.7倍作为规定含量进行分类。

3.1.3　在没有标准、技术条件或订货合同规定钢的化学成分时，应按生产厂报出的熔炼分析值作为规定含量进行分类；在特殊情况下，只有钢的成品分析值时，可按成品分析值作为规定含量进行分类，但当处在两类临界情况下，要考虑化学成分允许偏差的影响，对钢的原来预定的类别应准确地予以证明。

3.1.4　标准、技术条件或订货单中规定的或在钢中实际存在的不作为合金化元素有意加入钢中的残余元素含量，不应作为规定含量对钢进行分类。

3.1.5　对每一种合金元素，规定的、计算的或实际的熔炼分析值（以质量分数表示），均应表示到与表1所示界限值的小数点相同位数。

3.2　分类方法

3.2.1　表1中所列的任一元素，按3.1确定的每个元素规定含量的质量分数，处于表1中所列非合金钢、低合金钢或合金钢相应元素的界限值范围内时，这些钢分别为非合金钢、低合金钢或合金钢。

3.2.2　当Cr、Cu、Mo、Ni四种元素，有其中两种、三种或四种元素同时规定在钢中时，对于低合金钢，应同时考虑这些元素中每种元素的规定含量；所有这些元素的规定含量总和，应不大于表1中规定的两种、三种或四种元素中每种元素最高界限值总和的70%。如果这些元素的规定含量总和大于表1中规定的元素中每种元素最高界限值总和的70%，即使这些元素每种元素的规定含量低于规定的最高界限值，也应划入合金钢。

示例：

某一产品标准中规定某一牌号的熔炼分析化学成分（质量分数）分别为：Cr：0.40%～0.49%、Ni：0.40%～0.49%、Mo：0.05%～0.08%、Cu：0.35%～0.45%；其余为残余元素。

首先，该牌号Cr、Ni、Mo、Cu四种元素的"规定含量（质量分数）"分别为：Cr 0.40%、Ni 0.40%、Mo 0.05%、Cu 0.35%，均在表1规定的"低合金钢"范围内，应划为低合金钢。

其次，按照Cr、Ni、Mo、Cu"规定含量总和"与"每种元素最高界限值总和的70%"比较（以质量分数表示）。

该牌号Cr、Ni、Mo、Cu"规定含量总和"为：

0.40% + 0.40% + 0.05% + 0.35% = 1.20%

表1中低合金钢Cr、Ni、Mo、Cu"最高界限值总和的70%"为：

(0.50% + 0.50% + 0.10% + 0.50%)×70% = 1.12%

显然，Cr、Ni、Mo、Cu四种元素的"规定含量总和"(1.20%)大于该四种元素"最高界限值总和的70%"(1.12%)。从这方面讲，该牌号已超出"低合金钢"的规定范围，应列入"合金钢"。

3.2.3 本部分3.2.2的原则也适用于Nb、Ti、V、Zr四种元素。

表1 非合金钢、低合金钢和合金钢合金元素规定含量界限值

合金元素	合金元素规定含量界限值(质量分数)/%		
	非合金钢	低合金钢	合金钢
Al	<0.10	—	≥0.10
B	<0.000 5	—	≥0.000 5
Bi	<0.10	—	≥0.10
Cr	<0.30	0.30～<0.50	≥0.50
Co	<0.10	—	≥0.10
Cu	<0.10	0.10～<0.50	≥0.50
Mn	<1.00	1.00～<1.40	≥1.40
Mo	<0.05	0.05～<0.10	≥0.10
Ni	<0.30	0.30～<0.50	≥0.50
Nb	<0.02	0.02～<0.06	≥0.06
Pb	<0.40	—	≥0.40
Se	<0.10	—	≥0.10
Si	<0.50	0.50～<0.90	≥0.90
Te	<0.10	—	≥0.10
Ti	<0.05	0.05～<0.13	≥0.13
W	<0.10	—	≥0.10
V	<0.04	0.04～<0.12	≥0.12
Zr	<0.05	0.05～<0.12	≥0.12
La系(每一种元素)	<0.02	0.02～<0.05	≥0.05
其他规定元素(S、P、C、N除外)	<0.05	—	≥0.05

因为海关关税的目的而区分非合金钢、低合金钢和合金钢时，除非合同或订单中另有协议，表中Bi、Pb、Se、Te、La系和其他规定元素（S、P、C和N除外）的规定界限值可不予考虑。

注1：La系元素含量，也可作为混合稀土含量总量。

注2：表中"—"表示不规定，不作为划分依据。

附 录 A
（资料性附录）
ISO 4948-1 标准非合金钢与合金钢中元素规定含量的界限值

A.1 ISO 4948-1 标准非合金钢与合金钢中元素的界限值见表 A.1。

表 A.1 非合金钢与合金钢中元素规定含量的界限值

合金元素	界限值(质量分数)/%
Al	0.10
B	0.000 8
Bi	0.10
Cr	0.30
Co	0.10
Cu	0.40
Mn	1.65[a]
Mo	0.08
Ni	0.30
Nb	0.06
Pb	0.40
Se	0.10
Si	0.50
Te	0.10
Ti	0.05
W	0.10
V	0.10
Zr	0.05
La 系(每一种元素)	0.05
其他规定元素(S、P、C、N 除外)	0.05

因为海关关税的目的而区分非合金钢、低合金钢和合金钢时，除非合同或订单中另有协商，表中 Bi、Pb、Se、Te、La 系和其他规定元素(S、P、C 和 N 除外)的规定界限值可不予考虑。

[a] 如果钢中锰含量仅规定最大值时，分类的界限值应为 1.80%。

ICS 77.140.01
H 40

中华人民共和国国家标准

GB/T 13304.2—2008
部分代替 GB/T 13304—1991

钢分类 第2部分:按主要质量等级和主要性能或使用特性的分类

Steels classification—Part 2:Classification of according to main quality classes and main property or application characteristics

(ISO 4948-2:1981,MOD)

2008-08-05 发布

2009-04-01 实施

中华人民共和国国家质量监督检验检疫总局
中国国家标准化管理委员会 发布

前　言

GB/T 13304《钢分类》分为如下2部分：

——第1部分：按化学成分分类；

——第2部分：按主要质量等级和主要性能或使用特性的分类。

本部分为GB/T 13304《钢分类》的第2部分。

本部分修改采用ISO 4948-2:1981《钢　分类　第2部分：非合金钢和合金钢按主要质量级别和主要性能或使用特性的分类》。

本部分根据ISO 4948-2:1981重新起草。为了方便比较，在资料性附录B中列出了本标准条款和ISO 4948-2:1981标准条款的对照一览表。

本部分代替GB/T 13304—1991《钢分类》中的第二部分。

本部分与GB/T 13304—1991中的第二部分相比主要变化如下：

——将“规范性引用文件”中的标准作为附录A(1991年版第2章，本版附录A)；

——增加“术语及定义”(见第3章)；

——钢分类按“概述”、“定义”和“举例”编写(1991年版第3、4、5章，本版第4、5、6章)；

——更新并补充了规范性引用文件(见第2章)；

——更新、删除、增补了钢分类的举例(见表1、表2、表3)；

——删除了钢分类举例，改为引用表1、表2和表3(1991年版3.1.1.2、3.1.2.2、3.1.3.2、4.1.1.2、4.1.2.2、4.1.3.2、5.1.2.2)；

——“普通质量非合金钢”和“普通质量低合金钢”定义中“硫或磷含量最高值”由大于0.045%调整为0.040%(1991年版3.1.1.1c)和4.1.1.1c)，本版4.1.1.2c)和5.1.1.2c))；

——“特殊质量低合金钢”定义中增加了f)～g)要求(1991年版4.1.3.1，本版5.1.3.2)；

——“优质合金钢”定义中修改了a)、c)、e)规定，增加g)规定(1991年版5.1.3.2，本版6.1.1.2)；

——增加了“按主要性能及使用特性分类”的准则(见4.2.1、5.2.1、6.2.1)；

——增加了本部分与ISO 4948-2:1981标准的技术性差异及其原因(见附录B)。

本部分附录A为规范性附录，附录B为资料性附录。

本部分由中国钢铁工业协会提出。

本部分由全国钢标准化技术委员会归口。

本部分起草单位：冶金工业信息标准研究院、首钢总公司。

本部分主要起草人：栾燕、王丽萍、戴强、刘宝石。

本部分所代替标准的历次版本发布情况为：

——GB/T 13304—1991。

钢分类　第2部分：按主要质量等级和主要性能或使用特性的分类

1　范围

本部分规定了非合金钢、低合金钢和合金钢按主要质量等级和主要性能或使用特性分类的基本原则和要求。

本部分适用于按主要质量等级和主要性能或使用特性对非合金钢、低合金钢和合金钢进行分类。

2　规范性引用文件

下列文件中的条款通过GB/T 13304的本部分的引用而成为本部分的条款。凡是注日期的引用文件，其随后所有的修改单(不包括勘误的内容)或修订版均不适用于本部分，然而，鼓励根据本部分达成协议的各方研究是否可使用这些文件的最新版本。凡是不注日期的引用文件，其最新版本适用于本部分。

见附录A。

3　术语及定义

GB/T 13304.1确立的术语及定义适用于本部分。

4　非合金钢的主要分类

非合金钢的主要分类如下：

a)　按钢的主要质量等级分类(见4.1)；

b)　按钢的主要性能或使用特性分类(见4.2)。

4.1　按主要质量等级分类

非合金钢按主要质量等级可分为：

a)　普通质量非合金钢(见4.1.1)；

b)　优质非合金钢(见4.1.2)；

c)　特殊质量非合金钢(见4.1.3)。

4.1.1　普通质量非合金钢

4.1.1.1　概述

普通质量非合金钢是指生产过程中不规定需要特别控制质量要求的钢。

4.1.1.2　定义

同时满足下列四种条件的钢为普通质量非合金钢。

a)　钢为非合金化的(符合本标准第1部分对非合金钢的合金元素规定含量界限值的规定)；

b)　不规定热处理；

注：退火、正火、消除应力及软化处理不作为热处理对待。

c)　如产品标准或技术条件中有规定，其特性值应符合下列条件：

1)　碳含量最高值　≥0.10%；

2)　硫或磷含量最高值　≥0.040%；

3)　氮含量最高值　≥0.007%；

4) 抗拉强度最低值 ≤690 N/mm²；

5) 屈服强度最低值 ≤360 N/mm²；

6) 断后伸长率最低值($L_0=5.56\sqrt{S_0}$) ≤33%；

7) 弯心直径最低值 ≥0.5 × 试件厚度；

8) 冲击吸收能量最低值(20 ℃,V型,纵向标准试样)≤27 J；

9) 洛氏硬度最高值(HRB) ≥60。

注：力学性能的规定值指用公称厚度为 3 mm～16 mm 钢材做的纵向或横向试样测定的性能。

d) 未规定其他质量要求。

4.1.1.3 普通质量非合金钢主要分类及举例

普通质量非合金钢主要分类及举例见表1第1栏。

4.1.2 优质非合金钢

4.1.2.1 概述

优质非合金钢是指在生产过程中需要特别控制质量(例如控制晶粒度,降低硫、磷含量,改善表面质量或增加工艺控制等),以达到比普通质量非合金钢特殊的质量要求(例如良好的抗脆断性能,良好的冷成型性等),但这种钢的生产控制不如特殊质量非合金钢严格(如不控制淬透性)。

4.1.2.2 定义

除在4.1.1.2中定义的普通质量非合金钢和4.1.3.2中定义的特殊质量非合金钢以外的钢为优质非合金钢。

4.1.2.3 优质非合金钢主要分类及举例

优质非合金钢主要分类及举例见表1第2栏。

4.1.3 特殊质量非合金钢

4.1.3.1 概述

特殊质量非合金钢是指在生产过程中需要特别严格控制质量和性能(例如,控制淬透性和纯洁度)的非合金钢。

4.1.3.2 定义

符合下列条件之一的钢为特殊质量非合金钢。

a) 钢材要经热处理并至少具有下列一种特殊要求的非合金钢(包括易切削钢和工具钢)：

1) 要求淬火和回火或模拟表面硬化状态下的冲击性能；

2) 要求淬火或淬火和回火后的淬硬层深度或表面硬度；

3) 要求限制表面缺陷,比对冷镦和冷挤压用钢的规定更严格；

4) 要求限制非金属夹杂物含量和(或)要求内部材质均匀性。

b) 钢材不进行热处理并至少应具有下述一种特殊要求的非合金钢：

1) 要求限制非金属夹杂物含量和(或)内部材质均匀性,例如钢板抗层状撕裂性能；

2) 要求限制磷含量和(或)硫含量最高值,并符合如下规定：

熔炼分析值 ≤0.020%；

成品分析值 ≤0.025%；

3) 要求残余元素的含量同时作如下限制：

Cu熔炼分析最高含量 ≤0.10%；

Co熔炼分析最高含量 ≤0.05%；

V熔炼分析最高含量 ≤0.05%。

4) 表面质量的要求比GB/T 6478冷镦和冷挤压用钢的规定更严格。

c) 具有规定的电导性能(不小于9 s/m)或具有规定的磁性能(对于只规定最大比总损耗和最小磁极化强度而不规定磁导率的磁性薄板和带除外)的钢。

4.1.3.3 特殊质量非合金钢主要分类及举例

特殊质量非合金钢主要分类及举例见表1中第3栏。

4.2 按主要性能或使用特性分类

4.2.1 本部分所指的主要性能或使用特性是在某些情况下，例如在编制体系或对钢进行分类时要优先考虑的特性。

4.2.2 表1中非合金钢按其主要性能或使用特性分类如下：

a) 以规定最高强度(或硬度)为主要特性的非合金钢，例如冷成型用薄钢板；
b) 以规定最低强度为主要特性的非合金钢，例如造船、压力容器、管道等用的结构钢；
c) 以限制碳含量为主要特性的非合金钢(但下述d、e项包括的钢除外)，例如线材、调质用钢等；
d) 非合金易切削钢，钢中硫含量最低值、熔炼分析值不小于0.070%，并(或)加入Pb、Bi、Te、Se、Sn、Ca或P等元素；
e) 非合金工具钢；
f) 具有专门规定磁性或电性能的非合金钢，例如电磁纯铁；
g) 其他非合金钢，例如原料纯铁等。

5 低合金钢的主要分类

低合金钢的主要分类如下：

a) 按钢的主要质量等级分类(见5.1)；
b) 按钢的主要性能或使用特性分类(见5.2)。

5.1 按主要质量等级分类

低合金钢按主要质量等级分为：

a) 普通质量低合金钢；
b) 优质低合金钢；
c) 特殊质量低合金钢。

5.1.1 普通质量低合金钢

5.1.1.1 概述

普通质量低合金钢是指不规定生产过程中需要特别控制质量要求的，供作一般用途的低合金钢。

5.1.1.2 定义

同时满足下列条件的钢为普通质量低合金钢。

a) 合金含量较低(符合本标准第1部分对低合金钢的合金元素规定含量界限值规定)；
b) 不规定热处理；

注：退火、正火、消除应力及软化处理不作为热处理对待。

c) 如产品标准或技术条件中有规定，其特性值应符合下列条件：
   1) 硫或磷含量最高值　≥0.040%；
   2) 抗拉强度最低值：　≤690 N/mm^2；
   3) 屈服强度最低值　≤360 N/mm^2；
   4) 断后伸长率最低值　≤26%；
   5) 弯心直径最低值　≥2×试件厚度；
   6) 冲击吸收能量最低值(20 ℃，V型，纵向标准试样)≤27 J。

   注1：力学性能的规定值指用公称厚度为3 mm～16 mm钢材做的纵向或横向试样测定的性能。

   注2：规定的抗拉强度、屈服强度或屈服强度特性值只适用于可焊接的低合金高强度结构钢。

d) 未规定其他质量要求。

5.1.1.3 普通质量低合金钢主要分类及举例

普通质量低合金钢主要分类及举例见表2第1栏。

5.1.2 优质低合金钢

5.1.2.1 概述

优质低合金钢是指在生产过程中需要特别控制质量(例如降低硫、磷含量,控制晶粒度,改善表面质量,增加工艺控制等),以达到比普通质量低合金钢特殊的质量要求(例如良好的抗脆断性能、良好的冷成型性等),但这种钢的生产控制和质量要求,不如特殊质量低合金钢严格。

5.1.2.2 定义

除5.1.1.2定义的普通质量低合金钢和5.1.3.2定义的特殊质量低合金钢以外的钢为优质低合金钢。

5.1.2.3 优质低合金钢主要分类及举例

优质低合金钢主要分类及举例见表2第2栏。

5.1.3 特殊质量低合金钢

5.1.3.1 概述

特殊质量低合金钢是指在生产过程需要特别严格控制质量和性能(特别是严格控制硫、磷等杂质含量和纯洁度)的低合金钢。

5.1.3.2 定义

符合下列条件之一的钢为特殊质量低合金钢。

a) 规定限制非金属夹杂物含量和(或)内部材质均匀性,例如,钢板抗层状撕裂性能。

b) 规定严格限制磷含量和(或)硫含量最高值,并符合下列规定:

　　熔炼分析值　　≤0.020%;

　　成品分析值　　≤0.025%。

c) 规定限制残余元素含量,并应同时符合下列规定:

　　Cu熔炼分析最高含量　　≤0.10%;

　　Co熔炼分析最高含量　　≤0.05%;

　　V熔炼分析最高含量　　≤0.05%。

d) 规定低温(低于-40 ℃,V型)冲击性能。

e) 可焊接的高强度钢,规定的屈服强度最低值≥420 N/mm^2。

注:力学性能的规定值指用公称厚度为3 mm~16 mm钢材做的纵向或横向试样测定的性能。

f) 弥散强化钢,其规定碳含量熔炼分析最小值不小于0.25%;并具有铁素体/珠光体或其他显微组织;含有Nb、V或Ti等一种或多种微合金化元素。一般在热成形温度过程中控制轧制温度和冷却速度完成弥散强化。

g) 预应力钢。

5.2 按主要性能及使用特性分类

5.2.1 4.2.1对非合金钢的主要性能或使用特性的概述也适用于低合金钢。

5.2.2 表2中低合金钢按其主要性能或使用特性分类如下:

a) 可焊接的低合金高强度结构钢;

b) 低合金耐候钢;

c) 低合金混凝土用钢及预应力用钢;

d) 铁道用低合金钢;

e) 矿用低合金钢;

f) 其他低合金钢,如焊接用钢。

6 合金钢的主要分类

合金钢主要分类如下：

a) 按钢的主要质量等级分类(见 6.1)；

b) 按钢的主要性能或使用特性分类(见 6.2)。

6.1 按主要质量等级分类

合金钢按主要质量等级分为：

a) 优质合金钢(见 6.1.1)；

b) 特殊质量合金钢(见 6.1.2)。

6.1.1 优质合金钢

6.1.1.1 概述

优质合金钢是指在生产过程中需要特别控制质量和性能(如韧性、晶粒度或成形性)的钢，但其生产控制和质量要求不如特殊质量合金钢严格的合金钢。

6.1.1.2 定义

下列钢为优质合金钢。

a) 一般工程结构用合金钢，如钢板桩用合金钢 GB/T 20933 中的 Q420bz，矿用合金钢 GB/T 10560 中的牌号(20Mn2A、20MnV、25MnV 除外)等；

b) 合金钢筋钢，如 GB/T 20065 中的合金钢等；

c) 电工用合金钢，主要含有硅或硅和铝等合金元素，但无磁导率的要求；

d) 铁道用合金钢，如 GB 11264 中的 30CuCr；

e) 凿岩、钻探用钢，如 GB/T 1301 中的合金钢；

f) 硫、磷含量大于 0.035%的耐磨钢，如 GB/T 5680 规定的高锰铸钢。

6.1.2 特殊质量合金钢

6.1.2.1 概述

特殊质量合金钢是指需要严格控制化学成分和特定的制造及工艺条件，以保证改善综合性能，并使性能严格控制在极限范围内。

6.1.2.2 定义

除 6.1.1.2 优质合金钢以外的所有其他合金钢都为特殊质量合金钢。

6.1.2.3 特殊质量合金钢主要分类及举例

特殊质量合金钢主要分类及举例见表 3 中第 2～8 栏。

6.2 按主要性能及使用特性分类

6.2.1 4.2.1 对非合金钢的主要性能或使用特性的概述也适用于合金钢。

6.2.2 表 3 中合金钢按其主要性能或使用特性分类如下：

a) 工程结构用合金钢，包括一般工程结构用合金钢，供冷成型用的热轧或冷轧扁平产品用合金钢(压力容器用钢、汽车用钢和输送管线用钢)，预应力用合金钢、矿用合金钢、高锰耐磨钢等；

b) 机械结构用合金钢，包括调质处理合金结构钢、表面硬化合金结构钢、冷塑性成型(冷顶锻、冷挤压)合金结构钢、合金弹簧钢等，但不锈、耐蚀和耐热钢，轴承钢除外；

c) 不锈、耐蚀和耐热钢，包括不锈钢、耐酸钢、抗氧化钢和热强钢等，按其金相组织可分为马氏体型钢、铁素体型钢、奥氏体型钢、奥氏体-铁素体型钢、沉淀硬化型钢等；

d) 工具钢，包括合金工具钢、高速工具钢。合金工具钢分为量具刃具用钢、耐冲击工具用钢、冷作模具钢、热作模具钢、无磁模具钢、塑料模具钢等；高速工具钢分为钨钼系高速工具钢、钨系高速工具钢和钴系高速工具钢等；

e) 轴承钢，包括高碳铬轴承钢、渗碳轴承钢、不锈轴承钢、高温轴承钢等；

f) 特殊物理性能钢，包括软磁钢、永磁钢、无磁钢及高电阻钢和合金等；

g) 其他，如焊接用合金钢等。

表1 非合金钢的主要分类及举例

按主要特性分类	按主要质量等级分类		
	1	2	3
	普通质量非合金钢	优质非合金钢	特殊质量非合金钢
以规定最高强度为主要特性的非合金钢	普通质量低碳结构钢板和钢带 GB 912 中的 Q195 牌号	a) 冲压薄板低碳钢 GB/T 5213 中的 DC01 b) 供镀锡、镀锌、镀铅板带和原板用碳素钢 GB/T 2518 GB/T 2520 全部碳素钢牌号 YB/T 5364 c) 不经热处理的冷顶锻和冷挤压用钢 GB/T 6478 中表 1 的牌号	
以规定最低强度为主要特性的非合金钢	a) 碳素结构钢 GB/T 700 中的 Q215 中 A、B 级，Q235 的 A、B 级，Q275 的 A、B 级 b) 碳素钢筋钢 GB 1499.1 中的 HPB235、HPB300 c) 铁道用钢 GB/T 11264 中的 50Q、55Q GB/T 11265 中的 Q235-A d) 一般工程用不进行热处理的普通质量碳素钢 GB/T 14292 中的所有普通质量碳素钢 e) 锚链用钢 GB/T 18669 中的 CM 370	a) 碳素结构钢 GB/T 700 中除普通质量 A、B 级钢以外的所有牌号及 A、B 级规定冷成型性及模锻性特殊要求者 b) 优质碳素结构钢 GB/T 699 中除 65Mn、70Mn、70、75、80、85 以外的所有牌号 c) 锅炉和压力容器用钢 GB 713 中的 Q245R GB 3087 中的 10、20 GB 6479 中的 10、20 GB 6653 中的 HP235、HP265 d) 造船用钢 GB 712 中的 A、B、D、E GB/T 5312 中的所有牌号 GB/T 9945 中的 A、B、D、E e) 铁道用钢 GB 2585 中的 U74 GB 8601 中的 CL60B 级 GB 8602 中的 LG 60B 级、LG 65B 级 f) 桥梁用钢 GB/T 714 中的 Q235qC、Q235qD g) 汽车用钢 YB/T 4151 中 330CL、380CL YB/T 5227 中的 12LW YB/T 5035 中的 45 YB/T 5209 中的 08Z、20Z h) 输送管线用钢 GB/T 3091 中的 Q195、Q215A、Q215B、Q235A、Q235B GB/T 8163 中的 10、20 i) 工程结构用铸造碳素钢 GB 11352 中的 ZG200-400、ZG230-450，ZG270-500，ZG310-570、ZG340-640 GB 7659 中的 ZG200-400H、ZG230-450H、ZG275-485H j) 预应力及混凝土钢筋用优质非合金钢	a) 优质碳素结构钢 GB/T 699 中的 65Mn、70Mn、70、75、80、85 钢 b) 保证淬透性钢 GB/T 5216 中的 45H c) 保证厚度方向性能钢 GB/T 5313 中的所有非合金钢 GB/T 19879 中的 Q235GJ d) 汽车用钢 GB/T 20564.1 中的 CR180BH、CR220BH、CR260BH GB/T 20564.2 中的 CR260/450DP e) 铁道用钢 GB 5068 中的所有牌号 GB 8601 中的 CL60A 级 GB 8602 中的 LG60A、LG65A 级 f) 航空用钢 包括所有航空专用非合金结构钢牌号 g) 兵器用钢 包括各种兵器用非合金结构钢牌号 h) 核压力容器用非合金钢 i) 输送管线用钢 GB/T 21237 中的 L245、L290、L320、L360 j) 锅炉和压力容器用钢 GB 5310 中的所有非合金钢

表 1（续）

按主要特性分类	按主要质量等级分类		
	1	2	3
	普通质量非合金钢	优质非合金钢	特殊质量非合金钢
以碳含量为主要特性的非合金钢	a) 普通碳素钢盘条 GB/T 701 中的所有牌号（C级钢除外） YB/T l70.2 中的所有牌号（C4D、C7D除外） b) 一般用途低碳钢丝 YB/T 5294 中的所有碳钢牌号 c) 热轧花纹钢板及钢带 YB/T 4159 中的普通质量碳素结构钢	a) 焊条用钢（不包括成品分析 S、P 不大于 0.025的钢） GB/T 14957 中的 H08A、H08MnA、H15A、H15Mn GB/T 3429 中的 H08A、H08MnA、H15A、H15Mn b) 冷镦用钢 YB/T 4155 中的 BL1、BL2、BL3 GB/T 5953 中的 ML10～ML45 YB/T 5144 中的 ML15、ML20 GB/T 6478 中的 ML08Mn、ML22Mn、ML25～ML45、ML15Mn～ML35Mn c) 花纹钢板 YB/T 4159 优质非合金钢 d) 盘条钢 GB/T 4354 中的 25～65、40Mn～60Mn e) 非合金调质钢 （特殊质量钢除外） f) 非合金表面硬化钢 （特殊质量钢除外） g) 非合金弹簧钢 （特殊质量钢除外）	a) 焊条用钢（成品分析 S、P 不大于 0.025 的钢） GB/T 14957 中的 H08E、H08C GB/T 3429 中的 H04E、H08E、H08C b) 碳素弹簧钢 GB/T 1222 中的 65～85、65Mn GB/T 4357 中的所有非合金钢 c) 特殊盘条钢 YB/T 5100 中的 60、60Mn、65、65Mn、70、70Mn、75、80、T8MnA、T9A（所有牌号） YB/T 146 中所有非合金钢 d) 非合金调质钢 （符合本部分中的 4.1.3.2 规定） e) 非合金表面硬化钢 （符合本部分中的 4.1.3.2 规定） f) 火焰及感应淬火硬化钢 （符合本部分中的 4.1.3.2 规定） g) 冷顶锻和冷挤压钢 （符合本部分中的 4.1.3.2 规定）
非合金易切削钢		a) 易切削结构钢 GB/T 8731 中的牌号 Y08～Y45、Y08Pb、Y12Pb、Y15Pb、Y45Ca	a) 特殊易切削钢 要求测定热处理后冲击韧性等 GJB 1494 中的 Y75
非合金工具钢			a) 碳素工具钢 GB/T 1298 中的全部牌号
规定磁性能和电性能的非合金钢		a) 非合金电工钢板、带 GB/T 2521 电工钢板、带 b) 具有规定导电性能（<9 S/m）的非合金电工钢	a) 具有规定导电性能（≥9 S/m）的非合金电工钢 b) 具有规定磁性能的非合金软磁材料 GB/T 6983 规定的非合金钢

表 1（续）

按主要特性分类	按主要质量等级分类		
	1	2	3
	普通质量非合金钢	优质非合金钢	特殊质量非合金钢
其他非合金钢	a) 栅栏用钢丝 YB/T 4026 中普通质量非合金钢牌号		a) 原料纯铁 GB/T 9971 中的 YT1、YT2、YT3

表 2 低合金钢的主要分类及举例

按主要特性分类	按主要质量等级分类		
	1	2	3
	普通质量低合金钢	优质低合金钢	特殊质量低合金钢
可焊接合金高强度结构钢	a) 一般用途低合金结构钢 GB/T 1591 中的 Q295、Q345 牌号的 A 级钢	a) 一般用途低合金结构钢 GB/T 1591 中的 Q295B、Q345（A 级钢以外）和 Q390（E 级钢以外） b) 锅炉和压力容器用低合金钢 GB 713 除 Q245 以外的所有牌号 GB 6653 中除 HP235、HP265 以外的所有牌号 GB 6479 中的 16Mn、15MnV c) 造船用低合金钢 GB 712 中的 A32、D32、E32、A36、D36、E36、A40、D40、E40 GB/T 9945 中的高强度钢 d) 汽车用低合金钢 GB/T 3273 中所有牌号 YB/T 5209 中的 08Z、20Z YB/T 4151 中的 440CL、490CL、540CL e) 桥梁用低合金钢 GB/T 714 中除 Q235q 以外的钢 f) 输送管线用低合金钢 GB/T 3091 中的 Q295A、Q295B、Q345A、Q345B GB/T 8163 中的 Q295、Q345 g) 锚链用低合金钢 GB/T 18669 中的 CM490、CM690 h) 钢板桩 GB/T 20933 中的 Q295bz、Q390bz	a) 一般用途低合金结构钢 GB/T 1591 中的 Q390E、Q345E、Q420 和 Q460 b) 压力容器用低合金钢 GB/T 19189 中的 12MnNiVR GB 3531 中的所有牌号 c) 保证厚度方向性能低合金钢 GB/T 19879 中除 Q235GJ 以外的所有牌号 GB/T 5313 中所有低合金牌号 d) 造船用低合金钢 GB 712 中的 F32、F36、F40 e) 汽车用低合金钢 GB/T 20564.2 中的 CR300/500DP YB/T 4151 中的 590CL f) 低焊接裂纹敏感性钢 YB/T 4137 中所有牌号 g) 输送管线用低合金钢 GB/T 21237 中的 L390、L415、L450、L485 h) 舰船兵器用低合金钢 i) 核能用低合金钢
低合金耐候钢		a) 低合金耐候性钢 GB/T 4171 中所有牌号	
低合金混凝土用钢	a) 一般低合金钢筋钢 GB 1499.2 中的所有牌号		a) 预应力混凝土用钢 YB/T 4160 中的 30MnSi

表 2（续）

按主要特性分类	按主要质量等级分类		
	1	2	3
	普通质量低合金钢	优质低合金钢	特殊质量低合金钢
铁道用低合金钢	a） 低合金轻轨钢 GB/T 11264 中的 45SiMnP、50SiMnP	a） 低合金重轨钢 GB 2585 中的除 U74 以外的牌号 b） 起重机用低合金钢轨钢 YB/T 5055 中的 U71Mn c） 铁路用异型钢 YB/T 5181 中的 09CuPRE YB/T 5182 中的 09V	a） 铁路用低合金车轮钢 GB 8601 中的 CL 45 MnSiV
矿用低合金钢	a） 矿用低合金钢 GB/T 3414 中的 M510、M540、M565 热轧钢 GB/T 4697 中的所有牌号	a） 矿用低合金结构钢 GB/T 3414 中的 M540、M565 热处理钢	a） 矿用低合金结构钢 GB/T 10560 中的 20Mn2A、20MnV、25MnV
其他低合金钢		a） 易切削结构钢 GB/T 8731 中的 Y08MnS、Y15Mn、Y40Mn、Y45Mn、Y45MnS、Y45MnSPb b） 焊条用钢 GB/T 3429 中的 H08MnSi、H10MnSi	a） 焊条用钢 GB/T 3429 中的 H05MnSiTiZrAlA、H11MnSi、H11MnSiA

表 3　合金钢的分类

按主要质量分类	优质合金钢(见 6.2.1)		特殊质量合金钢(见 6.2.2)								
	1		2	3	4		5		6	7	8
按主要使用特性分类	工程结构用钢	其他	工程结构用钢	机械结构用钢[a] (第 4、6 除外)	不锈、耐蚀和耐热钢[b]		工具钢		轴承钢	特殊物理性能钢	其他
按其他特性(除上述特性以外)对钢进一步分类举例	11 一般工程结构用合金钢 GB/T 20933 中的 Q420bz 12 合金钢筋钢 GB/T 20065 中的合金钢 13 凿岩钎杆用钢 GB/T 1301 中的合金钢 14 耐磨钢 GB/T 5680 中的合金钢	16 电工用硅(铝)钢(无磁导率要求) GB/T 6983 中的合金钢 17 铁道用合金钢 GB/T 11264 中的 30CuCr 18 易切削钢 GB/T 8731 中的含锡钢 19 其他	21 锅炉和压力容器用合金钢(4 类除外) GB/T 19189 中的 07MnCrMoVR、07MnNiMoVDR GB 713 中的合金钢 GB 5310 中的合金钢 22 热处理合金钢筋钢 23 汽车用钢 GB/T 20564.2 中的 CR 340/590DP CR 420/780DP CR 550/980DP 24 预应力用钢 YB/T 4160 中的合金钢 25 矿用合金钢 GB/T 10560 中的合金钢 26 输送管线用钢 GB/T 21237 中的 L555、L690 27 高锰钢	31 V、MnV、Mn(x)系钢 32 SiMn(x) 系钢 33 Cr(x) 系钢 34 CrMo(x) 系钢 35 CrNiMo(x)系钢 36 Ni(x) 系钢 37 B(x) 系钢 38 其他	41 马氏体型 或 42 铁素体型	411/421 Cr(x)系钢 412/422 CrNi(x)系钢 413/423 CrMo(x) CrCo(x)系钢 414/424 CrAl(x) CrSi(x)系钢 415/425 其他	51 合金工具钢 (GB/T 1299 中所有牌号)	511 Cr(x) 512 Ni(x)、CrNi(x) 513 Mo(x)、CrMo(x) 514 V(x)、CrV(x) 515 W(x)、CrW(x)系钢 516 其他	61 高碳铬轴承钢 GB/T 18254 中所有牌号 62 渗碳轴承钢 GB/T 3203 中所有牌号 63 不锈轴承钢 GB/T 3086 中所有牌号 64 高温轴承钢 65 无磁轴承钢	71 软磁钢 (除 16 外) GB/T 14986 中所有牌号 72 永磁钢 GB/T 14991 中所有牌号 73 无磁钢 74 高电阻钢和合金 GB/T 1234 中所有牌号	焊接用钢 GB/T 3429 中的合金钢
					43 奥氏体型 或 44 奥氏体-铁素体型或 45 沉淀硬化型	431/441/451 CrNi(x)系钢 432/442/452 CrNiMo(x)系钢 433/443/453 CrNi+Ti 或 Nb 钢 434/444/454 CrNiMo+Ti 或 Nb 钢 435/445/455 CrNi+V、W、Co 钢 436/446 CrNiSi(x)系钢 437 CrMnSi(x)系钢 438 其他	52 高速钢 (GB/T 9943 中所有牌号)	521 WMo 系钢 522 W 系钢 523 Co 系钢			

注：(x)表示该合金系列中还包括有其他合金元素，如 Cr(x)系，除 Cr 钢外，还包括 CrMn 钢等。

[a] GB/T 3007 中所有牌号，GB/T 1222 和 GB/T 6478 中的合金钢等。

[b] GB/T 1220、GB/T 1221、GB/T 2100、GB/T 6892 和 GB/T 12230 中的所有牌号。

附 录 A
（规范性附录）
本部分所引用的规范性引用文件

GB/T 699—1999　优质碳素结构钢
GB/T 700—2006　碳素结构钢
GB/T 701—2008　低碳钢热轧圆盘条
GB 712—2000　船体用结构钢
GB 713—2008　锅炉和压力容器用钢板
GB/T 714—2000　桥梁用结构钢
GB 912—2008　碳素结构钢和低合金结构钢热轧薄钢板和钢带
GB/T 1220—2007　不锈钢棒
GB/T 1221—2007　耐热钢棒
GB/T 1222—2007　弹簧钢
GB/T 1234　高电阻电热合金
GB/T 1298—2008　碳素工具钢
GB/T 1299—2000　合金工具钢
GB/T 1301—2008　凿岩钎杆用中空钢
GB 1499.1—2008　钢筋混凝土用钢　第1部分　热轧光圆钢筋
GB 1499.2—2007　钢筋混凝土用钢　第2部分　热轧带肋钢筋
GB/T 1591—1994　低合金高强度结构钢
GB/T 2100—2002　一般用途耐蚀钢铸件
GB/T 2518—2004　连续热镀锌钢板及钢带
GB/T 2520—2000　冷轧电镀锡薄钢板
GB/T 2521—2008　冷轧取向和无取向电工钢带(片)
GB 2585—2007　铁路用热轧钢轨
GB/T 3007—1999　合金结构钢
GB/T 3086—2008　高碳铬不锈轴承钢
GB 3087—2008　低中压锅炉用无缝钢管
GB/T 3091—2008　低压流体输送用焊接钢管
GB/T 3203—1982　渗碳轴承钢　技术条件
GB/T 3273—2005　汽车大梁用热轧钢板和钢带
GB/T 3414—1994　煤机用热轧异型钢
GB/T 3429—2002　焊接用钢盘条
GB 3531—2008　低温压力容器用低合金钢钢板
GB/T 4171—2008　耐候钢
GB/T 4354—2008　优质碳素钢热轧盘条
GB/T 4357—1989　碳素弹簧钢丝
GB/T 4697—2008　矿山巷道支护用热轧U型钢
GB 5068—1999　铁路机车、车辆车轴用钢
GB/T 5213—2008　冷轧低碳钢板及钢带
GB/T 5216—2004　保证淬透性结构钢
GB 5310—2008　高压锅炉用无缝钢管
GB/T 5312—1999　船舶用碳钢和碳锰钢无缝钢管

GB/T 5313—1985　厚度方向性能钢板
GB/T 5680—1998　高锰钢铸件
GB/T 5953—1999　冷镦钢丝
GB/T 6478—2001　冷镦和冷挤压用钢
GB 6479—2000　高压化肥设备用无缝钢管
GB 6653—2008　焊接气瓶用钢板和钢带
GB/T 6983—2008　电磁纯铁
GB/T 6967—1986　工程结构用中、高强度不锈钢铸件
GB/T 7659—1987　焊接结构用碳素钢铸件
GB/T 8163—2001　输送流体用无缝钢管
GB/T 8492—2002　一般用途耐热钢和合金铸件
GB 8601—1988　铁路用辗钢整体车轮
GB 8602—1988　铁路用粗制轮箍
GB/T 8731—2008　易切削钢
GB/T 9943—2008　高速工具钢
GB/T 9945—2001　热轧用球扁钢
GB/T 9971—2004　原料纯铁
GB/T 10560—2008　矿用高强度圆环链用钢
GB/T 11264—1989　轻轨
GB/T 11265—1989　轻轨用接头夹板
GB/T 11352—1989　一般工程用铸造碳钢件
GB/T 12230—2005　通用阀门　不锈钢铸件技术条件
GB/T 14292—1993　碳素结构钢和低合金结构热轧条钢技术条件
GB/T 14957—1994　熔化焊用钢丝
GB/T 14986—2008　高饱和、磁温度补偿、耐蚀、铁铝、恒磁导率软磁合金
GB/T 14991—1994　变形永磁钢
GB/T 15712—2008　非调质机械结构钢
GB/T 18669—2002　船用锚链圆钢
GB/T 19189—2003　压力容器用调质高强度钢板
GB/T 19879—2005　建筑结构用钢板
GB/T 20933—2007　热轧 U 型钢板桩
GB/T 20564.1—2007　汽车用高强度冷连轧钢板及钢带　第 1 部分:烘烤硬化钢
GB/T 20564.2—2006　汽车用高强度冷连轧钢板及钢带　第 2 部分:双相钢
GB/T 20065—2006　预应力混凝土用螺纹钢筋
GB/T 21237—2007　石油天然气输送管用宽厚钢板
GJB 1494—1992　特殊用途易切削银亮钢丝规范
YB/T 146—1998　预应力钢丝及钢绞线用热轧盘条
YB/T 170.2—2000　制丝用非合金钢盘条　第 2 部分　一般用途盘条
YB/T 4026—1991　网围栏用镀锌钢丝
YB/T 4137—2005　低焊接裂纹敏感性高强度钢板
YB/T 4151—2006　汽车车轮用热轧钢板和钢带
YB/T 4155—2006　标准件用碳素钢热轧圆钢及盘条
YB/T 4159—2007　热轧花纹钢板和钢带
YB/T 4160—2007　预应力混凝土钢棒用热轧盘条
YB/T 5035—1996　汽车半轴套管用无缝钢管

YB/T 5055—1993　起重机钢轨
YB/T 5100—1993　琴钢丝用盘条
YB/T 5144—2006　轴承保持器用碳素结构钢丝
YB/T 5181—1993　22 号帽型钢
YB/T 5182—1993　310 乙字型钢
YB/T 5209—2000　传动轴用电焊钢管
YB/T 5227—2000　汽车车轮轮辋用热轧型钢
YB/T 5294—2006　一般用途低碳钢丝
YB/T 5364—2006　热镀铅锡合金碳素钢冷轧薄钢板及钢带

附 录 B
（资料性附录）
本部分与 ISO 4948-2:1981 标准的技术性差异及其原因

表 B.1 给出了本部分与 ISO 4948-2:1981 标准技术性差异及其原因的一览表。

表 B.1 本部分与 ISO 4948-2:1981 标准的技术性差异及其原因

本标准的章条编号	技术性差异	原因
1	增加了低合金钢类	适应我国标准体系的实际需求
2	引用了采用国标标准的我国标准，并增加了部分我国标准和年代号，将引用标准以附录 A 的形式给出	以适应我国引用标准和标准编写的规定
4.1.1.2	根据我国实际情况，修改了“硫或磷含量最高值”、“断后伸长率”、“弯心直径最低值”的规定值	适应我国标准体系实际情况
5	ISO 4948-2:1981 标准无相应内容，此章是按我国标准增加	适应我国标准体系的实际需要
6.1.1.1	与 ISO 4948-2:1981 标准 5.2.1.1 相对应，但内容按我国实际情况重新编写	适应我国标准体系实际情况
6.1.1.2	ISO 4948-2:1981 标准 5.2.1.2 相对应，但内容按我国实际情况重新编写	适应我国标准的实际需要
6.1.2.1	ISO 4948-2:1981 标准无相应内容，此条是为了统一编写格式和我国标准实际情况增加	适应我国标准版式要求和实际情况需要
6.2.2	ISO 4948-2:1981 标准无相应内容，此条是为了统一编写格式和我国标准实际情况增加	适应我国标准版式要求和实际情况需要
表 1	与 ISO 4948-2:1981 标准表 1 相对应，但内容按我国实际情况重新编写	适应我国标准的实际需要
表 2	与 ISO 4948-2:1981 标准表 2 相对应，但内容按我国实际情况增加的	适应我国标准的实际需要
表 3	与 ISO 4948-2:1981 标准表 3 相对应，但内容按我国实际情况重新编写	适应我国标准的实际需要

ICS 77.040.99
H 24

中华人民共和国国家标准

GB/T 13305—2008
代替 GB/T 13305—1991、GB/T 6401—1986

不锈钢中 α-相面积含量金相测定法

Micrographic method for determining area content of the α-phases in stainless steels

2008-08-19 发布　　　　2009-04-01 实施

中华人民共和国国家质量监督检验检疫总局
中国国家标准化管理委员会　发布

前 言

本标准是对 GB/T 6401—1986《铁素体奥氏体双相不锈钢中 α-相面积含量金相测定法》和 GB/T 13305—1991《奥氏体不锈钢中 α-相面积含量金相测定法》两项标准的整合修订。

本标准代替 GB/T 6401—1986 和 GB/T 13305—1991。

本标准与 GB/T 13305—1991 和 GB/T 6401—1986 相比主要变化如下：

——标准名称修改为：不锈钢中 α-相面积含量金相测定法；

——3.1 增加“试样应在冷状态下用机械方法切取，若用气割或热切等方法切取时，必须将金属熔化区、塑性变形区和热影响区完全去除。切割面和检查面之间的距离视切割方法而定，一般不小于 0.5 mm”；

——3.2 增加“c）氯化铁盐酸乙醇水溶液”和“d）NaOH 或 KOH 电解液”；

——4.1.2 增加铁素体奥氏体双相不锈钢中 α-相面积含量的测定法；

——增加“4.2 金相图像软件定量分析法”；

——5 增加“c 选取的试验方法”。

本标准附录 A、附录 B 均为规范性附录。

本标准由中国钢铁工业协会提出。

本标准由全国钢标准化技术委员会归口。

本标准起草单位：钢铁研究总院、东北特钢集团有限责任公司（大连）、冶金工业信息标准研究院。

本标准起草人：李继康、刘振茂、栾燕。

本标准所代替标准的历次版本发布情况为：

——GB/T 13305—1991；

——GB/T 6401—1986。

不锈钢中 α-相面积含量金相测定法

1 范围

本标准规定了金相法测定不锈钢中 α-相面积含量的试样的选取与制备、测定方法和试验报告等。

本标准适用于金相法测定奥氏体不锈钢和铁素体奥氏体双相不锈钢中 α-相面积含量。

2 规范性引用文件

下列文件中的条款通过本标准的引用而成为本标准的条款。凡是注日期的引用文件，其随后所有的修改单(不包括勘误的内容)或修订版均不适用于本标准，然而，鼓励根据本标准达成协议的各方研究是否可使用这些文件的最新版本。凡是不注日期的引用文件，其最新版本适用于本标准。

GB/T 18876.1 应用自动图像分析测定钢和其他金属中金相组织、夹杂物含量和级别的标准试验方法 第1部分：钢和其他金属中夹杂物或第二相组织含量的图像分析与体视学测定

3 试样的选取与制备

3.1 取样方法

试样自交货状态的钢材(或钢坯)上切取。取样部位、数量应按相应产品标准或技术条件规定。试样的检验面为平行于钢材(或钢坯)的纵截面，其一边必须与钢材(或钢坯)轴线重合。

试样应在冷状态下用机械方法切取，若用气割或热切等方法切取时，必须将金属熔化区、塑性变形区和热影响区完全去除。切割面和检查面之间的距离视切割方法而定，一般不小于 0.5 mm。

3.1.1 圆钢和方钢的取样方法

3.1.1.1 公称直径或边长大于 40 mm 的钢材(或钢坯)，检验面为通过钢材(或钢坯)轴线之纵截面，其一边与钢材(或钢坯)轴线重合，如图 1。

3.1.1.2 公称直径或边长小于或等于 40 mm 的钢材(或钢坯)取样方法按如下规定：

a) 公称直径或边长小于或等于 30 mm 的钢材(或钢坯)检验面为通过轴心之纵截面，见图 2；

b) 公称直径或边长大于 30 mm 到 40 mm 的钢材(或钢坯)，检验面为通过轴心之纵截面的一半，如图 3。

3.1.2 钢管的取样方法

钢管的取样方法如图 4。

3.1.3 钢板、钢带和扁钢的取样方法

钢板、钢带和扁钢的取样方法如图 5。

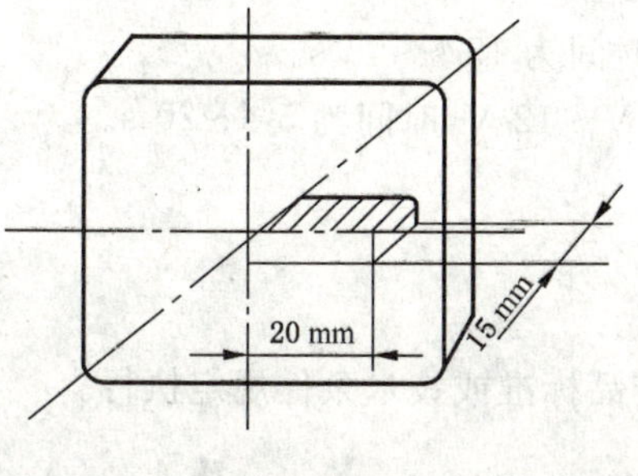

图 1

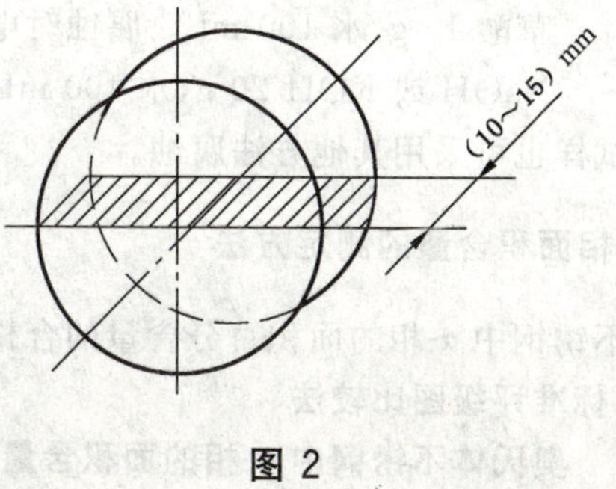

图 2

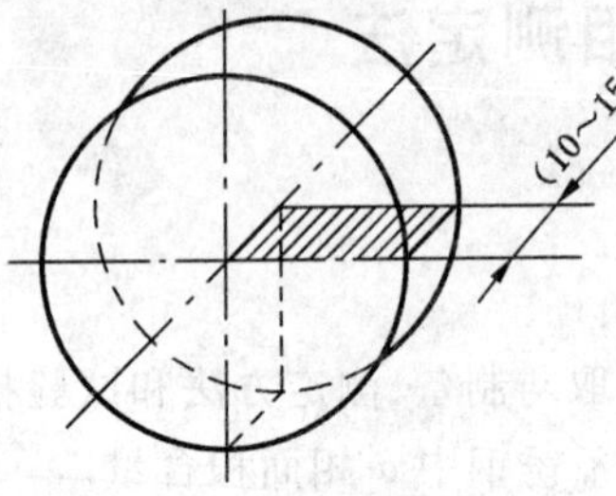

图 3

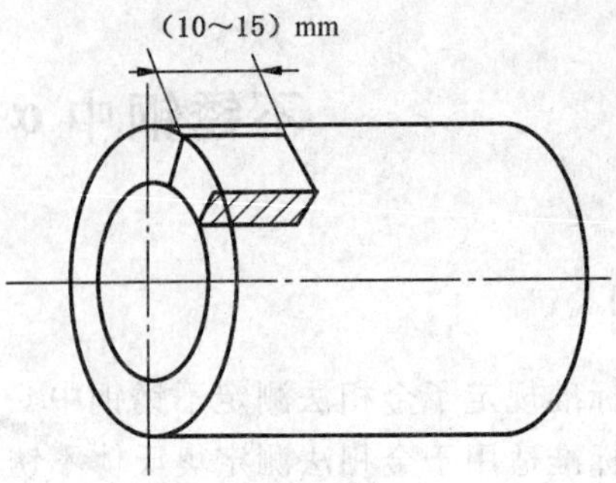

图 4

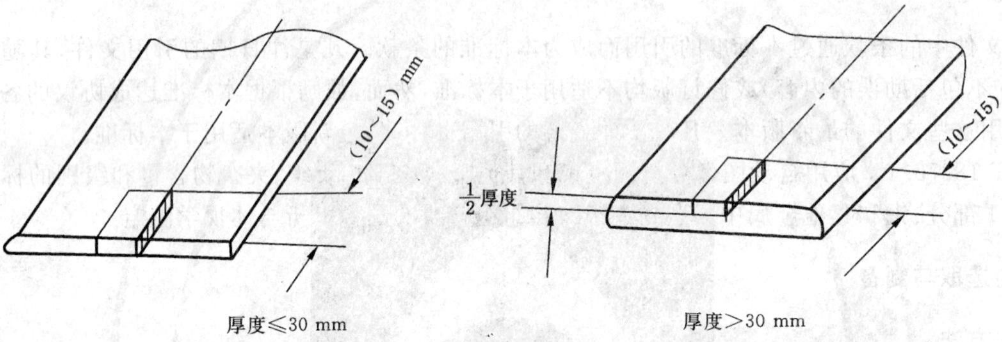

图 5

3.1.4 其他方法

3.1.4.1 其他钢件的取样方法按相应的产品标准或协议规定。锻件和其他无明显轴线的试样检查面的方位按相应产品标准或技术条件规定。试样检查面面积不小于 10 mm^2。尺寸大的试样允许分割成若干块，但仍视为一块试样。

3.2 试样制备与浸蚀

试样研磨、抛光时，应选用合适的磨料，选择正确的研磨和抛光工艺，采取严格的操作。试样的浸蚀以能清晰显示 α-相组织为准。化学腐蚀时，建议采用下列腐蚀剂之一进行：

a) 热的(60 ℃～90 ℃)或煮沸的碱性铁氰化钾：

铁氰化钾($K_3Fe(CN)_6$)10 g～15 g，氢氧化钾(钠)10 g～30 g(7 g～20 g)，水约 100 mL。

新配制溶液，浸蚀数分钟。奥氏体不受浸蚀保持白亮色，α-相染成红至棕褐色。

b) 硫酸铜盐酸水溶液：

硫酸铜($CuSO_4 \cdot 5H_2O$)4 g，盐酸 20 mL，水 20 mL。

c) 氯化铁盐酸乙醇水溶液：

氯化铁 5 g；盐酸 100 mL；乙醇 100 mL；水 100 mL。

试样在室温腐蚀后加热到 500 ℃～600 ℃，腐蚀面发黄色，α-相染成红棕色。

d) 电解腐蚀时，建议采用下列电解液：

草酸 10 g，水 100 mL。腐蚀时电压为 3 V～12 V，时间为 15 s～45 s。

NaOH 或 KOH 20 g，水 100 mL。腐蚀时电压为 3 V～12 V，时间为 5 s～20 s。

试样也可采用其他方法腐蚀。

4 α-相面积含量的测定方法

不锈钢中 α-相的面积百分含量的合格范围应按相应的产品标准或技术条件规定执行。

4.1 标准评级图比较法

4.1.1 奥氏体不锈钢中 α-相的面积含量测定

将试样置于金相显微镜明场下观察，可以先用较低的放大倍率全面观察整个检验面，以便选取检验

面上 α-相面积含量最严重的视场。测定时，以检验面上 α-相最严重的视场与标准评级图比较评级，以确定 α-相的面积含量。显微镜放大倍率可为 280 倍～320 倍。仲裁时，显微镜放大倍率为 300 倍，实际视场直径为 0.267 mm。

当被测视场中的 α-相尺寸与标准评级图中的 α-相尺寸相差悬殊难以比较评级时，允许适当调整显微镜的放大倍率，使被测视场中的 α-相尺寸尽量接近标准评级图，但必须保证实际视场直径仍为 0.267 mm。

奥氏体不锈钢中 α-相标准评级图分 4 级共 6 张片(见附录 A)。各级别的 α-相面积含量规定如下：

0.5 级 α-相面积含量≤2%；

1.0 级 α-相面积含量＞2%～5%；

1.5 级 α-相面积含量＞5%～8%；

2.0 级 α-相面积含量＞8%～12%；

3.0 级 α-相面积含量＞12%～20%；

4.0 级 α-相面积含量＞20%～35%。

评级图各级别图片的 α-相实际面积含量为规定含量的上限值，当被测视场中的 α-相含量处于标准评级图两级别之间时，应评为较高的级别。

4.1.2 铁素体奥氏体双相不锈钢中 α-相面积含量的测定

在金相显微镜明场下对照标准系列图片测定试样检查面上 α-相面积百分含量。可以先在低放大倍数下全面观察整个检查面，选定 α-相含量适中的部位测定。测定时放大倍数为 500 倍，放大后图象的视场直径为 80 mm。当 α-相的尺度与标准系列图片的尺度相差甚多时，为便于对照测定，允许适当调整放大倍数，使视场中的 α-相的尺度同标准系列图片的尺度相当。仲裁时，任选 10 个 α-相含量适中的视场的测定值的算术平均值。

标准系列图片分为带系、网系两个系列。若相应的产品标准或技术条件无规定时，可以根据 α-相的形态和分布选用两个系列之一对照测定。带、网两个标准系列图片分别有 9 张。依顺序每张图片的 α-相面积百分比含量规定为 35%～75%，间隔为 5%(见附录 B)。

测定时，对照标准系列图片进行比较，以与观察视场最接近的图片确定 α-相面积百分含量允许误差为±2.5%(绝对值)。

4.2 金相图像定量分析法

可以采用定量金相图像分析软件测定 α-相面积含量，具体测定方法按 4.1 和 GB/T 18876.1 的规定执行。

5 试验报告

试验报告应包括以下各项内容：

a) 本标准编号；

b) 钢种、炉号及规格；

c) 选取的试验方法；

d) 检验结果；

e) 试验报告编号、日期及试验者。

附 录 A
（规范性附录）
奥氏体型不锈钢中 α-相面积含量金相图谱

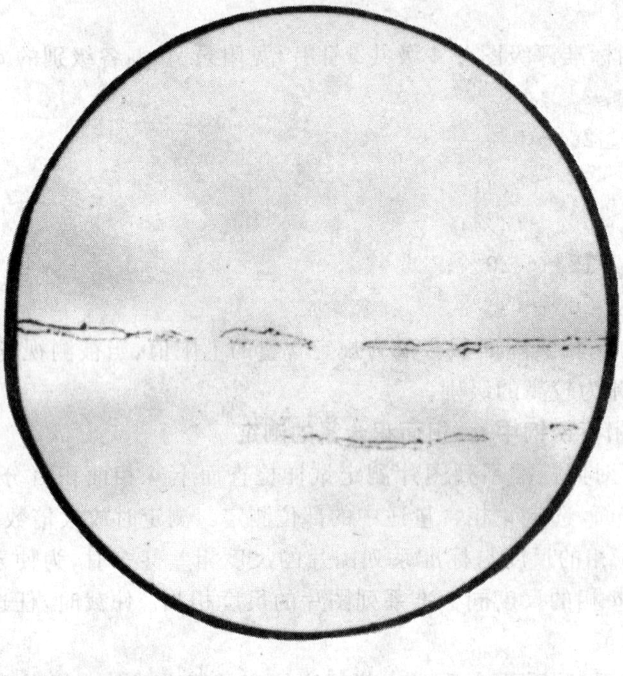

α-相面积～2%
0.5 级

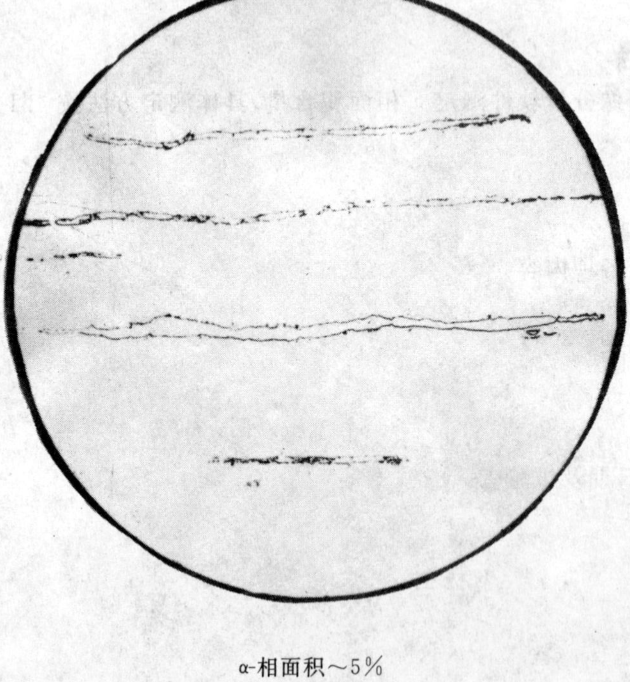

α-相面积～5%
1.0 级

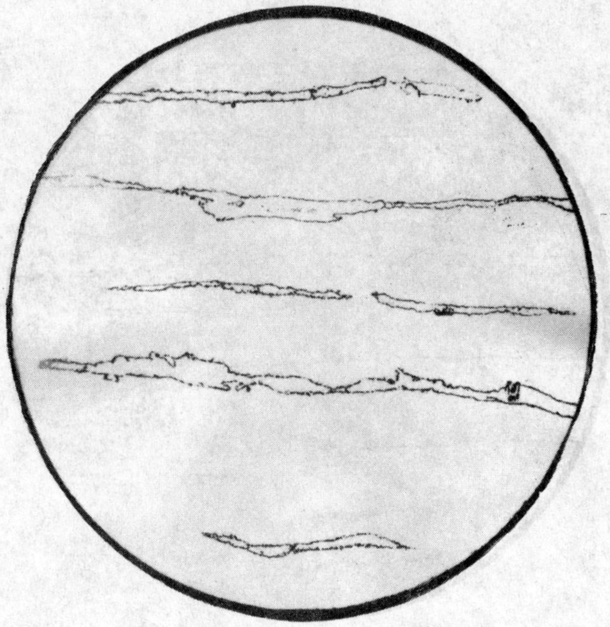

α-相面积～8%

1.5 级

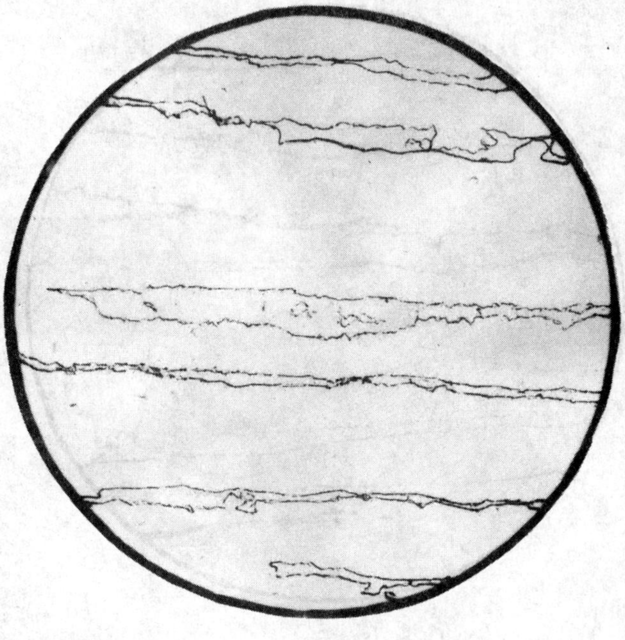

α-相面积～12%

2.0 级

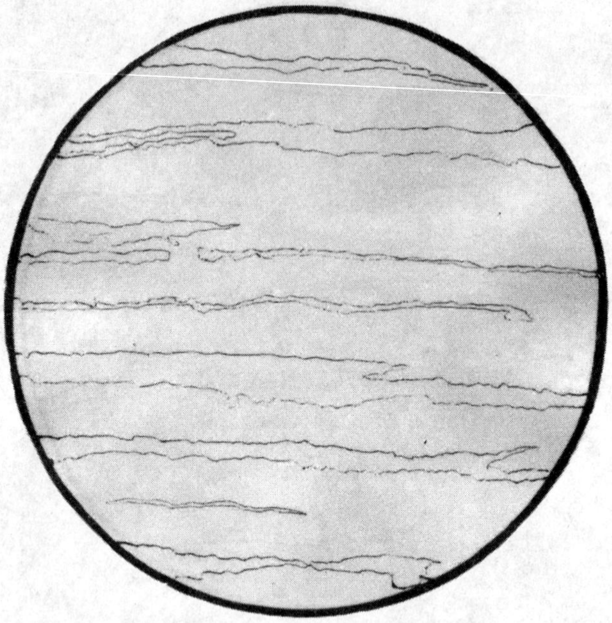

α-相面积～20％
3.0 级

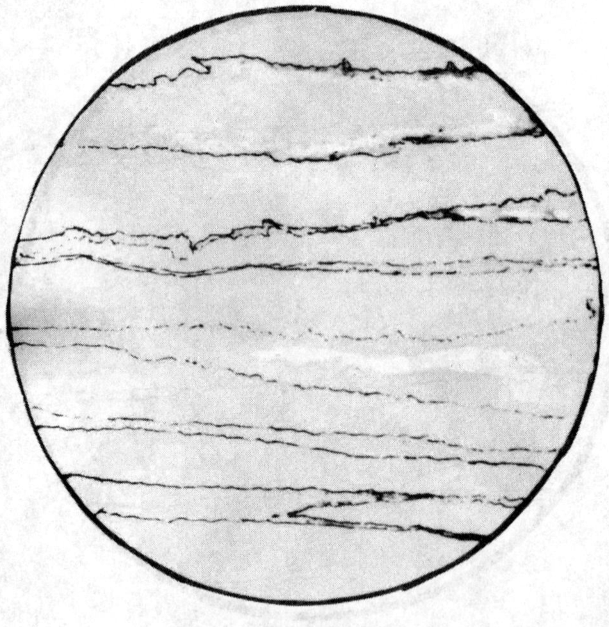

α-相面积～35％
4.0 级

附 录 B
（规范性附录）
铁素体奥氏体型双相不锈钢中 α-相面积含量金相图谱

带系

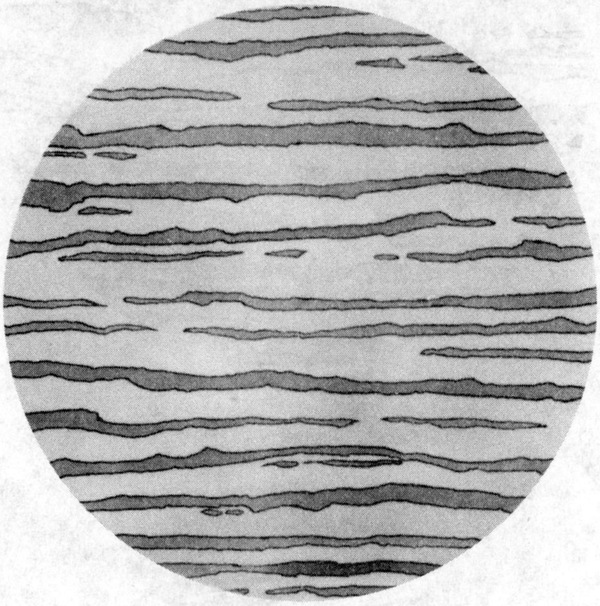

α-相面积～35％

网系

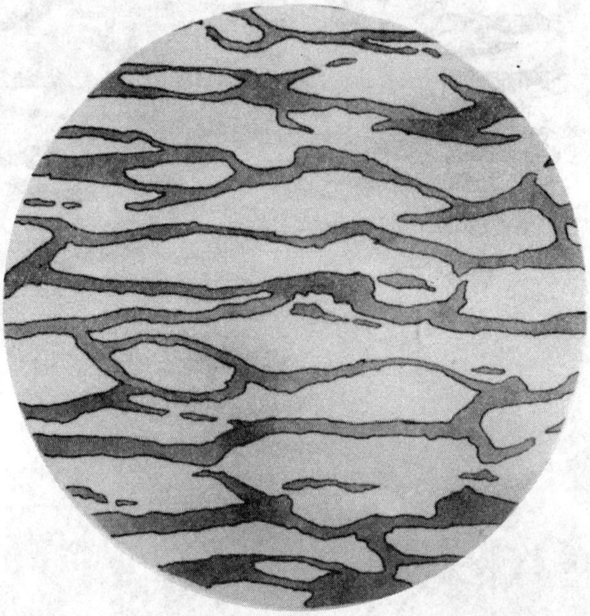

α-相面积～35％

带系

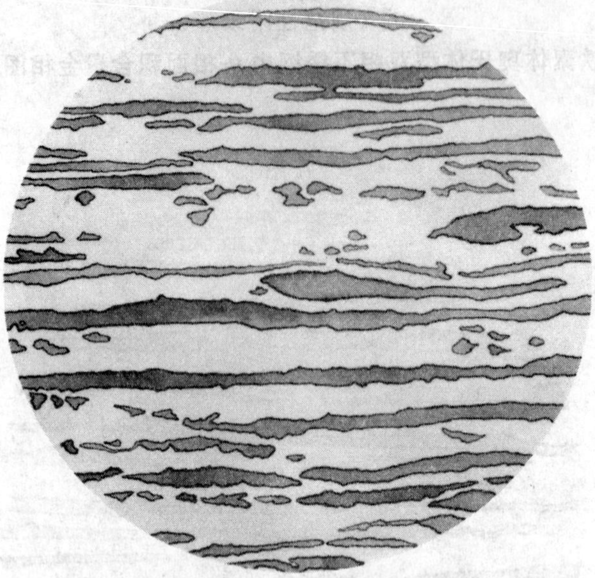

α-相面积～40%

网系

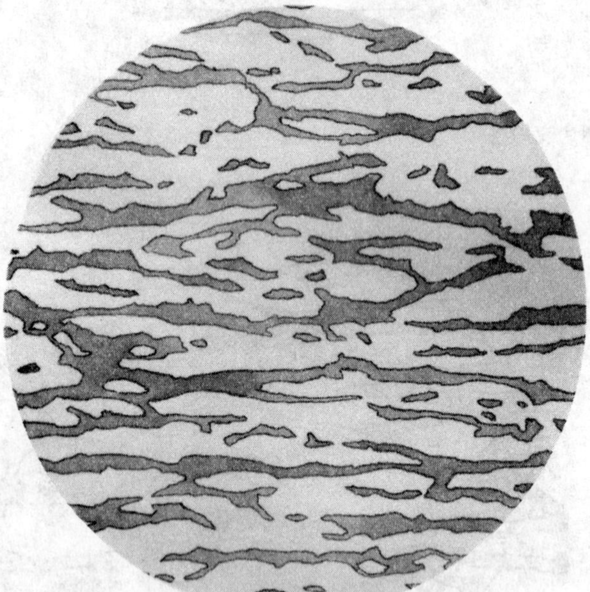

α-相面积～40%

带系

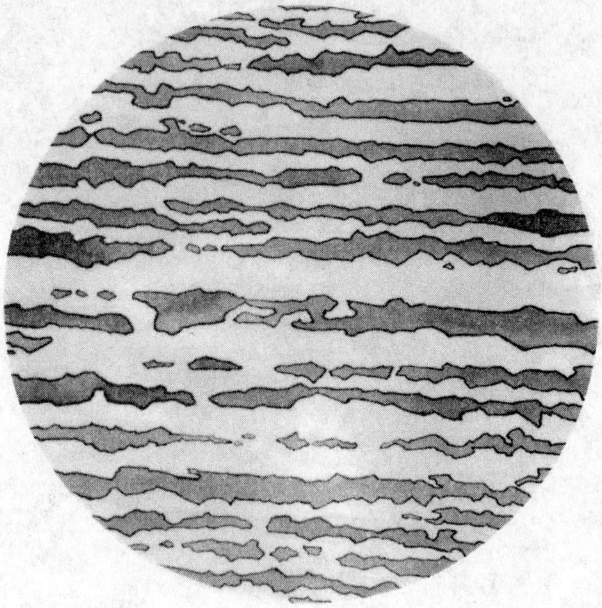

α-相面积～45%

网系

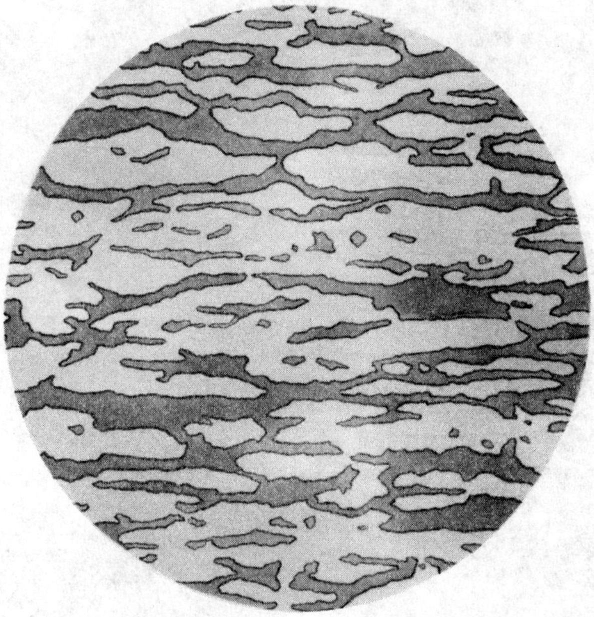

α-相面积～45%

带系

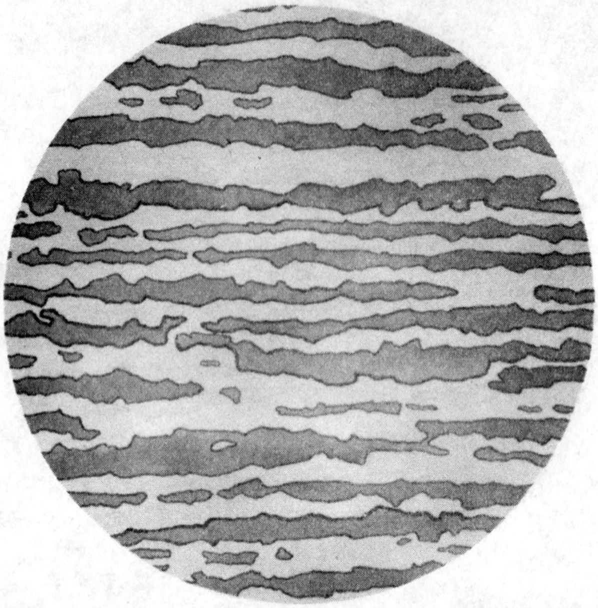

α-相面积～50%

网系

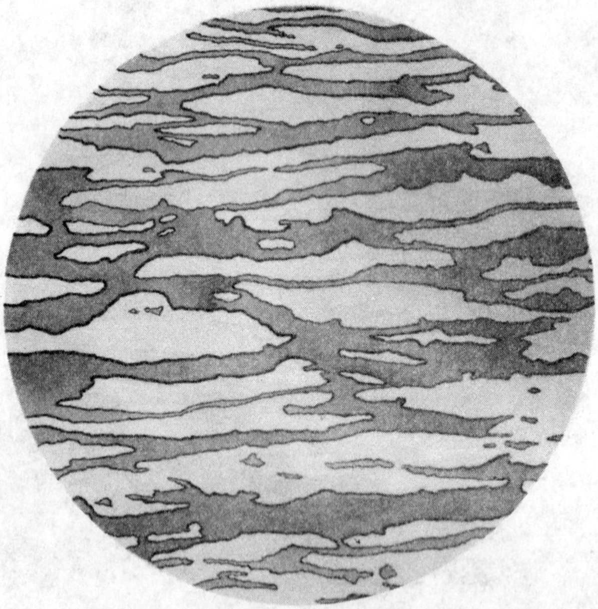

α-相面积～50%

带系

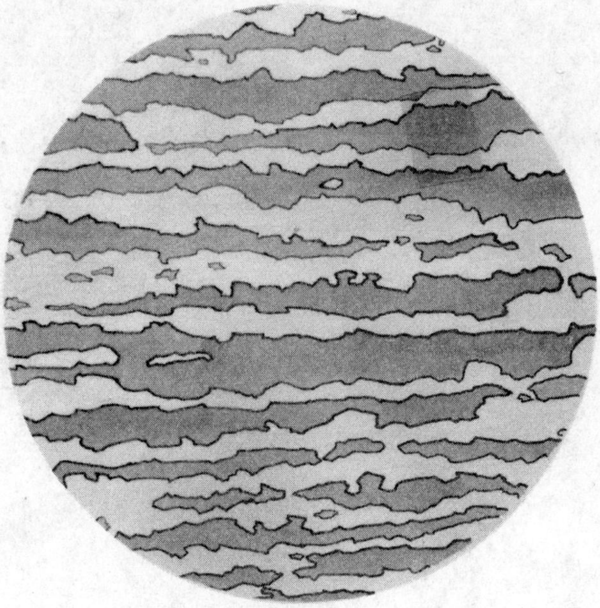

α-相面积～55%

网系

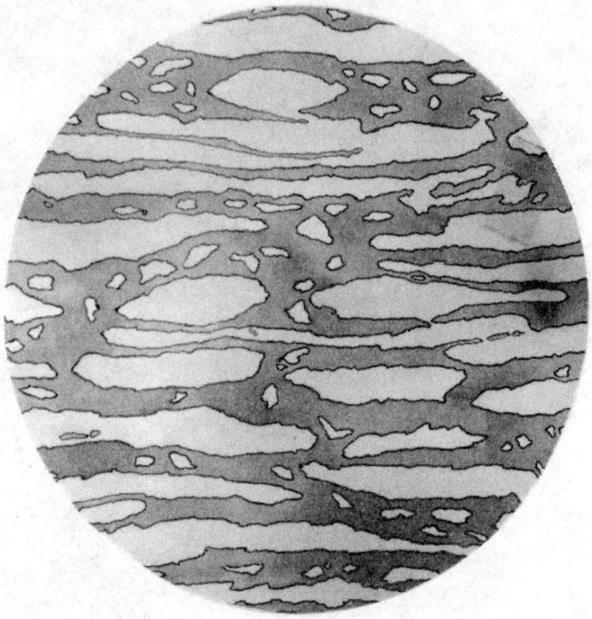

α-相面积～55%

带系

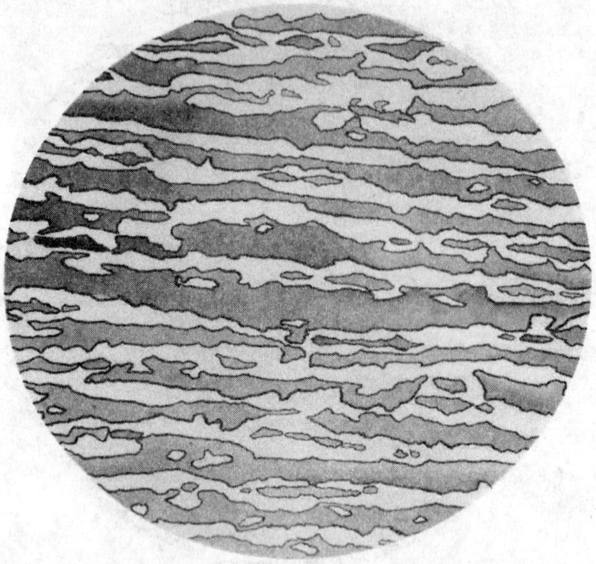

α-相面积～60%

网系

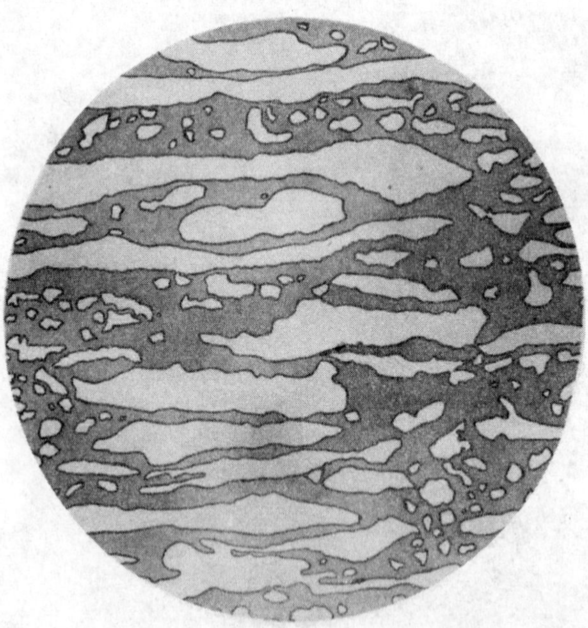

α-相面积～60%

带系

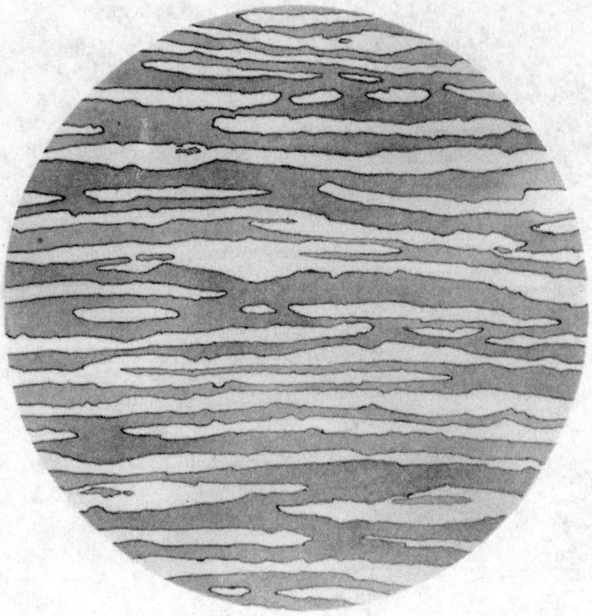

α-相面积～65%

网系

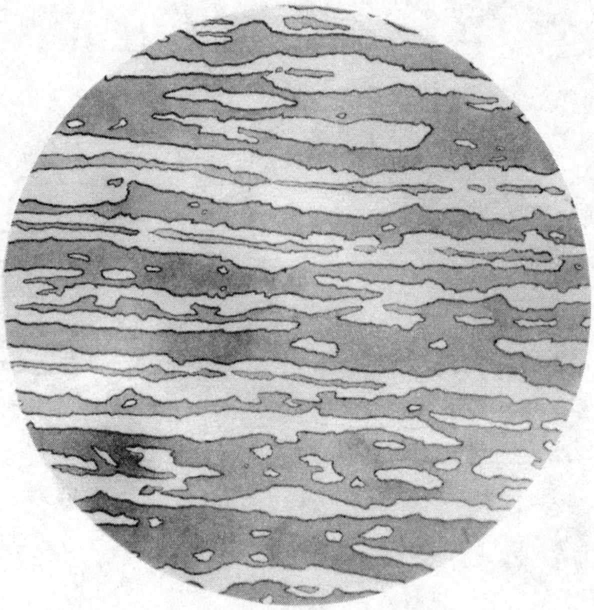

α-相面积～65%

带系

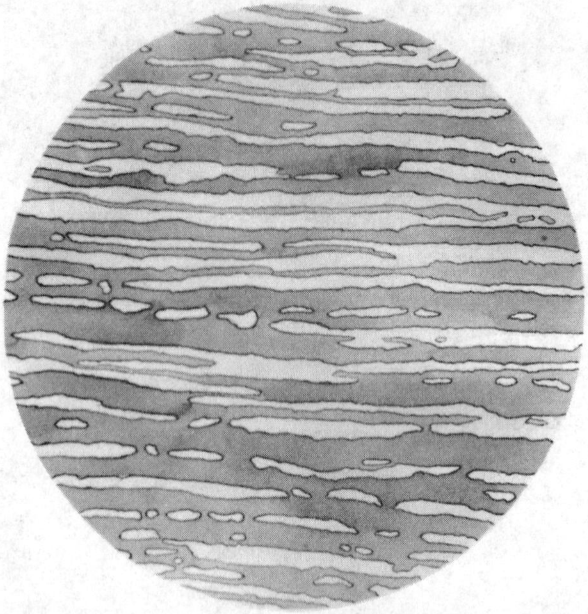

α-相面积～70%

网系

α-相面积～70%

带系

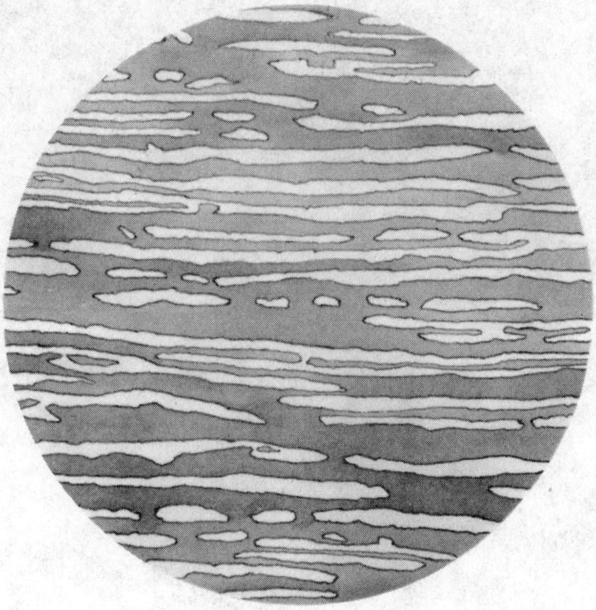

α-相面积～75%

网系

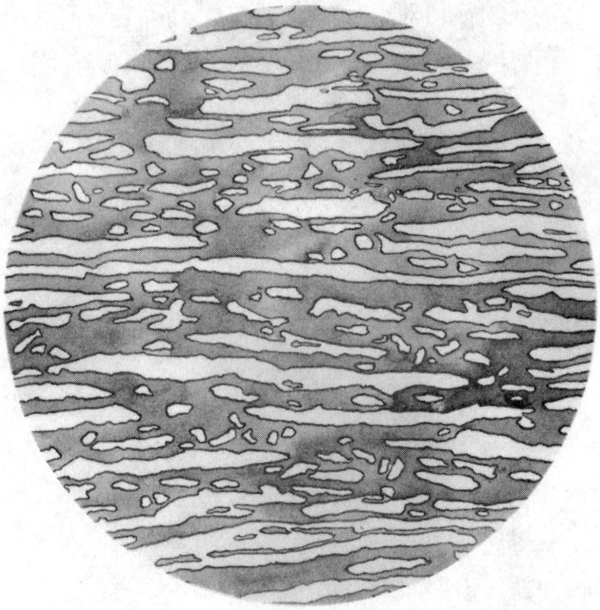

α-相面积～75%

ICS 77.180
H 94

GB

中华人民共和国国家标准

GB/T 13313—2008
代替 GB/T 13313—1991

轧辊肖氏、里氏硬度试验方法

Methods of Shore and Leeb hardness testing for rolls

2008-09-11 发布 2009-05-01 实施

中华人民共和国国家质量监督检验检疫总局
中国国家标准化管理委员会 发布

前　言

本标准代替 GB/T 13313—1991《轧辊肖氏硬度试验方法》。

本标准与 GB/T 13313—1991 的主要技术差异如下：

——名称变更为《轧辊肖氏、里氏硬度试验方法》；

——规范性引用文件做了补充、调整；

——增添了里氏硬度的表示、测试方法，及其对试验仪器、被测轧辊、数据处理、试验报告的要求；

——增加了检测高精轧辊时对硬度计、硬度块的要求；

——明确了硬度计、硬度块的检定依据；

——提高了被测轧辊测试硬度表面粗糙度的要求；

——考虑了冷、热加工对试样表面硬度的影响；

——增加了对测试现场的环境要求；

——辊身直径小于等于 300 mm 的轧辊，辊身测试母线数确定为 2 条；辊身直径大于 300 mm、小于等于 500 mm 的轧辊，增加了一条辊身测试母线；

——对测试母线的分布做了规定；

——增添了锻钢、铸铁、铸钢轧辊的 HSD-HLD 硬度对照表；

——硬度计的日常比对不再使用比对辊，改为标准硬度块；

——删去了原标准中附录 A《C 型肖氏硬度计主要技术参数》、附录 B《E 型肖氏硬度计主要技术参数》、附录 C《比对辊主要技术参数》；

——删去了原标准中附录 D《硬度换算表》中的 HRA 及其数据，对布氏硬度 HBW 和维氏硬度 HV 数据做了进一步修改和补充。

本标准的附录 A、附录 B 均是资料性附录。

本标准由中国钢铁工业协会提出。

本标准由中冶集团北京冶金设备研究设计总院归口。

本标准起草单位：中钢集团邢台机械轧辊有限公司、中冶集团北京冶金设备研究设计总院、中国测试技术研究院。

本标准起草人：郝进元、赵宝林、林巨才、杨金刚、张云波。

本标准 1991 年 12 月首次发布。

轧辊肖氏、里氏硬度试验方法

1 范围

本标准规定了轧辊肖氏硬度和里氏硬度的表示、测试方法，对试验仪器、被测轧辊、数据处理、试验报告的要求以及硬度换算表。

本标准适用于各种类型的锻钢、铸钢及铸铁轧辊的肖氏硬度和里氏硬度测定。

2 规范性引用文件

下列文件中的条款通过本标准的引用而成为本标准的条款。凡是注日期的引用文件，其随后所有的修改单(不包括勘误的内容)或修订版均不适用于本标准，然而，鼓励根据本标准达成协议的各方研究是否可使用这些文件的最新版本。凡是不注日期的引用文件，其最新版本适用于本标准。

GB/T 1172—1999 黑色金属硬度及强度换算值

GB/T 4341 金属肖氏硬度试验方法

GB/T 8170 数值修约规则

GB/T 17394—1998 金属里氏硬度试验方法

JJG 346 肖氏硬度计

JJG 347 标准肖氏硬度块

JJG 747 里氏硬度计

3 试验原理

3.1 肖氏硬度试验原理

将规定形状、质量的金刚石冲头从固定的高度 h_0 落在试样表面上，冲头弹起一定高度 h，用 h 与 h_0 的比值计算肖氏硬度值。计算公式如式(1)所示：

$$HS = K\frac{h}{h_0} \qquad (1)$$

式中：

HS——肖氏硬度；

K——肖氏硬度系数。

3.2 里氏硬度试验原理

用规定质量的冲击体在弹力作用下以一定速度冲击试样表面，用冲头在距表面 1 mm 处的回弹速度与冲击速度的比值计算硬度值。计算公式如式(2)所示：

$$HL = 1\,000\frac{v_R}{v_A} \qquad (2)$$

式中：

HL——里氏硬度；

v_R——冲击体回弹速度；

v_A——冲击体冲击速度。

4 硬度值的表示

4.1 肖氏硬度值的表示

在肖氏硬度符号 HS 前示出硬度数值，在 HS 后示出硬度标尺类型。

例如:45HSC、45HSD 和 45HSE 分别表示 C 型、D 型和 E 型硬度计测定的硬度值为 45。

4.2 里氏硬度值的表示

在里氏硬度符号 HL 前示出硬度数值,在 HL 后示出冲击装置类型。

例如:700HLD、700HLE 表示用 D 型、E 型冲击装置测定的里氏硬度值为 700。

5 试验仪器

5.1 肖氏硬度计

5.1.1 轧辊肖氏硬度测试通常采用 D 型(机械式)、C 型(气动式)肖氏硬度计,其示值误差应不大于 ±2.5HS,重复性应不大于 2.5HS。检测硬度均匀度要求高的轧辊时,可采用高精度数字显示的 D 型或 E 型肖氏硬度计,其示值误差应不大于 ±2.0HS,重复性应不大于 2.0HS。

5.1.2 肖氏硬度计的主要技术指标应符合 JJG 346 的规定。

5.1.3 肖氏硬度计检定时采用的标准肖氏硬度块应符合 JJG 347 的要求。检测硬度均匀度要求高的轧辊时,标准肖氏硬度块在硬度范围大于 75HSD 时的均匀度应≤1.2HSD。

5.1.4 肖氏硬度计、硬度块按 JJG 346、JJG 347 的规定进行检定。

5.1.5 肖氏硬度计日常比对宜采用标准肖氏硬度块进行。

5.2 里氏硬度计

5.2.1 轧辊里氏硬度测试通常采用 D 型,如有需要,可采用其他类型冲击装置。里氏硬度计的示值误差应不大于 ±12HL,重复性应不大于 12HL。检测硬度均匀度要求高的轧辊时,里氏硬度计的示值误差应不大于 ±9HL,重复性应不大于 9HL。

5.2.2 里氏硬度计的主要技术参数和检定时采用的标准里氏硬度块应符合 JJG 747 的要求。检测硬度均匀度要求高的轧辊时,标准里氏硬度块在硬度范围大于 760HL 时的均匀度应≤6HL。

5.2.3 里氏硬度计、硬度块按 JJG 747 的规定进行检定。

5.2.4 里氏硬度计日常比对宜采用标准里氏硬度块进行。

6 被测轧辊

6.1 采用肖氏硬度计检测时,轧辊直径应不小于 65 mm,被测片状轧辊厚度应不小于 10 mm,如不在试台上测试,轧辊质量应大于 4 kg。

6.2 采用 D 型里氏硬度计检测时,轧辊直径应不小于 30 mm,被测片状轧辊厚度应不小于 5 mm,如不在试台上测试,轧辊质量应大于 5 kg。

6.3 测试表面粗糙度 $Ra \leqslant 1.6\ \mu m$。

6.4 采用其他类型里氏硬度计检测时,对被测轧辊的要求应符合 GB/T 17394 的规定。

6.5 在制备试样表面时,应尽量避免由于受冷、热加工等对试样表面硬度的影响。

6.6 轧辊表面应清洁,无磁性、油脂、氧化皮、涂料等外来污物。

7 测试方法

7.1 测试前准备

7.1.1 测试前肖氏/里氏硬度计应按被测轧辊的硬度范围用同一硬度等级标准肖氏/里氏硬度块校验。

7.1.2 被测轧辊应稳固地水平放置。

7.1.3 轧辊硬度测试一般应在 10 ℃～35 ℃温度下进行,现场不能有强烈振动、严重粉尘、腐蚀性介质或强磁场。

7.2 测试操作

7.2.1 肖氏硬度测试

7.2.1.1 硬度测试时,应按 GB/T 4341 操作,硬度计可采用 V 型支架或手持,必须保证计测筒垂直状态。

7.2.1.2　在试台上测试硬度时压紧力约为200 N。手持计测筒或用V型支架测试时，压紧力应使计测筒与轧辊表面保持接触。

7.2.1.3　D型肖氏硬度计释放冲头时，操作轮的回转时间约为1 s并缓慢复位。C型硬度计读取冲头反弹瞬间最高位置时应迅速、准确。E型肖氏硬度计操作时应平稳，选择正确的测试方向。

7.2.1.4　硬度测量时，两相邻压痕中心距离不应小于2 mm。压痕中心距试样边缘的距离不应小于4 mm，同一压痕不得重复冲击。

7.2.2　里氏硬度测试

7.2.2.1　硬度测试前，根据轧辊直径选择适当的支撑环，以保证冲头冲击瞬间位置偏差在±0.5 mm之内。

7.2.2.2　硬度测试按以下程序进行：

a)　向下推动加载套或用其他方式锁住冲击体；

b)　将冲击装置支撑环紧压在轧辊表面上，冲击方向应与试验面垂直；

c)　平稳地按动冲击装置释放钮；

d)　读取硬度示值。

7.2.2.3　硬度测试时，冲击装置应尽可能垂直向下，对于其他冲击方向所测定的硬度值，如果硬度计没有修正功能，应按GB/T 17394—1998中附录A进行修正。

7.2.2.4　对于小质量的轧辊，在试验时应予以适当的固定或耦合以保证冲击时不产生位移或弹动。

7.2.2.5　硬度测量时，两相邻压痕中心距离不应小于4 mm。压痕中心距试样边缘的距离不应小于5 mm，同一压痕不得重复冲击。

7.3　测试部位及点数

7.3.1　对锻钢冷轧工作辊及支承辊测试部位及点数应符合表1规定。辊身每条母线上测试点数应不少于3点。

表 1

辊身直径 ϕ/mm	辊身			辊颈	
	点距		母线数	各辊颈每条母线测试点数	母线数
	辊身长度 ≤1 200 mm	辊身长度 >1 200 mm			
≤300	≤150	≤200	2	1	1
>300			4	2	2

7.3.2　对使用条件要求严格的铸钢轧辊、铸铁轧辊，测试部位及点数应符合表2规定。

表 2

辊身直径 ϕ/mm	母线数		辊身每条母线测试点数		各辊颈每条母线测试点数	
	辊身	辊颈	辊身长度/mm		辊颈长度/mm	
			≤2 000	>2 000	≤600	>600
≤600	2	2	3	5	1	2
>600	4	2	3	5	2	2

7.3.3　一般用途的铸钢、铸铁及普通锻钢轧辊应至少在一条母线上测试，辊身不少于3个测试点，辊颈至少1个测试点。

7.3.4　辊身及辊颈表面硬度测试母线在辊身圆周方向均布。

7.3.5　带槽轧辊、片状轧辊等硬度测试一般应在工作面上进行，如测试困难可与用户协商确定。

7.3.6　冷轧工作辊及有软带要求的其他轧辊，辊身两端软带不进行硬度测试。

7.3.7 测试点的硬度一般是指通过该点母线 30 mm 线段内测试硬度的平均值。

8 数据处理

8.1 连续五次读数的算术平均值为该测试点的硬度值。

8.2 测试时，允许读到 0.5 个刻度时平均值应按 GB/T 8170 规定修约到整数，允许读到 0.1 个刻度时平均值应修约到 0.5 个单位。

8.3 测试点硬度值分散度较大时，允许在该测试点范围内按 7.2 重新测定。

9 试验报告

试验报告应包括以下内容：

a) 各测试点肖氏硬度或里氏硬度的算术平均值及本支轧辊的最大值、最小值；

b) 所用肖氏硬度计或里氏硬度计的型号；

c) 试验条件(支撑方式、测试方式、测试环境温度、测试方向等)；

d) 测试操作人员。

附 录 A
（资料性附录）
硬 度 换 算 表

表A.1系采用肖氏硬度基准机和洛氏硬度基准机，在试块上进行硬度比对试验后，将数据数学归纳做出HSD-HRC硬度换算表，再与GB/T 1172—1999联用得到。

表 A.1 硬度换算表

肖氏 HSD	洛氏 HRC	维氏 HV	布氏 HBW ($F/D^2=30$)	肖氏 HSD	洛氏 HRC	维氏 HV	布氏 HBW ($F/D^2=30$)	肖氏 HSD	洛氏 HRC	维氏 HV	布氏 HBW ($F/D^2=30$)
34.0	20.0	226	225	56.0	42.8	414	401	78.0	57.9	654	627
34.5	20.8	230	228	56.5	43.2	418	405	78.5	58.2	660	630
35.0	21.5	233	232	57.0	43.6	422	410	79.0	58.5	666	634
35.5	22.2	236	235	57.5	44.0	428	415	79.5	58.8	671	637
36.0	22.9	240	239	58.0	44.4	433	420	80.0	59.1	678	640
36.5	23.6	244	242	58.5	44.7	438	424	80.5	59.4	685	642
37.0	24.2	249	246	59.0	45.1	443	429	81.0	59.7	692	644
37.5	24.9	252	250	59.5	45.5	448	435	81.5	60.0	698	647
38.0	25.5	256	254	60.0	45.8	454	440	82.0	60.3	705	649
38.5	26.1	260	257	60.5	46.2	458	444	82.5	60.6	711	651
39.0	26.7	264	261	61.0	46.6	462	448	83.0	60.9	718	—
39.5	27.3	267	265	61.5	46.9	466	453	83.5	61.2	725	—
40.0	27.9	272	269	62.0	47.3	471	458	84.0	61.5	733	—
40.5	28.5	276	273	62.5	47.6	476	464	84.5	61.8	741	—
41.0	29.1	281	277	63.0	48.0	482	470	85.0	62.1	748	—
41.5	29.7	287	281	63.5	48.3	487	475	85.5	62.4	756	—
42.0	30.2	290	285	64.0	48.7	492	481	86.0	62.6	763	—
42.5	30.7	293	289	64.5	49.0	497	486	86.5	62.9	770	—
43.0	31.3	297	293	65.0	49.4	502	491	87.0	63.2	776	—
43.5	31.8	301	297	65.5	49.7	507	497	87.5	63.5	782	—
44.0	32.3	305	301	66.0	50.0	512	502	88.0	63.8	789	—
44.5	32.8	309	305	66.5	50.4	518	508	88.5	64.0	795	—
45.0	33.3	314	309	67.0	50.7	523	514	89.0	64.3	802	—
45.5	33.8	318	313	67.5	51.1	528	519	89.5	64.6	810	—
46.0	34.3	323	317	68.0	51.4	534	525	90.0	64.8	817	—
46.5	34.8	329	321	68.5	51.7	539	531	90.5	65.1	823	—
47.0	35.3	333	325	69.0	52.1	545	536	91.0	65.4	830	—
47.5	35.7	338	329	69.5	52.4	551	542	91.5	65.6	838	—
48.0	36.2	343	333	70.0	52.7	556	548	92.0	65.9	847	—
48.5	36.6	347	337	70.5	53.1	562	554	92.5	66.1	855	—
49.0	37.1	351	341	71.0	53.4	568	560	93.0	66.4	862	—
49.5	37.5	355	346	71.5	53.7	573	565	93.5	66.6	869	—
50.0	38.0	360	350	72.0	54.0	578	569	94.0	66.9	875	—
50.5	38.4	364	354	72.5	54.4	585	575	94.5	(67.1)	881	—
51.0	38.8	367	358	73.0	54.7	590	580	95.0	(67.3)	888	—
51.5	39.2	371	362	73.5	55.0	596	585	95.5	(67.6)	895	—
52.0	39.7	377	366	74.0	55.3	602	590	96.0	(67.8)	902	—
52.5	40.1	382	370	74.5	55.7	608	595	96.5	(68.0)	909	—
53.0	40.5	387	375	75.0	56.0	615	601	97.0	(68.2)	(916)	—
53.5	40.9	393	380	75.5	56.3	621	605	97.5	(68.5)	(923)	—
54.0	41.3	397	384	76.0	56.6	627	610	98.0	(68.7)	(930)	—
54.5	41.7	401	388	76.5	56.9	634	615	98.5	(68.9)	(937)	—
55.0	42.1	405	392	77.0	57.2	641	618	99.0	(69.1)	(944)	—
55.5	42.5	410	397	77.5	57.6	648	623	99.5	(69.3)	(951)	—

注：表中括弧表示当超过仪器的测量范围时，数据仅供参考。

附 录 B
（资料性附录）
HSD-HLD硬度对照表

表B.1、表B.2、表B.3系采用肖氏硬度工作机和里氏硬度工作机，在锻钢、铸铁、铸钢轧辊实物上进行硬度比对试验后，将数据数学归纳做出的HSD-HLD硬度对照表。

表B.1 锻钢轧辊HSD-HLD硬度对照表

肖氏 HSD	里氏 HLD	肖氏 HSD	里氏 HLD	肖氏 HSD	里氏 HLD	肖氏 HSD	里氏 HLD	肖氏 HSD	里氏 HLD
35	517	50	622	65	710	80	791	95	863
36	525	51	628	66	715	81	796	96	868
37	532	52	634	67	721	82	801	97	872
38	540	53	640	68	726	83	805	98	875
39	548	54	646	69	732	84	810	99	880
40	555	55	653	70	737	85	815	100	884
41	562	56	659	71	742	86	820	101	888
42	569	57	665	72	747	87	825	102	894
43	576	58	671	73	753	88	830	103	898
44	582	59	677	74	758	89	835	104	902
45	588	60	683	75	764	90	839	105	906
46	594	61	688	76	770	91	844	—	—
47	601	62	693	77	775	92	849	—	—
48	608	63	699	78	781	93	853	—	—
49	615	64	704	79	786	94	858	—	—

表B.2 铸铁轧辊HSD-HLD硬度对照表

肖氏 HSD	里氏 HLD	肖氏 HSD	里氏 HLD	肖氏 HSD	里氏 HLD	肖氏 HSD	里氏 HLD
30	477	45	585	60	677	75	761
30.5	481	45.5	589	60.5	680	75.5	763
31	484	46	592	61	683	76	766
31.5	488	46.5	596	61.5	687	76.5	768
32	491	47	599	62	690	77	771
32.5	495	47.5	603	62.5	693	77.5	773
33	498	48	606	63	696	78	776
33.5	502	48.5	609	63.5	699	78.5	778
34	505	49	612	64	702	79	781
34.5	509	49.5	615	64.5	705	79.5	784
35	512	50	618	65	708	80	786
35.5	516	50.5	621	65.5	711	80.5	789
36	519	51	624	66	714	81	791
36.5	523	51.5	627	66.5	717	81.5	794
37	526	52	630	67	720	82	796
37.5	530	52.5	633	67.5	723	82.5	799
38	533	53	636	68	726	83	801
38.5	537	53.5	640	68.5	728	83.5	804
39	540	54	643	69	731	84	806
39.5	543	54.5	646	69.5	733	84.5	809
40	547	55	649	70	736	85	811
40.5	550	55.5	652	70.5	739	85.5	814
41	554	56	655	71	741	86	816
41.5	558	56.5	658	71.5	744	86.5	819
42	562	57	660	72	746	87	821
42.5	566	57.5	663	72.5	748	87.5	824
43	570	58	666	73	751	88	826
43.5	574	58.5	668	73.5	753	—	—
44	578	59	671	74	756	—	—
44.5	581	59.5	674	74.5	758	—	—

表 B.3 铸钢轧辊 HSD-HLD 对照表

肖氏 HSD	里氏 HLD	肖氏 HSD	里氏 HLD	肖氏 HSD	里氏 HLD	肖氏 HSD	里氏 HLD
25	441	40	546	55	649	70	732
25.5	445	40.5	550	55.5	652	70.5	735
26	448	41	553	56	655	71	737
26.5	452	41.5	557	56.5	658	71.5	740
27	455	42	560	57	661	72	742
27.5	459	42.5	564	57.5	664	72.5	745
28	462	43	567	58	667	73	747
28.5	466	43.5	571	58.5	670	73.5	750
29	469	44	574	59	673	74	752
29.5	473	44.5	578	59.5	676	74.5	755
30	476	45	581	60	679	75	757
30.5	480	45.5	585	60.5	682	—	—
31	483	46	588	61	685	—	—
31.5	487	46.5	592	61.5	688	—	—
32	490	47	595	62	691	—	—
32.5	494	47.5	599	62.5	694	—	—
33	497	48	602	63	697	—	—
33.5	501	48.5	606	63.5	700	—	—
34	504	49	609	64	702	—	—
34.5	508	49.5	613	64.5	705	—	—
35	511	50	616	65	707	—	—
35.5	515	50.5	620	65.5	710	—	—
36	518	51	623	66	712	—	—
36.5	522	51.5	627	66.5	715	—	—
37	525	52	630	67	717	—	—
37.5	529	52.5	634	67.5	720	—	—
38	532	53	637	68	722	—	—
38.5	536	53.5	640	68.5	725	—	—
39	539	54	643	69	727	—	—
39.5	543	54.5	646	69.5	730	—	—

ICS 77.180
H 94

中华人民共和国国家标准

GB/T 13314—2008
代替 GB/T 13314～13315—1991

锻钢冷轧工作辊 通用技术条件

General specifications of forged steel work rolls for cold rolling

2008-05-13 发布 2008-11-01 实施

中华人民共和国国家质量监督检验检疫总局
中国国家标准化管理委员会 发布

前言

本标准代替 GB/T 13314—1991《锻钢冷轧工作辊通用技术条件》和 GB/T 13315—1991《锻钢冷轧工作辊超声波探伤方法》。

本标准纳入并修订了 GB/T 13314—1991 和 GB/T 13315—1991 中的内容，与原标准 GB/T 13314—1991 相比，主要变化有：

——增加前言；

——修改了“范围”的内容；

——规范性引用文件做了补充、调整；

——在表 1 中增加了 8Cr3MoV、8Cr5MoV 两个牌号，取消了不常用的材料 8CrMoV、9Cr2W；

——将 4.5 款中的洛氏硬度和维氏硬度去除；

——取消 3.6.4 和 3.6.5 中辊身硬度均匀度和辊身淬硬层深度的定义，增加 GB/T 15546 的引用；

——修改了软带宽度的定义，相应修改了表 4 中允许软带宽度；

——在表 5 中增加 8Cr3MoV 和 8Cr5MoV 两种材料的淬硬层深度；

——取消了对 GB/T 13315 的引用，将其作为本标准的规范性附录，（见附录 A ：锻钢冷轧工作辊超声波探伤方法）。在 GB/T 13315—1991 原有内容的基础上修改了“范围”、用于调节探伤灵敏度的探测距离与增益增量关系曲线和“探伤结果分级”的部分内容，调整并重新定义了术语，删除了附录 B，并对要素的编排进行了适当调整；

——把 GB/T 13315—1991 附录 A：探伤结果分级　编入本标准“A.8　探伤结果的评定”；

——把 GB/T 13315—1991 附录 C：缺陷记录方法　作为本标准的附录 B。

本标准附录 A 是规范性附录，附录 B 是资料性附录。

本标准由中国钢铁工业协会提出。

本标准由中冶集团北京冶金设备研究设计总院归口。

本标准起草单位：宝钢集团常州轧辊制造公司主要负责“通用技术条件”部分；中钢集团衡阳重机有限公司主要负责“超声波探伤方法”部分。

本标准主要起草人：杨国平、崔昌群、葛浩彬、滕文青、叶剑勇。

本标准历次版本发布情况为：

——GB/T 13314—1991；

——GB/T 13315—1991。

锻钢冷轧工作辊　通用技术条件

1　范围

本标准规定了冷轧金属用锻造合金钢工作辊的技术要求、试验方法与检验规则等。

本标准适用于金属板(带)材等冷轧机用的整体锻造合金钢冷轧工作辊及中间辊(以下简称冷轧辊)。用其他方法制造的冷轧辊也可参照执行。

2　规范性引用文件

下列文件中的条款通过本标准的引用而成为本标准的条款。凡是注日期的引用文件,其随后所有的修改单(不包括勘误的内容)或修订版均不适用于本标准,然而,鼓励根据本标准达成协议的各方研究是否可使用这些文件的最新版本。凡是不注日期的引用文件,其最新版本适用于本标准。

GB/T 223.5　钢铁及合金化学分析方法　还原型硅钼酸盐光度法测定酸溶硅含量

GB/T 223.11　钢铁及合金化学分析方法　过硫酸铵氧化容量法测定铬量

GB/T 223.14　钢铁及合金化学分析方法　钽试剂萃取光度法测定钒含量

GB/T 223.19　钢铁及合金化学分析方法　新亚铜灵-三氯甲烷萃取光度法测定铜量

GB/T 223.23　钢铁及合金化学分析方法　丁二酮肟分光光度法测定镍量

GB/T 223.26　钢铁及合金化学分析方法　硫氰酸盐直接光度法测定钼量

GB/T 223.59　钢铁及合金化学分析方法　锑磷钼蓝光度法测定磷量

GB/T 223.60　钢铁及合金化学分析方法　高氯酸脱水重量法测定硅含量

GB/T 223.63　钢铁及合金化学分析方法　高碘酸钠(钾)光度法测定锰量

GB/T 223.68　钢铁及合金化学分析方法　管式炉内燃烧后碘酸钾滴定法测定硫含量

GB/T 223.69　钢铁及合金化学分析方法　管式炉内燃烧后气体容量法测定碳含量

GB/T 226　钢的低倍组织及缺陷酸蚀检验法(GB/T 226—1991[1],neq ISO 4969:1980)

GB/T 1184—1996[1]　形状和位置公差　未注公差值(eqv ISO 2768-2:1989)

GB/T 1299—2000[1]　合金工具钢

GB/T 1804—2000[1]　一般公差　未注公差的线性和角度尺寸的公差(eqv ISO 2768-1:1989)

GB/T 4879—1999[1]　防锈包装

GB/T 9445　无损检测　人员资格鉴定与认证(GB/T 9445—2005 idt ISO 9712:1999)

GB/T 12604.1　无损检测　术语　超声检测(GB/T 12604.1—2005 idt ISO 5577:2000)

GB/T 13313　轧辊肖氏、里氏硬度试验方法

GB/T 15546　冶金轧辊术语

GB/T 15547　锻钢冷轧辊辊坯

JB/T 10061　A 型脉冲反射式超声波探伤仪　通用技术条件

JB/T 10062　超声探伤用探头　性能测试方法

3　技术要求

3.1　冷轧辊应符合本标准和供需双方的约定(图样、协议等)。

3.2　冷轧辊用钢的牌号和化学成分推荐按表 1 的规定,也可采用供需双方商定的其他牌号或化学成分。

---

1)　2004 年复审确认有效。

辊坯或成品分析的化学成分允许偏差应符合 GB/T 15547 的规定。

表 1 冷轧辊用钢及化学成分

<table>
<tr><th rowspan="2">牌号</th><th colspan="10">化学成分(质量分数)/%</th></tr>
<tr><th>C</th><th>Si</th><th>Mn</th><th>Cr</th><th>Mo</th><th>V</th><th>Ni</th><th>Cu</th><th>S</th><th>P</th></tr>
<tr><td>9Cr2</td><td>0.80~0.95</td><td>≤0.40</td><td>≤0.40</td><td>1.30~1.70</td><td>—</td><td>—</td><td>—</td><td>—</td><td colspan="2">≤0.030</td></tr>
<tr><td>8Cr2MoV</td><td>0.80~0.90</td><td>0.15~0.40</td><td>0.30~0.50</td><td>1.80~2.40</td><td>0.20~0.40</td><td>0.05~0.15</td><td colspan="2" rowspan="4">≤0.25</td><td colspan="2" rowspan="4">≤0.025</td></tr>
<tr><td>9Cr2Mo</td><td rowspan="3">0.85~0.95</td><td rowspan="3">0.25~0.45</td><td rowspan="3">0.20~0.35</td><td rowspan="2">1.70~2.10</td><td>0.20~0.40</td><td>—</td></tr>
<tr><td>9Cr2MoV</td><td>0.20~0.30</td><td>0.10~0.20</td></tr>
<tr><td>9Cr3Mo</td><td>2.50~3.50</td><td>0.20~0.40</td><td>—</td></tr>
<tr><td>8Cr3MoV</td><td>0.78~1.10</td><td>0.40~1.10</td><td>0.20~0.50</td><td>2.80~3.20</td><td>0.20~0.60</td><td>0.05~0.15</td><td rowspan="2">≤0.80</td><td rowspan="2">≤0.25</td><td colspan="2">≤0.025</td></tr>
<tr><td>8Cr5MoV</td><td>0.78~0.90</td><td>0.40~1.10</td><td>0.20~0.50</td><td>4.80~5.50</td><td>0.20~0.60</td><td>0.10~0.20</td><td colspan="2">≤0.020</td></tr>
</table>

3.3 冷轧辊用钢的冶炼方法宜采用炉外精炼、电渣重熔等二次精炼方法，也可采用供需双方商定的其他方法。

3.4 冷轧辊锻件采用钢锭锻造时，辊身锻比一般应不小于 3；采用钢坯锻造时，辊身锻比不小于 1.5；采用电渣重熔锭锻造时，辊身锻比不小于 2。

3.5 冷轧辊的内部质量

3.5.1 冷轧辊试样的低倍组织，不允许有白点、内裂、缩孔、气泡、翻皮和目视可见的非金属夹杂物等冶金缺陷。

3.5.2 冷轧辊试样(锻件切片)显微组织网状碳化物不大于 2.5 级(按 GB/T 1299—2000 所附图第二级别图)。

3.5.3 冷轧辊应根据使用情况由供需双方协商选择超声波探伤的质量等级。

3.6 冷轧辊硬度及淬硬层深度

3.6.1 冷轧辊辊身表面硬度由供需双方商定或符合表 2 的规定。

表 2 冷轧辊辊身表面硬度

序 号	辊身表面硬度(HSD)	推 荐 用 途
1	≥95	平整机和精轧机工作辊
2	90~98	金属板、带材的冷轧工作辊
3	75~90	金属板、带材的初[粗]轧工作辊 金属板、带材的冷轧中间辊

3.6.2 冷轧辊辊颈(装配径向轴承部位)表面硬度由供需双方商定或符合表 3 的规定。

表 3 冷轧辊辊颈表面硬度

序 号	辊颈表面硬度(HSD)
1	30~50
2	50~65
3	75~90

3.6.3 冷轧辊辊身表面两边缘允许有低于硬度要求的软带区域存在，软带宽度定义为“从辊身圆柱面边部开始沿母线测量至硬度达到图样要求处的距离”。允许软带宽度由供需双方商定或符合表4的规定。

对冷轧辊辊身表面硬度要求95HSD及以上的工作辊的软带宽度允许比表中数值增加20%。

表4 冷轧辊辊身两边缘允许软带宽度

单位为毫米

辊身长度	≤300	301～600	601～1 000	1 001～2 000	≥2 001
允许软带宽度不大于	25	45	50	55	65

3.6.4 冷轧辊辊身硬度均匀度不大于3HSD或由供需双方商定。

3.6.5 冷轧辊辊身淬硬层深度由供需双方商定或符合表5的规定。

表5 冷轧辊辊身淬硬层深度

辊身直径/mm	辊身表面硬度范围(HSD)	淬硬层深度/mm，不小于		
		2%Cr材料	3%Cr材料	5%Cr材料
≤300	≥95	6	15	15
	90～96	8	20	20
	75～90	10	—	—
301～500	≥95	7	20	25
	90～96	12	25	30
	75～90	14	—	—
>500	≥95	8	20	25
	90～96	13	25	35
	75～90	15	—	—

3.7 冷轧辊的表面质量

3.7.1 冷轧辊辊身和辊颈的工作表面上不允许有裂纹及目视可见的凹坑、非金属夹杂、气孔和其他影响使用的表面缺陷。

3.7.2 冷轧辊辊身和辊颈的表面粗糙度应符合图样规定。图样上未注粗糙度一般应达到*Ra*1.6。

3.8 冷轧辊的形位公差和尺寸公差应符合图样规定。图样上辊身未注尺寸公差应执行GB/T 1804—2000 m级。辊身一般按圆柱形制造，圆柱度未注公差应执行GB/T 1184—1996 K级；如需制成其他形状，由供需双方协商确定。

4 试验方法

4.1 化学成分分析方法按GB/T 223规定执行。

4.2 化学成分偏差按GB/T 15547规定执行。

4.3 低倍组织检验按GB/T 226规定执行。

4.4 网状碳化物检验按GB/T 1299—2000规定执行。

4.5 超声波探伤检验按附录A规定执行。

4.6 肖氏硬度试验方法按GB/T 13313的规定执行。

4.7 冷轧辊辊身淬硬层深度的测试，应采用辊身逐层磨削测定表面肖氏硬度值或在使用单位修磨时测定表面肖氏硬度值的方式。

4.8 冷轧辊辊身表面裂纹的检验方法由供需双方协商确定。

5 检验规则

5.1 冷轧辊质量由制造厂质量检查部门按本标准和供需双方的约定进行检验。

5.2 冷轧辊各部位尺寸及表面质量要逐件进行检验。

5.3 冷轧辊化学成分每炉钢水浇注过程中取样检查，电渣钢应于电渣锭上端取样检验。当分析不合格时，允许在冷轧辊本体上取样复验，复验合格即为合格。

5.4 低倍组织、网状碳化物检验应符合 GB/T 15547 的规定。

5.5 冷轧辊应逐支进行超声波探伤检验。

5.6 冷轧辊表面硬度、辊身硬度均匀度、软带宽度应逐件进行检验。

5.7 辊身淬硬层深度由制造厂工艺保证，可用解剖测试相同材质和热处理工艺、直径相近，确有代表性的试验辊的淬硬层判定。若与修磨测量值不同时，应以实测值为准。

5.8 需方应在冷轧辊到货后三个月内进行复验。当需方复验或使用中确认冷轧辊质量不符合本标准或供需双方的约定时，应通知制造厂进行会检，根据双方会检或第三方仲裁结果判定是否合格。

6 标记、包装、运输和储存

6.1 经检验合格的冷轧辊，应在非传动端(对称型工作辊则任选一端)端面打上制造厂的标记和辊号。需方对标记和辊号有特殊要求时应在供需双方的约定中注明。

6.2 冷轧辊防锈包装应按 GB/T 4879—1999 表 1 中 3 级包装的规定执行，防锈期 2 年。

6.3 冷轧辊外包装用木板箱或栅板包装，包装质量应符合运输部门对包装的要求。

6.4 包装标志与随机文件

6.4.1 包装箱标志一般包括：

a) 合同号、工作辊型号及出厂编号；
b) 重量；
c) 包装日期；
d) 到站(港)及收货单位；
e) 发站(港)及发货单位。

6.4.2 对用栅板包装的冷轧辊，可将标志内容写在不易褪色且耐用的浅色尼龙纤维、棉布或镀锌薄铁片等上面，然后牢固地系在外包装上。

6.4.3 随机文件应包括质量证书、装箱单等。随机文件应用塑料袋封装后放在包装箱内。

质量证书的内容一般包括：

a) 冷轧辊型号、名称、规格及数量；
b) 合同号或出厂编号；
c) 辊号；
d) 牌号、化学成分；
e) 单件重量；
f) 主要检验项目的检验结果，如主要尺寸、硬度及超声波探伤结果等；
g) 收货单位名称；
h) 制造厂名称。

6.5 冷轧辊应平放于干燥通风的仓库或车间内。

附　录　A
（规范性附录）
锻钢冷轧工作辊超声波探伤方法

A.1　范围

本方法规定了锻钢冷轧工作辊(以下简称轧辊，包括冷轧金属板、带、箔材用工作辊；平整机工作辊；多辊轧机用中间辊)的超声波探伤方法及探伤结果分级。

本方法适用于采用 A 型脉冲反射式超声波探伤仪对直径大于或等于 80 mm 的轧辊锻坯和轧辊成品进行纵波接触法超声波探伤。对直径小于 80 mm 的轧辊，探伤方法由供需双方协商。

A.2　术语和定义

GB/T 12604.1 确立的以及下列术语和定义适用于本方法。

A.2.1

基准高度　reference height

将示波屏某一高度定为基准，该高度即为基准高度(通常用示波屏满屏的百分数来表示)。

A.2.2

单个回波缺陷　single echo defects

探头从缺陷回波最高位置向任一方向移动时，缺陷回波的幅度出现正常的下降，且当量直径不小于 ϕ2 mm 的回波缺陷，称为单个回波缺陷。

A.2.3

密集回波缺陷　cluster echo defects

在边长为 50 mm 的立方体内，数量不少于 5 个，当量直径不小于 ϕ2 mm 的缺陷回波，称为密集回波缺陷。

A.2.4

连续回波缺陷　continuous echo defects

探头在被探部位移动时，缺陷指示长度不小于 50 mm，当量直径不小于 ϕ2 mm 的缺陷回波，称为连续回波缺陷。

A.2.5

游动回波缺陷　travelling echo defects

探头在被探部位移动时，缺陷回波前沿位置的移动距离相当于 25 mm 或 25 mm 以上工件厚度的缺陷回波，称为游动回波缺陷。

A.2.6

中心草状回波缺陷　central grass defects

在探伤灵敏度下，于轧辊轴心区反射呈草状的回波。用 DGS 法调节仪器至轴心位置上 ϕ2 mm 当量直径的波高为 20%满屏高时，其草状回波波高低于 20%满屏高；此种草状回波缺陷称为中心草状回波缺陷。

A.3　一般要求

A.3.1　仪器、探头

A.3.1.1　采用 A 型脉冲反射式超声波探伤仪，其性能指标应符合 JB/T 10061 的规定。

A.3.1.2 超声波探伤用探头性能的测试按 JB/T 10062 的规定进行。

A.3.2 轧辊

A.3.2.1 供探伤的轧辊外形应尽可能加工成简单的几何形状，即孔、键槽、圆弧形过渡区等机械加工应安排在探伤后进行。对轧辊成品，则根据其几何形状作尽可能完全的重新探伤。

A.3.2.2 轧辊探伤面的表面粗糙度 Ra 应不大于 6.3 μm。

A.3.2.3 轧辊探伤面上不应有影响探伤的划痕及污垢。

A.3.2.4 轧辊应放置在能自由转动的支架上探伤，以保证对轧辊整体进行扫查。

A.3.2.5 轧辊材质衰减系数的确定：

a) 轧辊材质衰减系数应不大于 0.004 dB/mm，当轧辊的透声性不良时，应重新进行热处理后再作探伤；

b) 测量轧辊材质衰减系数时，在轧辊辊身上选取三处无缺陷回波的部位，分别测量每处的第一次底面回波高度（B_1）和第二次底面回波高度（B_2）。计算每处的材质衰减系数，取三处的平均值作为该轧辊的材质衰减系数。按式（A.1）、式（A.2）计算材质衰减系数。

$$\text{实心轧辊}\ \alpha=\frac{(B_1-B_2)-6}{2D} \qquad \text{(A.1)}$$

$$\text{空心轧辊}\ \alpha=\frac{(B_1-B_2)-6-10\lg R/r}{2(R-r)} \qquad \text{(A.2)}$$

式中：

α——材质衰减系数，dB/mm；

B_1——第一次底面回波高度，dB；

B_2——第二次底面回波高度，dB；

D——轧辊辊身直径，mm；

R——轧辊辊身半径，mm；

r——轧辊中心孔半径，mm。

A.3.3 探伤人员

轧辊的超声波探伤应按 GB/T 9445 的规定，由取得有效资格证书的人员担任。

A.4 探伤方法

A.4.1 采用单晶片直探头进行纵波接触法探伤。探头频率为 2 MHz～2.5 MHz。探头直径推荐按表 A.1 规定选择。必要时，可变换探头型式和探头频率进行辅助探伤。

表 A.1 推荐采用的探头直径

单位为毫米

探测部位尺寸		探头直径
实心轧辊直径	空心轧辊直径	
≤120		≤14
>120～200		≤20
>200		20～28

A.4.2 探伤用耦合剂推荐用机油。在不影响探伤灵敏度、不损伤轧辊表面的条件下，也可以用其他液态介质作耦合剂，但校正仪器和实施探伤时应使用同一种介质的耦合剂。

A.4.3 应以径向探测为主，对轧辊的外圆柱面进行 100% 的扫查。在实际可能时，还应在端面作轴向辅助探测，如图 A.1 所示。

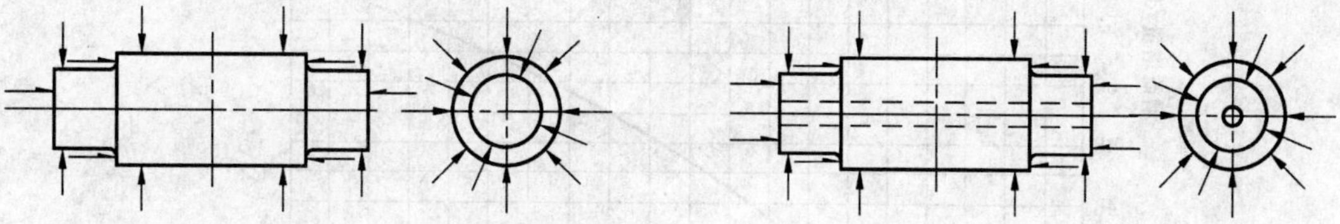

a) 实心轧辊　　　　b) 空心轧辊

注：—►必须探测方向　　　—►辅助探测方向

图 A.1　探测方向示意图

A.4.4　探头扫查速度应不大于 150 mm/s。

A.4.5　相邻两次扫查之间应有一定的重叠，其重叠宽度至少应为所用探头直径的 15%。

A.5　探伤灵敏度

A.5.1　在最大探测深度处，ϕ2 mm 平底孔回波高度等于 20%满屏高为探伤灵敏度。

A.5.2　用底面回波法调节探伤灵敏度。

A.5.3　探伤灵敏度的调节

A.5.3.1　将仪器"抑制"放在"0"位置，"深度补偿"放在"关"位置。

A.5.3.2　将探头置于轧辊探测面上无缺陷回波的部位，调节第一次底面回波至示波屏时基线的 4/5 处。

A.5.3.3　调节仪器增益，使第一次底面回波的高度为满屏高度的 20%，以此作为基准高度。

A.5.3.4　根据被探测部位的尺寸，按下列方法之一求取增益增量，按增量提高仪器增益达探伤灵敏度。

a)　从图 A.2、图 A.3 中查出增益增量；

b)　按式(A.3)、式(A.4)计算增益增量。

$$\text{实心轧辊}\ \Delta = 20\lg\frac{\lambda D_i}{2\pi} \quad \cdots\cdots\cdots\cdots(\text{A.3})$$

$$\text{空心轧辊}\ \Delta = 20\lg\frac{\lambda(R_i - r)}{2\pi} - 10\lg\frac{R_i}{r} \quad \cdots\cdots\cdots\cdots(\text{A.4})$$

式中：

Δ——增益增量，dB；

λ——波长，mm；

D_i——探测部位直径，mm；

R_i——探测部位半径，mm；

r——中心孔半径，mm。

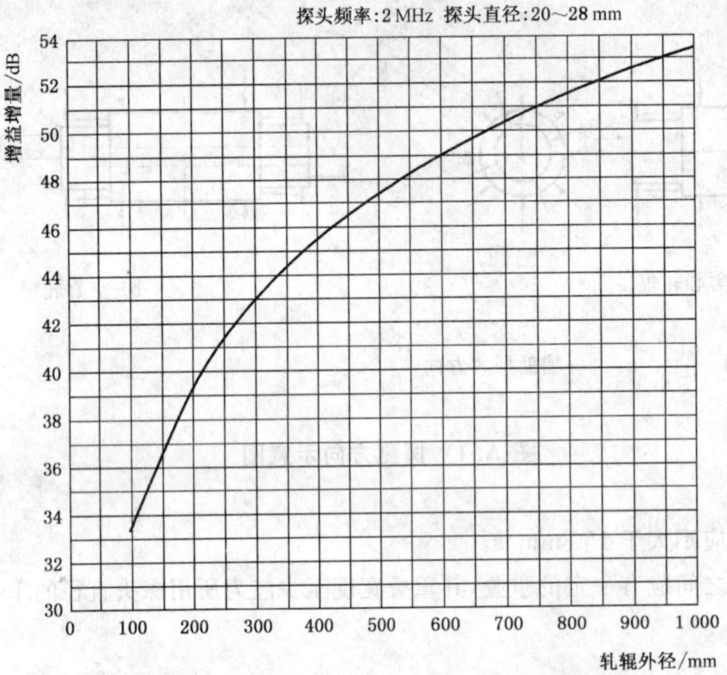

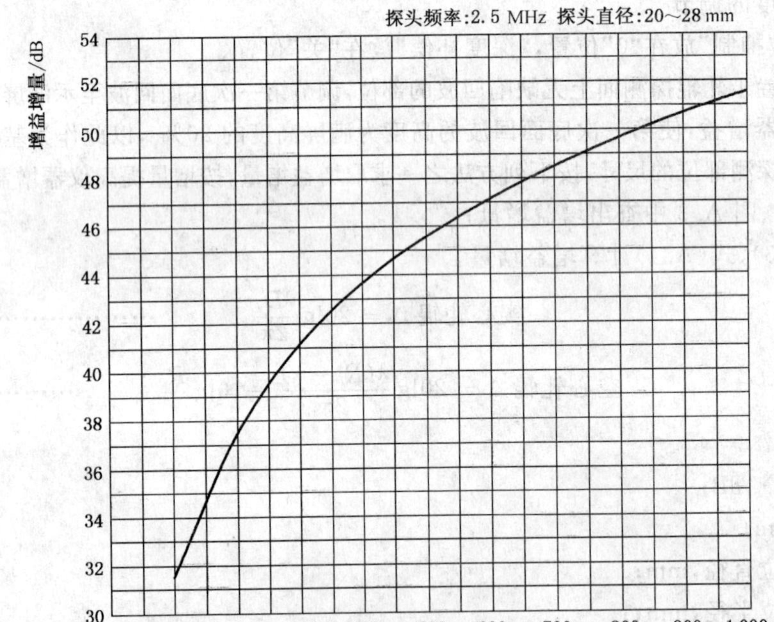

图 A.2 实心轧辊调节探伤灵敏度的"外径与增益增量关系曲线"

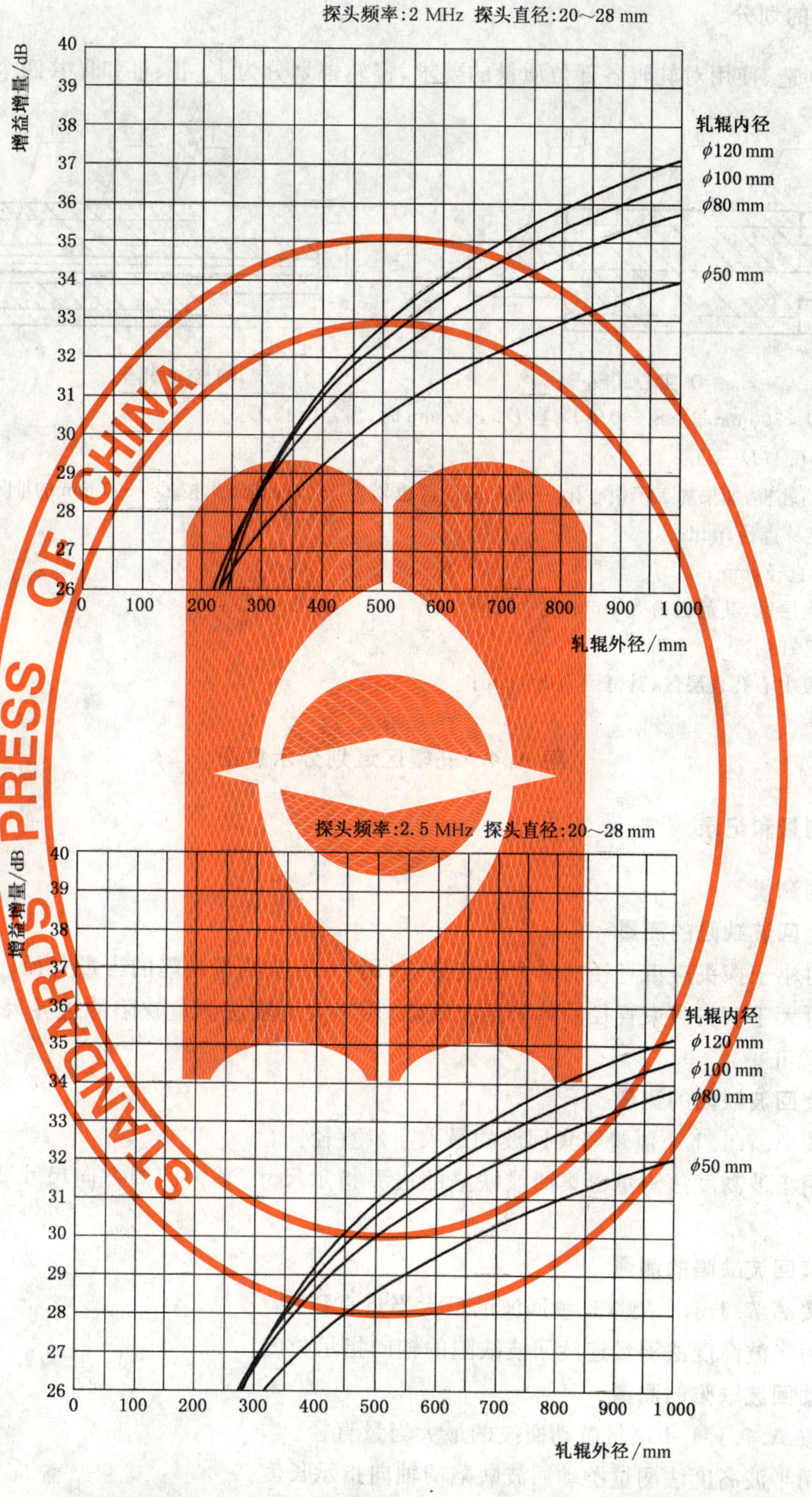

图 A.3 空心轧辊调节探伤灵敏度的"外径及内径与增益增量关系曲线"

A.5.4 探伤灵敏度的重新调节与校核。

A.5.4.1 在同一轧辊不同直径部位探伤时,应按 A.5.3 重新调节探伤灵敏度。

A.5.4.2 更换探头、探头连线或电源时,应按 A.5.3 重新调节探伤灵敏度。

A.5.4.3 连续工作四小时以上或探伤结束时,应按 A.5.3 对探伤灵敏度进行校核,以验证探伤结果的正确性。

A.6 轧辊区域的划分

根据轧辊制造、使用对轧辊各部位质量的要求，将轧辊划分为Ⅰ、Ⅱ、Ⅲ和Ⅳ共四个区域，见图A.4。

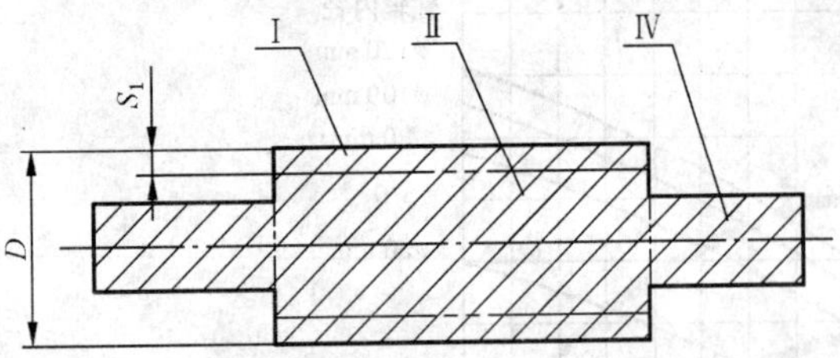

a）实心轧辊

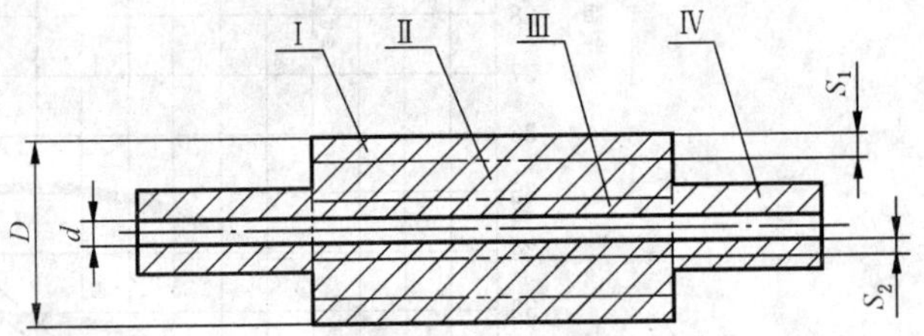

b）空心轧辊

S_1 取值：当 $D \leqslant 300$ mm 时，$S_1 = 0.2D$；当 $D > 300$ mm 时，$S_1 = 0.15D$。

S_2 取值：$S_2 = 0.1(D-d)/2$

$D \leqslant 300$ mm 的轧辊，如果加工了中心孔，中心孔表层区也划为Ⅲ区，探伤结果按 $D > 300$ mm 的Ⅲ区所规定的条件评定。

D——轧辊辊身直径，mm；

d——中心孔直径，mm；

Ⅰ——辊身表层区，其范围为 S_1，mm；

Ⅱ——中间区；

Ⅲ——辊身段中心孔表层区，其范围为 S_2，mm；

Ⅳ——辊颈。

图 A.4 轧辊区域划分示意图

A.7 缺陷的测量和记录

A.7.1 缺陷的测量

A.7.1.1 单个回波缺陷的测量

A.7.1.1.1 对小于探头声束直径的单个回波缺陷，用DGS法测量缺陷的当量直径。

A.7.1.1.2 对大于探头声束直径的单个回波缺陷，用半波高度法测量缺陷的边界尺寸，并根据缺陷的位置进行几何修正。

A.7.1.2 密集回波缺陷的测量

A.7.1.2.1 按A.7.1.1.1测量密集回波的最大当量直径。

A.7.1.2.2 用半波高度法测量密集回波缺陷的边界指示尺寸，其中圆周方向尺寸要根据缺陷位置进行几何修正。

A.7.1.3 连续回波缺陷的测量

A.7.1.3.1 按A.7.1.1.1测量连续回波的最大当量直径。

A.7.1.3.2 用半波高度法测量连续回波缺陷的轴向指示长度。

A.7.1.4 游动回波缺陷的测量

A.7.1.4.1 按A.7.1.1.1测量游动回波的最大当量直径。

A.7.1.4.2 用半波高度法测量游动回波缺陷的轴向指示长度。

A.7.1.4.3 根据游动回波在示波屏扫描线上的游动位置确定游动回波缺陷在轧辊中的深度范围。

A.7.1.5 中心草状回波缺陷的测量

根据草状回波在示波屏扫描线上的位置确定中心草状回波缺陷在轧辊轴心区的范围（用轧辊直径的百分比表示）。

A.7.2 缺陷的记录

A.7.2.1 对缺陷的测量结果应作详细记录，包括缺陷的当量直径（对于连续回波缺陷，记录其最大当量直径)、边界尺寸、指示长度和深度、在轧辊中的坐标位置以及缺陷的性质等。除Ⅰ区外,其他区域存在的单个小于 ϕ2 mm 当量直径的缺陷可不作记录。

A.7.2.2 记录可采用文字说明,也可参照附录B的规定进行。

A.8 探伤结果的评定

A.8.1 轧辊中不允许存在的缺陷

A.8.1.1 不允许有裂纹、白点、缩孔和游动回波缺陷。

A.8.1.2 实心轧辊的中心不允许有大于外径12%的中心草状回波缺陷区。

A.8.2 探伤结果分级

当轧辊达到A.8.1的要求后,再根据对各区缺陷的规定,将探伤结果分为A级和B级,见表A.2。

表 A.2 探伤结果分级

轧辊类别	轧辊中的区域	A级	B级
$D\leqslant$300 mm	Ⅰ	在规定的探伤灵敏度下,不允许有缺陷回波	
	Ⅱ	允许有不大于 ϕ3 mm 当量直径的单个回波缺陷	允许有不大于 ϕ4 mm 当量直径的单个回波缺陷
300 mm$<D\leqslant$650 mm	Ⅰ	在规定的探伤灵敏度下,不允许有缺陷回波	
	Ⅱ	允许有不大于 ϕ4 mm 当量直径的单个回波缺陷,其中大于 ϕ3 mm 当量直径的单个回波缺陷在任意方向的间距不得小于150 mm,且在轴向任意1 m长度内这种缺陷的总数不得多于5个;允许有不大于 ϕ3 mm 当量直径的连续回波缺陷*	允许有不大于 ϕ5 mm 当量直径的单个回波缺陷,其中大于 ϕ4 mm 当量直径的单个回波缺陷在任意方向的间距不得小于150 mm,且在轴向任意1 m长度内这种缺陷的总数不得多于5个;允许有不大于 ϕ4 mm 当量直径的连续回波缺陷*
	Ⅲ	允许有不大于 ϕ2 mm 当量直径的单个回波缺陷	允许有不大于 ϕ3 mm 当量直径的单个回波缺陷
$D>$650 mm	Ⅰ	在规定的探伤灵敏度下,不允许有缺陷回波	
	Ⅱ	允许有不大于 ϕ5 mm 当量直径的单个回波缺陷,其中大于 ϕ4 mm 当量直径的单个回波缺陷在任意方向的间距不得小于200 mm;允许有不大于 ϕ4 mm 当量直径的连续回波缺陷*	允许有不大于 ϕ6 mm 当量直径的单个回波缺陷,其中大于 ϕ5 mm 当量直径的单个回波缺陷在任意方向的间距不得小于200 mm;允许有不大于 ϕ5 mm 当量直径的连续回波缺陷*
	Ⅲ	允许有不大于 ϕ2 mm 当量直径的单个回波缺陷	允许有不大于 ϕ3 mm 当量直径的单个回波缺陷
Ⅳ区(辊颈): a) 轧辊传动端的辊颈或需要进行表面淬火的辊颈,按相应类别轧辊Ⅱ区的规定评级。 b) 轧辊非传动端的辊颈,并且不需表面淬火时,允许有 ϕ2 mm~ϕ6 mm 当量直径的单个回波缺陷,其中大于 ϕ4 mm~ϕ6 mm当量直径的单个回波缺陷的总数不得多于5个;允许有不大于 ϕ3 mm 当量直径的连续回波缺陷*;允许有不大于 ϕ3 mm 当量直径的密集回波缺陷,但密集回波缺陷区不得多于三处,每处的面积不得大于25 cm^2,各密集回波缺陷区的间距应不小于150 mm。			
* 允许存在的连续回波缺陷应位于不大于辊身直径15%的中心区域,超出该区域的位于Ⅱ区的连续回波缺陷的判定可由供需双方协商解决。			

A.8.3 对轧辊进行超声波检查所要求的质量级别、协商检查的项目、探伤方式和探伤条件，由供需双方商量确定，在订货合同和设计图上说明。

A.9 探伤报告

探伤报告至少要包括以下内容：

a) 委托单位、工件名称、生产编号、规格、材质、热处理状态、探伤表面粗糙度；

b) 使用仪器型号、探头规格及型号、探头频率、耦合剂、探伤灵敏度等；

c) 轧辊简图及缺陷在图上的分布位置、缺陷边界尺寸、缺陷指示长度、缺陷当量直径，必要时应附探伤波型图；

d) 根据供需双方共同确定的超声波探伤质量级别或协商的条款，对轧辊的超声波探伤质量作出结论；

e) 探伤日期；

f) 探伤者及报告审核者签名。

附 录 B
（资料性附录）
缺陷记录方法

B.1 缺陷的记录形式

采用下述三段记录形式。

D_i ×× - G_i ××/×× - ××

第三段

第二段

第一段

B.1.1 第一段是记录缺陷在轧辊主视图上的位置。用 D_i 表示缺陷所在轴段（以打印端的轴段为 D_1）；用数字表示缺陷与该轴段基准面（近打印端方向的端面）的距离（mm）。对游动回波缺陷则加小括号，并以分子表示轴向距离基准面的长度，分母表示径向深度。

B.1.2 第二段是记录缺陷在侧视图上的位置。用 G_i 表示四个等分圆周的基准点，顺时针方向排列，G_1 与“打印位置”方向相同；用分数表示缺陷位置，分子表示缺陷距离基准点的周向弧长，分母表示缺陷的径向深度。对游动回波缺陷则加上小括号，小括号的下角数值表示该处轴向距离基准面的长度。

B.1.3 第三段是记录缺陷的大小及性质。

B.1.3.1 小于探头声束直径的单个回波缺陷用当量直径表示，例如 $\phi 4$。

B.1.3.2 大于探头声束直径的单个回波缺陷用方括号内的面积 mm^2 表示，例如〔20×30〕。

B.1.3.3 连续回波缺陷用最大当量直径和轴向指示长度（mm）表示，例如 $\phi 4 \times 50$。

B.1.3.4 密集回波缺陷用最大当量直径和大括号内的面积（cm^2）表示，例如 $\phi 3\{5\times 4\}$。

B.2 缺陷记录示例

参看图 B.1。

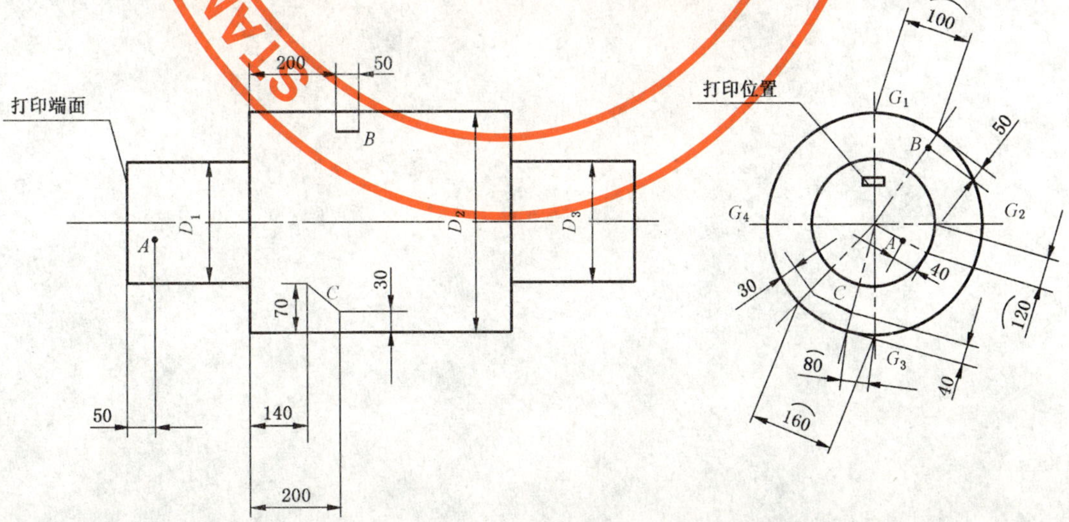

图 B.1 缺陷在轧辊主视图和侧视图上投影位置标识

例 1：缺陷 A 记为：$D_1 50\text{-}G_2\,\widehat{120}/40\text{-}\phi 4$

表示缺陷 A 位于第一轴段，轴向距离基准面 50 mm，周向距离基准点 G_2 弧长 120 mm，径向深度 40 mm；该缺陷为小于探头声束直径的单个回波缺陷，其当量直径为 ϕ4 mm。

例 2：缺陷记为：$D_1 150\text{-}G_3\,\widehat{120}/40\text{-}[20\times30]$

表示缺陷位于第一轴段，轴向距离基准面 150 mm，周向距离基准点 G_3 弧长 120 mm，径向深度 40 mm；该缺陷为大于探头声束直径的单个回波缺陷，其边界尺寸为 20 mm×30 mm。

例 3：缺陷 B 记为：$D_2 200\text{-}G_1\,\widehat{100}/50\text{-}\phi 6\times50$

表示缺陷 B 位于第二轴段，轴向距离基准面 200 mm，周向距离基准点 G_1 弧长 100 mm，径向深度 50 mm；该缺陷为连续回波缺陷，其最大当量直径为 ϕ6 mm，轴向指示长度为 50 mm。

例 4：缺陷 C 记为：$D_2(140/70\sim200/30)\text{-}G_3(\widehat{80}/40\sim\widehat{160}/30)_{200}$

表示缺陷 C 为游动回波缺陷，位于第二轴段。距离基准面 140 mm，径向深度 70 mm，游动到轴向距离基准面 200 mm，径向深度 30 mm。在轴向距离基准面 200 mm 处，该缺陷从距离 G_3 弧长 80 mm，径向深 40 mm 游动到距离基准点 G_3 弧长 160 mm，径向深度 30 mm。

例 5：缺陷记为：$D_2 180\text{-}G_4\,\widehat{160}/50\text{-}\phi 3\{5\times4\}$

表示该缺陷为一个密集回波缺陷区，位于第二轴段，距离基准面 180 mm，周向距离基准点 G_4 弧长 160 mm，径向深度 50 mm；密集回波缺陷区的边界指示尺寸为 5 cm×4 cm，区内最大当量直径为 ϕ3 mm。

ICS 53.100
P 97

中华人民共和国国家标准

GB/T 13332—2008/ISO 6015:2006
代替 GB/T 13332—1991

土方机械　液压挖掘机和挖掘装载机挖掘力的测定方法

Earth-moving machinery—Hydraulic excavators and backhoe loaders—Methods of determining tool forces

(ISO 6015:2006,IDT)

2008-08-26 发布　　2009-02-01 实施

中华人民共和国国家质量监督检验检疫总局
中国国家标准化管理委员会　发布

前　言

本标准等同采用 ISO 6015:2006《土方机械　液压挖掘机和挖掘装载机　挖掘力的测定方法》(英文版)。

本标准等同翻译 ISO 6015:2006。

为便于使用,本标准做了下列编辑性修改:

——“本国际标准”一词改为“本标准”;

——删除了国际标准的前言;

——对 ISO 6015:2006 中引用的国际标准,用已被采用为我国的标准代替对应的国际标准。

本标准代替 GB/T 13332—1991《液压挖掘机　挖掘力测试方法》。

本标准与 GB/T 13332—1991 相比,主要变化如下:

——标准名称由“液压挖掘机　挖掘力测试方法”改为“土方机械　液压挖掘机和挖掘装载机　挖掘力的测定方法”;

——对标准的英文名称进行了相应修改;

——增加了标准的前言;

——按第 4 章“测定方法”的内容对条文进行了重新编排;

——增加了第 5 章“计算方法”和第 6 章“额定挖掘力和闭合力的验证”。

本标准由中国机械工业联合会提出。

本标准由全国土方机械标准化技术委员会(SAC/TC 334)归口。

本标准起草单位:天津工程机械研究院、徐州徐挖机械制造有限公司、厦门厦工机械股份有限公司、三一重机有限公司。

本标准主要起草人:李广庆、史勇、黄萍、李蔚苹、易迪生。

本标准所代替标准的历次版本发布情况为:

——GB/T 13332—1991。

土方机械　液压挖掘机和挖掘装载机 挖掘力的测定方法

1　范围

本标准规定了液压挖掘机和挖掘装载机的挖掘力测定方法。

本标准适用于GB/T 8498中定义的液压挖掘机和挖掘装载机。

2　规范性引用文件

下列文件中的条款通过本标准的引用而成为本标准的条款。凡是注日期的引用文件，其随后所有的修改单(不包括勘误的内容)或修订版均不适用于本标准，然而，鼓励根据本标准达成协议的各方研究是否可使用这些文件的最新版本。凡是不注日期的引用文件，其最新版本适用于本标准。

GB/T 6572.1　液压挖掘机　术语(GB/T 6572.1—1997,eqv ISO 7135:1993)

GB/T 8498　土方机械　基本类型　识别、术语和定义(GB/T 8498—2008,ISO 6165:2006,IDT)

GB/T 18577.1　土方机械　尺寸与符号的定义　第1部分:主机(GB/T 18577.1—2008,ISO 6746-1:2003,IDT)

GB/T 21153　土方机械　尺寸、性能和参数的单位与测量准确度(GB/T 21153—2007,ISO 9248:1992,MOD)

GB/T 21154　土方机械　整机及其工作装置和部件的质量测量方法(GB/T 21154—2007,ISO 6016:1998,IDT)

GB/T 21941　土方机械　液压挖掘机和挖掘装载机的反铲斗和抓铲斗　容量标定(GB/T 21941—2008,ISO 7451:2007,IDT)

GB/T 21942　土方机械　装载机和正铲挖掘机的铲斗　容量标定(GB/T 21942—2008,ISO 7546:1983,MOD)

3　术语和定义

下列术语和定义适用于本标准。

3.1

挖掘力　tool force

单独操作铲斗液压缸或斗杆液压缸时，在铲斗前缘处或切削刃处而不是在斗齿尖处产生的作用力。

3.2

斗杆液压缸挖掘力　arm cylinder tool force

在斗杆液压缸被置于相对于斗杆销轴有转动力矩时，铲斗前缘处产生的作用力。

注：在使用反铲装置时，铲斗前缘向主机方向移动。

3.3

水平推进时斗杆液压缸挖掘力　arm cylinder tool force at level crowd

〈正铲装置〉当铲斗姿态为水平并保持与地平面平行且铲斗前缘位于地平面时，铲斗前缘在斗杆液压缸的作用下产生的斗杆液压缸水平挖掘力。

3.4

铲斗液压缸挖掘力　bucket cylinder tool force

在铲斗液压缸处于铲斗相对其销轴具有转动力矩时，在铲斗前缘处产生的挖掘力。

注：使用反铲装置时，铲斗前缘向主机方向移动；使用正铲装置时，铲斗前缘远离主机方向移动。

3.5

推进挖掘力　crowd tool force

〈带伸缩臂的液压挖掘机〉当伸缩臂收回时铲斗前缘处产生的挖掘力。

3.6

额定挖掘力　rated tool force

制造商公布的测量或计算得出的挖掘力。

3.7

实际挖掘力　actual tool force

在不倾翻或滑移时测量的铲斗前缘处的挖掘力。

3.8

最大[斗杆液压缸][铲斗液压缸][推进]挖掘力　maximum[arm cylinder][bucket cylinder][crowd]tool force

测量或计算得到的最大挖掘力。

3.9

抓铲[蛤壳式抓铲]闭合力　grab [clamshell] closing force

抓铲[蛤壳式抓铲]闭合时切削刃或斗齿尖之间产生的作用力。

3.10

最大抓铲[蛤壳式抓铲]闭合力　maximum grab [clamshell] closing force

测量或计算得到的抓铲[蛤壳式抓铲]最大闭合力。

3.11

斗杆作用力半径　arm force radius

A

经铲斗前缘，以斗杆销轴为圆心的圆弧半径，见图 5。

3.12

铲斗作用力半径　bucket force radius

B

经铲斗前缘，以铲斗销轴为圆心的圆弧半径，见图 6。

3.13

抓铲[蛤壳式抓铲]作用力半径　grab[clamshell]force radius

C

经抓铲[蛤壳式抓铲]前缘，以抓铲[蛤壳式抓铲]销轴为圆心的圆弧半径，见图 7。

3.14

工作质量　operating mass(OM)

主机带有包括制造商规定的工作装置和无载的附属装置、司机(75 kg)、燃油箱加足燃油、其他液体系统加到制造商规定液位时的质量。

[GB/T 21154—2007，定义 3.2.1]

3.15

作业回路压力　working circuit hydraulic pressure

液压泵作用于特定回路的正常工作压力。

3.16

回路最大过载压力 maximum relief circuit hydraulic pressure

当流量不超过回路额定流量的10%时，由溢流阀限定的特定回路中最大静态压力。

3.17

液压极限 hydraulic limit

挖掘力受回路最大过载压力时的极限状态。

3.18

倾翻极限 tipping limit

挖掘力受机器临界倾翻时的极限状态。

3.19

滑移极限 slipping limit

挖掘力受机器在测试表面打滑时的极限状态。

4 测定方法

4.1 试验地点和一般要求

试验地点应是水平坚硬的表面，并具有4.2.1～4.2.3中规定的测量用的锚定点和空间。为了在地平面之下进行测量，需要一个地平面之下的空间，用于放置机器机具和测量设备、锚具以及其他辅助设备。

所有测量的准确度应在±2%以内或满足与试验设备准确度相关的国家标准的规定。

首选的测量方法，是将需要测量的力直接作用于测力计上(4.2.1)。如果力是经过滑轮施加的，计算时要加入摩擦力。钢丝绳(4.2.4)尽量取短，以使其对准确度的影响最小。

4.2 试验设备

4.2.1 测力计，准确度符合GB/T 21153。

4.2.2 压力测量设备，准确度符合GB/T 21153。

4.2.3 测量线性尺寸的仪器，准确度符合GB/T 21153。

4.2.4 钢丝绳与钩环、滑轮、安全链和可调支承架。

4.3 试验准备

按GB/T 21154的规定装备机器。

机器应装配铲斗、抓铲或蛤壳式抓铲以及适当的配重，轮胎压力、轮胎添充物或履带张紧力应符合制造商的规定。

每次试验用的反铲、正铲、抓铲或蛤壳式抓铲装置应符合制造商的规定。

试验之前，发动机和液压系统应达到正常的工作温度。然后，利用4.2.2中规定的测量设备检查作业回路的液压压力和溢流回路的最大压力是否与制造商的额定值一致。

机器要放置到试验场地。如图1～图4所示，铲斗或附属装置应与测力计(4.2.1)相连接。

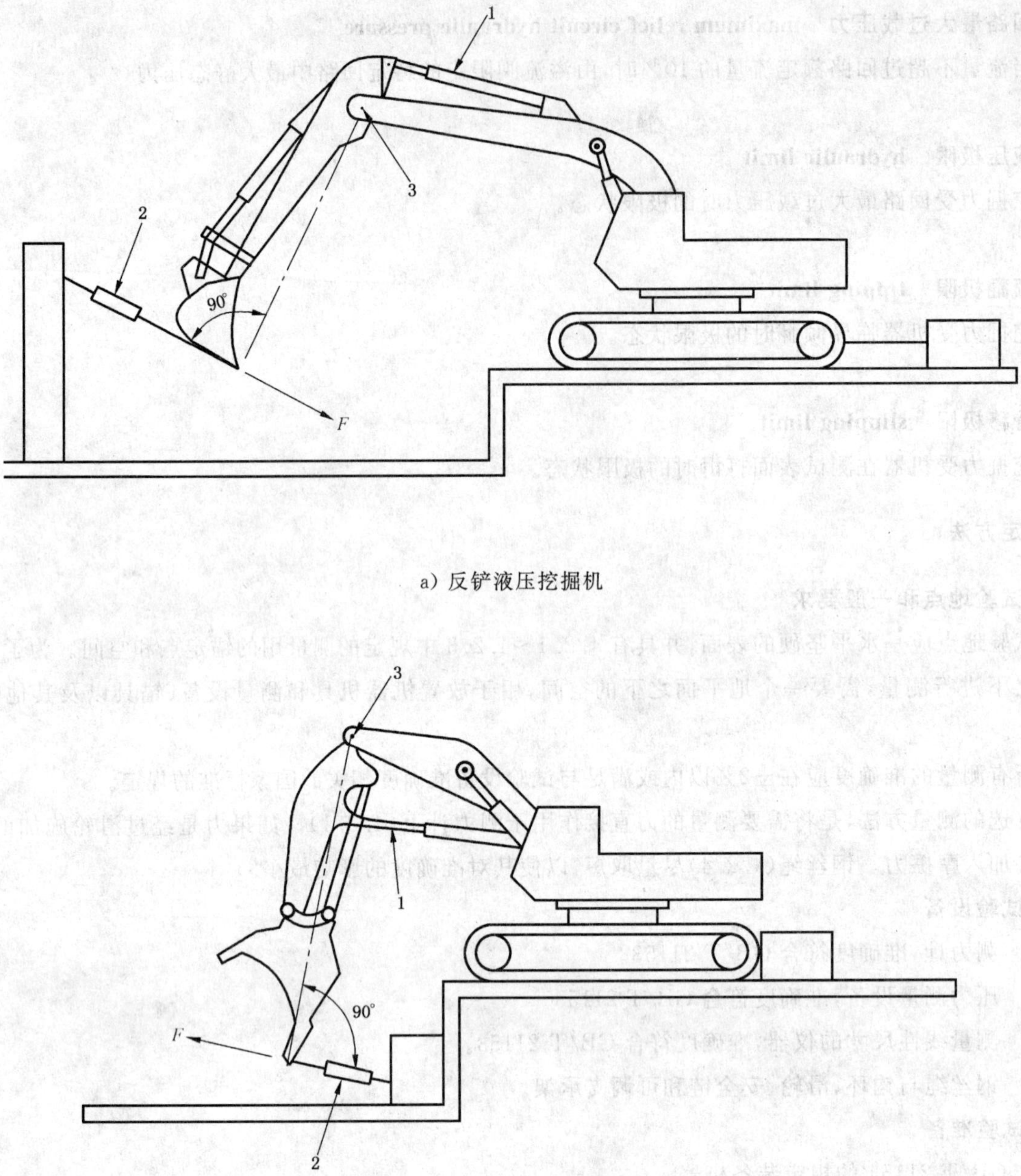

a）反铲液压挖掘机

b）正铲液压挖掘机

标号：

F——挖掘力；

1——斗杆液压缸；

2——测力计（载荷传感器）；

3——斗杆销轴。

图 1　测量最大斗杆液压缸挖掘力的典型布置（见 4.8.2）

a) 反铲液压挖掘机

b) 正铲液压挖掘机

标号：

F——挖掘力；

1——铲斗液压缸；

2——铲斗销轴；

3——测力计(载荷传感器)。

图 2 测量最大铲斗液压缸挖掘力的典型布置(见 4.8.3)

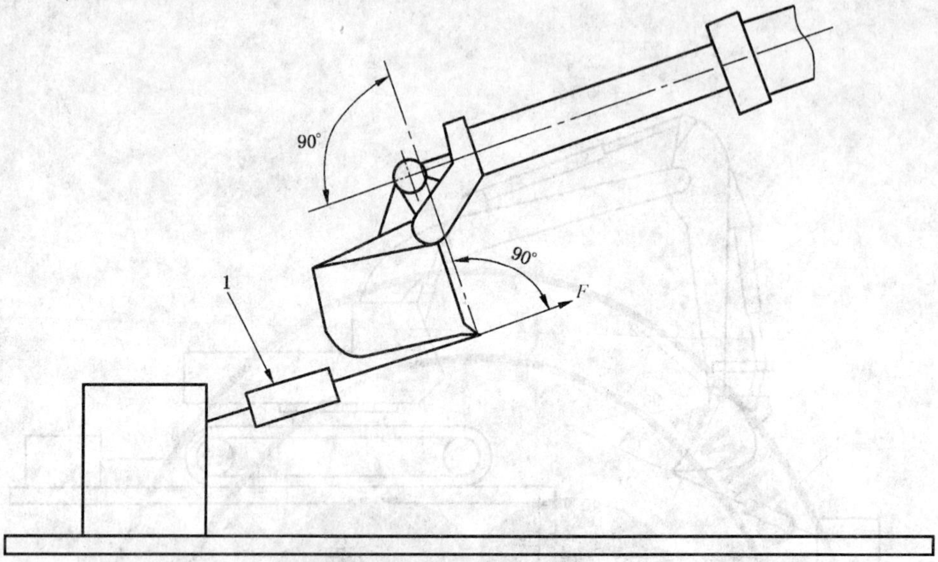

标号：

F——挖掘力；

1——测力计(载荷传感器)。

图 3　装有伸缩臂的液压挖掘机　测量最大推进挖掘力的典型布置(见 4.8.4)

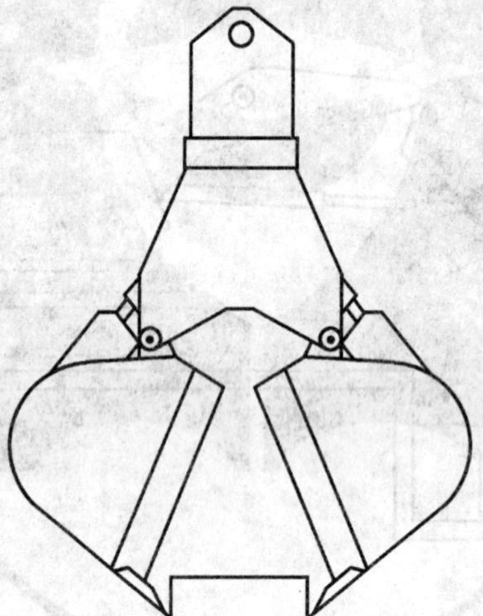

标号：

1——测力计(载荷传感器)。

图 4　抓铲或蛤壳式抓铲装置　测量抓铲/蛤壳式抓铲闭合力的典型布置(见 4.8.5)

4.4　试验过程中的要求

进行试验时，机器的运转应按制造商的操作说明并遵守所有的安全规则。

应为机器安装栓系装置和档块装置(4.2.4)，以防止滑移和倾翻。安全链条应为松弛状态，以使机器可以倾斜但又能防止其不会翻倒。

试验台上可能会安装模拟完整机器状态的部件。

试验要求的液压缸应能单独操作，记录下发动机在制造商规定的额定转速下运转时，作用于铲斗前缘处或附件上的力的大小。

应在机器的动臂与斗杆之间的夹角为不同值时进行初步的试验(如通过改变液压缸行程)，以得到可以获得最大作用力的最佳位置。应记录下在最佳位置时的动臂、斗杆和铲斗位置(角度)。

4.5 极限状态

每次试验的极限状态都要记录。

如果达到了液压系统的极限状态,试验报告应记录下超过回路最大过载压力的系统或回路。

如果达到了倾翻的极限状态,则应在倾翻刚开始时测量挖掘力。

如果达到了滑移的极限状态,应将机器锚定住,而且报告的结果中应指明在机器锚定时获得了最大挖掘力。

4.6 销轴位置

当有备用的动臂、斗杆、附件和液压缸销轴位置和/或可伸缩动臂时,应记录下试验时固定动臂、斗杆和铲斗的相应销轴的位置和/或伸缩臂位置。

4.7 支腿

对于安装有支腿的机器,试验时应按制造商的规定上升和下降支腿。

4.8 测量步骤

4.8.1 总则

每个试验应进行 3 次,记录每次试验的最大挖掘力,并将这 3 次数值的算术平均值记录在试验结果中。

应按规定的要求测量挖掘力。

对于切削缘为曲形或尖角形的铲斗,应在铲斗宽度的中心测量挖掘力。

测量挖掘力的方向应为由铲斗前缘画出的圆弧的切线方向。

对于每台装备有反铲装置、正铲装置或伸缩臂装置的机器,需要通过铲斗和斗杆液压缸挖掘力来正确地确定挖掘力。

对于装有抓铲或蛤壳式抓铲的每台机器,只需要通过抓铲/蛤壳式抓铲的闭合力来正确地确定挖掘力。

在斗杆和铲斗液压缸挖掘力两者都需要的时候,这两者既是实际挖掘力又是额定挖掘力。

通过测量可以确定实际挖掘力,还要考虑一些变量,如斗杆、铲斗、蛤壳式抓铲、连杆、销轴、液压缸和附件的重量,以及摩擦力。

4.8.2 斗杆液压缸挖掘力

4.8.2.1 反铲装置

测量沿铲斗前缘环绕斗杆销轴所形成的圆弧的切线方向的挖掘力。放置测力计(4.2.1)使其呈受拉状态,如图 1 a)所示。

为获得最大挖掘力,工作回路的压力应为最大值,而且使铲斗处于具有最大铲斗液压缸挖掘力的位置,从而产生相对于斗杆销轴的最大转矩。

4.8.2.2 正铲装置

测量沿铲斗前缘环绕斗杆销轴所形成的圆弧的切线方向的挖掘力。放置测力计使其呈受拉状态,如图 1 b)所示。

铲斗前缘应向离开主机的方向运动,见图 1 b)。

使铲斗位于可获得最大铲斗液压缸挖掘力的位置,以使得铲斗前缘与斗杆销轴的距离最短。

铲斗上没有超出铲斗前缘绕斗杆销轴形成的圆弧以外的部分。

为获得最大挖掘力,工作回路的压力应为最大值,而且使铲斗处于具有最大铲斗液压缸挖掘力的位置,从而产生相对于斗杆销轴的最大转矩。

4.8.3 铲斗液压缸挖掘力

4.8.3.1 反铲装置和伸缩臂装置

测量沿铲斗前缘环绕铲斗销轴所形成的圆弧的切线方向的挖掘力。放置测力计使其呈受拉状态,如图 2 a)或图 3 所示。

使铲斗处于具有最大铲斗液压缸挖掘力的位置。铲斗没有超出铲斗前缘绕斗杆销轴形成的圆弧以外的部分。

为获得最大铲斗液压缸挖掘力,工作回路的压力应为最大值,并使铲斗处于能产生相对于铲斗销轴的最大转矩的位置。

可调整和伸缩式动臂应处于最小伸出位置,除非另有说明。如果斗杆能水平铰接,则其应保持直的位置。

4.8.3.2 正铲装置

测量沿铲斗前缘环绕铲斗销轴所形成的圆弧的切线方向的挖掘力。放置测力计使其呈受拉状态,如图 2 b)所示。

为获得最大铲斗液压缸挖掘力,工作回路的压力应为最大值,并使铲斗处于能产生相对于铲斗销轴的最大扭转力矩的位置。

4.8.4 推进挖掘力

应平行于动臂缩回的作用方向测量推进挖掘力。测力计应放置成受拉状态。

铲斗前缘应向主机方向移动。

定位铲斗,使推进力的作用方向与伸缩臂的作用方向平行。

为获得最大推进挖掘力,工作回路的压力应为最大,见图 3。

4.8.5 抓铲/蛤壳式抓铲闭合力

应将测力计(4.2.1)置于抓铲或蛤壳式抓铲的切削刃或斗齿尖之间,抓铲或蛤壳式抓铲应处于最大闭合力的位置,通过闭合液压缸或其他方法施加闭合力。

应记录下切削刃之间的的距离,见图 4。为将测量误差降到最小,测力计(4.2.1)应尽可能地小,以靠近测量的切削刃或斗齿前缘相切的负载。

当工作回路压力为最大值且抓铲或蛤壳式抓铲处于最大闭合力矩位置时,所得到的抓铲或蛤壳式抓铲的闭合力最大。

被测的闭合力方向应与抓铲或蛤壳式抓铲切削刃或斗齿前缘做出的圆弧相切。

4.9 试验报告

应记录下列内容:

a) 机器:

1) 类型;

2) 型号;

3) 制造商;

4) 试验用机器的工作质量,单位为千克(kg);

5) 工作回路压力或回路最大过载压力的设定值,单位为千帕(kPa)。

b) 底盘类型(例如:履带式或轮胎式机器,按 GB/T 18577.1 的规定):

1) 履带式机器

ⅰ) 履带板类型;

ⅱ) 最大宽度(超出履带),$W1$,单位为米(m);

ⅲ) 轨距,$W2$,单位为米(m);

ⅳ) 履带板宽度,$W4$,单位为米(m);

ⅴ) 履带轴距(前后引导轮或驱动轮的垂直中心线之间的距离),$L2$,单位为米(m)。

2) 轮胎式机器

ⅰ）轮距，W3，单位为米（m）（前后轮距不同时，要分别说明）；

ⅱ）轴距，L3，单位为米（m）；

ⅲ）轮胎规格；

ⅳ）轮胎压力，单位为千帕（kPa）；

ⅴ）充填物（如果有），单位为千克（kg）。

c） 安装的工作装置（符合 GB/T 6572.1 的规定）：

1）动臂长度（按销轴位置或伸缩位置），单位为米（m）；

2）斗杆长度（按销轴位置或伸缩位置），单位为米（m）；

3）铲斗类型，额定容积（按 GB/T 21941 或 GB/T 21942 的规定）以及工作质量，单位为千克（kg）；

4）附件（规定的）和工作质量，单位为千克（kg）；

5）配重，单位为千克（kg）；

6）支腿外伸时支腿板中心之间的宽度，W6，单位为米（m）。

按表 1 的形式记录挖掘力。试验过程中为限制机器移动而使用的档块、栓系装置、安全链条或其他装置应在“极限状态”中注明。

表 1 试验结果—最大（实际）挖掘力和闭合力

最大挖掘力		销轴位置和斗杆长度/m	力 F/N	极限状态
反铲	斗杆液压缸挖掘力			
	铲斗液压缸挖掘力			
正铲	斗杆液压缸挖掘力			
	铲斗液压缸挖掘力			
最大抓铲/蛤壳式抓铲闭合力		斗齿/切削刃之间的距离		

5 计算方法

5.1 总则

挖掘力和抓铲/蛤壳式抓铲闭合力的计算应将所有部件的重量和摩擦力的影响排除在外。

5.2 额定挖掘力和闭合力

5.2.1 斗杆液压缸挖掘力

计算斗杆液压缸切向挖掘力，即由斗杆液压缸所产生且与半径 A 的圆弧相切的作用力，如图 5 a）的反铲装置和图 5 b）的正铲装置。

5.2.2 铲斗液压缸挖掘力

计算铲斗液压缸切向挖掘力，即由铲斗液压缸产生且与半径 B 的圆弧相切的作用力，如图 6 a）、图 6 b）和图 6 c）所示分别对应的反铲装置、正铲装置和伸缩臂装置。

5.2.3 推进挖掘力

计算伸缩臂的推进挖掘力，即动臂缩进所产生的与其作用线平行的作用力，如图 3 所示。

5.2.4 抓铲/蛤壳式抓铲闭合力

计算抓铲/蛤壳式抓铲闭合力，即闭合液压缸或其他方向产生的与半径 C 的圆弧相切的作用力，如图 7 所示。

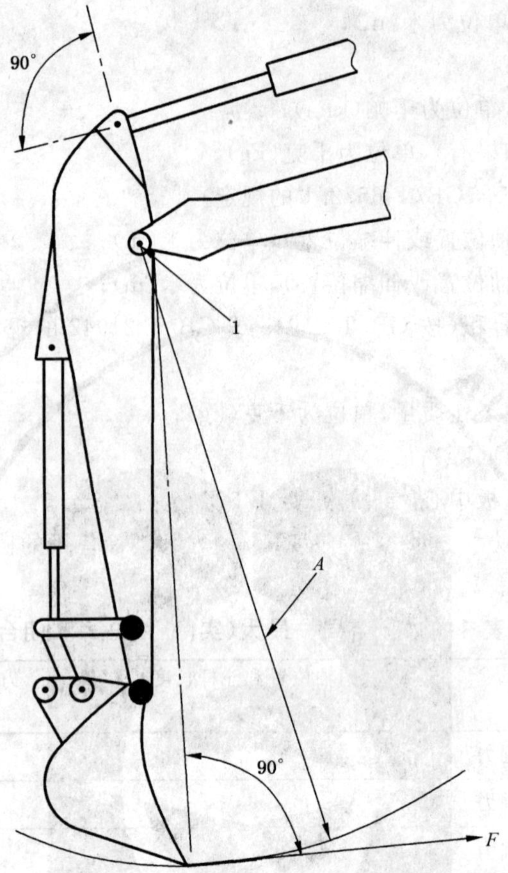

a) 反铲装置

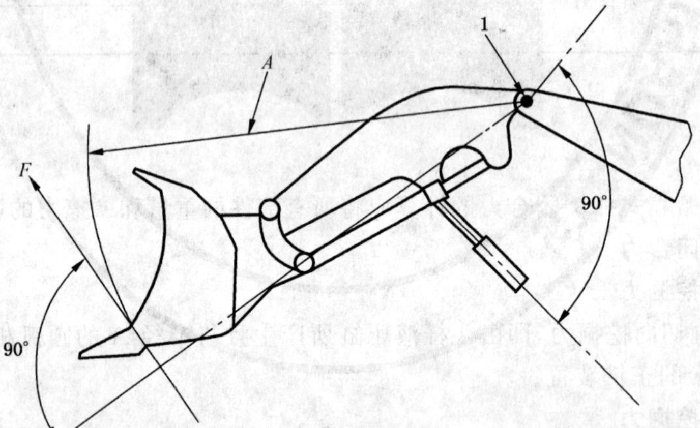

b) 正铲装置

标号:

A——斗杆作用力半径;

F——挖掘力;

1——斗杆销轴。

图5　斗杆液压缸挖掘力的计算(见5.2.1)

6 额定挖掘力和闭合力的验证

经计算得出的额定挖掘力和闭合力应公布，但这些数据应与实际测量值进行验证。

验证时，额定挖掘力应不大于挖掘力实际测量值的95%。如果已计算得出挖掘力，制造商应对其进行公布。

当公布的挖掘力数值是在多个动臂和/或斗杆位置下得到的，制造商应对所应用的动臂或斗杆的位置进行说明。

对于安装了反铲装置或正铲装置的机器，所公布的挖掘力数值，应对摇臂连杆和铲斗连杆加以说明。

ICS 37.100.01
N 47

中华人民共和国国家标准

GB/T 13334—2008
代替 GB/T 13334—1991

复印机调试版 A3

Adjusting test chart for copying machine A3

2008-07-02 发布　　2008-12-01 实施

中华人民共和国国家质量监督检验检疫总局
中国国家标准化管理委员会　发布

前　言

本标准是对 GB/T 13334—1991《复印机调试版 A3》的修订。

本标准代替 GB/T 13334—1991《复印机调试版 A3》。

本标准与 GB/T 13334—1991 相比，修改的主要技术内容如下：

——3.1.3 尺寸改为“420^{+2}_{+1} mm×297^{+2}_{+1} mm”；

——3.1.6 表 1 偏差 *A*、*B* 分别改为“±0.2”；*C*、*D*、*E*、*F* 分别改为“±0.1”；

——3.2.2“分辨率图由八组不同空间频率的线条图组成。每组线条图均由互相垂直的五条线组成。各组的空间频率按 R20 数系，分别为 1.8，2.0，2.2，2.5，2.8，3.2，3.6，4.0 线/mm。”改为“分辨力图由十组不同空间频率的线条图组成。每组线条图均由互相垂直的五条线组成。各组的空间频率按 R20 数系，分别为 1.8，2.0，2.2，2.5，2.8，3.2，3.6，4.0，4.5，5.0 线/mm。”；

——3.7 改为“调试版幅面内图像和文字以外为空白区，其反射密度值不大于 0.02。”；

——4.1 将“温度 15 ℃～25 ℃、相对湿度 45%～65%”改为“温度 18 ℃～28 ℃、相对湿度 40%～60%”；

——本标准中的“分辨率”均改为“分辨力”。

本标准由中国机械工业联合会提出。

本标准由全国复印机械标准化技术委员会(SAC/TC 147)归口。

本标准起草单位：国家办公设备及耗材质量监督检验中心、理光图像技术有限公司、佳能(中国)有限公司。

本标准主要起草人：刘慧玲、刘生应、鲁俊和。

本标准所代替标准的历次版本发布情况为：

——GB/T 13334—1991。

复印机调试版 A3

1 范围

本标准规定了复印机调试版的技术要求、试验方法、检验规则和对标志、包装、运输、贮存的要求。

本标准适用于静电复印机安装、调机、检测使用、幅面为 A3(420 mm×297 mm)的复印机调试版(以下简称调试版)。

2 规范性引用文件

下列文件中的条款通过本标准的引用而成为本标准的条款。凡是注日期的引用文件，其随后所有的修改单(不包括勘误的内容)或修订版均不适用于本标准，然而，鼓励根据本标准达成协议的各方研究是否可使用这些文件的最新版本。凡是不注日期的引用文件，其最新版本适用于本标准。

GB/T 2828.1—2003 计数抽样检验程序 第1部分:按接收质量限(AQL)检索的逐批检验抽样计划(ISO 2859-1:1999,IDT)

3 要求

3.1 基本要求

3.1.1 本标准规定的调试版采用无光涂料印刷纸制作。

3.1.2 纸张定量:(150±10)g/m²。

3.1.3 裁切尺寸:420^{+2}_{+1} mm×297^{+2}_{+1} mm。

3.1.4 调试版的结构见图1。

3.1.5 调试版的图样见图2。

3.1.6 调试版的基本尺寸见表1。

表 1

单位为毫米

符号	A	B	C	D	E	F
基本尺寸	420	297	180	180	40	125
极限偏差	±0.2	±0.2	±0.1	±0.1	±0.1	±0.1

3.2 分辨力图

3.2.1 分辨力图见图3,图样见图4。

3.2.2 分辨力图由十组不同空间频率的线条图组成。每组线条图均由互相垂直的五条线组成。各组的空间频率按 R20 数系,分别为 1.8,2.0,2.2,2.5,2.8,3.2,3.6,4.0,4.5,5.0 线/mm。

3.2.3 每组线条应清晰可辨。

3.2.4 各组空间频率的极限偏差为±0.5%。

3.2.5 分辨力图共三处,见图1中7所示。

3.3 灰度级

3.3.1 灰度级按水平方向与垂直方向排列,其网线密度为 6.3 线/mm。

3.3.2 水平方向灰度级由7级光密度阶组成,垂直方向灰度级由5级光密度阶组成,其反射密度值分别为 0.15～1.10 及 0.15～0.85,各相邻级间反射密度值的差不低于 0.07。

3.4 实心圆

左、中、右对称分布。实心圆反射密度值不小于 1.20。

3.5 两侧方格图

调试版左、右两侧的方格图面积为 20 mm×280 mm，由 5 mm×1 mm 的方格组成。

3.6 文字区

调试版内文字区从上至下由 34～7 级共 13 级的仿宋体“永”字组成。

3.7 背景

调试版幅面内图像和文字以外为空白区，其反射密度值不大于 0.02。

3.8 外观质量

调试版表面应平整、密实、色泽均匀、无划痕、弯曲、皱折及图案模糊和断裂的现象。

4 试验方法

4.1 试验条件：

环境温度 18 ℃～28 ℃；

相对湿度 40%～60%。

4.2 本标准 3.1.3、3.1.6 采用刻度值为 0.01 mm 的线纹米尺检验。

4.3 本标准 3.2.2～3.2.4 采用刻度值为 0.001 mm 的万能工具显微镜检验。

4.4 本标准 3.3.2、3.4、3.7 采用刻度值为 0.02 的反射密度计检验。

4.5 本标准 3.5、3.6、3.8 采用目视检验。

5 检验规则

5.1 调试版按本标准 3.1.3、3.2、3.3、3.4、3.8 规定，采用 GB/T 2828.1—2003 中一般检查水平Ⅰ正常检查一次抽样方案，合格质量水平 AQL=0.65，检验合格后方可使用。

5.2 调试版新版鉴定及每批制作时应按本标准 3.1～3.8 规定进行检验，合格后方可使用。

6 标志、包装、运输、贮存

6.1 每张调试版应标有名称、规格及制作单位名称。

6.2 调试版应逐张装入黑色塑料袋中，并附带有使用说明书。

6.3 调试版应采用硬质包装材料保护运输。

6.4 调试版应贮存于环境温度为 5 ℃～35 ℃，空气相对湿度低于 70%，无腐蚀性气体，避光的室内环境中。

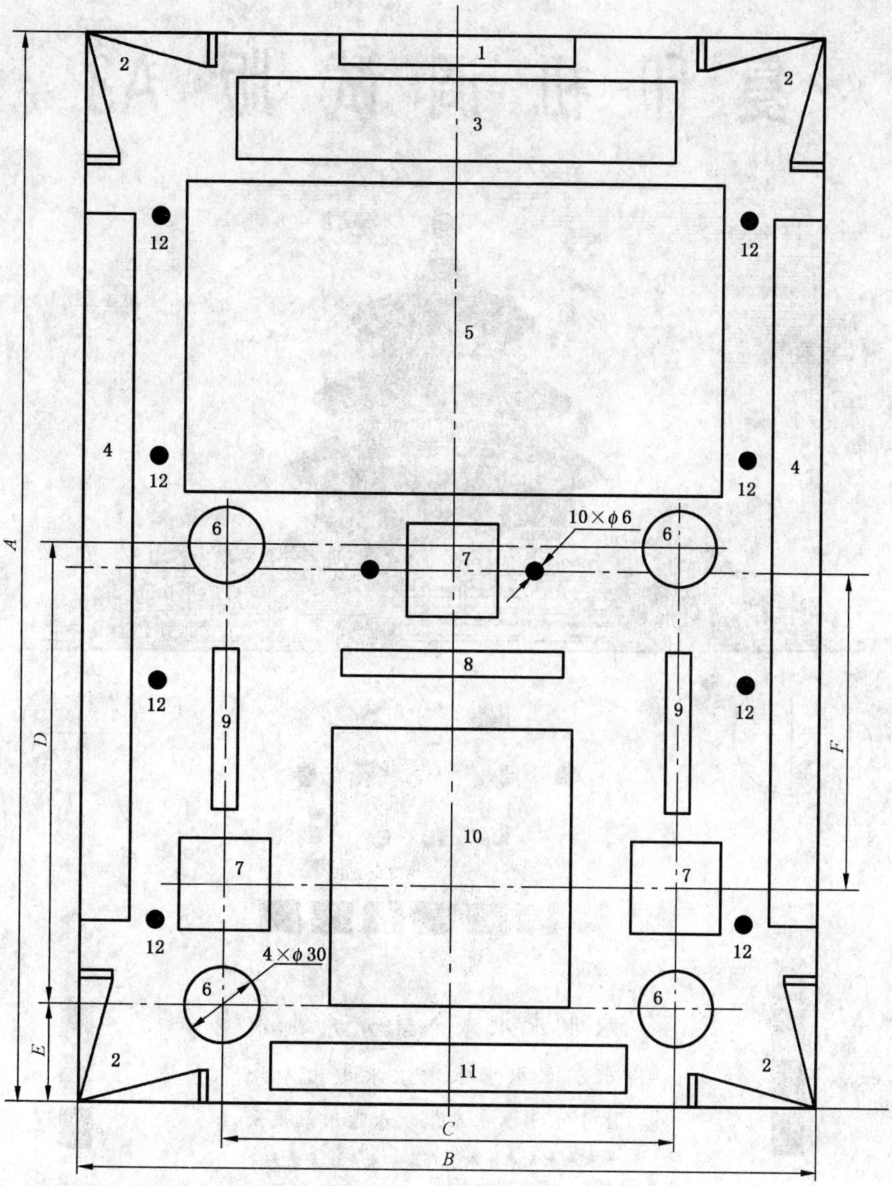

1——上端水平起始线图；
2——垂直、水平起始线图；
3——刊头字；
4——两侧方格图；
5——线条图案；
6——四角⊕标尺；
7——分辨力图；
8——水平灰度线；
9——垂直灰度级；
10——文字区；
11——记录区；
12——全黑实心圆。

图 1 调试版结构图

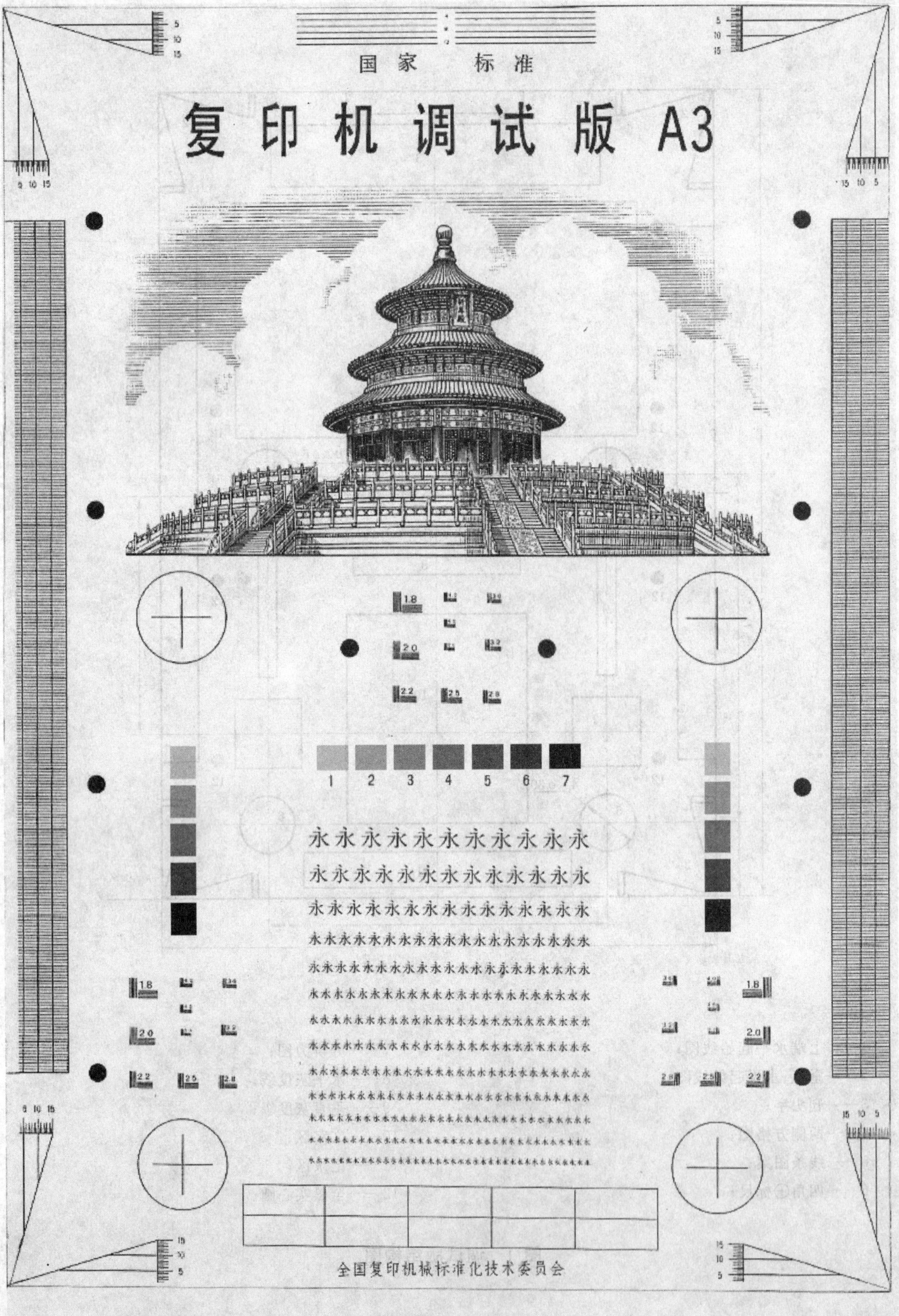

图2 调试版图样

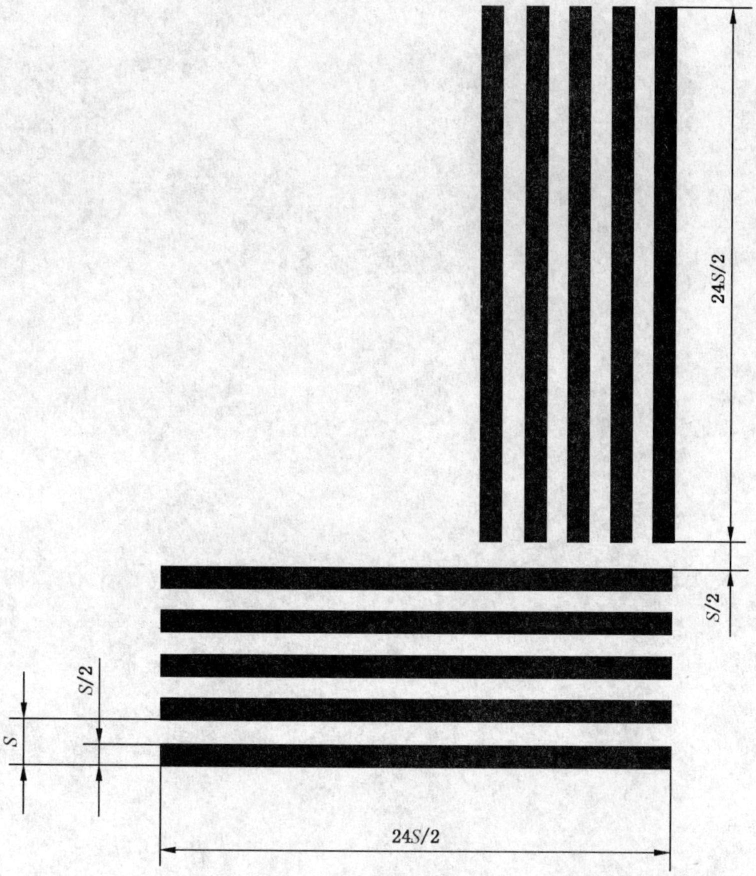

图 3 分辨力图

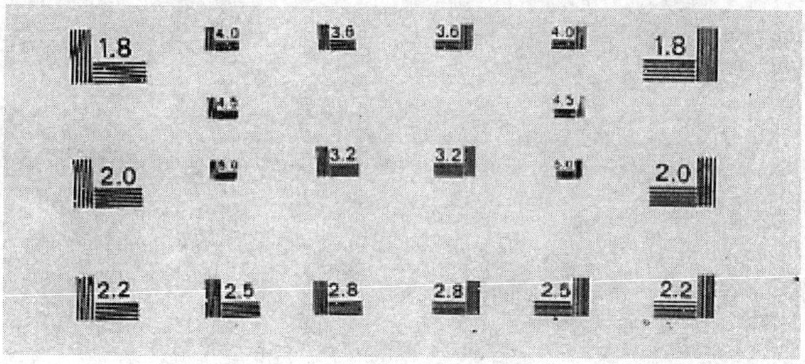

图 4 分辨力图样

ICS 73.100.10
D 92

中华人民共和国国家标准

GB/T 13343—2008
代替 GB/T 13343—1992

矿用三牙轮钻头

Blast hole tricone rock bits

2008-07-09 发布　　　　2009-02-01 实施

中华人民共和国国家质量监督检验检疫总局
中国国家标准化管理委员会　发布

前　言

本标准代替 GB/T 13343—1992《矿用三牙轮钻头》。

本标准与 GB/T 13343—1992 相比，主要变化如下：

——技术要求中增加钻头组装后的焊接焊条、焊缝抗拉强度及焊缝质量要求；

——进一步规范了试验方法和检验规则的内容；

——增加了钻头的包装要求；

——取消了保护漆颜色要求。

本标准由中国机械工业联合会提出。

本标准由全国矿山机械标准化技术委员会(SAC/TC 88)归口。

本标准起草单位：洛阳矿山机械工程设计研究院有限责任公司。

本标准主要起草人：邹声勇、郭明、杨现利、王亚东、黄嘉琳。

本标准所代替标准的历次版本发布情况为：

——GB/T 13343—1992。

矿用三牙轮钻头

1 范围

本标准规定了矿用三牙轮钻头的产品分类、技术要求、试验方法、检验规则以及标志、包装、运输和贮存。

本标准适用于风冷轴承压气排渣矿用三牙轮钻头(以下简称钻头)。该钻头主要用于冶金、煤炭、化工、建材、矿山等工程中穿凿炮孔。

2 规范性引用文件

下列文件中的条款通过本标准的引用而成为本标准的条款。凡是注日期的引用文件,其随后所有的修改单(不包括勘误的内容)或修订版均不适用于本标准,然而,鼓励根据本标准达成协议的各方研究是否可使用这些文件的最新版本。凡是不注日期的引用文件,其最新版本适用于本标准。

GB 150—1998 钢制压力容器

GB/T 2527 矿山、油田钻头用硬质合金齿

GB/T 9253.1—1999 石油钻杆接头螺纹

3 术语和定义

下列术语和定义适用于本标准。

3.1

风冷轴承压气排渣钻头 air-cooled and gas pressure deslagging bit

用压缩空气冷却轴承并将炮孔内的岩渣排出炮孔外的钻头。

3.2

整体式钻头 integrated bit

由三个组装有牙轮的牙爪直接焊接在一起的钻头。

3.3

分体式钻头 separated bit

由三个组装有牙轮的牙爪焊接在螺纹接头体上面的钻头。

3.4

倒角直径 chamfer diameter

钻头螺纹接头体台肩的直径(见图1中 d)。

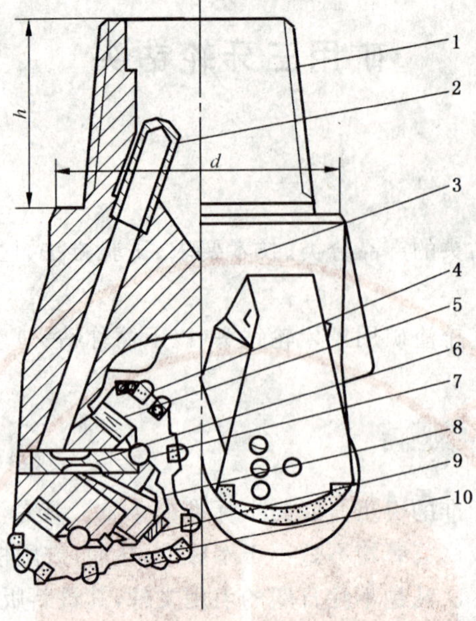

1——接头螺纹；
2——挡渣管；
3——牙爪；
4——合金齿；
5——滚柱；
6——塞销；
7——滚珠；
8——衬套；
9——止推块；
10——牙轮。

图 1

4 产品分类

4.1 钻头按其装配形式可分为：

a) 整体式；

b) 分体式。

4.2 钻头按其结构特征分为钢齿钻头和镶齿钻头(见表 1)。

4.3 钻头按使用范围分为 8 个系列(见表 1)。

4.4 钻头按岩石磨蚀性分为 4 个类别(见表 2)。

表 1

名　　称	系 列 号	岩石普氏硬度系数 f	每厘米钻头直径上推荐轴压/N	推荐转速/(r/min)
钢齿钻头	1	1～4	1 960～3 920	90～120
	2	3～5	1 960～4 900	
	3	5～7	2 940～6 870	
镶齿钻头	4	6～8	3 430～7 850	90～120
	5	8～10	3 920～8 340	80～120
	6	10～12	4 900～8 830	60～100
	7	12～16	5 880～11 770	50～80
	8	16～20	6 870～14 710	50～80

表 2

钻头类别号	1	2	3	4
岩石的磨蚀性	弱——————→强			

4.5 型号与基本参数

4.5.1 型号说明

K □ □-□-□

- □（第4位）→ 钻头直径，单位为 mm
- □（第3位）→ 钻头类别号
- □（第2位）→ 钻头系列号
- □（第1位）→ 钢齿钻头为 G，镶齿钻头为 X
- K → 矿用三牙轮钻头

4.5.2 钻头的基本参数应符合表 3 的规定。接头螺纹按 GB/T 9253.1—1999 中的 REG 螺纹代号。

表 3

单位为毫米

钻头直径 D	直径偏差	螺纹规格	倒角直径 $d\pm0.4$	螺纹接头体高度 h
95	$^{+1.5}_{0}$	$2\frac{3}{8}$REG	77.4	76_{-3}^{0}
105		$2\frac{3}{8}$REG	77.4	76_{-3}^{0}
120		$2\frac{7}{8}$REG	91.7	89_{-3}^{0}
150	$^{+2.0}_{0}$	$3\frac{1}{2}$REG	104.4	95_{-3}^{0}
159				
165				
170				
187				
200	$^{+3.0}_{0}$	$4\frac{1}{2}$REG	135.3	108_{-3}^{0}
216				
222				
250	$^{+4.0}_{0}$	$6\frac{5}{8}$REG	187	127_{-3}^{0}
255				
259				
262				
270				
280				
311	$^{+4.5}_{0}$	$6\frac{5}{8}$REG	187～262	127_{-3}^{0}
315				
343				
350				
375	$^{+4.5}_{0}$	$7\frac{5}{8}$REG	215～300	133_{-3}^{0}
381				
445				
508	$^{+5.0}_{0}$	$8\frac{5}{8}$REG	242.5～350	133_{-3}^{0}
610				
660				

5 技术要求

5.1 钻头应符合本标准的要求，并按照经规定程序批准的图样及技术文件制造。

5.2 钻头的喷嘴推荐采用装配式。

5.3 当钻头钻进涌水炮孔时，钻头应设置防止泥浆进入轴承的装置。

5.4 牙轮、牙爪采用合金钢制造。

5.4.1 镶齿牙轮钻头的牙轮材质的机械性能和有害杂质含量应符合下列要求：

a) 抗拉强度 σ_b 不小于 882 MPa；

b) 冲击韧性 α_k 不小于 78.4 J/cm^2；

c) 有害杂质含量 S 小于 0.04 %，P 小于 0.04%，Cu 小于 0.35%。

5.4.2 钻头的牙爪和钢齿钻头牙轮的材质的机械性能和有害杂质含量应符合下列要求：

a) 抗拉强度 σ_b 不小于 784 MPa；

b) 冲击韧性 α_k 不小于 58.8 J/cm^2；

c) 有害杂质含量 S 小于 0.04 %，P 小于 0.04%。

5.5 牙轮、牙爪毛坯推荐采用模锻件。

5.6 分体式钻头的螺纹接头体采用优质碳素钢或铸钢件。铸钢件不应有裂纹，表面清理后应光洁、平整，不应有缩孔、粘砂、夹渣等影响产品强度和外观的缺陷。

5.7 牙轮钻头采用的硬质合金齿应符合 GB/T 2527 的规定。

5.8 钻头的带台肩的螺纹连接应进行抗粘结(抗胶合)处理。

5.9 钻头的焊缝不应有裂纹、气孔、夹渣和咬边等缺陷。

5.10 装配前所有零件须经检验合格，并清洗干净后才能进行装配。

5.11 钻头组装后的焊接应采用结构钢焊条，焊缝的抗拉强度不应低于 490 MPa，焊缝质量应符合 GB 150—1998 中 10.3 的规定。

5.12 钻头装配后，各牙轮转动时不允许蹩卡现象，牙轮之间不应互碰。

5.13 钻头三个牙轮背与连接螺纹中心线的同轴度公差应符合表 4 的规定。

5.14 每个牙轮对钻头螺纹接头台肩端面的高度公差应符合表 5 的规定。

表 4

单位为毫米

牙轮钻头直径	95～120	150～270	280～445	508～660
牙轮背与连接螺纹中心线的同轴度公差	≤1.5	≤2.0	≤2.5	≤3.0

表 5

单位为毫米

牙轮钻头直径	95～120	150～270	280～445	508～660
高度公差	≤1.0	≤1.2	≤1.5	≤2.0

6 试验方法

6.1 钻头直径用量环检验。

6.2 钻头装配质量检验：

a) 三牙轮应能用手转动正常；

b) 连接螺纹用螺纹环规和极限量规检验；

c) 三个牙轮背与连接螺纹中心线的同轴度公差用专用设备和通用量具检验。

6.3 试验台负荷试验的运转时间不少于 4 h：

a) 钻凿厚度不小于 50mm 的 Q235-B 钢板，用清水或压缩空气冷却牙轮钻头；

b） 轴压和钻头转速分别按表1规定的最大轴压和转速选取。

7 检验规则

7.1 检验分类

检验分为出厂检验和型式检验。

7.2 出厂检验

7.2.1 每只钻头需经质量检验部门检验合格后方能出厂，并应附有产品合格证明书。

7.2.2 下列项目为出厂检验项目：

a） 牙轮钻头直径；

b） 牙轮转动情况；

c） 连接螺纹；

d） 牙轮背与连接螺纹中心线同轴度公差，在三个牙轮背最高处的相同部位测量；

e） 焊缝外观质量检查；

f） 合金齿外观检查。

7.3 型式检验

有下列情况之一时，应抽取不少于3只钻头在试验台上或使用现场进行型式检验：

a） 新规格或新研制的产品；

b） 成批生产的产品，当牙爪毛坯外形和尺寸有明显改变时；

c） 材料（包括焊接材料）及热处理工艺有重大改变时；

d） 国家质量监督检验机构提出型式检验要求时。

7.4 型式检验应包括本标准的全部要求。

8 标志、包装、运输和贮存

8.1 每只钻头在螺纹接头的非工作端面打印下列标记：

a） 钻头型号；

b） 连接螺纹代号；

c） 制造日期和出厂编号；

d） 制造厂名称或商标。

8.2 连接螺纹及喷嘴座孔内需涂防锈脂，并加以保护。

8.3 钻头除连接螺纹外，其余表面应涂保护油漆。

8.4 钻头包装箱的规格应符合集装箱运输的要求。

8.5 包装箱外表应有不少于如下的标志：

a） 钻头名称、型号；

b） 每箱数量；

c） 每箱重量（净重、毛重）；

d） 包装箱规格：长×宽×高；

e） 制造厂名；

f） 出厂日期。

8.6 钻头应在干燥和通风条件下运输与贮存，不允许日晒、雨淋和高温。

ICS 91.120.10
Q 25

中华人民共和国国家标准

GB/T 13350—2008
代替 GB/T 13350—2000

绝热用玻璃棉及其制品

Glass wool and their products for thermal insulation

2008-06-30 发布 2009-04-01 实施

中华人民共和国国家质量监督检验检疫总局
中国国家标准化管理委员会 发布

前言

本标准与 JIS A 9504—2003《人造矿物纤维保温材料》的一致性程度为非等效。

本标准代替 GB/T 13350—2000《绝热用玻璃棉及其制品》。

本标准与 GB/T 13350—2000 相比较主要作了如下修改：

——增加了特定要求：热阻 R 值、最高使用温度、腐蚀性；

——删除了 3 号玻璃棉的定义以及所有要求；

——删除了附录 A、附录 B、附录 C，部分内容放入正文中。

请注意本标准的某些内容有可能涉及专利，本标准的发布机构不应承担识别这些专利的责任。

本标准由中国建筑材料联合会提出。

本标准由全国绝热材料标准化技术委员会(SAC/TC 191)归口。

本标准负责起草单位：南京玻璃纤维研究设计院、圣戈班伊索维尔(固安)玻璃棉有限公司、欧文斯科宁(中国)投资有限公司、河北华美化工建材(集团)玻璃棉制品有限公司、廊坊格瑞玻璃棉制品有限公司、上海平板玻璃厂、河北国美新型建材有限公司。

本标准参加起草单位：上海达能玻璃棉有限公司。

本标准主要起草人：崔军、张剑红、曾乃全、葛敦世、王佳庆、牛犇、王稚、姜涛、高贺勇、高双林、丁国正、高世一。

本标准所代替标准的历次版本发布情况为：

——GB/T 13350—1992、GB/T 13350—2000。

绝热用玻璃棉及其制品

1 范围

本标准规定了绝热用玻璃棉及其制品的术语和定义、分类与标记、要求、试验方法、检验规则、标签、包装、运输和贮存。

本标准适用于绝热用玻璃棉、玻璃棉板、玻璃棉带、玻璃棉毯、玻璃棉毡和玻璃棉管壳。

2 规范性引用标准

下列文件中的条款通过本标准的引用而成为本标准的条款。凡是注日期的引用文件，其随后所有的修改单(不包括勘误的内容)或修改版均不适用于本标准，然而，鼓励根据本标准达成协议的各方研究是否可使用这些文件的最新版本。凡是不注日期的引用文件，其最新版本适用于本标准。

GB/T 191 包装储运图示标志
GB/T 4132 绝热材料及相关术语
GB/T 5464 建筑材料不燃性试验方法
GB/T 5480 矿物棉及其制品试验方法
GB/T 10294 绝热材料稳态热阻及有关特性的测定 防护热板法
GB/T 10295 绝热材料稳态热阻及有关特性的测定 热流计法
GB/T 10296 绝热层稳态热传递特性的测定 圆管法
GB/T 10299 保温材料憎水性试验方法
GB/T 11835—2007 绝热用岩棉、矿渣棉及其制品
GB/T 16400—2003 绝热用硅酸铝棉及其制品
GB/T 17393 覆盖奥氏体不锈钢用绝热材料规范
GB/T 17430 绝热材料最高使用温度的评估方法

3 术语和定义

GB/T 4132 和 GB/T 5480 中确立的以及下列术语和定义适用于本标准。

3.1

玻璃棉板 Glass wool board

将玻璃棉施加热固性粘结剂制成的具有一定刚度的板状制品。

3.2

玻璃棉带 Glass wool lamella mat

将玻璃棉板切成一定的宽度的板条，旋转 90°，经粘贴适宜的覆面后所成的制品。

3.3

玻璃棉毯 Glass wool unbonded blanket

用纸、布或金属网等作增强覆面材料，将不含粘结剂的玻璃棉制成的毯状制品。

3.4

玻璃棉毡 Glass wool blanket

将玻璃棉施加热固性粘结剂制成的柔性毡状制品。

3.5

玻璃棉管壳 Glass wool pipe sections

将玻璃棉施加热固性粘结剂制成的管状制品。

4 分类与标记

4.1 分类

4.1.1 玻璃棉按纤维平均直径分为两个种类，见表1。

表1 玻璃棉种类

单位为微米

玻 璃 棉 种 类	纤维平均直径
1号	≤5.0
2号	≤8.0

4.1.2 玻璃棉制品按其形态分为玻璃棉、玻璃棉板、玻璃棉带、玻璃棉毯、玻璃棉毡和玻璃棉管壳(以下简称为棉、板、带、毯、毡和管壳)。

4.1.3 产品按工艺分成两类，a:火焰法，b:离心法。

4.2 产品标记

产品标记有三部分组成:产品名称、产品技术特性、本标准编号。

产品技术特性由以下几部分组成:

a) 用数字1或2表示玻璃棉种类;

b) 用小写英文字母a或b表示生产工艺，后空一格;

c) 表示制品密度的数字，单位为 kg/m^3，后接“—”;

d) 表示制品尺寸的数字，板、毡、毯、带以“长度×宽度×厚度”表示，管壳以“内径×长度×厚度”表示，单位为mm;

e) 制造商标记，包括热阻 R 值、贴面等，彼此用逗号分开，放于圆括号内。

示例1:密度为48 kg/m^3，长度×宽度×厚度为1 200 mm×600 mm×50 mm，制造商标称热阻 R 值为1.4 $m^2 \cdot K/W$，外覆铝箔，纤维平均直径不大于8.0 μm以离心法生产的的玻璃棉板，标记为:

玻璃棉板 2b 48—1 200×600×50(R1.4，铝箔) GB/T 13350—2008

示例2:密度为64 kg/m^3，内径×长度×壁厚为 ϕ89 mm×1 000 mm×50 mm，纤维直径不大于5.0 μm以火焰法生产的玻璃棉管壳，标记为:

玻璃棉管壳 1a 64—ϕ89×1 000×50 GB/T 13350—2008。

5 要求

以下所有物理性能指标均仅针对基材。

5.1 基本要求

5.1.1 棉及制品的纤维平均直径，应符合表1的规定。

5.1.2 棉及制品的渣球含量，应符合表2的规定。

表2 棉的渣球含量

%

玻璃棉种类		渣球含量(粒径>0.25 mm)
火焰法	1a	≤1.0
	2a	≤4.0
离心法	1b、2b	≤0.3

5.1.3 制品的含水率不大于1.0%。

5.2 棉

棉的物理性能，应符合表3规定。

表 3 棉的物理性能指标

玻璃棉种类	导热系数(平均温度 70^{+5}_{-2} ℃)/[W/(m·K)]	热荷重收缩温度/℃
1号	≤0.041	≥400
2号	≤0.042	

5.3 板

5.3.1 外观

表面应平整,不得有妨碍使用的伤痕、污迹、破损,树脂分布基本均匀,外覆层与基材的粘结平整牢固。

5.3.2 尺寸及允许偏差

应符合表 4 规定。其他尺寸可由供需双方协商决定,其允许偏差仍按表 4 规定。

表 4 板的尺寸及允许偏差

种类	密度	厚度	允许偏差	宽度	允许偏差	长度	允许偏差
	kg/m³	mm		mm		mm	
2号	24	25,30,40	$^{+5}_{0}$	600	$^{+10}_{-3}$	1 200	$^{+10}_{-3}$
		50,75	$^{+8}_{0}$				
		100	$^{+10}_{0}$				
	32,40	25,30,40,50,75,100	$^{+3}_{-2}$				
	48,64	15,20,25,30,40,50					
	80,96,120	12,15,20,25,30,40	±2				

5.3.3 物理性能

应符合表 5 的规定。其他规格可由供需双方协商决定,其导热系数指标按标称密度以内插法确定。

5.4 带

5.4.1 外观

表面应平整,不得有妨碍使用的伤痕、污迹、破损,树脂分布基本均匀,板条粘结整齐,无脱落。

5.4.2 尺寸及允许偏差

应符合表 6 的规定。其他尺寸可由供需双方商定,其允许偏差仍按表 6 规定。

表 5 板的物理性能指标

种类	密度/(kg/m³)	密度单值允许偏差/(kg/m³)	导热系数(平均温度 70^{+5}_{-2} ℃)/[W/(m·K)]	燃烧性能	热荷重收缩温度/℃
2号	24	±2	≤0.049	不燃	≥250
	32	±4	≤0.046		≥300
	40	$^{+4}_{-3}$	≤0.044		≥350
	48		≤0.043		
	64	±6	≤0.042		≥400
	80	±7			
	96	$^{+9}_{-8}$			
	120	±12			

表 6 带的尺寸及允许偏差

单位为毫米

种 类	长 度	长度允许偏差	宽 度	宽度允许偏差	厚 度	厚度允许偏差
2 号	1 820	±20	605	±15	25	$^{+4}_{-2}$

5.4.3 物理性能

应符合表 7 的规定。

表 7 带的物理性能指标

种 类	密 度/(kg/m³)	密度单值允许偏差/%	导热系数(平均温度 70^{+5}_{-2} ℃)/[W/(m·K)]	燃烧性能	热荷重收缩温度/℃
2 号	32	±15	≤0.052	不燃	≥300
	40				≥350
	48				≥350
	64				≥400
	80				≥400
	96				
	120				

5.5 毯

5.5.1 外观

表面应平整,边缘整齐,不得有妨碍使用的伤痕、污迹、破损。

5.5.2 尺寸及允许偏差

应符合表 8 的规定。其他尺寸可由供需双方商定,其允许偏差仍按表 8 规定。

表 8 毯的尺寸及允许偏差

单位为毫米

种 类	长 度	长度允许偏差	宽 度	宽度允许偏差	厚 度	厚度允许偏差
1 号	2 500	不允许负偏差	600	不允许负偏差	25 30 40 50 75	不允许负偏差
2 号	1 000 1 200	$^{+10}_{-3}$	600	$^{+10}_{-3}$	25 40 50 75 100	不允许负偏差
	5 000	不允许负偏差				

5.5.3 物理性能

应符合表 9 的规定。

表 9 毯的物理性能指标

种类	密度/(kg/m³)	密度单值允许偏差/%	导热系数(平均温度 70^{+5}_{-2} ℃)/[W/(m·K)]	热荷重收缩温度/℃
1号	≥24	+15 −10	≤0.047	≥350
2号	24～40		≤0.048	≥350
	41～120		≤0.043	≥400

5.6 毡

5.6.1 外观

表面应平整,不得有妨碍使用的伤痕、污迹、破损,覆面与基材的粘贴平整、牢固。

5.6.2 尺寸及允许偏差

应符合表 10 的规定。其他尺寸可由供需双方商定,其允许偏差仍按表 10 规定。

表 10 毡的尺寸及允许偏差

单位为毫米

种类	长度	长度允许偏差	宽度	宽度允许偏差	厚度	厚度允许偏差
2号	1 000 1 200 2 800	+10 −3	600 1 200 1 800	+10 −3	25 30 40 50 75 100	不允许负偏差
	5 500 11 000 20 000	不允许负偏差				

5.6.3 物理性能

应符合表 11 的规定。其他规格可由供需双方协商决定,其导热系数指标按标称密度以内插法确定。

表 11 毡的物理性能指标

种类	密度/(kg/m³)	密度单值允许偏差/%	导热系数(平均温度 70^{+5}_{-2} ℃)/[W/(m·K)]	燃烧性能	热荷重收缩温度/℃
2号	10	+20 −10	≤0.062	不燃	≥250
	12 16		≤0.058		
	20		≤0.053		
	24		≤0.048		≥300
	32 40				≥350
	48		≤0.043		≥400

5.7 管壳

5.7.1 外观

表面应平整,纤维分布均匀,不得有妨碍使用的伤痕、污迹、破损,轴向无翘曲且与端面垂直。

5.7.2 尺寸及允许偏差

应符合表 12 的规定。其他尺寸可由供需双方商定,其允许偏差仍按表 12 规定。

表 12 管壳尺寸及允许偏差

单位为毫米

长度	长度允许偏差	厚度	厚度允许偏差	内径	内径允许偏差
1 000	$^{+5}_{-3}$	20 25 30	$^{+3}_{-2}$	22,38 45,57,89	$^{+3}_{-1}$
		40 50	$^{+5}_{-2}$	108,133 159,194	$^{+4}_{-1}$
				219,245 273,325	$^{+5}_{-1}$

5.7.3 物理性能

应符合表 13 的规定。管壳的偏心度应不大于 10%。

表 13 管壳物理性能指标

密度/(kg/m^3)	密度单值允许偏差/%	导热系数(平均温度 70^{+5}_{-2} ℃)/[W/(m·K)]	燃烧性能	热荷重收缩温度/℃
45～90	$^{+15}_{-0}$	≤0.043	不燃	≥350

5.8 特定要求

5.8.1 标记中有热阻 R 值时，其热阻 R 值（平均温度 25 ℃±5 ℃）应大于或等于生产商标称值的 95%。

5.8.2 腐蚀性

5.8.2.1 用于覆盖铝、铜、钢材时，采用 90%置信度的秩和检验法，对照样的秩和应不小于 21。

5.8.2.2 用于覆盖奥氏体不锈钢时，应符合 GB/T 17393 的要求。

5.8.3 有防水要求时，其质量吸湿率应不大于 5.0%，憎水率应不小于 98.0%，吸水性能指标由供需双方协商决定。

5.8.4 对有机物含量有要求时，其指标由供需双方商定。

5.8.5 有要求时，应进行最高使用温度的评估。试验给定的热面温度应为生产厂对最高使用温度的声称值，在该热面温度下，任何时刻试样内部温度不应超过热面温度，且试验后，试样总的质量、密度和热阻的变化应不大于±5.0%，外观除颜色外应无显著变化。

6 试验方法

6.1 试验环境和试样调湿，除试验方法有特殊规定外，按 GB/T 5480 的有关规定。

6.2 纤维平均直径

按 GB/T 5480 的规定，以显微镜法为仲裁试验方法。

6.3 渣球含量

按 GB/T 5480 的规定。

6.4 含水率

按 GB/T 16400—2003 附录 A 的规定。

6.5 导热系数、热阻

按 GB/T 10294、GB/T 10295 和 GB/T 10296 的规定。平板状制品以 GB/T 10294 为仲裁试验方法。

当进行棉的导热系数（或热阻）测定时，1 号棉试样密度应为 40 kg/m^3，2 号棉试样密度应为

64 kg/m³。

管壳的导热系数(或热阻)允许采用同质、同密度、同粘结剂含量的板进行测定。

6.6 外观、管壳偏心度

按 GB/T 11835—2007 附录 A 的规定。

6.7 尺寸、密度

按 GB/T 5480 的规定。

毡的厚度可在翻转或抖动后立即测定。

当进行毯、毡的密度测试时,若实际厚度大于标称厚度,密度应按标称厚度计算;否则,应按实测厚度计算。

6.8 燃烧性能

按 GB/T 5464 的规定。

6.9 热荷重收缩温度

按 GB/T 11835—2007 附录 C 的规定。

6.10 腐蚀性

按 GB/T 11835—2007 附录 E 和/或 GB/T 17393 的规定。

6.11 吸湿率

按 GB/T 5480 的规定。

6.12 憎水率

按 GB/T 10299 的规定。

6.13 吸水率

按 GB/T 5480 的规定。

6.14 有机物含量

按 GB/T 11835—2007 附录 B 的规定。

6.15 最高使用温度

按 GB/T 17430 的规定。

7 检验规则

7.1 出厂检验和型式检验

7.1.1 出厂检验

产品出厂时,必须进行出厂检验。出厂检验项目为:

棉:纤维平均直径、渣球含量;

板、带、毡、管壳、毯:外观、尺寸、密度、管壳偏心度(仅限于管壳)、纤维平均直径、渣球含量、含水率。

7.1.2 型式检验

有下列情况之一时,应进行型式检验:

a) 新产品定型鉴定;

b) 正式生产后,原材料、工艺有较大的改变,可能影响产品性能时;

c) 正常生产时,每年至少进行一次;

d) 出厂检验结果与上次型式检验有较大差异时;

e) 国家质量监督机构提出进行型式检验要求时。

型式检验项目为本标准 5.1~5.7 相关规定的全部技术要求。有特定要求时,可对 5.8 的规定进行选择性测试。

7.2 组批与抽样

7.2.1 以同一原料、同一生产工艺、同一品种、稳定连续生产的产品为一个检查批。

7.2.2 抽样

7.2.2.1 样本抽取

单位产品应从检查批中随机抽取，样本可以由一个或几个单位产品构成。所有的单位产品被认为是质量相同的，必须的试样可随机地从单位产品上切取。

7.2.2.2 抽样方案

型式检验和出厂检验批量大小及样本大小的二次抽样方案按表14的规定。

表14 计数检查二次抽样方案

型式检验					出厂检验					
批量大小			样本大小		批量大小				样本大小	
管壳包	棉包	板、毡、带/m^2	第一样本	总样本	管壳包	棉包	板、毡、带/m^2	生产期/d	第一样本	总样本
15	150	1 500	2	4	30	300	3 000	1	2	4
25	250	2 500	3	6	50	500	5 000	2	3	6
50	500	5 000	5	10	100	1 000	10 000	3	5	10
90	900	9 000	8	16	180	1 800	18 000	7	8	16
150	1 500	15 000	13	26						
280	2 800	28 000	20	40						
>280	>2 800	>28 000	32	64						

7.3 判定规则

7.3.1 外观、尺寸、密度、管壳偏心度、纤维平均直径、渣球含量、含水率采用计数检查二次抽样方案，判定规则按表15的规定，其接收质量限(AQL)为15。

表15 计数检查的判定规则

样本大小		第一样本		总样本	
第一样本	总样本	接收数 A_c	拒收数 R_e	接收数 A_c	拒收数 R_e
Ⅰ	Ⅱ	Ⅲ	Ⅳ	Ⅴ	Ⅵ
2	4	0	2	1	2
3	6	0	3	3	4
5	10	1	4	4	5
8	16	2	5	6	7
13	26	3	7	8	9
20	40	5	9	12	13
32	64	7	11	18	19

7.3.2 导热系数、热阻、热荷重收缩温度、燃烧性能、有机物含量、腐蚀性、憎水率、吸湿率、吸水性、最高使用温度等性能，应在经计数检查合格的批中随机抽取满足试验方法要求的样本量进行检验，上述各项均应符合第5章的相关要求，若有任一项不符合，则判为不合格。

7.3.3 同时符合7.3.1和7.3.2的规定，判该批产品合格，否则判该批产品不合格。

8 标志、标签、包装、运输及贮存

8.1 标志、标签

在包装箱、标签或使用说明书上应表明：

a) 产品标记、商标；

b） 生产企业名称、详细地址；

c） 包装箱中产品的净质量或数量；

d） 生产日期或批号；

e） 按 GB/T 191 规定，注明“怕雨”等标志；

f） 安全使用警语。例如：使用本产品，热面温度应小于××× ℃。

8.2 包装

包装材料应具有防潮性能，每一包装内应放入同一规格的产品。特殊包装由供需双方商定。

8.3 运输

应使用干燥防雨的运输工具运输，搬运时应轻拿轻放。

8.4 贮存

应在干燥通风的库房内贮存，并按品种、规格分别堆放，避免重压。

ICS 21.220.10
G 42

中华人民共和国国家标准

GB/T 13352—2008
代替 GB/T 13352—1996，GB/T 13405—1992

带传动　汽车工业用V带及其带轮　尺寸

Belt drives—V-belts for the automotive industry and corresponding pulleys—Dimensions

(ISO 2790:2004，MOD)

2008-06-18 发布　　2009-02-01 实施

中华人民共和国国家质量监督检验检疫总局
中国国家标准化管理委员会　发布

前　言

本标准是修改采用国际标准 ISO 2790:2004(E)《带传动　汽车工业用 V 带及其带轮　尺寸》。

本标准代替 GB/T 13352—1996《汽车 V 带尺寸》和 GB/T 13405—1992《汽车 V 带轮》两个标准。

本标准与 ISO 2790:2004 主要差异如下：

根据 ISO 2790:2004 重新起草，在附录 A 中列出了本标准章条编号，如 ISO 2790:2004 章条编号对照一览表。

考虑到我国国情，在采用 ISO 2790:2004 时，本标准做了一些修改，有关技术性差异已编入正文中，并在他们所涉及的条款页边空白处用垂直单线标识。在附录 B 中给出了这些技术性差异及其原因的一览表以供参考。

为了便于使用，本标准还做了下列编辑性修改：

a) ‘本国际标准’一词改为‘本标准’；

b) 删除国际标准的前言。

本标准与 GB/T 13352—1996 和 GB/T 13405—1992 相比主要变化如下：

——增加了关于 AV15 型号尺寸的注，并根据俄罗斯标准 ГОСТ 5813—1993 将 AV15 轮槽顶宽由原来的 15.2 mm 修改为 14.7 mm(1992 年版的 4.1，本版的 5.1)；

——删除了 V 带的高度尺寸(1996 年版的 3.1)；

——AV17 的带顶宽由原来的 16.5 mm 修改为 17 mm(1996 年版的 3.1，本版的 4.2.1)；

——删除了 AV20 一个槽型尺寸，增加了 AV22 一个槽型尺寸(1992 年版的 4.1，本版的 5.1)。

本标准的附录 A 和附录 B 均为资料性附录。

本标准由中国石油和化学工业协会提出。

本标准由化学工业胶带标准化技术归口单位归口。

本标准起草单位：浙江紫金港胶带有限公司、浙江三维橡胶制品有限公司、无锡市中良橡胶有限公司、马鞍山锐生工贸有限公司、西北工业大学、宁波丰茂远东橡胶有限公司、青岛橡胶工业研究所。

本标准主要起草人：庞长志、郑有灿、陈铁鸣、张国方、朱树生、刘志刚、李树军、曾军、韩德深、许喆。

本标准所代替标准的历次版本发布情况为：

——GB/T 13352—1992、GB/T 13352—1996；

——GB/T 13405—1992。

带传动　汽车工业用V带及其带轮　尺寸

1　范围

本标准规定了汽车V带(以下简称V带)的截面尺寸、有效长度及极限偏差、露出高度、中心距变化量、尺寸测量方法以及带轮尺寸。

本标准适用于汽车内燃机附属机械传动装置使用的V带及其带轮。

2　规范性引用文件

下列文件中的条款通过本标准的引用而成为本标准的条款,凡是注日期的引用文件,其随后所有的修改单(不包括勘误的内容)或修订版均不适用于本标准,然而,鼓励根据本标准达成协议的各方研究是否可使用这些文件的最新版本。凡是不注日期的引用文件,其最新版本适用于本标准。

GB/T 13490　V带　带的均匀性　中心距变化量的测定方法(GB/T 13490—2006,ISO 9608:1994,IDT)

GB/T 17516.1　V带和多楔带传动　测定节面位置的动态试验方法　第1部分:V带(GB/T 17556.1—1998,idt ISO 8370:1993)

ISO 1081　带传动　V带和多楔带及其轮槽　术语

3　术语、定义和符号

ISO 1081确定的术语、定义和符号适用于本标准。

4　V带

4.1　种类

V带的种类根据与带所配用的带轮轮槽形状可分为AV10、AV13、AV15、AV17、AV22五种型号。

4.2　尺寸

4.2.1　截面尺寸

V带的截面形状及顶宽的公称值如图1和表1所示。

V带在轮槽中的节面位置决定于有效线差 b_e,b_e 值可根据GB/T 17516.1进行测定,本标准对 b_e 值暂不进行标准的规定,除用户和厂家有特殊约定外。V带的公称楔角为40°。

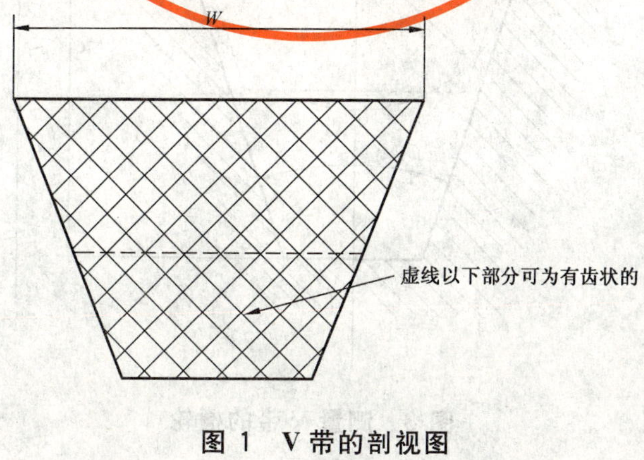

图1　V带的剖视图

表 1　汽车 V 带的公称顶宽

单位为毫米

项　目	符　号	AV10		AV13		AV15		AV17		AV22	
		包边带	切边带	包边带	切边带	包边带	切边带	包边带	切边带	包边带	切边带
公称顶宽	W	10	10	13	13	15	—	17	17	22	22
注：AV15 为老型号，主要是包布带，承载能力较低，不推荐采用。											

4.2.2　V 带的有效长度及其露出高度的测量

V 带的长度用有效长度表示，其测量方法是将 V 带装在两个相同的测量带轮上(见图 2)，测量带轮的尺寸见表 2 和图 3，并且两带轮要安装在同一直线上，施加测量力 F，至少转两圈，以确保 V 带与带轮的良好贴合。

V 带的有效长度计算公式：

$$L_e = E_{max} + E_{min} + C_e$$

式中：

E_{max}——两带轮的最大中心距；

E_{min}——两带轮的最小中心距；

C_e——带轮的有效周长，$C_e = \pi d_e = 300$ mm，但是 AV22 的 C_e 为 380 mm。

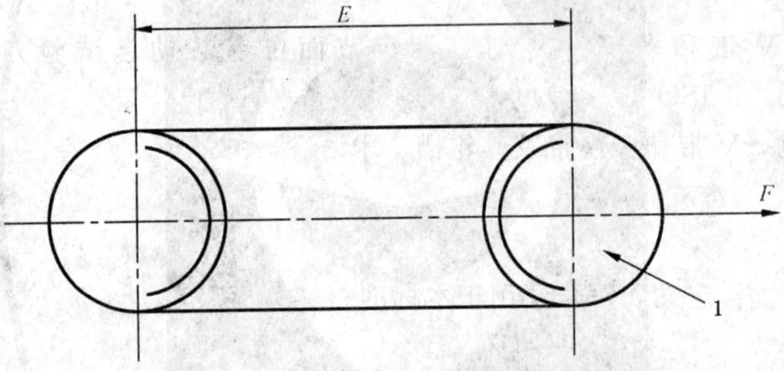

1——滑动带轮。

图 2　测量装置

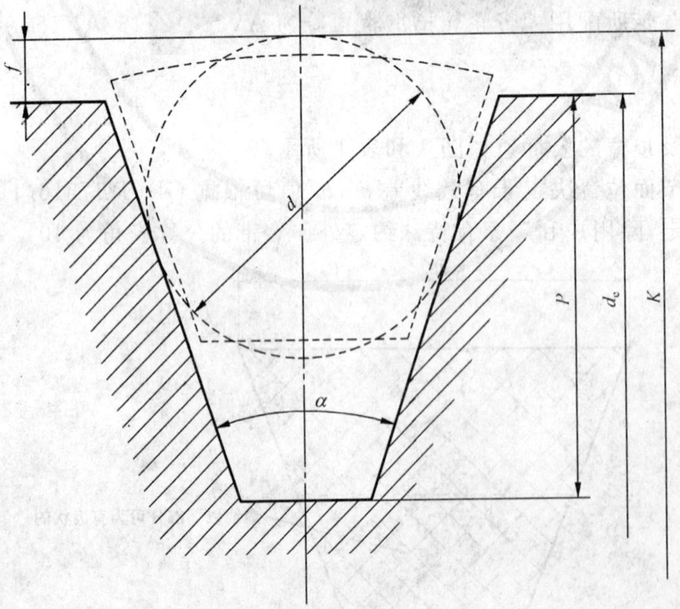

图 3　测量 V 带的槽轮

表 2　测量带轮、测量球或柱销尺寸及测量力

项　目	符　号	单　位	不同型号的参数值					极限偏差
			AV10	AV13	AV15	AV17	AV22	
槽角	α	°	36	36	36	34	34	±10′
有效宽度	W_e	mm	9.7	12.7	14.7	16.8	21.5	
有效直径	d_e	mm	95.49	95.49	95.49	95.49	120.96	
外径	d_o	mm	95.5	95.5	95.5	95.5	121.0	±0.2
测量球或柱直径	d	mm	7.950	11.124	13.205	14.288	19.775	$^{0}_{-0.025}$
球或柱的外切线间距	K	mm	99.31	103.53	106.19	103.71	138.05	±0.05
最小槽深	P	mm	11	13.75	15	16	19	
测量力[a]	F	N	267	267	267	356	440	

[a] 在非水平测长机测量时，带的每个直段上所受张力应为所示值的一半。

对 V 带进行测量时，V 带有效长度的变化量用中心距变化量表示，其中心距极限偏差及多根带传动时同一组带之间中心距差值如表 3 所示。

表 3　中心距参数

单位为毫米

带长范围	中心距极限偏差 （推荐值）	配组中心距差值 （推荐值）
≤1 000	±3.0	≤0.8
>1 000～1 200	±4.0	
>1 200～1 400	±4.5	
>1 400～1 600	±5.0	≤1.0
>1 600～2 000	±5.5	
>2 000～5 000	±6.0	
>5 000	—	—

注 1：带长范围的数值为有效长度的公称值；

注 2：单根带传动时的中心距极限偏差与多根带传动时各条带之间的中心距差值，原则上应根据供需双方协商确定。

将被测量 V 带安装在测长机两轮轮槽中，再施加表 2 测量力，将 V 带转动至少两圈，使之与带轮贴合良好，待其停稳后，测量出图 3 的 f 值，但注意不要在 V 带上布层接头和商标的部位测量。取测量三点的平均值。

各型 V 带的露出高度 f（见图 3）应符合：$0<f<2.4$ mm；AV22 应符合：$0<f<3.4$。

4.2.3　中心距的变化量

中心距的变化量与带顶宽的关系示于表 4，中心距变化量的测量按 GB/T 13490 规定进行。

表 4 中心距变化量极限值 ΔE

单位为毫米

带长		带顶宽($W \leqslant 25$)
大于	小于或等于	ΔE
—	1 000	≤1.2
1 000	2 000	≤1.6
2 000	5 000	≤2.0
5 000	—	≤2.5

4.3 V带的标记

V带的标记内容和顺序为型号、有效长度公称值、标准号。

标记示例如下：

AV13×1 000 GB 12732

- GB 12732 —— 标准号
- 1 000 —— 有效长度公称值
- AV13 —— 汽车V带型号

5 工作带轮

5.1 尺寸

工作带轮的尺寸示于图4、图5和表5、表6。

新式的辅助传动装置常常使用一组多根带来传动，表6所示轮槽和轮槽间距同时适用于汽车工业用多带传动和联组带传动。

端面和径向跳动公差单位为毫米

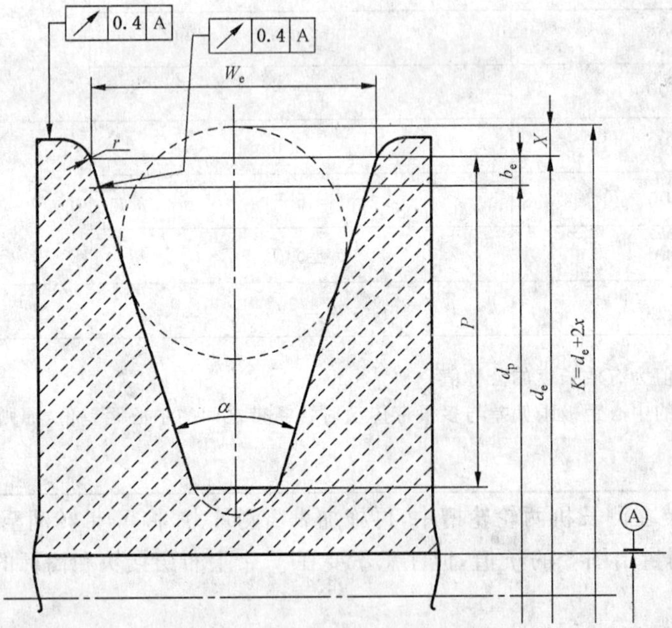

d_p——节径

图 4 工作带轮的槽轮

表 5　带轮的尺寸

项　　目	型　　号				
	AV10	AV13	AV15	AV17	AV22
轮槽的有效宽度 W_e/mm	9.7	12.7	14.7	16.8	21.5
槽角 α	36°±0°30′	36°±0°30′	36°±0°30′	36°±0°30′	36°±0°30′
最小槽深 P/mm	11.0	13.8	15.0	16.0	19.0
轮槽侧上部最小圆角半径 r/mm	0.8	0.8	0.8	0.8	0.8

注：轮槽的两侧应是光滑的；

轮槽的端面和径向跳动分别通过测量在轮旋转一周中安装于轮槽中的百分表触头在轴向和径向读数最大值和最小值的差而测出，并且在测量过程中触头的球体在弹簧作用下始终与两侧壁相接触；

若轮槽底取圆弧形，半径可任选，但圆弧应在槽深 P 以下；

轮槽的每一截面的对称轴应与穿过带轮轴心线的半平面成 90°±2°的角；

[a] 对直径＜57 mm 的 AV10 型带轮、直径＜70 mm 的 AV13 型带轮、直径＜102 mm 的 AV15、AV17 型带轮和直径＜132 mm 的 AV22 型带轮，槽角最好减至 34°。

端面和径向跳动公差单位为毫米

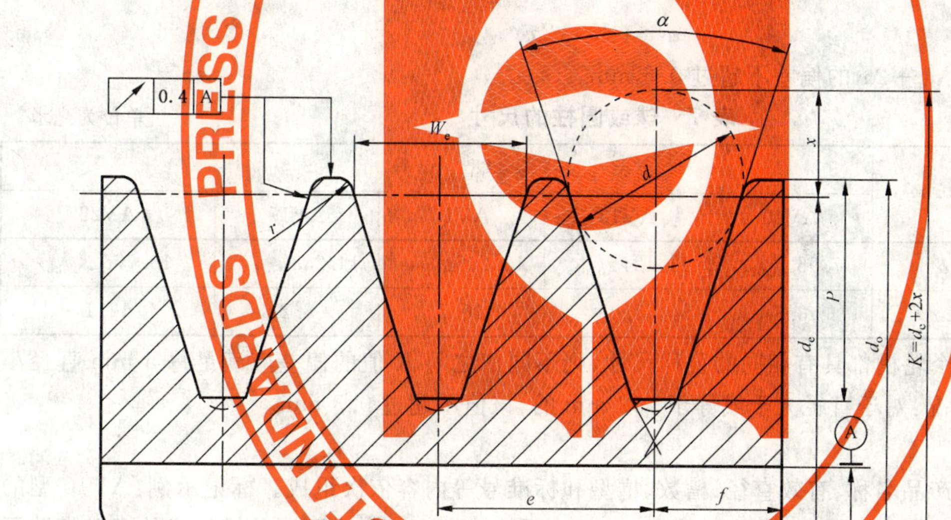

$d_o - d_e \leqslant 1.4$ mm

图 5　多槽带轮

表 6　多槽带轮尺寸

项　　目	型　　号				
	AV10	AV13	AV15	AV17	AV22
轮槽的有效宽度 W_e/mm	9.7	12.7	14.7	16.8	21.5
槽角 α	36°±0°30′	36°±0°30′	36°±0°30′	36°±0°30′	36°±0°30′
最小槽深 P/mm	11	13.75	15	16	19
槽顶最小圆角半径 r/mm	0.8	0.8	0.8	0.8	0.8

表 6（续）

项　目	型　号				
	AV10	AV13	AV15	AV17	AV22
槽间距 e/mm	12.6±0.3	15.9±0.3	18.0±0.3	21.4±0.4	—
轮槽中心到端面的距离 f/mm	8±0.6	10±0.6	12±0.6	15±0.8	—

注 1：轮槽的两侧应是光滑的；

轮槽的端面和径向跳动分别通过测量在轮旋转一周中安装于轮槽中的百分表触头在轴向和径向读数最大值和最小值的差而测出，并且在测量过程中触头的球体在弹簧作用下始终与两侧壁相接触；

若轮槽底取圆弧形，半径可任选，但圆弧应在槽深 P 以下；

轮槽的每一截面的对称轴应与穿过带轮轴心线的半平面成 90°±2°的角。

[a] 对直径＜57 mm 的 AV10 型带轮、直径＜70 mm 的 AV13 型带轮、直径＜102 mm 的 AV15、AV17 型带轮和直径＜132 mm 的 AV22 型带轮，槽角最好减至 34°。

注 2：多于 2 个轮槽的中心距的公差应在±0.6 mm 的范围内。

5.2　有效直径的检验

将两个测量球或圆柱（尺寸见表 7）间隔 180°放入轮槽中，并与轮槽的侧面接触。然后测量球或柱的外切间距 K。

$$d_e = K - 2x$$

有效直径应满足：$d_e + 2x$ 的偏差不超过 0.6 mm。

表 7　球或圆柱的尺寸　　单位为毫米

项　目	符　号	型　号				
		AV10	AV13	AV15	AV17	AV22
球或柱直径	d	$7.95_{-0.025}^{0}$	$11.124_{-0.025}^{0}$	$13.205_{-0.025}^{0}$	$14.288_{-0.025}^{0}$	$19.775_{-0.025}^{0}$
修正项	$2x$	3.8	8.0	10.7	8.2	17.1

如果在带轮中每个轮槽都具有相同的公称尺寸，则不同槽之间 K 值的偏差应满足每 5 mm 直径小于 0.01 mm。极限情况：对于直径大于或等于 152 mm 的，该值不超过 0.3 mm。

5.3　标记

V 带轮的标记由产品名称、有效直径、槽数、槽型和标准号等内容依次组成。标记示例：AV10 型的轮槽，有效直径 67 mm，单槽汽车 V 带轮标记为：67×1 AV10 GB13352；由不同的槽构成的多槽带轮可将各槽的标记依次组合起来进行标记为：90×1 AV13—67×1 AV10 GB 13352。

附 录 A
（资料性附录）
本标准章条编号与 ISO 2790:2004 章条编号对照

表 A.1 给出本标准章条编号与 ISO 2790:2004 章条编号对照一览表。

表 A.1 本标准章条编号与 ISO 2790:2004 章条编号对照

本标准章条编号	对应的国际标准章条编号
1(第二段)	1
2	2
3	3
4	4
4.1	4.1
4.2.1	4.2
4.2.2	4.3
4.2.3	4.4
5	5
5.1	5.1
5.2	5.2

附 录 B
（资料性附录）
本标准与 ISO 2790:2004 技术性差异及其原因

表 B.1 给出本标准与 ISO 2790:2004 的技术性差异及其原因的一览表。

表 B.1 本标准与 ISO 2790:2004 技术性差异及其原因

本标准的章条编号	技术性差异	原 因
4.2.1(表 1)	增加了 AV15 和 AV22 两个型号	因我国很多发动机厂家以及一汽都还保留了 AV15 和 AV22 两个型号
4.2.2(表 2)	根据日本汽车协会标准 JASO E107—2001《汽车 V 带及带轮轮槽的形状及尺寸》增加了 AV22 与带轮尺寸及其参数。根据俄罗斯标准 ГОСТ 5813—1993《汽车、拖拉机和联合收割机发动机风扇用 V 带和带轮;技术条件》增加了 AV15 带与带轮尺寸及其参数	因我国很多发动机厂家以及一汽都还保留了 AV 15 和 AV22 两个型号
4.2.3(表 3)	根据 JASO E107—2001 增加了表 3 中心距极限偏差和配组中心距差值	有一定的参考依据
4.3	根据 JASO E107—2001 增加了 V 带的标记	有利于识别和规范
5.1(表 5、表 6)	根据 JASO E107—2001 和 ГОСТ 5813—1993 带轮尺寸和多带轮尺寸增加了 AV15 和 AV22 两个型号	因我国很多发动机厂家以及一汽都还保留了 AV15 和 AV22 两个型号
5.2(表 7)	根据 JASO E107—2001 和 ГОСТ 5813—1993 球或圆柱的尺寸增加了 AV15 和 AV22 两个型号	因我国很多发动机厂家以及一汽都还保留了 AV15 和 AV22 两个型号

ICS 67.060
B 22

中华人民共和国国家标准

GB/T 13355—2008
代替 GB/T 13355—1992

黍

Broomcorn millet(glutinous)

2008-11-04 发布　　　　2009-01-20 实施

中华人民共和国国家质量监督检验检疫总局
中国国家标准化管理委员会　发布

前　言

本标准是对 GB/T 13355—1992《黍》的修订。

本标准与 GB/T 13355—1992 的主要技术差异如下：

——修订了适用范围；

——修改了生霉粒等有关术语和定义；

——调整了黍中混入稷、粟的限度；

——调整了测定容重时的规定筛层；

——增加了检验规则；

——增加了标签标识的规定；

——修订了包装、储存和运输要求。

本标准自实施之日起代替 GB/T 13355—1992。

本标准由国家粮食局提出。

本标准由全国粮油标准化技术委员会归口。

本标准起草单位：陕西国家粮食质量监测中心、陕西省延安市粮食局。

本标准主要起草人：张雪梅、尉蕊仙、党献民、任正东、高峰。

本标准所代替标准的历次版本发布情况为：

——GB/T 13355—1992。

黍

1 范围

本标准规定了黍的相关术语和定义、质量要求、卫生要求、检验方法、检验规则、标签标识，以及包装、储存和运输要求。

本标准适用于收购、储存、运输、加工和销售的商品黍(黍子)，不适用于名贵品种的黍。

2 规范性引用文件

下列文件中的条款通过本标准的引用而成为本标准的条款。凡是注日期的引用文件，其随后所有的修改单(不包括勘误的内容)或修订版均不适用于本标准，然而，鼓励根据本标准达成协议的各方研究是否可使用这些文件的最新版本。凡是不注日期的引用文件，其最新版本适用于本标准。

GB 2715 粮食卫生标准

GB/T 5490 粮食、粮油及植物油脂检验 一般规则

GB 5491 粮食、油料检验 扦样、分样法

GB/T 5492 粮油检验 粮食、油料的色泽、气味、口味鉴定

GB/T 5493 粮油检验 类型及互混检验

GB/T 5494 粮油检验 粮食、油料的杂质、不完善粒检验

GB/T 5497 粮食、油料检验 水分测定法

GB/T 5498 粮食、油料检验 容重测定法

GB 13078 饲料卫生标准

GB/T 17109 粮食销售包装

3 术语和定义

下列术语和定义适用于本标准。

3.1

黍 broomcorn millet(glutinous)

禾本科草本植物栽培黍的颖果。籽粒呈球形或椭圆形，颖壳乳白、淡黄或红色。果实呈白色、黄色或褐色，米质糯性不透明。

3.2

容重 test weight

黍粒在单位容积内的质量，以克每升(g/L)表示。

3.3

不完善粒 unsound kernel

受到损伤但尚有使用价值的黍颗粒，包括以下几种：

3.3.1

虫蚀粒 injured kernel

被虫蛀蚀，伤及胚或胚乳的颗粒。

3.3.2

病斑粒 spotted kernel

粒面带有病斑，伤及胚或胚乳的颗粒。

3.3.3

生芽粒　sprouted kernel

芽或幼根突破种皮的颗粒。

3.3.4

生霉粒　moldy kernel

粒面生霉的颗粒。

3.4

杂质　foreign material

除黍、稷、粟以外的其他物质，包括筛下物、无机杂质和有机杂质。

3.4.1

筛下物　throughs

通过直径 1.5 mm 圆孔筛的物质。

3.4.2

无机杂质　inorganic impurity

砂石、煤渣、砖瓦块、泥土等矿物质及其他无机类物质。

3.4.3

有机杂质　organic impurity

无使用价值的黍、稷、粟，异种粮粒及其他有机类物质。

3.5

色泽、气味　colour and odour

一批黍固有的综合颜色、光泽和气味。

4　质量要求和卫生要求

4.1　质量要求

4.1.1　黍的质量要求见表 1。其中容重为定等指标，2 等为中等。

表 1　黍质量要求

等级	容重/(g/L)	不完善粒/%	杂质/%		水分/%	色泽、气味
			总量	其中：矿物质		
1	≥690	≤2.0	≤2.0	≤0.5	≤14.0	正常
2	≥670					
3	≥650					
等外	<650	—				

4.1.2　黍中混入稷、粟限度不超过样品总量的 5%。

4.2　卫生要求

4.2.1　食用黍按 GB 2715 及国家有关规定执行。

4.2.2　饲料用黍按 GB 13078 及国家有关规定执行。

4.2.3　其他用途的黍按国家有关标准和规定执行。

4.2.4　动植物检疫按国家有关标准和规定执行。

5　检验方法

5.1　扦样、分样：按 GB 5491 执行。

5.2　色泽、气味检验：按 GB/T 5492 执行。

5.3 互混检验:按 GB/T 5493 执行。

5.4 杂质、不完善粒检验:按 GB/T 5494 执行。

5.5 水分检验:按 GB/T 5497 执行。

5.6 容重检验:按 GB/T 5498 执行。取直径 3.5 mm 圆孔筛下和直径 1.5 mm 圆孔筛上的黍样品进行测定。

6 检验规则

6.1 检验的一般规则按 GB/T 5490 执行。

6.2 检验批为同种类、同产地、同收获年度、同运输单元、同储存单元的黍。

6.3 判定规则:容重应符合表 1 中相应等级的要求,其他指标按国家有关规定执行。容重低于 3 等、其他指标符合本标准规定的,判定为等外级黍。

7 标签标识

应在包装物或随行文件中注明产品的名称、等级、产地、收获年度和月份。

8 包装、储存和运输

8.1 包装

应符合 GB/T 17109 的要求。应清洁、牢固、无破损,封口严密、结实,不应撒漏;不应给产品带来污染和异常气味。

8.2 储存

应储存在清洁、干燥、防雨、防潮、防虫、防鼠、无异味的仓房内,不应与有毒有害物质或含水量较高的物质混存。

8.3 运输

应使用符合卫生要求的运输工具,运输过程中应注意防止雨淋和被污染。

ICS 67.060
B 22

中华人民共和国国家标准

GB/T 13356—2008
代替 GB/T 13356—1992

黍　　米

Milled glutinous broomcorn millet

2008-11-04 发布　　　　2009-01-20 实施

中华人民共和国国家质量监督检验检疫总局
中国国家标准化管理委员会　发布

前言

本标准代替 GB/T 13356—1992《黍米》。

本标准与 GB/T 13356—1992 的主要技术差异为：

——对生霉粒等有关术语和定义作了修订；

——对质量指标中杂质指标作了调整；

——增加了添加剂的规定；

——增加了检验规则；

——增加了有关标签标识的规定；

——对包装、储存和运输要求作了修订；

——增加了黍米加工精度检验(EMB)方法附录 A。

本标准的附录 A 是规范性附录。

本标准由国家粮食局提出。

本标准由全国粮油标准化技术委员会归口。

本标准起草单位：陕西国家粮食质量监测中心、陕西省延安市粮油质量监测检验站。

本标准主要起草人：党献民、张雪梅、尉蕊仙、任正东、张学斌。

本标准所代替标准的历次版本发布情况为：

——GB/T 13356—1992。

黍 米

1 范围

本标准规定了黍米的相关术语和定义、质量要求、卫生要求、检验方法、检验规则、标签标识、以及包装、储存和运输要求。

本标准适用于以黍为原料加工而成的商品黍米(大黄米、软黄米)。

2 规范性引用文件

下列文件中的条款通过本标准的引用而成为本标准的条款。凡是注日期的引用文件,其随后所有的修改单(不包括勘误的内容)或修订版均不适用于本标准,然而,鼓励根据本标准达成协议的各方研究是否可使用这些文件的最新版本。凡是不注日期的引用文件,其最新版本适用于本标准。

GB 2715 粮食卫生标准

GB/T 5490 粮食、油料及植物油脂检验 一般规则

GB 5491 粮食、油料检验 扦样、分样法

GB/T 5492 粮油检验 粮食、油料的色泽、气味、口味鉴定

GB/T 5493 粮油检验 类型及互混检验

GB/T 5494 粮油检验 粮食、油料的杂质、不完善粒检验

GB/T 5497 粮食、油料检验 水分测定法

GB/T 5503 粮食、油料检验 碎米检验法

GB/T 6682 分析实验室用水规格和试验方法(GB/T 6682—2008,ISO 3696:1987,MOD)

GB 7718 预包装食品标签通则

GB/T 17109 粮食销售包装

3 术语和定义

下列术语和定义适用于本标准。

3.1

黍米 milled glutinous broomcorn millet

由黍加工成的米。

3.2

加工精度 processing degree

黍粒经加工后,米粒表面残留皮层的程度。以100粒黍米中,粒面皮层基本去净的颗粒所占的百分数表示。

3.3

不完善粒 unsound kernel

受到损伤但尚有使用价值的黍米颗粒,包括未熟粒、虫蚀粒、病斑粒、生霉粒几种。

3.3.1

未熟粒 immature kernel

米粒不饱满、与正常米粒显著不同的颗粒。

3.3.2

虫蚀粒　injured kernel

被虫蛀蚀的颗粒。

3.3.3

病斑粒　spotted kernel

粒面带有病斑的颗粒。

3.3.4

生霉粒　moldy kernel

粒面生霉的颗粒。

3.4

杂质　foreign material

除黍米、稷米、小米以外的其他物质，包括筛下物、无机杂质和有机杂质。

3.4.1

筛下物　throughs

通过直径 1.0 mm 圆孔筛的物质。

3.4.2

无机杂质　inorganic impurity

砂石、煤渣、砖瓦块、泥土等矿物质及其他无机类物质。

3.4.3

有机杂质　organic impurity

无使用价值的黍米、稷米、小米，异种粮粒及其他有机类物质。

3.5

碎米　broken rice

通过直径 1.5 mm 圆孔筛，留存在 1.0 mm 圆孔筛上的破碎米粒。

3.6

色泽、气味　colour and odour

一批黍米固有的综合颜色、光泽和气味。

4　质量要求和卫生要求

4.1　质量要求

4.1.1　黍米质量要求见表 1，其中加工精度为定等指标。

表 1　黍米质量要求

等级	加工精度/%	不完善粒/%	最大限度杂质/%			碎米/%	水分/%	色泽、气味
			总量	其中				
				黍粒	矿物质			
1	≥80.0	≤2.0	≤0.5	≤0.2	≤0.02	≤6.0	≤14.0	正常
2	≥70.0	≤3.0	≤0.7	≤0.4				
3	≥60.0	≤4.0	≤1.0	≤0.7				

4.1.2　黍米中混入的稷米、小米限度不超过样品总量的 5%。

4.2　卫生要求

4.2.1　食用黍米按 GB 2715 及国家有关规定执行。

4.2.2　其他用途黍米按国家有关标准和规定执行。

4.2.3 植物检疫按国家有关标准和规定执行。

4.3 真实性要求

黍米以黍为原料加工而成，不得添加或带入任何添加剂。

5 检验方法

5.1 扦样、分样：按 GB 5491 执行。

5.2 色泽、气味检验：按 GB/T 5492 执行。

5.3 类型及互混检验：按 GB/T 5493 执行。

5.4 杂质、不完善粒检验：按 GB/T 5494 执行。

5.5 水分检验：按 GB/T 5497 执行。

5.6 碎米检验：按 GB/T 5503 执行。

5.7 加工精度检验：按附录 A 执行。

6 检验规则

6.1 检验的一般规则按 GB/T 5490 执行。

6.2 检验批为同原料、同工艺、同设备、同班次加工的同种产品为一个批次。

6.3 出厂检验：产品应按 4.1 的要求进行出厂检验，检验合格方可出厂。

6.4 型式检验：当原料、工艺、设备有重大变化或质量监督部门有要求时，应按第 4 章要求进行型式检验。

6.5 判定规则：质量指标中有一项不合格，判为不合格产品；产品未标注质量等级的，判为不合格产品。

7 标签标识

7.1 预销售包装黍米标签应符合 GB 7718 的规定。

7.2 非零售黍米包装应注明产品的名称、标准号、原料、生产日期、保质期、制造厂名称、地址和电话等。

7.3 转基因黍米按国家有关规定标识。

8 包装、储存和运输

8.1 包装

8.1.1 应符合 GB/T 17109 的规定要求。

8.1.2 包装环境应清洁、卫生。

8.1.3 材料应符合包装技术要求和国家有关食品卫生的规定。

8.1.4 包装封口，应严密、结实，不应撒漏。

8.2 储存

应储存在清洁、干燥、防雨、防潮、防虫、防鼠、无异味的仓库内，不应与有毒有害的物质或含水量较高的物质混存。

8.3 运输

应使用符合卫生要求的运输工具，运输过程中应注意防止雨淋和污染。

附 录 A
（规范性附录）
黍米加工精度检验(EMB)方法

A.1 仪器和用具

A.1.1 天平：分度值 0.001 g。
A.1.2 烧杯：500 mL。
A.1.3 棕色细口瓶：500 mL。
A.1.4 玻璃皿。
A.1.5 镊子。

A.2 试剂

亚甲基蓝、曙红 Y、甲醇和乙醇为分析纯试剂。实验用水至少应符合 GB/T 6682 中三级水的要求。
A.2.1 亚甲基蓝甲醇溶液：将 312 mg 亚甲基蓝溶解于盛有 250 mL 甲醇的 500 mL 烧杯中，搅拌约 10 min，然后静置 20 min ～25 min，使不溶解的颗粒全部沉淀下来。
A.2.2 曙红甲醇溶液：将 312 mg 曙红 Y 溶解于盛有 250 mL 甲醇的 500 mL 烧杯中，搅拌约 10 min，然后静置 20 min～25 min，使不溶解的颗粒全部沉淀下来。
A.2.3 曙红-亚甲基蓝甲醇溶液：将 A.2.1、A.2.2 两种溶液一起倒入棕色细口瓶里，使之充分混合，即成为紫色染色剂。存放于避光处保存备用。

A.3 操作方法

从平均样品中分出黍米约 20 g，不加挑选的数出整粒米 100 粒，置于玻璃器皿中，用清水洗 2 次～3 次，然后加入曙红-亚甲基蓝甲醇溶液(A.2.3)浸没米粒，轻轻摇动玻璃皿，浸 2 min 后弃去溶液，用清水洗 2 次～3 次并沥干；再加入乙醇并轻轻摇动 1 min，弃去，立即用清水洗涤 2 次～3 次，最后将米粒置清水中或用试纸吸干水分，观察米粒表面染色情况，胚乳呈粉红色，皮层和胚呈绿色，糊粉层呈蓝色。粒面呈粉红色达 2/3 及以上的颗粒，视为皮层基本去净的颗粒(a)。计数皮层基本去净的颗粒，计算加工精度。

A.4 结果表示

黍米加工精度按式(A.1)计算：

$$X = \frac{a}{100} \qquad \cdots\cdots(A.1)$$

式中：
X——加工精度，%；
a——皮层基本去净的颗粒数；
100——参与染色检验样品的颗粒数。

两次平行试验测定值的允许差不得超过 3%，取平均值作为检验结果，检验结果取整数。

ICS 67.060
B 22

中华人民共和国国家标准

GB/T 13357—2008
代替 GB/T 13357—1992

稷

Broomcorn millet(non-glutinous)

2008-11-04 发布　　　　　　　　　　　　2009-01-20 实施

中华人民共和国国家质量监督检验检疫总局
中国国家标准化管理委员会　发布

前　言

本标准是对 GB/T 13357—1992《稷》的修订。

本标准与 GB/T 13357—1992 的主要技术差异如下：

——修订了适用范围；

——修订了生霉粒等有关术语和定义；

——调整了稷中混入黍、粟的限度；

——调整了测定容重时规定的筛层；

——增加了检验规则；

——增加了标签标识规定；

——修订了包装、储存和运输要求。

本标准自实施之日起代替 GB/T 13357—1992。

本标准由国家粮食局提出。

本标准由全国粮油标准化技术委员会归口。

本标准起草单位：陕西国家粮食质量监测中心。

本标准主要起草人：张雪梅、尉蕊仙、党献民、任正东。

本标准所代替标准的历次版本发布情况为：

——GB/T 13357—1992。

稷

1 范围

本标准规定了稷的相关术语和定义、质量要求、卫生要求、检验方法、检验规则、标签标识，以及包装、储存和运输要求。

本标准适用于收购、储存、运输、加工和销售的商品稷（稷子、穄），不适用于稷的名贵品种。

2 规范性引用文件

下列文件中的条款通过本标准的引用而成为本标准的条款。凡是注日期的引用文件，其随后所有的修改单（不包括勘误的内容）或修订版均不适用于本标准，然而，鼓励根据本标准达成协议的各方研究是否可使用这些文件的最新版本。凡是不注日期的引用文件，其最新版本适用于本标准。

GB 2715 粮食卫生标准

GB/T 5490 粮食、粮油及植物油脂检验 一般规则

GB 5491 粮食、油料检验 扦样、分样法

GB/T 5492 粮油检验 粮食、油料的色泽、气味、口味鉴定

GB/T 5493 粮油检验 类型及互混检验

GB/T 5494 粮油检验 粮食、油料的杂质、不完善粒检验

GB/T 5497 粮食、油料检验 水分测定法

GB/T 5498 粮食、油料检验 容重测定法

GB 13078 饲料卫生标准

GB/T 17109 粮食销售包装

3 术语和定义

下列术语和定义适用于本标准。

3.1

稷 broomcorn millet(non-glutinous)

禾本科草本植物栽培稷的颖果。果实呈黄色、粳性，透明有光泽。

3.2

容重 test weight

稷粒在单位容积内的质量，以克每升（g/L）表示。

3.3

不完善粒 unsound kernel

受到损伤但尚有使用价值的稷颗粒，包括以下几种：

3.3.1

虫蚀粒 injured kernel

被虫蛀蚀，伤及胚或胚乳的颗粒。

3.3.2

病斑粒 spotted kernel

粒面带有病斑，伤及胚或胚乳的颗粒。

3.3.3

生芽粒　sprouted kernel

芽或幼根突破种皮的颗粒。

3.3.4

生霉粒　moldy kernel

粒面生霉的颗粒。

3.4

杂质　foreign material

除稷、黍、粟以外的其他物质,包括筛下物、无机杂质和有机杂质。

3.4.1

筛下物　throughs

通过直径 1.5 mm 圆孔筛的物质。

3.4.2

无机杂质　inorganic impurity

砂石、煤渣、砖瓦块、泥土等矿物质及其他无机类物质。

3.4.3

有机杂质　organic impurity

无使用价值的稷、黍、粟,异种粮粒及其他有机类物质。

3.5

色泽、气味　colour and odour

一批稷固有的综合颜色、光泽和气味。

4　质量要求和卫生要求

4.1　质量要求

4.1.1　稷的质量要求见表 1。其中容重为定等指标,2 等为中等。

表 1　稷质量要求

等　级	容重/(g/L)	不完善粒/%	杂质/%		水分/%	色泽、气味
			总量	其中:矿物质		
1	≥760	≤3.0	≤2.0	≤0.5	≤14.0	正常
2	≥740					
3	≥720					
等外	<720	—				

4.1.2　稷中混入黍、粟限度不超过样品总量的 5%。

4.2　卫生要求

4.2.1　食用稷按 GB 2715 及国家有关规定执行。

4.2.2　饲料用稷按 GB 13078 及国家有关规定执行。

4.2.3　其他用途的稷按国家有关标准和规定执行。

4.2.4　动植物检疫按国家有关标准和规定执行。

5　检验方法

5.1　扦样、分样:按 GB 5491 执行。

5.2　色泽、气味检验:按 GB/T 5492 执行。

5.3 互混检验:按 GB/T 5493 执行。

5.4 杂质、不完善粒检验:按 GB/T 5494 执行。

5.5 水分检验:按 GB/T 5497 执行。

5.6 容重检验:按 GB/T 5498 执行。取直径 3.5 mm 圆孔筛下和直径 1.5 mm 圆孔筛上的稷样品进行测定。

6 检验规则

6.1 检验的一般规则按 GB/T 5490 执行。

6.2 检验批为同种类、同产地、同收获年度、同运输单元、同储存单元的稷。

6.3 判定规则:容重应符合表 1 中相应等级的要求,其他指标按国家有关规定执行。容重低于 3 等、其他指标符合本标准规定的,判定为等外级稷。

7 标签标识

应在包装物或随行文件中注明产品的名称、等级、产地、收获年度和月份。

8 包装、储存和运输

8.1 包装

应符合 GB/T 17109 的要求;包装应清洁、牢固、无破损,封口严密、结实,不应撒漏;不应给产品带来污染和异常气味。

8.2 储存

应储存在清洁、干燥、防雨、防潮、防虫、防鼠、无异味的仓房内,不应与有毒有害物质或含水量较高的物质混存。

8.3 运输

应使用符合卫生要求的运输工具,运输过程中应注意防止雨淋和被污染。

ICS 67.060
B 22

中华人民共和国国家标准

GB/T 13358—2008
代替 GB/T 13358—1992

稷　米

Milled non-glutinous broomcorn millet

2008-11-04 发布　　　　2009-01-20 实施

中华人民共和国国家质量监督检验检疫总局
中国国家标准化管理委员会　发布

前　言

本标准代替 GB/T 13358—1992《稷米》。

本标准与 GB/T 13358—1992 的主要技术差异如下：

——修改了生霉粒等有关术语和定义；

——增加了使用添加剂和营养强化剂的规定；

——增加了检验规则；

——增加了有关标签标识的规定；

——对包装、储存和运输要求作了修订；

——增加了附录 A 稷米加工精度检验(EMB)方法。

本标准的附录 A 为规范性附录。

本标准由国家粮食局提出。

本标准由全国粮油标准化技术委员会归口。

本标准起草单位：陕西国家粮食质量监测中心、陕西榆林国家粮食质量监测站。

本标准主要起草人：尉蕊仙、张雪梅、党献民、任正东、杜兴。

本标准所代替标准的历次版本发布情况为：

——GB/T 13358—1992。

稷 米

1 范围

本标准规定了稷米的相关术语和定义、质量要求和卫生要求、检验方法、检验规则、标签标识、包装、储存及运输要求。

本标准适用于以稷为原料加工而成的商品稷米(稷子米、糜子米)。

2 规范性引用文件

下列文件中的条款通过本标准的引用而成为本标准的条款。凡是注日期的引用文件,其随后所有的修改单(不包括勘误的内容)或修订版均不适用于本标准,然而,鼓励根据本标准达成协议的各方研究是否可使用这些文件的最新版本。凡是不注日期的引用文件,其最新版本适用于本标准。

GB 2715 粮食卫生标准

GB/T 5490 粮食、粮油及植物油脂检验 一般规则

GB 5491 粮食、油料检验 扦样、分样法

GB/T 5492 粮油检验 粮食、油料的色泽、气味、口味鉴定

GB/T 5493 粮油检验 类型及互混检验

GB/T 5494 粮油检验 粮食、油料的杂质、不完善粒检验

GB/T 5497 粮食、油料检验 水分测定法

GB/T 5503 粮食、油料检验 碎米检验法

GB/T 6682 分析实验室用水规格和试验方法(GB/T 6682—2008,ISO 3696:1987,MOD)

GB 7718 预包装食品标签通则

GB/T 17109 粮食销售包装

3 术语和定义

下列术语和定义适用于本标准。

3.1

加工精度 processing degree

稷粒经加工后米粒表面残留皮层的程度。以100粒稷米中,粒面皮层基本去净的颗粒所占的百分数表示。

3.2

不完善粒 unsound kernel

受到损伤但尚有使用价值的稷米颗粒,包括未熟粒、虫蚀粒、病斑粒和生霉粒。

3.2.1

未熟粒 immature kernel

米粒不饱满、与正常米粒显著不同的颗粒。

3.2.2

虫蚀粒 injured kernel

被虫蛀蚀的颗粒。

3.2.3

病斑粒 spotted kernel

粒面带有病斑的颗粒。

3.2.4

生霉粒 moldy kernel

粒面生霉的颗粒。

3.3

杂质 foreign material

除稷米、黍米、小米以外的其他物质，包括筛下物、无机杂质和有机杂质。

3.3.1

筛下物 throughs

通过直径 1.0 mm 圆孔筛的物质。

3.3.2

无机杂质 inorganic impurity

砂石、煤渣、砖瓦块、泥土等矿物质及其他无机类物质。

3.3.3

有机杂质 organic impurity

无使用价值的稷米、黍米、小米，异种粮粒及其他有机类物质。

3.4

碎米 broken rice

通过直径 1.5 mm 圆孔筛，留存在 1.0 mm 圆孔筛上的破碎粒。

3.5

色泽、气味 colour and odour

一批稷米固有的综合颜色、光泽和气味。

4 质量要求和卫生要求

4.1 质量要求

4.1.1 稷米质量要求见表 1。其中加工精度为定等指标。

表 1 稷米质量要求

等级	加工精度/%	不完善粒/%	最大限度杂质/%			碎米/%	水分/%	色泽、气味
			总量	其中				
				稷粒	矿物质			
1	≥75.0	≤2.0	≤0.5	≤0.2	≤0.02	≤6.0	≤14.0	正常
2	≥65.0	≤3.0	≤0.7	≤0.4				
3	≥55.0	≤4.0	≤1.0	≤0.7				

4.1.2 稷米中混入的黍米、小米限度不超过样品总量的 5%。

4.2 卫生要求

4.2.1 食用稷米按 GB 2715 及国家有关规定执行。

4.2.2 其他用途稷米按国家有关标准和规定执行。

4.2.3 植物检疫按国家有关标准和规定执行。

5 检验方法

5.1 扦样、分样：按 GB 5491 执行。

5.2 色泽、气味检验：按 GB/T 5492 执行。

5.3 类型及互混检验：按 GB/T 5493 执行。

5.4 杂质、不完善粒检验：按 GB/T 5494 执行。

5.5 水分检验：按 GB/T 5497 执行。

5.6 碎米检验：按 GB/T 5503 执行。

5.7 加工精度检验：按附录 A 执行。

6 检验规则

6.1 检验的一般规则按 GB/T 5490 执行。

6.2 检验批为同原料、同工艺、同设备、同班次加工的同种产品为一个批次。

6.3 出厂检验：产品应按 4.1 的要求进行出厂检验，检验合格方可出厂。

6.4 型式检验：当原料、工艺、设备有重大变化或质量监督部门有要求时，应按第 4 章要求进行型式检验。

6.5 判定规则：质量指标中有一项不合格，判为不合格产品；产品未标注质量等级的，判为不合格产品。

7 标签标识

7.1 预销售包装稷米标签应符合 GB 7718 的规定。

7.2 非零售稷米，应在包装或随行文件中注明产品的名称、标准号、原料、生产日期、保质期、制造厂名称、地址和电话等。

7.3 转基因稷米按国家有关规定标识。

8 包装、储存和运输

8.1 包装

8.1.1 应符合 GB/T 17109 的规定要求。

8.1.2 包装环境应清洁、卫生。

8.1.3 材料应符合包装技术要求和国家有关食品卫生的规定。

8.1.4 包装封口，应严密、结实，不应撒漏。

8.2 储存

应储存在清洁、干燥、防雨、防潮、防虫、防鼠、无异味的仓库内，不应与有毒有害的物质或含水量较大的物质混存。

8.3 运输

应使用符合卫生要求的运输工具，运输过程中应注意防止雨淋和污染。

附　录　A
（规范性附录）
稷米加工精度检验(EMB)方法

A.1　仪器和用具

A.1.1　天平：分度值 0.001 g。
A.1.2　烧杯：500 mL。
A.1.3　棕色细口瓶：500 mL。
A.1.4　玻璃皿。
A.1.5　镊子。

A.2　试剂

亚甲基蓝、曙红 Y、甲醇和乙醇为分析纯试剂。实验用水至少应符合 GB/T 6682 中三级水的要求。

A.2.1　亚甲基蓝甲醇溶液：将 312 mg 亚甲基蓝溶解于盛有 250 mL 甲醇的 500 mL 烧杯中，搅拌约 10 min，然后静置 20 min～25 min，使不溶解的颗粒全部沉淀下来。

A.2.2　曙红甲醇溶液：将 312 mg 曙红 Y 溶解于盛有 250 mL 甲醇的 500 mL 烧杯中，搅拌约 10 min，然后静置 20 min～25 min，使不溶解的颗粒全部沉淀下来。

A.2.3　曙红-亚甲基蓝甲醇溶液：将 A.2.1、A.2.2 两种溶液一起倒入棕色细口瓶里，使之充分混合，即成为紫色染色剂。存放于避光处保存备用。

A.3　操作方法

从平均样品中分出稷米约 20 g，不加挑选地数出整粒米 100 粒，置于玻璃器皿中，用清水洗 2 次～3 次，然后加入曙红-亚甲基蓝甲醇溶液(A.2.3)浸没米粒，轻轻摇动玻璃皿，浸 2 min 后弃去溶液，用清水洗 2 次～3 次并沥干；再加入乙醇并轻轻摇动 1 min，弃去，立即用清水洗涤 2 次～3 次，最后将米粒置清水中或用试纸吸干水分。观察米粒表面染色情况，胚乳呈粉红色、皮层和胚呈绿色、糊粉层呈蓝色、粒面呈粉红色达 2/3 及以上的颗粒，视为皮层基本去净的颗粒(a)。计数皮层基本去净的颗粒，计算加工精度。

A.4　结果表示

加工精度按式(A.1)计算：

$$X = \frac{a}{100} \qquad \text{(A.1)}$$

式中：

X——加工精度，%；

a——皮层基本去净的颗粒数；

100——参与染色检验样品的颗粒数。

两次平行试验测定值的允许差不得超过 3%，取平均值作为检验结果，检验结果取整数。

ICS 67.060
B 22

中华人民共和国国家标准

GB/T 13359—2008
代替 GB/T 13359—1992

莜麦

Hulless oats

2008-11-04 发布　　　　2009-01-20 实施

中华人民共和国国家质量监督检验检疫总局
中国国家标准化管理委员会　发布

前言

本标准是对GB/T 13359—1992《莜麦》进行的修订。

本标准与GB/T 13359—1992的主要技术差异如下：

——对莜麦、生霉粒的有关术语和定义作了修订；

——增加和修改了杂质的有关术语和定义；

——对质量要求中的容重指标、不完善粒指标进行了修订；

——增加了检验规则；

——增加了有关标签标识的规定；

——对包装、储存和运输要求作了修订。

本标准自实施之日起代替GB/T 13359—1992。

本标准由国家粮食局提出。

本标准由全国粮油标准化技术委员会归口。

本标准起草单位：武汉工业学院、河北张家口农科院、张家口市标准化协会、内蒙古自治区粮油质量检测中心、山西金绿禾燕麦研究所。

本标准主要起草人：刘英、杨才、潘从道、胡中泽、王实喜、王晓光、王展、田向东。

本标准所代替标准的历次版本发布情况为：

——GB/T 13359—1992。

莜　　麦

1　范围

本标准规定了莜麦的有关术语和定义、质量要求和卫生要求、检验方法、检验规则、标签标识、包装、运输及储存要求。

本标准适用于收购、储存、运输、加工和销售的商品莜麦(裸燕麦、油麦)。

2　规范性引用文件

下列文件中的条款通过本标准的引用而成为本标准的条款。凡是注日期的引用文件,其随后所有的修改单(不包括勘误的内容)或修订版均不适用于本标准,然而,鼓励根据本标准达成协议的各方研究是否可使用这些文件的最新版本。凡是不注日期的引用文件,其最新版本适用于本标准。

GB 2715　粮食卫生标准

GB/T 5490　粮食、油料及植物油脂检验　一般规则

GB 5491　粮食、油料检验　扦样、分样法

GB/T 5492　粮油检验　粮食、油料的色泽、气味、口味鉴定

GB/T 5494　粮油检验　粮食、油料的杂质、不完善粒检验

GB/T 5497　粮食、油料检验　水分测定法

GB/T 5498　粮食、油料检验　容重测定法

GB/T 17109　粮食销售包装

3　术语和定义

下列术语和定义适用于本标准。

3.1

莜麦　hulless oats

禾本科草本植物栽培莜麦的颖果。籽粒一般细长,内、外颖与护颖同为薄膜状,脱粒时同时脱落,使籽粒成为裸粒。

3.2

容重　test weight

莜麦籽粒在单位容积内的质量,以克每升(g/L)表示。

3.3

不完善粒　unsound kernel

受到损伤但尚有使用价值的莜麦颗粒,包括以下几种:

3.3.1

破损粒　broken kernel

压扁、破碎、伤及胚或胚乳的颗粒。

3.3.2

虫蚀粒　injured kernel

被虫蛀蚀,伤及胚或胚乳的颗粒。

3.3.3

病斑粒　spotted kernel

粒面带有病斑，伤及胚或胚乳的颗粒。

3.3.4

生芽粒　sprouted kernel

芽或幼根突破种皮的颗粒。

3.3.5

生霉粒　moldy kernel

粒面生霉的颗粒。

3.4

杂质　foreign matter

除莜麦粒以外的其他物质，包括筛下物、无机杂质、有机杂质。

3.4.1

筛下物　throughs

通过直径 1.5 mm 圆孔筛的物质。

3.4.2

无机杂质　inorganic impurity

砂石、煤渣、砖瓦块、金属物等矿物质及其他无机类物质。

3.4.3

有机杂质　organic impurity

无食用价值的莜麦粒、带壳莜麦粒、异种粮粒及其他有机类物质。

3.5

水分　moisture content

试样所含水分占试样的质量分数。

3.6

色泽、气味　colour and odor

一批莜麦固有的综合色泽、光泽和气味。

4　质量要求和卫生要求

4.1　质量要求

各等级莜麦质量指标见表 1。其中容重为定等指标，2 等为中等。容重小于 3 等，为等外级。

表 1　莜麦质量指标

等　级	容重/(g/L)	不完善粒/%	杂质/% 总量	杂质/% 其中：矿物质	水分/%	色泽、气味
1	≥700	≤5.0	≤2.0	≤0.5	≤13.5	正常
2	≥670					
3	≥630					
等外级	<630	—				

4.2　卫生要求

4.2.1　食用莜麦按 GB 2715 及国家有关规定执行。

4.2.2　其他用途莜麦按国家有关标准规定执行。

4.2.3　植物检疫按国家有关标准和规定执行。

5 检验方法

5.1 扦样、分样：按 GB 5491 执行。

5.2 色泽、气味检验：按 GB/T 5492 执行。

5.3 杂质、不完善粒检验：按 GB/T 5494 执行。

5.4 水分检验：按 GB/T 5497 执行。

5.5 容重检验：按 GB/T 5498 执行。

6 检验规则

6.1 检验的一般规则按 GB/T 5490 执行。

6.2 检验批为同品种、同产地、同收获年度、同运输单元的莜麦。

6.3 判定规则：容重指标不符合该等级要求的，降为下一等级。其他指标按国家有关规定执行。容重低于 3 等、其他的质量指标符合本标准规定的判定为等外级莜麦。

7 标签标识

应在包装、标签上标注产品的名称、类别、等级、产地、收获年度和月份。

8 包装、运输和储存

8.1 包装

应符合 GB/T 17109 的要求。包装应清洁、牢固、无破损，缝口严密、结实，不应撒漏，不应给产品带来污染和异常气味。

8.2 运输

应使用符合卫生要求的运输工具，运输过程中应注意防止雨淋和被污染。

8.3 储存

应储存在清洁、干燥、防雨、防潮、防虫、防鼠、无异味的仓房内，不应与有毒有害物质或含水量较高的物质混存。

ICS 67.060
X 11

中华人民共和国国家标准

GB/T 13360—2008
代替 GB/T 13360—1992

莜 麦 粉

Hulles oats flour

2008-11-04 发布 2009-01-01 实施

中华人民共和国国家质量监督检验检疫总局
中国国家标准化管理委员会 发布

前　言

本标准代替 GB/T 13360—1992《莜麦粉》。

本标准与 GB/T 13360—1992 相比主要变化如下：

——修改了莜麦粉的术语和定义；

——对莜麦粉进行了重新分类，增加了全莜麦粉；

——增加了精制莜麦粉、普通莜麦粉、全莜麦粉的定义；

——增加了全莜麦粉的质量要求；

——对质量要求中的脂肪酸值指标、粗细度指标作了修订；

——对脂肪酸值的检测方法作了修订；

——增加了检验规则；

——增加了标签标识；

——对包装、储存和运输要求作了修订。

本标准由国家粮食局提出。

本标准由全国粮油标准化技术委员会归口。

本标准起草单位：武汉工业学院、张家口市标准化(委员)协会、山西金绿禾燕麦研究所、内蒙古自治区粮油质量检测中心。

本标准主要起草人：刘英、王展、兰凤英、胡中泽、田向东、李旭、王实喜、潘从道。

本标准所代替标准历次版本发布情况为：

——GB/T 13360—1992。

莜 麦 粉

1 范围

本标准规定了莜麦粉的术语和定义、分类、质量要求和卫生要求、检验方法、判定规则、标签标识以及包装、储存和运输的要求。

本标准适用于以莜麦为原料加工的商品莜麦粉(裸燕麦粉、莜麦面、莜面)。

2 规范性引用文件

下列文件中的条款通过本标准的引用而成为本标准的条款。凡是注日期的引用文件,其随后所有的修改单(不包括勘误的内容)或修订版均不适用于本标准,然而,鼓励根据本标准达成协议的各方研究是否可使用这些文件的最新版本。凡是不注日期的引用文件,其最新版本适用于本标准。

GB 2715 粮食卫生标准

GB/T 5490 粮食、油料及植物油脂检验 一般规则

GB 5491 粮食、油料检验 扦样、分样法

GB/T 5492 粮油检验 粮食、油料的色泽、气味、口味鉴定

GB/T 5497 粮食、油料检验 水分测定法

GB/T 5505 粮油检验 灰分测定法

GB/T 5507 粮油检验 粉类粗细度测定

GB/T 5508 粮食、油料检验 粉类含砂量测定法

GB/T 5509 粮油检验 粉类磁性金属物测定

GB 7718 预包装食品标签通则

GB/T 13359 莜麦

GB/T 15684 谷物制品脂肪酸值测定法

GB/T 17109 粮食销售包装

3 术语和定义

下列术语和定义适用于本标准。

3.1

莜麦粉 hulles oats flour

由莜麦加工制成的粉状产品。

3.2

精制莜麦粉 fine hulless oats flour

由莜麦加工制成的,全部通过 CQ20 号筛的粉状产品。

3.3

普通莜麦粉 common hulless oats flour

由莜麦加工制成的,全部通过 CQ18 号筛的粉状产品。

3.4

全莜麦粉 whole hulless oats flour

由莜麦加工制成的,全部通过 CQ14 号筛的粉状产品。

3.5

粗细度 flour finesse degree

莜麦粉颗粒的大小程度，以通过规定筛号的质量分数表示。

3.6

灰分 ash content

试样经高温灼烧后所剩的残渣占试样的质量分数。

3.7

含砂量 sand content

试样所含细砂占试样的质量分数。

3.8

磁性金属物 magnetic metal content

每千克试样中所含有的磁性金属的质量分数，以 g/kg 表示。

3.9

脂肪酸值 fatty acid value

中和 100 g 试样中游离脂肪酸所需氢氧化钾的毫克数，以 mg/100 g 表示。

3.10

水分 moisture content

试样所含水分占试样的质量分数。

3.11

色泽、气味、口味 colour, odor and taste

莜麦粉固有的颜色、光泽，嗅觉味道和口尝的滋味。

4 分类

莜麦粉按其颗粒粗细度不同分为精制莜麦粉、普通莜麦粉、全莜麦粉三类。

5 质量要求和卫生要求

5.1 质量要求

莜麦粉质量指标见表 1。

表 1 莜麦粉质量指标

分类	粗细度	灰分(干基)/%	含砂量/%	磁性金属物/(g/kg)	脂肪酸值(干基)/(mg/100 g)	水分/%	色泽、气味、口味
精制莜麦粉	全部通过 CQ20 号筛	≤1.0	≤0.03	≤0.003	≤90	≤10.0	莜麦粉固有的色香味，具有不苦、无异味等特点
普通莜麦粉	全部通过 CQ18 号筛	≤2.2					
全莜麦粉	全部通过 CQ14 号筛	≤2.5					

5.2 卫生要求

按 GB 2715 及国家有关标准和规定执行。

5.3 真实性要求

莜麦粉中不允许添加任何其他物质和谷物粉。

6 检验方法

6.1 扦样、分样：按 GB 5491 执行。

6.2 色泽、气味、口味鉴定:按 GB/T 5492 执行。

6.3 水分测定:按 GB/T 5497 执行。

6.4 灰分测定:按 GB/T 5505 执行。

6.5 粉类粗细度测定:按 GB/T 5507 执行。

6.6 粉类含砂量测定:按 GB/T 5508 执行。

6.7 粉类磁性金属测定:按 GB/T 5509 执行。

6.8 脂肪酸值测定:按 GB/T 15684 执行。

7 检验规则

7.1 检验的一般规则

按 GB/T 5490 执行。

7.2 原料要求

莜麦粉应由符合 GB/T 13359 的莜麦磨制而成。

7.3 产品组批

同原料、同工艺、同设备、同班次加工的同种产品为一批。

7.4 出厂检验

每批出厂的产品,应按 5.1 规定的项目进行检验。

7.5 判定规则

7.5.1 质量指标有一项不合格,该批产品应判为不合格产品。

7.5.2 产品未标注类别时,按普通莜麦粉判定。

8 标签标识

应按照第 4 章和第 5 章的规定标注产品的类别和质量要求,并应符合 GB 7718 规定。

9 包装

9.1 包装物应符合 GB/T 17109 的要求。包装袋应坚固结实,封口或缝口应严密。

9.2 采用复合塑料膜真空或充气包装,所采用的复合塑料膜及封口应坚固结实。

10 储存和运输

10.1 袋装产品应贮存在清洁、干燥、防雨、防潮、防虫、防鼠、无异味的库房中,并距地面 15 cm、距墙壁 30 cm 以上,不得与有毒、有害物或水分较高的物品混存。

10.2 运输器具应清洁、干燥、无污染,并有防尘、防雨雪、防日晒设施,不得与有毒有害物品混装运输。

10.3 产品在常温条件下的保质期不低于 3 个月。

ICS 23.080
J 71

GB

中华人民共和国国家标准

GB/T 13364—2008
代替 GB/T 13364—1992

往复泵机械振动测试方法

Measurement of mechanical vibration for reciprocating pump

2008-07-01 发布　　　　2009-02-01 实施

中华人民共和国国家质量监督检验检疫总局
中国国家标准化管理委员会　发布

前　言

本标准是对 GB/T 13364—1992《往复泵机械振动测试方法》的修订。

与 GB/T 13364—1992 相比，主要变化如下：

——将原标准中各种泵的安装和工况的要求，按 GB/T 7784 标准执行；

——增加了第 7 章测点选择的内容。

本标准自实施之日起代替 GB/T 13364—1992。

本标准的附录 A 为资料性附录。

本标准由中国机械工业联合会提出。

本标准由全国泵标准化技术委员会(SAC/TC 211)归口。

本标准起草单位：合肥通用机械研究院。

本标准主要起草人：马青年。

本标准所代替标准的历次版本发布情况为：

——GB/T 13364—1992。

往复泵机械振动测试方法

1 范围

本标准规定了往复泵(以下简称"泵")机械振动的测试方法。

本标准适用于从泵体表面测得的振动,其频率范围为 2 Hz～1 000 Hz。

本标准不适用于手动泵。

2 规范性引用文件

下列文件中的条款通过本标准的引用而成为本标准的条款。凡是注日期的引用文件,其随后所有的修改单(不包括勘误的内容)或修订版均不适用于本标准。然而,鼓励根据本标准达成协议的各方研究是否可使用这些文件的最新版本。凡是不注日期的引用文件,其最新版本适用于本标准。

GB/T 7784—2006 机动往复泵 试验方法

GB/T 7785—1987 往复泵分类和名词术语

3 术语和定义

GB/T 7785 确立的以及下列术语和定义适用于本标准。

3.1

振动速度均方根值 root mean square of vibration velocity

振动速度均方根值是指振动速度随时间的变化。用公式(1)计算:

$$V_{\mathrm{rms}}=\sqrt{\frac{1}{T}\int_0^T V^2(t)\,\mathrm{d}t} \qquad \cdots\cdots(1)$$

式中:

V_{rms}——振动速度均方根值,单位为毫米每秒(mm/s);

$V(t)$——振动速度随时间变化的函数;

T——振动周期,单位为秒(s)。

应用频谱分析技术,可利用公式(2)确定振动速度均方根值:

$$\begin{aligned}V_{\mathrm{rms}}&=\sqrt{\frac{1}{2}\left[\left(\frac{\hat{a}_1}{\omega_1}\right)^2+\left(\frac{\hat{a}_2}{\omega_2}\right)^2+\left(\frac{\hat{a}_3}{\omega_3}\right)^2+\cdots+\left(\frac{\hat{a}_n}{\omega_n}\right)^2\right]}\\&=\sqrt{\frac{1}{2}\left(\hat{s}_1^2\,\omega_1^2+\hat{s}_2^2\,\omega_2^2+\cdots+\hat{s}_n^2\,\omega_n^2\right)}\\&=\sqrt{\frac{1}{2}\left(\hat{V}_1^2+\hat{V}_2^2+\cdots+\hat{V}_n^2\right)}\end{aligned} \qquad \cdots\cdots(2)$$

式中:

$\hat{a}_i(i=1,2,3,\cdots,n)$——振动加速度幅值,单位为毫米每二次方秒($\mathrm{mm/s^2}$);

$\hat{s}_i(i=1,2,3,\cdots,n)$——振动位移幅值,单位为毫米(mm);

$\hat{V}_i(i=1,2,3,\cdots,n)$——振动速度幅值,单位为毫米每秒(mm/s);

$\hat{\omega}_i(i=1,2,3,\cdots,n)$——角频率,单位为弧度每秒(rad/s)。

3.2

振动烈度 vibration severity

表示振动的强烈程度。机器的振动烈度用在机器的指定点(诸如轴承或轴承座)所测得振动速度的最大值表示。本标准规定在 2 Hz～1 000 Hz 频率范围内振动速度的均方根值为表征机器振动烈度的参数。

4 泵的安装与工况要求

4.1 泵的安装

被测泵应安装在泵设计要求的基础之上。否则应将其安装在大于 10 倍被测机器质量的基础或平台上(包括地基基础、导轨、平台等总质量,但应使它们之间联结紧固),并保证被测泵与基础之间联结紧固。其试验装置还应满足 GB/T 7784 的规定。

4.2 测试时的工况要求

泵在进行测试时,应在额定工况下进行,并满足 GB/T 7784 的规定。

5 测试仪器

5.1 测试仪器的要求

振动测试仪器应在 2 Hz～1 000 Hz 频率范围内,能够直接显示被测泵的机械振动速度均方根值。所用传感器的物理特性应适应测试环境的要求,其质量应小于被测泵质量的 1/10。振动测试仪器应定期送计量部门检定认可。测试仪器在测量频率范围内的灵敏度,与 80 Hz 基准灵敏度的偏差,应不超过表 1 和图 1 给出的范围。

表 1 振动测试仪器的灵敏度偏差范围

<table>
<tr><th rowspan="2">频率/Hz</th><th colspan="3">相对灵敏度</th></tr>
<tr><th>额定值</th><th>最小值</th><th>最大值</th></tr>
<tr><td>1</td><td>—</td><td>—</td><td>0.01</td></tr>
<tr><td>2.5</td><td>0.016</td><td>0.01</td><td>0.025</td></tr>
<tr><td>10</td><td rowspan="7">1.0</td><td>0.8</td><td rowspan="3">1.1</td></tr>
<tr><td>20</td><td rowspan="2">0.9</td></tr>
<tr><td>40</td></tr>
<tr><td>80</td><td>1.0</td><td>1.0</td></tr>
<tr><td>160</td><td rowspan="2">0.9</td><td rowspan="3">1.1</td></tr>
<tr><td>500</td></tr>
<tr><td>1 000</td><td>0.8</td></tr>
<tr><td>4 000</td><td>0.016</td><td>0.01</td><td>0.025</td></tr>
<tr><td>10 000</td><td>—</td><td>—</td><td>0.01</td></tr>
</table>

5.2 测试仪器的使用

振动传感器应按其使用要求,可靠地固定在测点上,并不应影响机器的振动特性。传感器与测振仪之间的连接电缆的型号、规格等应符合测试仪器的要求。测试环境的温度、磁场、声场等环境条件应满足测试仪器使用环境的要求。测试之前应用校准器对测试仪器进行校准。

5.3 仪表读数

在泵的振动速度均方根值的测试过程中,当仪器指针出现摆动(或读数波动)时,应分别记录指针指示(或读数)的最大值(R_{max})和最小值(R_{min}),并根据公式(3)确定振动速度均方根值(V_{rms})。

$$V_{rms} = \sqrt{\frac{1}{2}(R_{max}^2 + R_{min}^2)} \qquad \cdots\cdots(3)$$

式中：

R_{max}——振动速度测量值最大值；

R_{min}——振动速度测量值最小值。

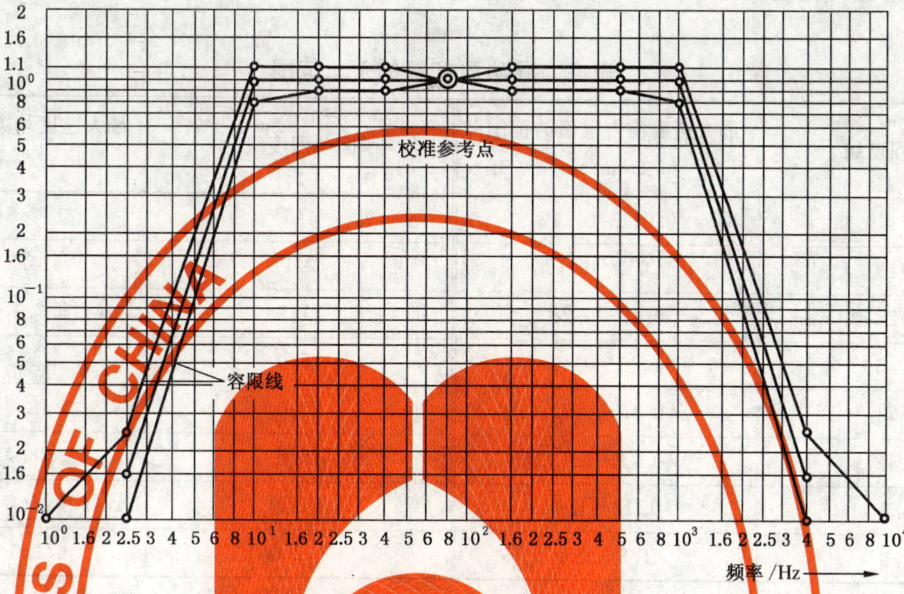

图 1　振动测量系统的灵敏度-频率特性

6　测试方向的选定

在泵体表面，以三个互相垂直的方向上进行测量。本标准规定泵曲轴轴线为 z 向，水平并与 z 向相交为 x 向，垂直与 z 向相交为 y 向，见图 2。

图 2　测量方向示意图

7　测点的选择

振动的测点应选在振动能量向弹性基础或系统其他部件进行传递的地方。通常选在轴承座、底座和出口法兰等处。考核的具体测点可由合同或协议确定。

8 泵振动烈度的确定

根据被测泵体表面的不同位置上测得的最大振动速度均方根值(V_{rms}),作为被测机器的振动参数,并根据表2给出的范围确定被测泵的振动烈度。振动烈度是以1∶1.6的比例递增的,即每两个烈度级差4 dB。

表2 振动烈度级的 V_{rms} 范围

振动烈度级	最大速度均方根值的范围/(mm/s)	振动烈度级	最大速度均方根值的范围/(mm/s)
0.11	0.071～0.112	4.5	2.8～4.5
0.18	0.112～0.18	7.1	4.5～7.1
0.28	0.18～0.28	11.2	7.1～11.2
0.45	0.28～0.45	18.0	11.2～18.0
0.71	0.45～0.71	28.0	18.0～28.0
1.12	0.71～1.12	45.0	28.0～45.0
1.8	1.12～1.8	71.0	45.0～71.0
2.8	1.8～2.8	112.0	71.0～112.0

9 测试记录内容与试验报告

9.1 测试记录应包括以下内容:

a) 被测泵的型号、名称、几何尺寸、重量、出厂编号等;

b) 测试工况;

c) 被测泵的安装条件;

d) 测试日期与时间、地点;

e) 测试仪器;

f) 测点位置及方向;

g) 其他。

9.2 测试报告参见附录A的格式填写。

附 录 A
(资料性附录)
机械振动测试报告

________年____月____日

<table>
<tr><td>泵的型号与名称</td><td colspan="4"></td><td colspan="4">所属类别</td><td colspan="5"></td></tr>
<tr><td>制造厂</td><td colspan="4"></td><td colspan="4">出厂编号</td><td colspan="5"></td></tr>
<tr><td>外形尺寸</td><td colspan="4"></td><td colspan="4">重量</td><td colspan="5"></td></tr>
<tr><td>工况项目</td><td colspan="6">泵的额定工况</td><td colspan="7">泵的测量工况</td></tr>
<tr><td></td><td colspan="6"></td><td colspan="7"></td></tr>
<tr><td></td><td colspan="6"></td><td colspan="7"></td></tr>
<tr><td></td><td colspan="6"></td><td colspan="7"></td></tr>
<tr><td rowspan="2">原动机</td><td>型号</td><td colspan="5"></td><td colspan="2">转速</td><td colspan="5"></td></tr>
<tr><td>功率</td><td colspan="5"></td><td colspan="2">型式</td><td colspan="5"></td></tr>
<tr><td>依据标准</td><td colspan="13"></td></tr>
<tr><td>测试仪器</td><td colspan="13"></td></tr>
<tr><td>测试地点</td><td colspan="13"></td></tr>
<tr><td>安装条件</td><td colspan="13"></td></tr>
<tr><td rowspan="2">安装面的振动</td><td colspan="4">V_{rmsx}</td><td colspan="4">V_{rmsy}</td><td colspan="5">V_{rmsz}</td></tr>
<tr><td colspan="4"></td><td colspan="4"></td><td colspan="5"></td></tr>
<tr><td rowspan="4">测试记录数据</td><td>测点</td><td></td><td></td><td></td><td></td><td></td><td></td><td></td><td></td><td></td><td></td><td></td><td></td></tr>
<tr><td>R_{max}</td><td></td><td></td><td></td><td></td><td></td><td></td><td></td><td></td><td></td><td></td><td></td><td></td></tr>
<tr><td>R_{min}</td><td></td><td></td><td></td><td></td><td></td><td></td><td></td><td></td><td></td><td></td><td></td><td></td></tr>
<tr><td>V_{rms}</td><td></td><td></td><td></td><td></td><td></td><td></td><td></td><td></td><td></td><td></td><td></td><td></td></tr>
<tr><td>测点位置
示意图</td><td colspan="13"></td></tr>
<tr><td>振动烈度</td><td colspan="3"></td><td>方向</td><td colspan="3"></td><td colspan="2">振动评价</td><td colspan="4"></td></tr>
<tr><td>备 注</td><td colspan="13"></td></tr>
</table>

测试部门__________________(盖章)　　　　测量人员________(签字)

审核人员________(签字)

ICS 27.120
F 48

中华人民共和国国家标准

GB/T 13368—2008
代替 GB/T 13368—1992

微型中子源反应堆核燃料棒技术条件

Specification for nuclear fuel rods of miniature neutron source reactor

2008-06-19 发布　　　　2009-04-01 实施

中华人民共和国国家质量监督检验检疫总局
中国国家标准化管理委员会　发布

前言

本标准代替 GB/T 13368—1992《微型中子源反应堆核燃料棒技术条件》。

本标准与 GB/T 13368—1992 相比主要变化如下：

——增加了 X 射线探伤的技术要求；

——增加了包壳管尺寸及表面质量要求；

——增加了“环焊缝及焊点金相检查”的内容；

——增加了“氧化膜的厚度检测方法”；

——6.1 中增加了破坏性检验的要求；

——在 6.2 中出厂检验项目中增加了“金相检验结果”；

——删除“水煮检漏”方法。

本标准由中国核工业集团公司提出。

本标准由全国核能标准化技术委员会归口。

本标准起草单位：中核北方核燃料元件有限公司。

本标准主要起草人：王玉岭、魏东波、迟新国。

本标准所代替标准的历次版本发布情况为：GB/T 13368—1992。

微型中子源反应堆核燃料棒技术条件

1 范围

本标准规定了微型中子源反应堆核燃料棒(简称“微堆燃料棒”)的技术要求、材料、试验方法、检验规则及包装、贮存、运输等要求。

本标准适用于微堆燃料棒的制造和验收。

2 规范性引用文件

下列文件中的条款通过本标准的引用而成为本标准的条款。凡是注日期的引用文件,其随后所有的修改单(不包括勘误的内容)或修订版均不适用于本标准,然而,鼓励根据本标准达成协议的各方研究是否可使用这些文件的最新版本。凡是不注日期的引用文件,其最新版本适用于本标准。

GB/T 3190 变形铝及铝合金的化学成分

GB/T 4437 铝及铝合金热挤压管

GB 11806 放射性物质安全运输规程

GB/T 11809 压水堆核燃料棒焊缝金相检验

GB 15146.3 反应堆外易裂变材料的核临界安全 易裂变材料贮存的核临界安全要求

GB 18871 电离辐射防护与辐射源安全基本标准

JB/T 4730 承压设备无损检测

3 技术要求

3.1 微堆燃料棒由上端塞、包壳管、燃料芯体和下端塞组成,如图1所示。

单位为毫米

1——填充铝丝;

2——上端塞;

3——焊缝;

4——包壳管;

5——燃料芯体;

6——下端塞;

7——焊点。

图1 微堆燃料棒

3.2 微堆燃料棒环焊缝及堵孔焊点,表面应光滑平整,环焊缝有效熔深及堵孔焊点最小熔合厚度不小于0.30 mm。

3.3 经X射线探伤检验,要求焊缝或焊点不得有未熔合、未焊透、裂纹、夹渣等缺陷,但允许有个别分散的气孔存在,其直径不大于0.20 mm。

3.4 微堆燃料棒芯体与包壳管机械贴紧。

3.5 微堆燃料棒两环焊缝之间(包括焊缝)包壳管表面不得有深度大于 0.08 mm 的划伤、点坑等缺陷。

3.6 微堆燃料棒全长直线度不大于 0.2 mm。

3.7 微堆燃料棒需进行氦质谱检漏,氦检漏泄漏率在 0.4 MPa 的氦气压力下不大于 1.33×10^{-9} Pa·m³/s。

3.8 微堆燃料棒下端塞的焊点高度应小于 1 mm。

3.9 微堆燃料棒表面需进行阳极氧化处理,氧化膜应均匀致密,膜厚(10～15)μm。

3.10 微堆燃料棒表面铀的非固定污染物不大于 0.4 Bq/dm²。

4 材料

4.1 燃料芯体

4.1.1 尺寸

芯体尺寸如图 2 所示。

单位为毫米

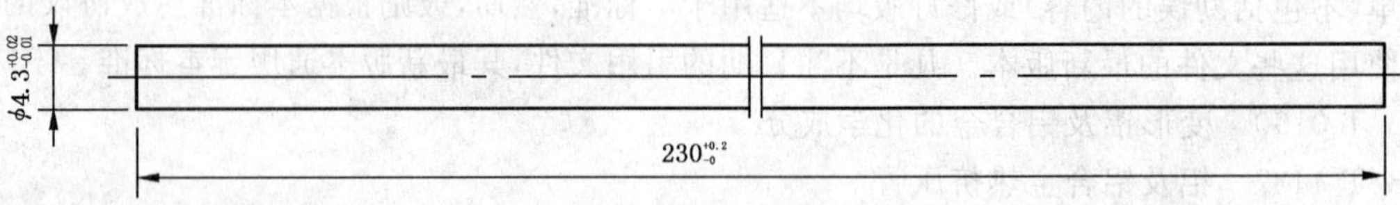

图 2 燃料芯体

4.1.2 化学成分

燃料芯体材料为铀铝合金,铀的含量为(27.6±0.4)%(质量分数),铀的²³⁵U 富集度为 90%,基体铝为 1A97 高纯铝(符合 GB/T 3190 规定)。

芯体合金杂质元素含量应符合表 1 的规定。

表 1 芯体合金杂质元素含量 单位为微克每克

元素	B	Li	C	Cr	Fe	Ni	Gd	Cd
含量,不大于	1	8	400	240	700	250	0.25	1

4.1.3 物理性能

燃料芯体的物理性能应满足如下要求:

a) 芯体密度为(3.45±0.02)g/cm³;

b) 每根芯体质量为 11.53$^{+0.15}_{-0.06}$ g;

c) 燃料芯体中^{235}U 的轴向偏析不大于 0.8%。

4.2 包壳管

4.2.1 化学成分

包壳管材料为 LT26 铝合金,其化学成分应符合表 2 的规定。

表 2 包壳管化学成分 单位为微克每克

主要成分			杂质元素不大于						
Fe	Si	Al	Cu	Mn	Ti	Mg	Zn	Cd	B
0.08～0.18	0.04～0.16	余量	0.012	0.01	0.01	0.01	0.03	5×10^{-5}	1×10^{-4}

4.2.2 力学性能

管材供货状态为冷拉,其纵向室温力学性能应符合表 3 的规定。

表 3 管材力学性能

抗拉强度 R_m/MPa	伸长率 A/%
≥59	≥20

4.2.3 尺寸

管材的外径尺寸为 $5.5^{+0.05}_{+0.02}$ mm；内径尺寸为 $4.3^{+0.05}_{+0.02}$ mm；最小壁厚尺寸为 0.55 mm。

4.2.4 表面质量

管材表面质量应符合 GB/T 4437 中有关规定并满足以下要求：

a) 表面应光滑，不允许有裂纹、腐蚀和外来夹杂物；

b) 允许有轻微擦伤、划伤、碰伤、压痕，其深度不得超过 0.08 mm；

c) 管材的低倍组织不允许有裂纹、气孔、夹杂物。

4.3 端塞及填充焊丝

端塞和填充焊丝材料的化学成分、力学性能、表面质量与包壳材料相同。

5 试验方法

5.1 环焊缝及焊点 X 射线照相检查

本方法采用通过 X 射线机，并使用 JB/T 4730 中规定的丝型像质计。

照相几何不清晰度应在 3%以内。胶片（灰雾度不大于 0.3）平放在环焊缝及焊点下方。微堆燃料棒两端应分别照相，每端各照两次，第二次相对第一次照相位置应转动 90°。

5.2 环焊缝及焊点金相检查

按 GB/T 11809 中规定的取样方法、熔深及相关参数的测量方法，获取环焊缝有效熔深值及堵孔焊点最小熔合厚度值。

5.3 氦质谱检漏法

检漏前，应将微堆燃料棒在 0.4 MPa 氦气压力下经 40 min 压氦处理，然后把微堆燃料棒放入检漏仪容器内，抽真空后进行检测。

氦质谱检漏应在压氦后 4 h 内完成。

5.4 表面缺陷深度检查

使用显微镜（物镜放大倍数为 14 倍）对微堆燃料棒表面和缺陷根部分别调节聚焦，其物镜移动距离差值即为缺陷深度。

5.5 氧化膜的厚度

氧化膜的厚度采用金相法检测。

5.6 微堆燃料棒表面铀污染检查

微堆燃料棒表面铀的非固定污染用放射性活度测量仪直接测量。

6 检验规则

6.1 本产品由供方进行 100%无损检验，其他检验由供、需双方商定。

6.2 需方可对产品提出复验，检验方案由供、需双方商定，出厂检验项目包括：

a) 表面质量及污染情况；

b) 外形尺寸及直线度；

c) 无损检验结果；

d) 金相检验结果；

e) 产品数量和包壳质量。

6.3 需方如对产品有异议应在收到产品后向供方提出，双方协商解决。必要时可请双方认可的单位仲裁。

7 质量证明文件

本产品每批应附质量证明书。质量证明书应包括下列内容：

a) 供方名称；

b) 产品名称、批号和编号；

c) 产品数量；

d) 产品质量明细表(含主要检测结果数据)；

e) 本标准编号；

f) 出厂日期。

8 包装、运输及贮存

8.1 包装

8.1.1 成品微堆燃料棒用羊皮纸包裹，插入聚乙烯塑料袋内，每袋不多于 10 根，置于金属制包装箱中，箱内空隙处用松软材料填充严实。

8.1.2 包装箱盖应牢固拧紧并铅封。

8.1.3 每货包的装载量应符合 GB 15146.3 中的有关规定。

8.1.4 货包表面的放射性污染应符合 GB 18871 中的有关规定。

8.2 运输

运输应符合 GB 11806 的有关规定。

8.3 贮存

8.3.1 本产品应单独存放，不得与易燃、易爆物品放在一起。

8.3.2 存放场所应保持干燥、清洁、通风，并注意防火。

ICS 27.120.30
F 46

中华人民共和国国家标准

GB/T 13375—2008
代替 GB/T 13375—1999

天然六氟化铀技术条件

Natural uranium hexafluoride specification

2008-06-19 发布　　2009-04-01 实施

中华人民共和国国家质量监督检验检疫总局
中国国家标准化管理委员会　发布

前　言

本标准修改采用美国材料与试验协会标准 ASTM C 787:2006《浓缩用六氟化铀标准规范》中的天然六氟化铀技术内容。

本标准代替 GB/T 13375—1999《天然六氟化铀技术条件》。

本标准与 GB/T 13375—1999 相比主要变化如下:

a) 增加了六氟化铀液化方法;

b) "检验方法"一章中增加了引用 10 个测定方法标准。

本标准由中国核工业集团公司提出。

本标准由全国核能标准化技术委员会归口。

本标准起草单位:中核四〇四有限公司。

本标准主要起草人:虎生君、张慧中、张玉华、蒙秀君、朱永清。

本标准所代替标准的历次版本发布情况为:

——GB/T 13375—1992、GB/T 13375—1999。

天然六氟化铀技术条件

1 范围

本标准规定了天然六氟化铀产品的技术要求、检验规则、检验方法及包装、运输、贮存等要求。

本标准适用于为浓缩厂供料用的天然六氟化铀产品。

2 规范性引用文件

下列文件中的条款通过本标准的引用而成为本标准的条款。凡是注日期的引用文件，其随后所有的修改单(不包括勘误的内容)或修订版均不适用于本标准，然而，鼓励根据本标准达成协议的各方研究是否可使用这些文件的最新版本。凡是不注日期的引用文件，其最新版本适用于本标准。

GB 11806 放射性物质安全运输规程

GB/T 13699 六氟化铀中钒的分光光度法测定

GB/T 14501.1 六氟化铀中硼的测定 化学光谱法

GB/T 14501.3 六氟化铀中钨、钼、铌、钛、锆的测定 化学光谱法

GB/T 14501.4 六氟化铀中硅的测定 分光光度法

GB/T 14501.6 六氟化铀中铀的测定

GB/T 17508 六氟化铀中钐、铕、钆、镝、镉、钽的测定 化学光谱法

EJ/T 303 1升六氟化铀容器

EJ/T 307 六氟化铀容器使用规定

EJ/T 424 $3m^3$ 六氟化铀容器

EJ/T 427 六氟化铀中烃、含氯烃和部分取代卤代烃的测定

EJ/T 815 六氟化铀中钍的分光光度法测定

EJ/T 895 六氟化铀的液化分样

EJ/T 1119 UF_6 中砷的测试方法 砷的生成 原子吸收光谱法测定

EJ/T 1220 天然六氟化铀中金属杂质元素的测定 电感耦合等离子体原子发射光谱法(ICP-AES 法)

3 术语和定义

下列术语和定义适用于本标准。

3.1

天然六氟化铀 natural uranium hexafluoride

由天然的未经照射过的铀(含有 0.711 $g^{235}U/100\ gU \pm 0.004\ g^{235}U/100\ gU$)生产的六氟化铀。

4 技术要求

4.1 天然六氟化铀的含量用质量分数表示，不应低于 99.5%。

4.2 总绝对蒸汽压力

4.2.1 液态天然六氟化铀总绝对压力不应超过表 1 中规定的限值。

4.2.2 固体天然六氟化铀总绝对压力不应超过表 2 规定的限值。

4.3 天然六氟化铀中烃、氯烃和部分取代卤代烃总含量与六氟化铀的摩尔比不应超过 0.01%。

表 1 液态总绝对压力限值

温度/℃	总绝对蒸汽压力/kPa
80	380
93	517
112	862

表 2 固态总绝对压力限值

温度/℃	总绝对蒸汽压力/kPa
20	50
35	69

4.4 化学杂质

4.4.1 在温度为 300 ℃,蒸汽压不大于 101.3 kPa 的非挥发性氟化物中,下列杂质元素的总量应不大于 300 μg/gU。

银、铝、钡、铍、铋、钙、镉、铬、铜、铁、钾、锂、镁、锰、钠、镍、铅、锡、锶、钍、锌、锆。

4.4.2 下列杂质元素含量应不超过表 3 中的限值。

表 3 杂质元素含量限值

单位为微克每克铀

元素	含量限值	元素	含量限值	元素	含量限值	元素	含量限值
锑	1	氯	100	钌	1	钼	1.4
砷	3	铬	10	硅	100	钨	1.4
硼	1	铌	1	钽	1	钒	1.4
溴	5	磷	50	钛	1	—	—

5 检验规则

5.1 批要求

在同一液化容器内液化均匀后装入贮运容器的天然六氟化铀产品为一批。

5.2 取样要求

5.2.1 液化容器在温度为 93 ℃±3 ℃条件下,用 EJ/T 303 规定的 2S 取样器或与供需双方商定的取样容器,进行液化取样。

5.2.2 每批天然六氟化铀产品应取出三份有代表性的样品,分别作为出厂检验、需方的验收检验、仲裁检验。

5.2.3 每份样品量应足以完成 4.1~4.4 所规定的检验项目,除非合同另有规定。

5.2.4 每个取样容器应有清晰的标签,注明取样容器编号、产品批号、生产日期、样品重量。

5.2.5 仲裁样品由供方保存,保留期限为产品交接后 60 d。

5.2.6 交付需方的样品量按产品计入交货总量。

6 检验方法

6.1 六氟化铀的液化分样

按照 EJ/T 895 规定的方法进行。

6.2 六氟化铀中铀的测定

按照 GB/T 14501.6 规定的方法进行。

6.3 总绝对蒸汽压力的测定

在规定温度下，用精度不低于1.5级的压力表测容器内部压力。

6.4 烃、氯烃和部分取代卤代烃的测定

按照EJ/T 427规定的方法进行。

6.5 化学杂质的测定可按下列规定的方法或供需双方商定的方法进行。

6.5.1 银、铝、钡、铍、铋、钙、镉、铜、铁、钾、锂、镁、锰、钠、镍、铅、锡、锶、锆、锑、钌等元素的测定按照EJ/T 1220规定的方法进行。

6.5.2 钍的测定按照EJ/T 815规定的方法进行。

6.5.3 砷的测定按照EJ/T 1119规定的方法进行。

6.5.4 钒的测定按照GB/T 13699规定的方法进行。

6.5.5 硼的测定按照GB/T 14501.1规定的方法进行。

6.5.6 钨、钼、铌、钛的测定按照GB/T 14501.3规定的方法进行。

6.5.7 硅的测定按照GB/T 14501.4规定的方法进行。

6.5.8 钽的测定按照GB/T 17508规定的方法进行。

7 包装、运输、贮存

7.1 包装

7.1.1 天然六氟化铀产品采用符合EJ/T 307和EJ/T 424要求的3m³容器或供需双方商定的其他型号贮运容器进行包装。

7.1.2 产品贮运容器外表面放射性污染应符合GB 11806的规定。

7.1.3 产品贮运容器外表面应做出符合GB 11806规定的放射性标志。

7.2 运输

天然六氟化铀产品运输，应符合GB 11806的规定要求。

7.3 贮存

天然六氟化铀产品应贮存在干燥、通风良好的专用库房内。

8 质量证明书

8.1 供方应提供产品质量证明书。

8.2 质量证明书内容应包括：

a) 产品批号；

b) 产品贮运容器号；

c) 检验结果；

d) 产品重量；

e) 生产单位、生产日期。

ICS 27.120
F 88

中华人民共和国国家标准

GB/T 13376—2008
代替 GB/T 13376—1992

塑料闪烁体

Plastic scintillators

2008-07-02 发布

2009-04-01 实施

中华人民共和国国家质量监督检验检疫总局
中国国家标准化管理委员会
发布

前　言

本标准代替 GB/T 13376—1992《塑料闪烁体》。

本标准与 GB/T 13376—1992 相比主要变化如下：

——增加了术语“β与γ效率比”(见 3.5)；

——表格一律增加表题；

——减少了表 3 中允许存在的缺陷数量和尺寸(见 5.2)；

——原表 5 拆分为表 5 和表 6,以便清晰表达普通塑料闪烁体核性能指标和高 β/γ 型塑料闪烁体的核性能指标(见 5.4)；

——增加了探测器 β/γ 型塑料闪烁体的测量方法(见 6.6)；

——详细绘制了图 3,使单光子法测量闪烁衰减时间的测量装置更加直观(见 6.8.2)。

本标准由中国核工业集团公司提出。

本标准由全国核仪器仪表标准化技术委员会归口。

本标准起草单位:中核(北京)核仪器厂。

本标准主要起草人:屈玉慧。

本标准所代替标准的历次版本发布情况为:GB/T 13376—1992。

塑 料 闪 烁 体

1 范围

本标准规定了塑料闪烁体的分类、技术要求、试验方法、检验规则、包装和贮存等。

本标准适用于各种塑料闪烁体产品，是这类产品质量检验和质量评定的依据。

2 规范性引用文件

下列文件中的条款通过本标准的引用而成为本标准的条款。凡是注日期的引用文件，其随后所有的修改单(不包括勘误的内容)或修订版均不适用于本标准，然而，鼓励根据本标准达成协议的各方研究是否可使用这些文件的最新版本。凡是不注日期的引用文件，其最新版本适用于本标准。

GB/T 10257—2001 核仪器和核辐射探测器质量检验规则

GB/T 10263—2006 核辐射探测器环境条件与实验方法

GB/T 13181 闪烁体性能测量方法

EJ/T 1061 核辐射探测器型号命名方法

3 术语和定义

下列术语和定义适用于本标准。

3.1

(闪烁体)发光光谱 emission spectrum(of a scintillator)

闪烁体发射的光子数随光子的能量或波长而变化的分布曲线。

[GB/T 4096.6—1996，定义 2.3.13]

3.2

闪烁衰减时间 scintillation decay time

从闪烁体受单次激发到其光子发射率下降到最大值的 1/e 所需的时间。

[GB/T 4096.6—1996，定义 2.3.5]

3.3

探测器效率 detector efficiency

探测器测到的粒子数与在同一时间间隔内探测器上的该粒子数的比值。

[GB/T 4096.6—1996，定义 2.1.23]

3.4

闪烁体标准样品 calibration specimen of scintillators

用来校正测试系统或标定其他闪烁体性能的闪烁体。

3.5

β与γ效率比 efficiency ratio of (detected) β to (detected) γ

在强γ源场中测量β射线时，β的探测效率与γ探测效率的比值。

4 -产品分类

4.1 塑料闪烁体的分类

塑料闪烁体的分类见表 1。

表 1 塑料闪烁体的分类和规格

单位为毫米

<table>
<tr><th rowspan="2">产品类型</th><th rowspan="2">形状</th><th colspan="3">规格</th></tr>
<tr><th>直径</th><th>长×宽</th><th>厚度(或高)</th></tr>
<tr><td rowspan="3">普通型</td><td>圆柱</td><td rowspan="2"><500.0 的标准系列</td><td>—</td><td><500.0 的标准系列</td></tr>
<tr><td>厚板　薄板</td><td><500×500</td><td><500.0 的标准系列</td></tr>
<tr><td>薄膜</td><td rowspan="2"><200.0 的标准系列</td><td rowspan="2"><200×200</td><td>0.05、0.1、0.2</td></tr>
<tr><td>高 β/γ 型</td><td>圆片或方片</td><td>0.2、0.5</td></tr>
<tr><td rowspan="2">高效率型</td><td>圆柱</td><td rowspan="2"><400.0 的标准系列</td><td>—</td><td><400.0 的标准系列</td></tr>
<tr><td>板</td><td><1 000×500</td><td><10.0 的标准系列</td></tr>
<tr><td rowspan="2">红光型</td><td>圆柱</td><td><100.0 的标准系列</td><td>—</td><td><50.0 的标准系列</td></tr>
<tr><td>板</td><td>—</td><td><500×500</td><td><10.0 的标准系列</td></tr>
<tr><td>快速红光型</td><td>圆柱或圆片</td><td><50.0 的标准系列</td><td>—</td><td><50.0 的标准系列</td></tr>
<tr><td>快时间型</td><td>圆柱</td><td rowspan="3"><100.0 的标准系列</td><td>—</td><td rowspan="3"><100.0 的标准系列</td></tr>
<tr><td>超快时间型</td><td>圆柱</td><td>—</td></tr>
<tr><td>空气等效型</td><td>圆柱</td><td>—</td></tr>
</table>

4.2 塑料闪烁体的型号和标记

4.2.1 塑料闪烁体的型号见 EJ/T 1061。

4.2.2 塑料闪烁体的标记包含了具体产品的型号与规格表示如下：

ST　4　××　ϕ××(或 ×××××)×　××

——闪烁体高度(或厚度)

——闪烁体直径(或长×宽)

——产品顺序号

——塑料闪烁体代号

——闪烁体主称

示例 1:直径 ϕ50,高 50 mm 产品序号 01 的塑料闪烁体的型号规格为 ST401 ϕ50×50。

示例 2:长×宽×高为 50×50×50,产品序号 01 的塑料闪烁体的型号规格为 ST401 50×50×50。

5 技术要求

5.1 规格和尺寸

5.1.1 圆柱形产品的尺寸和偏差为±0.1 mm。

5.1.2 板状浇注型产品的厚度及其偏差见表 2。

表 2　外观规格尺寸

单位为毫米

长×宽	厚度	偏差
≥200×200 <500×500	1.0	±0.2
	2.0	±0.4
	3.0	±0.4
	4.0	±0.5
	5.0	±0.5
	6.0	±0.6
≥500×500 ≤1 000×1 000	10.0	±1.0
	13.0	±1.2
	16.0	±1.6
	20.0	±2.0
	25.0	±2.5
	30.0	±5.0
	40.0	±4.0
	50.0	±5.0

5.2　**外观要求**

产品外观质量应符合表 3 的要求。

表 3　塑料闪烁体外观要求

产品类型	规格/mm	颜色	透明度	允许存在的缺陷		
普通型 高效率型 快时间型 超快时间型 空气等效型	ϕ400 或 500×500	蓝紫色	透明	气泡		不允许
				裂纹		不允许
				内部杂质		线度<1 mm 个数≤3 个
红光型 快速红光型		橘红色		表面擦伤		深度≤0.1 mm 宽度≤0.1 mm 线度≤20 mm 条数≤9 条
高 β/γ	—	乳白色	半透明	涂层缺陷	有色机械杂质	不允许
					斑点	线度<0.5 斑点
注：其他规格产品的内部杂质和表面擦伤按表面积比例推算。						

5.3　**产品聚合完善性**

产品应聚合完全。

5.4 技术性能

在参考条件下，各种类型产品的性能应满足表4和表5、表6上所列指标要求。

表4 光输出性能指标

产品类型	相对光输出（相对蒽单晶）/%	相对光输出（相对蒽单晶）/%	闪烁衰减时间/ns	最大发射波长/nm
普通型	≥50	≥50	<3.0	423
高效率型	≥65	≥65	≤2.6	423
红光型	—	≥12	≤8.2	600
快速红光型	—	≥4	<3.6	610
快时间型	≥55	≥55	≤1.7	390
超快时间型	≥3	≥3	≤1.0	390
空气等效型	≥26	≥26	—	—

表5 普通塑料闪烁体核性能指标

产品类型	规格		对^{90}Sr-^{90}Y β射线的探测器效率/%	本底计数率/min^{-1}
	直径/mm	厚度/mm		
普通型	<50	0.4～1.0	≥50	≤75
		1.1～1.5		≤100
		1.6～3.0		≤150
	63	0.4～1.0		≤100
		1.1～1.5		≤150
		1.6～3.0		≤200
	75,100	0.4～1.0		≤170
		1.1～1.5		≤200
		1.6～3.0		≤270
	<100	<0.1	≥30	≤30
	<100	0.1～0.3		≤50

表6 高β/γ型塑料闪烁体核性能指标

产品类型	规格		对Pm^{147}β射线的探测器效率/%	本底计数率/min^{-1}	β与γ效率比/%
	直径/mm	涂层厚度/(mg/cm^2)			
高β/γ型	<50	9	50	≤40	≥150
		15		≤60	
	50～100	9		≤150	
		15		≤200	
注：β/γ计数率比的放射源采用γ源用^{60}Co点源，β源用^{90}Sr-^{90}Y面源。					

5.5 产品对环境条件的适应性

产品在非工作状态下，经下列环境条件试验之后，其性能指标仍应符合表3和表4中相对光输出或表5和表6中探测器效率的要求：

a) 温度试验：

高温＋55 ℃±2 ℃，持续 4 h；低温－40 ℃±3 ℃，持续 4 h。

b) 潮湿试验：

湿度(95^{+2}_{-3})%（温度 40 ℃±2 ℃），持续 48 h。

c) 振动试验：

振动加速度 98 m/s^2，振动频率 30 Hz～55 Hz，互相垂直的三个方向各 20 min。

d) 冲击试验：

冲击加速度 147 m/s^2，驱动振幅 1.0 mm，冲击脉冲持续时间 11 ms±1 ms，半正弦波，100 次，任意方向。

e) 运输试验：

产品按 8.2 要求包装后，在三级公路上，以 25 km/h～40 km/h，行驶 150 km 以上，仍符合表 3 和表 4 中相对光输出或表 5、表 6 中探测器效率的要求。

6 试验方法

6.1 试验基本条件

各项性能指标试验的参考条件和标准试验条件见表 7。

在试验实验不产生疑异时，可在室温条件下进行。

本标准的试验方法大多数采用 GB/T 13181 中的测量方法。

表 7 参考条件和标准试验条件

影响量	参考条件	标准试验条件
环境温度/℃	20	18～22
相对湿度/%	65	45～75
大气压强/kPa	101.3	86～106
交流电压/V	220	220(1±1%)
电压频率/Hz	50	50(1±1%)
交流供电波形	正弦波	波形总畸变<5%
环境 γ 辐射/(μGy/h)	空气吸收计量率 0.2	空气吸收计量率≤0.25
外磁场干扰	可忽略	小于引起干扰的最低值
外界电磁感应	可忽略	小于地磁场引起干扰的 2 倍
放射性沾染	可忽略	可忽略

6.2 规格和尺寸的检验

根据 5.1 规定的产品规格和尺寸要求，选用合适的量具进行检验。

6.3 外观检验

对 5.2 规定的产品外观要求的检验应在正常照明条件下，用目视法配合适当的量具进行检验。

6.4 聚合完善性检验

对产品聚合完善性的检查，先对产品取样抛光，在抛光的表面上，滴几滴四氯化碳，放置 3 min～5 min，液滴处只有溶解痕迹，而无龟裂纹者为聚合完全，有龟裂纹者为聚合不完全。

6.5 相对光输出测量

6.5.1 全吸收峰法或康普顿分布边缘法

6.5.1.1 测量原理

单能 γ 辐射射入闪烁探测器，其输出脉冲幅度的分布，主要由康普顿分布及全吸收峰（低原子序数的闪烁体除外)等谱段组成。全吸收峰法与康普顿边缘法分别以全吸收峰或康普顿分布边缘幅度作为判定闪烁体光输出的量度。

6.5.1.2 **测量装置**

6.5.1.2.1 工作于脉冲状态的闪烁参数测量装置。

常用的测量系统的方框图见图1。

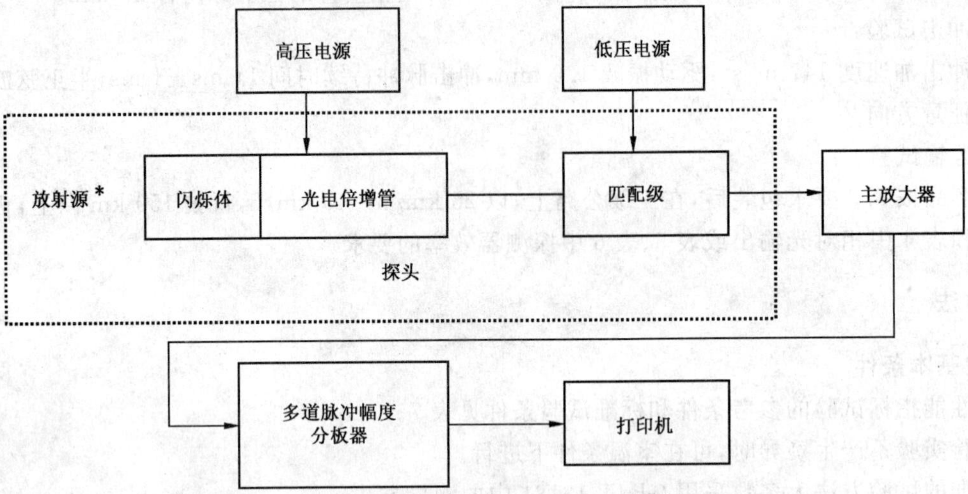

图1 闪烁体性能脉冲法测量装置框图

6.5.1.2.2 装置的非线性最大偏差应不超过3%。

6.5.1.2.3 装置的脉冲幅度不稳定性应不超过2%,测量过程中对稳定性的检测应不少于每工作7 h测一次。当不稳定性超过2%,则从前一次检测后的测量数据应当遗弃。

6.5.1.2.4 光电倍增管阴极的灵敏度不均匀性(按待测闪烁体最大直径所对应的面积考虑)应不超过20%。

6.5.1.2.5 所使用的标样应是与被测闪烁体同种类型且制作和结构相同的闪烁体,标样及待测样品用单能的同类辐射激发。标样与待测闪烁体直径不同时,其相对差值应不超过25%,并应对测量结果加以必要的修正。

6.5.1.2.6 放射源的类型由产品标准规定。

6.5.1.3 **测量步骤**

6.5.1.3.1 标样与光电倍增管避光,并给光电倍增管加高压。

6.5.1.3.2 安置放射源。允许将放射源置于探头外壳内,此时6.5.1.3.1与6.5.1.3.2,逆序进行。

6.5.1.3.3 测量脉冲幅度谱,确定对应全吸收峰或康普顿分布边缘的脉冲幅度 $\bar{V}_{S0}$。对应康普顿分布边缘的脉冲幅度由分布高度的1/2确定(见图2),测量重复3次,取平均值 $\bar{V}_{S0}$。

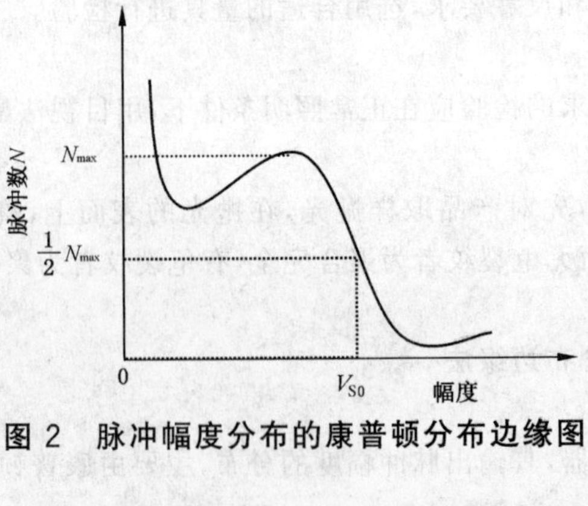

图2 脉冲幅度分布的康普顿分布边缘图

6.5.1.3.4　将待测闪烁体光耦合于光电倍增管光窗上。

6.5.1.3.5　在放大倍数不变的情况下，重复步骤6.5.1.3.1与6.5.1.3.3，测量重复11次，分别计算对应全吸收峰或康普顿边缘脉冲幅度的值 $V_i(i=1,2,\cdots,11)$。

6.5.1.4　**数据处理**

6.5.1.4.1　待测闪烁体的光输出 S 按式(1)计算：

$$S_i=\frac{V_i+\bar{V}_0}{\bar{V}_{S,0}-\bar{V}_0}\times S_0 \quad\cdots\cdots(1)$$

式中：

$\bar{V}_0$——装置转换特性原点，单位为道。

S_0——标样光输出的检定值，单位为光子数每电子伏(1/eV)；

$\bar{V}_{S,0}$——标样的全吸收峰或康普顿分布边缘的脉冲幅度平均值，单位为道。

V_i——待测闪烁体的全吸收峰或康普顿分布边缘的脉冲幅度值($i=1,2,\cdots,11$)单位为道。

注：如果标样的光输出取作1(或100%)，则由上述公式计算出待测样品的相对输出 S_r。

6.5.1.4.2　按式(2)计算出待测闪烁体的全吸收峰或康普顿分布边缘的脉冲幅度平均值 $\bar{S}$

$$\bar{S}=\frac{\sum_{i=1}^{11}S_i}{11} \quad\cdots\cdots(2)$$

6.5.1.4.3　按式(3)计算出 S_i 值的标准偏差 ΔS：

$$\Delta S=\sqrt{\frac{\sum_{i=1}^{11}(S-\bar{S})^2}{10}} \quad\cdots\cdots(3)$$

6.5.1.4.4　光输出测量总误差 $\frac{\Delta S}{S}$，置信度为95%时应不超过式(4)的计算值：

$$\frac{\Delta S}{S}=1.1\sqrt{\frac{4}{100^2}+\left(\frac{\Delta S_0}{S_0}\right)^2} \quad\cdots\cdots(4)$$

式中：

$\frac{\Delta S_0}{S_0}$——标样光输出测量误差，用%表示。

6.5.2　**光电倍增管阳极电流法**

6.5.2.1　**测量原理**

根据闪烁体的类型选用一种能量的电离辐射，照射标样及待测样品，比较闪烁光导致的光电倍增管阳极电流。

6.5.2.2　**测量装置**

6.5.2.2.1　工作于电流状态的闪烁体参数测定装置，见图1。

6.5.2.2.2　装置的非线性应不超过3%。

6.5.2.2.3　光输出标样应用被测闪烁体同种闪烁体制作，且结构也应相同。标样与待测闪烁体的直径应一样，如果光输出与闪烁体尺寸的响应关系已知，允许使用尺寸与待测样品不同的标样，但对测量结果应进行相应的修正。

6.5.2.2.4　放射源的类型由产品标准规定。

6.5.2.3　**测量步骤**

6.5.2.3.1　将标样置于光电倍增管光窗上，在标样的光学窗及光电倍增管光窗之间置入不透光纸屏，屏的直径应等于光窗直径。

6.5.2.3.2　标样及光电倍增管避光，然后给光电倍增管加高压。

6.5.2.3.3　安置放射源。允许将源置于探头外壳内，此时，步骤6.5.2.3.3与6.5.2.3.4逆序进行。

6.5.2.3.4 测量光电倍增管的本底电流 I_b。

6.5.2.3.5 将标样光耦合到光电倍增管光窗上。

6.5.2.3.6 标样与光电倍增管避光，然后给光电倍增管加高压。

6.5.2.3.7 置入放射源，其几何条件应与测本底电流时相同。

6.5.2.3.8 测量光电倍增管阳极电流 I_0。

6.5.2.3.9 对待测样品重复 6.5.2.3.6～6.5.2.3.9 步骤，测出光电倍增管本底电流 I_b 和阳极电流 I（每个数据测三次取平均值）。

6.5.2.4 **数据处理**

6.5.2.4.1 待测闪烁体的光输出 S 按式(5)计算：

$$S=\frac{I-I_b}{I_0-I_b}S_0 \qquad \cdots\cdots(5)$$

式中：

S_0——标样光输出的检定值，单位为光子数每电子伏(1/eV)，或相对单位。

I_b——光电倍增管的本底电流，单位为安培(A)。

I_0——使用标样时，光电倍增管的阳极电流，单位为安培(A)。

I——用待测闪烁体时，光电倍增管的阳极电流，单位为安培(A)。

注：如果标样的光输出取作 1(或 100%)，则按式(5)计算出的光输出为相对光输出 S_r，测量次数类同 6.5.1.3.5。

6.5.2.4.2 光输出测量总误差 $\Delta S/S$，当置信度为 95%时，应不超过式(6)计算值：

$$\frac{\Delta S}{S}=1.1\sqrt{\frac{8}{100^2}+\left(\frac{\Delta S_0}{S_0}\right)^2} \qquad \cdots\cdots(6)$$

式中：

$\frac{\Delta S_0}{S_0}$——标样光输出测量误差，用%表示。

6.5.2.4.3 当置信度为 95%时，相对光输出测量的总误差 $\Delta S/S$ 不应超过 3%。

6.6 探测器效率及β与γ效率比的测量

6.6.1 测量条件

应符合 6.1 的基本条件，测量装置见图 1。γ 源用 $^{60}C_O$ 点源，β 源用 ^{90}Sr-^{90}Y 面源，测量应选择对 γ 探测效率较低而对 β 探测效率损失不大的甄别阈。

6.6.2 测量前的准备

根据放射源的标定日期，标定活度及半衰期计算出放射源在测量时刻单位时间内发射粒子的总数 N。按 6.5.1.2.1 中规定的谱仪系统，按其中图 1 连接测量装置。

6.6.3 探测器效率的测量步骤

6.6.3.1 将闪烁体放置在光电倍增管阴极窗面正中位置，并用光学硅脂耦合。

6.6.3.2 调整测试系统，选择阈值，使单位时间内本底计数小于或等于该产品技术要求的本底计数 N_b。

6.6.3.3 将放射源放置在闪烁体正中位置，按 6.6.3.2 的测量条件，记录单位时间的积分计数 N_a。

6.6.3.4 测量结果的计算

探测效率按式(7)计算：

$$e_f=\frac{N_a-N_b}{N_0}\times100\% \qquad \cdots\cdots(7)$$

式中：

e_f——对某种射线的探测器效率；

N_a——闪烁体的单位时间内的积分计数率；

N_b——样品单位时间内的本底计数率；

N_0——放射源在单位时间射到探测器上的粒子数(可根据照射几何条件计算出来)。

6.6.4 **β与γ效率比的测量步骤**

6.6.4.1 将闪烁体放置在光电倍增管阴极窗面正中位置,并用光学硅脂耦合。

6.6.4.2 标样及光电倍增管避光,然后给光电倍增管加高压。

6.6.4.3 调整测试系统,使单位时间内本底计数小于或等于该产品技术要求的本底计数 N_b。

6.6.4.4 建立γ源辐射场,在γ源和β源活度相同的情况下,调节仪器使本底满足技术条件,反复调节阈值,使β效率满足50%的情况下测量γ源场的探测计数。

6.6.4.5 将^{90}Sr-^{90}Y面源直接贴在样品上,测出其对β的探测效率,反复调节阈值,β的探测效率与γ的探测效率的比值大于或者等于150%为合格产品。

6.7 相对能量转换效率的测量

6.7.1 方法1

对闪烁体标准样品的发射光谱相同的产品,相对能量转换效率的测量用方法1。

6.7.1.1 测量原理

将标样与待测闪烁体发出的闪烁光照射光电倍增管光窗而产生的阳极电流进行对比。

6.7.1.2 测量装置

6.7.1.2.1 测量装置的方框图见图1,并满足测量非线性(与原点)时,系统的总增益应与测量待测闪烁体时一致。非线性(与原点)的测量应定期进行,更换光电倍增管或系统维修之后,应重新测定。置信度为95%时,系统的非线性测量最大偏差应不大于3%。及电流式的方法或脉冲式的方法测量的不稳定性应不超过2%(95%置信度)的要求。

6.7.1.2.2 使用^{90}Sr-^{90}Yβ源。源置入由3 mm厚的有机玻璃板制成的圆盘的中心孔内。圆盘的直径等于光电倍增管阴极的直径。孔的直径等于放射源的直径。孔的另一面用1 mm厚的铅塞盖住。圆盘和孔的侧面涂黑。

6.7.1.2.3 标样。

6.7.1.3 测量步骤

6.7.1.3.1 用β辐射从闪烁体光学窗激发标样与待测闪烁体。圆盘置于光电倍增管光窗上使源的活性面背向光阴极。

6.7.1.3.2 光电倍增管与源避光,并给光电倍增管加高压。

6.7.1.3.3 测量光电倍增管本底电流 I_b。

6.7.1.3.4 把标样安置到源上。

6.7.1.3.5 标样与光电倍增管避光,给光电倍增管加高压。

6.7.1.3.6 测量光电倍增管的阳极电流 I_0。

6.7.1.3.7 对待测闪烁体重复步骤6.7.1.3.5~6.7.1.3.6,测量光电倍增管的阳极电流 I。

6.7.1.4 数据处理

6.7.1.4.1 相对能量转换效率 η 按式(8)计算:

$$\eta=\frac{I-I_b}{I_0-I_b}\times\eta_0 \qquad \cdots\cdots(8)$$

式中:

η_0——标样相对能量转换效率的检定值,用%表示。

I_0——用标样时,光电倍增管的阳极电流,单位为安培(A)。

I——用待测闪烁体时,光电倍增管的阳极电流,单位为安培(A)。

I_b——光电倍增管的本底电流,单位为安培(A)。

6.7.1.4.2 相对能量转换效率测量总误差 $\Delta\eta/\eta$,以百分数表示,当置信度为95%时,应不超过按式(8)计算的值。

$$\frac{\Delta\eta}{\eta}=1.1\sqrt{\frac{8}{100^2}+\left(\frac{\Delta\eta_0}{\eta_0}\right)^2} \quad \cdots\cdots\cdots(9)$$

式中：

$\Delta\eta_0/\eta_0$——标样相对能量转换效率测量误差，%。

6.7.2 方法2

对于与闪烁体标准样品的发光光谱相差较大的产品，相对能量转换效率的测量用方法2。

6.7.2.1 测量原理

当被测样品与标准样品的发光光谱不同时，用测量相对光输出的方法并引入闪烁体发射光谱与光电倍增管光谱响应匹配的修正，得到待测闪烁体的相对能量转换率。

标准样品的光谱匹配因子用 L_0 表示：

$$L_0=\frac{\int E_0(\lambda)\,d\lambda}{\int E_0(\lambda)R(\lambda)\,d\lambda} \quad \cdots\cdots\cdots(10)$$

式中：

$E_0(\lambda)$——标准样品的发射光谱；

$R(\lambda)$——光电倍增管的相对光谱响应。

待测闪烁体的光匹配因子用 L 表示：

$$L=\frac{\int E(\lambda)\,d\lambda}{\int E(\lambda)R(\lambda)\,d\lambda} \quad \cdots\cdots\cdots(11)$$

式中：

$E(\lambda)$——待测闪烁体的发射光谱。

相对能量转换效率由式(12)表示：

$$\eta=\frac{S\times L}{L_0} \quad \cdots\cdots\cdots(12)$$

式中：

S——待测闪烁体的相对光输出。

6.7.2.2 测量方法和步骤

a) 相对光输出 S 的测量，相对光输出的测量应选用宽光谱响应类型的光电倍增管，使之对所有塑料闪烁体的发射光都有足够高的灵敏度。

b) 光电倍增管相对光谱响应 $R(\lambda)$ 的测量。

c) 闪烁体发射光谱 $E(\lambda)$ 的测量，见6.9。

6.7.2.3 结果的计算

用测量光谱匹配因子的同一只光电倍增管测量相对光输出 S，将相对光输出 S 和光谱匹配因子 L 和 L_0 代入式(12)，计算出相对能量转换效率 η。

6.8 闪烁衰减时间测量

6.8.1 测量原理

应用单光子计数法，测量闪烁体在单次激发后发射光子的几率随时间的分布，多次重复激发，可测出闪烁体的时间谱，进而得到闪烁体衰减时间。

6.8.2 测量装置

闪烁衰减时间的测量装置见图3。

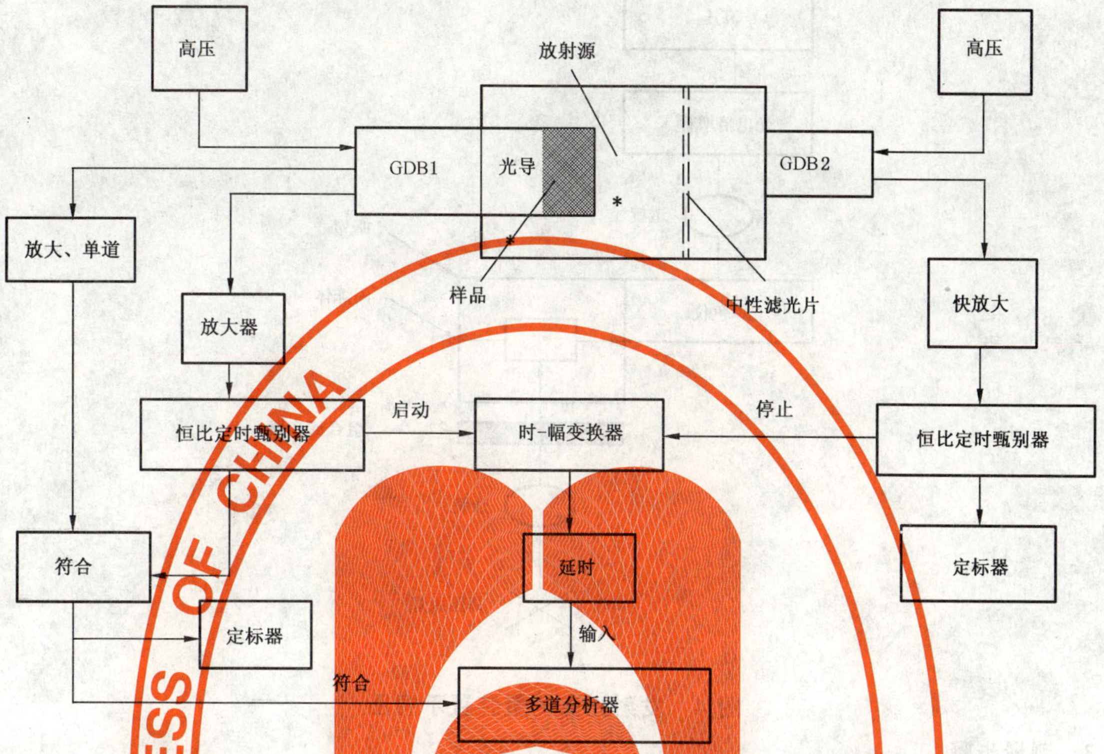

图 3　单光子法测量闪烁衰减时间的测量装置方框图

激发光源用一个脉冲宽度为 3 ns～5 ns,脉冲重复频率为 70 kHz～200 kHz 的脉冲放电闪光灯。

激发单色仪用于选择激发光波长(激发塑料闪烁体的波长为 260 nm)。

光阑以减弱来自样品的发光,以保证测量系统在单光子工作状态。

样品室应严密闭光。

光电倍增管 PM(1)接受来自激发光源的光信号作为时间检测基准。光电倍增管 PM(2)用于接受样品的发射光,并使处于单光子工作状态。

时间谱仪由放大器、延迟器、定时甄别器、时幅变换器和多道分析器组成。

6.8.3　测量步骤

6.8.3.1　在图 3 装置中用一个反射镜代替样品室中的样品,测出时间响应曲线,并保证测试系统的分辨时间小于 0.3 ns。

6.8.3.2　将待测样品放入图 3 中的样品室中,测出响应曲线。

6.8.3.3　用一组标准延迟线对时间谱仪进行时间刻度。

6.8.3.4　样品的响应曲线与系统的响应曲线解卷积分,解出待测样品的闪烁衰减曲线,得到闪烁衰减时间。

6.9　发光光谱测量和最强发射波长的确定

6.9.1　测量原理

采用比较光谱法。用 2 856 K 标准色温灯作为已知光谱辐射能量分布的光源,标定分析单色仪-光电倍增管组成的测量系统的相对光谱灵敏度。

6.9.2　测量装置

发射光谱测量装置示意图见图 4。

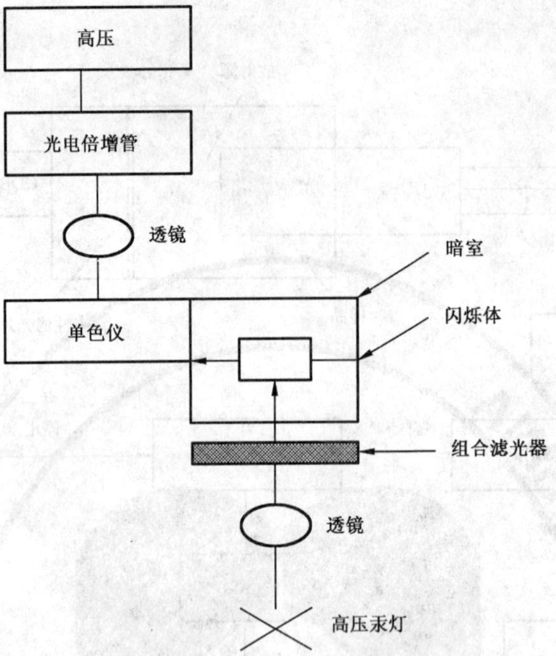

图 4 发射光谱测量装置示意图

6.9.3 测量步骤

6.9.3.1 单色仪波长校准

利用图 2 所示装置，用一面发射镜，取代闪烁体。去掉组合滤光器。使高压汞灯发出的光通过发射镜进入单色仪。用汞灯 253.7 nm，334.1 nm，435.8 nm，546.1 nm 和 690.7 nm 的单线校正单色仪波长。

6.9.3.2 测量系统的标定

用色温位 2 856 K 的标准灯作为光源，取代图 2 所示装置的高压汞灯，去掉组合滤光器，用反射镜代替闪烁体。标准光源的光谱辐射能量分布为 $E_0(\lambda)$，光源经分光后到达光电倍增管引起的光电流为 $I_0(\lambda)$，则系统的相对光谱灵敏度为 $S(\lambda)$。

$$S(\lambda) = I_0(\lambda)/E_0(\lambda) \qquad \cdots\cdots(13)$$

6.9.3.3 塑料闪烁体发光光谱的测量

用图 1 所示的装置进行测量。将闪烁体放置在暗室内。对准激发光源 λ 射光和单色仪入射狭缝的样品的表面应抛光。测量光电流按波长的分布，则闪烁体的发射光谱为 $E(\lambda)$。

$$E(\lambda) = I(\lambda)/S(\lambda) \qquad \cdots\cdots(14)$$

6.9.3.4 最强发射波长的确定

发射光谱曲线最大值对应的波长就是最大强发射波长。

6.10 标准样品的确定

本标准规定蒽单晶为测量塑料闪烁体相对光输出和相对能量转换效率的标准样品。

6.11 温度试验

温度试验按 GB/T 10263—2006 中 6.1 和 6.2 规定的试验方法进行。

6.12 潮湿试验

潮湿试验按 GB/T 10263—2006 中 6.3 规定的试验方法进行。

6.13 振动试验

振动试验按 GB/T 10263—2006 中 6.4 规定的试验方法进行。

6.14 冲击试验

冲击试验按 GB/T 10263—2006 中 6.5 规定的试验方法进行。

6.15 包装运输试验

包装运输试验按 GB/T 10263—2006 中 6.6 规定的试验方法进行。

7 检验规则

除本标准的具体规定外，执行 GB/T 10257 的有关规定。

7.1 检验的分类和检验、试验项目的分组见表 8。

表 8 检验项目分类表

组别	序号	检验、实验项目	检验类别			抽样方案类型及严格性	检查水平	*AQL*	检查周期
			鉴定检验	质量一致性检验	交收检验				
A	1	外形、尺寸、外观	●	●	●	全检，剔除不合格品			
A	2	相对光输出	●	●	●	二次，正常	Ⅱ	6.5	—
A	3	本底	●	●	●	二次，正常	Ⅱ	6.5	—
A	4	探测器效率	●	●	●	二次，正常	Ⅱ	6.5	—
B	5	闪烁衰减时间	●	○	○	二次，正常	Ⅰ	6.5	—
C	6	相对能量转换效率	●	○	○	二次，正常	S-2	10	一般为半年
C	7	最强发射波长	●	○	○				
C	8	低温试验	●	○	○				
C	9	高温试验	●	●	○				
C	10	潮湿试验	●	●	○				
C	11	振动试验	●	●	○				
C	12	冲击试验	●	●	○				
C	13	包装运输试验	●	●	○				
注：●—必做项目；○—选做项目。									

7.2 鉴定检验

鉴定检验的实施与要求见 GB/T 10257—2001 中 6.3.1 规定。

7.3 质量一致性检验

质量一致性的检验的实施与要求见 GB/T 10257—2001 中 6.3.3 规定。

质量一致性的检验的项目和要求见表 7。

7.4 交收检验

交收检验的实施要求和范围见表 7 和 GB/10257—2001 中 6.3.2 的规定。

8 标志、包装、运输和贮存

8.1 标志

产品标志的内容包括：制造厂名、产品名称、产品型号、制造日期或生产批号、有效期限。

8.2 包装

塑料闪烁体装入软质塑料袋中，用软泡沫塑料填充闪烁体与外包装盒之间的缝隙。包装盒(或箱)内装产品合格证，并注明检验日期。

8.3 运输

按8.2包装要求的产品，可以用任何方式运输。运输过程中应防止雨淋、水浸。

8.4 贮存

塑料闪烁体应避光保存，严禁曝晒。存放在环境空气中无有机溶剂蒸气的场合。

ICS 13.180
A 25

中华人民共和国国家标准

GB/T 13379—2008
代替 GB/T 13379—1992

视觉工效学原则　室内工作场所照明

Principles of visual ergonomics—The lighting of indoor work places

2008-07-16 发布　　　　2009-01-01 实施

中华人民共和国国家质量监督检验检疫总局
中国国家标准化管理委员会　发布

前 言

本标准非等效采用 ISO 8995:2002/CIE S 008/E2001《室内工作场所照明》。本标准采用 ISO 8995:2002 和 CIE S 008/E2001 的章节结构、第1章～第4章主要内容以及第6章的部分内容，其第5章内容因已在 GB 50034—2004 中做出相应规定，本标准不再重复。

本标准代替 GB/T 13379—1992《视觉工效学原则　室内工作系统照明》。

本标准与 GB/T 13379—1992 相比主要变化如下：

——简化了影响视觉功效的主要参数的内容；

——取消了各种不同区域作业和活动的照明的照度范围值；

——增加了照度分级以及作业邻近区域的照度值；

——增加了最小遮光角的规定；

——取消了原标准附录A眩光限制法，采用 CIE 统一眩光值评价不舒适眩光；

——取消了光源的显色性分组；

——增加了视觉显示终端工作场所的照明所用灯具表面平均亮度的限制；

——增加了应急照明的规定；

——将原标准的照明效益改为节约能源，并增加了若干节能措施。

本标准由全国人类工效学标准化技术委员会提出并归口。

本标准起草单位：中国建筑科学研究院、中国标准化研究院、北京正禾阳光节能科技有限公司。

本标准主要起草人：张绍纲、张欣、张建平、罗涛、冉令华、周燕林、张滨。

本标准所代替标准的历次版本发布情况为：

——GB/T 13379—1992。

视觉工效学原则　室内工作场所照明

1　范围

本标准规定了室内工作场所的照明视觉工效学原则要求，以使工作者能够在整个工作期间安全、有效、舒适地进行视觉作业。

本标准适用于居住建筑、公共建筑和工业建筑等室内工作场所。

本标准不适用于低照度作业场所，如放投影、看幻灯、处理感光材料以及用辅助设备放大物件等场所。

2　规范性引用文件

下列文件中的条款通过本标准的引用而成为本标准的条款。凡是注日期的引用文件，其随后所有的修改单(不包括勘误的内容)或修订版均不适用于本标准，然而，鼓励根据本标准达成协议的各方研究是否可使用这些文件的最新版本。凡是不注日期的引用文件，其最新版本适用于本标准。

GB/T 5697　人类工效学照明术语

GB/T 5698　颜色术语

GB/T 5699　采光测量方法

GB/T 5700　照明测量方法

GB/T 50033　建筑采光设计标准

GB 50034　建筑照明设计标准

JGJ/T 119　建筑照明术语标准

ISO 9241-7　使用视觉显示终端(VDTs)办公的人类工效学要求　第7部分：带反射的显示要求

3　术语和定义

GB/T 5697、GB/T 5698、GB/T 5699、GB/T 5700、GB/T 50033、GB 50034、JGJ/T 119、ISO 9241-7规定的及下列术语和定义适用于本标准。

3.1

光环境　luminous environment

与光产生的生理和心理效果相关的物理环境。

3.2

视觉作业　visual task

执行工作作业中的视觉元素。

3.3

作业区域　task area

视觉作业所在的工作场所和进行视觉工作的部分区域。

3.4

邻近周围　immediate surrounding

视野内作业区域周围至少0.5 m宽的区域。

3.5

工作面　working plane

又称参考平面，定义为通常工作所处平面。

3.6

照度 illuminance

E

表面上一点处的光照度是入射在包含该点的面元上的光通量 $d\Phi$ 除以该面元面积 dA 之商，单位为勒克司(lx)。

$$E = \frac{d\Phi}{dA}$$

3.7

维持平均照度 maintained average illuminance

照明装置必须维护时，设定在工作表面上的平均照度值。

3.8

照度均匀度 uniformity ratio of illuminance

通常指规定表面上的最小照度与平均照度之比，有时也用最小照度与最大照度之比。

3.9

亮度 luminance

L

表示光源或物体明亮程度的量，单位为坎德拉每平方米(cd/m^2)。

$$L = \frac{d\Phi}{dA \cdot \cos\theta \cdot d\Omega}$$

式中：

$d\Phi$——由指定点的光束元在包含指定方向的立体角元 $d\Omega$ 内传播的光通量，单位为流明(lm)；

dA——包括给定点的光束截面积，单位为平方米(m^2)；

θ——光束截面法线与光束方向间的夹角，单位为度(°)；

$d\Omega$——指定方向的立体角元，单位为球面度(sr)。

3.10

眩光 glare

由于视野中的亮度分布或亮度范围的不适宜，或存在极端的亮度对比，以致引起不舒适感或观察细部或目标能力下降的视觉现象。

3.11

不舒适眩光 discomfort glare

引起不舒适感，但不一定降低视觉功效或可见度的眩光。

3.12

失能眩光 disability glare

降低视觉对象的可见度，但并不一定产生不舒适感觉的眩光。

3.13

统一眩光值 unified glare rating

度量室内视觉环境中的照明装置发出的光对人眼造成不舒适感主观反应的心理参量，其量值可按规定计算条件用 CIE 统一眩光值公式计算。

3.14

光幕反射 veiling reflection

出现在被观察物体上的镜面反射，使对比度降低到部分或全部看不清物体的细部。

3.15

遮光角 shielding angle

光源发光体最边沿一点和灯具出光口的连线与通过光源光中心的水平线之间的夹角，也称保护角。

3.16

色表　colour appearance

与色刺激和材料质地有关的颜色的主观感知特性。

3.17

色温(度)　colour temperature

T_c

当光源的色品与某一温度下黑体的色品相同时,该黑体的绝对温度为此光源的色温度,单位为开尔文(K)。

3.18

相关色温(度)　correlated colour temperature

T_{cp}

当光源的色品点不在黑体轨迹上时,光源的色品与某一温度下的黑体的色品最接近时,该黑体的绝对温度为此光源的相关色温,单位为开尔文(K)。

3.19

CIE一般显色指数　CIE general colour rendering index

R_a

光源对CIE规定的八种标准颜色样品特殊显色指数的平均值,通称显色指数。

3.20

闪烁　flicker

因亮度或光谱分布随时间波动的光刺激引起的不稳定的视觉现象。

3.21

频闪效应　strobscopic

在以一定频率变化的光照射下,观察到物体运动显现出不同于其实际运动的现象。

3.22

采光系数　daylight factor

在室内给定平面上的一点上,由直接或间接的接收来自假定和已知天空亮度分布的天空漫射光而产生的照度与同一时刻该天空半球在室外无遮挡水平面上产生的天空漫射光照度之比。

3.23

应急照明　emergency lighting

因正常照明的电源失效而启用的照明。应急照明包括疏散照明、安全照明、备用照明。

a)　疏散照明　escape lighting

　　作为应急照明的一部分,用于确保疏散通道被有效地辨认和使用的照明。

b)　安全照明　safety lighting

　　作为应急照明的一部分,用于确保处于潜在危险之中的人员安全的照明。

c)　备用照明　stand-by lighting

　　作为应急照明的一部分,用于确保正常活动继续进行的照明。

3.24

维护系数　maintenance factor

照明设备使用一定周期后,在工作面上产生的平均照度与该装置在相同条件下新安装时产生的平均照度之比。

3.25

照明功率密度　lighting power density

单位面积上的照明安装功率(包括光源、镇流器或变压器),单位为瓦特每平方米(W/m^2)。

4 照明设计准则

4.1 光环境

4.1.1 照明必须满足下列对工作环境的要求：

a) 视觉安全，应使工作人员能够看清周围的路径和发现险情；

b) 视觉功效，应使工作人员在长时间和(或)视觉难度高的作业中，能快速、准确地完成视觉作业；

c) 视觉舒适，应使工作人员感到舒适安宁。

4.1.2 为满足4.1.1的要求，应考虑下列与光环境有关的特性参数：

a) 亮度分布；

b) 照度；

c) 眩光；

d) 光的方向性；

e) 光和表面的颜色特性；

f) 闪烁；

g) 天然光；

h) 应急照明；

i) 维护。

4.1.3 照明还应考虑下列影响视觉功效的人类工效学参数：

a) 视觉作业特性，如识别物体尺寸大小、形状、距离、位置、颜色、细节和背景的反射比、作业与背景的亮度和颜色对比、运动速度和观察时间等；

b) 作业人员眼睛的生理能力，如视觉敏锐度、深度知觉、色知觉等。

4.2 亮度分布

4.2.1 亮度分布应保持良好的平衡，以提高下列视觉功效指标：

a) 视觉敏锐度(视力)；

b) 对比灵敏度(相对细小的亮度差别的辨识能力)；

c) 眼睛功能的效率(如调视、聚焦、瞳孔收缩、眼球运动等)。

4.2.2 视野内不同亮度分布可影响视觉舒适度，应防止产生下列情况：

a) 可能引起眩光的过高亮度；

b) 可能由于眼睛的不断适应性调节引起视觉疲劳的过高亮度对比；

c) 可能会造成混沌、阴暗和无刺激性工作环境的过低亮度和亮度对比；

d) 在同一个建筑内，从一个区域移到另一个区域出现的视觉不适应。

4.2.3 室内各主要表面的反射比范围宜为：

a) 顶棚：0.6～0.9；

b) 墙面：0.3～0.8；

c) 工作面：0.2～0.6；

d) 地面：0.1～0.5。

4.3 照度

4.3.1 照度标准值宜按20 lx、30 lx、50 lx、75 lx、100 lx、150 lx、200 lx、300 lx、500 lx、750 lx、1 000 lx、1 500 lx、2 000 lx、3 000 lx、5 000 lx分级。

4.3.2 规定的照度值均为作业面或参考平面上的维持平均照度值，一般条件下，各类房间或场所的维持平均照度值应符合GB 50034的要求。

4.3.3 如果视觉条件与一般条件不同，符合下列条件之一及以上时，作业面或参考平面的照度，可按照度标准值分级提高一级：

a） 作业呈现特别低的对比度；

b） 特别重要的视觉工作；

c） 修正错误的花费较大；

d） 精确度或高生产效率极为重要；

e） 作业人员视觉能力低于正常水平。

4.3.4 符合下列条件之一及以上时，作业面或参考平面的照度，可按照度标准值分级降低一级：

a） 工作细节尺寸很大或对比度很高；

b） 作业时间特别短。

4.3.5 在连续进行工作的区域内的维持平均照度不宜低于 200 lx。

4.3.6 邻近周围的照度与作业区域的照度应具有良好的亮度分布，邻近周围照度不应低于表 1 的数值。

表 1 邻近周围照度

作业区域照度/lx	邻近周围区域照度/lx
≥750	500
500	300
300	200
≤200	与作业区域照度相同

4.3.7 作业区域的照度均匀度不应低于 0.7，邻近周围的照度均匀度不应低于 0.5。

4.4 眩光

4.4.1 应合理地选择百叶、遮光装置等来防止眩光。

4.4.2 直接型开敞式型灯具的遮光角不应小于表 2 的规定。

表 2 直接型开敞式灯具的遮光角

光源表面亮度/(kcd/m²)	最小遮光角/(°)	光源表面亮度/(kcd/m²)	最小遮光角/(°)
1～20 20～50	10 15	50～500 ≥500	20 30
注：本表的遮光角不适用于通常工作期间在工作人员视野中不出现光源以及不给工作人员带来明显失能眩光的灯具。			

4.4.3 照明系统的不舒适眩光应由 CIE 统一眩光值(UGR)公式确定，见式(1)：

$$UGR = 8\lg\left[\frac{0.25}{L_b}\sum\frac{L^2\omega}{p^2}\right] \quad \cdots\cdots\cdots\cdots(1)$$

式中：

L_b——背景亮度，单位为坎德拉每平方米(cd/m²)；

L——每个灯具在观察者眼睛方向发亮部分的亮度，单位为坎德拉每平方米(cd/m²)；

ω——每个灯具发光部分在观察者眼睛方向形成的立体角，单位为球面度(sr)；

p——每个灯具位置指数，取决于灯具与观察者视线的偏离程度。

4.4.4 UGR 的分级为：13、16、19、22、25、28。

4.4.5 照明系统的 UGR 值不应大于 GB 50034 的规定。

4.4.6 可用下列方法防止和减少由镜面反射引起的光幕反射和反射眩光：

a） 避免将灯具安装在干扰区内；

b） 采用低光泽度的表面装饰材料；

c) 限制灯具亮度；

d) 增加灯具发光面积；

e) 照亮顶棚和墙表面，但避免出现光斑。

4.5 光的方向性

4.5.1 方向性照明被应用于重点照明的物体，以显现物体的质感，改善人或物观感，提高光的造型立体感效果。对于视觉作业，方向性照明可改善其可见度。

4.5.2 当光线明显地来自一个方向时，不应使光线过于直射，也不应过于漫射。

4.5.3 从一个特定方向照明，可显示视觉作业内部的细节，提高其可见度，使作业更易实施。

4.6 颜色特性

4.6.1 近似白色光源的颜色质量应由光源本身的色表及其影响被光源照亮的人和物体的色表的显色性来决定，这两种属性必须分别加以考虑。

4.6.2 光源的色表是指光源发射出的光的表观颜色（光源的色品），可用光源相关色温来表述，通常将室内照明光源按其相关色温 T_{cp} 分为三组，光源色表分组宜按表 3 确定。

表 3 光源色表分组

色表分组	色表特征	相关色温/K
Ⅰ	暖	＜3 000
Ⅱ	中间	3 300～5 300
Ⅲ	冷	＞5 300

4.6.3 色表的选择宜根据照度、室内和家具颜色、周围气候和应用场所等确定。通常在温暖气候条件下宜采用冷色光源的色表，而在寒冷气候条件下宜采用暖色光源的色表。

4.6.4 物体和人的皮肤的颜色在环境中自然真实的显现，可提高视觉功效和舒适度，使人看起来健康并具有吸引力，通常应采用一般显色指数 R_a 来评价。在照明设计中光源显色指数应满足下列要求：

a) 在人们长时间工作和停留的室内，R_a 值不宜小于 80；

b) 在灯具的安装高度大于 6 m 的工业建筑中，R_a 可低于 80，但必须能够辨别安全色，即使这种条件下也应采取适当措施来保证连续工作场所使用显色性较高的光源。

4.6.5 室内场所，一般显色指数最小值应符合 GB 50034 的规定。

4.7 闪烁和频闪效应

4.7.1 闪烁会分散精力并可能引发头疼等生理反应，照明系统的设计应避免产生闪烁。

4.7.2 频闪效应有可能改变对旋转式或往复式机械运动的运动知觉，造成危险。可采用下列措施来避免和减少频闪效应。

a) 采用直流供电；

b) 使照明光源在高频（≥20 kHz）下工作；

c) 将邻近的照明灯具或照在同一（小）区域的照明灯具，接在电源的不同相序上。

4.8 天然采光

4.8.1 窗可提供与外部的视觉联系、提供全部或部分视觉作业的照明。应避免由于工作区域内的直射阳光引起过度的照度对比和热的不舒适感。应提供合适的阳光控制，利用百叶板或遮阳板避免直射阳光落在工作者身上或其视野范围的表面上。

4.8.2 在计算居住和某些工作室内的最小窗面积时，应考虑与外部视觉联系的要求。

4.8.3 当窗户大小满足 4.8.2 要求时，对于从窗顶部到窗台为 2～3 倍的距离进深的房间，可保证在白天有适宜的室内亮度印象；对于大进深的房间，可适当采用辅助照明与采光相结合，改善室内的亮度分布，避免在室内远离窗户的区域有阴郁之感。

4.8.4 天然采光应满足下列的数量要求。

a） 使工作面达到和超过 GB/T 50033 规定的室内天然光照度值和采光系数值；

b） 应给出按日、月、年的平均持续天然采光时间；

c） 应给出与工作小时数相关的利用天然光的持续时间。

4.8.5 当天然光不能保证工作面上有满意的照度时，则应由电气照明补充或替代天然光。人工照明的照度应按不利的条件进行设计，应设计自动或手动的开关和调光装置，应平行于窗户成行的开、关灯或调光。

4.9 视觉显示终端（VDT）工作场所的照明

4.9.1 VDT 工作场所照明应适合各种作业的要求，如阅读屏幕、打印文本、书写、键盘输入等要求。工作场所的照明标准应根据活动区域、作业类型和室内类型按 GB 50034 选取。

4.9.2 应避免 VDT 屏幕和某些情况下的键盘反射引起的失能眩光或不舒适眩光，应确定不会引起反射的灯具安装位置，并应选择合适的亮度控制装置。在正常观察方向上，有可能在 VDT 屏幕上造成反射的灯具表面平均亮度限值应符合表 4 的规定。

表 4 灯具平均亮度限制

屏幕分类（见 ISO 9241-7）	Ⅰ	Ⅱ	Ⅲ
屏幕质量	高	中等	差
灯具平均亮度限值/（cd/m^2）	≤1 000		≤200

注 1：本表灯具平均亮度限值适用于灯具中垂线以上等于或大于 65°高度角的亮度和显示屏屏面倾角小于或等于 15°的显示屏。

注 2：对于特定的使用场所，如触摸屏幕或倾角可变的屏幕，表面亮度限制值适用于灯具更低的高度角（如 55°）。

4.10 应急照明应符合下列规定：

a） 备用照明照度值除另有规定外，不应低于该场所一般照明照度值的 10%；

b） 安全照明的照度值不应低于该场所一般照明照度值的 5%；

c） 疏散通道的疏散照明最低照度不应低于 0.5 lx。

4.11 照明装置的维护和运行

4.11.1 应保持作业面规定的维持平均照度。维持平均照度取决于光源、灯具、环境的维护特性和维护方式。

4.11.2 设计照明方案时，应针对选用的照明装置、空间环境和确定的维护方案，计算出的总维护系数不应小于 0.7。

4.11.3 为使照明装置完好，满足安全和照明功效要求，使照明能耗和运行成本降至最低，采取下列的维护措施：

a） 应定期维护和更新损坏、有缺陷的光源和灯具；

b） 应规定清洁照明装置表面的时间和方法；

c） 宜集体清洁灯具和更换光源。

4.11.4 为检验照明设施电气参数与设计值的符合情况，应定期对采光和照明的实际状况进行现场测量。

a） 采光测量按 GB/T 5699 执行；

b） 照明测量按 GB/T 5700 执行。

4.11.5 照度、亮度的计算值和光源色度参数的标称值与现场测试值的允许偏差量级在 10%以内。

4.12 节约能源

4.12.1 照明装置在满足室内作业或活动的视觉特性要求的条件下，照明功率密度不应大于 GB 50034 规定的照明功率密度值，以节约能源，保护环境，实施绿色照明。

4.12.2 宜采取下列的节约能源措施：

a) 根据视觉作业需要，决定照明水平；

b) 满足需要照度的节能照明布灯方案；

c) 在考虑显色性要求的基础上，采用高光效光源及电器附件；

d) 采用符合眩光控制要求的高效率灯具；

e) 室内表面采用高反射比的饰面材料；

f) 照明与空调系统的热量的综合处理；

g) 采用合理的照明控制方式和控制装置；

h) 充分利用天然采光；

i) 建立维护管理制度。

ICS 67.060
X 11

中华人民共和国国家标准

GB/T 13382—2008
代替 GB/T 13382—1992

食用大豆粕

Edible soybean meal

2008-11-04 发布　　　　2009-01-01 实施

中华人民共和国国家质量监督检验检疫总局
中国国家标准化管理委员会　发布

前言

本标准代替 GB/T 13382—1992《食用大豆粕》。

本标准与 GB/T 13383—1992 相比主要变化如下：

——修改了规范性引用文件；

——取消了产品分类；

——将原标准的“感官要求”与“理化指标”合并为“质量要求”；

——修改了检验方法；

——增加了判定规则；

——增加了标签标识；

——取消了对高变性大豆粕水分指标的地域性区分。

本标准的附录 A、附录 B 为规范性附录。

本标准由国家粮食局提出。

本标准由全国粮油标准化技术委员会归口。

本标准负责起草单位：国家粮食储备局西安油脂科学研究设计院。

本标准主要起草人：孟橘、倪芳妍。

本标准所代替标准的历次版本发布情况：

——GB/T 13382—1992。

食 用 大 豆 粕

1 范围

本标准规定了食用大豆粕的相关术语和定义、要求、检验方法、检验规则、标签标识以及包装、储存和运输的要求。

本标准适用于食品工业用商品大豆粕。

2 规范性引用文件

下列文件中的条款通过本标准的引用而成为本标准的条款。凡是注日期的引用文件，其随后所有的修改单(不包括勘误的内容)或修订版均不适用于本标准，然而，鼓励根据本标准达成协议的各方研究是否可使用这些文件的最新版本。凡是不注日期的引用文件，其最新版本适用于本标准。

GB 1352 大豆

GB/T 5009.117 食用豆粕卫生标准的分析方法

GB/T 5492 粮油检验 粮食、油料的色泽、气味、口味鉴定

GB/T 5511 谷物和豆类 氮含量测定和粗蛋白质含量计算 凯氏法

GB/T 5515 粮油检验 粮食中粗纤维素含量测定 介质过滤法

GB 7718 预包装食品标签通则

GB/T 9824 油料饼粕中总灰分的测定

GB/T 9825 油料饼粕盐酸不溶性灰分测定

GB/T 10358 油料饼粕 水分及挥发物含量的测定

GB/T 10359 油料饼粕 含油量的测定 第1部分:正己烷(或石油醚)提取法

GB/T 10360 油料饼粕 扦样

GB 14932.1 食用大豆粕卫生标准

GB/T 17109 粮食销售包装

3 术语和定义

下列术语和定义适用于本标准。

3.1

食用大豆粕 edible soybean meal

大豆经浸出法(预榨浸出或直接浸出)去除油脂后制得，适合食品加工用的富含蛋白质的物质。

3.2

杂质 impurity

大豆粕以外的物质及无使用价值的大豆粕。

3.3

含砂量 grit percentage

食用大豆粕样品中细砂占样品的质量分数。

4 要求

4.1 原料要求

4.1.1 应符合 GB 1352 的要求。

4.1.2 不得含有蓖麻籽、野百合籽等有害杂草种籽。

4.1.3 不得有烟熏、腐败、霉变等不良气味。

4.1.4 不得有加工时无法除去的低劣物质。

4.2 质量要求

食用大豆粕质量要求见表1。

表1 食用大豆粕质量要求

项　目	一级	二级
形状	松散的片状、粉状或颗粒状	
色泽	具有大豆粕固有的色泽	
气味	具有大豆粕固有的气味，无霉味	
水分/%	≤12.0	
杂质/%	≤0.10	
粗蛋白质(干基)/%	≥49.0	≥46.0
粗纤维素(干基)/%	≤5.0	≤7.0
粗脂肪(干基)/%	≤2.0	
灰分(干基)/%	≤6.5	
含砂量/%	≤0.5	
注：食用大豆粕用于加工组织蛋白时，含砂量应小于等于0.10%。		

4.3 真实性要求

不得掺入任何非大豆粕物质。

4.4 卫生要求

按GB 14932.1和国家有关标准的规定执行。

5 检验方法

5.1 抽样：按GB/T 10360执行。

5.2 色泽、气味、口味检验：按GB/T 5492执行。

5.3 水分检验：按GB/T 10358执行。

5.4 粗蛋白质检验：按GB/T 5511执行。

5.5 粗脂肪检验：按GB/T 10359执行。

5.6 粗纤维素检验：按GB/T 5515执行。

5.7 灰分检验：按GB/T 9824执行。

5.8 含砂量检验：按GB/T 9825执行。

5.9 卫生指标检验：按GB/T 5009.117执行。

5.10 杂质检验：按附录A执行。

5.11 掺杂物检验：掺有1.0%以上淀粉的样品，按附录B执行。

6 检验规则

6.1 检验批

同一批原料，同一班次生产的同一规格的产品为一批。

6.2 出厂检验

按本标准4.2、4.3的规定对每批产品检验。检验合格，方可出厂。

6.3 型式检验

6.3.1 遇有下列情况之一时，应进行型式检验：

a) 新产品投产时；

b) 常年连续生产的每半年至少进行一次；

c) 当原料、设备、工艺有较大变化可能影响产品质量时；

d) 国家质量监督检验机构提出时。

6.3.2 型式检验按第4章规定的全部项目检验。

6.4 判定规则

6.4.1 食用大豆粕的粗蛋白质和粗纤维素为定等指标，其中一项不符合等级指标要求时，应判定为下一等。

6.4.2 全部质量指标符合本标准规定时，判定该产品合格。

6.4.3 检验结果不符合表1要求时，可在原批次产品中双倍抽样复检一次，判定以复检结果为准，若仍有指标不合格，则判该批产品为不合格。不合格产品不能供人食用。

6.4.4 产品未标注等级时，即判定为不合格产品。

7 标签标识

7.1 需符合GB 7718以及国家有关规定和要求。

7.2 符合本标准的规定和要求的产品，允许标注的名称为“食用大豆粕”。

7.3 应注明产品原料的生产国名。

7.4 以转基因大豆为原料生产的产品，应按国家有关规定标识。

8 包装、储存和运输

8.1 包装：包装容器应符合GB/T 17109的要求和国家有关规定。

8.2 储存：应储存于阴凉、干燥及避光处。不应与有害、有毒物品一同存放。

8.3 运输：运输中应注意安全，防止日晒、雨淋、渗漏、污染和标签脱落。散装运输要用专车，保持车辆清洁、卫生。

附 录 A
（规范性附录）
大豆粕中杂质的测定

A.1 仪器和用具

A.1.1 天平：分度值 0.01 g，0.001 g。

A.1.2 分样器和分样板。

A.1.3 分析盘。

A.1.4 镊子。

A.2 操作方法

从原始样品中用分样器或四分法分出平均样品二份，各 1 000 g 左右，称量（准确至 0.1 g），平摊于分析盘中，用镊子拣出非大豆粕的物质及无使用价值的大豆粕，再称量（准确至 0.01 g）。

A.3 结果计算

杂质含量按式（A.1）计算：

$$X = \frac{m_1}{m} \times 100 \qquad \text{(A.1)}$$

式中：

X——杂质含量（以质量分数计），%；

m——试样质量，单位为克（g）；

m_1——杂质质量，单位为克（g）。

双样试验结果允许误差不超过 0.02%，取其平均值为测定结果，测定结果取至小数点后第二位。

附　录　B
（规范性附录）
大豆粕中掺杂物的检验

B.1　范围

本方法适用于大豆粕中掺淀粉物1.0%以上的定性试验。

B.2　原理

大豆粕中掺1.0%以上淀粉物时，试样用碱液提取，调pH至2～3，加碘液显红紫色。

B.3　仪器和用具

B.3.1　磨粉机。
B.3.2　圆孔筛，孔径1 mm。
B.3.3　样品瓶。
B.3.4　天平：分度值0.01 g。
B.3.5　恒温水浴锅。
B.3.6　容量瓶：100 mL。
B.3.7　量筒：10 mL，100 mL。
B.3.8　比色管：25 mL，或试管：25 mL。
B.3.9　移液管：5 mL。
B.3.10　pH试纸：1～14。

B.4　试剂

B.4.1　0.5 mol/L氢氧化钾溶液：称取固体氢氧化钾30 g，溶于1 000 mL蒸馏水中，摇匀。
B.4.2　0.5 mol/L盐酸溶液：量取密度1.19 g/mL纯盐酸45 mL，用蒸馏水稀释至1 000 mL，摇匀。
B.4.3　碘溶液：称取碘化钾2.0 g，溶于20 mL蒸馏水中，加碘0.2 g，溶解后，用蒸馏水稀释至100 mL，摇匀。

B.5　操作方法

B.5.1　试样准备：用分样器或四分法从原始样品中分取50 g样品，于磨粉机中粉碎，通过直径1 mm的圆孔筛，装入样品瓶中备用。
B.5.2　称取试样1.0 g，倒入100 mL容量瓶中，加0.5 mol/L氢氧化钾溶液10 mL，摇匀，于沸水浴中加热15 min（每隔5 min摇动一次）。取出冷却，用蒸馏水定量至100 mL，摇匀，静置10 min。然后用移液管移取上层溶液5 mL注入比色管（或试管）中，用0.5 mol/L盐酸溶液调pH至2～3。加碘液5滴，摇匀，静置5 min，对光观察溶液颜色。

B.6　结果

未掺淀粉的试样的溶液呈黄色至棕黄色，掺淀粉的试样的溶液呈红紫色。

本试验最低检出量为1.0%,掺假越多红紫色越深。

B.7 注意事项

结果颜色不易判断时,可用纯大豆粕作对照试验。

ICS 67.060
B 23

中华人民共和国国家标准

GB/T 13383—2008
代替 GB/T 13383—1992

食用花生饼、粕

Edible peanut cake and meal

2008-11-04 发布

2009-02-01 实施

中华人民共和国国家质量监督检验检疫总局
中国国家标准化管理委员会 发布

前言

本标准代替 GB/T 13383—1992《食用花生饼、粕》。

本标准与 GB/T 13383—1992 相比主要变化如下：

——修改了规范性引用文件；

——将原标准的感官要求与理化指标合并为质量指标；

——取消了原标准中“花生饼理化指标”中的“加工时温度”项目；

——取消了原料要求中的“红衣残留率”指标；

——取消了附录 B；

——增加了检验规则；

——增加了有关标签标识的规定。

本标准的附录 A 为规范性附录。

本标准由国家粮食局提出。

本标准由全国粮油标准化技术委员会归口。

本标准起草单位：国家粮食储备局西安油脂科学研究设计院。

本标准主要起草人：孟橘、夏天文、倪芳妍。

本标准所代替标准的历次版本发布情况为：

——GB/T 13383—1992。

食用花生饼、粕

1 范围

本标准规定了食用花生饼、粕的相关术语和定义、分类、要求、检验方法、检验规则、标签标识以及包装、储存和运输要求。

本标准适用于食品工业用商品食用花生饼、粕。

2 规范性引用文件

下列文件中的条款通过本标准的引用而成为本标准的条款。凡是注日期的引用文件，其随后所有的修改单(不包括勘误的内容)或修订版均不适用于本标准，然而，鼓励根据本标准达成协议的各方研究是否可使用这些文件的最新版本。凡是不注日期的引用文件，其最新版本适用于本标准。

GB/T 1532 花生

GB/T 5009.11 食品中总砷及无机砷的测定

GB/T 5009.12 食品中铅的测定

GB/T 5009.22 食品中黄曲霉毒素 B_1 的测定

GB/T 5009.117 食用豆粕卫生标准的分析方法

GB/T 5492 粮油检验 粮食、油料的色泽、气味、口味鉴定

GB/T 5511—2008 谷物和豆类 氮含量测定和粗蛋白质含量计算 凯氏法(ISO 20483:2006,IDT)

GB/T 5515 粮油检验 粮食中粗纤维素含量测定 介质过滤法(GB/T 5515—2008,ISO 6865:2000,IDT)

GB 7718 预包装食品标签通则

GB/T 9824 油料饼粕中总灰分的测定(GB/T 9824—2008,ISO 749:1977,MOD)

GB/T 9825 油料饼粕盐酸不溶性灰分测定(GB/T 9825—2008,ISO 735:1977,MOD)

GB/T 10358 油料饼粕 水分及挥发物含量的测定(GB/T 10358—2008,ISO 771:1977,IDT)

GB/T 10359 油料饼粕 含油量的测定 第1部分:己烷(或石油醚)提取法(GB/T 10359—2008,ISO 734-1:2006,IDT)

GB/T 10360 油料饼粕 扦样(GB/T 10360—2008,ISO 5500:1986,IDT)

GB/T 17109 粮食销售包装

3 术语和定义

下列术语和定义适用于本标准。

3.1

食用花生饼 edible peanut cake

花生仁经机榨提取大部分油脂后所得的适合食品加工用的物料。

3.2

食用花生粕 edible peanut meal

花生仁经预榨、浸出提取大部分油脂后所得的适合食品加工用的物料。

3.3

高变性食用花生粕 highly denatured edible peanut meal

经高温处理所得的蛋白质变性较大的食用花生粕。

3.4

低变性食用花生粕 low denatured edible peanut meal

经低温或闪蒸脱溶处理所得的蛋白质变性较小的食用花生粕。

3.5

水溶性蛋白质 water-soluble protein

在一定条件下,食用花生饼、粕中溶于水的蛋白质。

3.6

水溶性氮 water-soluble nitrigen

在一定条件下,食用花生饼、粕中溶于水的氮元素。

3.7

氮溶解指数 nitrogen solution index;NSI

水溶性氮占总氮的质量分数。

3.8

含砂量 sand content

食用花生饼、粕灰分中不溶于10%(体积分数)盐酸的物质。

3.9

杂质 foreign material

食用花生饼、粕以外的物质及无使用价值的饼、粕。

4 分类

食用花生粕分为高变性食用花生粕和低变性食用花生粕两类。

5 要求

5.1 原料要求

5.1.1 原料应符合 GB/T 1532 的规定,为经脱皮加工的花生仁。

5.1.2 原料中不应混入有毒杂草种子。

5.1.3 原料中不应有变质污染颗粒。

5.1.4 原料中不应有加工时无法除去的其他物质。

5.2 质量要求

5.2.1 食用花生饼质量要求见表1。

表1 食用花生饼质量要求

项目		一级	二级
形状		圆形、方形、片状或瓦块状	
气味		食用花生饼固有的气味、无异味	
色泽		食用花生饼固有的黄白色或浅黄褐色	食用花生饼固有的黄色或棕褐色
水分/%	≤	10	
粗蛋白质(以干基计)/%	≥	49	46
粗脂肪(以干基计)/%	≤	7.00	
粗纤维(以干基计)/%	≤	5.00	5.50
灰分(以干基计)/%	≤	5.50	6.00
含砂量/%	≤	0.20	0.50
杂质/%	≤	0.10	

5.2.2 食用花生粕质量要求见表 2。

表 2 食用花生粕质量要求

项目	高变性食用花生粕		低变性食用花生粕		
	一级	二级	一级	二级	三级
形状	粉状、颗粒状或松散的片状				
气味	食用花生粕固有的气味，无异味				
色泽	高变性食用花生粕固有的浅黄褐色		低变性食用花生粕固有的近白色或浅黄色		
水分/% ≤	11.0		8.0	9.0	10.0
粗蛋白质（以干基计）/% ≥	50.0	48.0	60.0	55.0	50.0
氮溶解指数(NSI) ≥	—		70.0	60.0	50.0
粗脂肪（以干基计）/% ≤	2.0		2.0		
粗纤维（以干基计）/% ≤	5.0	5.5	4.0	5.0	5.5
灰分（以干基计）/% ≤	5.5	6.0	5.5		
含砂量/% ≤	0.10	0.50	0.05	0.10	0.10
杂质/% ≤	0.10		不得检出		0.10

5.3 **卫生指标**

食用花生饼、粕卫生指标见表 3。

表 3 食用花生饼、粕卫生指标

项目	卫生指标	
	食用花生饼	食用花生粕
溶剂残留量/(mg/kg)	不得检出	≤500
总砷(以 As 计)/(mg/kg) ≤	0.5	
铅(Pb)/(mg/kg) ≤	1	
黄曲霉毒素 B_1/(mg/kg) ≤	20	
注：溶剂残留量检出值小于 10 mg/kg 时，视为未检出。		

6 检验方法

6.1 扦样、分样：按 GB/T 10360 执行。

6.2 色泽、气味检验：按 GB/T 5492 执行。

6.3 水分测定：按 GB/T 10358 执行。

6.4 粗蛋白测定：按 GB/T 5511—2008 执行。

6.5 水溶性蛋白质测定：按 GB/T 5511—2008 的附录 A 执行。

6.6 水溶性氮测定：按 GB/T 5511—2008 执行。

6.7 总氮测定：按 GB/T 5511—2008 的附录 A 执行。

6.8 粗纤维测定：按 GB/T 5515 执行。

6.9 氮溶解指数(NSI)测定：按式(1)计算。

$$X = \frac{n_1}{n} \times 100 \qquad \cdots\cdots(1)$$

式中：

X——氮溶解指数(NSI)；

n_1——水溶性氮含量，%；

n——总氮含量，%。

6.10 粗脂肪测定：按 GB/T 10359 执行。

6.11 灰分测定：按 GB/T 9824 执行。

6.12 含砂量测定：按 GB/T 9825 执行。

6.13 杂质测定：按附录 A 执行。

6.14 溶剂残留测定：按 GB/T 5009.117 执行。

6.15 总砷测定：按 GB/T 5009.11 执行。

6.16 铅的测定：按 GB/T 5009.12 执行。

6.17 黄曲霉毒素 B_1 测定：按 GB/T 5009.22 执行。

7 检验规则

7.1 扦样

7.1.1 同一批原料、同一班次生产的产品为一批。

7.1.2 扦样方法按照 GB/T 10360 执行。

7.2 出厂检验

按 5.2 的规定对每批产品检验，检验合格方可出厂。

7.3 型式检验

7.3.1 遇有下列情况之一时，应进行型式检验：

a) 常年连续生产的每年至少进行一次；

b) 当原料、设备、工艺有较大变化可能影响产品质量时。

7.3.2 型式检验按第 5 章执行。

7.4 判定规则

7.4.1 食用花生饼、高变性食用花生粕的粗蛋白质为定级指标，低变性食用花生粕的粗蛋白质和氮溶解指数为定级指标，不符合等级指标要求时，应降级判定。

7.4.2 全部质量指标符合本标准规定时，判定该批产品为合格品。

7.4.3 质量指标不符合本标准要求时，可在原批次产品中双倍抽样复检一次，判定以复检结果为准，若仍有指标不合格，则判定该批产品为不合格。

7.4.4 产品未标注等级时，即判定为不合格产品。

7.4.5 卫生指标中有一项检验结果不符合本标准要求时，判定该批产品为不合格产品。

8 标签标识

8.1 食用花生饼(粕)产品的标识需符合 GB 7718 及国家其他有关规定和要求。

8.2 标签上应注明产品名称、类别、厂家、净重、批号和生产日期等内容。

8.3 符合本标准的规定和要求的产品，允许标注的名称为食用花生饼(粕)。

8.4 应注明产品原料的生产国名。

9 包装、贮存和运输

9.1 包装：包装应符合 GB/T 17109 的要求，所使用的包装袋应符合相应的食品工业用包装的要求和有关规定。

9.2 贮存：应贮存于阴凉、干燥及避光处。不应与有害、有毒物品一同存放。

9.3 运输：运输中应注意安全，防止日晒、雨淋、渗漏、污染和标签脱落。散装运输要有专车，保持车辆清洁、卫生。

附 录 A
（规范性附录）
食用花生饼、粕中杂质的测定

A.1 仪器和用具

A.1.1 天平：分度值 0.01 g；0.001 g。

A.1.2 分样器和分样板。

A.1.3 分析盘。

A.1.4 镊子。

A.2 样品的制备

用适当的方法将样品破碎，使颗粒最大直径不超过 20 mm。

A.3 操作方法

将制得的样品用四分法取出平均样品两份，各 1 000 g 左右。称量（精确至 0.5 g），平摊于分析盘中。用镊子拣出非食用花生饼、粕的物质及无使用价值的食用花生饼、粕，称量（精确至 0.01 g）。

A.4 结果计算

杂质的质量分数按式（A.1）计算：

$$X=\frac{m_1}{m}\times 100 \qquad \cdots\cdots(A.1)$$

式中：

X——杂质的质量分数，%；

m_1——杂质质量，单位为克（g）；

m——试样质量，单位为克（g）。

双试验结果允许误差不超过 0.2%，求其平均值为测定结果，测定结果保留小数点后两位。

ICS 55.020
A 80

中华人民共和国国家标准

GB/T 13384—2008
代替 GB/T 13384—1992,GB/T 15464—1995

机电产品包装通用技术条件

General specifications for packing of mechanical and electrical product

2008-07-18 发布　　2009-01-01 实施

中华人民共和国国家质量监督检验检疫总局
中国国家标准化管理委员会　发布

前　言

本标准代替 GB/T 13384—1992《机电产品包装通用技术条件》和 GB/T 15464—1995《仪器仪表包装通用条件》。

本标准与 GB/T 13384—1992 和 GB/T 15464—1995 相比，主要变化如下：

——总则改为基本要求；

——整合了两标准中包装方式与防护包装方法的有关内容；

——明确了木材选用、木材各部位允许缺陷度的参照标准，修改了对木材含水率的要求，增加了对木材熏蒸的要求；

——增加了对其他材质包装箱加固方式的要求；

——在防护包装的内容中，明确了参照的引用标准，简化了标准内容；

——明确了试验项目参照的引用标准，取消了具体选择的试验项目，简化了标准。

本标准由全国包装标准化技术委员会(SAC/TC 49)提出并归口。

本标准起草单位：深圳市美盈森环保科技股份有限公司、机械科学研究总院、中机生产力促进中心。

本标准主要起草人：黄雪、蔡少龄、刘萍、张晓建、任广。

本标准所代替标准的历次版本发布情况为：

——GB/T 13384—1992；

——GB/T 15464—1995。

机电产品包装通用技术条件

1 范围

本标准规定了机械、电工、仪器仪表等产品包装的基本要求、包装方式与防护包装方法、技术要求、试验方法、包装标志与随机文件等内容。

本标准适用于机械、电工、仪器仪表等产品的运输包装。

2 规范性引用文件

下列文件中的条款通过本标准的引用而成为本标准的条款。凡是注日期的引用文件，其随后所有的修改单(不包括勘误的内容)或修订版均不适用于本标准，然而，鼓励根据本标准达成协议的各方研究是否可使用这些文件的最新版本。凡是不注日期的引用文件，其最新版本适用于本标准。

GB/T 191 包装储运图示标志(GB/T 191—2008,ISO 780:1997,MOD)

GB/T 4768 防霉包装

GB/T 4857(所有部分) 包装 运输包装件基本试验

GB/T 4879 防锈包装

GB/T 4892 硬质直方体运输包装尺寸系列

GB/T 4897(所有部分) 刨花板

GB/T 5048 防潮包装

GB/T 5398 大型运输包装件试验方法(GB/T 5398—1999,neq ASTM D 1083:1991)

GB/T 6543 运输包装用单瓦楞纸箱和双瓦楞纸箱

GB/T 6544 瓦楞纸板

GB/T 6980 钙塑瓦楞箱

GB/T 7284 框架木箱

GB/T 7350 防水包装

GB/T 8166 缓冲包装设计方法

GB/T 9846(所有部分) 胶合板

GB/T 10819 木制底盘(GB/T 10819—2005,JIS Z 1405:1984,MOD)

GB/T 12464 普通木箱(GB/T 12464—2002,JIS Z 1402:1999,NEQ)

GB/T 12626(所有部分) 硬质纤维板

GB/T 13041 包装容器 菱镁砼箱

GB/T 13123 竹编胶合板

GB/T 13144 包装容器 竹胶合板箱

GB/T 16470 托盘包装(GB/T 16470—1996,neq MIL-STD 147D)

GB/T 18924 钢丝捆扎箱(GB/T 18924—2002,JIS B 1407:1989,NEQ)

GB/T 18925 滑木箱(GB/T 18925—2002,JIS Z 1402:1990,MOD)

GB/T 18926 包装容器 木构件(GB/T 18926—2008,ASTM D 6199—2007,NEQ)

3 基本要求

3.1 包装应符合科学、经济、牢固、美观和适销的要求。在流通环境下，应保证产品在供需双方协议期内不因包装不善而产生锈蚀、霉变、降低精度，残损或散失等现象。

3.2 包装设计应根据产品特点、流通环境条件和客户要求进行，做到包装紧凑、防护合理、安全可靠。

3.3 产品需经检验合格，做好防护处理，方可进行内外包装。随机文件应齐全。

3.4 包装件外形尺寸和质量应符合国内外运输方面有关超限、超重的规定。硬质直方体运输包装件的尺寸应符合 GB/T 4892 的规定。

3.5 产品包装环境应清洁、干燥，无有害介质。

4 包装方式与防护包装方法

4.1 包装方式主要有箱装(普通木箱、滑木箱、框架木箱、瓦楞纸箱、胶合板箱、纤维板箱、钙塑箱、菱镁砼箱、竹胶合板箱、塑料箱、钙塑瓦楞箱、金属箱、蜂窝纸板箱等)、敞开包装、局部包装、捆扎包装、裸装、袋装和托盘包装等。

4.2 防护包装方法主要有：防水包装、防潮包装、防霉包装、防锈包装、缓冲包装、防尘包装和防静电包装等。应根据产品特点和储运、装卸条件，选用适当的防护包装方法。

5 技术要求

5.1 包装材料

选用的包装材料不应引起产品的表面色泽改变或锈蚀，也不应由于包装材料的变形而引起产品损坏。

5.1.1 木材

包装用木材应符合以下要求：

a) 在保证包装容器强度的前提下，根据合理用材的要求，按 GB/T 18926 的规定选用适当的树种；

b) 同一包装箱的箱板色泽应基本一致，外表面应平整，无明显毛刺和虫眼(已修补的虫眼例外)；

c) 木材各部位允许缺陷度按 GB/T 18926 的规定；

d) 制作容器时木材的含水率一般不大于 20%，但滑木、辅助滑木、外箱档、花格木箱、木制底盘和托盘用木材的含水率可以在 25%以下；

e) 需要时应对所用木材进行药物熏蒸或热处理等除虫害处理。

5.1.2 瓦楞纸板

包装用瓦楞纸板应符合 GB/T 6544 的规定。

5.1.3 胶合板

包装用胶合板应符合 GB/T 9846 的规定。

5.1.4 纤维板

包装用纤维板应符合 GB/T 12626 的规定。

5.1.5 刨花板

包装用刨花板应符合 GB/T 4897 的规定。

5.1.6 菱镁砼

包装用菱镁砼应符合 GB/T 13041 的规定。

5.1.7 钙塑瓦楞板

包装用钙塑瓦楞板应符合 GB/T 6980 的规定。

5.1.8 竹编胶合板

包装用竹编胶合板应符合 GB/T 13123 标准的规定。

5.1.9 其他材料

包装还可以采用经试验证明性能可靠的其他材料，也可采用两种或两种以上的材料。但不管使用何种材料，都应确保其强度和性能符合产品的特点和流通环境的要求。

5.2 **箱装**

5.2.1 制箱

5.2.1.1 木箱

普通木箱应符合 GB/T 12464 的规定，滑木箱应符合 GB/T 18925 的有关规定，框架木箱应符合 GB/T 7284 的规定，钢丝捆扎箱应符合 GB/T 18924 的规定，其他类型的木箱如框档胶合板箱、纤维板箱、刨花板箱等应符合 5.2.1.6 的规定。

5.2.1.2 瓦楞纸箱

瓦楞纸箱应符合 GB/T 6543 的规定。

5.2.1.3 菱镁砼箱

菱镁砼箱应符合 GB/T 13041 的规定。

5.2.1.4 钙塑瓦楞箱

钙塑瓦楞箱应符合 GB/T 6980 的规定。

5.2.1.5 竹胶合板箱

竹胶合板箱应符合 GB /T 13144 的规定。

5.2.1.6 其他材质包装箱

采用其他材料制作包装箱时，其结构和制作应与其材质相适应，其包装箱的强度与上述各包装箱一样，应通过第 6 章规定的试验。

5.2.2 装箱

5.2.2.1 产品装箱时应尽量使其重心位置居中靠下。重心偏高的产品应尽可能采用卧式包装。重心偏离中心较明显的产品应采取相应的平衡措施。

5.2.2.2 在不影响产品性能的情况下，产品上能够移动的零部件应移至使产品具有最小外形尺寸的位置，并加以固定。产品上凸出的零部件应尽可能拆下，标上记号，根据其特点另行包装，一般应固定在同一箱内。

5.2.2.3 产品上有特殊要求的零部件应尽可能拆下，标上记号，按特殊要求另行包装。

5.2.2.4 产品(或内包装箱)应稳妥地固定于外包装箱内。固定方式可采用缓冲材料塞紧、木块定位紧固、螺栓紧固、压杠紧固等。一般情况下，产品(或内包装箱)不应与外包装箱箱板直接接触，应与外包装箱的内侧面、内端面、顶面之间保留有一定的间隙。

5.2.2.5 附件箱、备件箱等应尽量固定在主机箱内的适当位置，装在箱内的附件备件等也应采取相应的固定措施。

5.2.2.6 产品包装箱内应清洁、干燥，无异物。

5.2.3 加固

5.2.3.1 木箱封箱后，按相应木箱标准的规定对其进行加固。

5.2.3.2 纸箱和钙塑箱封箱后，需要时可采用塑料捆扎带或氧化钢带等捆扎，塑料捆扎带宽度应不小于 14 mm。捆扎时应使塑料带或钢带紧捆在纸箱上，同时采用相应措施避免其切入纸板而损坏纸箱。

5.2.3.3 其他材质的包装箱封箱后，应按其箱型的大小，参考 GB/T 12464、GB/T 18925、GB/T 7284 的规定对其进行加固。

5.2.4 包装箱的强度包装箱应具有足够的强度。根据包装件的质量和特点，在第 6 章所规定的试验方法等试验项目中选作有关试验项目。试验后，箱内固定物无明显位移，产品外观、性能、精度和有关技术参数应在规定允许公差范围内，包装箱应无明显破损和变形并符合有关标准的规定和设计要求。

5.3 **敞开包装**

敞开包装件底盘的材质为木材时，应符合 GB/T 10819 的规定；底盘为其他材质时，应根据其材质的特点和强度，参照 GB/T 10819 的规定的原理进行设计、制作和包装。产品应紧固在底盘上，以防运输中发生移动。

5.4 捆扎包装

5.4.1 捆扎包装件为每件重量不大于 2 t，长度小于或等于 6 m 的捆装件，每捆捆扎道数不少于 4 道，长度大于 6 m 的捆装件，每件捆扎道数不少于 5 道，捆扎应整齐牢固。

5.4.2 捆扎管件时，两端应堵住。管件上螺纹部位应采取相应的保护措施。

5.5 托盘包装

托盘包装应符合 GB/T 16470 的规定。

5.6 防护包装

5.6.1 防水包装

防水包装应符合 GB/T 7350 的规定。

5.6.2 防潮包装

防潮包装应符合 GB/T 5048 的规定。

5.6.3 防锈包装

防锈包装应符合 GB/T 4879 的规定。

5.6.4 防霉包装

防霉包装应符合 GB/T 4768 的规定。

5.6.5 缓冲包装

5.6.5.1 缓冲包装的设计方法可采用 GB/T 8166 规定的方法。

5.6.5.2 缓冲材料应具有不易虫蛀、不易长霉和不易疲劳变形等特点。缓冲材料应紧贴(或紧固)于产品(或内包装箱、盒)和外包装箱内壁之间。

5.6.6 防尘包装

产品进行防尘包装时应采取相应的防尘措施，产品易进尘处必须用柔软的中性纸包扎或聚乙烯薄膜袋套封。

6 试验方法

应根据包装件本身特点和要求，以及实际流通环境条件，适当选做 GB/T 4857 中有关项目的试验，以及 GB/T 5048、GB/T 4879 和 GB/T 5398 有关项目的试验。

7 包装标志与随机文件

7.1 产品分多箱包装时，箱号应采用分数表示，分子为箱号，分母为总箱数。主机箱应为 1 号箱。

7.2 包装储运指示标志应根据产品特点，按照 GB/T 191 的有关规定正确选用。重心明显偏离中心的包装件，应标注“由此起吊”和“重心”的标志。

7.3 随机文件一般包括使用说明书、合格证明书、装箱单(包括总装箱单和分装箱单)等。产品分多箱包装时，使用说明书、合格证明书、总装箱单一般放在主机箱内，分类装箱单应放在相应的包装箱内。有关包装开箱注意事项等文件可装入塑料袋粘贴在包装箱上。

ICS 55.020
A 80

GB

中华人民共和国国家标准

GB/T 13385—2008
代替 GB/T 12986—1991,GB/T 13385—2004

包装图样要求

Specification for packaging drawing

2008-07-18 发布　　　　2009-01-01 实施

中华人民共和国国家质量监督检验检疫总局
中国国家标准化管理委员会　发布

前 言

本标准代替 GB/T 12986—1991《纸箱制图》和 GB/T 13385—2004《包装图样要求》，同 GB/T 12986—1991和 GB/T 13385—2004 相比，主要变化如下：

——将产品包装所需的图样由原来的包装外形图、包装总装图、包装容器图、包装零部件图改为产品包装图、包装容器图、包装零部件图；

——整合后的标准对木材横剖画法进行了分类，增加了方木、板材和菱镁砼的剖面画法，删除了钢筋混凝土和覆面刨花板的剖面画法；

——在包装容器画法的内容中，对复杂包装容器增加了绘制装配图的要求；

——整合后的标准增加了包装容器图、包装零部件图图文的有关要求；

——整合后的标准增加了绘制瓦楞纸箱应优先采用的图线型式；

——删除了螺栓、螺钉表示方法中板的连接方式；

——修改了附录 A 的内容。

本标准的附录 A 为资料性附录。

本标准由全国包装标准化技术委员会(SAC/TC 49)提出并归口。

本标准起草单位：深圳市美盈森环保科技股份有限公司、厦门合兴包装印刷股份有限公司、中机生产力促进中心、深圳职业技术学院。

本标准主要起草人：蔡少龄、张小利、黄雪、陈利科、张波涛、田威、王利婕、张晓建、刘萍。

本标准所代替标准的历次版本发布情况为：

——GB/T 12986—1991；

——GB/T 13385—1992、GB/T 13385—2004。

包装图样要求

1 范围

本标准规定了包装图样(以下简称图样)的基本要求、一般规定和画法等内容。

本标准适用于包装图样的绘制。

2 规范性引用文件

下列文件中的条款通过本标准的引用而成为本标准的条款。凡是注日期的引用文件,其随后所有的修改单(不包括勘误的内容)或修订版均不适用于本标准,然而,鼓励根据本标准达成协议的各方研究是否可使用这些文件的最新版本。凡是不注日期的引用文件,其最新版本适用于本标准。

GB/T 10609.1 技术制图 标题栏(GB/T 10609.1—1989,neq ISO 7200:1984)

GB/T 10609.2 技术制图 明细栏(GB/T 10609.2—1989,neq ISO 7573:1983)

GB/T 13361 技术制图 通用术语

GB/T 14689 技术制图 图纸幅面和格式(GB/T 14689—1993,eqv ISO 5457:1980)

GB/T 14690 技术制图 比例(GB/T 14690—1993,eqv ISO 5455:1979)

GB/T 14691 技术制图 字体(GB/T 14691—1993,eqv ISO 3098-1:1974)

GB/T 14692 技术制图 投影法(GB/T 14692—1993,eqv ISO/DIS 5456:1993)

GB/T 16675.1 技术制图 简化表示法 第1部分:图样画法

GB/T 16675.2 技术制图 简化表示法 第2部分:尺寸注法

GB/T 17450 技术制图 图线(GB/T 17450—1998,idt ISO 128-20:1996)

GB/T 17451 技术制图 图样画法 视图(GB/T 17451—1998,neq ISO/DIS 11947-1:1995)

GB/T 17452 技术制图 图样画法 剖视图和断面图(GB/T 17452—1998,eqv ISO/DIS 11947-2:1995)

GB/T 17453 技术制图 图样画法 剖面区域的表示法(GB/T 17453—2005,ISO 128-50:2001,IDT)

GB/T 18229 CAD工程制图规则

3 术语和定义

GB/T 13361中确立的以及下列术语和定义适用于本标准。

3.1

产品包装图 packaging figure

表达包装件包装各组成部分结构、尺寸、外观及其与被包装产品相互关系的必要的数据及技术要求的图样。

3.2

包装容器图 figure of packaging container

表达包装容器结构、尺寸、外观和技术要求的图样。

3.3

包装零部件图 packaging detail drawing

表达包装零部件结构、尺寸、材质、数量、外观及技术要求的图样。

4 图样基本要求

4.1 图样应做到正确、完整、统一、清晰、简明。

4.2 图样上的图形文字、符号、术语、代号及计量单位等，均应符合有关标准或规定。

4.3 图样上的视图与技术要求，应能清楚地表明产品包装、包装容器或包装零部件的结构、尺寸、外观、性能及各部位相互关系以及制造和检验所需的技术依据。在满足上述要求的情况下，视图的数量应尽量减少。

4.4 图样应尽量绘制在同一张图纸上，如果需分布在数张图纸上时，则主要视图、技术要求和明细栏一般应置于第一张图样上。

4.5 图样上填写的产品名称、包装容器或包装零部件的名称，应尽量简短和确切，并符合有关标准的规定。

4.6 图样上一般不列入有限定包装工艺要求的说明。特殊情况下，为保证包装质量，允许标注采用一定加工方法的工艺说明。

4.7 图样也可按项目任务书或合同的规定绘制。

4.8 图样应优先选用 CAD 工程制图，并应符合 GB/T 18229 的有关规定。

5 图样的一般规定

5.1 图样的图纸幅面和格式

图样的图纸幅面尺寸和格式应符合 GB/T 14689 的有关规定。

5.2 图样的标题栏和明细栏

图样的标题栏和明细栏应符合 GB/T 10609.1 和 GB/T 10609.2 的有关规定。

5.3 图样的比例

图样的绘制比例应符合 GB/T 14690 的有关规定。特殊情况下，其视图可不按比例绘制和不标注比例尺。

5.4 图样的尺寸注法

图样的尺寸注法应符合 GB/T 16675.2 的有关规定。无图样的尺寸可在图样的明细栏中加以注明。图样中的尺寸(包括技术要求和其他说明中的尺寸)，以毫米为单位，不需注明计量单位。如采用其他单位的，则应注明。

5.5 图样的字体

图样绘制的字体应符合 GB/T 14691 或 GB/T 18229 的有关规定。

5.6 图样的图线

图样的图线应符合 GB/T 17450 的有关规定。特殊情况下，为清楚表示不同的加工特性可以采用相关行业标准，并在图样中注明。

5.7 图样上的技术要求

5.7.1 图样上的技术要求的内容应符合有关标准要求，简明扼要、通顺易懂。

5.7.2 技术要求的条文应编顺序号(仅一条时，不写顺序号)。技术要求的书写位置应尽量置于标题栏的上方或左方。

5.7.3 技术要求的内容一般包括：

a) 包装材料、包装辅助材料和包装容器的性能和质量要求；

b) 包装方法和必要的加工工艺要求；

c) 包装件储运方式的特殊要求；

d) 包装试验及检验要求；

e) 图样的视图中难以表达的尺寸及形状等要求；

f) 其他有关说明。

5.7.4 技术要求中引用各类标准、规范及有关技术文件时，应注明其标准、规范或文件编号和名称。在不致引起误解时，允许只标注编号。

6 图样画法

6.1 基本要求

图样画法应符合 GB/T 14692、GB/T 17451 和 GB/T 16675.1 的有关规定。产品包装所需的图样一般包括产品包装图、包装容器图和包装零部件图。但本着尽量减少图样数量的原则，在不致引起误解的情况下，允许只画其中 1 件～2 件图样。

6.2 剖面符号及画法

6.2.1 图样的剖视图、断面图和剖面区域的表示应符合 GB/T 17452 和 GB/T 17453 的有关规定。

6.2.2 在剖面区域为表示包装材料的类别，应采用如表 1 所示的剖面符号，特殊情况可按有关标准或规定执行。

表 1 包装图样专用的剖面符号

名称			剖面符号	名称	剖面符号
木材	横剖	方木		单面单瓦楞纸板	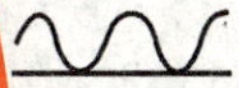
		板材		单瓦楞纸板或钙塑瓦楞板	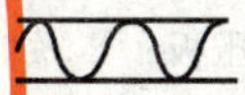
	纵剖			双瓦楞纸板	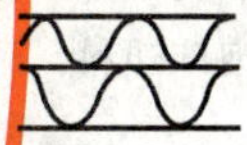
胶合板				多层瓦楞纸板	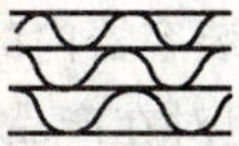
纤维板					
刨花板				金属	
菱镁砼				塑料 橡胶	

6.2.3 在不剖切情况下，可以用图例(见表 2)形式表示，在其外形图中画出部分或全部，作为包装材料标志(见图 1)。

表 2 不剖切的包装材料的画法

名称	图例	名称	图例
透明材料		泡沫塑料	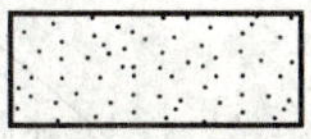
竹胶合板	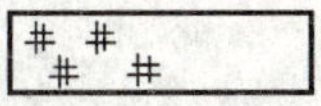		

6.3 产品包装图

6.3.1 为清楚表达出产品包装的结构及装配要求，在绘制产品包装图时，可附加必要的局部剖视图或局部视图(见图 1)。

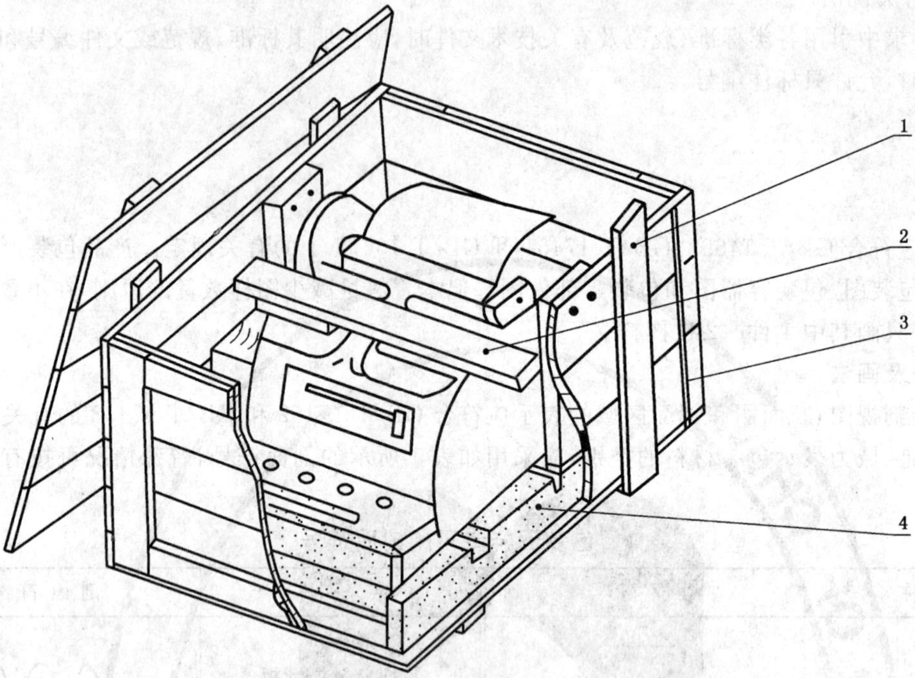

1——木箱；
2——压板；
3——捆扎带；
4——泡沫塑料。

图 1　产品包装结构的示意画法

6.3.2　在产品包装图中，被包装产品可用双点划线或细实线表示出主要轮廓特征，[见图 2a)]，被包装产品在包装容器内的固定、衬垫、防护等，可用示意图表示，并可附加文字说明[见图 2b)]，在图中均不标序号，但对在产品的固定、衬垫、防护等明确的情况下，可不在图上画出。内部需要特殊加固的产品包装，应在其图上加注技术要求或局部视图表示。

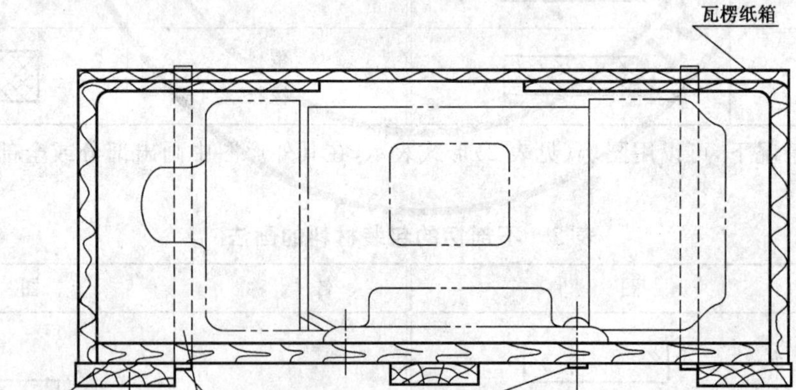

a)

图 2　表示产品包装容器内结构的示意画法

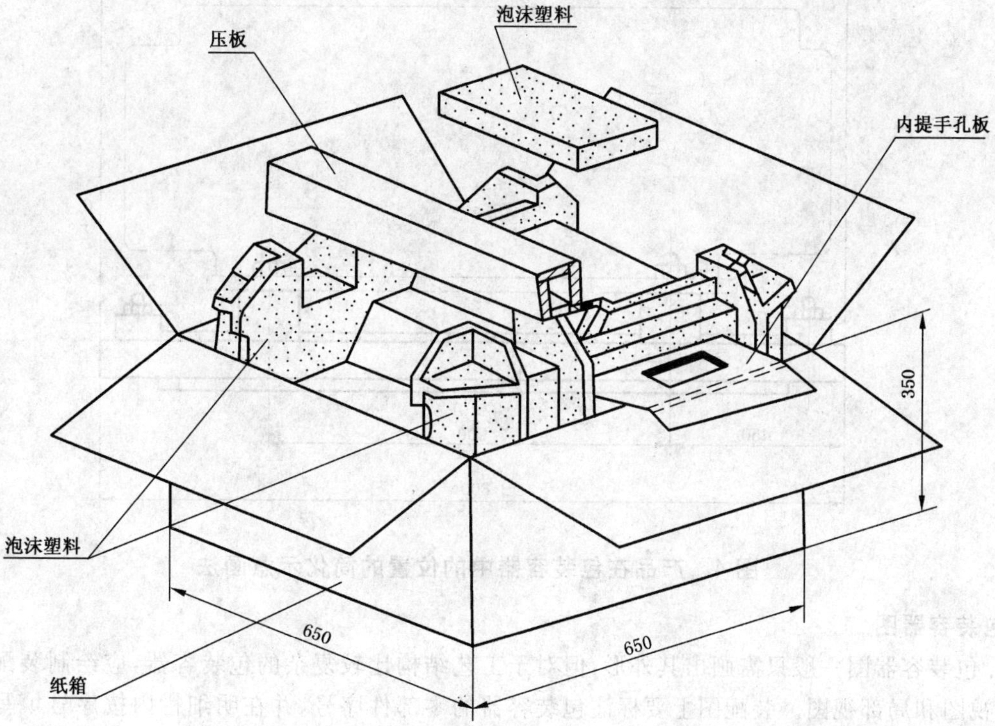

b)

图 2（续）

6.3.3　如果被包装产品采用的包装容器结构相同而尺寸不同，则允许在产品包装图上采用表格图，注明被包装产品的图号名称及数量等。

6.3.4　如果被包装产品与随机附件同箱包装，或多件产品同箱包装，则在产品包装图上可用双点划线或细实线表示各件位置，画出引出线，并在引出线上方注明名称、数量或图样代号(见图 3)。

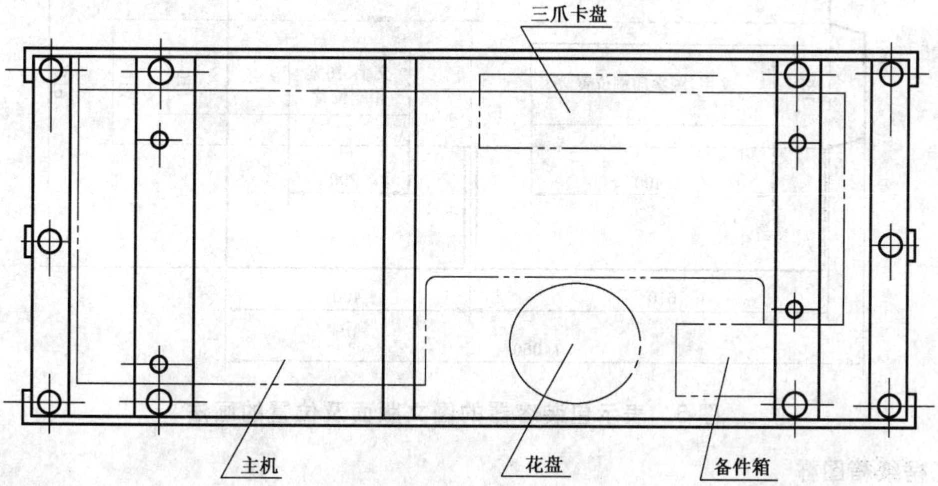

图 3　同时表示主机与附件位置的画法

6.3.5　在工艺条件明确或有包装容器图或包装零部件图的情况下，产品包装图允许用简化示意图，应标注必要的外形、安装和连接尺寸等要求(见图 4)。

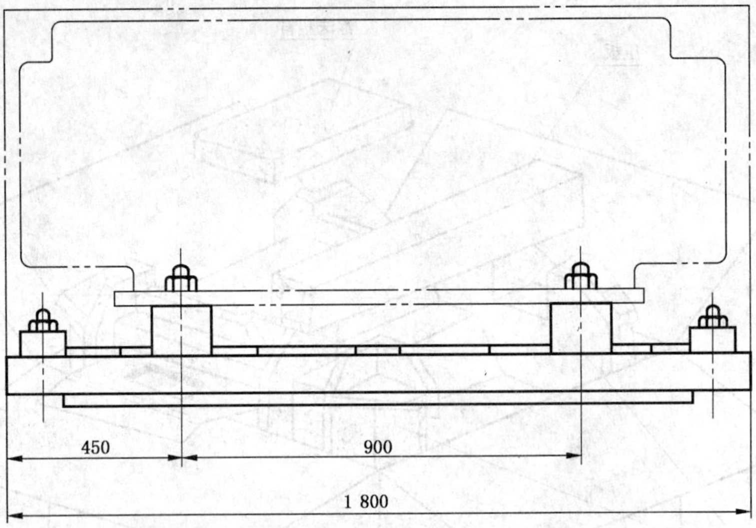

图 4 产品在包装容器中的位置的简化示意画法

6.4 包装容器图

6.4.1 包装容器图一般只需画出其外形，但对于工艺结构比较复杂的包装容器，应绘制装配图或附加局部剖视图和局部视图。装配图上要标注包装容器的零部件序号，并在明细栏内按序号填写零部件名称、材质、规格、数量(见附录 A 图 A.1)。

6.4.2 绘制包装容器图时，一般应在图样上标出容器的内外部尺寸，必要时在技术要求中注明允许的被包装产品的极限质量。

6.4.3 图文版面及位置，一般按文字、图案的最大外尺寸，在四边用点划线连接成矩形，并按比例标注在图样上(见图 5)。文字、图案居中时，可不标注位置尺寸。

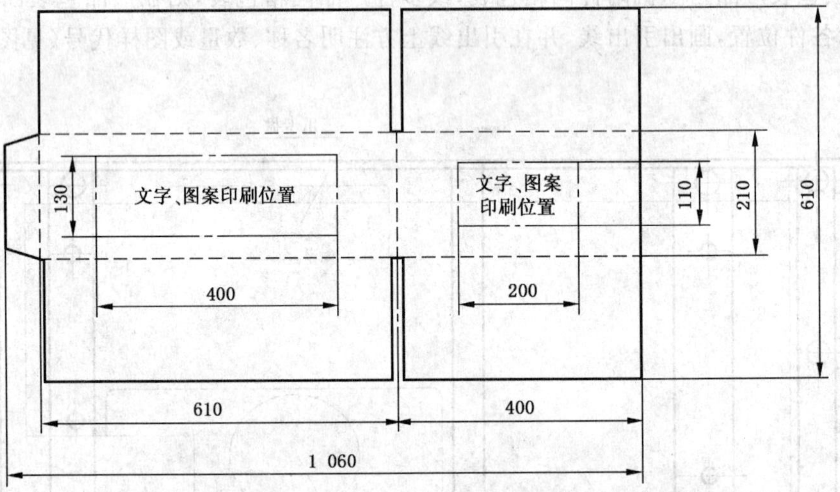

图 5 表示包装容器的图文版面及位置的画法

6.4.4 瓦楞纸箱图样

6.4.4.1 通常瓦楞纸板厚度可省略不画(见图 6)。

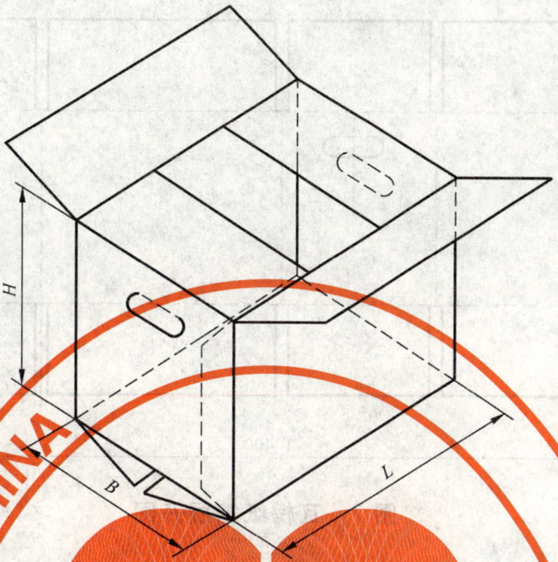

图 6　瓦楞纸箱立体图

6.4.4.2　绘制瓦楞纸箱图时，应优先采用表 3 中规定的图线。并且同一图样中同类图线的宽度应基本一致，内折线、外折线，间断线的线段长度和间隔应各自大致相等。

表 3　不同图线型式图

图线型式	图线意义
	轮廓线或裁切线
	开槽线
	内折线
	外折线
	向内侧切痕线
	向外侧切痕线
	对折线
	打孔线
	软边切割线
	撕裂打孔线
	钉合接封口
	胶带封口
	粘合封口

6.4.4.3　绘制瓦楞纸箱图时，为了更清楚表达其结构时可绘制展开图。展开图画法应符合以下要求：

a)　绘制展开图时，瓦楞纸板应呈展开放平状态，按比例画出(见图 7、图 8)；

b)　当瓦楞纸箱是由两片以上纸板组成，应分别画出。如图形相同时，可只画 1 个图形(见图 8)；

c)　瓦楞纸板的瓦楞方向在不致引起误解时可省略，否则应在图样上标注瓦楞方向(见图 7)；

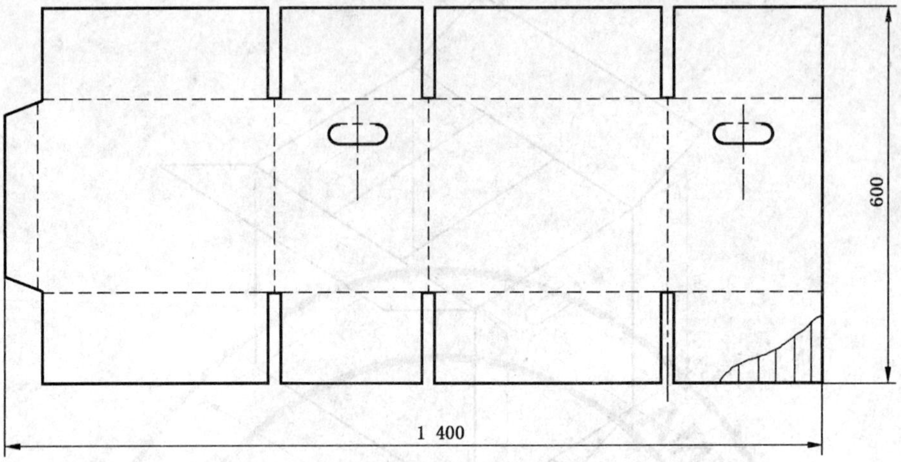

图7 瓦楞纸箱展开图

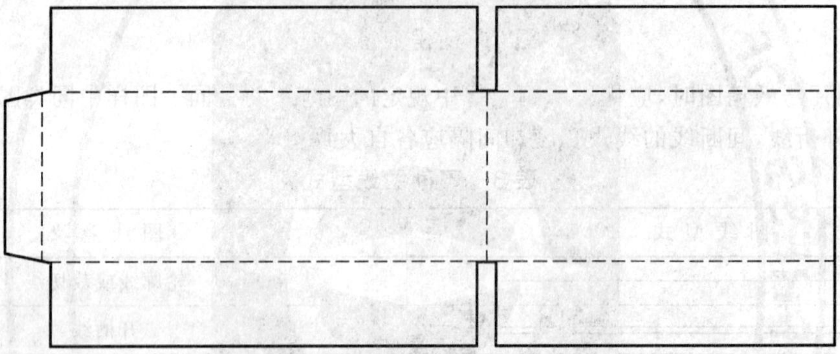

图8 瓦楞纸箱展开图(两片成型)

d) 当有正反面要求时,应在视图上标注或在技术要求中说明。

6.4.4.4 标注瓦楞纸箱立体图或三视图尺寸时一般应标注内尺寸。标注展开图尺寸时一般应标注展开尺寸(制造尺寸)。如需要标注其他尺寸应在图样上注明,并注明允许公差。

6.4.5 绘制其他包装容器图时,应符合有关标准的规定。

6.5 包装零部件图

6.5.1 包装零部件图一般根据装配时所需的位置、形状和尺寸画出。零部件在装配过程中的装配尺寸,应标注在产品包装图或包装容器图上,如需在零部件图上标注时,应在有关位置或尺寸上注明或在技术要求中说明(见附录A图A.2)。

6.5.2 包装零部件有正反面要求时,应在视图上标注或在技术要求中说明。

6.5.3 制作包装用的外购件允许不绘制图样。需改制的外购件或制成品,一般应绘制图样。视图中除改制部位应标明结构形状、尺寸及必要的说明外,其余部分均可简化。

6.5.4 包装零部件上的图文可参照包装容器上的图文画法。

6.6 图样的简化画法

6.6.1 在包装容器或包装零部件结构的工艺条件明确时,可对此结构省略不画,或在技术要求中注明。

6.6.2 在图样中有直径很小的圆时,可用垂直相交的两短细实线或圆点表示其位置,再注出直径大小或连接或连接件代号、名称及规格。

6.6.3 螺栓、螺钉等连接件在包装容器图上可用点划线表示其中心位置(见图9),再在引出线上方注明规格、名称及代号或按表4的规定绘制。

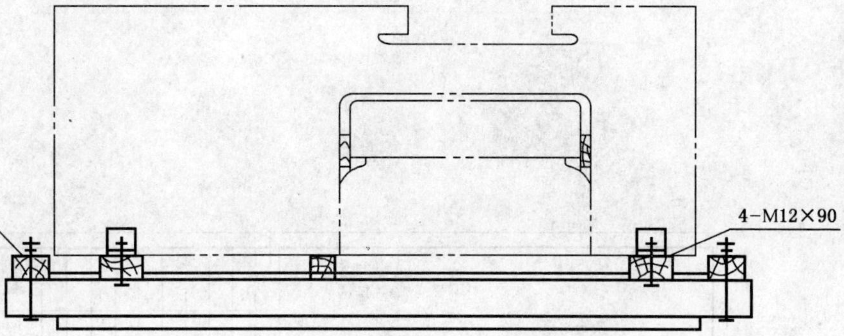

a)

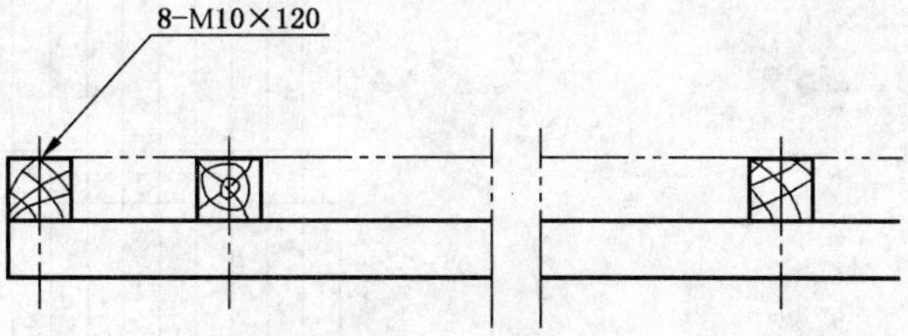

b)

图 9　表示局部的示意图

表 4　螺栓、螺钉的表示方法

连 接 方 式	图　　例
螺栓连接	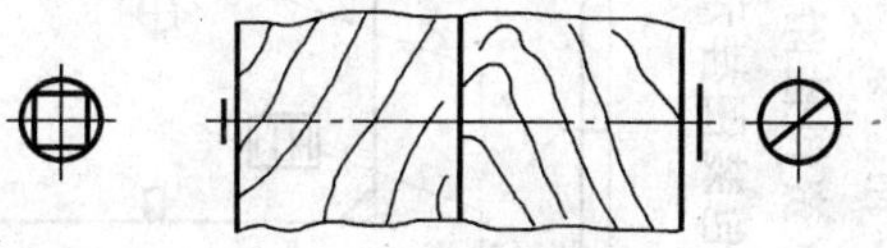
圆钢钉连接	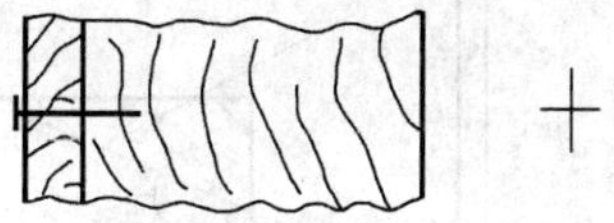
沉头木螺钉连接	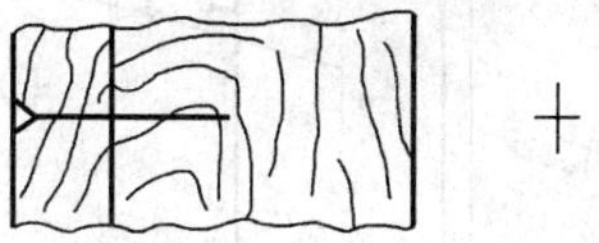
铆钉连接	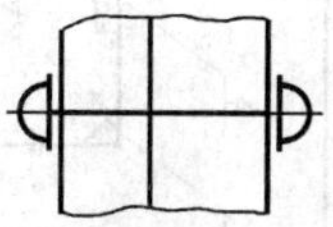

附 录 A
（资料性附录）
包装图样示例

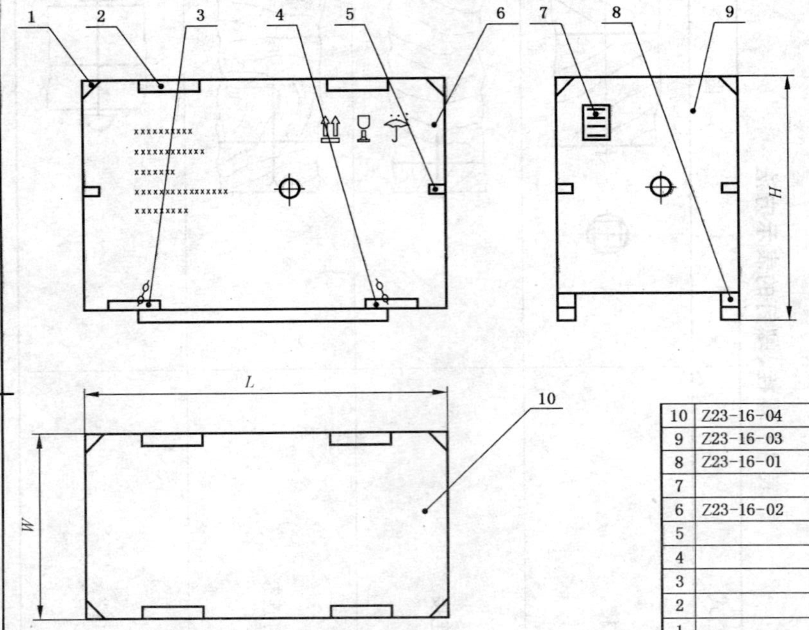

序号	代号	名称	数量	材料	单件重量	总计重量	备注
10	Z23-16-04	顶盖	1				
9	Z23-16-03	端面	2				
8	Z23-16-01	底座	1				
7		通风窗	2				
6	Z23-16-02	侧面	2				
5		护棱	4				
4		右护铁	2				
3		左护铁	2				
2		起吊护铁	4				
1		护角	4				

标记	处数	分区	更改文件号	签名	年、月、日
设计			标准化		
审核					
工艺			批准		

阶段标记 重量 比例

共 张 第 张

主机包装箱

技术要求

封箱、布钉、用钉及成品检验按通用技术条件

图 A.1 包装容器图

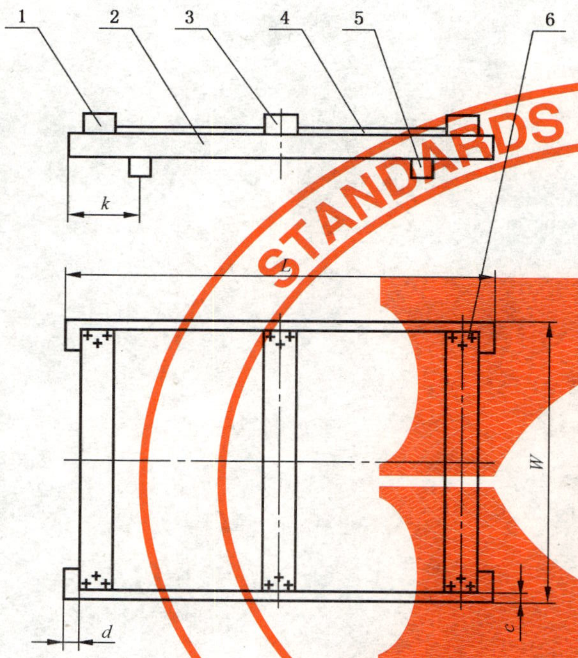

技术要求

布钉、用钉及成品检验按通用技术条件

序号	代号	名称	数量	材料	单件重量	总计重量	备注
6	d6×120	钢钉	18				
5	Z23-16-01-04	垫木	2	落叶松			
4	Z23-16-01-05	底板	2	落叶松			
3	Z23-16-01-03	枕木	1	落叶松			
2	Z23-16-01-01	滑木	2	落叶松			
1	Z23-16-01-02	端木	2	落叶松			

标记	处数	分区	更改文件号	签名	年、月、日			底座图
设计			标准化			阶段标记	重量	比例
审核								
工艺			批准			共 张 第 张		

图 A.2 包装零部件图

ICS 77.160
H 16

中华人民共和国国家标准

GB/T 13390—2008
代替 GB/T 13390—1992

金属粉末比表面积的测定　氮吸附法

Metallic powder—Determination of the specific surface area—Method of nitrogen adsorption

2008-03-31 发布　　2008-09-01 实施

中华人民共和国国家质量监督检验检疫总局
中国国家标准化管理委员会
发布

前言

本标准代替 GB/T 13390—1992《金属粉末比表面积的测定　氮吸附法》。

本标准与 GB/T 13390—1992 相比，主要有以下改动：

——将简化 BET 装置改变为容量法装置；

——将相对压力 P/P_0 范围由 0.05～0.35 改变为 0.05～0.30。

本标准附录 A 为资料性附录。

本标准由中国有色金属工业协会提出。

本标准由全国有色金属标准化技术委员会归口。

本标准由钢铁研究总院负责起草。

本标准主要起草人：朱黎冉、赵鹏、李忠全。

本标准所代替标准的历次版本发布情况为：

——GB/T 13390—1992。

金属粉末比表面积的测定　氮吸附法

1　范围

本标准规定了金属粉末比表面积的测定方法。

本标准适用于金属粉末比表面积的测定。测定范围 0.1 m^2/g～1 000 m^2/g。非金属粉末及微孔材料的比表面积测定亦可参照使用。

本标准所测定比表面积为粉末的总比表面积,包括氮分子可进入粉末体的任何开孔比表面积;它不同于用空气透过法测定的比表面积,后者系指包络表面积。

2　规范性引用文件

下列文件中的条款通过本标准的引用而成为本标准的条款。凡是注日期的引用文件,其随后所有的修改单(不包括勘误的内容)或修订版均不适用于本标准,然而,鼓励根据本标准达成协议的各方研究是否可使用这些文件的最新版本。凡是不注日期的引用文件,其最新版本适用于本标准。

GB/T 5314　粉末冶金用粉末的取样方法

3　术语与符号

3.1　术语

3.1.1

吸附质　adsorbate

吸附剂表面上富集的吸附气体。

3.1.2

吸附剂　adsorbent

吸附测量气体的粉末。

3.1.3

平衡吸附压力　equilibrium adsorption pressure

当吸附质达到平衡时气体的压力。

3.1.4

饱和蒸气压力　saturation vapour pressure

在吸附温度下,吸附质完全液化时的蒸气压力。

3.1.5

相对压力　relative pressure

平衡吸附压力与饱和蒸气压力的比值。

3.1.6

吸附体积　adsorption volume

在平衡吸附压力下,吸附剂吸附气体的体积。

3.1.7

死体积　dead volume

在平衡压力下,吸附质未能到达区域的体积。

3.2　符号

本标准使用的符号见表 1。

表 1

符号	说明	单位
A	BET 图斜率	cm^{-3}
A_d	脱附峰面积	cm^2
A_r	U 形管压力计右臂内孔面积	cm^2
A_s	标准峰面积	cm^2
B	BET 图截距	cm^{-3}
C	BET 常数	—
K	仪器常数	$min \cdot \mu V^{-1} \cdot S^{-1}$
m	试样质量	g
N	阿佛加德罗常数，6.022×10^{23}	—
P	平衡吸附压力	Pa
P_A	大气压力	Pa
P_c	充入量管中氦气的压力	Pa
P'_c	量管中氦气向样品泡膨胀后的压力	Pa
P_e	充入量管中吸附质气体的压力	Pa
P_0	饱和蒸气压力	Pa
P/P_0	相对压力	—
R_{N_2}	吸附质气体流量	mL/min
R_{He}	氦气流量	mL/min
R_T	混合气总流量	mL/min
S	总表面积	m^2
S_V	体积比表面积	m^2/cm^3
S_W	质量比表面积	m^2/g
t	实验时环境温度	℃
V	吸附体积(标准态)	cm^3
V_e	充入量管中吸附气体体积(标准态)	cm^3
V_P	量管体积	cm^3
V_m	单层吸附体积(标准态)	cm^3
V_r	吸附平衡后量管和样品泡中剩余的吸附质气体体积(标准态)	cm^3
V_s	体积管中充入吸附质气体体积(标准态)	cm^3
V_t	标准体积管体积	cm^3
V_0	1 摩尔吸附质的体积(标准态)，22.414	cm^3
ρ	样品材料的有效密度	g/cm^3
ρ_0	气体的密度(标准态)	g/cm^3
σ	吸附质分子横断面积	cm^2
ϕ	死空间校正因子	cm^3/Pa

4 原理

当试样放在氮气体系中时，在低温下，其物质表面将发生物理吸附。当吸附达到平衡时，测量平衡吸附压力和物质表面吸附的气体体积，根据BET方程式(1)计算试样单分子层吸附量 V_m，从而求出试样的比表面积。

$$\frac{P/P_0}{V(1-P/P_0)}=\frac{C-1}{V_mC}\times P/P_0+\frac{1}{V_mC} \quad\cdots\cdots(1)$$

令 P/P_0 为 x，$\frac{P/P_0}{V(1-P/P_0)}$ 为 y，$\frac{C-1}{V_mC}$ 为 A，$\frac{1}{V_mC}$ 为 B，便得到一条斜率为 A，截距为 B 的直线方程 $y=Ax+B$，作图如图1所示。

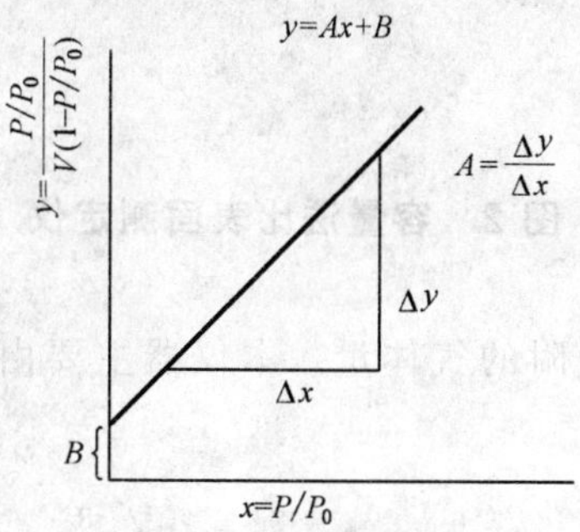

图1 BET图

图1在相对压力 P/P_0 为0.05～0.30范围内通常是线性的，而两个端点有时会偏离直线，计算时偏离的点应舍掉。

通过一系列相对压力 P/P_0 和吸附气体量 V 的测量，由BET图或最小二乘法求出斜率 A 和截距 B 值，由式(2)计算出单分子层吸附体积 V_m，再由式(4)或(5)计算出粉末的质量比表面积 S_W 或体积比表面积 S_V。

$$V_m=\frac{1}{A+B} \quad\cdots\cdots(2)$$

$$S=\frac{V_m\sigma N}{V_0} \quad\cdots\cdots(3)$$

$$S_W=\frac{4.35V_m}{m} \quad\cdots\cdots(4)$$

$$S_V=S_W\rho \quad\cdots\cdots(5)$$

一般情况下，C 值比较大，即截距 B 很小，则方程(1)可简化为方程(6)

$$V_m=V(1-P/P_0) \quad\cdots\cdots(6)$$

5 仪器和材料

5.1 主要仪器

本标准采用容量法装置或连续流动色谱仪。根据BET原理制作的能得到正确比表面积的仪器可以采用。

5.1.1 容量法测定仪

容量法测定仪是一种用容量法测定原理测量样品吸附气体量的仪器。其原理示意图见图2。

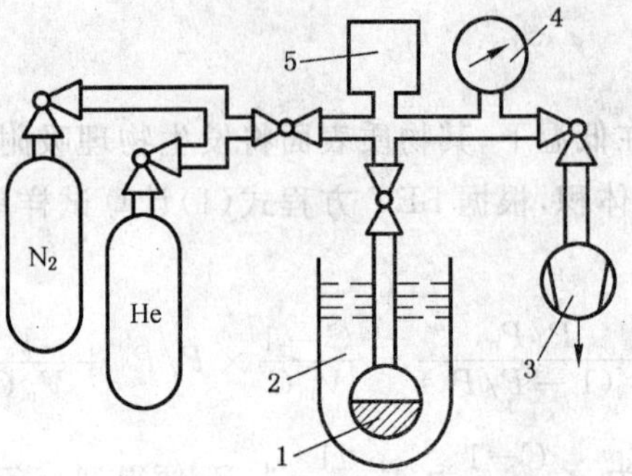

1——样品；

2——盛有液氮的杜瓦瓶；

3——真空系统；

4——压力计；

5——气体量管。

图 2 容量法比表面测定仪

5.1.2 色谱法测定仪

根据气相色谱原理，测量样品吸附的气体量。本仪器主要由气路系统和热导池鉴定器组成，见图 3。

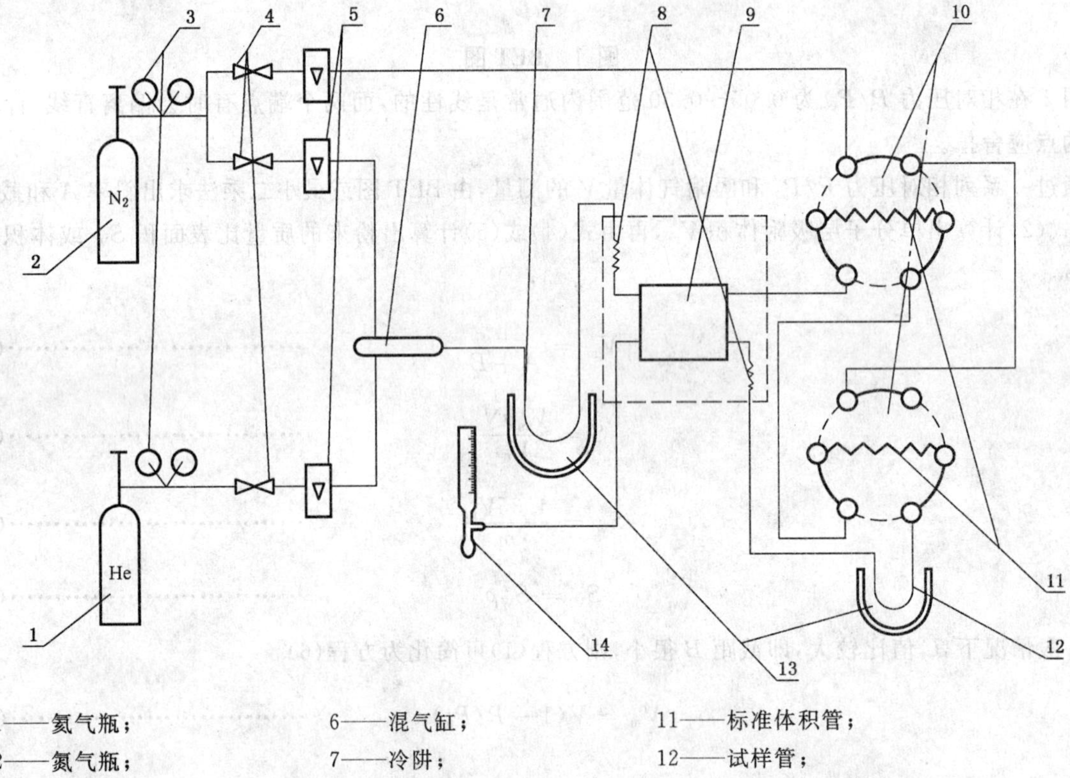

1——氦气瓶；

2——氮气瓶；

3——稳压阀；

4——稳流阀；

5——转子流量计；

6——混气缸；

7——冷阱；

8——恒温管；

9——热导池；

10——六通阀；

11——标准体积管；

12——试样管；

13——杜瓦瓶；

14——皂泡流量计。

图 3 连续流动色谱仪气路流程图

5.2 辅助设备

5.2.1 天平

感量为 0.1 mg。

5.2.2 杜瓦瓶

各种尺寸的杜瓦瓶和液氮(或液氧)的储存设备。

5.2.3 盛样器

容量法的盛样器是把样品装在玻璃泡内,内装一芯子,以减少样品管的死空间和防止抽空时粉末溅出。一个典型的盛样器见图 4a)所示。

流动色谱法的盛样器是用 U 形玻璃管盛装样品。一个典型的盛样器如图 4b)所示。

a) 容量法用盛样器　　b) 流动色谱法用盛样器

图 4 盛样器

5.2.4 氧蒸气压力温度计

用以测量液氮的饱和蒸气压和温度。

一个典型的氧蒸汽压力温度计如图 5 所示。U 形管内实体部分装入汞液体,其他自由空间充满氧气。

图 5 氧蒸汽压力温度计

5.3 材料

5.3.1 吸附气体(如氮气)其纯度不小于 99.99%。

5.3.2 氦气或氢气,其纯度不小于 99.99%。

5.3.3 液体氮或液体氧,应有一定的纯度,以使其饱和蒸气压力在测量过程中保持稳定。

6 取样

6.1 取样按 GB/T 5314 的规定进行。

6.2 采用容量法,称取试样量应使其总表面积在 5 m^2～50 m^2 范围内。采用连续流动色谱仪,则称取样品量应使其总表面积在 0.5 m^2～200 m^2 范围内。

7 试验步骤

7.1 脱气

在吸附测量之前,必须对试样进行脱气处理。

采用容量法测定仪装置测量时,试样应在真空下加热脱气。真空度为 1.33 Pa ～1.33×10^{-2} Pa,加热温度为 100℃～300℃,保持时间 0.5 h～3 h。

采用连续流动色谱仪测量时，应在流动的惰性气氛下加热冲洗试样。加热温度为100℃～300℃，保持时间0.5 h～3 h。

7.2 测量

7.2.1 容量法测量

让已知量的吸附气体逐步进入样品室中(见图2)。每一次样品吸附了气体，并因此在有限的不变容积中的气体压力下降了，直到吸附达到平衡为止。吸附的气体量是进入量管中的气体量和吸附平衡后量管和样品盛样器中剩余的气体量之差，这个量用气体状态方程来确定。

死体积必须在吸附等温线测量之前或之后来确定。这个体积用氦气在测量的温度下进行标定。

7.2.2 连续流动色谱仪测量

氮气为吸附气体，氦气为载气(也可用氢气)，两种气体以一定比例混合后，在接近大气压力下流过样品，用热导池监视混合气体的热传导率。

调节氦气流量约为40 mL/min，用皂泡流量计14测量氦气流量 R_{He}。调节氮气流量，待两路气体混合均匀后，再用皂泡流量计14测量混合气体的总流量 R_T。然后接通电源，调节电桥的零点。待仪器稳定后，把装有液氮的杜瓦瓶套在样品管12上，当吸附达到平衡时，热导池9测出一个吸附峰。移开液氮浴，热导池9又测出一个与吸附峰极性相反的脱附峰。通常，氦气流量调节好后，不再重新调节，通过变化氮气流量 R_{N_2} 来改变相对压力。在相对压力 P/P_0 为0.05～0.30范围内，至少要测量3～5点。

脱附完毕后，将六通阀10转至标定位置，向混合气中注入已知体积的纯氮气，以得到一个标准峰。带有仪器常数的仪器，不需要测量标准峰。

8 计算

8.1 容量法

8.1.1 死空间校正因子

死空间校正因子 ϕ 由式(7)求出。

$$\phi=\frac{273.15(P_c-P'_c)V_p}{1.01325\times10^5(273.15+t)P'_c} \quad\cdots\cdots(7)$$

8.1.2 充入的吸附气体量

充入的吸附气体量由式(8)求出。

$$V_e=\frac{273.15P_eV_P}{1.01325\times10^5(273.15+t)} \quad\cdots\cdots(8)$$

8.1.3 剩余的吸附气体量

当吸附达到平衡后，剩余的吸附气体量由式(9)求出。

$$V_r=P\left(\phi+\frac{273.15V_p}{1.01325\times10^5(273.15+t)}\right) \quad\cdots\cdots(9)$$

8.1.4 吸附气体量

$$V=V_e-V_r \quad\cdots\cdots(10)$$

8.1.5 比表面积

试样的单分子层吸附体积 V_m 由式(1)或式(2)求出，其 S_W 或 S_V 由式(4)或式(5)求出。

8.2 连续流动色谱法

8.2.1 相对压力

相对压力由式(11)求出。

$$P/P_0=\frac{R_{N_2}}{R_t}\times\frac{P_A}{P_0} \quad\cdots\cdots(11)$$

8.2.2 吸附的氮气体积由式(12)和式(13)求出。

$$V_s = V_t \frac{273.15 P_A}{1.013\,25 \times 10^5 (273.15 + t)} \qquad (12)$$

$$V = V_s \frac{A_d}{A_s} \qquad (13)$$

如果使用仪器常数，试样吸附的氮气体积由式(14)求出。

$$V = K \times A_d \times R_T \qquad (14)$$

8.2.3 试样的单分子层吸附体积 V_m 由式(1)或式(2)求出，S_W 或 S_V 由式(4)或式(5)求出。

8.3 结果精度

通常，比表面积的测量误差约为±2%，最大不超过±5%。

9 试验报告

试验报告应包括以下内容：

a) 本标准编号；

b) 鉴别试样的必要说明；

c) 所用仪器类别；

d) 脱气条件；

e) 液氮的饱和蒸气压力；

f) BET 作图的线性情况，如果采用单点法，应注明相对压力；

g) 所得结果；

h) 本标准未作规定的操作；

i) 可能影响结果的任何情况。

附 录 A
（资料性附录）
液氮饱和蒸气压

表 A.1 氮的饱和蒸气压 P_0、温度 t_0、和压差 P_{O_2} 的关系

P_{O_2}		P_0		t_0	P_{O_2}		P_0		t_0
kPa	mmHg	kPa	mmHg	℃	kPa	mmHg	kPa	mmHg	℃
20.00	150	98.67	740.1	196.00	23.86	179	112.99	847.5	194.88
20.13	151	98.79	741.0	195.98	24.00	180	113.52	851.5	194.80
20.27	152	99.26	744.5	195.95	24.13	181	113.86	854.0	194.77
20.40	153	99.86	749.0	195.90	24.26	182	114.52	859.0	194.72
20.53	154	100.39	753.0	195.85	24.40	183	115.06	863.0	194.68
20.66	155	100.79	756.0	195.82	24.53	184	115.39	865.5	194.65
20.80	156	101.26	759.5	195.78	24.66	185	115.92	869.5	194.61
20.93	157	101.79	763.5	195.73	24.80	186	116.46	873.5	194.57
21.06	158	102.26	767.0	195.69	24.93	187	116.86	876.5	194.54
21.20	159	102.79	771.0	195.65	25.06	188	117.32	880.0	194.50
21.33	160	103.32	775.0	195.60	25.20	189	117.86	884.0	194.46
21.46	161	103.72	778.0	195.57	25.33	190	118.39	888.0	194.42
21.60	162	104.26	782.0	195.53	25.46	191	118.79	891.0	194.39
21.73	163	104.86	786.5	195.49	25.60	192	119.32	895.0	194.35
21.86	164	105.32	790.0	195.44	25.73	193	119.92	899.5	194.31
22.00	165	105.92	794.5	195.40	25.86	194	120.46	903.5	194.27
22.13	166	106.39	798.0	195.35	26.00	195	120.92	907.0	194.24
22.26	167	106.86	801.5	195.32	26.13	196	121.46	911.0	194.20
22.40	168	107.46	806.0	195.27	26.26	197	121.92	914.5	194.17
22.53	169	107.99	810.0	195.23	26.40	198	122.59	919.5	194.12
22.66	170	108.52	814.0	195.19	26.53	199	122.99	922.5	194.09
22.80	171	108.99	817.5	195.15	26.66	200	123.46	926.0	194.06
22.93	172	109.52	821.5	195.11	26.80	201	123.99	930.0	194.02
23.06	173	110.06	825.5	195.07	26.93	202	124.72	935.5	193.98
23.20	174	110.52	829.0	195.03	27.06	203	124.99	937.5	193.95
23.33	175	111.06	833.0	194.99	27.20	204	125.52	941.5	193.91
23.46	176	111.59	837.0	194.95	27.33	205	125.99	945.0	193.88
23.60	177	111.99	840.0	194.92	27.46	206	126.39	948.0	193.85
23.73	178	112.46	843.5	194.88	27.60	207	126.92	952.0	193.81

表 A.1(续)

P_{O_2}		P_0		t_0	P_{O_2}		P_0		t_0
kPa	mmHg	kPa	mmHg	℃	kPa	mmHg	kPa	mmHg	℃
27.73	208	127.46	956.0	193.77	30.80	231	138.66	1 040.0	193.04
27.86	209	127.86	959.0	193.74	30.93	232	139.06	1 043.0	193.01
28.00	210	128.26	962.0	193.71	31.06	233	139.46	1 046.0	192.98
28.13	211	128.72	965.5	193.67	31.20	234	139.99	1 050.0	192.95
28.26	212	129.26	969.5	193.64	31.33	235	140.39	1 053.0	192.92
28.40	213	129.72	973.0	193.61	31.46	236	140.79	1 056.0	192.88
28.53	214	130.19	976.5	193.57	31.60	237	141.46	1 061.0	192.85
28.66	215	130.66	980.0	193.54	31.73	238	141.72	1 063.0	192.83
28.80	216	131.19	984.0	193.50	31.86	239	142.12	1 066.0	192.80
28.93	217	131.99	990.0	193.48	32.00	240	142.65	1 070.0	192.76
29.06	218	132.66	995.0	193.45	32.13	241	143.19	1 074.0	192.73
29.20	219	133.06	998.0	193.41	32.26	242	143.72	1 078.0	192.70
29.33	220	133.59	1 002.0	193.38	32.40	243	144.39	1 083.0	192.66
29.46	221	133.86	1 004.0	193.36	32.53	244	144.92	1 087.0	192.63
29.60	222	134.39	1 008.0	193.32	32.66	245	145.45	1 091.0	192.60
29.73	223	134.92	1 012.0	193.29	32.80	246	145.85	1 094.0	192.57
29.86	224	135.32	1 015.0	193.26	32.93	247	146.39	1 098.0	192.54
30.00	225	135.72	1 018.0	193.23	33.06	248	146.92	1 102.0	192.51
30.13	226	136.26	1 022.0	193.20	33.20	249	147.45	1 106.0	192.47
30.26	227	136.66	1 025.0	193.16	33.33	250	147.85	1 109.0	192.44
30.40	228	137.06	1 028.0	193.14	33.46	251	148.39	1 113.0	192.41
30.53	229	137.59	1 032.0	193.10	33.60	252	148.92	1 117.0	192.38
30.66	230	138.12	1 036.0	193.07	33.73	253	149.32	1 120.0	192.35

ICS 03.120.30
A 41

中华人民共和国国家标准

GB/T 13393—2008
代替 GB/T 13393—1992

验收抽样检验导则

Guide to acceptance sampling inspection

2008-08-06 发布　　2009-01-01 实施

中华人民共和国国家质量监督检验检疫总局
中国国家标准化管理委员会　发布

前言

本标准代替 GB/T 13393—1992《抽样检查导则》。

本标准与 GB/T 13393—1992 的主要差别：

a） 按照 GB/T 1.1—2000 的要求重新起草了标准文本。

b） 为便于标准的理解，增加了相关的、术语、定义和符号。

c） 为适应抽样检验标准系列的发展，增强标准的操作性，重新设计了标准的技术架构。增加了第5、6、7、8章。

d） 删除了原标准的附录 A，并将其内容整合到了标准正文中。

本标准由中国标准化研究院提出。

本标准由全国统计方法应用标准化技术委员会归口。

本标准起草单位：中国人民解放军军械工程学院、中国标准化研究院、中国科学院数学与系统科学研究院、福州春伦茶业有限公司。

本标准主要起草人：张玉柱、于振凡、陈敏、丁文兴、冯士雍、傅天龙。

本标准于 1992 年首次发布，本次为第一次修订。

验收抽样检验导则

1 范围

本标准规定了验收抽样检验中选择抽样系统、抽样计划及抽样方案的导则。给出一些指导性的表(表1、表2a、表2b及表3),便于使用者选择一种合适的抽样系统、抽样计划和抽样方案。

本标准适用于批产品(如材料、零件、部件、整机和系统)的验收抽样检验,也可用于对连续提交的在制品的验收抽样检验。

2 规范性引用文件

下列文件中的条款通过本标准的引用而成为本标准的条款。凡是注日期的引用文件,其随后所有的修改单(不包括勘误的内容)或修订版均不适用于本标准,然而,鼓励根据本标准达成协议的各方研究是否可使用这些文件的最新版本。凡是不注日期的引用文件,其最新版本适用于本标准。

GB/T 2828.1 计数抽样检验程序 第1部分:按接收质量限AQL检索的逐批检验抽样计划(GB/T 2828.1—2003,ISO 2859-1:1999,IDT)

GB/T 2828.2 计数抽样检验程序 第2部分:按极限质量(LQ)检索的孤立批检验抽样方案(GB/T 2828.2—2008,ISO 2859-2:1985,NEQ)

GB/T 2828.3 计数抽样检验程序 第3部分:跳批抽样程序(GB/T 2828.3—2008,ISO 2859-3:2005,IDT)

GB/T 6378.1 计量抽样检验程序 第1部分:按接收质量限(AQL)检索的对单一质量特性和单个AQL的逐批检验的一次抽样方案(GB/T 6378.1—2008,ISO 3951-1:2005,IDT)

GB/T 8051 计数序贯抽样检验方案(GB/T 8051—2008,ISO 8422:2006,IDT)

GB/T 8052 单水平和多水平计数连续抽样检验程序及表

GB/T 8054 计量标准型一次抽样检验程序及表

GB/T 13262 不合格品百分数的计数标准型一次抽样检验程序及抽样表

GB/T 13264 不合格品百分数的小批计数抽样检验程序及抽样表

ISO 3534-1:2006 统计学词汇及符号 第1部分:一般统计术语与用于概率的术语

ISO 3534-2:2006 统计学词汇及符号 第2部分:应用统计

3 术语、定义和符号

3.1 术语和定义

下列术语和定义适用于本标准。

3.1.1

验收抽样系统 acceptance sampling system

验收抽样方案、验收抽样计划及用于选择合适的抽样方案或抽样计划的准则的集合。

[ISO 3534-2:2006 中的 4.3.1]

3.1.2

验收抽样计划 acceptance sampling scheme

验收抽样方案与从一个抽样方案转为另一个抽样方案的转移规则的组合。

[ISO 3534-2:2006 中的 4.3.2]

3.1.3

验收抽样方案　acceptance sampling plan

由所使用的样本量及相应的接收准则组成的方案。

[ISO 3534-2:2006 中的 4.3.3]

3.1.4

操作特性曲线　operating characteristic curve

OC 曲线　OC curve

对给定[验收]抽样方案,表示产品的接收概率与其质量水平之间关系的曲线。

[ISO 3534-2:2006 中的 4.5.1]

3.1.5

检验水平　inspection level

预先设定的,反映样本量和批量关系的与验收抽样计划检验量有关的指数。

注 1:如果经验表明较低和(或)较高鉴别力的操作特性曲线是适宜的,则可选择相应的较低和(或)较高的检验水平。

注 2:该术语不应与抽样严格度相混淆。抽样严格度与自动运作的转移规则有关。

[ISO 3534-2:2006 中的 4.3.5]

3.1.6

鉴别比　discrimination ratio

〈验收抽样〉使用方风险质量与生产方风险质量之比。

[ISO 3534-2:2006 中的 4.6.12]

3.1.7

接收质量限　acceptance quality limit

〈验收抽样〉可容忍的最差质量水平。

注 1:本概念仅适用于诸如 GB/T 2828.1 和 GB/T 6378 带有转移规则和暂停规则的验收抽样计划。

注 2:虽然具有与接收质量限一样质量水平的某些个别批,能以相当高的概率接收,但是,指定接收质量限并非暗示它是所需要的质量水平。

注 3:在有些标准(如 GB/T 2828.1)中出现的带有转移规则和暂停规则的[验收]抽样检验计划,其设计目的是激励供方具有比接收质量限一致地好的过程平均。若供方做不到,则从正常检验转移到加严检验的概率很高。一旦执行加严检验,除非采取改进过程的行动,则根据转移规则有很大的可能暂停抽样检验。

注 4:不再推荐将缩略语 AQL 表示“可接收质量水平(acceptable quality level)”。

[ISO 3534-2:2006 中的 4.6.15]

3.1.8

平均检出质量　average outgoing quality

〈验收抽样〉对于给定的产品质量,检出产品的预期平均质量水平。

注 1:除非另有规定,平均检出质量是用所有接收批的产品加上通过 100%检验将所有不接收批中的不合格品用合格品替换来计算的。

注 2:这些术语和定义,仅用于如下情况:在对不接收批进行 100%检验的情况下,被剔除的不合格品能用合格品替代。

注 3:平均检出质量的一个常用近似值是“给定的过程质量乘以接收概率”。该公式对接收数为 0 的方案是精确的,但对其他情况估计值偏高。

[ISO 3534-2:2006 中的 4.7.1]

3.1.9

平均检出质量上限　average outgoing quality limit

〈验收抽样〉对给定的验收抽样方案,且规定剔换不接收批中的所有不合格品(除非规范另有规定)

情形下，对产品所有可能的质量水平，平均检出质量的最大值。

[ISO 3534-2:2006 中的 4.7.2]

3.1.10

极限质量 limiting quality

〈验收抽样〉在对孤立批进行[验收]抽样检验时，应将其限制在低接收概率的质量水平。

[ISO 3534-2:2006 中的 4.6.13]

3.1.11

生产方风险 producer's risk

〈验收抽样〉当质量水平为可接收时，但不被[验收]抽样方案接收的概率。

注1：质量水平可与不合格(不合格品)率有关，并且和 AQL 比较起来是可接收的。

注2：为解释生产方风险需已知所涉及的质量水平。

[ISO 3534-2:2006 中的 4.6.4]

3.1.12

生产方风险质量 producer's risk quality

〈验收抽样〉对于验收抽样方案，与规定的生产方风险相对应的批或过程的质量水平。

注1：必须规定操作特性曲线的类型。

注2：生产方风险一般规定为5%。

[ISO 3534-2:2006 中的 4.6.10]

3.1.13

使用方风险 consumer's risk

〈验收抽样〉当质量水平为不满意值时，但被验收抽样方案接收的概率。

注：质量水平可与不合格(不合格品)率有关，且与 LQL 比较是不满意的。

[ISO 3534-2:2006 中的 4.6.2]

3.1.14

使用方风险质量 consumer's risk quality

〈验收抽样〉对于验收抽样方案，与规定的使用方风险相对应的批或过程的质量水平。

注：使用方风险一般规定为10%。

[ISO 3534-2:2006 中的 4.6.9]

3.2 符号

AQL 接收质量限

AOQL 平均检出质量上限

PR 生产方风险

PRQ 生产方风险质量

CR 使用方风险

CRQ 使用方风险质量

LQ 极限质量

IL 检验水平

OC 操作特性曲线

4 影响选择的市场情况和生产条件

4.1 市场情况

为选取合适的抽样系统、抽样计划及抽样方案，至少应考虑下述市场情况：

(a) 生产被认为是连续的，而且采购方能对供方产品质量改进产生影响；

(b) 产品被接收后，供方仍然负责；

(c) 接收少量不合格品就可能造成重大损失或产生严重危害；

(d) 由于产品来源单一，批不接收可能造成(采购方)工厂倒闭或重大的经济损失；

(e) 单位产品的检验技术复杂，费用很高；

(f) 检验具有破坏性。

相反的情况如：

(a_1) 采购方不能对供方产品质量改进产生影响；

(b_1) 产品一旦被接收，供方不再负责；

(c_1) 不合格品可能造成的经济损失或危害较小，或不合格品在使用或组装过程中容易被识别并剔除；

(d_1) 等效产品的来源多，容易得到；

(e_1) 单位产品的检验费用不高；

(f_1) 检验没有破坏性。

4.2 生产条件

除了市场情况外，下述生产条件也对验收抽样系统、抽样计划及抽样方案的选取产生影响：

(g) 供方的产品质量一贯很好；

(h) 有条件采用随机抽样抽取样本；

(i) 检验速度快，费用不高；

(j) 需要知道产品特性分布的形状、位置和散布程度；

(k) 产品特性服从正态分布(或可转换为正态分布)。

相反的情况见表 2b。

在表 1、表 2a 和表 2b 中概括指出各种不同检验场合、影响选择的市场情况及生产条件下可采用的抽样标准和方案。在表 3 中包括使用表 2a 和表 2b 时的一些注解。

表 1 选择验收抽样系统、计划或方案的指导

检验场合	影响选择方案的条件	可利用的抽样方案	有关的抽样标准或方案
贵重品 或 危险品	(c),(f_1)	100%检验 (计数)AQL 方案 (计量)AQL 方案 (计数)标准型方案 (计量)标准型方案	 GB/T 2828.1 GB/T 6378.1 GB/T 8051,GB/T 13264 GB/T 8054
最终检验	(a),(f)	(计数)AQL 方案 (计数)跳批方案 (计量)AQL 方案	GB/T 2828.1 GB/T 2828.3 GB/T 6378.1
没有所检验产品的历史质量信息	(a_1),(c),(e_1),(f),(c_1)	(计数)标准型方案 (计量)标准型方案	GB/T 8051,GB/T 13262 GB/T 8054
平均检出质量上限为质量参数	(a_1),(e_1),(f_1)	AOQL 方案	挑选型
小批量	(c),(f_1)	(计数)AQL 方案 (计数)标准型方案	GB/T 2828.1 GB/T 13264
所接到产品的质量良好	(b_1),(c_1)	(计数)跳批方案	GB/T 2828.3
连续提交的在制品	(f_1),(g),(i)	连续抽样方案	GB/T 8052

表 2a 按市场情况和生产条件选择验收抽样系统、计划或方案的指导

市场情况或生产条件	可采用的抽样标准或方案
(a) 采购方可通过反馈促进供方改进产品质量	GB/T 2828.1,GB/T 2828.3,GB/T 6378.1,GB/T 8051
(b) 产品被接收后,供方仍然负责	GB/T 2828.1,GB/T 2828.3,GB/T 6378.1,GB/T 8051
(c) 接收少量不合格品就可造成重大经济损失或严重危害	GB/T 8051,GB/T 13264. GB/T 13262
(d) 有一批不接收可能造成经济损失和工厂倒闭	AOQL 方案
(e) 单位产品的检验费用很大	GB/T 6378.1
(f) 检验带有破坏性	GB/T 6378.1
(g) 产品质量一贯很好	GB/T 2828.3
(h) 容易抽取随机样本	GB/T 2828.1 的二次或五次方案,GB/T 8051
(i) 检验速度快	GB/T 2828.1 的二次或五次方案,GB/T 8051
(j) 需要知道产品特性的分布的形状、位置和散布程度	GB/T 6378.1
(k) 产品特性的分布是正态的	GB/T 6378.1, GB/T 8054

表 2b 按市场情况和生产条件选择验收抽样系统、计划或方案的指导

市场情况或生产条件	可采用的抽样标准或方案
(a_1) 采购方不能通过反馈影响供方改进产品质量;单批或孤立批的检验	GB/T 8051,GB/T 13264,GB/T 8054, GB/T 13262
(b_1) 产品一旦被接收,供方不再负责	GB/T 8051, GB/T 13264,GB/T 8054, GB/T 13262
(c_1) 接收少量不合格品不会造成重大损失	GB/T 2828.1,GB/T 6378.1,GB/T 8051, GB/T 2828.3
(d_1) 等效产品的来源很多	考虑其他因素
(e_1) 单位产品的检验费用不大	考虑其他因素
(f_1) 检验没有破坏性	考虑其他因素
(g_1) 没有供方产品的质量历史信息;或质量历史不佳	GB/T 2828.1,GB/T 8051,GB/T 6378.1 的加严检验
(h_1) 随机抽样困难或费用昂贵	GB/T 2828.1 的一次抽样,GB/T 6378.1
(i_1) 检验费时或费用昂贵	GB/T 2828.1 的一次抽样,GB/T 6378.1
(j_1) 产品特性分布的形状、位置和散布程度不重要	计数抽样,计量抽样(考虑其他因素)
(k_1) 产品特性分布未知或非正态	计数抽样

表 3 表 2a 和表 2b 的指导性注解

(a),(b)	所有抽样标准都可采用(见第 2 章)。选取合适的方案还依赖另一些因素。因此,需要较长的过程
(a_1),(b_1)	由于个别批的质量较重要,可使用计数(或计量)标准型抽样方案。要使抽样方案具有适当的鉴别力(鉴别比要低些)(见 7.3)。有些场合(如自动化检验)可采用 100% 检验
(c)	需抽样方案的 CRQ 值比较低,鉴别力适当高(见 6.2,6.3,6.4,7.3)
(d)	采用挑选型抽样方案,以 AOQL 为质量参数,这种场合需要较多的管理工作,当抽样检验判为不接收时更是如此
(e),(f)	计量一次或计量序贯抽样是主要选择对象,如采用计数抽样,可采用二次、五次或序贯抽样(见 7.1,7.2)
(g)	如果信任供方,可由供方采用跳批检验或放宽检验,在抽样计划中,转移规则是基本的保证

表 3(续)

(h),(i)	如管理不复杂,费用也不高,采用序贯、五次或二次抽样(见 7.1,7.2)
(j)	这种情形多半需要计量检验和计量抽样。无论计数抽样或计量抽样都应注意 PR ,CR ,PRQ 和 CRQ (见 6.2,6.3,6.4)
(k)	这种情形涉及到所考虑的产品特性是正态分布的。但检验可是计量的,也可是计数的。接收准则根据对该分布的了解来决定(见 6.2,6.3,6.4)
(c_1)	所有抽样标准都可采用(见第 2 章)。选取合适的方案还依赖另一些因素。因此,需要较长的过程。抽样方案的鉴别比可适当大些,样本量可适当小些
(d_1),(e_1),(f_1),(j_1)	没有补充注解
(g_1)	如果是连续批则使用转移规则,并从加严检验开始,当质量得到肯定时转为正常检验
(h_1)	当随机抽样困难时最好采用一次抽样。二次或五次抽样可与子样本选取规则同时使用。序贯抽样宜采用截尾办法
(i_1)	采用风险较大的小样本,但要在长期质量控制的情况下
(k_1)	所有计数抽样标准都可采用。选取合适的方案还依赖另一些因素。如果检验是计量的,可将计量值转换为计数值。如长期内可得到关于分布的信息,可使用计量抽样。在刚开始供货的情况下,没有关于分布的信息,使用计量抽样可能增加风险

注 1:当供方对经过抽样检验判为接收的批仍然负责时(见 4.1(b)),在计数检验的情形可采用 GB/T 2828.1,GB/T 8051 或 GB/T 2828.3;在计量检验的情形,可采用 GB/T 6378.1(见表 2a)。如果产品被接收后,供方不再负责,为保证批质量,在计数检验的情形可采用 GB/T 8051,GB/T 13264, GB/T 13262;在计量检验的情形可采用 GB/T 8054(见表 2b)。选取合适的方案还依赖另一些因素(见表 3)。

注 2:在产品来源单一,批不接收可能造成经济损失或工厂倒闭的情况下(见 4.1(d)),如果检验费用不高,而且没有破坏性(见 4.1(e_1),4.1(f_1),可采用 AOQL 方案(见表 2a(d)),以平均检出质量上限(AOQL)为质量参数。当批不接收时进行全数检验,并以合格品替换批中的不合格品。如果等效产品的来源很多(见 4.1(d_1)),在考虑其他因素后,选取合适的方案。

5 选择抽样方案的协商程序

供方和采购方应根据产品的质量要求、交付和验收的规定,经协商选用合理的验收抽样方案。具体协商程序如下:

a) 明确单位产品是否符合规定的判据及什么是合格品和不合格品;

b) 明确是要求每个单位产品都合格还是批合格。如要求每个单位产品都合格则不能采用验收抽样;

c) 选用抽样方案应以供方与采购方都可接受的风险因素为基础。同时考虑平均样本量等其他因素。供方应了解批质量符合要求时被接收的概率;采购方应了解批质量劣于某规定质量时被接收的概率;

d) 明确抽样方案及批合格与否的判据。

6 影响抽样方案选择的其他因素

6.1 不合格品百分数检验和每百单位产品不合格数检验

为确定使用不合格品百分数检验还是每百单位产品不合格数检验应考虑如下因素:

a) 不合格品百分数检验所关心的是单位产品上有无不合格,一个单位产品上有一个不合格和有多个不合格都作为一个不合格品处理。

b) 每百单位产品不合格数检验需对所检单位产品上的每个不合格计数。如果一个单位产品上可能出现无数个不合格(比如一件铸件上的疵点或针孔),应使用每百单位产品不合格数检验。

c) 对某种产品的检验仅使用不合格品百分数检验和每百单位产品不合格数检验中的一种,比经常从一种变到另一种要好。

d) 保存记录对改进产品质量很重要。从保存记录的角度看,每百单位不合格数检验较好。这种记录包含所有与不合格有关的信息。如采用不合格品百分数检验,有些不合格可能被遗漏。

e) 除非产品质量极好,或每个特性的符合性极好,采用每百单位产品不合格数检验时,不合格类别越多,批不接收的机会越大。

6.2 生产方风险和使用方风险

采用验收抽样所带来的风险可以计算。由于样本仅构成批的一小部分,验收抽样可能给生产方和使用方带来风险。一个好批可能不被接收,犯这种错误的概率称为生产方风险(用 PR 表示);反之,一个坏批可能被接收,犯这种错误的概率称为使用方风险(用 CR 表示)。

利用抽样方案的 OC 曲线,当已知批(或过程)质量时可读出批(或过程)被接收的概率。对于某一规定的好质量,生产方要求以高概率接收,这个好质量称为生产方风险质量(用 PRQ 表示),相应的不接收概率即为生产方风险;另一方面,对于某一规定的劣质量,使用方要求以低概率接收,这个劣质量称为使用方风险质量(用 CRQ 表示),相应的接收概率即为使用方风险(见图 1 和图 2)。

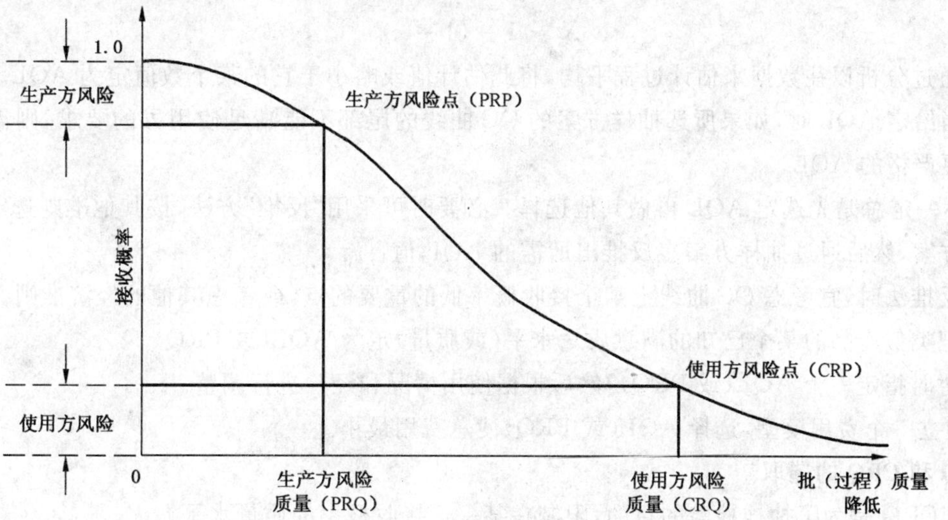

图 1 由生产方风险质量 PRQ 和使用方风险质量 CRQ 确定的 OC 曲线

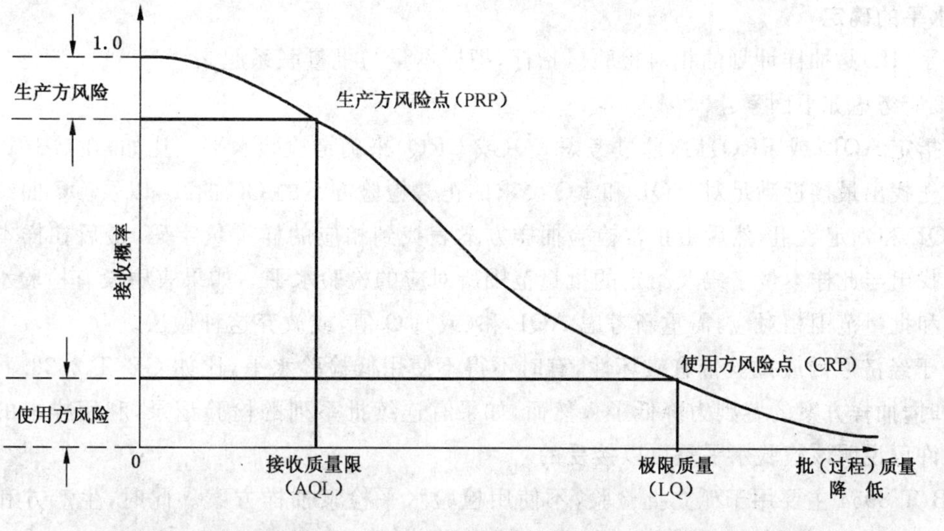

图 2 由接收质量限(AQL)和极限质量(LQ)确定的 OC 曲线

6.3 AQL、PRQ、LQ 和 CRQ 值的选取

6.3.1 AQL 和 PRQ 的选取

AQL 和 PRQ 都是为了抽样检验的目的而规定的可允许的质量指标，其差别在于：PRQ 表示某个批的质量，而 AQL 则表示某个过程或一系列批的质量水平。

指定 AQL(或 PRQ)时应考虑如下因素：

a) 要求供方的批平均质量(或批质量)不劣于 AQL(或 PRQ)，而且此质量是可达到的；对于采购方，AQL(或 PRQ)是一个合理的质量，是满足要求与能够买得起之间的折衷。

b) 如果需要的产品很容易买到，不合格品可用合格品替换，AQL 值可适当大些，反之，一个不合格品可能引起设备上的某一重要构件失效，又不能用合格品替换时应使用较小的 AQL(或 PRQ)。

c) 考虑整机中包含多少个零部件。如一台设备包括三个零部件，要求设备的不合格品百分数为 1%，则各零部件的不合格品百分数必须更小。整机的不合格率不是由各零部件不合格品百分数简单相加得到的。

如果整机包括 n 个同样重要的零件，而且如有一个零件失效会使整机失效，则整机的不合格品率(用小数表示)X 与零件的不合格品率(用小数表示)x 之间有如下的关系：

$$X = 1 - (1 - x)^n$$

d) 通过分析以往数据来估计过程平均，将此估计值或略小于它的某个数值定为 AQL。

e) 当给定 AQL 时，如果所选抽样方案的 OC 曲线的尾部不能满足使用方的要求，则需指定某个更严格的 AQL。

f) 不一定总是先选定 AQL 再做其他选择。必要时可采用“反推”方法，按其他准则选定一个抽样方案，然后通过抽样方案表反推出所需的 AQL 值。

使用反推法时，宜考虑 OC 曲线上某个接收概率低的重要的点，或考虑其他的经济准则。

g) 把类似产品的某个已知的满意质量水平(或质量)定为 AQL(或 PRQ)。

h) 暂时指定一个 AQL(或 PRQ)，然后根据使用情况和经验进行调整。

i) 建立一个费用模型，选择 AQL(或 PRQ)使总费用最小。

6.3.2 LQ 和 CRQ 的选取

LQ 和 CRQ 是为了抽样检验的目的，限制在某一低接收概率的质量水平。

指定 LQ 和 CRQ 的方法与指定 AQL 和 PRQ 类似。

6.4 检验水平的确定

检验水平(IL)是抽样计划的相对检验量指标，把样本量与批量联系起来。

指定 IL 应考虑如下因素：

a) 在指定 AQL(或 PRQ)后，通过考虑 LQ(或 CRQ)来确定检验水平。比如，在 GB/T 2828.1 中首先找出最接近满足对 AQL 和 LQ 要求的正常检验方案的 OC 曲线，以及 OC 曲线所对应的 AQL 和判定数组，然后由正常检验抽样方案表找到相应的样本量字码，最后在样本量字码表中找出与此样本量字码及给定的批量范围所对应的检验水平。如果表中没有检验水平与该字码和批量范围相对应，需重新考虑 AQL 和(或)LQ 值，或放弃这种做法。

b) 由于经济原因或试验带有破坏性，有时不得不使用低检验水平，比如 GB/T 2828.1 中的 S-1。此时，抽样方案的鉴别力降低了。然而，如果有连续批系列的检验记录，利用样本的累积结果也许可说明该检验水平是可以接受的。

c) GB/T 8054 主要用于孤立批检验，不使用检验水平检索抽样方案。此时，生产方和使用方都应重视生产方风险质量和使用方风险质量。

7 抽样检验方法的比较

7.1 计数抽样检验与计量抽样检验

如果观察值服从正态分布，计量抽样检验比计数抽样检验有某些优点。为使生产方(或使用方)得到某种质量保护，前者所需的样本较小，并能提供有关产品质量的更多信息；后者则不受分布形式假定的限制，使用较为简便，易为检验员理解和接受。如果验证正态性有困难或希望使用简便而宁可多检验几个样品；或者检验指标较多，都采用计量抽样检验过于繁琐，可将计量值转换为计数值，然后采用计数抽样检验。

当检验费用很高或检验带有破坏性时，采用计量抽样检验比计数抽样检验有实质上的优越性。如果检验指标较多，也可考虑对大多数的检验指标采用计数抽样检验，仅对一两个重要指标采用计量抽样检验。

表 4 给出 GB/T 2828.1 和 GB/T 6378.1 中，当使用检验水平Ⅱ和正常检验一次抽样方案时，几个样本量字码相应的样本量。

表 4 样本量比较

样本量字码	样 本 量		
	GB/T 2828.1	GB/T 6378.1(σ未知)	GB/T 6378.1(σ已知)
C	5	4	不超过 3
F	20	10	不超过 7
H	50	20	不超过 14
K	125	50	不超过 33
N	500	150	不超过 95

7.2 一次、二次、多次和序贯抽样方案

对于接收数不为零的一次抽样方案可找到一个二次或多次抽样方案，使它们的 OC 曲线很接近。因此，为比较一次、二次和多次抽样方案只考虑 OC 曲线是不够的，需综合考虑如下的一些特性：

a) 简单性：一次抽样方案最容易解释和使用。二次抽样方案有可能抽取第二样本，管理稍麻烦。多次抽样方案和序贯抽样方案更复杂。

b) 检验量的变异：一次抽样方案的样本量是固定的，因而能预知检验量。二次、多次及序贯抽样方案的检验量随着前面一些样本的检验结果而变化；但是对任何给定的投入质量可算出平均抽样个数。投入质量特别好或特别坏时平均抽样个数最少。

c) 抽取样品的难易：抽取第二样本有时很方便，抽两个样本并不比抽取具有联合样本量的一个样本麻烦。但是，有时抽样很费时间，抽取第一样本后，再打乱批中剩余部分去抽取第二样本很难做到。这时最好采用一次抽样。

d) 试验的历时：如果试验历时长，并且有可能同时试验较多样品，采用一次抽样方案较好。如果一次只能试验一、二件样品，可考虑使用二次、多次或序贯抽样方案。

e) 不合格种类：产品不合格的种类多，则二次和多次抽样就更复杂。比如，产品的所有质量特性都要求检验第一样本，其中有些质量特性还可能要检验第二样本、第三样本等，此时难以有效使用劳动力和检验设备。

通常，复杂的检验需要简单的抽样方案；比较复杂的抽样方案用于简单的检验，则能收到很好的效果。

示例 1 为了检验肉类罐头的保存质量，把若干罐放在特定的环境条件下贮藏三周。考虑选用三种抽样方案：抽 80 罐试验的一次抽样方案，抽每个样本包括 50 罐的二次抽样方案和每个样本包括20 罐的五次抽样方案。如果使用一次抽样方案，试验三周可得到结果；采用二次抽样，可能三周内得到结果，也可能需要六周；采用五次抽样，有可能需要试验三

个半月；如果采用序贯试验就更不现实了。所以，选择一次抽样方案是恰当的。

示例 2　为了作某项破坏性试验，试验站可得到批中所有产品，但试验设备每次只能容纳一件产品。由于主要费用是试验产品的被破坏，希望在满足对抽样特性的要求下尽可能减少破坏。

由于每次只能试验一件产品，采用多次或序贯抽样都可以省时间、减少平均抽样个数。

在图 3 中，给出了样本量为 200，接收数为 3，拒收数为 4 的一次抽样方案及其等效二次抽样方案和五次抽样方案的 OC 曲线。

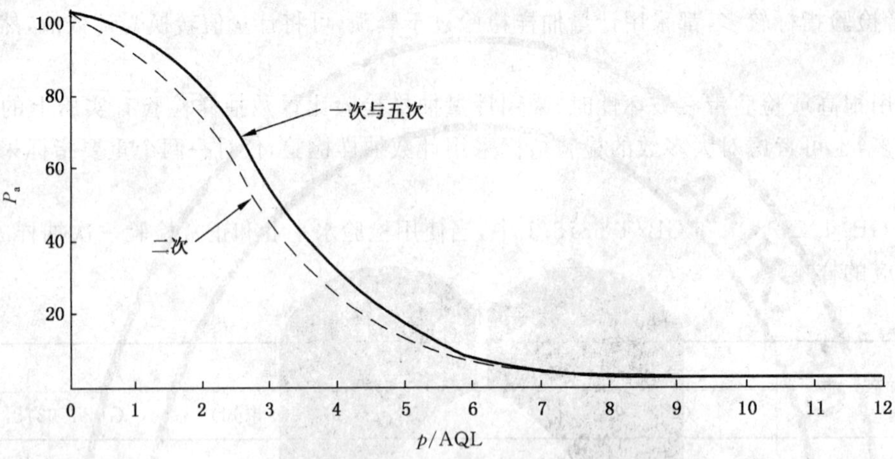

图 3　一次、二次和五次抽样方案的 OC 曲线

f)　平均样本量：在 GB/T 2828.1 中给出了二次和五次抽样方案的平均样本量曲线。对于序贯抽样方案，在 GB/T 8051 给出了截尾序贯方案的平均抽样个数表。

图 4 给出了与样本量为 200，接收数为 3，拒收数为 4 的与一次抽样方案等效的二次和五次抽样方案的平均样本量曲线。

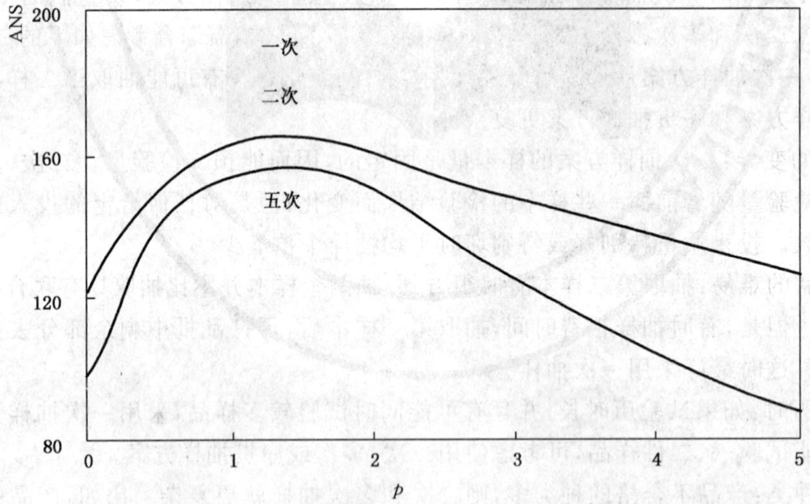

样本量字码 L，AQL＝0.65％。p 为提交产品的不合格品百分数；ASN 为平均样本量。

图 4　与一次方案等效的二次和五次抽样方案的平均样本量曲线

由图 4 可见，当提交检验批的质量优良或质量低劣时，平均样本量的节约可能达到或超过 50％。二次和五次抽样方案所要检验的单位产品的个数都有上限，而序贯抽样方案如不引进截尾规则，一般没有这样的界限。

二次、五次和序贯抽样为显著节约样本量提供了机会，但是，由于使用和管理上的困难，五次和序贯抽样使用的比较少。随着管理水平和自动化生产程度的提高，五次和序贯抽样将逐步地得到广泛的应用。

7.3 OC曲线的作用

每个抽样方案都有相应的OC曲线。为了比较不同抽样方案可比较它们的OC曲线，或者由OC曲线导出的一些因子，如AOQL及鉴别比等。

CRQ/PRQ是鉴别比的一个数值指标，此数值越大OC曲线越平缓，抽样方案的鉴别力越低；此数值越小，OC曲线越陡峭，抽样方案的鉴别力越高。这个指标可用于选择和比较抽样方案。

8 采用验收抽样国家标准的效益

采用验收抽样的主要动力是经济性，既保证被接收批具有一定质量，又可显著节约检验工作量和检验费用。

验收抽样要冒风险。生产方和使用方都希望使自己的风险最小。这就需要合理地选择抽样方案，控制各自的风险。在产品标准中规定一些统计上完善的验收规则，适当运用验收抽样国家标准，对双方都有利。

非标准化的抽样方法（如百分比抽样等）往往缺乏理论依据。验收抽样国家标准有可靠的理论依据。采用验收抽样国家标准可以节约主观讨论的时间，在国际贸易中尤为重要。

参 考 文 献

[1] 于振凡,马毅林,冯士雍,丁文兴.产品质量抽样检验.北京:中国标准出版社,2008.
[2] 张玉柱.产品质量检验标准选择与方案制定.北京:中国标准出版社,2005.

ICS 29.240.01
K 40

GB

中华人民共和国国家标准

GB/T 13395—2008
代替 GB 13395—1992

电力设备带电水冲洗导则

Regulation of hot washing for electric power apparatus

2008-09-24 发布　　　　2009-08-01 实施

中华人民共和国国家质量监督检验检疫总局
中国国家标准化管理委员会　发布

前　言

本标准代替 GB 13395—1992《电力设备带电水冲洗规程》。

本标准与 GB 13395—1992 标准相比，主要有以下几个方面的修改：

——鉴于现在水处理工艺较以往有很大的提高，从安全角度出发，冲洗技术条件中冲洗用水电阻率要求进行了修改；

——根据这些年相关单位在实际带电水冲洗工作中的成功经验，增加了具体设备冲洗的方法；

——冲洗工具的试验中增加了冲洗工具试验。

本标准的附录 A 为规范性附录。

本标准由中国电力企业联合会提出。

本标准由全国带电作业标准化技术委员会归口并负责解释。

本标准主要起草单位：国网武汉高压研究院、中国电力科学研究院、武汉奋进电力技术有限公司、武汉科瑞德电力科技有限公司。

本标准主要起草人：王如璋、王力农、郑传广、徐击水、卓丹。

本标准所代替标准的历次版本发布情况为：

——GB 13395—1992。

电力设备带电水冲洗导则

1 范围

本标准规定了带电水冲洗作业时应遵守的技术条件、冲洗方法和安全措施。

本标准适用于海拔高度 1 000 m 及以下地区、交流额定电压 10 kV～220 kV 电力设备的带电水冲洗作业(不包括固定式水冲洗)。

2 规范性引用文件

下列文件中的条款通过本标准的引用而成为本标准的条款。凡是注日期的引用文件,其随后所有的修改单(不包括勘误的内容)或修订版均不适用于本标准,然而,鼓励根据本标准达成协议的各方研究是否可使用这些文件的最新版本。凡是不注日期的引用文件,其最新版本适用于本标准。

GB 13398 带电作业用空心绝缘管、泡沫填充绝缘管和实心绝缘棒(GB 13398—2003,IEC 60855:1985,MOD)

GB/T 14545 带电作业用小水量冲洗工具(长水柱短水枪型)

GB/T 16927.1 高电压试验技术 第一部分:一般试验要求(GB/T 16927.1—1997,eqv IEC 60-1:1989)

DL 408 电业安全工作规程(发电厂和变电所电气部分)

3 术语和定义

GB/T 14545 确定的以及下列术语和定义适用于本标准。

3.1

带电水冲洗 hot washing

用压力水柱清洗电力设备电瓷外绝缘的一种带电作业方式。

3.2

水电阻率 water resistivity

一个单位体积内 20 ℃水的体积电阻。

3.3

水柱长度 length of water stream

水柱从水枪喷口到带电设备上落点之间的长度。

3.4

临界盐密 critical salt deposit density

使设备电瓷外绝缘冲洗闪络概率低于万分之一的最大等价附盐密度。

3.5

小水冲 washing way with smaller nozzle diameter

水枪喷口直径为 3 mm 及以下的水冲洗方式。

3.6

中水冲 washing way with middle nozzle diameter

水枪喷口直径在 4 mm～7 mm 之间的水冲洗方式。

3.7

大水冲　washing way with larger nozzle diameter

水枪喷口直径为 8 mm 及以上的水冲洗方式。

3.8

双枪跟踪法　double jets following method

一枪为主,一枪为辅,分别在绝缘子两侧冲洗的方法。主水枪先将污秽冲下,辅水枪跟踪,把主水枪冲下的污水及时冲走,不致连成污水线,从而使绝缘很快恢复,有效地提高冲闪电压。

3.9

三枪组合冲洗　triple jets combined washing

一支主枪,两支辅枪,分别在绝缘子三侧冲洗的方法,三支枪以 120°角站位进行冲洗,一支主枪将污秽冲起,另两支辅枪紧跟在主枪下部扫污,主辅枪可以互换位置。

3.10

四枪组合冲洗　quadruple jets combined washing

两枪为主,两枪为辅,分别在绝缘子四侧冲洗的方法。四枪以 90°角站位进行冲洗,180°角站位的两主枪将污秽冲起,另两辅枪紧跟在主枪下部将污秽及时冲走,避免形成污水连线。

3.11

四枪交叉冲洗　quadruple jets crossed washing

四支枪分两组同时对相离较近的并立式支柱绝缘子进行冲洗,以防溅射。每个小组各按双枪跟踪法进行冲洗。冲洗完一遍后,两个小组互换冲洗对象,使被冲洗设备不留死区死角。

3.12

一冲两回　washing way with two return

冲洗时,由瓷件底部逐层逐件冲洗至中部后,再回扫到底部,确认下部干净后,再从底部逐层逐件冲洗至顶部,确认顶部灭弧完成且干净后,再逐步回扫至底部。

3.13

一冲三回　washing way with three return

冲洗时,由瓷件底部逐层逐件向上冲洗至设备三分之一处,然后回扫到底部,由底部逐层逐件冲洗至三分之二处,再回扫到底部,再由底部逐层逐件冲洗至顶部,确认污水无下流后,回扫到底部,如此反复三次回扫的冲洗方法。

3.14

一冲多回　washing way with multiple return

冲洗时,由瓷件底部逐层逐件向上冲洗。向上冲洗四到五片后回扫,回扫到底部后再重新从底部逐层逐件向上冲洗,新增四到五片后再回扫到底部,如此循环冲洗,直至将整个设备冲洗干净,确认无污水下流后方可下枪。

3.15

垂直冲洗角度　washing vertical angle

水柱与地面的夹角。

3.16

水平冲洗角度　washing horizontal angle

被冲洗的绝缘子和邻近绝缘子的连线与水柱之间所夹的水平锐角。

4　冲洗技术要求

4.1　气象条件

带电水冲洗时气象条件应符合 DL408 要求,一般应在良好天气下,即风力不大于 8 m/s(四级),气温不低于零度时进行，雨天、雪天、雾天及雷雨天气不宜进行。

4.2 冲洗用水电阻率

进行带电冲洗用水的电阻率不应低于 $1\times10^5\ \Omega\cdot cm$。每次冲洗前都应用电导率仪测量水电阻率，测量时应从水枪出口处取水样进行测量。如用水车等容器盛水，每车水都应测量水电阻率。

4.3 安全距离

保持一定长度的水柱长度是保证带电水冲洗时人身安全的必要条件。以水柱为主绝缘的大、中、小水冲，其水柱长度应不小于表1的规定。

表1 带电水冲洗水柱长度

单位为米

喷口直径/mm		≤3	4～7	8～10
额定电压/kV	10～35	1.0	2.0	4.0
	63(66)	1.3	2.5	4.5
	110	1.5	3.0	5.0
	220	2.1	4.0	6.0

5 限制冲洗条件

5.1 阀式避雷器及密封不良的电力设备禁止进行带电水冲洗。

5.2 零值或低值绝缘子以及有裂纹的绝缘子或套管禁止进行带电水冲洗。

5.3 电力系统异常运行时(如母差保护停用时，倒闸操作时，带单相接地故障运行时)禁止进行带电水冲洗。

5.4 冲洗前应掌握绝缘子的表面盐密，当超出表2数值时，不宜进行带电水冲洗。

表2 绝缘子水冲洗临界盐密值

绝缘子种类	电站支柱绝缘子		线路绝缘子	
	普通型绝缘子	耐污型绝缘子	普通型绝缘子	耐污型绝缘子
爬电比距/(mm/kV)	14～16	20～31	14～16	20～31
临界盐密/(mg/cm^2)	0.12	0.20	0.15	0.22

5.5 伞裙间距小的(密裙)设备严格控制其表面盐密值，否则必须采取措施后再冲洗。

5.6 冲洗作业人员或变电站运行人员基于现场的实际情况，认为存在安全隐患的，不宜冲洗。

6 冲洗工具

6.1 水泵

水泵应有稳压、调压、控制阀门和压力表等控制设备。

6.2 水枪

水枪的通水部件应能承受配套的水泵的排出压力，水枪喷口的形状及内表面粗糙度应满足水柱长度及水流密集的要求，一般采用耐锈蚀的金属材料或工程塑料制成。在实际使用压力下，喷射的水柱在规定长度内应呈直柱状态。

6.3 引水管

引水管表面应光滑、平整、无气泡和裂纹，连接应牢固，无松动和漏水现象，能承受配套水泵的1.2倍额定排水压力，且无明显的扩径、渗漏。

6.4 储水容器

应采用不影响水电阻率的材料制成，并有水位监测装置。

6.5 净化水设备

一般采用两级反渗透装置进行水净化，必要时加装离子交换装置，净化后的水电阻率应达到 $1\times10^5\ \Omega\cdot cm$ 以上。

6.6 冲洗工具的试验

6.6.1 水枪操作杆必须选用按 GB 13398 要求进行了型式试验和出厂试验的绝缘材料制作，在使用中还应定期进行预防性试验，试验的周期为半年。试验项目包括外观检查及电气试验。

6.6.2 外观检查

绝缘杆及引水管表面应光滑、平整、无气泡和无裂纹。连接应牢靠、无松动和无漏水现象。

6.6.3 电气试验

6.6.3.1 电气试验时电压波形、试验设备(包括测量装置)、试验条件及程序应符合 GB/T 16927.1 的规定。

6.6.3.2 电气试验包括绝缘杆工频耐压试验、水柱工频耐压及泄漏电流试验，试验参数见表 3、表 4。

表 3 绝缘杆工频耐压试验

序号	电压等级 kV	电极距离/ m	工频耐压试验电压/ kV
1	10	0.4	45
2	35	0.6	95
3	63(66)	0.7	175
4	110	1.0	220
5	220	1.8	440

表 4 水柱工频耐压及泄漏电流试验参数

序号	电压等级/ kV	工频耐压试验电压/ kV	泄漏电流试验电压/ kV
1	10	45	20
2	35	95	46
3	63(66)	175	80
4	110	220	110
5	220	440	220

注：工频耐压试验中，水柱应无闪络、无击穿；泄漏电流试验中，通过水柱的泄漏电流应小于 1 mA。
试验布置见附录 A。

7 冲洗前准备

7.1 带电水冲洗作业人员冲洗前需与变电站运行人员确认设备的运行状态，继电保护的投入情况，设备绝缘是否良好，是否有严重漏油或裂纹的设备，是否有零值或低值的绝缘子等，设备的端子箱是否密封良好，不符合冲洗条件的不能进行带电水冲洗。任何一方有疑问的应了解清楚，经双方确认后方可冲洗。

7.2 准备好足够的净化水，每车水冲洗前应测量水枪出口处的水电阻率，并做好记录。

7.3 测量风速风向，确定冲洗设备顺序。

7.4 冲洗用水泵电源应采取防触电、相间短路和漏电保护措施。冲洗用水泵应可靠接地。冲洗时应密切注意水泵压力和水位，不得在冲洗中断水或失压。

7.5 调整好水泵压强,使水柱射程远且水流密集;每次开水泵时应紧握水枪,枪口向下,避免出水射偏;当水压不足时,不得将水枪对准被冲洗的带电设备。

7.6 准备好备用发电机及备用水枪,并能随时启动,以防冲洗过程中突然断电或水泵发生故障而不能及时灭弧。

8 冲洗方法

8.1 一般冲洗方法

8.1.1 冲洗时应注意监视储水车水位,不得在冲洗时对储水车换水,以免引起设备冲洗过程突然断水,引发设备起弧乃至闪络。

8.1.2 冲洗时严禁水枪对准设备端子箱、二次接线盒、操作机构箱、变压器压力阀、瓦斯继电器等部位,防止进水。

8.1.3 带电水冲洗应选择合适的冲洗方法,根据冲洗设备类型、现场布置、污秽类型及积污程度等现场实际情况,选择合适的冲洗方法,包括双枪跟踪法、三枪组合冲洗、四枪组合冲洗、四枪交叉组合冲洗;冲洗时应进行回扫,防止被冲洗设备表面出现污水连线,尽量避免冲洗过程中出现起弧或减少起弧的程度。冲洗中注意垂直、水平冲洗角度,冲洗到顶部时要注意灭弧、扫污。

8.1.4 对于上下层布置的设备应先冲下层,后冲上层,并要注意冲洗角度,垂直冲洗角度应小于45°,水平冲洗角度应大于45°,冲洗时尽量避免将水溅到邻近设备上,以防邻近绝缘子在溅射的水雾中发生闪络。

8.1.5 垂直安装的设备应自下而上冲洗,水平安装的设备应自导线向接地侧冲洗,倾斜安装的设备,与地面夹角大于45°时,其冲洗方法与垂直安装的设备相同;与地面夹角小于45°时,其冲洗方法与水平安装的设备相同。

8.1.6 冲洗时应注意风向,必须先冲下风侧设备,后冲上风侧设备,并在冲洗过程中注意风向及风速的变化,及时进行调整或暂停冲洗。

8.1.7 冲洗单个设备过程中不得换人、换水枪,冲洗完毕,换人、换水枪时要关闭水枪,以防水柱冲到或溅到邻近设备上发生溅闪。

8.1.8 冲洗时应注意水流冲到设备锈蚀金属部位,特别是在设备瓷套的顶部,造成含有大量金属碎末形成的污水,这时要特别注意迅速回扫,截断污水。

8.1.9 对于垂直布置的设备,当已冲洗部分占被冲洗瓷件2/3(高度)以上,被冲瓷件顶部出现局部电弧时,水柱应迅速指向局部电弧,迫使电弧熄灭。当开始冲洗时在设备瓷件顶部即产生局部电弧,应立即停止冲洗。

8.1.10 当冲洗过程突然断水并出现局部电弧时,应立即启动备用电源及备用水枪,迅速灭弧。

8.2 具体设备冲洗方法

8.2.1 冲洗支柱绝缘子时,应逐层、逐片冲洗,水枪上升要缓慢,回扫要迅速,要旋转摆动,不留死区死角,未冲完一个瓷柱时,严禁下枪。

8.2.2 冲洗双串绝缘子或隔离开关的并立式绝缘子时,应同步、交替进行冲洗。

8.2.3 冲洗悬垂绝缘子串、瓷横担、耐张绝缘子串时,应从导线侧向接地侧依次冲洗。冲洗支柱绝缘子及绝缘瓷套时,应从下向上冲洗。

8.2.4 冲洗悬式绝缘子时,上下水枪应避开空中垂吊的导线。对上下层布置的悬式绝缘子,要先冲下层,后冲上层,冲上层时要将流到下层的污水及时扫断。对导线下方的设备,要有人随时监视,发现有污水下流时要及时指挥冲洗人员把沿导线下流到设备的污水扫断。

8.2.5 冲洗变压器时,应先冲洗最低位置的套管(一般是先冲洗低压侧套管,冲洗干净后方可冲洗中压侧、高压侧套管,冲洗时还应注意对低压侧套管进行回扫,以截断溅到上面的污水),接着冲下风侧的套管,三相套管应优先冲洗不易溅湿到其他相的套管,中性点套管为最后冲洗。冲洗时还应注意水柱避开瓦斯继电器等设备。如果变压器受散热器等附件或场地布置影响,不能保证合适的冲洗角度,则不能进行带电水冲洗。

8.2.6 冲洗布置较高的设备时,如 220 kV 断路器上半部分,管母支柱绝缘子、穿墙套管等设备,一般采用双枪跟踪法,中水或大水冲,冲洗时注意多次回扫,冲洗时水枪与被冲洗设备的垂直冲洗角度要小于45°,双枪配合要默契。

8.2.7 冲洗穿墙套管时,注意监视冲洗过程中及冲洗后污水是否渗过墙,防止引起墙对侧套管闪络。

8.2.8 对于 220 kV 断路器热备用断路器,其断口部分瓷柱承受电压,且高度较高,冲洗时如用中水或大水冲无较好的冲洗角度时,不宜冲洗。

8.2.9 复合绝缘外护套、涂有防污涂料(RTV)的绝缘设备一般不需冲洗;但如需冲洗,冲洗方法与常规方法相同。

8.2.10 金属氧化物避雷器可以冲洗,但冲洗时注意避开两节连接铁件的缝隙。

8.3 冲洗后检查

8.3.1 全部设备冲洗完毕后,冲洗人员至少监视设备 15 min,没有出现污水滴落、局部起弧现象,方可收拾冲洗工具,撤离现场。

8.3.2 冲洗后运行人员应检查可能溅射到的、具备检查条件的端子箱内部是否有进水现象。

9 冲洗效果

9.1 冲洗后从被冲洗设备上流下的水为清水时,可认为该设备已冲洗干净。

9.2 冲洗后的瓷件或玻璃绝缘子表面光洁明亮,无残留污迹、污垢(难除的污秽,如化工、水泥等污秽不包括在内),无污水滴落。

9.3 对布置位置较低、具备较佳冲洗角度的设备,应保证伞裙上下表面洁净,无遗留冲洗死区或死角;对于设备高度较高、受冲洗角度的影响的设备,一般应至少保证下表面冲洗洁净。

10 安全措施

10.1 带电水冲洗作业人员必须经专门培训,持证上岗,熟悉 DL 408 及本导则,并经考试合格后才可进行操作。

10.2 带电水冲洗前应检查确认水泵及储水车可靠接地。

10.3 带电水冲洗操作人员应穿防水服,穿绝缘靴,戴绝缘手套、戴防水安全帽等辅助安全措施。

10.4 在进行冲洗作业时,水枪喷口应可靠接地。

10.5 监护人应由具备一定实践经验和应变能力的技术人员担任。冲洗过程中随时观察被冲洗设备及已冲洗过设备的情况,并及时发出正确的操作指令。

10.6 冲洗时受现场客观条件限制而导致无法按操作要求执行时,应立即停止冲洗,做相应的补救措施后方可进行冲洗。如不符合冲洗条件或有疑问时则不宜冲洗。

10.7 冲洗方案中应作好应急预案,工作负责人和工作监护人应随时注意现场状况,如发生意外情况时,应立即指挥操作人员采取应变措施。

附 录 A
（规范性附录）
冲洗工具工频耐压和泄漏电流试验布置示意图

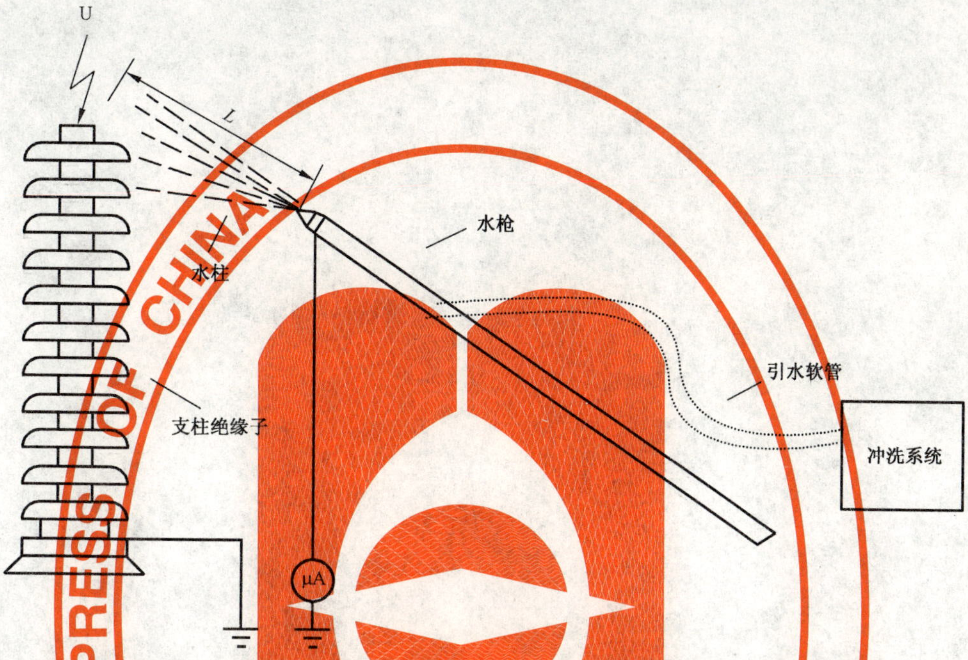

注：图中试验电压U值参见表4，水柱长度参见表1，支柱绝缘子为对应电压等级的支柱绝缘子。

图 A.1 冲洗工具工频耐压和泄漏电流试验布置示意图

ICS 29.120.99
K 14

中华人民共和国国家标准

GB/T 13397—2008
代替 GB/T 13397—1992

合金内氧化法银金属氧化物电触头技术条件

Technical specification for silver-metaloxide electrical contacts by alloy internal oxidation method

2008-04-23 发布　　　　2008-12-01 实施

中华人民共和国国家质量监督检验检疫总局
中国国家标准化管理委员会　发布

前言

本标准代替 GB/T 13397—1992《合金内氧化法银金属氧化物电触头技术条件》。

本标准与 GB/T 13397—1992 相比主要变化如下：

——删除了有关银氧化锡的内容；

——增加了术语和定义；

——修改了部分技术指标；

——检验规则按 GB/T 1.1—2000 的要求作了较大修改，抽检样品数量有所减少；

——增加了附录 B。

本标准的附录 A 为规范性附录、附录 B 为资料性附录。

本标准由中国电器工业协会提出。

本标准由全国电工合金标准化技术委员会归口。

本标准负责起草单位：桂林电器科学研究所、中希合金有限公司、温州宏丰电工合金有限公司、绍兴县宏峰化学金属制品厂。

本标准参加起草单位：上海电科电工材料有限公司、桂林金格电工电子材料科技有限公司、佛山精密电工合金有限公司、福达合金材料股份有限公司、广州市银玑电工合金有限公司。

本标准主要起草人：谢永忠、郑元龙、陈晓、陈达峰、陈京生、吴宇烨、刘辉、霍志文、王永根、王长明。

本标准所代替标准的历次版本发布情况为：

——GB/T 13397—1992。

合金内氧化法银金属氧化物电触头技术条件

1 范围

本标准规定了合金内氧化工艺制造的银氧化镉、银氧化锌、银氧化铜等银金属氧化物电触头(以下简称电触头)的要求、检测方法、检验规则、标志、包装与贮运等内容。

本标准适用于合金内氧化工艺制造的银氧化镉、银氧化锌、银氧化铜等银金属氧化物电触头,这些产品主要应用于各种低压开关电器。

2 规范性引用文件

下列文件中的条款通过本标准的引用而成为本标准的条款。凡是注日期的引用文件,其随后所有的修改单(不包括勘误的内容)或修订版均不适用于本标准,然而,鼓励根据本标准达成协议的各方研究是否可使用这些文件的最新版本。凡是不注日期的引用文件,其最新版本适用于本标准。

GB/T 2828.1—2003 计数抽样检验程序 第1部分:按接收质量限(AQL)检索的逐批检验抽样计划(idt ISO 2859-1:1999)

GB/T 2900.4 电工术语 电工合金(GB/T 2900.4—1994,neq IEC 51)

GB/T 5586 电触头材料基本性能试验方法

GB/T 5587 银基电触头基本形状、尺寸、符号及标注

JB/T 7774 银氧化锌电触头材料化学分析方法

JB/T 7776 银氧化镉电触头材料化学分析方法

JB/T 8753 电触头材料金相图谱

JB/T 8985 电触头材料金相检验方法

3 术语和定义

本标准除采用GB/T 2900.4规定的术语外,还采用下列术语和定义。

3.1

添加物 additives

除主成分外,在制造过程中为改善电触头材料的力学或电气等性能而添加的物质,其添加量(质量分数)不超过1%。

3.2

连续晶界沉淀物 continuous grain boundary sedimentation

在晶界连续沉积的金属氧化物。

3.3

贫氧化物亮带 un-oxidated metal bright area

在合金内氧化过程中,因溶质元素的扩散而形成的贫氧化物区域,称为贫氧化物亮带。

3.4

未氧化合金夹层 un-oxidated alloy interlayer

在合金内氧化过程中,因溶质元素未氧化而形成的合金层。

4 要求

4.1 外观

电触头产品表面应无裂纹、鼓泡、缺边、缺角与明显凹陷及斑点，触头产品厚度小于或等于1 mm其边缘毛刺高度不应超过0.05 mm，触头产品厚度大于1 mm者毛刺高度不应超过0.1 mm。

4.2 尺寸公差、标注

电触头的尺寸公差、标注应符合GB/T 5587规定，或由供需双方协商决定。

4.3 化学成分

电触头的化学成分应符合表1规定，或由供需双方商定。

表1 电触头的化学成分(不含焊接层) 单位为质量分数，%

电触头产品名称	代表符号	Ag	CdO	ZnO	CuO	添加物总量 ≤
内氧化银氧化镉(8)	Ag-CdO(8)(I.O)	余量	8±1	—	—	—
内氧化银氧化镉(8)-T	Ag-CdO(8)-T(I.O)	余量	8±1	—	—	1.5
内氧化银氧化镉(10)	Ag-CdO(10)(I.O)	余量	10±1	—	—	—
内氧化银氧化镉(10)-T	Ag-CdO(10)-T(I.O)	余量	10±1	—	—	1.5
内氧化银氧化镉(12)	Ag-CdO(12)(I.O)	余量	12±1	—	—	—
内氧化银氧化镉(12)-T	Ag-CdO(12)-T(I.O)	余量	12±1	—	—	1.5
内氧化银氧化镉(13)	Ag-CdO(13)(I.O)	余量	13±1	—	—	—
内氧化银氧化镉(13)-T	Ag-CdO(13)-T(I.O)	余量	13±1	—	—	1.5
内氧化银氧化镉(15)	Ag-CdO(15)(I.O)	余量	15±1	—	—	—
内氧化银氧化镉(15)-T	Ag-CdO(15)-T(I.O)	余量	15±1	—	—	1.5
内氧化银氧化锌(8)	Ag-ZnO(8)(I.O)	余量	—	8±1	—	—
内氧化银氧化锌(8)-T	Ag-ZnO(8)-T(I.O)	余量	—	8±1	—	1.0
内氧化银氧化锌(10)	Ag-ZnO(10)(I.O)	余量	—	10±1	—	—
内氧化银氧化锌(10)-T	Ag-ZnO(10)-T(I.O)	余量	—	10±1	—	1.0
内氧化银氧化铜(10)	Ag-CuO(10)(I.O)	余量	—	—	10±1	—
内氧化银氧化铜(10)-T	Ag-CuO(10)-T(I.O)	余量	—	—	10±1	1.0

4.4 物理、力学性能

电触头的物理、力学性能应符合表2规定。

表2 电触头的物理、力学性能

电触头产品名称	代表符号	密度 g/cm³ ≥	电阻率 μΩ·cm ≤	硬度 ≥	
				HB	HV
内氧化银氧化镉(8)	Ag-CdO(8)(I.O)	10.05	2.00	65	68
内氧化银氧化镉(8)-T	Ag-CdO(8)(I.O)-T	10.05	3.00	67	70
内氧化银氧化镉(10)	Ag-CdO(10)(I.O)	10.00	2.10	65	68
内氧化银氧化镉(10)-T	Ag-CdO(10)(I.O)-T	10.00	3.20	69	72

表 2（续）

电触头产品名称	代表符号	密度 g/cm^3 ≥	电阻率 μΩ·cm ≤	硬度 ≥	
				HB	HV
内氧化银氧化镉(12)	Ag-CdO(12)(I.O)	9.90	2.30	67	70
内氧化银氧化镉(12)-T	Ag-CdO(12)(I.O)-T	9.90	3.40	69	72
内氧化银氧化镉(13)	Ag-CdO(13)(I.O)	9.80	2.50	70	73
内氧化银氧化镉(13)-T	Ag-CdO(13)(I.O)-T	9.80	3.50	74	77
内氧化银氧化镉(15)	Ag-CdO(15)(I.O)	9.75	2.70	70	73
内氧化银氧化镉(15)-T	Ag-CdO(15)(I.O)-T	9.75	3.50	74	77
内氧化银氧化锌(8)	Ag-ZnO(8)(I.O)	9.70	3.20	65	68
内氧化银氧化锌(8)-T	Ag-ZnO(8)(I.O)-T	9.70	3.40	69	72
内氧化银氧化锌(10)	Ag-ZnO(10)(I.O)	9.55	3.40	71	74
内氧化银氧化锌(10)-T	Ag-ZnO(10)(I.O)-T	9.55	3.50	74	68
内氧化银氧化铜(10)	Ag-CuO(10)(I.O)	9.60	2.50	65	68
内氧化银氧化铜(10)-T	Ag-CuO(10)(I.O)-T	9.60	3.50	69	72

4.5 金相组织

4.5.1 氧化物质点在银基体中应分布均匀(金相组织图例见 JB/T 8753)。

4.5.2 晶界中不应出现长度大于或等于 150 μm、宽度大于或等于 6 μm 的连续晶界沉积物。

4.5.3 在试样磨片的整个观察面上,不允许有长度大于或等于 30 μm 的气孔、100 μm 长的夹杂物或 100 μm 长的聚集氧化物。在任一视场内(100×),最多允许有三处大于或等于 10 μm 而小于 30 μm 的气孔、大于或等于 30 μm 而小于 100 μm 的夹杂物、大于或等于 30 μm 而小于 100 μm 的聚集氧化物,当上述允许值范围内的气孔、夹杂物、聚集氧化物同时存在时,共计不应超过三处。

4.5.4 电触头产品断面经磨光后观察,不应有未氧化的合金夹层,银氧化镉产品的贫氧化镉亮带宽度不应大于触头厚度的 5%,其他银金属氧化物产品的贫氧化物亮带宽度不应大于触头厚度的 8%,在内氧化过程中不应形成分层裂纹。

4.5.5 电触头产品的复合银焊接层厚度应为触头总厚度的 10%～20%,或由供需双方商定。银金属氧化物与银焊接层界面不应有裂纹及长度超过 150 μm 的连续黑色界线。

4.6 其他要求

4.6.1 银金属氧化物电触头产品的焊接面在外表不易区别时应有标记。

4.6.2 有特殊要求时,由供需双方协商决定。

5 检测方法

5.1 外观

电触头产品的裂纹、鼓泡、凹陷、缺边、缺角采用目测,或借助于工具显微镜或投影仪观测。

5.2 尺寸

外形尺寸、毛刺用读数精度值为 0.02 mm 的游标卡尺及分度值为 0.01 mm 的外径千分尺,或其他具有相同精度的仪器工具如投影仪等测试。

5.3 化学成分

5.3.1 银氧化镉电触头的化学成分分析按 JB/T 7776 进行。

5.3.2 银氧化锌电触头的化学成分分析按 JB/T 7774 进行。

5.3.3 银氧化铜电触头的化学成分分析参照附录 B 或由供需双方商定。

5.4 物理与机械性能

密度、电阻率、硬度测定按 GB/T 5586 进行。

5.5 金相组织

金相组织检测按 JB/T 8985 进行。

6 检验规则

6.1 组批规则

由同一批配料、按相同的工艺、在同一设备制造出来的产品构成一个检验批。

6.2 出厂规定

每个检验批的产品应由承制方质检部门检验合格后并附有检验合格证，方可出厂。

6.3 检验项目及其顺序

检验项目为第 4 章规定的全部项目。采用合适的检验顺序，同一试样可进行多项性能检测。

6.4 抽样方案及判定规则

6.4.1 外观为逐件检查，按件判定。

6.4.2 尺寸检验按 GB/T 2828.1—2003 规定，采用 S-2 特殊检验水平、正常检验二次抽样方案，接收质量限 AQL 值为 4.0。

6.4.3 硬度检验按 GB/T 2828.1—2003 规定，采用 S-2 特殊检验水平、正常检验二次抽样方案，接收质量限 AQL 值为 2.5。

6.4.4 化学成分、金相组织、密度、电阻率采用表 3 所示抽样方案及判定规则。

表 3 化学成分、金相组织、密度、电阻率抽样方案及判定规则

批量	样本	样本量	累计样本量	接收质量限(AQL)	
				Ac	Re
≤10 000	第一	2	2	0	*
	第二	4	6	1	2
10 001～30 000	第一	3	3	0	2
	第二	6	9	1	2
30 001～50 000	第一	4	4	0	2
	第二	8	12	1	2
50 001～100 000	第一	5	5	0	2
	第二	10	15	1	2
≥100 001	第一	6	6	1	3
	第二	12	18	2	3

* 第一次抽样不合格时，从累计样本量的检验结果判定。

6.5 说明事项

6.5.1 只有在 4.2、4.3、4.4、4.5 规定的所有检验项目符合本标准要求时，方判该批产品合格。

6.5.2 为方便本标准使用，附录 A(规范性附录)给出了样本量字码和正常检验二次抽样方案。

7 标志、包装和贮运

7.1 标志

7.1.1 每批产品应附有产品合格证,如用户需要,还应提供质量保证书。

7.1.2 产品标志应包含如下内容:

a) 电触头材料名称(或代表符号)、型号或尺寸规格及批号(或生产日期);

b) 电触头数量(或净重);

c) 检验日期;

d) 制造商名称及地址;

e) 检验员代号或检验部门印鉴。

7.1.3 产品质量保证书内容应包括:

a) 电触头材料名称(或代表符号)、型号或尺寸规格及批号(或生产日期);

b) 电触头材料产品性能和金相组织照片;

c) 检验日期;

d) 制造商名称;

e) 产品执行标准号和标准名称。

7.2 包装

7.2.1 用塑料袋封装或用塑料袋封装后再进行盒装。

7.2.2 产品发运时应装于包装箱内,用松软的材料填实,每箱质量不宜超过 15 kg,并应符合运输部门的规定。

7.2.3 在包装箱内应附有装箱单,装箱单应包含:

a) 袋(盒)的总数;

b) 各种型号或尺寸规格电触头的袋(盒)数;

c) 电触头净重;

d) 包装日期。

7.2.4 包装箱外应标明:

a) 制造商名称及地址;

b) 收货单位及地址;

c) 毛重及净重;

d) 防潮、防震标志。

7.3 贮运

7.3.1 产品应保存于干燥、无腐蚀气氛的场所。

7.3.2 产品拆封后应及时使用,不应长期露空存放。

7.3.3 包装完好的产品可按普通货物运输。

附 录 A
（规范性附录）
正常检验二次抽样方案

A.1 本附录引用的数据部分摘自 GB/T 2828.1—2003，以便使用本标准时查用。

A.2 样本量字码见表 A.1，二次正常检查抽样表如表 A.2。

表 A.1 样本量字码

批 量	特殊检验水平				一般检验水平		
	S-1	S-2	S-3	S-4	Ⅰ	Ⅱ	Ⅲ
2～8	A	A	A	A	A	A	B
9～15	A	A	A	A	A	B	C
16～25	A	A	B	B	B	C	D
26～50	A	B	B	C	C	D	E
51～90	B	B	C	C	C	E	F
91～150	B	B	C	D	D	F	G
151～280	B	C	D	E	E	G	H
281～500	B	C	D	E	F	H	J
501～1 200	C	C	E	F	G	J	K
1 201～3 200	C	D	E	G	H	K	L
3 201～10 000	C	D	F	G	J	L	M
10 001～35 000	C	D	F	H	K	M	N
35 001～150 000	D	E	G	J	L	N	P
150 001～500 000	D	E	G	J	M	P	Q
500 001 及其以上	D	E	H	K	N	Q	R

表 A.2 正常检验二次抽样方案

样本量字码	样本	量本量	累计样本量	接收质量限(AQL) 2.5 Ac	2.5 Re	4.0 Ac	4.0 Re	10 Ac	10 Re
A				↓		↓		↓	
B	第一	2	2	↓		*		↓	
	第二	2	4						
C	第一	3	3	*		↑		0	2
	第二	3	6					1	2
D	第一	5	5	↑		↓		0	3
	第二	5	10					3	4
E	第一	8	8	↓		0	2	1	3
	第二	8	16			1	2	4	5

表 A.2（续）

样本量字码	样本	量本量	累计样本量	接收质量限(AQL)					
				2.5		4.0		10	
				Ac	Re	Ac	Re	Ac	Re
F	第一	13	13	0	2	0	3	2	5
	第二	13	26	1	2	3	4	6	7
G	第一	20	20	0	3	1	3	3	6
	第二	20	40	3	4	4	5	9	10
H	第一	32	32	1	3	2	5	5	9
	第二	32	64	4	5	6	7	12	13
J	第一	50	50	2	5	3	6	7	11
	第二	50	100	6	7	9	10	18	19
K	第一	80	80	3	6	5	9	11	16
	第二	80	160	9	10	12	13	26	27
L	第一	125	125	5	9	7	11	↑	
	第二	125	250	12	13	18	19		
M	第一	200	200	7	11	11	16		
	第二	200	400	18	19	26	27		
N	第一	315	315	11	16	↑			
	第二	315	630	26	27				
P	第一	500	500	↑					
	第二	500	1 000						
Q	第一	800	800						
	第二	800	1 600						
R	第一	1 250	1 250						
	第二	1 250	2 500						

注：表中符号：

⇩——使用箭头下面的第一个抽样方案，如果样本量等于或超过批量，则执行100%检验；

⇩——使用箭头上面的第一个抽样方案；

*——使用对应的一次抽样方案(或者使用下面适用的二次抽样方案)；

Ac——接收数；

Re——拒收数。

附　录　B
（资料性附录）
银氧化铜中铜含量的测定

B.1　方法要点

试样以硝酸溶解后，利用高价铜盐与碘化钾在弱酸性溶液中形成碘化亚铜沉淀，游离出来的碘用硫代硫酸钠标准溶液滴定，以淀粉为指示剂。

B.2　试剂

B.2.1　硝酸：1＋1。

B.2.2　氨水：密度 0.9 g/cm^3。

B.2.3　尿素：固体。

B.2.4　醋酸：36％。

B.2.5　碘化钾：30％。

B.2.6　硫氰酸铵：20％。

B.2.7　淀粉：1％水溶液。

B.2.8　硫代硫酸钠标准溶液：0.05 N。

B.3　配制及标定

B.3.1　配制

称取试剂 7 g 溶解于经煮沸冷却的水中，加入无水碳酸钠 0.2 g，溶解后用水稀释至 1 L。存放于棕色瓶中，避光保存一周后标定使用。

B.3.2　标定

称取纯铜(99.99％)0.400 0 g 于 300 mL 烧杯中，加入硝酸(1＋1)10 mL，盖上表皿，加热溶解。加入浓硫酸 5 mL 蒸至冒白烟。取下稍冷，加水 50 mL 溶解盐类，冷却至室温移入 200 mL 容量瓶中，用水稀释至刻度，摇均。准确吸取该溶液 20 mL 于 200 mL 锥形瓶中，用氨水稀释至蓝色出现。

B.4　分析方法

称取式样 0.5 g 放入 300 mL 锥形瓶中，加硝酸(1＋1)10 mL，加热溶解，煮沸除去氮的氧化物，加入尿素 1 g 再煮沸 1 min～2 min(随时补充水)，稍冷，以氨水中和至溶液铜复离子之兰色出现为止，煮沸驱除多余的氨。加醋酸 5 mL，冷却至 18℃以下，加碘化钾(30％)10 mL，稍加振荡，以硫代硫酸钠标准溶液滴定至淡黄色，加入 5 mL 淀粉溶液，继续滴定至淡黄色、加硫氰酸铵(20％)10 mL，最后滴定至兰色完全消失，出现清晰淡黄色即为终点。铜的质量分数按式 B.1 计算：

$$Cu(\%)=\frac{T\times V}{G}\times 100 \qquad \text{(B.1)}$$

式中：

Cu(%)——铜含量，质量分数，%；

T——硫代硫酸钠标准溶液对铜的滴定度，单位为克/毫升(g/mL)；

V——滴定硫代硫酸钠标准溶液的体积，单位为毫升(mL)；

G——称取试样量，单位为克(g)。

ICS 13.260;29.035
K 47

中华人民共和国国家标准

GB 13398—2008
代替 GB 13398—2003

带电作业用空心绝缘管、泡沫填充绝缘管和实心绝缘棒

Insulating hollow tubes and foam-filled tubes and solid rods for live working

(IEC 60855:1985, Insulating foam-filled tubes and solid rods for live working, MOD; IEC 61235:1993, Live working—Insulating hollow tubes for electrical purposes, MOD)

2008-12-30 发布　　2010-02-01 实施

中华人民共和国国家质量监督检验检疫总局
中国国家标准化管理委员会　发布

前言

本标准除 4.2 为推荐性条文外，其余技术内容均为强制性条文。

本标准修改采用 IEC 60855:1985《带电作业用泡沫填充绝缘管和实心绝缘棒》和 IEC 61235:1993《带电作业用空心绝缘管》。

本标准与 IEC 60855:1985 及 IEC 61235:1993 相比，主要存在如下技术性差异：

——我国空心管、泡沫填充管规格较为齐全，而 IEC 数量较少，根据我国现状进行了规格补充；

——根据我国绝缘材料生产现状，将抗弯、抗扭力略有提高，要求更严格；

——章节的编排按 GB/T 1.1 的要求与 IEC 的标准稍有差别。

本标准代替 GB 13398—2003《带电作业用空心绝缘管、泡沫填充绝缘管和实心绝缘棒》。

本标准与 GB 13398—2003 相比，修订的内容如下：

——去掉 IEC 前言；

——增加了附录 E 标志符号；

——根据产品目前的生产水平，提高了材料物理性能参数，增加了机械试验中轴向挤压强度的有关技术参数。

本标准的附录 A、附录 B、附录 C、附录 D、附录 E 为规范性附录，附录 F 为资料性附录。

本标准由中国电力企业联合会提出。

本标准由全国带电作业标准化技术委员会(SAC/TC 36)归口。

本标准主要起草单位：国网武汉高压研究院。

本标准参与起草单位：华北电力研究院有限责任公司、国网武汉高压研究院、华北电网有限公司、陕西秦川电力器材实业有限公司。

本标准主要起草人：易辉、潘敬东、杨福民、龚延兴、胡毅、郝旭东、冯海潮、张丽华、何慧雯。

本标准于 1992 年 2 月发布，于 2003 年 1 月第一次修订，本次为第二次修订。

带电作业用空心绝缘管、泡沫填充绝缘管和实心绝缘棒

1 范围

本标准规定了带电作业用管、棒类绝缘材料的分类、技术要求、试验方法、检验规则、标志和包装。

本标准适用于标称电压在 1 kV 及以上电力系统中，用于制作带电作业工具设备的空心绝缘管、泡沫填充绝缘管、实心绝缘棒(异型管、伸缩管不包括在本标准内)，这些绝缘材料是由合成材料制成的。

2 规范性引用文件

下列文件中的条款通过本标准的引用而成为本标准的条款。凡是注日期的引用文件，其随后所有的修改单(不包括勘误的内容)或修订版均不适用于本标准，然而，鼓励根据本标准达成协议的各方研究是否可使用这些文件的最新版本。凡是不注日期的引用文件，其最新版本适用于本标准。

GB/T 1033.1 塑料 非泡沫塑料密度的测定 第1部分：浸渍法、液体比重瓶法和滴定法(GB/T 1033.1—2008，ISO 1183-1:2004，IDT)

GB/T 1034 塑料 吸水性的测定(GB/T 1034—2008，ISO 62:2008，IDT)

GB/T 1409 测量电气绝缘材料在工频、音频、高频(包括米波波长在内)下电容率和介质损耗因数的推荐方法(GB/T 1409—2006，IEC 60250:1969，MOD)

GB/T 16927.1 高电压试验技术 第一部分：一般试验要求(GB/T 16927.1—1997，eqv IEC 60060-1:1989)

3 分类

根据其制作材料及外形的不同，绝缘管、棒材可分为 3 类，见表 1。

表 1 绝缘管、棒材分类

类 别	名 称	标准外径系列/mm
Ⅰ	实心棒	10，16，24，30
Ⅱ	空心管	18，20，22，24，26，28，30，32，36，40，44，50，60，70
Ⅲ	泡沫填充管	18，20，22，24，26，28，30，32，36，40，44，50，60，70
注：填充绝缘管其标称外径与空心管系列相同。		

4 技术要求

4.1 材料

绝缘管、棒材应由合成材料制成。合成材料可用无机或人造纤维加强，其外观颜色可由用户确定。其密度不应小于 1.75 g/cm^3，吸水率不大于 0.15%，50 Hz 介质损耗角正切不大于 0.01。

填充泡沫应粘合在绝缘管内壁。在进行本标准所规定的试验时，除部件破坏引起的损坏外，泡沫或粘接剂都不应损坏，绝缘管、棒材均应满足渗透试验的要求。

4.2 标称尺寸

所有测得的直径均应符合表 2、表 3 规定的公差范围。

表 2　实心棒标称尺寸及公差要求

标称外径/ mm	外径允许偏差/ mm
10,16,24,30	±0.4

表 3　空心管、填充管标称尺寸及公差要求

标称外径/ mm	外径允许偏差/ mm	最小壁厚/ mm	壁厚允许偏差/ mm	
			壁厚＜5 mm	壁厚＞5 mm
18,20,22,24,26,28,30	±0.4	1.5	±0.2	—
32,36,40,44	±0.5	2.5	±0.3	±0.4
50,60,70	±0.8			

4.3　电气特性

4.3.1　受潮前和受潮后的电气特性

用以制造绝缘工具的绝缘管、棒材应进行 300 mm 长试品的 1 min 工频耐压试验，包括干试验和受潮后的试验。

试品在 100 kV 工频电压下的泄漏电流应符合表 4 的规定。

表 4　试品工频耐压试验及泄漏电流允许值

标称外径/ mm		试品电极间 距离/ mm	1 min 工频耐压试验/ kV(r.m.s)	泄漏电流/ μA	
				干试验 I_1	受潮后试验 I_2
				≯	
实心棒	30 以下	300	100	10	30
	30			15	35
管材	30 及以下			10	30
	32～70			15	40
注：试验中记录最大电流 I_1、I_2 以及电流与电压间的相角差 φ_1、φ_2，要求 φ_1、φ_2＞50°(管)或 40°(棒)。					

4.3.2　湿态绝缘性能

用以制造绝缘工具的绝缘管、棒材应进行 1 200 mm 长试品的 1 h 淋雨试验。试品在 100 kV 工频电压下应满足无滑闪、无火花或击穿，表面无可见漏电腐蚀痕迹，无可查觉的温升等要求。

4.3.3　绝缘耐受性能

用以制造绝缘工具的绝缘管、棒材应能耐受相隔 300 mm 的两电极间 1 min 工频电压试验。试品在 100 kV 工频电压下无滑闪、无火花或击穿，表面无可见漏电腐蚀痕迹，无可察觉的温升等要求。

4.4　机械性能

用以制造绝缘工具的绝缘管、棒材应具有一定的机械抗弯、抗扭特性，以及耐径向挤压、轴向挤压和耐机械老化性能。

4.4.1　抗弯特性

各种绝缘管、棒材试品应满足表 5 的 F_d、f、F_r 值。

表 5 弯曲试验的 F_d、f、F_r 值

管和棒的外径/mm		支架间距离/m	F_d/N	f/mm	F_r/N	试品长度/m
实心棒	10	0.5	270	20	540	2
	16	0.5	1 350	15	2 700	2
	24	1.0	1 750	15	3 500	2.5
	30	1.5	2 250	40	4 500	2.5
管材	18	0.7	500	12	1 000	2.5
	20	0.7	550	12	1 100	2.5
	22	0.7	600	12	1 200	2.5
	24	1.1	650	14	1 300	2.5
	26	1.1	775	14	1 550	2.5
	28	1.1	875	14	1 750	2.5
	30	1.1	1 000	14	2 000	2.5
	32	1.5	1 100	25	2 200	2.5
	36	1.5	1 300	25	2 600	2.5
	40	2.0	1 750	26	3 500	2.5
	44	2.0	2 200	28	4 400	2.5
	50	2.0	3 500	30	7 000	2.5
	60	2.0	6 000	27	12 000	2.5
	70	2.0	10 000	27	20 000	2.5
注：F_d 初始抗弯负荷，f 为挠度差值(指 $F_d/3$，$2/3F_d$ 以及 $2/3F_d$ 与 F_d 之挠度差值)，F_r 为额定抗弯负荷。						

4.4.2 抗扭特性

各种绝缘管、棒材试品应满足表 6 的 C_d、α_d、C_r 值。

表 6 扭力试验的 C_d、α_d、C_r 值

管和棒的外径/mm		C_d/N·m	α_d/(°)	C_r/N·m
实心棒	10	4.5	150	9
	16	13.5	180	27
	24	40	150	80
	30	70	150	140

表 6（续）

管和棒的外径/mm		C_d/N·m	α_d/(°)	C_r/N·m
管材	18	18.5	30	37
	20	20	29	40
	22	22.5	28	45
	24	25	27	50
	26	27.5	26	55
	28	30	21	60
	30	35	17	70
	32	40	35	80
	36	60	37.5	120
	40	80	40	160
	44	100	35	200
	50	120	16	240
	60	320	12	640
	70	480	10	960
注：C_d 为初始扭力，C_r 为额定扭力，α_d 为偏转角。				

4.4.3 管材径向挤压特性

绝缘管材试品(包括填充管)应满足表 7 的 F_d、F_r 值。

表 7 径向挤压试验的 F_d、F_r 值

管材标称外径/mm	F_d/N	F_r/N
18	250	500
20	325	650
22	400	800
24	500	1 000
26	600	1 200
28	700	1 400
30	750	1 500
32	850	1 700
36	1 500	3 000
40	2 150	4 300
44	2 500	5 000
50	3 450	6 900
60	4 100	8 200
70	4 750	9 500

4.4.4 管材轴向压力特性

各种管材应满足表 8 所规定的 λ-Ψ 值。用于制作带电作业工具、设备的杆件，其 λ 值不宜大于 120。

表 8 管材轴向压力特性的 λ-Ψ 值

细长比 λ	40	60	80	100	120
压力折减系数 Ψ	0.98	0.59	0.33	0.2	0.143

注：λ——细长比；

Ψ——压力折减系数；

而 $\lambda = L/r_o$

L——管材长度，单位：mm；

r_o——惯性半径，单位：mm。

4.4.5 机械老化特性

各种绝缘管、棒材试品在经过 4 000 次弯曲循环后，不借助放大装置而用目测检查时，试品应无任何损伤的痕迹，也不应有任何永久变形。

在经过 4 000 次弯曲循环试验后，这批试品还应能通过受潮前及受潮后的绝缘试验。

在受潮前实测的电流 I_1' 不应超过表 4 中 I_1，的限值，受潮后实测的电流 I_2 不应超过表 4 中 I_2 的限值。

5 试验方法

5.1 一般要求

制造厂家为使其产品得到认可，应提供：

3m 长的管 15 根，2.5 m 长的棒 10 根，这些样品由买主或相关试验单位保存。

对所有试样进行外观检查和尺寸检验后，将样品分为三组，每组中各个试件进行不同的试验（每种试验三个试件），如表 9 所示。

表 9 试验需用管、棒长度、数量

试验内容	条款	管			棒		
		1 组	2 组	3 组	1 组	2 组	3 组
外观检查和尺寸检查	4.2	3 m 3 根	3 m 4 根	3 m 3 根	2.5 m 3 根	2.53 m 4 根	2.5 m 3 根
染料渗透试验	4.1	—	—	0.1 m 5 根	—	—	0.1 m 5 根
电气试验	4.3.1	0.3 m 3 根	—	—	0.3 m 3 根	—	—
淋雨试验	4.3.2	—	1.2 m 3 根	—		1.2 m 3 根	—
弯曲试验	4.4.1	2.5 m 3 根		—	2 m 3 根	—	—
扭力试验	4.4.2	—	1.2 m 3 根	—	—	1.2 m 3 根	—
径向挤压试验	4.4.3	—	0.3 m 3 根[a]	—	—	—	—
轴向压力试验	4.4.4	λ=40、60 各 1 根	λ=120 1 根	λ=80、100 各 1 根	—	—	—
机械老化试验	4.4.5	—	—	2.5 m 3 根	—	—	2 m 3 根
参考试件	—	—	1 m 2 根[b]	—	—	1 m 2 根[b]	—

a 根据 5.9 每件试品长度为标称外径的 3 倍。

b 此两个试件不进行任何试验，仅作为参考试件。

在应进行试验的组(3 根或 4 根)中的每根上取出一段试样,每项试验在这一段试样上进行。若任一试样不能通过表 9 列出的试验,则该产品应拒收。

只有通过表 9 规定试验的产品,才可标明符合本标准。

5.1.1 材料的物理性能试验——密度试验

按 GB/T 1033.1 的 A 法进行。

5.1.2 材料的物理性能试验——吸水率试验

按 GB/T 1034 的规定进行。

5.1.3 材料的电气性能试验——50 Hz 介质损耗角正切试验

按 GB/T 1409 的规定进行。

5.2 外观检查和尺寸检验

5.2.1 外观检查

用肉眼(手摸)从外观进行检查,检查试品是否光滑,有无气泡、皱纹或裂开,玻璃纤维与树脂间粘接是否完好。

5.2.2 尺寸检查

用量尺测量各试品的尺寸是否符合表 2、表 3 之规定。

5.3 渗透试验

从表 8 所列试品组中截取 100 mm 试件 5 根,将其完全浸泡在 0.1%体积品红及蒸馏水溶液的容器中,然后将以上容器放在真空箱中,并抽成低于 6 500 Pa(约 50 t)的真空。试件在染料溶液中保持 1 h,然后解除真空并取出试件。为避免切割时品红从试件端头扩散,切割前试件须在大气环境中干燥 24 h。

干燥后,将试件从每一端头截掉 10 mm。

这样取得新试件沿纵向切开,试件切面应没有任何品红染料渗透。

5.4 受潮前和受潮后绝缘试验

5.4.1 一般试验条件

试验前,每件试品应以三氟三氯乙烷($CF_2ClCFCl_2$)溶液(或无水酒精)擦净,并在空气中干燥 15 min。

从第一组绝缘管(棒)中分别截取 300 mm 的试品 3 根进行试验。取样时,应避免使用端部 100 mm 以内的绝缘材料。

试验前,每件试品端部应以导电粘胶带(或铝箔)覆盖,在调整湿度使试件受潮时,必须将导电粘胶带(或铝箔)去掉。

试验布置如图 A.1 所示(见附录 A)。测量设备离高压电极不得小于 2 m,测量引线、分流器以及任选的保护间隙均应屏蔽接地。试品应放置在离地面高度约为 1 m 的绝缘支撑上,按照 GB/T 16927.1 规定,在两电极间施加工频电压 100 kV(有效值),并测量流过试品的电流(保护电极地端直接接地)。

规定电流以有效值表示,电流与电压间的相位差测量方法如下:

电流(接地端)使其通过已知的阻抗。

电压(线端)通过适当的分压器。

试验中,试品各部分不应发生闪络和击穿现象。

5.4.2 受潮前试验

试品预先置于试验区域的大气环境中至少 24 h。两电极间施加工频试验电压 100 kV(有效值) 1 min,测量 I_1,记录最大电流以及电流与电压间的相角差 φ_1,各类绝缘材料试品的 I_1、φ_1 值应满足表 4 之允许值。

5.4.3 受潮后试验

将已通过受潮前试验的试品置于试验箱中(温度为 23 ℃、相对湿度为 93%),经 168 h 后,试品仍应保持在 93%相对湿度的大气中,并返回到试验区域的大气温度下进行试验,用干布轻轻将试品擦干后,在与测量 I_1 和 φ_1 的相同条件下测量 I_2 和 φ_2。

在两种试验(受潮前和受潮后试验)中,试品相对于大地的位置应该相同,高压端也应一样。

各类试品的 I_2 和 φ_2 值应满足表 4 的规定值。

5.5 绝缘湿试验(淋雨试验)

5.5.1 一般试验条件

试验前,每件试品应以三氟三氯乙烷($CF_2ClCFCl_2$)溶液(或无水酒精)擦净,在空气中干燥 15 min。

从第二组绝缘管(棒)中分别截取 1.2 m 的试品 3 根进行试验。取样时,应避免使用端部 100 mm 以内的绝缘材料。

用直径 3 mm～4 mm 的铝线在绝缘管上缠绕 3～4 圈作试验电极,两极间距离为 1 m,试品两端不得覆盖。

试验场所应处于水温及环境温度在 18 ℃～28 ℃之间。

试验布置如图 B.1 和图 B.2 所示。试品应倾斜 45°,试验电极间施加工频试验电压 100 kV(有效值),加压持续时间为 1 h。

5.5.2 淋雨条件

湿试验按照 GB/T 16927.1 的要求进行。

——平均淋雨率:1.0 mm/min～1.5 mm/min。

——收集的水校准到 20 ℃的电阻率:100 Ω·m±5 Ω·m。

然而,加压前不预淋试品,而是加压和喷水同时进行。

5.6 绝缘耐压试验

绝缘试验时在绝缘管或棒上相隔 300 mm 的两电极间施加交流工频电压 100 kV(有效值))1 min。试验布置如附录 D 所示。

5.7 弯曲试验

本试验在从第一组绝缘管(棒)截取的三个试品上进行。将 2.5 m(或 2 m)的试品置于两个滚轮构成的支架上(见附录 C),各类试品相应两滚轮轴线间距离见图 C.1。

在试品跨距中央放上 50 mm 宽的皮带或织带,在皮带上施加一垂直的力 F。

以(200±5)N/s 的速度逐渐加力。分别在荷载为 $1/3F_d$、$2/3F_d$ 和 F_d 下维持 30 s 以后测量其挠度。对 $1/3F_d$、$2/3F_d$ 以及 $2/3F_d$ 和 F_d 所测得的挠度之间的差值,应小于表 5 之“f”值。

然后,逐渐减小这个力,并在去掉力 1 min 后,测量残余挠度,其值不应超过施加力 F_d 对所测挠度 6%。

将管或棒转动 90°、180°和 270°,在每一位置重复试验,在同样的荷载下,挠度“f”的变化不应超过 15%。

由力 F_d 所产生的挠度实测值,应和以前的试验结果相比较。

在与上述相同条件下,逐渐施力增加到 F_r,然后保持该值 30 s,不应有破坏现象。继续施力,一直到试品破坏为止,并记录试品的实际破坏负荷值。

5.8 扭力试验

本试验在第二组绝缘管(棒)截取的 3 根试品上进行。每根长 1.2 m。

在试品的 1 m 长度(夹头或端头之间)上施加扭矩。所施扭矩以(5±2)N·m/s 的速度逐渐增加,直到扭矩值 C_d 为止。此时应听不到异常的响声,也看不见明显的缺陷。在维持初始扭矩 C_d 值 3 000 s 后,测得的角偏移应小于相应的角度 α_d(其规定值见表 6)。

然后,除去扭矩,1 min 后测量偏移残余角,应小于 1%。

再按上述步骤重施一个逐渐增大的扭矩,直到额定扭矩 C_r。达到 C_r 值时维持 30 s,不应有损坏的痕迹。

再继续增加扭矩，一直到试品破坏，记录破坏扭矩值。

5.9 管材径向挤压试验

本项试验在第二组中截取的3根试品上进行。每根试品的长度为其标称直径的3倍。

试品应置于两块平行的光滑的刚性平板之间，并加以挤压（见附录C图C.4）。平板长度至少应等于试品长度加上20 mm，两平板之间距离以2 mm/min恒定速度逐渐减少。

在试验过程中，应记录所施加的力F的两个特殊值：

a) $F=F_d$ 第一次失去线性处F的最小值，该值对应于力的损失$\Delta F \geqslant 0.01F_d$。

b) $F=F_r$ 试验前3 min（位移≤6 mm），记录下的F的最大值，以及整个试验过程中加于试品的力F（这个力F是时间的函数）。

实测的F_d及F_r，应大于表7之规定。

5.10 管材轴向压力试验

本项试验在第一组中截取$L=40\times r_o$及$L=60\times r_o$的各一根试品上进行；

本项试验在第二组中截取$L=120\times r_o$的一根试品上进行；

本项试验在第三组中截取$L=80\times r_o$及$L=100\times r_o$的各一根试品上进行；

这项试验共进行5根一组的轴向压力试验，要求试品其中点侥度$f_6<40$ mm。

5.11 机械老化试验

本项试验在第三组绝缘管（棒）中截取的3根试品上进行。

这项试验是按照5.7规定的试验条件下，使每件试品承受1 000次弯曲循环。在试品中点沿相隔90°的4个方向施加表5中所规定的压力F_d。

加载与卸载时间可控制在0.5 min～1.0 min之间。每件试品在一个方向承受1 000次弯曲循环后，将管（棒）转动90°，继续按表5中规定的力F_d施加，共经过4 000次循环。

在经过4 000次弯曲循环的试品中截取每根长为0.3 m的试品两根，这些试品应能承受4.3.1所规定的电气试验（受潮前及受潮后试验）。

6 检验规则

6.1 检验项目

各类试验的检验项目规定列于表10。

表10 各类绝缘管、棒材检验项目分类规定

序号	检验项目	试验依据	试验方法	检验分类		
				型式试验	抽样试验	出厂试验
1	绝缘材料物理、电气性能	4.1	5.1.1,5.1.2,5.1.3	√	—	—
2	外观检查和尺寸检验	4.2	5.2.1,5.2.2	√	√	√
3	染料渗透试验	4.1	5.3	√	√	—
4	受潮前后绝缘试验	4.3.1	5.4	√	√	—
5	淋雨试验	4.3.2	5.5	√	√	—
6	绝缘耐压试验	4.3.3	5.6	—	—	√
7	弯曲试验	4.4.1	5.7	√	√	—
8	扭力试验	4.4.2	5.8	√	—	—
9	挤压试验	4.4.4	5.10	√	—	—
10	机械老化试验	4.4.5	5.11	√	—	—

注：“√”表示必须进行的试验项目，“—”表示不进行试验。

6.2 型式试验

制造厂家对定型前的产品按本标准第4章所规定的技术要求进行型式试验。如绝缘管、棒材的制造工艺或使用的材料改变以致影响到产品的性能，或者异地生产，则应重新进行型式检验。在绝缘管、棒材的制造和使用的材料没有任何变化的情况下，亦应每隔5年重新进行型式检验。

型式检验按6.1表10所规定的检验项目和第5章所规定的试验方法进行。试品取样按5.1表9的规定抽取。

6.3 抽样试验

抽样检验应在已交付的批量绝缘管、棒材中进行。抽样检验按6.1之表10所规定的检验项目和第5章所规定的试验方法进行。

按照买方与厂家的协议，抽样试验可以包括6.1之表10所规定的全部型式检验项目或部分型式检验项目。

抽样试验的试品在已交付的批量中随机抽取2组计7根(绝缘管试品长度为3 m，绝缘棒试品长度为2.5 m)。

对于抽样试验结果，凡有不符合第4章之技术要求(其中任一条)，买方可拒收。

6.4 出厂试验

对出厂的全部产品均应按6.1之表10所规定的检验项目和第5章所规定的试验方法，逐只进行试验。

对出厂的一批绝缘管、棒材，对其机械性能应作抽样检验。在一批产品中随机抽取5根试品，按照表5中的数值要求，以及5.7的试验方法进行试验。如抽取的5个试品全部通过了出厂机械试验，则认为该批产品通过了抽样检验。如抽样试品中，任一试品达不到表5之要求，则在该批产品中加倍抽样(抽10根)，若所有试验全部通过了出厂机械试验，则还可认为该批产品出厂机械检验合格；若加倍抽样机械试验时，又有一只及以上试品不能通过试验，则认为该批产品为不合格产品。

7 标志、包装

7.1 标志

每根出厂的绝缘管、棒材应有永久性的明显标志(所有标志应不影响产品特性)；

符号(双三角形)(见附录E)；

绝缘管、棒材的名称和规格；

制造厂名；

颜色标记；

制造日期。

7.2 验收

7.2.1 验收按本标准抽样试验项目进行。

7.2.2 若买方有特殊要求，买方与制造厂双方按签订的合同办理。

7.3 包装

绝缘管、棒材应用防潮的塑料袋或其他防潮材料包装。产品与产品之间应垫纸，整个包装应牢固。包装物表面应有明显的"防潮"、"防雨"、"严防碰撞"等字样。

在包装物上至少应有如下标志：

制造厂名；

数量和重量；

出厂检验合格证；

执行标准的编号；

出厂日期。

附 录 A
（规范性附录）
受潮前和受潮后绝缘试验

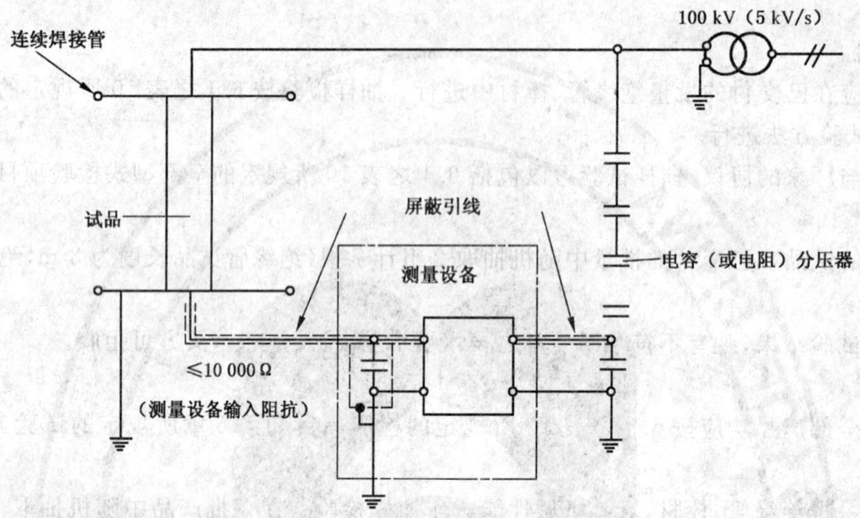

注：测量区应离开任何高压源至少 2 m。

图 A.1 典型试验回路

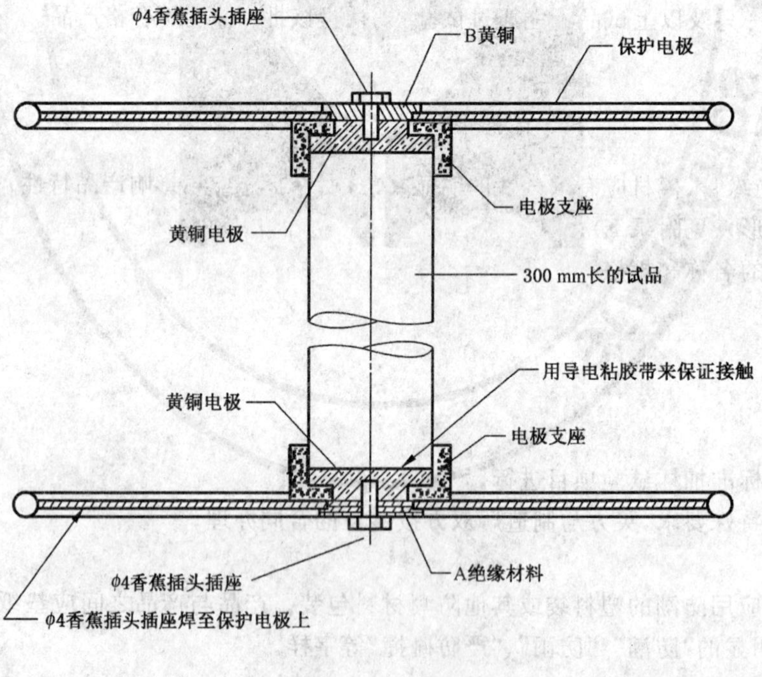

图 A.2 安装图

单位为毫米

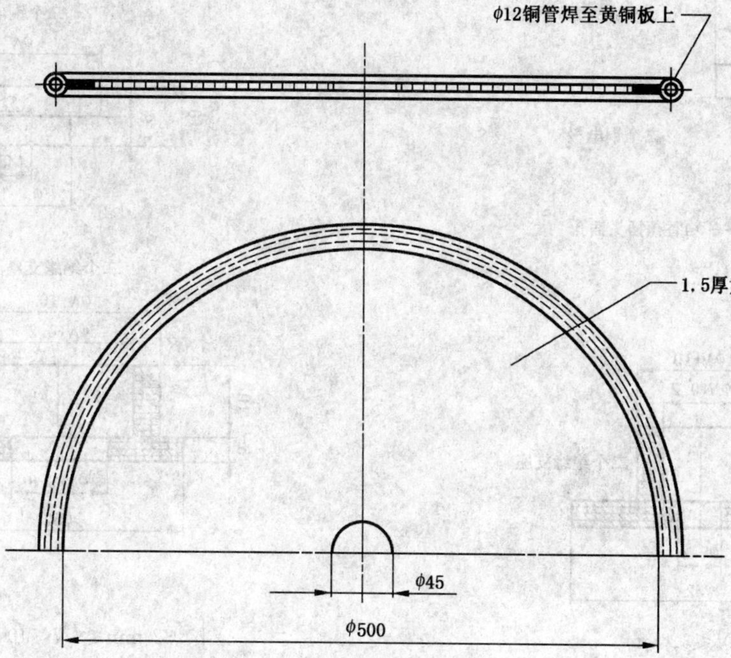

图 A.3　保护电极结构图(需要两个)

单位为毫米

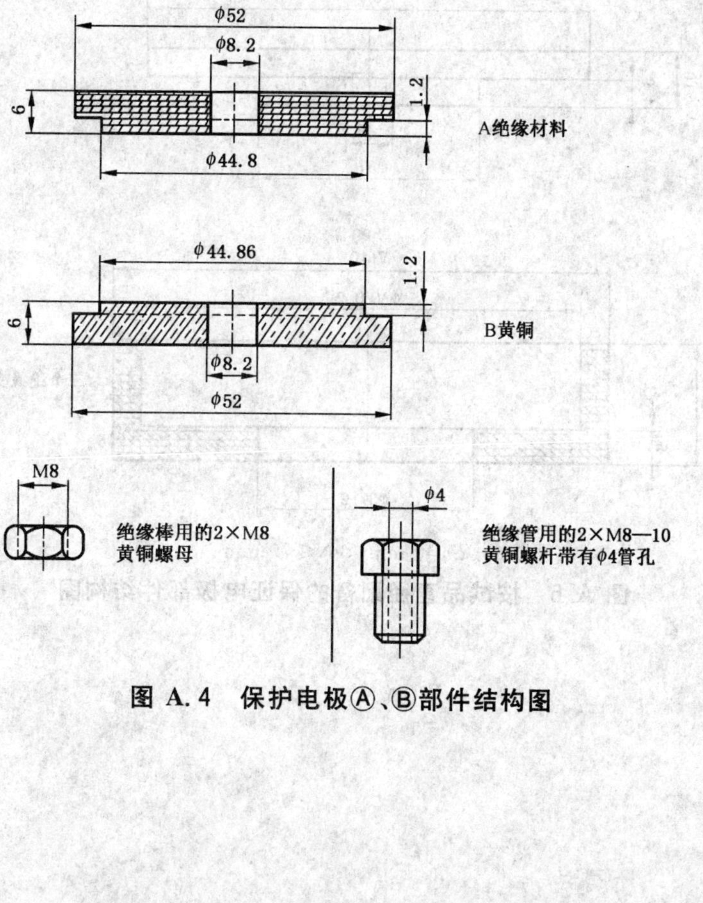

图 A.4　保护电极Ⓐ、Ⓑ部件结构图

单位为毫米

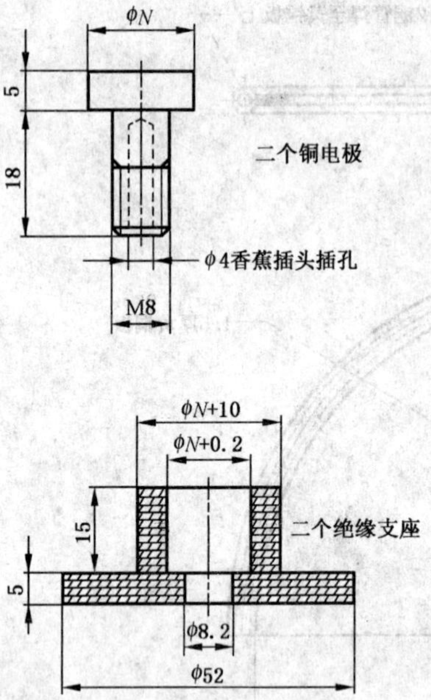

a) φN<32 mm

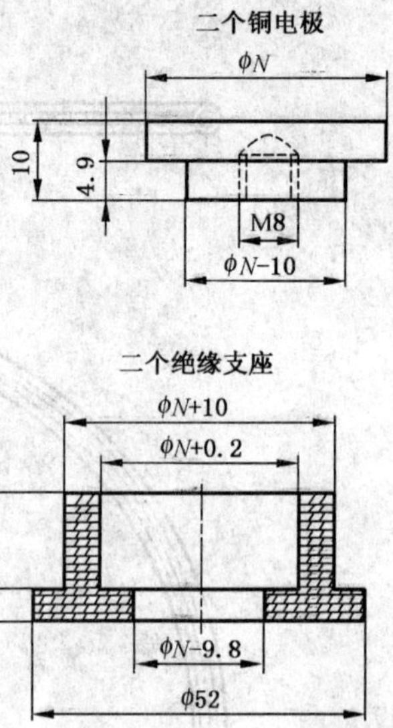

b) 32 mm≤φN<40 mm

单位为毫米

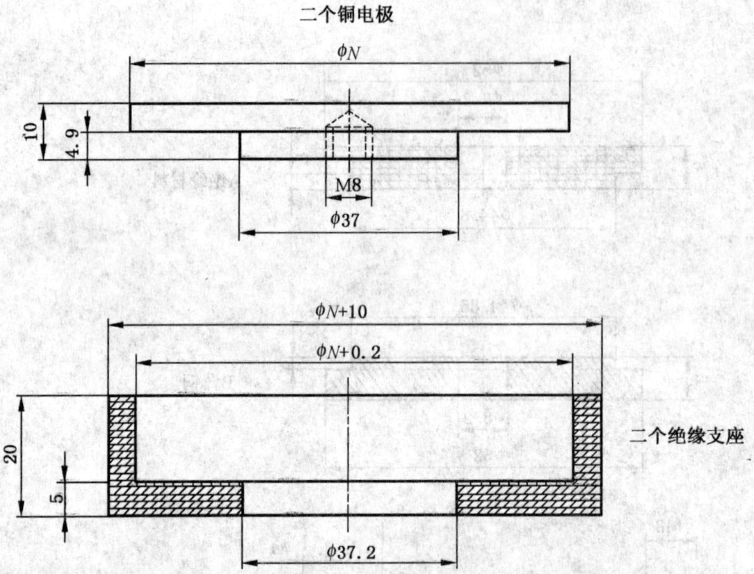

c) 40 mm≤φN≤70 mm

图 A.5 按试品直径配备的保证电极部件结构图

附 录 B
（规范性附录）
绝缘湿试验

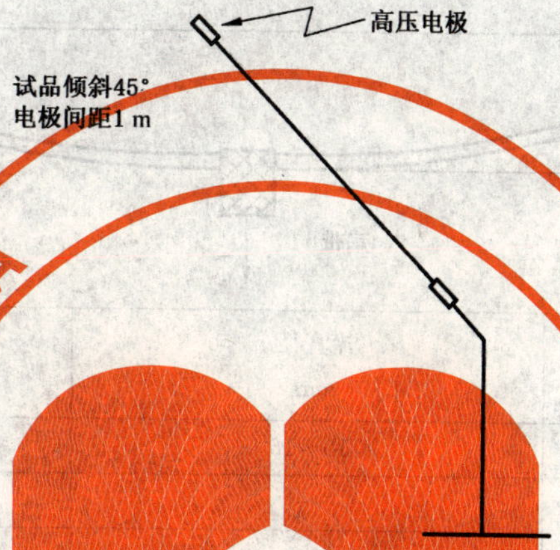

图 B.1 典型试验布置

单位为毫米

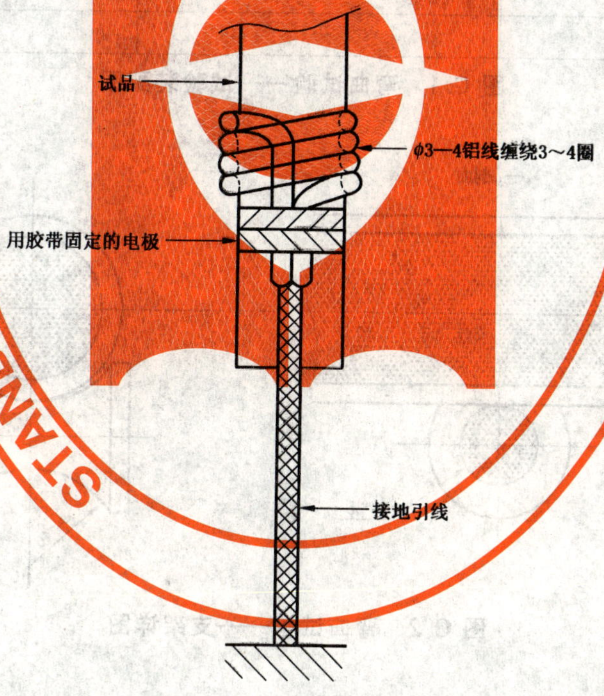

图 B.2 电极布置详图

附 录 C
（规范性附录）
机 械 试 验

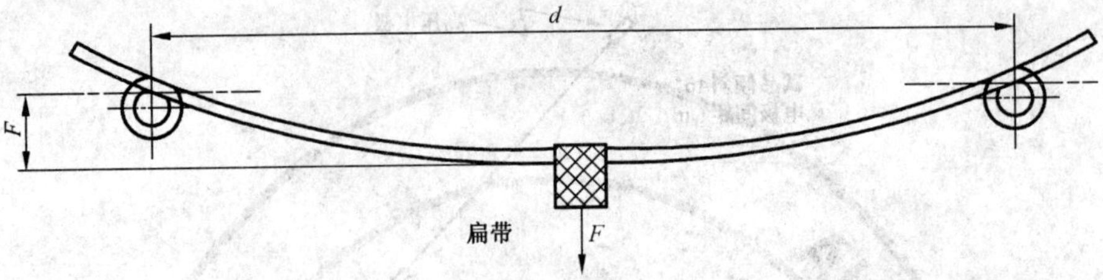

管直径/ mm	棒直径/ mm	两支架间的距离/ mm
—	10～16	500
18～22	—	700
—	24	1 000
24～30	—	1 100
32～36	30	1 500
40～70	—	2 000

图 C.1 弯曲试验——试验装配图

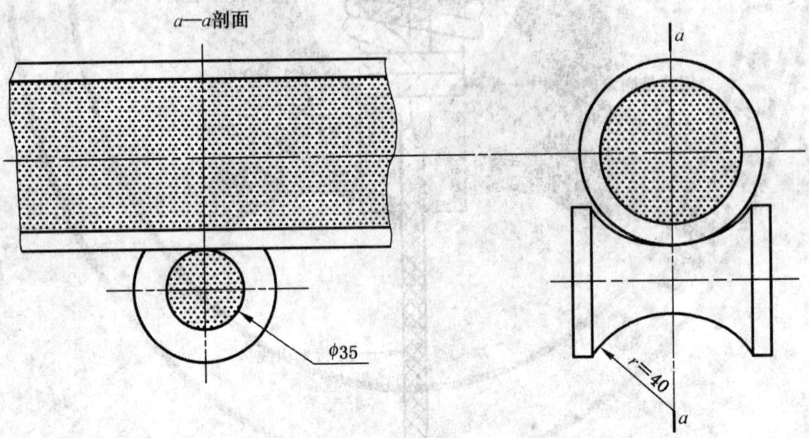

图 C.2 弯曲试验——支架详图

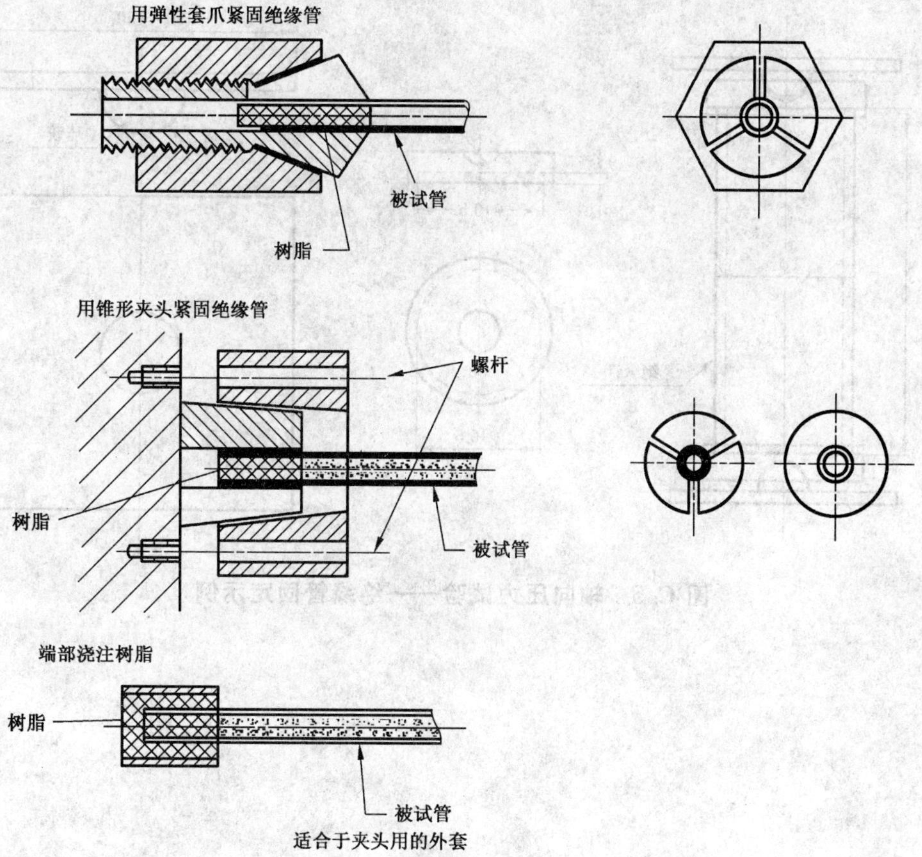

图 C.3 扭力试验——绝缘杆固定法示例

单位为毫米

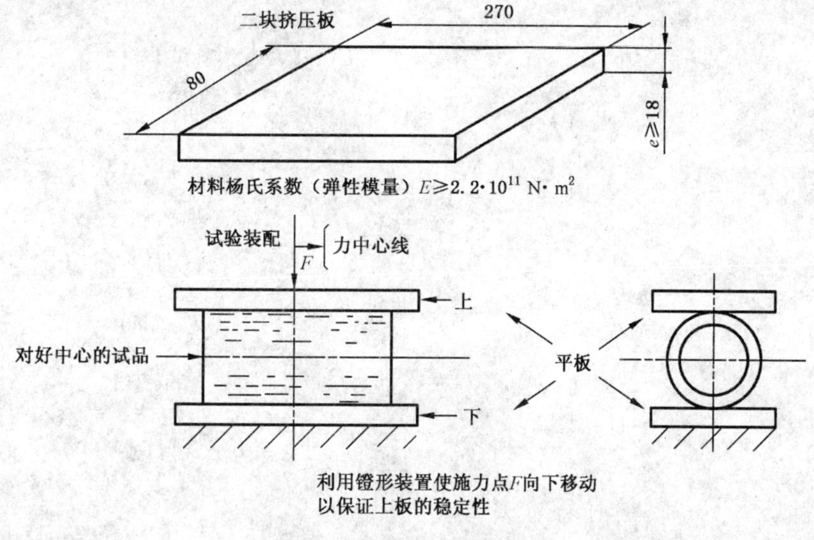

图 C.4 径向挤压试验

单位为毫米

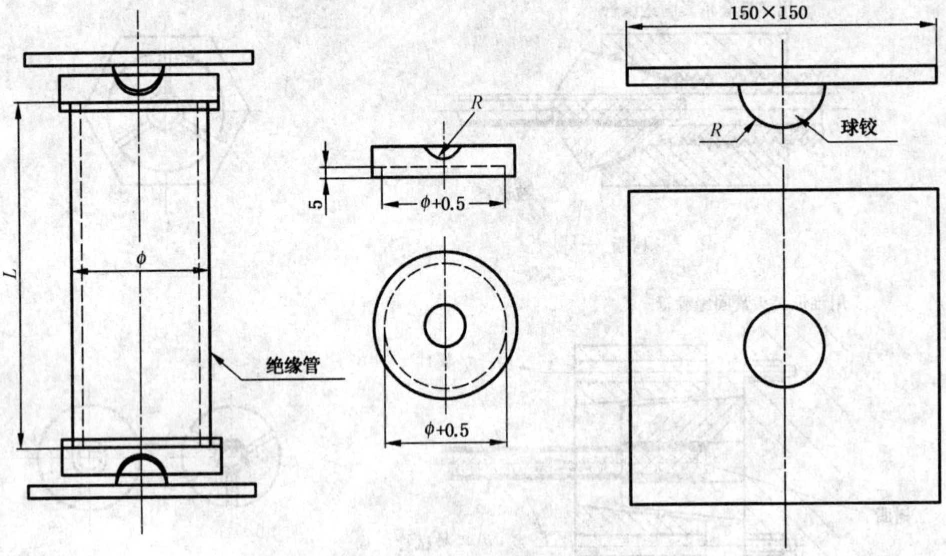

图 C.5　轴向压力试验——绝缘管固定示例

附 录 D
（规范性附录）
绝缘耐压试验

单位为毫米

图 D.1 典型试验布置

附　录　E
（规范性附录）
标　志　符　号

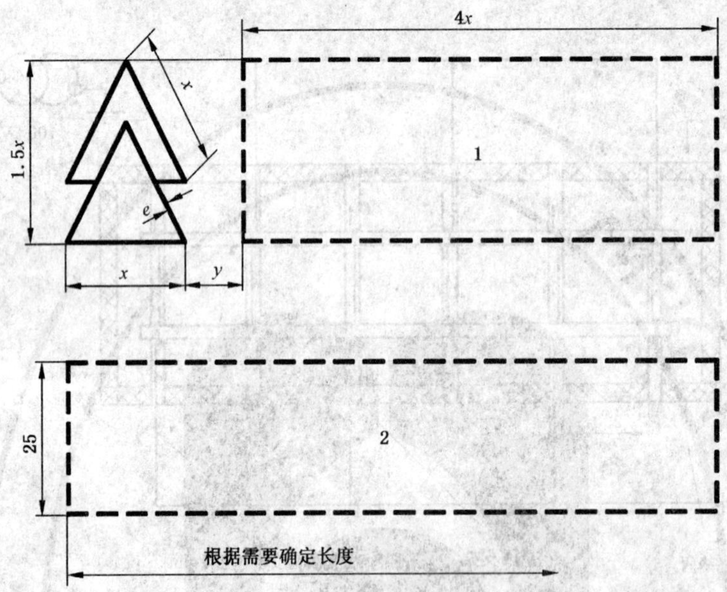

注 1：制造厂名、商标、型号及制造日期等信息在“1”中标明。

注 2：检验周期和检测日期在“2”中标明。

注 3：x 可以是 16,25 或 40,$y = x/2$,单位为 mm。

注 4：e 为线条的宽度，为 2 mm。

图 E.1　标志符号

附 录 F
（资料性附录）
绝缘管、棒的有关参数

表 F.1 绝缘管、棒的有关参数

抗拉强度/(N/cm^2)	60 000
轴向抗压强度/(N/cm^2)	25 500
弹性模量/Pa	44×10^9

ICS 23.040.60
J 15

中华人民共和国国家标准

GB/T 13403—2008
代替 GB/T 13403—1992

大直径钢制管法兰用垫片

Gaskets for large-diameter steel pipe flanges

2008-08-25 发布　　2009-04-01 实施

中华人民共和国国家质量监督检验检疫总局
中国国家标准化管理委员会　发布

前　言

本标准代替 GB/T 13403—1992《大直径碳钢管法兰用垫片》。

本标准与 GB/T 13403—1992 相比主要变化如下：

——修改了标准的名称；

——增加了垫片种类；

——增加了以 Class 标记的 A 系列法兰用垫片尺寸；

——以第 3 章"型式和尺寸"代替"垫片分类"(1992 版的第 3 章)，并增加了第 6 章"检验"。

本标准由中国机械工业联合会提出。

本标准由全国管路附件标准化技术委员会归口。

本标准起草单位：慈溪市恒立密封材料有限公司、中机生产力促进中心、宁波天生密封件有限公司、浙江国泰密封材料有限公司、广州市东山南方密封件有限公司、宁波信远工业器材有限公司。

本标准主要起草人：邱宽横、李俊英、励行根、吴益民、吴树济、袁奕琳、冯峰。

本标准所代替标准的历次版本发布情况为：

——GB/T 13403—1992。

大直径钢制管法兰用垫片

1 范围

本标准规定了大直径钢制管法兰用垫片的型式和尺寸、要求、标记和标志、检验和包装、运输及贮存。

本标准适用于NPS26～NPS60，Class150～Class900的大直径钢制管法兰用缠绕式垫片、柔性石墨波齿复合垫片和Class150～Class300的非金属平垫片、金属冲齿板柔性石墨复合垫片。

2 规范性引用文件

下列文件中的条款通过本标准的引用而成为本标准的条款。凡是注日期的引用文件，其随后所有的修改单(不包括勘误的内容)或修订版均不适用于本标准，然而，鼓励根据本标准达成协议的各方研究是否可使用这些文件的最新版本。凡是不注日期的引用文件，其最新版本适用于本标准。

GB/T 4622.1 缠绕式垫片 分类

GB/T 4622.3—2007 缠绕式垫片 技术条件

GB/T 9126 管法兰用非金属平垫片 尺寸

GB/T 9129—2003 管法兰用非金属平垫片 技术条件(ISO 7483:1991,NEQ)

GB/T 19066.1 柔性石墨金属波齿复合垫片 尺寸

GB/T 19066.3—2003 柔性石墨金属波齿复合垫片 技术条件

GB/T 19675.1 管法兰用金属冲齿板柔性石墨复合垫片 尺寸

GB/T 19675.2—2005 管法兰用金属冲齿板柔性石墨复合垫片 技术条件

3 型式和尺寸

3.1 缠绕式垫片的型式分为带定位环型、带内环和定位环型两种。垫片的结构型式见图1和图2，垫片的尺寸按表1和表2的规定。

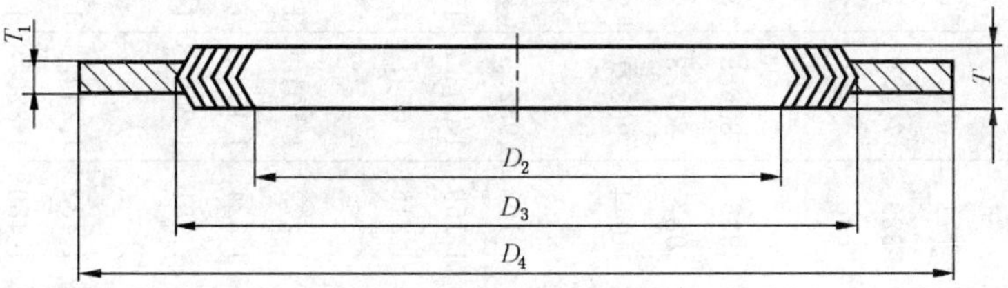

图1 带定位环型缠绕式垫片

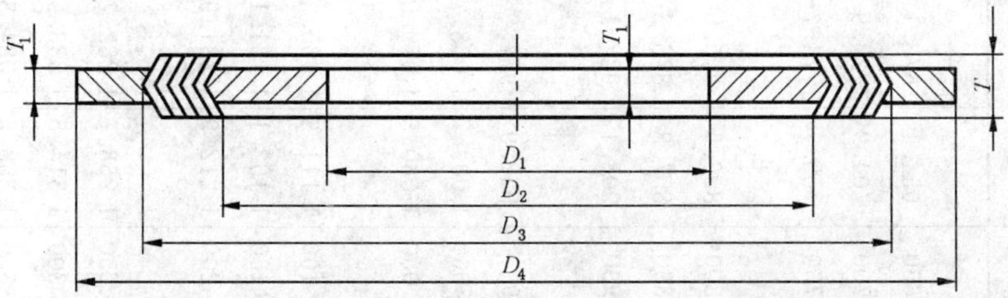

图2 带内环和定位环型缠绕式垫片

表 1 公称压力用 Class 标记的 A 系列大直径法兰用缠绕式垫片尺寸

单位为毫米

公称尺寸		公称压力																	
		Class150(PN20)				Class300(PN50)				Class600(PN110)				Class900(PN150)				T_1	T
NPS	DN	D_1	D_2	D_3	D_4	D_1	D_2	D_3	D_4	D_1	D_2	D_3	D_4	D_1	D_2	D_3	D_4		
26	650	654.1	673.1	704.9	771	654.1	685.8	736.6	832	647.7	685.8	736.6	863	660.4	685.8	736.6	878	3.0	4.5
28	700	704.9	723.9	755.7	829	704.9	736.6	787.4	895	698.5	736.6	787.4	910	711.2	736.6	784.4	943		
30	750	755.7	774.7	806.5	879	755.7	793.8	844.6	949	755.7	793.8	844.6	967	768.4	793.8	844.6	1 007		
32	800	806.5	825.5	860.6	936	806.5	850.9	901.7	1 003	812.8	850.9	901.7	1 017	812.8	850.9	901.7	1 067		
34	850	857.3	876.3	911.4	987	857.3	901.7	952.2	1 054	863.6	901.7	952.5	1 067	863.6	901.7	952.5	1 133		
36	900	908.1	927.1	968.5	1 044	908.1	955.8	1 006.6	1 114	917.7	955.8	1 006.6	1 127	920.8	958.9	1 009.7	1 196		
38	950	958.9	977.9	1 019.3	1 108	952.5	977.9	1 016.0	1 051	952.5	990.6	1 041.4	1 099	1 009.7	1 035.1	1 085.9	1 196		
40	1 000	1 009.7	1 028.7	1 070.1	1 159	1 003.3	1 022.4	1 070.1	1 111	1 009.7	1 047.8	1 098.6	1 150	1 060.5	1 098.6	1 149.4	1 247		
42	1 050	1 060.5	1 079.5	1 124.0	1 216	1 054.1	1 073.2	1 120.9	1 162	1 066.8	1 104.9	1 155.7	1 216	1 111.3	1 149.4	1 200.2	1 298		
44	1 100	1 111.3	1 130.3	1 178.1	1 273	1 104.9	1 130.3	1 181.1	1 216	1 111.3	1 162.1	1 212.9	1 267	1 155.7	1 206.5	1 257.3	1 366		
46	1 150	1 162.1	1 181.1	1 228.9	1 324	1 152.7	1 178.1	1 228.9	1 270	1 162.1	1 212.9	1 263.7	1 324	1 219.2	1 270.0	1 320.8	1 429		
48	1 200	1 212.9	1 231.9	1 279.7	1 381	1 209.8	1 235.2	1 286.0	1 321	1 219.2	1 270.0	1 320.8	1 386	1 270.0	1 320.8	1 371.6	1 480		
50	1 250	1 263.7	1 282.7	1 333.5	1 432	1 244.6	1 295.4	1 346.2	1 374	1 270.0	1 320.8	1 371.6	1 445						
52	1 300	1 314.5	1 333.5	1 384.3	1 489	1 320.8	1 346.2	1 397.0	1 425	1 320.8	1 371.6	1 422.4	1 496						
54	1 350	1 358.9	1 384.3	1 435.1	1 546	1 352.6	1 403.4	1 454.2	1 486	1 378.0	1 428.8	1 479.6	1 553						
56	1 400	1 409.7	1 435.1	1 485.9	1 603	1 403.4	1 454.2	1 505.0	1 537	1 428.8	1 479.6	1 530.4	1 607						
58	1 450	1 460.5	1 485.9	1 536.7	1 660	1 447.8	1 511.3	1 562.1	1 588	1 473.2	1 536.7	1 587.5	1 658						
60	1 500	1 511.3	1 536.7	1 587.5	1 711	1 524.0	1 562.1	1 612.9	1 639	1 530.4	1 593.9	1 644.7	1 729						

表 2 公称压力用 Class 标记的 B 系列大直径法兰用缠绕式垫片尺寸

单位为毫米

公称尺寸		公称压力																	
		Class150(PN20)				Class300(PN50)				Class600(PN110)				Class900(PN150)				T_1	T
NPS	DN	D_1	D_2	D_3	D_4	D_1	D_2	D_3	D_4	D_1	D_2	D_3	D_4	D_1	D_2	D_3	D_4		
26	650	654.1	673.1	698.5	722	654.1	673.1	711.2	768	644.7	663.7	714.5	761	666.8	692.2	749.3	835	3.0	4.5
28	700	704.9	723.9	749.3	773	704.9	723.9	762.0	822	685.8	704.9	755.7	816	717.6	743.0	800.1	897		
30	750	755.7	774.7	800.1	824	755.7	774.7	812.8	882	752.6	778.0	828.8	876	781.1	806.5	857.3	956		
32	800	806.5	825.5	850.9	878	806.5	825.5	863.6	936	793.8	831.9	882.7	929	838.2	863.6	914.4	1 013		
34	850	857.3	876.3	908.1	931	857.3	876.3	914.4	990	850.9	889.0	939.8	991	895.4	920.8	971.6	1 068		
36	900	908.1	927.1	958.9	984	908.1	927.1	965.2	1 044	901.7	939.8	990.6	1 042	920.8	946.2	997.0	1 121		
38	950	958.9	974.6	1 009.7	1 041	971.6	1 009.7	1 047.8	1 095	952.5	990.6	1 041.4	1 099	1 009.7	1 035.1	1 085.9	1 196		
40	1 000	1 009.7	1 022.4	1 063.8	1 092	1 022.4	1 060.5	1 098.6	1 146	1 009.7	1 047.8	1 098.6	1 150	1 060.5	1 098.6	1 149.4	1 247		
42	1 050	1 060.5	1 079.5	1 114.6	1 142	1 085.9	1 111.3	1 149.4	1 197	1 066.8	1 104.9	1 155.7	1 216	1 111.3	1 149.4	1 200.2	1 298		
44	1 100	1 111.3	1 124.0	1 165.4	1 193	1 124.0	1 162.1	1 200.2	1 247	1 111.3	1 162.1	1 212.9	1 267	1 155.7	1 206.5	1 257.3	1 366		
46	1 150	1 162.1	1 181.1	1 224.0	1 252	1 178.1	1 216.2	1 254.3	1 314	1 162.1	1 212.9	1 263.7	1 324	1 219.2	1 270.0	1 320.8	1 429		
48	1 200	1 212.9	1 231.9	1 270.0	1 303	1 231.9	1 263.7	1 311.4	1 365	1 219.2	1 270.0	1 320.8	1 386	1 270.0	1 320.8	1 371.6	1 480		
50	1 250	1 263.7	1 282.7	1 325.6	1 354	1 267.0	1 317.8	1 355.9	1 416	1 270.0	1 320.8	1 371.6	1 445						
52	1 300	1 314.5	1 333.5	1 376.4	1 405	1 317.8	1 368.6	1 406.7	1 467	1 320.8	1 371.6	1 422.4	1 496						
54	1 350	1 365.3	1 384.3	1 422.4	1 460	1 365.3	1 403.4	1 454.2	1 527	1 378.0	1 428.8	1 479.6	1 553						
56	1 400	1 422.4	1 444.8	1 477.8	1 511	1 428.8	1 479.6	1 524.0	1 588	1 428.8	1 479.6	1 530.4	1 607						
58	1 450	1 478.0	1 500.4	1 528.8	1 576	1 484.4	1 535.2	1 573.3	1 650	1 473.2	1 536.7	1 587.5	1 658						
60	1 500	1 535.2	1 557.3	1 586.0	1 627	1 557.3	1 589.0	1 630.4	1 701	1 530.4	1 593.9	1 644.7	1 729						

3.2 非金属平垫片的型式为环形平面型。垫片的结构型式见图3，尺寸按表3和表4的规定。

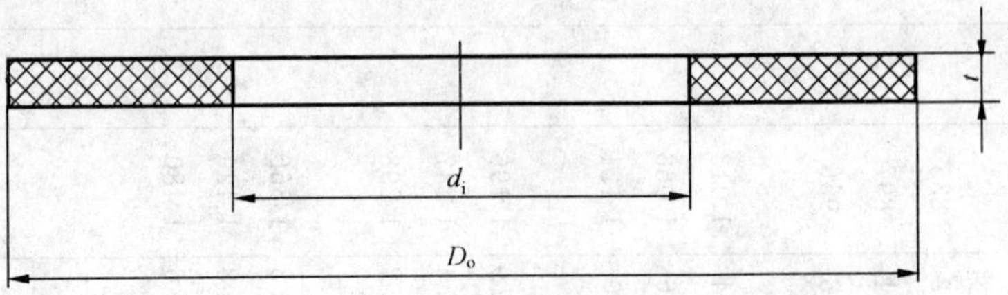

图3 非金属平垫片

表3 公称压力用Class标记的A系列大直径法兰用非金属平垫片尺寸

单位为毫米

公称尺寸		内径	外径 D_o		厚度
NPS	DN	d_i	Class150(PN20)	Class300(PN50)	t
26	650	660	771	832	3.0
28	700	711	829	895	
30	750	762	879	949	
32	800	813	936	1 003	
34	850	864	987	1 054	
36	900	914	1 044	1 114	
38	950	965	1 108	1 051	
40	1 000	1 016	1 159	1 111	
42	1 050	1 067	1 216	1 162	
44	1 100	1 118	1 273	1 216	
46	1 150	1 168	1 324	1 270	
48	1 200	1 219	1 381	1 321	
50	1 250	1 270	1 432	1 374	
52	1 300	1 321	1 489	1 425	
54	1 350	1 372	1 546	1 486	
56	1 400	1 422	1 603	1 537	
58	1 450	1 473	1 660	1 588	
60	1 500	1 524	1 711	1 639	

表4 公称压力用Class标记的B系列大直径法兰用非金属平垫片尺寸

单位为毫米

公称尺寸		内径	外径 D_o		厚度
NPS	DN	d_i	Class150(PN20)	Class300(PN50)	t
26	650	660	722	768	3.0
28	700	711	773	822	
30	750	762	824	882	
32	800	813	878	936	
34	850	864	931	990	
36	900	914	984	1 044	
38	950	965	1 041	1 095	
40	1 000	1 016	1 092	1 146	
42	1 050	1 067	1 142	1 197	

表 4（续） 单位为毫米

公称尺寸		内径 d_i	外径 D_o		厚度 t
NPS	DN		Class150(PN20)	Class300(PN50)	
44	1 100	1 118	1 193	1 247	3.0
46	1 150	1 168	1 252	1 314	
48	1 200	1 219	1 303	1 365	
50	1 250	1 270	1 354	1 416	
52	1 300	1 321	1 405	1 467	
54	1 350	1 372	1 460	1 527	
56	1 400	1 422	1 511	1 588	
58	1 450	1 473	1 576	1 650	
60	1 500	1 524	1 627	1 701	

3.3 柔性石墨金属波齿复合垫片的型式为带定位环型和带定位耳型。垫片的结构型式见图 4 和图 5，尺寸按表 5～表 8 的规定。

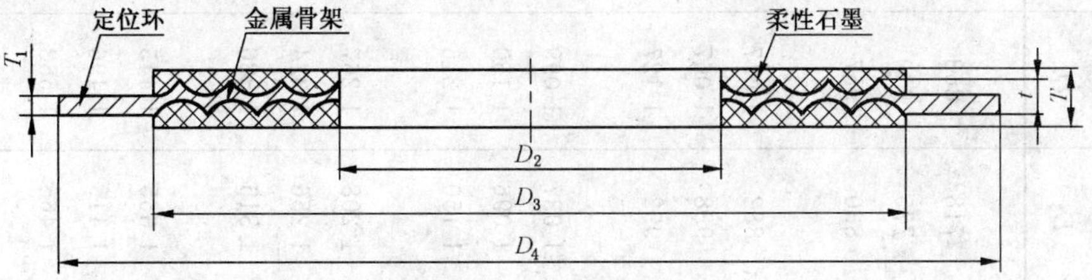

图 4 柔性石墨金属波齿复合垫片（带定位环型）

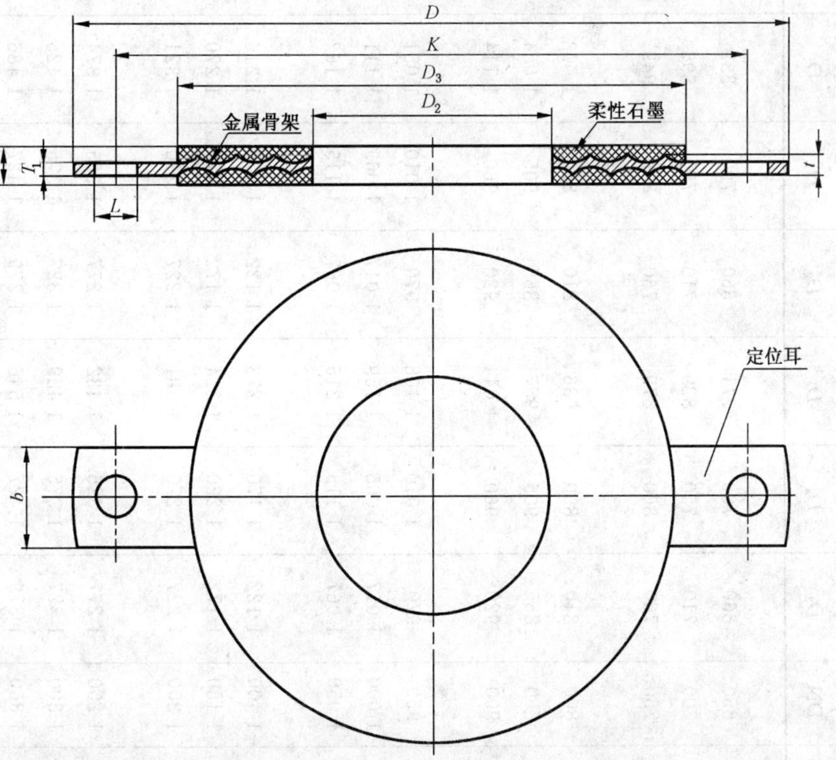

图 5 柔性石墨金属波齿复合垫片（带定位耳型）

表 5　公称压力用 Class 标记的 A 系列大直径法兰用柔性石墨金属波齿复合垫片尺寸(带定位环型)

单位为毫米

公称尺寸		公称压力												垫片厚度	金属骨架厚度	定位环厚度
		Class150(PN20)			Class300(PN50)			Class600(PN110)			Class900(PN150)					
NPS	DN	D_2	D_3	D_4	D_2	D_3	D_4	D_2	D_3	D_4	D_2	D_3	D_4	T	t	T_1
26	650	660	700	771	660	700	832	662	718	863	662	718	878	4.0	3.0	1.0～2.5
28	700	710	750	829	710	750	895	711	775	910	711	775	943			
30	750	760	800	879	760	800	949	766	830	967	766	830	1 007			
32	800	810	850	936	810	850	1 003	818	882	1 017	818	882	1 067			
34	850	865	905	987	865	905	1 054	866	938	1 067	866	938	1 133			
36	900	920	960	1 044	920	960	1 114	920	992	1 127	920	992	1 196			
38	950	970	1 010	1 108	970	1 010	1 051	965	1 037	1 099	965	1 037	1 196	4.5	3.5	1.5～3.0
40	1 000	1 017	1 065	1 159	1 017	1 065	1 111	1 016	1 096	1 150	1 016	1 096	1 247			
42	1 050	1 067	1 115	1 216	1 067	1 115	1 162	1 070	1 150	1 216	1 070	1 150	1 298			
44	1 100	1 122	1 170	1 273	1 122	1 170	1 216	1 120	1 208	1 267	1 120	1 208	1 366			
46	1 150	1 172	1 220	1 324	1 172	1 220	1 270	1 168	1 256	1 324	1 168	1 256	1 429			
48	1 200	1 227	1 270	1 381	1 227	1 270	1 321	1 219	1 315	1 386	1 219	1 315	1 480			
50	1 250	1 277	1 325	1 432	1 277	1 325	1 374	1 269	1 365	1 445						
52	1 300	1 327	1 375	1 489	1 327	1 375	1 425	1 319	1 415	1 496						
54	1 350	1 379	1 427	1 546	1 379	1 427	1 486	1 369	1 465	1 553						
56	1 400	1 424	1 480	1 603	1 424	1 480	1 537	1 419	1 515	1 607						
58	1 450	1 484	1 540	1 660	1 484	1 540	1 588	1 469	1 565	1 658						
60	1 500	1 534	1 590	1 711	1 534	1 590	1 639	1 519	1 615	1 729						

表 6　公称压力用 Class 标记的 A 系列大直径法兰用柔性石墨金属波齿复合垫片尺寸(带定位耳型)

单位为毫米

公称尺寸		公称压力																				垫片厚度 T	金属骨架厚度 t
		Class150(PN20)				Class300(PN50)				Class150(PN20), Class300(PN50)		Class600(PN110)				Class900(PN150)				Class600(PN110), Class900(PN150)			
NPS	DN	K	L	b	D	K	L	b	D	D_2	D_3	K	L	b	D	K	L	b	D	D_2	D_3		
26	650	806.5	35	55	870	876.3	45	65	971	660	700	914.4	51	71	1 016	952.5	75	95	1 086	662	718	4.0	3.0
28	700	863.6	35	55	927	939.8	45	65	1 035	710	750	965.2	55	75	1 073	1 022.4	79	99	1 168	711	775		
30	750	914.4	35	55	984	997.0	48	68	1 092	760	800	1 022.4	55	75	1 130	1 085.9	79	99	1 232	766	830		
32	800	977.9	42	62	1 060	1 054.1	51	71	1 149	810	850	1 079.5	63	83	1 194	1 155.7	88	108	1 314	818	882		
34	850	1 028.7	42	62	1 111	1 104.9	51	71	1 206	865	905	1 130.3	63	83	1 245	1 225.6	93	113	1 397	866	938		
36	900	1 085.9	42	62	1 168	1 168.4	55	75	1 270	920	960	1 193.8	67	87	1 314	1 289.1	93	113	1 461	920	992		
38	950	1 149.4	42	62	1 238	1 092.2	42	62	1 168	970	1 010	1 162.1	63	83	1 270	1 289.1	93	113	1 461	965	1 037	4.5	3.5
40	1 000	1 200.2	42	62	1 289	1 155.7	45	65	1 238	1 017	1 065	1 212.9	63	83	1 321	1 339.9	93	113	1 511	1 016	1 096		
42	1 050	1 257.3	42	62	1 346	1 206.5	45	65	1 289	1 067	1 115	1 282.7	67	87	1 403	1 390.7	93	113	1 562	1 070	1 150		
44	1 100	1 314.5	42	62	1 403	1 263.7	48	68	1 325	1 122	1 170	1 333.5	67	87	1 454	1 463.5	98	118	1 648	1 120	1 208		
46	1 150	1 365.3	42	62	1 454	1 320.8	51	71	1 416	1 172	1 220	1 390.7	67	87	1 511	1 536.7	108	128	1 734	1 168	1 256		
48	1 200	1 422.4	42	62	1 511	1 371.6	51	71	1 467	1 227	1 275	1 460.5	75	95	1 594	1 587.5	108	128	1 784	1 219	1 315		
50	1 250	1 479.6	48	68	1 568	1 428.8	55	75	1 530	1 277	1 325	1 524.0	79	99	1 670					1 269	1 365		
52	1 300	1 536.7	48	68	1 626	1 479.6	55	75	1 581	1 327	1 375	1 574.8	79	99	1 721					1 319	1 415		
54	1 350	1 593.9	48	68	1 683	1 549.4	63	83	1 657	1 379	1 427	1 632.0	79	99	1 778					1 369	1 465		
56	1 400	1 651.0	48	68	1 746	1 600.2	63	83	1 708	1 424	1 480	1 695.5	88	108	1 854					1 419	1 515		
58	1 450	1 708.2	48	68	1 803	1 651.0	63	83	1 759	1 484	1 540	1 746.3	88	108	1 905					1 469	1 565		
60	1 500	1 759.0	48	68	1 854	1 701.8	63	83	1 810	1 534	1 590	1 822.5	93	113	1 994					1 519	1 615		

注：定位耳的 b、D 尺寸不作为检验依据。

表 7 公称压力用 Class 标记的 B 列大直径法兰用柔性石墨金属波齿复合垫片尺寸(带定位环型)

单位为毫米

公称尺寸		公称压力												垫片厚度	金属骨架厚度	定位环厚度
		Class150(PN20)			Class300(PN50)			Class600(PN110)			Class900(PN150)			T	t	T_1
NPS	DN	D_2	D_3	D_4	D_2	D_3	D_4	D_2	D_3	D_4	D_2	D_3	D_4			
26	650	660	700	722	660	700	768	662	718	761	662	718	835	4.0	3.0	1.0～2.5
28	700	710	750	773	710	750	822	711	775	816	711	775	897			
30	750	760	800	824	760	800	882	766	830	876	766	830	956			
32	800	810	850	878	810	850	936	818	882	929	818	882	1 013			
34	850	865	905	931	865	905	990	866	938	991	866	938	1 068			
36	900	920	960	984	920	960	1 044	920	992	1 042	920	992	1 121			
38	950	970	1 010	1 041	970	1 010	1 095	965	1 037	1 099	965	1 037	1 196			
40	1 000	1 017	1 065	1 092	1 017	1 065	1 146	1 016	1 096	1 150	1 016	1 096	1 247			
42	1 050	1 067	1 115	1 142	1 067	1 115	1 197	1 070	1 150	1 216	1 070	1 150	1 298			
44	1 100	1 122	1 170	1 193	1 122	1 170	1 247	1 120	1 208	1 267	1 120	1 208	1 366			
46	1 150	1 172	1 220	1 252	1 172	1 220	1 314	1 168	1 256	1 324	1 168	1 256	1 429			
48	1 200	1 227	1 270	1 303	1 227	1 270	1 365	1 219	1 315	1 386	1 219	1 315	1 480			
50	1 250	1 277	1 325	1 354	1 277	1 325	1 416	1 269	1 365	1 445						
52	1 300	1 327	1 375	1 405	1 327	1 375	1 467	1 319	1 415	1 496						
54	1 350	1 379	1 427	1 460	1 379	1 427	1 527	1 369	1 465	1 553						
56	1 400	1 424	1 480	1 511	1 424	1 480	1 588	1 419	1 515	1 607						
58	1 450	1 484	1 540	1 576	1 484	1 540	1 650	1 469	1 565	1 658						
60	1 500	1 534	1 590	1 627	1 534	1 590	1 701	1 519	1 615	1 729						

表 8　公称压力用 Class 标记的 B 列大直径法兰用柔性石墨金属波齿复合垫片尺寸(带定位耳型)

单位为毫米

公称尺寸		公称压力																				垫片厚度 T	金属骨架厚度 t
		Class150(PN20)				Class300(PN50)				Class150(PN20)，Class300(PN50)		Class600(PN110)				Class900(PN150)				Class600(PN110)，Class900(PN150)			
NPS	DN	K	L	b	D	K	L	b	D	D_2	D_3	K	L	b	D	K	L	b	D	D_2	D_3		
26	650	744.5	22	42	756	803.1	35	55	867	660	700	806.5	45	65	889	901.7	67	87	1 022	662	718	4.0	3.0
28	700	795.3	22	42	837	857.3	35	55	921	710	750	863.6	48	68	953	971.6	75	95	1 105	711	775		
30	750	846.1	22	42	887	920.8	39	59	991	760	800	927.1	51	71	1 022	1 035.1	79	99	1 181	766	830		
32	800	900.2	22	42	941	977.9	42	62	1 054	810	850	984.3	55	75	1 086	1 092.2	79	99	1 238	818	882		
34	850	957.3	26	46	1 005	1 031.7	42	62	1 108	865	905	1 054.1	63	83	1 162	1 155.7	88	108	1 314	866	938		
36	900	1 009.7	26	46	1 057	1 089.2	45	65	1 171	920	960	1 104.9	63	83	1 213	1 200.2	79	99	1 346	920	992		
38	950	1 069.8	29	49	1 124	1 140.0	45	65	1 222	970	1 010	1 162.1	63	83	1 270	1 289.1	93	113	1 461	965	1 037	4.5	3.5
40	1 000	1 120.6	29	49	1 175	1 190.8	45	65	1 273	1 017	1 065	1 212.9	63	83	1 321	1 339.9	93	113	1 511	1 016	1 096		
42	1 050	1 171.4	29	49	1 226	1 244.6	48	68	1 334	1 067	1 115	1 282.7	67	87	1 403	1 390.7	93	113	1 562	1 070	1 150		
44	1 100	1 222.2	29	49	1 276	1 295.4	48	68	1 384	1 122	1 170	1 333.5	67	87	1 454	1 463.5	98	118	1 648	1 120	1 208		
46	1 150	1 284.2	32	52	1 341	1 365.3	51	71	1 461	1 172	1 220	1 390.7	67	87	1 511	1 536.7	108	128	1 734	1 168	1 256		
48	1 200	1 335.0	32	52	1 392	1 416.1	51	71	1 511	1 227	1 270	1 460.5	75	95	1 594	1 587.5	108	128	1 784	1 219	1 315		
50	1 250	1 385.8	32	52	1 443	1 466.9	51	71	1 562	1 277	1 325	1 524.0	79	99	1 670					1 269	1 365		
52	1 300	1 436.6	32	52	1 494	1 517.7	51	71	1 613	1 327	1 375	1 574.8	79	99	1 721					1 319	1 415		
54	1 350	1 492.3	32	52	1 549	1 577.8	51	71	1 673	1 379	1 427	1 632.0	79	99	1 778					1 369	1 465		
56	1 400	1 543.1	32	52	1 600	1 651.0	63	83	1 765	1 424	1 480	1 695.5	88	108	1 854					1 419	1 515		
58	1 450	1 611.4	35	55	1 675	1 713.0	63	83	1 827	1 484	1 540	1 746.3	88	108	1 905					1 469	1 565		
60	1 500	1 662.2	35	55	1 726	1 763.8	63	83	1 878	1 534	1 590	1 822.5	93	113	1 994					1 519	1 615		

注：定位耳的 b、D 尺寸不作为检验依据。

3.4 金属冲齿板柔性石墨复合垫片的型式为基本型或内包边型。垫片的结构型式见图 6 和图 7，垫片尺寸按表 9 和表 10 的规定。

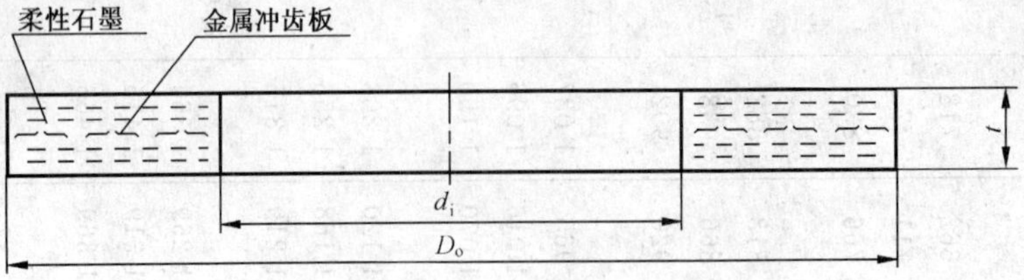

图 6 金属冲齿柔性石墨复合垫片(基本型)

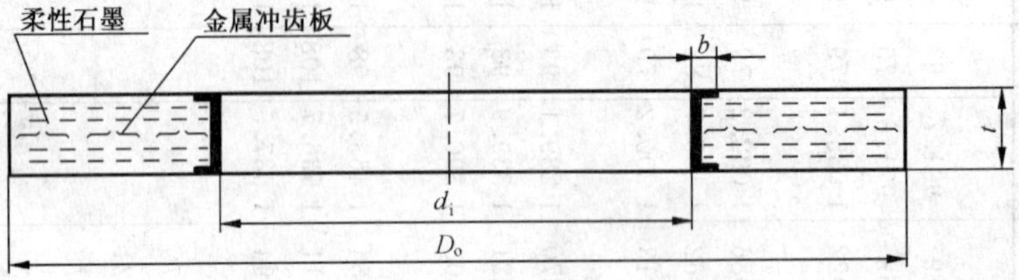

图 7 金属冲齿柔性石墨复合垫片(内包边型)

表 9 公称压力用 **Class** 标记的 **A** 系列大直径法兰用金属冲齿板柔性石墨复合垫片

单位为毫米

公称尺寸		内径 d_i	外径 D_o		包边宽度 b	厚度 t
NPS	DN		Class150(PN20)	Class300(PN50)		
26	650	660	771	832	4.0	3.0
28	700	711	829	895		
30	750	762	879	949		
32	800	813	936	1 003		
34	850	864	987	1 054		
36	900	914	1 044	1 114		
38	950	965	1 108	1 051		
40	1 000	1 016	1 159	1 111		
42	1 050	1 067	1 216	1 162		
44	1 100	1 118	1 273	1 216		
46	1 150	1 168	1 324	1 270		
48	1 200	1 219	1 381	1 321		
50	1 250	1 270	1 432	1 374		
52	1 300	1 321	1 489	1 425		
54	1 350	1 372	1 546	1 486		
56	1 400	1 422	1 603	1 537		
58	1 450	1 473	1 660	1 588		
60	1 500	1 524	1 711	1 639		

表 10　公称压力用 Class 标记的 B 系列大直径法兰用金属冲齿板柔性石墨复合垫片尺寸

单位为毫米

公称尺寸		内径	外径 D_o		包边宽度	厚度
NPS	DN	d_i	Class150(PN20)	Class300(PN50)	b	t
26	650	660	722	768	4.0	3.0
28	700	711	773	822		
30	750	762	824	882		
32	800	813	878	936		
34	850	864	931	990		
36	900	914	984	1 044		
38	950	965	1 041	1 095		
40	1 000	1 016	1 092	1 146		
42	1 050	1 067	1 142	1 197	5.0	
44	1 100	1 118	1 193	1 247		
46	1 150	1 168	1 252	1 314		
48	1 200	1 219	1 303	1 365		
50	1 250	1 270	1 354	1 416		
52	1 300	1 321	1 405	1 467		
54	1 350	1 372	1 460	1 527		
56	1 400	1 422	1 511	1 588		
58	1 450	1 473	1 576	1 650		
60	1 500	1 524	1 627	1 701		

4　要求

4.1　缠绕式垫片的技术要求应符合 GB/T 4622.3—2007 中第 3 章的规定。垫片尺寸的极限偏差应符合表 11 的规定。

表 11　缠绕式垫片尺寸极限偏差

单位为毫米

公称尺寸		内环内径	密封元件内径	密封元件外径	定位环外径	密封元件厚度	定位环厚度
NPS	DN	D_1	D_2	D_3	D_4	T	T_1
26～48	650～1 200	$^{+1.5}_{0}$	±1.5	±2.0	$^{0}_{-2.50}$	$^{+0.40}_{0}$	±0.20
50～60	1 250～1 500	$^{+2.0}_{0}$	±2.0	±2.5			

4.2　非金属平垫片的技术要求应符合 GB/T 9129—2003 中第 3 章的规定。垫片尺寸的极限偏差应符合表 12 的规定。

表 12　非金属平垫片尺寸极限偏差

单位为毫米

公称尺寸		垫片内径	垫片外径	垫片厚度
NPS	DN	d_i	D_o	t
≤36	≤900	±3.0	±3.0	±0.20
38～60	950～1 500	±4.0	±4.0	

4.3 柔性石墨金属波齿复合垫片的技术要求应符合 GB/T 19066.3—2003 中第 3 章和第 4 章的规定。垫片尺寸的极限偏差应符合表 13 的规定。

表 13 柔性石墨金属波齿复合垫片尺寸极限偏差 单位为毫米

公称尺寸		垫片内径 D_2	垫片外径 D_3	定位环外径 D_4	垫片厚度 T	金属骨架厚度 t	定位耳螺栓孔中心圆直径 K	定位耳螺栓孔直径 L
NPS	DN							
26～48	650～1 200	±1.5	±2.0	$^{0}_{-2.50}$	$^{+0.40}_{0}$	±0.20	±1.5	±0.5
50～60	1 250～1 500	±2.0	±2.5					

4.4 金属冲齿板柔性石墨复合垫片的技术要求应符合 GB/T 19675.2—2005 中第 3 章的规定。垫片尺寸的极限偏差应符合表 14 的规定。

表 14 金属冲齿板柔性石墨复合垫片尺寸极限偏差 单位为毫米

公 称 尺 寸		垫片内径 d_i	垫片外径 D_o	垫片厚度 t
NPS	DN			
≤36	≤900	±3.0	±3.0	±0.20
38～60	950～1 500	±4.0	±4.0	

5 检验

5.1 抽样

5.1.1 用于检验的产品样品应在制造商仓库或用户处随机抽取。当产品规格不符合规定要求时，制造商应按与产品相同的工艺条件生产足够数量的样品。

5.1.2 组批及抽样数量应符合以下规定：

a) 缠绕式垫片按 GB/T 4622.3—2007 的 5.2.2 和 5.2.3；

b) 非金属平垫片按 GB/T 9129—2003 的 4.3；

c) 柔性石墨波齿复合垫片按 GB/T 19066.3—2003 的 6.3；

d) 金属冲齿板柔性石墨复合垫片按 GB/T 19675.2—2005 的 4.3。

5.2 检验类别和项目

5.2.1 检验分为出厂检验和型式检验。当出现以下情形之一时，应进行型式检验：

a) 新产品试验；

b) 产品转型；

c) 正式生产后在结构、材料、工艺上有较大改进，可能影响产品性能；

d) 正常生产满 1 年；

e) 停产 3 个月以上恢复生产；

f) 质量监督机构或顾客提出型式检验要求。

5.2.2 检验项目应符合以下规定：

a) 缠绕式垫片的出厂检验和型式检验分别按 GB/T 4622.3—2007 中的 5.1.2 和 5.1.3；

b) 非金属平垫片的出厂检验和型式检验分别按 GB/T 9129—2003 中的 4.1.2 和 4.1.3；

c) 柔性石墨波齿复合垫片的出厂检验和型式检验分别按 GB/T 19066.3—2003 中的 6.1 和 6.2；

d) 金属冲齿板柔性石墨复合垫片的出厂检验和型式检验分别按 GB/T 19675.2—2005 中的 4.1.2 和 4.1.3。

5.3 检验方法和判定规则

各种垫片的检验方法和判定规则应符合以下规定：

a) 缠绕式垫片的检验方法按 GB/T 4622.3—2007 的第 4 章，判定规则按 GB/T 4622.3—2007 的 5.2；

b) 非金属平垫片的检验方法按 GB/T 9129—2003 的 4.2，判定规则按 GB/T 9129—2003 的 4.3；

c) 柔性石墨波齿复合垫片的检验方法按 GB/T 19066.3—2003 的第 5 章，判定规则按 GB/T 19066.3—2003 的 6.3；

d) 金属冲齿板柔性石墨复合垫片的检验方法按 GB/T 19675.2—2005 的 4.2，判定规则按 GB/T 19675.2—2005 的 4.3。

6 标记和标志

6.1 缠绕式垫片的标记和标志应符合 GB/T 4622.1 的规定。

6.2 非金属平垫片的标记应符合 GB/T 9126 的规定；标志按 GB/T 9129—2003 中 5.1 的规定。

6.3 柔性石墨波齿复合垫片的标记应符合 GB/T 19066.1 的规定；标志按 GB/T 19066.3—2003 中 7.1 的规定。

6.4 金属冲齿板柔性石墨复合垫片的标记应符合 GB/T 19675.1 的规定；标志可采用产品合格证或产品标签方式，内容见 GB/T 19675.2—2005 中的 5.1.1。

7 包装、运输及贮存

7.1 包装

7.1.1 包装应保证产品在贮存和运输过程中不致损坏或遗失。

7.1.2 随产品应附上产品合格证，上面应注明：

a) 批号；

b) 产品规格型式；

c) 标准编号；

d) 检验员姓名或代号；

e) 检验日期。

7.2 运输及贮存

7.2.1 产品在运输过程中必须防止雨淋或受潮。

7.2.2 产品应贮存在常温清洁、通风干燥的仓库内，防止日光照晒，避免靠近热源。

ICS 23.040.60
J 15

中华人民共和国国家标准

GB/T 13404—2008
代替 GB/T 13404—1992

管法兰用非金属聚四氟乙烯包覆垫片

Non-metallic PTFE envelope gaskets for pipe flanges

2008-08-25 发布　　　　2009-04-01 实施

中华人民共和国国家质量监督检验检疫总局
中国国家标准化管理委员会　发布

前言

本标准代替 GB/T 13404—1992《管法兰用聚四氟乙烯包覆垫片》。

本标准与 GB/T 13404—1992 相比主要变化如下：

——修改了标准名称、适用范围、型式代号；

——将尺寸按 PN 系列和 Class 系列分别编排，删除了垫片内径 D_2 尺寸，修改了部分内径尺寸，修改了尺寸偏差；

——修改了垫片的使用温度，明确了对使用温度的要求；

——夹嵌层材料增加了非石棉纤维橡胶板和橡胶板，补充了常用夹嵌层材料代号和推荐使用温度；

——性能试验温度由 25 ℃改为 18 ℃～28 ℃（室温），试验样品改为 89×132×3(mm) B 型；

——增加了聚四氟乙烯包覆非石棉纤维橡胶垫和聚四氟乙烯包覆橡胶垫的性能指标；修改了聚四氟乙烯包覆石棉橡胶垫片的压缩率指标；

——完善了标准结构，增加第 5 章、第 6 章和第 7 章的技术内容。

本标准由中国机械工业联合会提出。

本标准由全国管路附件标准化技术委员会归口。

本标准起草单位：浙江国泰密封材料股份有限公司、中机生产力促进中心、宁波信远工业器材有限公司、宁波天生密封件有限公司、华东理工大学。

本标准主要起草人：吴益民、李俊英、袁奕琳、励行根、蔡仁良、孙锦龙、冯峰、林剑红。

本标准所代替标准的历次版本发布情况为：

——GB/T 13404—1992。

管法兰用非金属聚四氟乙烯包覆垫片

1 范围

本标准规定了管法兰用非金属聚四氟乙烯包覆垫片(以下简称垫片)的型式与尺寸,要求,标记,检验,标志、包装和贮运。

本标准适用于公称尺寸DN10～DN600,公称压力PN6～PN63和公称尺寸NPS1/2～NPS24,公称压力Class150、Class300的突面法兰用非金属聚四氟乙烯包覆垫片。

2 规范性引用文件

下列文件中的条款通过本标准的引用而成为本标准的条款。凡是注日期的引用文件,其随后所有的修改单(不包括勘误的内容)或修订版均不适用于本标准,然而,鼓励根据本标准达成协议的各方研究是否可使用这些文件的最新版本。凡是不注日期的引用文件,其最新版本适用于本标准。

GB/T 191 包装储运图示标志(GB/T 191—2008,ISO 780:1997,MOD)

GB/T 3985 石棉橡胶板

GB/T 5574 工业用橡胶板

GB/T 9129 管法兰用非金属平垫片 技术条件(GB/T 9129—2003,ISO 7483:1991,NEQ)

GB/T 12385—2008 管法兰用垫片密封性能试验方法

GB/T 12621—2008 管法兰用垫片应力松弛试验方法

GB/T 12622—2008 管法兰用垫片压缩率及回弹率试验方法

QB/T 3624 聚四氟乙烯管材

QB/T 3625 聚四氟乙烯板材

3 型式与尺寸

3.1 垫片的型式分为A型、B型和C型3种;垫片的结构尺寸见图1。

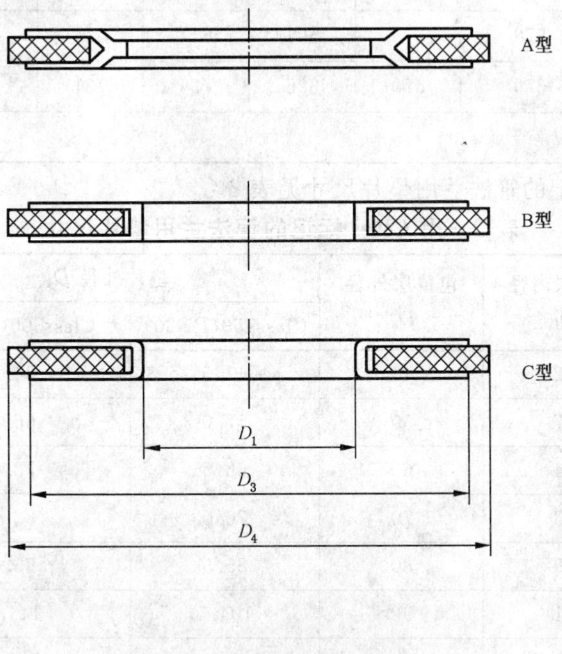

D_1——包覆层内径;

D_3——包覆层外径;

D_4——垫片外径。

图1 垫片型式及结构尺寸

3.2 公称压力用PN标记的管法兰用垫片尺寸见表1。

表1 用PN标记的管法兰用垫片尺寸

单位为毫米

公称尺寸 DN	包覆层内径 D_1	包覆层外径 D_3	垫片外径 D_4						垫片型式
			PN6	PN10	PN16	PN25	PN40	PN63	
10	18	36	39	46	46	46	46	56	A型和B型
15	22	40	44	51	51	51	51	61	
20	27	50	54	61	61	61	61	72	
25	34	60	64	71	71	71	71	82	
32	43	70	76	82	82	82	82	88	
40	49	80	86	92	92	92	92	103	
50	61	92	96	107	107	107	107	113	
65	77	110	116	127	127	127	127	138	
80	89	126	132	142	142	142	142	148	
100	115	151	152	162	162	168	168	174	
125	141	178	182	192	192	194	194	210	
150	169	206	207	218	218	224	224	247	
200	220	260	262	273	273	284	290	309	A型、B型和C型
250	273	314	317	328	329	340	352	364	
300	324	365	373	378	384	400	417	424	
350	356	412	423	438	444	457	474	486	
400	407	469	473	489	495	514	546	543	C型
450	458	528	528	539	555	564	571	—	
500	508	578	578	594	617	624	628	—	
600	610	679	679	695	734	731	747	—	

注：顾客有要求时 D_3 可以等于 D_4。

3.3 公称压力用Class标记的管法兰用垫片尺寸见表2。

表2 用Class标记的管法兰用垫片尺寸

单位为毫米

公称尺寸		包覆层内径 D_1	包覆层外径 D_3	垫片外径 D_4		垫片型式
NPS	DN			Class150(PN20)	Class300(PN50)	
1/2	15	22	40	47.5	54.0	A型和B型
3/4	20	27	50	57.0	66.5	
1	25	34	60	66.5	73.0	
1¼	32	43	70	76.0	82.5	
1½	40	49	80	85.5	95.0	
2	50	61	92	104.5	111.0	
2½	65	73	110	124.0	130.0	

表 2（续） 单位为毫米

公称尺寸		包覆层内径 D_1	包覆层外径 D_3	垫片外径 D_4		垫片型式
NPS	DN			Class150(PN20)	Class300(PN50)	
3	80	89	126	136.5	149.0	A 型和 B 型
4	100	115	151	174.5	181.0	
5	125	141	178	196.5	216.0	
6	150	169	206	222.0	251.0	
8	200	220	260	279.0	308.0	A 型、B 型和 C 型
10	250	273	314	339.5	362.0	
12	300	324	365	409.5	422.0	
14	350	356	412	450.5	485.5	
16	400	407	469	514.0	539.5	C 型
18	450	458	528	549.0	597.0	
20	500	508	578	606.5	654.0	
24	600	610	679	717.5	774.5	
注：顾客有要求时 D_3 可以等于 D_4。						

4 要求

4.1 材料

4.1.1 常用夹嵌层材料的代号和推荐使用温度见表 3。根据供需双方协商，允许采用表 3 之外的夹嵌层材料。

表 3 常用夹嵌层材料的代号和推荐使用温度

材料名称	高压石棉橡胶板	中压石棉橡胶板	5110 非石棉橡胶板	氟橡胶板	丁腈橡胶板	三元乙丙橡胶板
材料代号	XB450	XB350	NASB 5110	FKM	NBR	EPDM
推荐使用温度/℃	＜450	＜350	＜200	＜220	＜110	＜200

4.1.2 垫片包覆层用聚四氟乙烯管材应符合 QB/T 3624 的规定，聚四氟乙烯板材应符合 QB/T 3625 的规定，聚四氟乙烯包覆层的厚度为 0.5 mm，嵌入物的厚度为 2.0 mm，顾客另有要求时由供需双方协商确定。

4.1.3 垫片用的非石棉橡胶板应符合 GB/T 9129 的规定。

4.1.4 垫片用的橡胶板应符合 GB/T 5574 的规定。

4.1.5 垫片用的石棉橡胶板应符合 GB/T 3985 的规定。

4.1.6 垫片用的其他夹嵌层材料应符合相关标准的要求。

警告：对含有石棉的材料须遵守法律、法规的规定，在使用这些含石棉材料时要采取预防措施，以确保不会对健康造成危害。

4.2 外观质量

垫片表面应平整、光滑、无翘曲变形，厚度均匀，不得有孔眼、皱折及夹渣等缺陷。

4.3 尺寸偏差

4.3.1 公称压力用 PN 标记的垫片尺寸偏差应符合表 4 的规定。

表 4　公称压力用 PN 标记的垫片尺寸偏差　　单位为毫米

<table>
<tr><th>公称尺寸
DN</th><th>包覆层内径
D1</th><th>包覆层外径
D3</th><th>垫片外径
D4</th><th>垫片厚度</th><th>聚四氟乙烯包层</th></tr>
<tr><td>10</td><td rowspan="4">±0.5</td><td rowspan="6">±0.8</td><td rowspan="16">±1.5</td><td rowspan="20">±0.30</td><td rowspan="20">±0.05</td></tr>
<tr><td>15</td></tr>
<tr><td>20</td></tr>
<tr><td>25</td></tr>
<tr><td>32</td><td rowspan="5">±0.8</td></tr>
<tr><td>40</td></tr>
<tr><td>50</td><td rowspan="6">±1.2</td></tr>
<tr><td>65</td></tr>
<tr><td>80</td></tr>
<tr><td>100</td><td rowspan="6">±1.2</td></tr>
<tr><td>125</td></tr>
<tr><td>150</td></tr>
<tr><td>200</td><td rowspan="8">±2.0</td></tr>
<tr><td>250</td></tr>
<tr><td>300</td><td rowspan="6">±2.0</td></tr>
<tr><td>350</td></tr>
<tr><td>400</td><td rowspan="4">±2.0</td></tr>
<tr><td>450</td></tr>
<tr><td>500</td></tr>
<tr><td>600</td></tr>
</table>

4.3.2　公称压力用 Class 标记的垫片尺寸偏差应符合表 5 的规定。

表 5　公称压力用 Class 标记的垫片尺寸偏差　　单位为毫米

<table>
<tr><th>公称尺寸</th><th>内径
D1</th><th>外径
D4</th><th>垫片厚度</th><th>聚四氟乙烯包覆层</th></tr>
<tr><td>≤DN300</td><td>±1.5</td><td>$^{0}_{-1.5}$</td><td rowspan="2">±0.30</td><td rowspan="2">±0.05</td></tr>
<tr><td>≥DN350</td><td>±3.0</td><td>$^{0}_{-3.0}$</td></tr>
</table>

4.4　性能

4.4.1　垫片压缩率、回弹率的试验条件和指标应符合表 6 的规定。

表 6 垫片压缩率、回弹率的试验条件和指标

产品类型	试验条件			指标	
	试样规格/mm	试验温度/℃	预紧比压/MPa	压缩率/%	回弹率/%
石棉橡胶聚四氟乙烯包覆垫片	φ89×φ132×3（B型）	18～28	35.0	7～13	≥30
非石棉纤维橡胶聚四氟乙烯包覆垫片				7～13	≥30
橡胶聚四氟乙烯包覆垫片			15.0	20～30	≥10

4.4.2 垫片密封性能的试验条件和指标应符合表 7 的规定。

表 7 垫片密封性能的试验条件和指标

产品类型	试验条件					指标
	试样规格/mm	试验温度/℃	试验介质	预紧比压/MPa	试验压力	泄漏率/(cm^3/s)
石棉橡胶聚四氟乙烯包覆垫片	φ89×φ132×3（B型）	18～28	99.9%氮气	35.0	公称压力的1.1倍	$<1.0\times10^{-3}$
非石棉纤维橡胶聚四氟乙烯包覆垫片						
橡胶聚四氟乙烯包覆垫片				15.0		$<1.0\times10^{-2}$

4.4.3 石棉橡胶聚四氟乙烯包覆垫片和非石棉纤维橡胶聚四氟乙烯包覆垫片应力松弛的试验条件和指标应符合表 8 的规定。

表 8 垫片应力松弛的试验条件和指标

产品类型	试样规格/mm	预紧应力/MPa	试验温度/℃	试验时间/h	指标
					应力松弛率/%
石棉橡胶聚四氟乙烯包覆垫片	φ73×φ34×3	35	150	16	≤45
非石棉纤维橡胶聚四氟乙烯包覆垫片					

5 标记

垫片可按下列要求在垫片标签上或包装盒上进行标记，或按供需双方协议进行标记。

5.1 标记方法

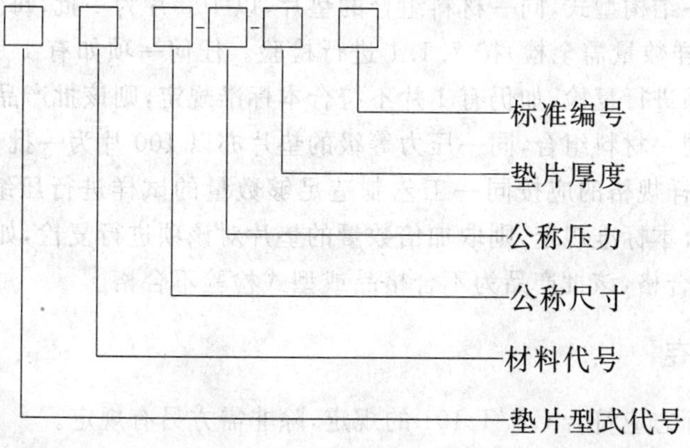

5.2 标记示例

公称尺寸 DN50，公称压力 PN10，厚度 3.0 mm 的 A 型中压石棉橡胶聚四氟乙烯包覆垫片：

中压石棉橡胶聚四氟乙烯包覆垫片 A XB350 DN50-PN10-3.0 GB/T 13404

6 检验方法

6.1 外观质量

垫片的外观质量用目视检查。

6.2 尺寸

6.2.1 垫片尺寸用精度为 0.02 mm 的游标卡尺测量,精确到 0.1 mm,公称尺寸大于等于 DN650 的产品,内外径测量可用精度为 1.0 mm 的量尺测量,精确到 1.0 mm。

6.2.2 垫片内外径的测量取直径相互垂直的任意两处测量值的算术平均值。

6.2.3 垫片厚度的测量沿圆周方向等弧测量 3 点,取测量值的算术平均值,精确到 0.1 mm。

6.3 性能

6.3.1 垫片压缩、回弹性能的试验按 GB/T 12622—2008 中的方法 B 进行。

6.3.2 垫片密封性能的试验按 GB/T 12385—2008 中的方法 A 进行。

6.3.3 垫片应力松弛试验按 GB/T 12621—2008 中的方法 B 进行。

7 检验规则

7.1 出厂检验

7.1.1 垫片需经制造组织质量检验部门按本标准检验合格,并签发质量合格证后方可交付。

7.1.2 垫片出厂检验项目为 4.2 和 4.3。

7.2 型式检验

7.2.1 垫片型式检验项目为 4.2,4.3,4.4.1,4.4.2。当顾客有要求时,根据双方协商可以增加 4.4.3。

7.2.2 有下列情况之一时应进行型式检验:

a) 新产品试验;

b) 产品转型;

c) 正式生产后在结构、材料、工艺上有较大改进,可能影响产品性能;

d) 正常生产满 1 年;

e) 停产 3 个月以上恢复生产;

f) 质量监督机构或顾客提出型式检验要求。

7.3 抽样及判定规则

7.3.1 垫片的抽样方法为在仓库或生产现场随机抽取。

7.3.2 出厂检验时,同一结构型式,同一材料组合的垫片,以 100 片为一批,每一批任意抽取 5 片(不足 100 片时取 3 片;不足抽样数量需全检)按 7.1.1 进行检验。任何一项如有 1 片不符合本标准规定,则取加倍数量的垫片对该项进行复检,如仍有 1 片不符合本标准规定,则该批产品需全检。

7.3.3 型式检验时,按同一材料组合,同一压力等级的垫片亦以 100 片为一批,按表 3 和表 4 规定的垫片规格各取 3 片,没有试样规格的应按同一工艺制造足够数量的试样进行压缩、回弹、密封性能试验。任何一项如有 1 片不符合本标准规定,则取加倍数量的垫片对该项进行复检,如仍有 1 片不符合本标准规定,则判定该项目为不合格,该批产品为不合格品或型式检验不合格。

8 标志、包装、运输及贮存

本章包装储运图示标志应符合 GB/T 191 的规定,除非需方另有规定。

8.1 标志

垫片的包装箱上应注明:

a) 产品名称;

b) 制造组织名称或商标;

c) 产品型号和标记;

d) 毛重、净重;

e) 制造日期或生产批号。

8.2 包装

8.2.1 垫片包装应保证其在贮存和运输过程中不致损坏或遗失。

8.2.2 包装箱上应附有装箱单,其上应注明:

a) 产品名称;

b) 制造组织名称或商标;

c) 产品规格型式;

d) 产品数量;

e) 制造日期。

8.2.3 包装箱内应附有产品合格证,其上应注明:

a) 批号;

b) 产品规格型式;

c) 标准编号;

d) 检验员姓名或代号;

e) 检验日期。

8.3 运输及贮存

8.3.1 垫片在运输过程中应防止雨淋或受潮。

8.3.2 垫片应贮存在常温清洁、通风干燥的仓库内,防止日光照晒,避免靠近热源。

ICS 29.140.30
K 71

中华人民共和国国家标准

GB/T 13434—2008
代替 GB/T 13434—1992

放电灯(荧光灯除外)特性测量方法

Methods of measuring characteristics for discharge lamps
(excluding fluorescent lamps)

2008-04-29 发布　　2008-12-01 实施

中华人民共和国国家质量监督检验检疫总局
中国国家标准化管理委员会　发布

前言

本标准对应于美国国家标准 ANSI C78.389《高强度放电灯特性测量方法》(2004 年英文版)。

本标准与 ANSI C78.389 的一致性程度为非等效。

本标准代替 GB/T 13434—1992《高压钠灯泡特性的测试方法》。

本标准自实施之日起 QB/T 2053—1994《荧光高压汞灯泡光电参数测量方法》、QB/T 2515—2001《金属卤化物灯光电性能测试方法》同时废止。

本标准与 GB/T 13434—1993 相比,主要差异为:增加了高压汞灯或自镇流荧光高压汞灯泡、镝灯、钪钠灯在内的金属卤化物灯和高压钠灯的启动特性、光、电和颜色参数测量方法。

本标准的附录 A、附录 C、附录 D、附录 G、附录 H、附录 I 为规范性附录,附录 B、附录 E、附录 F 为资料性附录。

本标准由中国轻工业联合会提出。

本标准由全国照明电器标准化技术委员会(SAC/TC 224)归口。

本标准起草单位:国家电光源质量监督检验中心(上海)、南京三乐照明有限公司、上海亚明灯泡厂有限公司、飞利浦亚明照明有限公司、(佑昌杭州)照明电器有限公司、北京电光源研究所。

本标准主要起草人:陆荣树、李志君、薛源、武晓军、林继钢、蔡建龙、张铁黎、江姗、赵秀荣。

本标准于 1992 年首次发布,本次为第一次修订。

放电灯(荧光灯除外)特性测量方法

1 范围

本标准规定了高压汞灯、高压钠灯和包括镝灯、钠铊铟灯和钪钠灯系列在内的单端和双端金属卤化物灯特性的测量方法。

本标准适用于由50 Hz交流电源供电,需要时配以相应的镇流器和触发器,工作在额定电源电压的92%~106%的高压汞灯、钠灯和包括镝灯、钠铊铟灯和钪钠灯系列在内的单端和双端金属卤化物灯(以下简称为灯)。

2 规范性引用文件

下列文件中的条款通过本标准的引用而成为本标准的条款。凡是注日期的引用文件,其随后所有的修改单(不包括勘误的内容)或修订版均不适用于本标准,然而,鼓励根据本标准达成协议的各方研究是否可使用这些文件的最新版本。凡是不注日期的引用文件,其最新版本均适用于本标准。

GB/T 2900.65 电工术语 照明(GB/T 2900.65—2004,IEC 60050-845:1987,MOD)

GB/T 3978 标准照明体及照明观测条件(GB/T 3978—1994,neq CIE S001:1986)

GB/T 7922—2003 照明光源颜色的测量方法

GB 15039 发光强度、总光通量标准灯泡

GB/T 15043—2008 白炽灯泡光电参数的测量方法

GB/T 18661—2008 金属卤化物灯(钪钠系列)

QB/T 2512 灯头温升的测量方法(QB/T 2512—2001,idt IEC 60360:1998)

IEC 61167:1998 金属卤化物灯

CIE 15 色度学

3 术语和定义

GB/T 2900.65确定的以及下列术语和定义适用于本标准。

3.1

初始值 initial readings

灯在老炼100 h时所测得的光、电、颜色参数值。

3.2

温升时间 warm-up time

灯在接通规定电源电压后,灯电压达到产品标准规定值时所需的时间。

3.3

启动电压 starting voltage

在灯的两终端上,使灯正常启动并稳定燃点的最低电源电压有效值。

3.4

启动时间 starting time

灯在额定电源电压下从启动至达到稳定状态的时间。

3.5

启动电流 starting current

在额定电压下,灯启动后5 s~15 s时的最大灯电流。

3.6

再启动时间 reignition time

在额定电源电压下正常燃点的灯，从断开电源电压后立即接通电源到灯再次启动的时间。

3.7

灯的稳定状态 lamp stabilization

灯在额定条件下充分预热 10 min～20 min 后，其每分钟内光输出量变化不超过 1%的状态。

3.8

灯功率 power dissipated by a lamp

灯(配用基准镇流器时在额定电源电压下)本身所消耗的功率。

3.9

总光通量 total luminous flux

相对于 4π 球面角度的立体角，光源的累积光通量。

3.10

相关色温 correlated color temperature

T_{cp}

在相同视亮度和规定的观测条件下，普朗克辐射体辐射的知觉色与给定色刺激的知觉色最接近相似时，普朗克辐射体的温度，即为该色刺激的相关色温。单位:K

注 1：计算色刺激的相关色温的推荐方法是在色品图上，确定普朗克轨迹与包含代表该色刺激的点的约定等温线的交点所对应的温度(见 CIE 15 号出版物)。

注 2：任何情况下相关色温都是适宜的，倒数相关色温比倒数色温更常使用。

3.11

分布温度 distribution temperature

T_D

在所关注的光谱范围内，普朗克辐射体的相对光谱分布 $S(\lambda)$与所考虑的辐射体的相对光谱分布相同或近似相同时，普朗克辐射体的温度。单位:K

3.12

色坐标 chromaticity co-ordinates

一组三色刺激值中的每一个值与它们的总和之比。

注 1：由于三个色品坐标之和等于一，所以知道其中两个便能确定色品。

注 2：在 CIE 标准色度系统中，色坐标用符号 x，y，z 和 x_{10}，y_{10}，z_{10} 表示。

3.13

显色指数 color rendering index

R_a

由被测照明体照明物体所呈现的心理物理色与由参照照明体照明同一物体所呈现的心理物理色一致程度的度量(应适当考虑色适应状态)。

3.14

红色比 red ratio

R

光源辐射光谱的红色部分 600 nm～780 nm 的光通量占可见光谱区 380 nm～780 nm 的光通量百分比值(见式(1))。无量纲。

$$R=\frac{K_m\int_{600}^{780}P(\lambda)V(\lambda)\mathrm{d}\lambda}{K_m\int_{380}^{780}P(\lambda)V(\lambda)\mathrm{d}\lambda} \qquad (1)$$

式中：

$P(\lambda)$——光源的相对光谱功率分布；

$V(\lambda)$——CIE 规定标准光度观察者的光谱视见函数(见附录 A)；

K_m——CIE 规定标准光度观察者的最大光谱光视效能，其值为 683 lm/W。

4 通用测量环境条件

测量场所应具备防尘、防震及遮光设施，且无强烈空气对流的静止环境。除另有规定外，所有的测量都应在规定的正常大气条件下进行。环境温度为 25℃±5℃，相对湿度为 45%～65%。

5 通用测量要求

5.1 在测量光电参数时，只允许有关仪表接入。

5.2 灯的燃点位置和稳定要求

5.2.1 灯的燃点位置

a) 灯在预热稳定或测量时，应按相应产品标准规定的位置燃点；水平燃点的灯，其电弧管的排气管尖应向上。垂直燃点的灯，其灯头向上。

b) 灯置于积分球中，被测灯的光中心应处于球中心。

5.2.2 灯的预热和稳定

a) 灯的光、电和色参数应是灯在工作性能稳定时的数值；

b) 测量前，灯应在环境温度 25℃±5℃下正常燃点至少 6 h，且燃点中灯功率变化应不超过 3%；

c) 测量过程中，如不改变点灯状态而需要移动位置(如从预热台到积分球内)，应使灯首先冷却，使玻壳各部位温度都不超过 60℃，在新的位置上保持原燃点灯状态，再燃点时间不小于 15 min 使其稳定；

d) 已经稳定的灯可以通过不熄弧的方法转入测量条件(且预热与测量条件相同)，其再燃点时间可以缩至最短；

e) 测量灯的工作性能是否稳定的方法是：在灯燃点至预定时间(如 15 min)后，检查其光电参数，以后每隔 3 min～5 min 测量一次，三次测量的数值变化不超过 1%时，则认为此时灯工作已稳定；

f) 灯的预热和稳定要求不应代替对灯测量前的 100 h 老炼。

6 通用测量系统

6.1 电参数测量系统

6.1.1 电参数测量原理图见图 1。

6.1.2 交流供电电源

a) 交流供电电源的电压为正弦波，其谐波含量的总和应不超过基波的 3%。在额定电源电压下，频率应能稳定在(50 Hz～60Hz)±0.25 Hz 范围内。供电电源的电压应稳定，其变化应不大于 0.5%，测量时电压的变化应控制在 0.2%以内；

b) 电源阻抗：在灯与基准镇流器连接处的电源阻抗应不超过基准镇流器的 2%；

c) 电源、隔离变压器或调压器应至少具有五倍于正常额定负载的容量；

d) 电源电压应能从零平滑而准确地调至额定电压值或额定电流值(参见附录 B 推荐供电系统)。

6.1.3 基准镇流器

测量灯的光、电和颜色参数时,应使用与灯规定相匹配的基准镇流器。基准镇流器规格和参数应符合相应的产品标准的规定。

6.1.4 可变线性阻抗型镇流器

测量灯的启动电压时,线性阻抗器应能调整至产品规定的要求。

6.1.5 触发器

应使用与灯产品标准要求相一致的触发器。

6.1.6 电参数测量仪表

a) 测量仪表的精度应不低于 0.5 级,控制标准灯的测量仪表精度应不低于 0.1 级,且显示电参数的有效值。

b) 仪表量程选择适当,当选用指针式仪表时,应保证测量时读数在仪表满刻度的 1/3～2/3 之间。当选用数字式仪表时,测量的有效位数应不少于四位。

c) 测量电压的仪表应是高阻低耗型,其并联绕组的分流应不超过灯电流 0.5%。测量电流的仪表应是低阻低耗型,其串联绕组的电压降应不超过灯电压 0.3%。

d) 测量仪表应适用于非正弦量测量,对有效值测量不产生附加误差。

e) 峰值信号的测量应使用具有良好上升时间和记录速度特性的示波器。峰值电压表可与之配合使用。

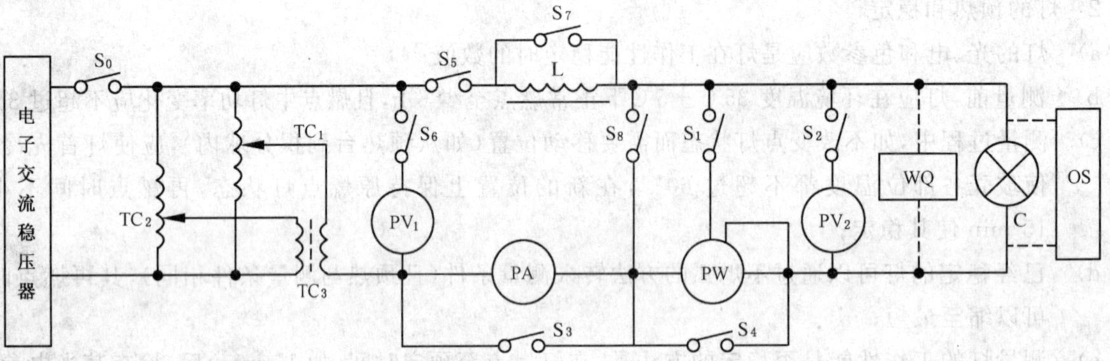

TC_1——自耦变压器(粗调);

TC_2——自耦变压器(细调);

TC_3——降压变压器;

WQ——触发器;

PV_1——电压表;

PV_2——电压表;

PA——电流表;

PW——功率表;

C——被测灯;

S_0～S_8——开关;

OS——示波器;

L——基准镇流器或可调线性电抗器。

图 1 电参数测量原理图

6.2 光通量测量系统

光通量测量系统如图 2、图 3 所示。

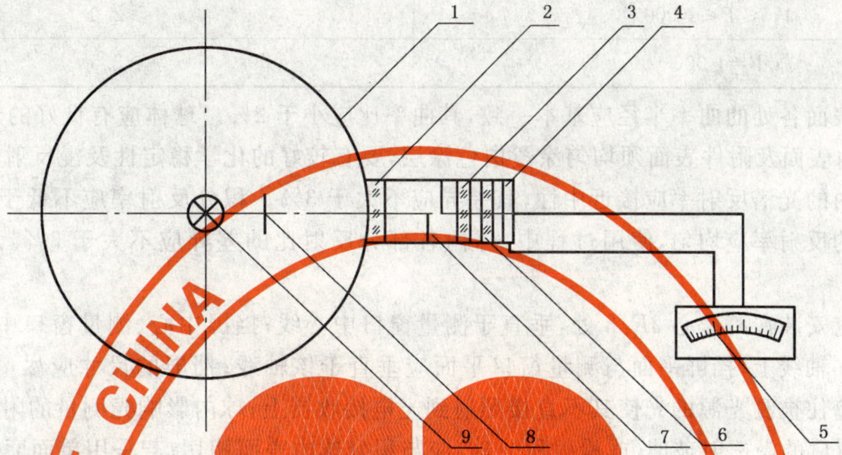

1——积分球；
2——窗口磨砂玻璃；
3——中性减光玻璃；
4——光电接收器；
5——示数仪表；
6——$V(\lambda)$修正滤光器；
7——光路控制器；
8——挡屏；
9——灯。

图 2 积分法测量光通量系统示意图

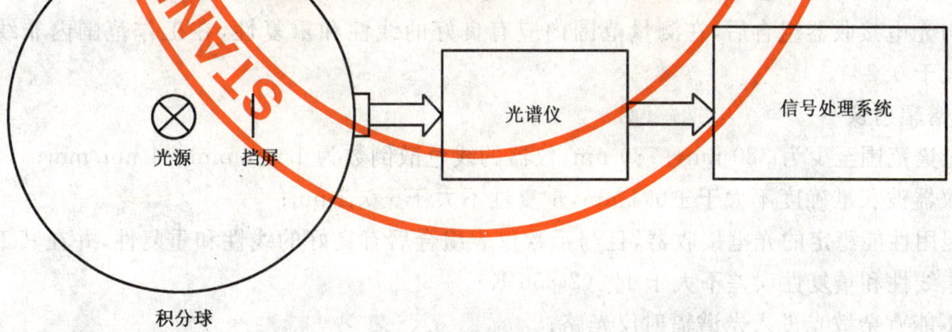

图 3 光谱光度法测量光通量系统示意图

测量的总不确定度应不大于 7%(不包括测光标准灯的误差)。

6.2.1 测光用积分球

积分球、球体测量窗口、球内灯座、挡屏、窗口磨砂玻璃、光电接收器、示数仪表、减光器均应符合 GB/T 15043—2008 中 4.2.1.1 和 4.2.1.2 的规定。

a) 测量不同功率灯的总光通量所选用的积分球直径应符合表 1 的规定。

表 1 测量不同功率灯的总光通量所选用的积分球直径

灯功率 P/W	积分球直径 D/m
$P<175$	≥1.5
$175\leqslant P<1\ 000$	≥2.0
$P=1\ 000$	≥2.5

b) 球内表面各处的曲率半径应基本一致，其曲率比应小于 2%。球体应有良好的光密封性。

c) 球体内表面及附件表面须均匀涂覆白色涂层，要有较好的化学稳定性及漫反射特性，在可见光范围内的光谱反射率应接近中性，其差异应不大于 3%。积分反射率应不低于 85%。球内各部分的反射率应均匀，使用过程中，球内各部分反射比的差异应不大于 3%。涂层配方见附录 C。

d) 挡屏应安装在离球心 $2R/3$ 处，垂直于测量窗口中心线；挡屏中心、测量窗口中心与球心应处于同一轴线上，挡屏平面与测量窗口平面应垂直于该轴线；挡屏的尺寸应尽量小，形状不限，并能遮住被测光源的光使其不直接照射到光电接收器上；球内影响光测量的附件应尽量少。

e) 测量窗口的漫透射玻璃（或漫射积分球）应与积分球内表面相切；若采用单面磨砂玻璃，则毛面应朝球心；窗口的漫透射玻璃（或漫射积分球）在可见光区的透射（反射）比应接近于中性。

f) 测光标准灯的灯座位置应使灯垂直燃点且灯头朝上，被测灯的灯座位置应使灯符合产品标准中规定的燃点位置和方向，且应使灯的发光中心位于积分球的球心。

6.2.2 光电光度计

光电光度计由光电接收器、示数仪表两部分组成。

6.2.2.1 光电接收器

a) 光电接收器应采用性能稳定、灵敏度高、线性好、响应速度快的光电转换组件。

b) 光电接收器修正滤光器及积分球组合后的光谱灵敏度应符合 CIE 标准光度观察者的光谱光视效率 $V(\lambda)$（见附录 A）。

c) 为了便于控制光电接收器受光照的时间，在光电接收器前可安装光路控制器（快门）。为改善光电输出的线性，在光电接收器后可用 I/V 转换输出。

6.2.2.2 示数仪表

a) 示数仪表的等级应不低于 0.5 级，测量时读取的有效位数不少于四位；

b) 与光电接收器组合后，在测量范围内应有良好的线性和重复性，在工作范围内非线性误差不大于 0.2%。

6.2.3 光谱辐射仪

a) 光谱范围至少为 380 nm～780 nm，仪器的线色散倒数为 1 nm/mm～4 nm/mm；

b) 仪器波长准确度不大于±0.1 nm，重复性不大于±0.2 nm；

c) 配用性能稳定的光电接收器，且与示数仪表组合后有良好的线性和重复性，并在其工作范围内非线性和重复性误差不大于 1%（2 856 K）。

d) 不能有杂散光进入光谱辐射仪光路；

e) 色坐标测量误差：Δx 和 Δy 应不超过±0.001；

f) 用于光电接收器的工作电源在预热 30 min 后，电压波动应不超过 0.05%/30 min。

6.2.4 测光标准灯

a) 用积分法测量光通量时，应采用与被测灯同类型的光谱能量分布相似的、经过可溯源标定的灯作为测量光通量标准灯，其总光通量尽可能与被测灯接近，每个规格灯组不少于三只。如果选用白炽普通测光标准灯时，由于二者相对光谱功率分布相差较大，则应进行色修正和吸收修正（其方法见附录 D）；

b) 用光谱光度法测量光通量时，标准灯应符合 GB 15039 规定。标准灯光通量选择应使标准灯在光谱辐射仪上的光谱光度响应值与被测灯在同一数量级内；

c) 用光谱光度法测量颜色参数时，使用 A(2 856 K)光源的光谱辐射能量标准灯或色温标准灯，其相对光谱能量分布采用 A 光源的黑体辐射相对光谱能量分布参数。

6.3 红色比参数测量系统

红色比测量系统可以采用图 4 所示的光谱辐射仪装置。

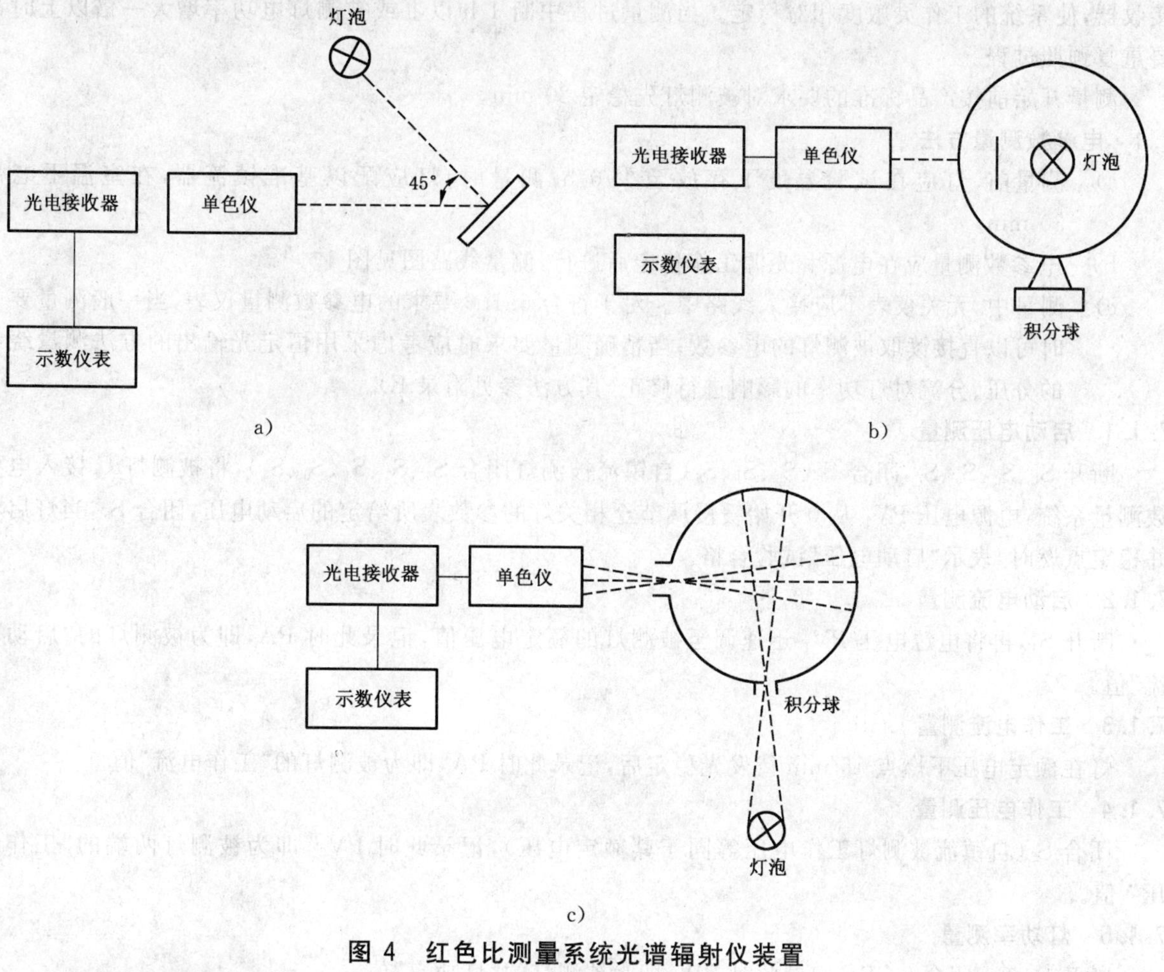

图 4 红色比测量系统光谱辐射仪装置

6.3.1 光谱辐射仪

光谱辐射仪系统应符合 6.2.3 要求。

6.3.2 测量红色比参数用标准光源

选用已知相对光谱分布的白炽光源，或是已知其色温的分布温度标准灯，后者的相对光谱功率分布按普朗克辐射公式计算。

$$P_s(\lambda) = C_1\lambda^{-5}(e^{C_2/\lambda T}-1)^{-1} \qquad \cdots\cdots(2)$$

式中：

C_1——第一辐射常数 $C_1=3.741\ 8\times10^{-16}$ W·m；

C_2——第二辐射常数 $C_2=1.438\ 0\times10^{-2}$ m·K；

T——分布温度标准灯在某个工作电流下的色温值，K；

λ——波长，nm。

6.4 颜色测量系统

6.4.1 光谱辐射仪

光谱辐射仪系统应符合 6.2.3 要求。

6.4.2 光电色度计

a) 光谱灵敏度应满足标准系统色匹配函数要求，并能直接测量光源的三刺激值或色坐标；

b) 色坐标测量误差 Δx 和 Δy 应不超过±0.000 5。

7 通用测量方法和计算

选用与被测灯相同类型、光通量接近的预照灯置于积分球内燃点 30 min，烘烤球壁，同时预照光电接收器，使系统的工作灵敏度相对稳定。当测量过程中断 1 h 以上或被测灯电功率增大一倍以上时都要重复预照过程。

测量开始前按产品标准的要求对被测灯先稳定 20 min。

7.1 电参数测量方法

a) 测量前，灯应在试验温度下存放至少 6 h；测量时，灯应配以基准镇流器，在室温下老炼 30 min。

b) 电参数测量应在电源和光源工作稳定后进行，测量线路图见图 1。

c) 测量中，无关仪表不应接入线路中。对于符合 6.1.6 要求的电参数测量仪表，当一般测量要求时可以直接读取被测灯的电参数；当精确测量要求时应考虑采用恒定光输出的方法测量绕组的分压、分流对灯功率的影响进行修正(其方法参见附录 E)。

7.1.1 启动电压测量

断开 S_1、S_2、S_5、S_7，闭合 S_0、S_3、S_4、S_6（自镇流被测灯闭合 S_0、S_3、S_4、S_6、S_7），将被测灯 C 接入电参数测量系统，电源电压 PV_1 从 0 开始缓慢调节至相关灯的参数表所给定的启动电压，闭合 S_5，当灯启动并稳定点燃时，表示“启动电压”试验合格。

7.1.2 启动电流测量

断开 S_3，再将电源电压 PV_1 迅速调至被测灯的额定电压值，记录此时 PA，即为被测灯的“启动电流”值。

7.1.3 工作电流测量

灯在额定电压下燃点 15 min 待发光稳定后，记录此时 PA，即为被测灯的“工作电流”值。

7.1.4 工作电压测量

闭合 S_2（自镇流被测灯工作电压等同于其额定电压），记录此时 PV_2，即为被测灯两端的“工作电压”值。

7.1.5 灯功率测量

断开 S_2、S_4，闭合 S_1、S_3，记录此时 PW，即为被测灯的“灯功率”值。

7.1.6 熄弧电压测量

断开 S_1、S_2，闭合 S_3、S_4，将电源电压在 0.5 s 内从额定值逐步降低至某一瞬间被测灯突然熄灭时，记录此时电源电压 PV_1，即为被测灯的“熄弧电压”值。

7.2 光通量测量方法和计算

光通量测量方法有两种：相对比较法和绝对测量法。相对比较法是利用已知光通量的标准灯在积分球中与被测灯作比较测量，从而测定被测灯的总光通量；绝对测量法是利用分布光度计测量被测灯在空间各个方向的发光强度分布，进而计算被测灯的总光通量。积分法和光谱光度法均属相对比较法测量光源的光通量。

7.2.1 被测灯的光通量应在额定电源电压下进行测量。用积分法测量光通量。

积分法测量光通量是将已知光通量的标准灯和被测灯分别置于积分球内，然后将两光源在积分球中产生的光电流进行比较，计算出被测灯的光通量。

积分法测量光通量的系统示意图见图 2。

7.2.1.1 积分球测量系统的校准

在被测灯测量之前，选用三只同类型光通量标准灯进行系统校正。

将光通量分别为 Φ_1、Φ_2、Φ_3 的三只标准灯分别置于积分球内，待灯稳定后分别读取光电光度计读数 M_1、M_2、M_3。

7.2.1.2 平均光通量常数的计算

计算单个标准灯的光通量常数 $C_i(i=1,2,3)$：

$$C_i = \Phi_i / M_i \quad \cdots\cdots\cdots\cdots\cdots\cdots (3)$$

求其平均光通量常数：

$$\overline{C} = \frac{C_1 + C_2 + C_3}{3} \quad \cdots\cdots\cdots\cdots\cdots\cdots (4)$$

计算每只标准灯光通量常数对平均值偏差：

$$|\delta_i| = \left|\frac{\Delta C_i}{\overline{C}}\right| = \left|\frac{C_i - \overline{C}}{\overline{C}}\right| \leqslant 1\% \quad \cdots\cdots\cdots\cdots\cdots\cdots (5)$$

7.2.2 如果第 i 个标准灯的光通量常数 C_i 对平均值偏差不符合式(5)的要求，应使用第四只标准灯来检查，并舍取第 i 个标准灯的光通量常数 C_i 后重新计算平均光通量常数 $\overline{C}$。只有在确信测量系统及标准灯稳定的条件下，方可以使用平均光通量常数 $\overline{C}$ 来计算被测灯的总光通量。

也可使用经过标定的参考灯，每天测量前测量参考灯的光通量值，若光通量值复现误差大于 1% 时，则应重新校正。

当测量系统工作超过 4 h、被测灯型号改变或球内温度变化大于 4℃时，系统均应重新进行校正。

7.2.2.1 被测灯光通量的测量和计算

将被测灯按顺序分别装入积分球内按所需要求的额定电压燃点，在电参数测量完毕时，断开 K_1、K_4(自镇流被测灯为 K_1)，接通 K_2、K_3，分别记下几个被测灯在示数仪表上的读数 m_1、m_2、…、m_n，n 为被测灯序数。

$$\Phi_n = m_n \cdot \overline{C} \quad \cdots\cdots\cdots\cdots\cdots\cdots (6)$$

当使用与被测灯不同类型的灯作为标准灯时，应进行色修正和吸收修正。色修正和吸收修正系数 k_1 和 k_2 的计算见附录 D；修正后的光通量按式(7)计算。

$$\Phi_n = k_1 \cdot k_2 \cdot m_n \cdot \overline{C} \quad \cdots\cdots\cdots\cdots\cdots\cdots (7)$$

7.2.3 用光谱光度法测量光通量

光谱光度法测量光通量是将已知光通量的标准灯和被测灯分别置于积分球内，然后将两光源在积分球中产生的分光光谱光电流进行比较，计算出被测灯的光通量。

光谱光度法测量系统示意见图 3。

7.2.3.1 测量准备

光谱辐射仪和电器仪表应提前开机预热，光谱辐射仪在长波范围内的预照应不少于 30 min。

7.2.3.2 光谱光度法测量系统的校正

标准灯在额定电压下燃点至稳定，测量标准灯的光通量和光谱功率分布，对光谱辐射仪进行校正。采样间隔应不大于 5 nm。

7.2.3.3 光通量测量和计算

被测灯燃点至稳定，在与标准灯相同的条件下用图 3 所示系统进行测量并按式(8)计算光通量。

$$\Phi_t = \Phi_s \times \frac{\sum_{380}^{780} V(\lambda) P_t(\lambda) \Delta\lambda}{\sum_{380}^{780} V(\lambda) P_s(\lambda) \Delta\lambda} \quad \cdots\cdots\cdots\cdots\cdots\cdots (8)$$

式中：

Φ_t、Φ_s——分别为被测灯或标准灯光通量；

$P_t(\lambda)$、$P_s(\lambda)$——分别为被测灯或标准灯相对光谱功率分布；

$V(\lambda)$——CIE 标准观察者光谱视见函数。

7.3 颜色参数测量方法和计算

表征光源颜色特征的相关色温、色坐标和显色指数的数值通过光源的光谱功率分布计算得出。光源所发射的光通过积分球漫射系统、光路成像或光导纤维系统进行连接光谱辐射仪，测量光源光谱功率分布，计算出被测灯的相关色温、色坐标和显色指数。光度色度仪只能测量光源的色坐标，不能得出相关色温和显色指数。

7.3.1 测量原理方框图

颜色参数测量原理见图 5(或参见附录 F 的方法)。

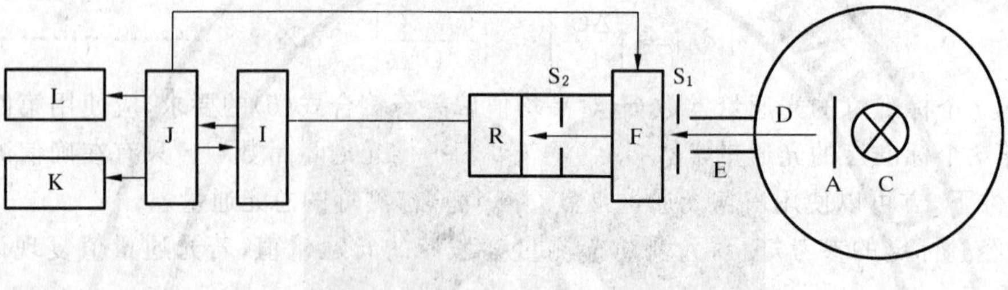

A——挡光板；
B——积分球；
C——被测灯或标准灯；
D——积分球窗口；
E——连接筒；
F——光谱辐射仪；
I——数字电压表；
J——计算机；
K——显示器；
L——打印机；
S_1——光谱辐射仪入射缝；
S_2——光谱辐射仪出射缝；
R——光接收器。

图 5 颜色参数测量原理图

7.3.2 测量的一般要求

a) 测量时标准灯与被测灯应在相同的几何条件下将光线入射，且均匀地投射到光谱辐射仪的入射狭缝内。

b) 在光源和光谱辐射仪之间安装中性漫反射器或使用积分球。通过光导纤维软连接到光谱辐射仪入射口。漫反射器上的光可直接进入到光谱辐射仪入射狭缝上。杂散光不得进入光谱辐射仪或色度计内，光轴应准确定位。

c) 通过光学成像系统直接将光送入光谱辐射仪入射口。

d) 用比较法测量时，光谱辐射仪测量的条件应始终保持一致。

7.3.3 光谱法测量颜色参数

7.3.3.1 测量准备

光谱辐射仪、点灯电源、光电接收器和电参数监控系统应充分预热，一般不少于 30 min。

7.3.3.2 光谱辐射仪系统校正

a) 光谱光度标准灯应在规定的条件下预点 8 min～10 min 使其燃点稳定，其电源控制要求应符合 GB 15039 规定。

b） 通过光谱辐射仪对标准灯在380 nm～780 nm波长范围的分光光谱测量。光谱测量的采样间隔应不大于5 nm。

c） 校准光谱辐射仪系统。用标准灯当作被测灯对仪器进行校核。当光通量误差不大于1%和色坐标误差不大于0.000 5时，该光谱系统检验合格。

7.3.3.3 光谱辐射测量

a） 燃点被测灯，并达到稳定要求；

b） 通过光谱辐射仪系统对被测灯在380 nm～780 nm波长范围进行分光光谱测量，其光谱测量采样间隔应与标准灯相同。

7.3.4 计算光源相对光谱功率分布

7.3.4.1 计算被测灯相对光谱功率分布按式(9)：

$$P_C(\lambda) = \frac{M_C(\lambda)}{M_0(\lambda)} \cdot P_0(\lambda) \quad \cdots\cdots (9)$$

式中：

$P_0(\lambda)$——标准灯在波长λ处的相对光谱功率分布(见GB/T 7922—2003中表1)；

$P_C(\lambda)$——被测灯在波长λ处的相对光谱功率分布；

$M_C(\lambda)$——被测灯在波长λ处的光电接收器读数；

$M_0(\lambda)$——标准灯在波长λ处的光电接收器读数。

7.3.4.2 计算标准灯的相对光谱功率分布

标准灯的相对光谱功率分布的计算(普朗克公式)按式(10)：

$$P_0(\lambda) = C_1 \cdot \lambda^{-5}\left(e^{\frac{C_2}{\lambda T_{cp}}} - 1\right)^{-1} \quad \cdots\cdots (10)$$

式中：

C_1——$3.741\,5\times10^{-15}$ W·m²；

C_2——$1.438\,8\times10^{-2}$ m·K；

T_{cp}——相关色温，K；

λ——波长，m。

7.3.5 计算光源色度坐标

7.3.5.1 光源照明三刺激值X、Y、Z

$$\left.\begin{aligned} X &= K\sum P_C(\lambda)\cdot\bar{x}(\lambda)\Delta\lambda \\ Y &= K\sum P_C(\lambda)\cdot\bar{y}(\lambda)\Delta\lambda \\ Z &= K\sum P_C(\lambda)\cdot\bar{z}(\lambda)\Delta\lambda \end{aligned}\right\} \quad \cdots\cdots (11)$$

$$K = \frac{100}{\sum P_C(\lambda)\cdot\bar{y}(\lambda)\Delta\lambda} \quad \cdots\cdots (12)$$

式中：

$\bar{x}(\lambda)$、$\bar{y}(\lambda)$、$\bar{z}(\lambda)$——1931年CIE标准观察者光谱三刺激值(见GB/T 7922—2003中表2)；

$P_C(\lambda)$——光源的相对光谱功率分布；

K——归一化参数；

$\Delta\lambda$——采样波长间隔。

7.3.5.2 光源照明标准试验色板i的三刺激值X_i、Y_i、Z_i

$$\left.\begin{aligned} X_i &= K\sum P(\lambda)\cdot\rho_i\bar{x}(\lambda)\Delta\lambda \\ Y_i &= K\sum P(\lambda)\cdot\rho_i\bar{y}(\lambda)\Delta\lambda \\ Z_i &= K\sum P(\lambda)\cdot\rho_i\bar{z}(\lambda)\Delta\lambda \end{aligned}\right\} \quad \cdots\cdots (13)$$

式中：

$\rho_i(\lambda)$——为第i个(1～14)标准试验色板的光谱反射系数，见附录G。

7.3.5.3 光源的色品坐标(x、y)及(u、v)的计算

$$\left.\begin{aligned} x &= X/(X+Y+Z) \\ y &= Y/(X+Y+Z) \end{aligned}\right\} \quad \cdots\cdots (14)$$

$$\left.\begin{aligned} u &= 4X/(X+15Y+3Z) = 4x/(-2x+12y+3) \\ v &= 6Y/(X+15Y+3Z) = 6y/(-2x+12y+3) \end{aligned}\right\} \quad \cdots\cdots (15)$$

7.3.6 光源相关色温 T_{cp} 的计算

7.3.6.1 由 CIE 1960 UCS 均匀色品图(见附录 H)求相关色温 T'_c：

$$T'_c = 10^6 \Big/ \left[M_1 + \frac{(M_2 - M_1) d_1}{d_1 + d_2} \right]$$

或

$$T'_c = \left[\frac{1}{T_1} - \frac{d_2}{d_1 + d_2} \left(\frac{1}{T_1} - \frac{1}{T_2} \right) \right]^{-1} \quad \cdots\cdots (16)$$

式中：

M_1、M_2——相邻两条等色温线的麦勒德值；

T_1、T_2——相邻的两条等色温线的色温；

d_1、d_2——色坐标点到等色温线 M_1、M_2 的距离。

$$\left.\begin{aligned} d_1 &= \frac{[v - v_1 - k_1(u - u_1)]}{\sqrt{1 + k_1^2}} \\ d_2 &= \frac{[v - v_2 - k_2(u - u_2)]}{\sqrt{1 + k_2^2}} \end{aligned}\right\} \quad \cdots\cdots (17)$$

式中：

u_1、v_1、u_2、v_2——为等色温线 M_1、M_2 与黑体轨道交点的色度坐标；

k_1、k_2——为等色温线 M_1、M_2 的斜率，见附录 I。

7.3.6.2 温标的换算：

$$T_{cp} = \frac{1.438\ 8}{1.438\ 0} \cdot T'_c \quad \cdots\cdots (18)$$

7.3.6.3 由测得的 $M_0(\lambda)$ 及 $M_c(\lambda)$ 值，用式(9)、(11)、(14)～(18)，顺序计算得到(x_c，y_c)，(u_c，v_c)及 T_{cp} 的值。

7.3.7 光源的色适应位移计算

$$\left.\begin{aligned} u'_{ci} &= \frac{10.872 + 0.404 \dfrac{c_r}{c_c} \cdot c'_{ci} - 4 \dfrac{d_r}{d_c} \cdot d_{ci}}{16.518 + 1.481 \dfrac{c_r}{c_c} \cdot c'_{ci} - \dfrac{d_r}{d_c} \cdot d_{ci}} \\ v'_{ci} &= \frac{5.520}{16.518 + 1.481 \dfrac{c_r}{c_c} \cdot c_{ci} - \dfrac{d_r}{d_c} d_{ci}} \end{aligned}\right\} \quad \cdots\cdots (19)$$

式中：

u'_{ci}，v'_{ci}——被测灯照明时，试验色 i 色适应修正后的色度坐标。

c 和 d 两函数用下式求出：

$$\left.\begin{aligned} c &= \frac{1}{v}(4 - u - 10v) \\ d &= \frac{1}{v}(1.708v + 0.404 - 1.481u) \end{aligned}\right\} \quad \cdots\cdots (20)$$

7.3.8 **光源的明度指数 W^* 和色度指数 U^*、V^* 的计算**

$$\left.\begin{aligned} W_{ri}^* &= 25(Y_{ri})^{\frac{1}{3}} - 17 \\ W_{ci}^* &= 25(Y_{ci})^{\frac{1}{3}} - 17 \\ U_{ri}^* &= 13W_{ri}^*(u_{ri} - u_r) \\ U_{ci}^* &= 13W_{ci}^*(u'_{ci} - u'_c) \\ V_{ri}^* &= 13W_{ri}^*(v_{ri} - v_r) \\ V_{ci}^* &= 13W_{ci}^*(v'_{ci} - v'_c) \end{aligned}\right\} \qquad \cdots\cdots(21)$$

式中：

W_{ri}^*、W_{ci}^*——分别为基准光源、被测光源照明时，试验色的明度指数；

(U_{ri}^*, V_{ri}^*)、(U_{ci}^*, V_{ci}^*)——分别为基准光源、被测光源照明时，试验色的色度指数；

(u_r, v_r)、Y_{ri}——基准光源照明时，试验色的色坐标；

(u'_{ci}, v_{ci})、Y_{ci}——被测光源照明时，计入色适应位移的试验色的色坐标；

$(u'_c, v'_c) = (u_r, v_r)$。

7.3.9 **光源显色指数的计算**

7.3.9.1 由求得的 T_{cp} 值，用式(10)、(11)、(14)和(15)顺序计算得到 (x_r, y_r)，(u_r, v_r) 的值。

7.3.9.2 用式(14)～(15)顺序计算得到 Y_{ri}、(u_{ri}, v_{ri}) 值。

7.3.9.3 用式(13)～(15)，(19)，(20)顺序计算并得到 Y_{ci}、(u'_{ci}, v'_{ci}) 值。

7.3.9.4 色差的计算

$$\Delta E_i = \sqrt{(U_{ri}^* - U_{ci}^*)^2 + (V_{ri}^* - V_{ci}^*)^2 + (W_{ri}^* - W_{ci}^*)^2} \qquad \cdots\cdots(22)$$

7.3.9.5 显色指数的计算

$$R_i = 100 - 4.6\Delta E_i \qquad \cdots\cdots(23)$$

式中：

$i = 1 \sim 14$。

7.3.9.6 平均显色指数 R_a 的计算

$$R_a = \frac{1}{8}\sum_{i=1}^{8} R_i \qquad \cdots\cdots(24)$$

7.3.10 **刺激值直读法测量颜色参数**

使用光电色度计可直接测出光源色坐标。

7.3.10.1 **测量的一般要求**

a) 测量场所不应有影响测量结果的其他杂散光。

b) 将被测灯的光束射向测量点，使中心光线垂直于光电接收器的受光面。如需测定光源某特定部位的颜色，则应使特定部位发出光束的轴线垂直于光电接收器受光面，并挡住光源其他部分的光。也可将光束投射到工作标准漫射白板上，将接收器对准标准漫射白板进行采样，按GB/T 3978 规定的方法测量。

7.3.10.2 **光电色度计的较正**

测量前应采用具有下列性能并已知三刺激值 X、Y、Z 或 X_{10}、Y_{10}、Z_{10} 的标准灯对色度计进行校正。

a) 发光性能稳定，有良好的再现性；

b) 相对光谱功率分布与被测灯相近似；

c) 亮度与发光体形状与被测灯相近似；

d) 三刺激值是用光谱光度测色法求得的；

e) 经可溯源检验标定的。

7.3.10.3 **色坐标的测量**

用与标准灯校正相同的条件对被测灯进行测量，读取该灯的三刺激值的响应值。

7.3.10.4 色坐标的计算

被测灯的三刺激值按式(25)计算。

$$T_t = T_s \cdot F_t / F_s \qquad \cdots\cdots (25)$$

式中：

T_t、T_s——分别为被测灯和标准灯的三刺激值；

F_t、F_s——分别为被测灯和标准灯的三刺激值光电响应值。

由三刺激值 T 求出色品坐标 x、y、z 或 x_{10}、y_{10}、z_{10}。

7.4 玻壳和灯头温度的测量方法

7.4.1 一般要求

灯在工作条件下，最大允许玻壳和灯头的温度值应与灯的产品标准相一致。

7.4.2 测量玻壳温度的热电偶方法

a) 表面接触式热电偶(热电偶及其连接方式)应尽可能少的吸收能量。灯熄灭后，热电偶采用外推方法校准，使得热电偶辐射能量效应降为最低。

b) 热电偶和玻壳之间的连接应有足够的接触压力以保证不会由于压力的原因来影响温度测量。

c) 如果所使用仪器没有环境温度的补偿调整，可以采用冰水槽温度作为参考点。

d) 因为温度平衡需要较长的时间，故采用 15 min 时间间隔读取数值，直到最少连续三次读数相同或差值在 1℃内为止。

e) 在玻壳上测量若干温度点，确定玻壳最高温度值。

7.4.3 测量灯头温度的热电偶方法

测量灯头温度的方法见 QB/T 2512。

a) 为了评价灯具对灯头温度的影响，应和灯一起在灯具中测量灯头温度。采用金属套筒测量灯头温度的方法已不适用。因此，热电偶只能直接附在灯头上，尽可能靠近灯头和玻壳的连接处。

b) 7.4.2 中 a)、c)和 d)同样适用于灯头温度的测量方法。

7.4.4 测量玻壳温度的红外辐射方法

a) 所用的红外辐射传感器仪对某一波长范围的红外辐射敏感；

b) 这一波长范围不被玻璃透射，从而避免灯内热源，尤其是电弧管辐射温度的影响；

c) 这一波长不会被大气所吸收，实际应用的这一波长限制在 4 800 nm 至 5 600 nm 范围；

d) 7.4.2 中 d)和 e)的测量方法同样适用于玻壳温度的红外辐射测量方法。

8 高压汞灯特殊要求测量方法

8.1 红色比参数测量和计算

8.1.1 使用图 4 测量装置，均不能有影响测量结果的杂散光进入光谱辐射仪。

8.1.2 照明条件

标准灯与被测灯应以相同的几何条件照明单色仪的入射狭缝，进入仪器内的光线应充满单色仪的入射准直镜。

8.1.3 用等间隔分立采样法，取测量波长间隔与通带半宽度为 5 nm，当标准光源与被测灯按 7.3.2 要求的照明条件及规定的燃点条件下工作时，被测灯的相对光谱功率 $P_t(\lambda)$ 由下式计算。

$$P_t(\lambda) = \frac{i_t(\lambda)}{i_s(\lambda)} P_s(\lambda) \qquad \cdots\cdots (26)$$

式中：

$P_s(\lambda)$——标准光源的相对光谱功率分布；

$i_s(\lambda)$、$i_t(\lambda)$——在波长 λ 下光电接收器采样得到的标准灯和被测灯的光电流值。

8.1.4 红色比的计算

$$R = \frac{\sum_{600}^{780} P_t(\lambda)V(\lambda) \cdot \Delta\lambda}{\sum_{380}^{780} P_t(\lambda)V(\lambda) \cdot \Delta\lambda} \quad \cdots\cdots(27)$$

式中：

$V(\lambda)$——CIE 标准光度观察者的光谱视见函数(见附录 A)；

$\Delta\lambda$——波长间隔，取 5 nm。

9 高压钠灯特殊要求测量方法

9.1 启动特性的测量方法

9.1.1 测量线路图

高压钠灯启动特性的测量线路图见图 1。

9.1.2 启动特性的测量

9.1.2.1 启动电压测量

断开 S_1、S_2、S_5、S_7，闭合 S_0、S_3、S_4、S_6，将高压钠灯 C 接入电参数测量系统，电源电压 PV_1 从 0 开始缓慢调至 90% 的额定电源电压，闭合 S_5，并开始计时。如果高压钠灯两端电压迅速下降并开始燃点时，表示"启动电压"试验合格。

9.1.2.2 启动电流测量

断开 S_3，高压钠灯启动后 5 s～15 s 时，记录此时 PA 值，即为"启动电流"值。

9.1.2.3 启动时间测量

闭合 S_2，高压钠灯两端电压降至 20 V 左右所需的时间间隔，即为"启动时间"值。

9.1.2.4 升温时间测量

在高压钠灯启动时，记录时间 t_1。当灯两端电压上升到额定值的 50% 时，记录时间 t_2。升温时间 T_u 用式(28)计算：

$$T_u = t_2 - t_1 \quad \cdots\cdots(28)$$

式中：

T_u——升温时间，min；

t_1——高压钠灯启动时的时间，min；

t_2——灯电压上升到额定值的 50% 时的时间，min。

9.1.2.5 再启动时间测量

高压钠灯在额定电源电压下燃点稳定后，断开 S_5，再立即闭合，测量从再次闭合 S_5 至灯再次启动的时间间隔，即为"再启动时间"值。

9.1.2.6 熄弧电压测量

高压钠灯在额定电源电压下配用相应的基准镇流器一起工作，然后电源电压在 0.5 s 内迅速降至额定值的 90%，并在此条件下至少维持 5 s，高压钠灯不应出现熄弧现象。

10 金属卤化物灯特殊要求测量方法

10.1 测量条件

双端金属卤化物灯的测量还应采用 IEC 61167:1998 中 1.7.1.2 和附图的要求。由于和温度相关的特性，双端金属卤化物灯应在灯具中燃点，因此，对于测量电特性，光特性，颜色和紫外特性，灯应在一灯具模拟器中燃点，模拟器由一个石英管或硬玻璃管组成，该管两端由表面粗糙的铝盘封闭。

测量时灯的位置应为水平。应保证放电管排气端方向朝上。

10.2 启动特性的测量方法

10.2.1 测量线路图

金属卤化物灯启动特性测量线路图见图1。

10.2.2 启动特性测量条件

a) 测量时，无关仪表不应接入线路中。金属卤化物灯再启动时，使用示波器或峰值电压表测量灯电压峰值。

b) 灯在给定的环境温度(10℃或－30℃)、额定电压下和规定的时间内均应启动。

c) 不管灯是新的还是以前曾做过启动试验的，都应在室温下老炼30 min。试验前，灯应在试验温度下存放至少6 h。

d) 电压表为有效值电压表。当电源电压不符合正弦波要求时，应使用均方根值电压表和峰值电压表。

10.2.3 无需触发器启动(辅助启动电路)灯的启动电压的测量

不需要触发器启动(辅助启动电路)的灯的启动电压按图1所示，采用开关启动法测量。用本条所述两方法之一进行。

10.2.3.1 最高启动电压测量

a) 断开电源开关S_1，将开路电压调至规定的最高启动电压(GB/T 18661或相应的产品标准规定值)。

b) 接通短路开关S_2，使灯座短路，然后接通电源开关S_1，调节电抗器，在选择的最高启动电压下使灯电流达到额定值。

c) 断开电源开关S_1，断开短路开关S_2，然后再接通电源开关S_1。

d) 如果在规定时间内灯两端的有效值电压降至规定要求时，则灯为正常启动。如果电压仍然很高或没有降到一个稳定的较低的值，则灯为不启动，灯不符合标准要求。

10.2.3.2 最低启动电压测量

a) 断开电源开关S_1，将开路电压调至在试验温度下使灯不能启动的任一电压值。

b) 将短路S_2开关合上，使灯座短路，然后接通电源开关S_1，调节电抗器，在选定的最低启动电压下使灯电流达到额定值。

c) 断开电源开关S_1，断开短路开关S_2，然后再接通电源开关S_1。

d) 如果灯两端的电压在规定时间内降至规定值，则记录下灯已正常启动。如果电压仍然很高或者没有降至一个稳定的较低的值，灯为不启动。

e) 灯在最低的电压下不能启动，则应提高开路电压：灯管电压不大于100 V的灯提高5 V，不大于135 V的灯提高10 V，不大于265 V的灯提高20 V。在最低电压下不启动的灯重复b)，c)，d)的试验，再以5 V，10 V或20 V的增量(应与被试灯相适应)继续提高试验电压，直至灯启动。每次提高电压的时间间隔至少应为2 min。

10.2.4 需要触发器启动(辅助启动电路)灯的启动特性的测量

启动特性的测量线路见图1。使用基准镇流器或符合要求的电抗器，采用最小启动脉冲特性符合产品要求的触发器。脉冲应施加到灯头端部中心，同时外壳接地。在规定的温度、时间内应能启动。

10.2.4.1 启动电压的测量

断开S_1、S_2、S_5、S_7，闭合S_0、S_3、S_4、S_6，将金属卤化物灯C接入电参数测量系统，电源电压PV_1从0开始缓慢调至规定的启动电源电压值，闭合S_5，并开始计时。如果灯两端电压迅速下降并开始燃点时，表示“启动电压”试验合格。

10.2.4.2 启动电流的测量

断开S_3，金属卤化物灯启动后5 s～15 s时，记录此时PA值，即为“启动电流”值。

10.2.4.3 启动时间的测量

闭合 S_2，金属卤化物灯从启动到灯两端电压至规定值所需的时间间隔，即为"启动时间"值。

10.2.5 升温时间的测量

在金属卤化物灯启动时，记录时间 t_1。当金属卤化物灯的电参数达到相应标准的规定值时，记录时间 t_2。升温时间 T_u 用式(29)计算。

$$T_u = t_2 - t_1 \quad \cdots\cdots (29)$$

式中：

T_u——升温时间，min；

t_1——金属卤化物灯启动时的时间，min；

t_2——灯电压上升到额定值的 50%时的时间，min。

10.3 再启动特性的测量方法

10.3.1 再启动时间的测量

金属卤化物灯在额定电源电压下燃点稳定后，断开 S_5，再立即闭合，测量从再次闭合 S_5 至灯再次启动的时间间隔，即为"再启动时间"值。

10.3.2 再启动电压尖峰值的测量

10.3.2.1 一般要求

金属卤化物灯的再启动电压尖峰值的定义：灯在温升阶段早期从一个半周期到下一个半周期的最大电弧管峰值电压，见图 6。再启动电压尖峰值的特性和特定的包括灯和镇流器的系统有关。对一个特定的灯，再启动电压尖峰值在灯的寿命期间会增加也会减少而且因为和电极状态有关，所以可能是不对称的，因此两个电压中较高的那个值被认为是再启动电压尖峰值。为了灯的标准化，应配用指定电抗镇流器测量再启动电压尖峰值。该指定的电抗镇流器引起的偏差会导致不同的再启动电压尖峰值。

10.3.2.2 测量程序

a) 断开启动开关 S_5，将金属卤化物灯接入图 1 的点灯回路，再闭合启动开关 S_5，然后迅速调整电源电压 PV，到灯的参数表中规定的额定电源电压值，使灯启动，然后记录此时示波器 OS 上的再启动电压波形，读出"再启动电压尖峰值"。一般应在灯起弧后 15 s～45 s 内达到最大值；
b) 通常需要反复测量，灯应在额定功率±10%范围内至少老炼 5 min；
c) 在两次测量(连续测量)之间，灯应在室温下静止空气中冷却。

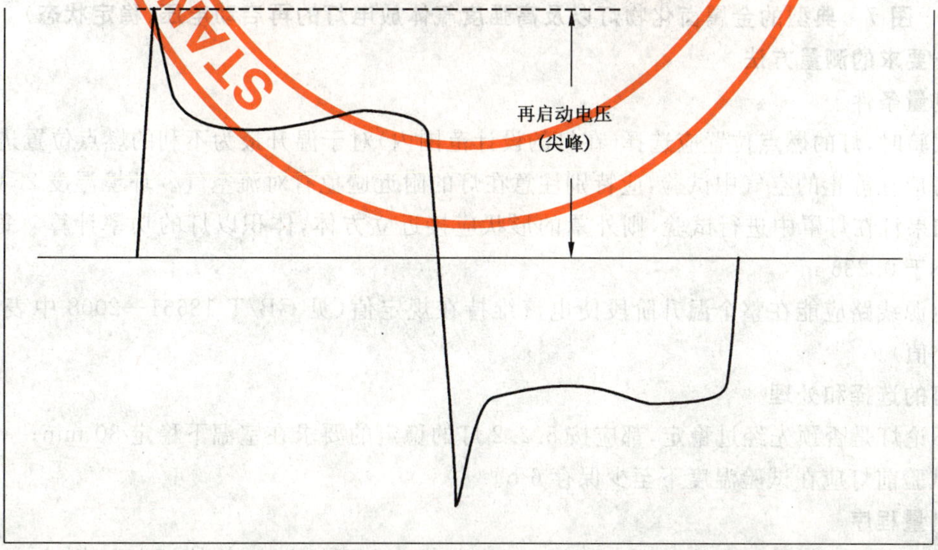

图 6 典型的金属卤化物灯的再启动电压尖峰

10.3.3 再启动电压的测量

10.3.3.1 一般要求

高强度放电灯的再启动电压(着火电压)(V_r)的定义:灯稳定工作时从一个半周期到下一个半周期的最大电压峰值(整个电压周期峰-峰值),见图7。配用基准镇流器,待灯燃点稳定后进行测量。

10.3.3.2 测量程序

a) 断开启动开关 S_5,将金属卤化物灯接入图1的点灯回路,再闭合启动开关 S_5,然后迅速调整电源电压 PV_1 到灯的参数表中规定的额定电源电压值,使灯启动。

b) 燃点稳定15 min。如果需要,重新调整灯功率至参数表中规定的额定功率的±1%,再燃点稳定15 min。

c) 从示波器OS中记录峰-峰电压,除以2(或直接记录半个周期的峰值电压),记录"再启动电压值"。

d) 断开启动开关 S_5,使灯的温度下降至环境温度后移开点灯回路。

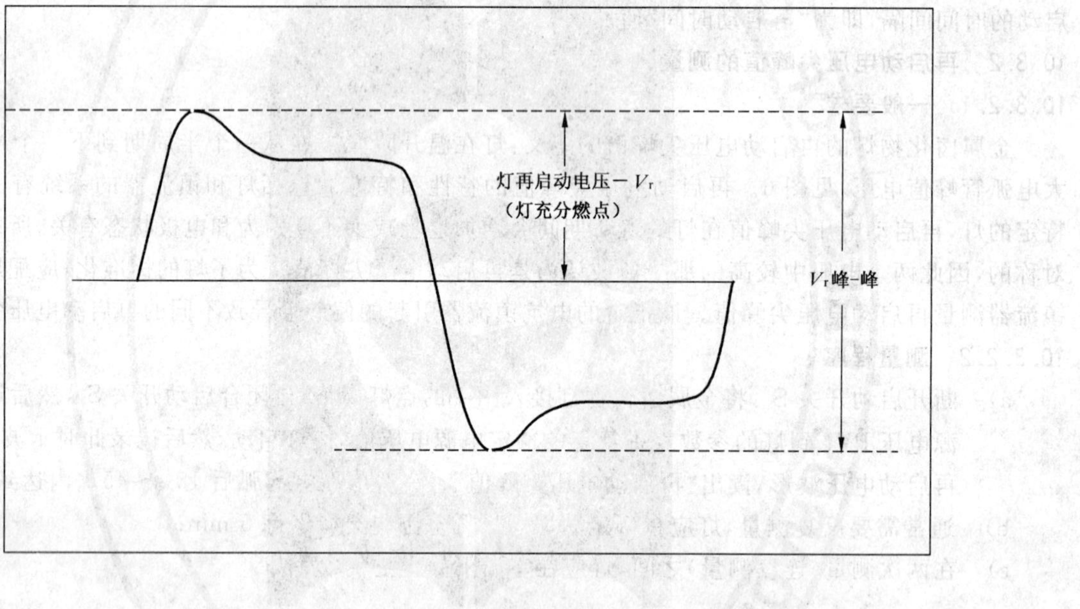

图7 典型的金属卤化物灯以及高强度气体放电灯的再启动电压(稳定状态)

10.4 温升要求的测量方法

10.4.1 测量条件

a) 试验时,灯的燃点位置应选择(在灯的设计范围内)对于温升最为不利的燃点位置进行。

b) 灯应在静止的空气中试验,应特别注意在灯的附近避免有对流空气。环境温度25℃±5℃。

c) 如果灯在灯罩中进行试验,则外罩的形状应接近立方体,体积以灯的功率计算。每100 W不小于0.236 m^3。

d) 电源线路应能在整个温升阶段使电流维持在规定值(见GB/T 18661—2008中表A.10中最小值)。

10.4.2 灯的选择和处理

a) 不论灯是否预先经过稳定,都应按5.2.2灯的稳定的要求在室温下稳定30 min;

b) 试验前灯应在试验温度下至少保存6 h。

10.4.3 测量程序

a) 灯应在规定的最低启动电流下燃点。用变化线路电压的方法,维持恒定电流。

b) 灯在启动时,记录时间 t_1。当金属卤化物灯的电参数达到相应标准的规定值时,记录时间 t_2。

升温时间 t_u 按式(30)计算。

$$t_u = t_2 - t_1 \tag{30}$$

式中：

t_u——升温时间，s；

t_1——金属卤化物灯启动的时间，s；

t_2——金属卤化物灯电参数达到相应标准规定值的时间，s。

附　录　A
（规范性附录）
CIE 标准光度观察者的光谱视见函数 $V(\lambda)$

波长/nm	光谱视见函数 $V(\lambda)$	波长/nm	光谱视见函数 $V(\lambda)$
380	0.000 04	585	0.816 30
385	0.000 06	590	0.757 00
390	0.000 12	595	0.694 90
395	0.000 22	600	0.631 00
400	0.000 40	605	0.566 80
405	0.000 64	610	0.503 00
410	0.001 21	615	0.441 20
415	0.002 18	620	0.381 00
420	0.004 00	625	0.321 00
425	0.007 30	630	0.265 00
430	0.011 60	635	0.217 00
435	0.016 84	640	0.175 00
440	0.023 00	645	0.138 20
445	0.029 80	650	0.107 00
450	0.038 00	655	0.081 60
455	0.048 00	660	0.061 00
460	0.060 00	665	0.044 58
465	0.073 90	670	0.032 00
470	0.090 98	675	0.023 20
475	0.112 60	680	0.017 00
480	0.139 02	685	0.011 92
485	0.169 30	690	0.008 21
490	0.208 02	695	0.005 72
495	0.258 60	700	0.004 10
500	0.323 00	705	0.002 93
505	0.407 30	710	0.002 09
510	0.503 00	715	0.001 48
515	0.608 20	720	0.001 05
520	0.710 00	725	0.000 74
525	0.793 20	730	0.000 52
530	0.862 00	735	0.000 36
535	0.914 85	740	0.000 25
540	0.954 00	745	0.000 17
545	0.980 30	750	0.000 12
550	0.994 95	755	0.000 08
555	1.000 00	760	0.000 06
560	0.995 00	765	0.000 04
565	0.978 60	770	0.000 03
570	0.952 00	775	0.000 02
575	0.915 40	780	0.000 01
580	0.870 00		

附 录 B
（资料性附录）
供电系统

推荐供电系统见图 B.1。

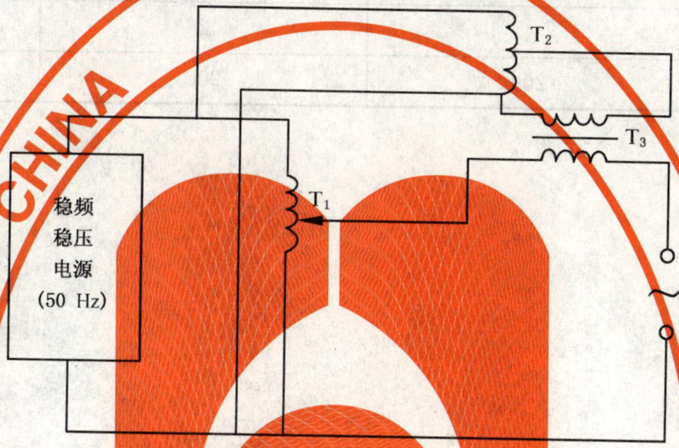

T_1——调压变压器(粗调)；
T_2——调压变压器(细调)；
T_3——降压变压器(220 V/6.3 V)。

图 B.1 推荐供电系统

附 录 C
（规范性附录）
积分球推荐涂料及配方

名　称	质　量　比		
	底层	中层	表层
硫酸钡(化学纯)	100	100	100
聚乙烯醇	4	2	1
蒸馏水	200	200	200

附 录 D
（规范性附录）
色修正和吸收修正系数的计算

D.1 当使用与被测灯不同类型的标准灯时，由于灯的相对光谱功率分布和形状不同，则对被测灯进行色修正和吸收修正。色修正系数 K_1 与球壁涂料的光谱反射率 $\rho(\lambda)$、积分球窗口玻璃和中性减光器的光谱透射率 $\tau(\lambda)$，光电接收器的相对光谱灵敏度 $S(\lambda)$ 有关，吸收修正系统示意图见图 D.1。球内燃点的比较灯发出的光不能直接照射在标准灯或被测灯以及采样窗口上。

光通量色修正和吸收修正系数分别为 k_1 和 k_2。

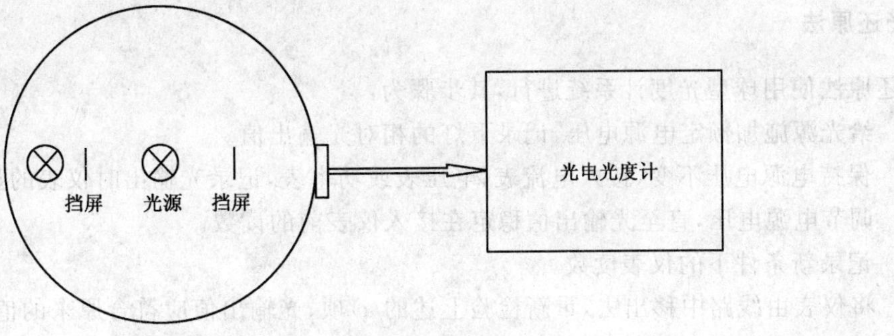

图 D.1 光源吸收修正系统示意图

D.2 色修正系数的计算

色修正系数 k_1 按式(D.1)计算。

$$k_1 = \frac{\sum_{380}^{780} P_t(\lambda)V(\lambda)\Delta\lambda}{\sum_{380}^{780} P_s(\lambda)V(\lambda)\Delta\lambda} \times \frac{\sum_{380}^{780} P_s(\lambda)\tau(\lambda)S(\lambda)\Delta\lambda}{\sum_{380}^{780} P_t(\lambda)\tau(\lambda)S(\lambda)\Delta\lambda} \quad \text{(D.1)}$$

式中：

λ——测量光谱范围在 380 nm 至 780 nm 内波长间隔 $\Delta\lambda$ 不大于 5 nm 的某一光谱波长；

$\tau(\lambda)$——积分球光谱透射率，按式(D.2)计算。

$$\tau(\lambda) = \rho(\lambda)T(\lambda)/[1-\rho(\lambda)] \quad \text{(D.2)}$$

$P_s(\lambda)$、$P_t(\lambda)$——分别为标准灯或被测灯相对光谱功率分布；

$V(\lambda)$——CIE 标准观察者光谱视见函数；

$S(\lambda)$——光电接收器相对光谱灵敏度；

$\rho(\lambda)$——积分球内壁涂料的光谱反射率；

$T(\lambda)$——积分球窗口毛玻璃的光谱透射率。

D.3 吸收修正系数的计算

吸收(光分布)修正系数 k_2 按式(D.3)计算。

$$k_2 = m_s/n_t \quad \text{(D.3)}$$

式中：

m_s 和 n_t——分别为测量安装标准灯和被测灯时的光通量响应值。

附 录 E
（资料性附录）
电参数测量光还原修正法

E.1 对灯线路中仪表读数的修正

当测量仪表的阻抗值在规定的范围内，不必进行补偿修正。

当仪表的阻抗值不符合 6.1.6 要求时，则应采用光还原法进行修正。修正量的大小取决于被测灯光输出的稳定性。

E.2 光还原法

光还原法使用球型光度计系统进行，其步骤为：

a) 给光源施加额定电源电压，记录下灯的相对光输出值。

b) 保持电源电压不变，接入电流表、电压表或功率表，记录光输出时仪表的显示值。

c) 调节电源电压，直至光输出值稳定在接入仪表前的读数。

d) 记录新条件下的仪表读数。

e) 将仪表由线路中移出去，重新检验上述的 a)项，光输出值应符合原来的值。

f) 在 d)和 b)项中，仪表显示之差可作为仪表的修正值计算到额定线路电压下的观测值内。此修正值只适用于测试用的仪表和特定规格的灯。

E.2.1 灯的电流表读数的修正

a) 如电流线圈的阻抗已包括在基准镇流器的阻抗之内，则此仪表的读数不必进行修正。电流表应始终留在线路中。

b) 如电流线圈的阻抗已包括在基准镇流器的阻抗之内，且电流表两端的电压降超过额定电压的 0.5%，则应用光还原法求出电流表读数的修正值。在读取其他仪表的读数时，电流表不应留在线路内。

E.2.2 电压表读数的修正

电压表读数应采用光还原法进行修正。在读取其他仪表的读数时，电压表不应留在线路内。

E.2.3 功率表读数的修正

a) 如果功率表电流线圈的阻抗被包括在已测定的基准镇流器的阻抗内，则其电流线圈应始终保留在线路中，此线圈对读数的影响不必进行修正。电压线圈阻抗的修正可用光还原法求出，然后减去电压线圈的损耗功率（U^2/R）；

b) 如果电流线圈不包括在基准镇流器阻抗内，对电流和电压线圈的修正可同时用光还原法测得。电压线圈的损耗功率（U^2/R）从得出的修正值中减去；

c) 当光输出恢复时功率的增加接近于减去测量仪表的损耗功率（U^2/R）后的下降值时，可在试验中免去对两者进行修正，而直接采用功率表的读数；

d) 当功率表的电压线圈连接在电流线圈的输入一侧时，功率表读数应减去电流线圈的损耗（I^2R），而不是减去电压线圈的损耗。

注：U——电源电压；I——回路电流；R——仪表线圈的阻抗。

附　录　F
（资料性附录）
色参数测量原理方框图

F.1　参考方法 1(图 F.1)

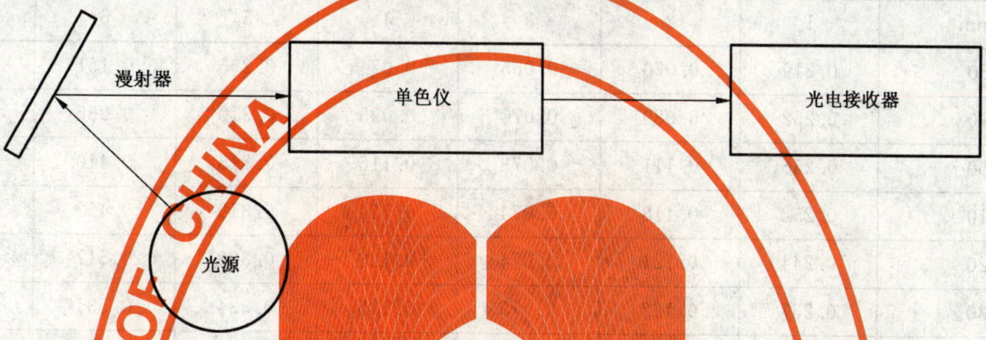

图 F.1

F.2　参考方法 2(图 F.2)

图 F.2

附　录

（规范性

试验色（i＝1～14）的光谱

本附录等同采用国际照明委员会 CIE/TC-3.2 试验色样的光谱反射系数 $\beta_i(\lambda)$ 值

表

λ/nm	1	2	3	4	5	6	7
380	0.219	0.070	0.065	0.074	0.295	0.151	0.378
390	0.252	0.089	0.070	0.093	0.310	0.265	0.524
400	0.256	0.111	0.073	0.116	0.313	0.410	0.551
410	0.252	0.118	0.074	0.124	0.319	0.492	0.559
420	0.244	0.121	0.074	0.128	0.326	0.517	0.561
430	0.237	0.122	0.073	0.135	0.334	0.531	0.556
440	0.230	0.123	0.073	0.144	0.346	0.544	0.544
450	0.225	0.127	0.074	0.161	0.360	0.556	0.522
460	0.220	0.131	0.077	0.186	0.381	0.554	0.488
470	0.216	0.138	0.085	0.229	0.403	0.541	0.448
480	0.214	0.150	0.109	0.281	0.415	0.519	0.408
490	0.216	0.174	0.148	0.332	0.419	0.488	0.363
500	0.223	0.207	0.198	0.370	0.413	0.456	0.324
510	0.226	0.242	0.241	0.390	0.403	0.414	0.301
520	0.225	0.260	0.278	0.395	0.389	0.377	0.283
530	0.227	0.267	0.339	0.385	0.372	0.341	0.265
540	0.236	0.272	0.392	0.367	0.353	0.309	0.257
550	0.253	0.282	0.400	0.341	0.334	0.279	0.259
560	0.272	0.299	0.380	0.312	0.308	0.253	0.260
570	0.298	0.322	0.349	0.280	0.284	0.234	0.256
580	0.341	0.335	0.315	0.247	0.260	0.225	0.254
590	0.390	0.341	0.285	0.214	0.232	0.221	0.270
600	0.424	0.342	0.264	0.185	0.210	0.220	0.302
610	0.442	0.342	0.252	0.169	0.194	0.220	0.344
620	0.450	0.341	0.241	0.160	0.185	0.223	0.377
630	0.451	0.339	0.229	0.154	0.180	0.233	0.400
640	0.451	0.338	0.220	0.151	0.176	0.244	0.420
650	0.450	0.336	0.216	0.148	0.175	0.258	0.438
660	0.451	0.334	0.219	0.148	0.175	0.268	0.452
670	0.453	0.332	0.230	0.151	0.180	0.278	0.462

G

附录）

反射系数 $\rho_i(\lambda)$ 数值

G.1

8	9	10	11	12	13	14
0.104	0.066	0.050	0.111	0.120	0.104	0.036
0.170	0.058	0.059	0.127	0.090	0.161	0.037
0.319	0.052	0.066	0.127	0.076	0.264	0.039
0.462	0.051	0.068	0.116	0.064	0.341	0.040
0.490	0.056	0.069	0.108	0.075	0.359	0.042
0.482	0.048	0.072	0.104	0.123	0.364	0.043
0.462	0.046	0.076	0.105	0.207	0.367	0.044
0.439	0.042	0.083	0.110	0.300	0.372	0.045
0.413	0.038	0.095	0.123	0.346	0.376	0.047
0.362	0.033	0.113	0.148	0.341	0.384	0.050
0.352	0.030	0.142	0.192	0.307	0.397	0.055
0.325	0.028	0.109	0.252	0.247	0.416	0.062
0.299	0.028	0.262	0.325	0.204	0.443	0.075
0.288	0.030	0.365	0.356	0.154	0.464	0.092
0.270	0.031	0.465	0.346	0.109	0.469	0.108
0.256	0.032	0.546	0.314	0.075	0.474	0.133
0.250	0.033	0.610	0.271	0.051	0.483	0.150
0.254	0.035	0.653	0.227	0.035	0.506	0.155
0.264	0.041	0.678	0.188	0.025	0.553	0.147
0.272	0.048	0.693	0.153	0.019	0.618	0.133
0.278	0.050	0.701	0.125	0.017	0.680	0.118
0.295	0.152	0.705	0.106	0.016	0.717	0.106
0.348	0.190	0.706	0.096	0.016	0.736	0.096
0.434	0.336	0.707	0.090	0.016	0.745	0.093
0.528	0.505	0.708	0.085	0.016	0.748	0.089
0.604	0.641	0.710	0.080	0.018	0.748	0.086
0.648	0.717	0.712	0.078	0.018	0.748	0.084
0.676	0.758	0.716	0.078	0.019	0.748	0.084
0.693	0.781	0.720	0.081	0.023	0.747	0.085
0.705	0.797	0.725	0.088	0.026	0.747	0.092

表 G.1

λ/nm	1	2	3	4	5	6	7
680	0.445	0.331	0.251	0.158	0.186	0.288	0.468
690	0.458	0.329	0.288	0.165	0.192	0.291	0.473
700	0.462	0.328	0.340	0.170	0.199	0.302	0.483
710	0.464	0.326	0.390	0.170	0.199	0.325	0.496
720	0.466	0.324	0.431	0.166	0.196	0.350	0.511
730	0.466	0.324	0.460	0.164	0.195	0.376	0.525
740	0.467	0.322	0.481	0.168	0.197	0.401	0.539
750	0.467	0.320	0.493	0.197	0.203	0.425	0.553
760	0.467	0.316	0.500	0.185	0.208	0.447	0.565
770	0.467	0.315	0.505	0.192	0.215	0.469	0.575
780	0.467	0.314	0.516	0.797	0.219	0.485	0.581

(续)

8	9	10	11	12	13	14
0.712	0.809	0.731	0.102	0.035	0.747	0.102
0.717	0.819	0.739	0.125	0.056	0.747	0.123
0.721	0.826	0.746	0.161	0.097	0.746	0.152
0.719	0.831	0.749	0.203	0.166	0.745	0.188
0.725	0.835	0.753	0.242	0.257	0.743	0.226
0.729	0.836	0.755	0.270	0.354	0.745	0.260
0.730	0.838	0.755	0.292	0.441	0.750	0.294
0.730	0.839	0.756	0.310	0.520	0.749	0.325
0.730	0.839	0.758	0.317	0.577	0.748	0.353
0.730	0.839	0.751	0.330	0.618	0.747	0.379
0.730	0.839	0.759	0.338	0.645	0.747	0.399

附　录　H
（规范性附录）
UCS 图

本附录等同采用国际照明委员会 CIE 1960 UCS 图。

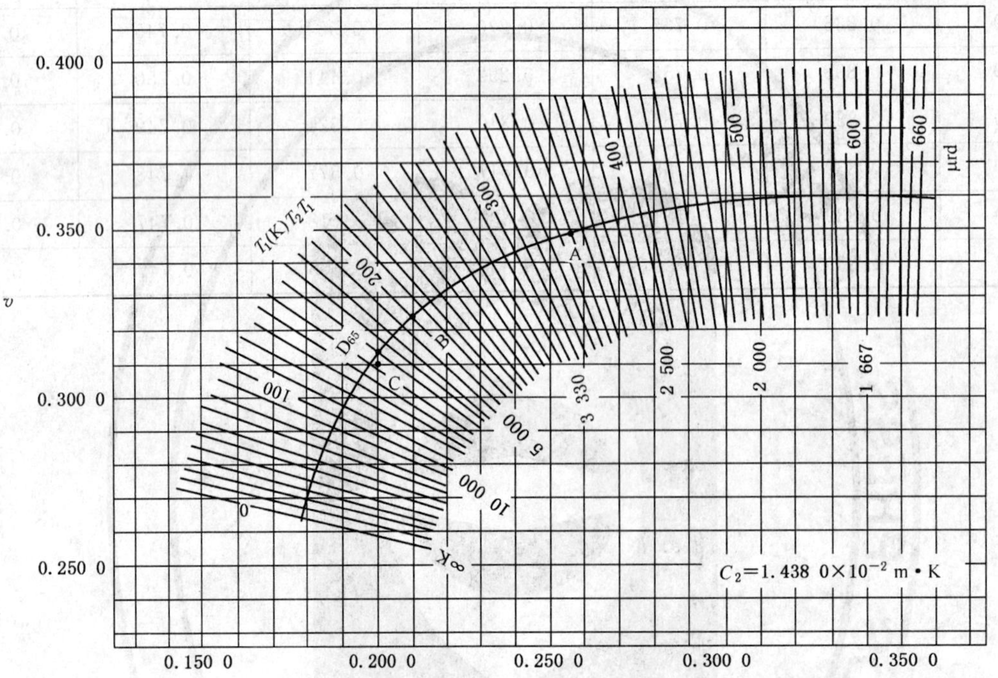

图 H.1　CIE 1960 UCS 图上按 10 麦勒德间隔分布的等相关色温线

附　录　I
（规范性附录）
相关色温线的斜率及其与黑体轨迹交点的坐标

本附录等同采用国际照明委员会CIE 1960均匀色度图中一些等相关色温线的斜率及它们与黑体轨迹坐标数值。

表 I.1

相关色温		与黑体轨迹交点的坐标		等相关色温线的斜率
$(1/T_i)/\mu rd$	T_i/K	u_i	v_i	k_i
0	∞	0.180 06	0.263 52	−0.243 4
10	100 000	0.180 63	0.265 44	−0.255 5
20	50 000	0.181 30	0.268 50	−0.269 4
30	33 333	0.182 06	0.271 23	−0.286 0
40	25 000	0.182 91	0.274 11	−0.305 4
50	20 000	0.183 87	0.277 13	−0.327 4
60	16 667	0.184 93	0.280 25	−0.352 2
70	14 286	0.186 10	0.283 45	−0.379 8
80	12 500	0.187 38	0.286 71	−0.410 1
90	11 111	0.188 78	0.289 99	−0.443 4
100	10 000	0.190 30	0.293 29	−0.479 4
125	8 000	0.194 61	0.301 43	−0.582 6
150	6 667	0.199 61	0.309 22	−0.705 2
175	5 714	0.205 24	0.316 48	−0.849 5
200	5 000	0.211 41	0.323 12	−1.018 6
225	4 444	0.218 06	0.329 09	−1.217 3
250	4 000	0.225 10	0.334 39	−1.451 6
275	3 636	0.232 46	0.339 04	−1.730 1
300	3 333	0.240 09	0.343 08	−2.064 0
325	3 077	0.247 91	0.346 55	−2.468 4
350	2 857	0.255 90	0.349 50	−2.964 3
375	2 667	0.263 09	0.351 99	−3.581 5
400	2 500	0.272 16	0.354 07	−4.363 3
425	2 353	0.280 38	0.355 77	−5.376 0
450	2 222	0.288 61	0.357 14	−6.725 7
475	2 105	0.296 84	0.358 23	−8.594 2
500	2 000	0.305 03	0.359 06	−11.321 2
525	1 905	0.313 18	0.359 68	−15.622 5

表 I.1（续）

相关色温		与黑体轨迹交点的坐标		等相关色温线的斜率
$(1/T_i)/\mu rd$	T_i/K	u_i	v_i	k_i
550	1 818	0.321 27	0.360 11	−23.313 1
575	1 739	0.329 29	0.360 38	−40.731 4
600	1 667	0.337 22	0.360 51	−116.132 0

ICS 17.160
J 04

GB

中华人民共和国国家标准

GB/T 13436—2008
代替 GB/T 13436—1992

扭转振动测量仪器技术要求

Technical requirements for torsional vibration measuring instrument

2008-09-27 发布　　　　2009-05-01 实施

中华人民共和国国家质量监督检验检疫总局
中国国家标准化管理委员会　发布

前　言

本标准是对 GB/T 13436—1992《扭转振动仪器技术要求》的修订。

本标准与 GB/T 13436—1992 比较，主要技术变化如下：

——对扭振仪的分类做了重新规定，将激光扭振仪并入模拟式电测扭振仪，增加了数字式电测扭振仪和扭振应力测量仪；

——增加了对数字式电测扭振仪和扭振应力测量仪的技术要求；

——删减了附录 B 扭振仪幅频特性。

本标准自实施之日起代替 GB/T 13436—1992。

本标准的附录 A 为资料性附录。

本标准由全国机械振动、冲击与状态监测标准化技术委员会提出并归口。

本标准起草单位：中国船舶重工集团公司第七一一研究所。

本标准主要起草人：王慰慈、周炎、刘伟、胡宾。

本标准所代替标准的历次版本发布情况为：

——GB/T 13436—1992。

扭转振动测量仪器技术要求

1 范围

本标准规定了内燃机轴系的扭转振动测量仪器(以下简称扭振仪)的分类、技术要求以及包装、标志和贮存等。

本标准适用于测量内燃机轴系扭转振动的角振幅、频率、轴段扭矩或应力等物理量的仪器。测量其他类型轴系扭转振动的仪器亦可参照使用。

2 规范性引用文件

下列文件中的条款通过本标准的引用而成为本标准的条款。凡是注日期的引用文件,其随后所有的修改单(不包括勘误的内容)或修订版均不适用于本标准,然而,鼓励根据本标准达成协议的各方研究是否可使用这些文件的最新版本。凡是不注日期的引用文件,其最新版本适用于本标准。

GB/T 191 包装储运图示标志(GB/T 191—2008,ISO 780:1997,MOD)

GB/T 4728(所有部分) 电气简图用图形符号

GB/T 6388 运输包装收发货标志

GB/T 6587.1—1986 电子测量仪器 环境试验总纲

GB/T 6587.2 电子测量仪器 温度试验

GB/T 6587.3 电子测量仪器 湿度试验

GB/T 6587.4 电子测量仪器 振动试验

GB/T 6587.5 电子测量仪器 冲击试验

GB/T 15464 仪器仪表包装通用技术条件

3 分类

扭振仪按其工作原理分为:数字式电测扭振仪、模拟式电测扭振仪(含激光扭振仪)、扭振应力测量仪、机械式扭振仪。

4 技术要求

4.1 基本要求

4.1.1 扭振仪出厂时必须具有质量合格证书。

4.1.2 扭振仪应能获得被测轴系扭振响应的正确信息(角振幅、频率或轴段应力等)。通常还应能获得测点的转速信息。

4.1.3 频率范围

4.1.3.1 扭振仪能准确测量的频率范围见表1。

4.1.3.2 扭振仪的幅频特性曲线的平直(或基本平直)部分适用于轴系的被测频率范围。当选用的扭振仪,其测量的频率超出上述范围时,在扩大的频率范围内,如其特性确定,可以使用,但必须对测量值进行修正。

表 1 扭振仪能准确测量的频率范围

分类	频率范围
标准型盖格尔扭振仪	2 Hz～40 Hz
直接连接式高速盖格尔扭振仪	10 Hz～166 Hz
模拟式电测扭振仪	10 Hz～600 Hz
数字式电测扭振仪	1 Hz～1 000 Hz
扭振应力测量仪	0 Hz～1 000 Hz
注：能准确地测量的频率范围是指与幅频特性曲线的平直部分相一致的频率区间。	

4.1.4 量程

4.1.4.1 机械式扭振仪应满足下列要求：

a) 量程可调，测量时一般应保证仪器的量程不小于±1°；

注：盖格尔扭振仪的量程与传动比、静放大倍数、皮带的宽度和长度以及被测轴系的振动频率等有关。

b) 可测量最小角振幅 A。

静放大倍数 $M_e=3$ 时，A 应不大于±0.1°；

静放大倍数 $M_e=6$ 时，A 应不大于±0.05°。

4.1.4.2 模拟式电测扭振仪应满足下列要求：

a) 具有量程可调的功能；

b) 最大量程应不小于±2°；

c) 在仪器的使用量程内，扭振信号的电压量(或电流量)与其对应的角振幅应成线性关系，当非线性偏差大于±3%时，应按动态校验确定的特性线进行换算；

d) 可测量的最小角振幅 A 应不大于±0.02°。

4.1.4.3 数字式电测扭振仪应满足下列要求：

a) 具有采样频率可调的功能；

b) 最大量程应不小于±5°；

c) 在仪器的使用量程内，扭振信号的电压量(或电流量)与其对应的角振幅应成线性关系，当非线性偏差大于±3%时，应按动态校验确定的特性线进行换算；

d) 可测量的最小角振幅 A 应不大于±0.01°。

4.1.4.4 扭振应力测量仪应满足下列要求：

a) 具有增益可调的功能；

b) 在仪器的使用量程内，扭振信号的电压量(或电流量)与其对应的应力应成线性关系，当非线性偏差大于±3%时，应按动态校验确定的特性线进行换算。

4.1.5 误差

测量仪器的幅频特性曲线的平直(或基本平直)部分误差的最大值可达指标值的±10%。

4.1.6 检测或校准

测量仪器(系统)应定期在国家主管部门认可的检测机构进行动态校验，确定仪器(系统)的幅频特性，并满足 4.1.3.2 和 4.1.5 的要求。

4.2 制造要求

除应满足 4.1.2～4.1.5 要求外，还应满足下列要求。

4.2.1 外观

扭振仪出厂时，外壳表面的涂覆层应完好无损。

4.2.2 扭振传感器

4.2.2.1 提供传感器的外形图及主要的外形尺寸、连接尺寸和安装要求。

4.2.2.2 在制造厂商规定的测试现场的环境条件(温度、湿度、磁场和油污等)下,传感器应能可靠地接送信息。

4.2.3 外壳

4.2.3.1 采用普通外壳时,外壳上允许开有散热通风气孔或气窗。

4.2.3.2 外壳上应有供制造厂技术检验部门及计量机关(如有规定时)打印加封的表面。

4.2.3.3 模拟式电测扭振仪的外壳上一般应有牢固的接地端子并按 GB/T 4728.2 的规定标出接地符号。

4.2.4 读数装置

4.2.4.1 具有读数装置的模拟式电测扭振仪。其读数装置应能准确显示测量信号的峰值(如角振幅、电压或电流)或最大值(如相位角、频率或转速)。

4.2.4.2 数字式电测扭振仪应能准确显示测量信号的时域波形或频谱波形,准确显示各频率分量下的振幅、相位角。

4.2.4.3 扭振应力测量仪应能准确显示信号的峰值(如扭矩、电压或电流等)、转速。

4.2.5 可更换零部件

4.2.5.1 制造厂应提供可更换主要零部件的型号、规格或参数等。

4.2.5.2 仪器内置电池组应与主要部件隔离或置于电池盒内。

4.2.6 专用导线

4.2.6.1 仪器(系统)应用屏蔽电缆。

4.2.6.2 在制造厂商规定的测试现场的环境条件下,导线应能可靠地传输信息。

4.2.6.3 当用非定制导线时,在仪器说明书中应推荐所用导线的型号或电阻值(或电容值)的范围。

4.2.7 配套附件

随同扭振仪一起供应的应包括:

a) 质量合格证书;

b) 技术文件;

c) 维修资料。

4.3 试验要求

扭振仪和附件应通过下列试验。

4.3.1 基本安全试验

电测扭振仪应在 GB/T 6587.1—1986 第 2 章规定的条件(基本工作条件)下进行以下试验:

a) 绝缘电阻;

b) 电压;

c) 泄漏电流。

4.3.2 环境试验

电测扭振仪按 GB/T 6587.1—1986 第 1.2 条的要求及第 2 章规定的条件下进行下列试验:

a) 温度,按 GB/T 6587.2 的规定执行;

b) 湿度,按 GB/T 6587.3 的规定执行;

c) 振动,按 GB/T 6587.4 的规定执行;

d) 冲击,按 GB/T 6587.5 的规定执行。其中,倾斜跌落试验可不进行。

4.3.3 新产品定型试验

新设计的扭振仪和附件,应按照本标准和产品技术条件中的规定进行型式试验,以校核是否达到所规定的各项技术指标的要求。

4.3.4 出厂检验

4.3.4.1 由制造厂技术检验部门根据相关标准的规定对生产的每台仪器(含附件)进行检验。

检验合格后，进行打印并标记，按规定格式出具质量合格证书。

4.3.4.2 扭振仪出厂时，应经过动态校验并给出：

a) ±1°或±0.5°的幅频特性(或校验数据)并应满足4.1.5的要求；

b) 数字式电测扭振仪和模拟式电测扭振仪，还应给出±1°或±0.5°的标定值[电压(V)或电流(A)]；

c) 根据扭振应力测量仪的量程范围，扭振应力测量仪应在扭矩标准机上进行标定，并给出标定值[电压(V)或电流(A)]。

4.4 使用要求

4.4.1 一般要求

4.4.1.1 测量人员应根据(或估计)被测轴系的扭振特性，结合4.1.3和4.1.4的要求，选用合适的扭振仪。

4.4.1.2 选用的扭振仪必须满足4.1.1、4.1.2和4.1.5的要求。

4.4.2 机械式扭振仪

4.4.2.1 安装

应满足下列要求：

a) 仪器的转向与被测轴的转向应一致；

b) 仪器底板(拖板及导板)的固定部位应具有较大的刚度，且无明显的局部振动和冲击现象；

c) 仪器与底板都必须固定，在测量过程中不得发生任何移动；

d) 皮带连接时，除了皮带的接口(缝接)处要光滑平坦地过渡外，皮带轮的旋转中心线与被测轴的中心线应平行；

e) 直接连接时，(仪器)皮带轮与被测轴的同轴度应不大于0.05 mm。

4.4.2.2 工作参数

工作参数的选择和调整应满足下列要求：

a) 合理选择传动比；

b) 合理选择弹簧常数(包括片状主弹簧及反弹簧)；

c) 皮带传动时，皮带的长度、宽度和紧度应适当；

d) 选择划笔放大比(即静放大倍数)。

4.4.2.3 检测或校准

应满足4.1.6的要求。

4.4.3 模拟式和数字式电测扭振仪

4.4.3.1 扭振传感器

应满足下列要求：

a) 传感器与被测轴的连接装置不应显著地影响轴系原有的扭振特性。

b) 凡经受过非正常状态(冲击、碰撞、过热、浸油和浸水等)后都应及时校验。经动态校验证明其性能仍符合要求时，方可继续使用。

c) 不同类型传感器的安装与使用应符合附录A的要求。

4.4.3.2 连接导线

应满足下列要求：

a) 如仪器系统要求使用专用导线时，应按4.2.6.3的规定选用；

b) 凡规定用专用导线的仪器，必须将专用导线与仪器一起进行系统校验；

c) 测量时，尽可能避免导线晃动，必要时应加以固定。

4.4.3.3 检测或校准

应满足4.1.6的要求。

4.4.4 扭振应力测量仪

4.4.4.1 应变片

应满足下列要求：

a) 应变片的布置应具备温度补偿；

b) 应变片粘贴时应与轴线方向保持45°方向；

c) 应变片粘贴时对轴系表面的粗糙度要求为$Ra1.6\ \mu m \sim 3.2\ \mu m$。

4.4.4.2 连接导线

应满足4.4.3.2的要求：

4.4.4.3 检测或校准

应满足4.1.6的要求。

5 标识、包装、运输和贮存

5.1 扭振仪上应有下列标识：

a) 制造厂的名称或商标；

b) 仪器的名称和型号；

c) 制造年月和出厂编号；

d) 扭振仪若附有显示仪表时，仪表上应标有被测量的单位符号和准确度等级标识；

e) 如仪器(仪表)的使用与工作位置有关，则应有工作位置的符号；

f) 接线图(允许在使用说明书中给出)；

g) 电气图用图形符号按GB/T 4728的规定制出。

注：附件亦应有标志，但可从简。

5.2 扭振仪的包装应符合GB/T 15464的规定。

5.3 包装箱外部标志应符合GB/T 191和GB/T 6388的规定。

5.4 扭振仪应存放在清洁、干燥和无腐蚀性气体的环境中。

附 录 A
（资料性附录）
扭振传感器的安装与使用

表 A.1

传感器类型		结构安装特点	安装要求					使用注意事项
			安装位置	同轴度（传感器回转中心线与被测轴中心线）	径向间隙（传感器端部平面至齿盘之齿侧）	侧（轴）向间隙（传感器端部平面至齿盘之内侧）	其他要求	
接触式传感器		运动部分与非运动部分组成一体	被测轴的端部	应符合使用说明书中的要求；一般应不大于 0.05 mm				（1）振幅超过它的量程时，不许使用； （2）测量时用一根细绳将传感器的输出插座系住
非接触式传感器	组合式	齿盘（运动部分）与磁性传感器（位于非运动部分）能够一体	被测轴的端部	应符合使用说明书中的要求；一般应不大于 0.07 mm	应符合使用说明书的要求（传感器位于齿盘之齿侧时）			测量时用一根细绳将传感器壳体系住
	分开式	齿盘与磁性传感器分开安装	齿盘安装于被测轴的端部或裸露的轴上	应不大于 0.07 mm（齿盘回转中心线与被测轴中心线）	应符合使用说明书的要求（传感器位于齿盘之齿顶相对时）	应符合使用说明书的要求（传感器位于齿盘之齿侧时）	传感器应用刚度较大的支架固定于内燃机本体上或公共底座（底座与内燃机之间无隔振装置）上或轴承座上	支座（架）所处部位应无明显的局部振动和冲击现象
	透射（视）传感器	齿盘与透射式传感器分开安装；传感器座正中有一条 3 mm 的槽	齿盘安装于被测轴的端部或裸露的轴上			齿盘之齿位于传感器座槽口正中，其两侧的间隙应符合使用说明书中的要求		（1）支座（架）部位应无明显的局部振动和冲击现象； （2）齿盘之齿高应位于传感器座内光敏管的作用范围内； （3）齿盘及光敏表面不应染有污物
	反射传感器	用自粘性反射纸带代替齿盘，与反射式传感器分开安装	自粘性反射纸带粘于裸露的轴上		传感器端面部平面与反射纸带间的间隙应符合使用说明书的要求			反射纸带及光敏管表面不得粘有污物
应变片式传感器		半桥或全桥式应变片	粘贴在被测轴表面	应变片与轴线方向成 45°粘贴			测量轴粘贴部位的粗糙度要求 $Ra1.6\ \mu m \sim 3.2\ \mu m$	应变片粘贴完毕后应在表面使用保护措施

ICS 13.160
Z 32

中华人民共和国国家标准

GB/T 13441.2—2008/ISO 2631-2:2003

机械振动与冲击　人体暴露于全身振动的评价　第2部分:建筑物内的振动（1 Hz～80 Hz）

Mechanical vibration and shock—Evaluation of human exposure to whole-body vibration—Part 2: Vibration in buildings(1 Hz to 80 Hz)

(ISO 2631-2:2003,IDT)

2008-09-27 发布　　2009-05-01 实施

中华人民共和国国家质量监督检验检疫总局
中国国家标准化管理委员会　发布

前　　言

GB/T 13441《机械振动与冲击　人体暴露于全身振动的评价》分为四个部分：

——第1部分：一般要求；

——第2部分：建筑物内的振动(1 Hz～80 Hz)；

——第4部分：振动和旋转运动对固定轨道运输系统中的乘客及乘务员舒适影响的评价指南；

——第5部分：包含多次冲击振动的评价方法。

本部分为GB/T 13441的第2部分。

本部分等同采用ISO 2631-2:2003《机械振动与冲击　人体暴露于全身振动的评价　第2部分：建筑物内的振动(1 Hz～80 Hz)》(英文版)。

为便于使用，本部分做了如下编辑性修改：

——用“本部分”代替“ISO 2631 本部分”；

——用小数点符号“.”代替作为小数点的“,”；

——对ISO 2631-2:2003引用的其他国际标准，有被等同采用为我国标准的，用我国标准代替对应的国际标准，其他则直接引用国际标准。

本部分的附录A为规范性附录，附录B为资料性附录。

本部分由全国机械振动、冲击与状态监测标准化技术委员会(SAC/TC 53)提出并归口。

本部分起草单位：中国铁道科学研究院、北京理工大学。

本部分主要起草人：马筠、焦大化、高利、孙成龙、郭俊宇、吴绍斌、赵亚男、陈雪梅。

引　言

人体暴露于建筑物中的结构振动,居住者能够觉察到而且在多方面影响他们。更为重要的是居住者的舒适性和生活品质会因此而降低。

为了进行建筑物内振动对人舒适性和烦恼影响的评价,优先使用振动总计权值。通过给出建筑物中某一位置适宜性的指示,用适当的频率计权得到的值来表示人在建筑物内的位置或地点的特征。

本部分旨在鼓励采用统一的人体对建筑物振动响应的数据采集方法。

机械振动与冲击　人体暴露于全身振动的评价　第2部分:建筑物内的振动(1 Hz～80 Hz)

1　范围

GB/T 13441的本部分涉及与居住者舒适和烦恼相关的建筑物内暴露于人体全身振动与冲击,规定了测量和评价方法,包括测量方向和测量位置的确定。定义了适用于1 Hz～80 Hz频率范围内的频率计权值 W_m,在此频率范围内不需明确建筑物内居住者的姿势。

注1:如果明确居住者的姿势,可应用GB/T 13441.1中给定的频率计权值 W_m。

虽然通常对一个建筑物进行试验研究很有效,但在建筑物的设计阶段或者不可能进入现有建筑物的情况下,本部分所包含的概念应等效应用于该建筑。在这些情况下,必须用某些方法对建筑物振动响应进行预测。

对建筑物可能存在的结构破坏情形,本部分不提供指南,相关内容见GB/T 14124。另外,本部分不适用于对人体健康及安全影响的评价。

本部分也没有规定容许振动值。

注2:在收集到与本部分相关的更多的信息之前,目前尚不能给出容许振动值的指南。

在附录A中给出了频率计权值 W_m 的数学定义,在附录B中给出了有关抱怨的建筑物振动数据采集指南。

2　规范性引用文件

下列文件中的条款通过GB/T 13441的本部分的引用而成为本部分的条款。凡是注日期的引用文件,其随后所有的修改单(不包括勘误的内容)或修订版均不适用于本部分,然而,鼓励根据本部分达成协议的各方研究是否可使用这些文件的最新版本。凡是不注日期的引用文件,其最新版本适用于本部分。

GB/T 13441.1—2007　机械振动与冲击　人体暴露于全身振动的评价　第1部分:一般要求(ISO 2631-1:1997,IDT)

ISO 8041　人体振动响应　测量仪器

IEC 61260:1995　电声学　倍频程和分数倍频程滤波器

3　术语和定义

下列术语和定义适用于GB/T 13441的本部分。

3.1

评价　evaluation

包括调查、测量、处理、排序、描述、分级及对相关数据表达的一系列活动。

3.2

建筑物　building

用于人类居住或进行其他活动的静态结构,包括办公室、工厂、医院、学校和日托中心。

3.3

工作时间　work time

由一天内开始和结束时刻确定的振源活动周期或作用时间。

3.4

暴露时间 exposure time

暴露于振动作用下的时间。

4 建筑物振动的测量

4.1 一般要求

有关信号适调和测量持续时间的一般要求，应遵循 GB/T 13441.1—2007 中 5.4 和 5.5 分别给予的说明。

4.2 测量方向

振动应在三个正交方向上同时测量。振动方向应相对于建筑物而不是相对于人体来确定。相对于结构的 X、Y、Z 轴的指向应是 GB/T 13441.1 中给定的立姿人体的指向。

4.3 测量位置

关于人体反应的评价分别取决于居住者预期在室内停留的时间、居住者所从事的工作和预计抗干扰的能力。每个相关的地点或房间都应按照这些准则进行评定。振动测量位置应选取房间中发生频率计权振动最大幅值处或者专门指定的建筑结构表面上的适当位置。

注：有时需要对建筑物内的若干不同位置进行测量以确定振动的局部变化。

4.4 频率计权

按照 4.2 和 4.3 的要求，应对相关位置测量得到的三个方向的振动进行频率计权。GB/T 13441 的本部分采用频率计权加速度来表示振动量级(GB/T 13441.1 也是如此)。

不考虑测量方向时推荐使用附录 A 的频率计权系数 W_m。

注 1：只要确定了居住者的姿势，就可使用 GB/T 13441.1 给出的频率计权系数。

附录 A 给出了频率计权 W_m 的精确定义。表 A.1 列出了将加速度作为输入量的计权值，用 1/3 倍频程中心频率计算得出，而且包括了 1 Hz～80 Hz 的频率范围。频率计权 W_m 和中心频率的关系曲线见图 A.1。

注 2：W_m 以前定名为 W.B.组合。

4.5 振动评价

4.5.1 振动测量

振动值采用 GB/T 13441.1 给定的方法确定。用最大频率计权振动幅值确定振动轴，并应用该方向上得到的振动幅值进行评价。

为了适应将来不同类型的评价，无论操作与否，建议使用一种测量技术记录至少在 1 Hz～80 Hz 频率范围内未计权的随时间变化的振动过程。

4.5.2 振源分类

为进行评价，有必要依据实践中引起不满评论的振源的主要类型进行分类。不同类别会有不同的可接受的振动量级。为确定一个国际惯用的方法，定义分类如下：

a) 连续或不完全连续过程，如工业类；

b) 持续的间歇性活动，如交通类；

c) 有限时段(非持续的)活动，如建筑行业。

选定这些分类以便反映人们对不同振源的感受。但这并不是唯一的分类，而是为了给出本部分的应用指南。

4.6 测量仪器

应遵循 ISO 8041 规定的包括容差在内的测量仪器要求。

5 人体对建筑物振动的反应

许多国家的经验表明，当建筑物的振动幅值只要稍微超过人的感知水平(见 GB/T 13441.1—

2007,附录 C)时,就会引起居住者对居住场所的建筑物振动产生不满,有些情况是由于振动的二次影响,如二次辐射噪声(见附录 B)所引起的。一般来说,令人满意的振动幅值很可能与大众的期望值以及经济、社会和其他环境因素有关。它们并不取决于诸如短期的健康危害和工作效率等因素。实际上,所有的情况表明,这种振动幅值与直接由运动导致疲劳的幅值是非常不一样的。

人可以忍受较高振动幅值的情况确实存在,特别是在暂时的干扰和瞬态事件发生时尤其如此。例如一些建筑项目,通过一个合理的与公众联系沟通的程序,比如警告标识通告或者定期公示就可减少居民受惊扰的因素。只有在极端个别情况下才有必要考虑 GB/T 13441.1 给出的"健康"准则。对于振动时间过长的情况,长期接触振动就有可能引起厌倦感阈值的改变。

附 录 A
（规范性附录）
频率计权值 W_m 的数学定义

频率 $f_i(i=1\sim3)$是确定总频率计权 W_m 的传递函数的参数。传递函数 $H(p)$表示为三部分的乘积[高通滤波函数 $H_h(p)$，低通滤波函数 $H_l(p)$和纯计权函数 $H_t(p)$]，式中 $\omega_i=2\pi f_i$，$p=\mathrm{j}2\pi f$。

频带限制(具有二阶 Butterworth 特性的滤波；f_1 和 f_2 是拐点频率)：

a) 高通

$$H_h(p)=\frac{1}{1+\sqrt{2}\omega_1/p+(\omega_1/p)^2} \quad \cdots\cdots(A.1)$$

$$|H_h(p)|=\sqrt{\frac{f^4}{f^4+f_1^4}} \quad \cdots\cdots(A.2)$$

式中：

$f_1=10^{-0.1}\,\mathrm{Hz}=0.7943\ldots\,\mathrm{Hz}$

b) 低通

$$H_l(p)=\frac{1}{1+\sqrt{2}p/\omega_2+(p/\omega_2)^2} \quad \cdots\cdots(A.3)$$

$$|H_l(p)|=\sqrt{\frac{f_2^4}{f^4+f_2^4}} \quad \cdots\cdots(A.4)$$

式中：

$f_2=100\ \mathrm{Hz}$

纯频率计权(加速度为输入量)

$$H_t(p)=\frac{1}{1+p/\omega_3} \quad \cdots\cdots(A.5)$$

$$|H_t(p)|=\sqrt{\frac{f_3^2}{f^2+f_3^2}} \quad \cdots\cdots(A.6)$$

式中：

$f_3=\frac{1}{0.028\times2\pi}\mathrm{Hz}=5.684\ldots\,\mathrm{Hz}$

受频带限制的频率计权值 W_m 的传递函数 $H(p)$，是由高通滤波函数 $H_h(p)$，低通滤波函数 $H_l(p)$和纯计权函数 $H_t(p)$的乘积给出：

$$H(p)=H_h(p)\cdot H_l(p)\cdot H_t(p) \quad \cdots\cdots(A.7)$$

注：通常此方程理解为(在频域内)作为虚角频率 $p=\mathrm{j}2\pi f$ 的函数的复函数的模(幅值)和相位。有时用符号 s 代替 p。用 p 表示时，可以将 p 理解为 Laplace 变换的变量。

模(幅值)$|H(p)|$示于图 A.1 中。

表 A.1 给出了包括频段为 1 Hz～80 Hz，以中心频率计算得出的 1/3 倍频程频率计权 W_m 值，其中加速度为输入量。

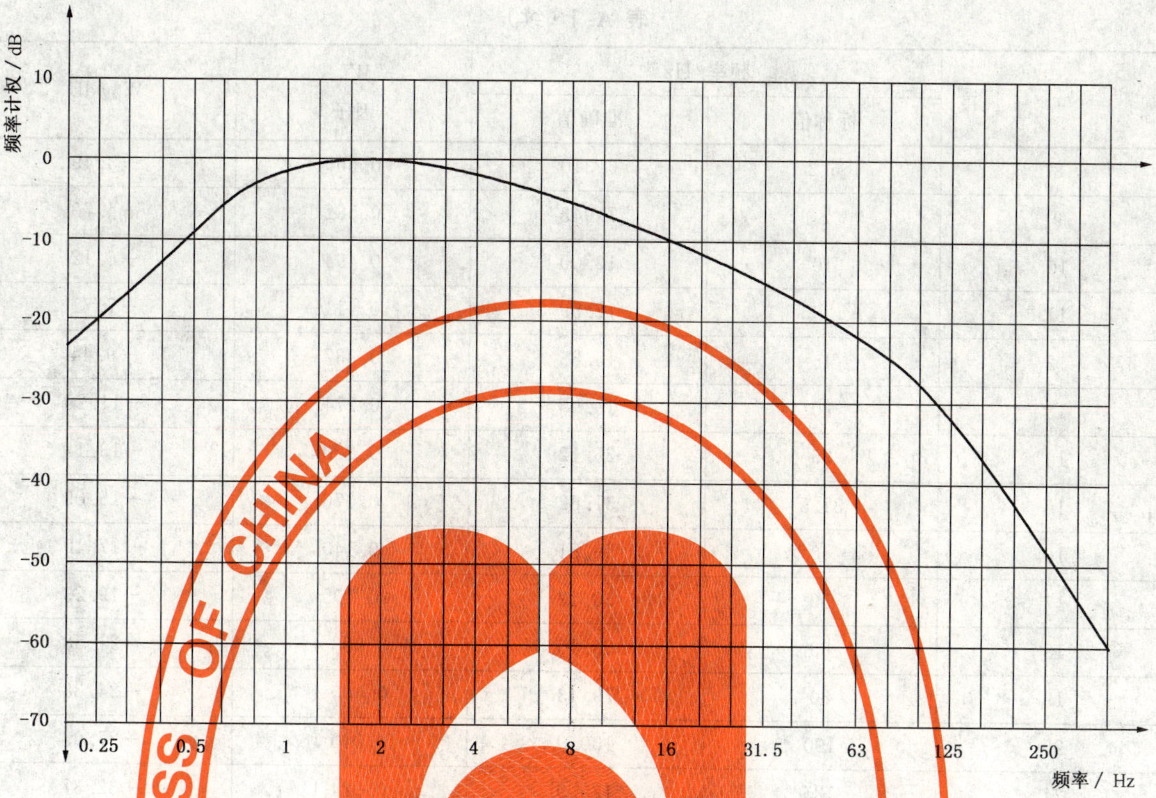

图 A.1 加速度作为输入量的频率计权值 W_m 示意图

表 A.1 加速度作为输入量的频率计权 W_m 值

(以 1/3 倍频程,在 1 Hz～80 Hz 频带界限内用准确中心频率计算)

x	频率/Hz		W_m 因子	W_m/dB
	标称值	准确值		
−7	0.2	0.199 5	0.062 9	−24.02
−6	0.25	0.251 2	0.099 4	−20.05
−5	0.315	0.316 2	0.156	−16.12
−4	0.4	0.398 1	0.243	−12.29
−3	0.5	0.501 2	0.368	−8.67
−2	0.63	0.631 0	0.530	−5.51
−1	0.8	0.794 3	0.700	−3.09
0	1	1.000	0.833	−1.59
1	1.25	1.259	0.907	−0.85
2	1.6	1.585	0.934	−0.59
3	2	1.995	0.932	−0.61
4	2.5	2.512	0.910	−0.82
5	3.15	3.162	0.872	−1.19
6	4	3.981	0.818	−1.74
7	5	5.012	0.750	−2.50

表 A.1（续）

x	频率/Hz		W_m 因子	W_m/dB
	标称值	准确值		
8	6.3	6.310	0.669	−3.49
9	8	7.943	0.582	−4.70
10	10	10.00	0.494	−6.12
11	12.5	12.59	0.411	−7.71
12	16	15.85	0.337	−9.44
13	20	19.95	0.274	−11.25
14	25	25.12	0.220	−13.14
15	31.5	31.62	0.176	−15.09
16	40	39.81	0.140	−17.10
17	50	50.12	0.109	−19.23
18	63	63.10	0.083 4	−21.58
19	80	79.43	0.060 4	−24.38
20	100	100.0	0.040 1	−27.93
21	125	125.9	0.024 1	−32.37
22	160	158.5	0.013 3	−37.55
23	200	199.5	0.006 94	−43.18
24	250	251.2	0.003 54	−49.02
25	315	316.2	0.001 79	−54.95
26	400	398.1	0.000 899	−60.92

注：x 是 GB/T 3241 中规定的频带数。

附 录 B
（资料性附录）
收集有关人体对建筑物振动反应数据的指南

B.1 引言

产生不满情绪是居住者对建筑物振动的基本反应。本部分的主要内容是关于人体全身振动的测量和评价。此附录旨在鼓励使用者收集数据时能充分考虑到对那些建筑物内居住者的影响和产生抱怨的因素。

人对建筑物内的振动的反应很复杂。多数情况下，烦恼和抱怨的程度并不仅仅由所检测到的振动量值所决定。在某些振幅和频率的条件下，虽然全身振动的测量值低于可感知水平，但抱怨却已产生。

对这些不满反应的分析显示，其他一些与振源有关的（如工作时间）或是由暴露区域的振动引起的（如二次辐射噪声）因素也可以是造成住户不满的原因。

对测量到的振动参数，通过补充相关现象的评估后，就可以更好地定量分析建筑物内振动对人产生的烦恼程度。

建筑物内外的振源都可以产生全身振动，并产生一些相关的现象：结构噪声、空气噪声、嘎吱声、家具或其他物件的移动以及视觉影响（如悬挂物体的晃动）。为了对居住者的抱怨进行评价，应考虑所有这些影响。

收集这些相关现象数据的目的，是便于最后定义一个更为通用的评估振动产生的烦扰指标。这个指标可能用于更新本部分的未来版本。

B.2 需要考虑的参数

B.2.1 一般要求

以下因素应予以考虑，并做适当记录。

B.2.2 与振源有关的参数

报告中应记录测量期间振源每日开始和结束的时间。

整个振动的持续时间、每日或每周发生的次数以及振动性质都要予以记录。例如：

——连续性振动：昼、夜或者昼夜；

——间歇性振动：总振动的持续时间、振动次数/昼（夜）；

——独立的或偶发的振动：振动的持续时间、振动次数/昼（夜、周、月）。

B.2.3 与被测振动有关的参数

B.2.3.1 振动的测量

测量的位置、方法及计权处理都应该符合本部分的相关要求。

B.2.3.2 振动特性

主观反应也是振动特性的函数。振动特性是根据被测振动的类型定义的，如：

——振动可以是连续性振动，其量值随时间变化或为恒定值；

——振动可以是间歇性振动，其每次量值随时间变化或为恒定值；

——振动可以是脉冲，如冲击。

B.2.3.3 暴露时间

人在振动中的暴露时间对振动的评估也很重要。应记录人在建筑物内的停留时间。应记录发生振动的实际时间和持续时间。

B.2.4 相关现象

B.2.4.1 结构噪声

与建筑物内振动相关的主要现象是结构噪声(如地板噪声),它可以转变为可听的二次辐射噪声。该噪声与现场的振动有关。

结构噪声测点宜选在室内认为干扰影响最大的位置上。但因该噪声常被周围其他声源噪声所掩盖,故不易准确确定其位置。对这种噪声的评估应该参照周边环境来确定其性质和幅值。

B.2.4.2 空气噪声

空气噪声可由其有关的振动和振源产生。噪声测量应符合 ISO 1996-1 的要求。

测量空气噪声的声级时,应考虑窗户是开或关,须小心窗户自身可能因振动而嘎吱作响,并由此改变其特性。

低频空气噪声也常被认为是由振动引起的,从而让人产生抱怨。典型的振源包括高速公路和铁路的高架桥梁以及建筑空调系统。调查中应注意准确确定各种噪声源,确保正确的区分低频噪声和振动。

B.2.4.3 诱发的嘎吱声

窗户和装饰物的嘎吱声的效应可能由振动或声激励引起。它们的发生说明了振动的存在,并应该记录。

B.2.4.4 视觉影响

在低频振动的条件下(小于 5 Hz),可以观察到视觉影响,例如悬挂物的晃动。这些因素可加重振动导致的烦扰程度,并应该记录。

B.3 报告内容

除了振动幅值,还应报告相关信息。如:

——噪声级;

——观察到的视觉现象;

——公众不满的描述,例如可通过采访或问卷调查方式得出。

参 考 文 献

[1] GB/T 3222.1—2006 声学 环境噪声的描述、测量与评价 第1部分：基本量与评价方法(ISO 1996-1:2003,IDT).

[2] GB/T 14124 机械振动与冲击 结构物的振动 振动测量及其对结构物的影响评价指南(ISO 4866:1996,IDT).

[3] BS 6472 Guide to evaluation of human exposure to vibration in buildings(1 Hz to 80 Hz).

[4] DIN 4150-2 Erschütterungen im Bauwesen—Teil 2: Einwirkungen auf Menschen in Gebäuden(Vibrations in buildings—Part 2:Effects on persons in buildings).

[5] ERIKSSON, P.-E. Vibration of low-frequency floors:Dynamic forces and response prediction. PhD thesis, Chalmers University of Technology, Sweden, 1994.

[6] GAMBER, A. Probleme bei der Beurteilung der Wirkung stoβartiger horizontaler Schwingungen auf Menschen in Gebäuden. Berichte der Landesanstalt für Umweltschutz Baden-Württemberg, 1,1991:90-94.

[7] GRIFFIN, M.J. Handbook of human vibration. Academic Press, London, New York, 1996.

[8] GROβ, E., NOTBOHM, G., ZIMMERMANN, P. AND SPLITTGERBER, B. Arbeitspsychologische Bewertung von Ganzkörperschwingungen; Experimentelle Untersuchungen zur Wirkung von mechanischen Schwingungen auf den Menschen. Veröffentlichungen aus Lehre, angewandter Forschung und Weiterbildung, Fachhochschule Wiesbaden, 1991.

[9] HOWARTH, H. V. C. A review of experimental investigations of the time dependency of subjective reaction to whole-body vibration. United Kingdom Group on Human Response to Vibration, 1986.

[10] HOWARTH, H. V. C. and GRIFFIN, M. J. Subjective response to combined noise and vibration; summation and interaction effects. Journal of Sound and Vibration, 1990.

[11] HOWARTH, H. V. C. and GRIFFIN, M. J. The annoyance caused by simultaneous noise and vibration. Journal of the Acoustical Society of America, 1991.

[12] HUBBARD. Noise-induced house vibrations and human perception. Noise Control Engineering Journal, 1982.

[13] INNOCENT, P. R. and SANDOVER, J. A pilot study of the effects of noise and vibration acting together, subjective assessment and task performance. United Kingdom Group on Human Response to Vibration, Sheffield, 1972.

[14] JAKOBSEN. Buildings: Vibration and shock, Evaluation of annoyance, Nordtest Method, 1991.

[15] MELKE, J. DurchfÜhrung Von Immissionsprognosen fÜr Schwingungs-und Körperschalleinwirkungen. Landesanstalt fÜr Immissionsschutz Nordrhein-Westfalen, Essen, 1992.

[16] MELON1, T., and KRUEGER, H. Wahmehmung und Empfindung von kombinierten Belastungen durch

Lärm und Vibration. Zeitschrift für Lärmbekämpfung, 37, 1990:170-175.

[17] MIVA, T. and YONEKAWA, Y. Measurement and evaluation of environmental vibrations, Part 2: interaction of sound and vibration. Industrial Health, 11, 1973.

[18] MIWA, T., YONEKAWA, Y. and KANADA, K. Thresholds of perception of vibration in recumbent men. Journal of the Acoustical Society of America, 75, 1984:849-854.

[19] OBORNE, D. J. Whole-body vibrations and international standard ISO 2631: a critique. Human Factors. 25(1), 1983: 55-69.

[20] OKADA, A. and KAJIKAWA, Y. Factors affecting the perception of low-level vibrations. Eur, J. Appl. Occup. Physiol., 47(2), 1981: 151-157.

[21] PARSONS, K. C. and GRIFFIN, M. J. Whole-body vibration thresholds. Journal of Sound and Vibration, 121(2), 1987.

[22] PAULSEN and KASTA, Effects of combined noise and vibration on annoyance. Medical Institute of Environmental Hygience at the Heinrich-Heine-University, Düsseldorf, 1994.

[23] RUFFELL, C. M. and GRIFFEN, M. J. Effects of 1 Hz and 2 Hz transient vertical vibration on discomfort, Journal of the Acoustical Society of America, 98(4), 1995.

[24] SEIDEL, H. and HEIDE, R. Long-term effects of whole-body vibration; a critical survey of the literature. International Archives of Occupational and Environmental Health, 58(1), 1986: 1-26.

[25] SPLITTGERSBER, H. Whole-body vibration perception thresholds for some complex vibrations. Institut National de Recherche et de Sécurité, Vandoeuvre-les-Nancy, 1988.

[26] STARK, J., PEKARINEN, J., PYYKKOE, I., AALTO, H. and toppila, E. Transmission of vibration from support surface to human body in the evaluation of postural stability. Journal of Low-Frequency Noise and Vibration, 10(1), 1991: 17.

[27] TANTAWY, T. Investigation technique concernant les vibrations de iêtre humain dans le bâtiments CERS, Research Reports for the Ministry of Environment, France, 1991.

[28] TANTAWY, T. Investigation sur la determination des paramètes de la gêne par vibrations dans les bâtiments CERS, Research Reports for the Ministry of Environment, France, 1993.

[29] TANTAWY, T. Investigation en vue de la quantification d'un indicateur de la gêne par vibrations de iêtre humain dans le bâtiments CERS, Research Reports for the Ministry of Environment, France, 1994.

[30] WOODROOF, H. J. and GRIFFIN, M. J. Annoyance caused by railway-induce building vibration to residents living within 100 meters of railway lines in Scotland, UK. United Kingdom Group on Human Response to Vibration, Derby, 1985.

[31] WOODROOF, H. J. and GRIFFIN, M. J. A survey of the effect of railway-induced building vibration on the community. ISVR Technical Report, No. 160, 1987.

[32] YAMADA, S., SUEKI, M., HAGIWARA, S., WATANAE, T. and KOSAKA, T. Psychological combined effects of low-frequency noise and vibration. Journal of Low-Frequency Noise and Vibration, 10(4), 1991: 130-136.

[33] YOKOYAMA, T., OSAKO, S. and YAMAMOTO, K. Temporary threshold shifts produced by exposure to vibration, noise and vibration plus noise. Acta Otolaryng, 78, 1974: 207-212.

ICS 77.140.60
H 43

中华人民共和国国家标准

GB 13447—2008
代替 GB 13447—1992

无缝气瓶用钢坯

Steel blank for seamless gas cylinder

2008-08-26 发布　　2009-09-01 实施

中华人民共和国国家质量监督检验检疫总局
中国国家标准化管理委员会　发布

前言

本标准除协议条款外，其余条款为强制性条款。

本标准代替 GB 13447—1992《无缝气瓶用钢坯》。

本标准与 GB 13447—1992 相比，主要差异如下：

——增加第 2 章“规范性引用文件”并增加相应内容；

——增加了 230 mm×230 mm、250 mm×250 mm、280 mm×280 mm 规格及相应尺寸允许偏差要求；

——取消钢坯理论交货单重并修改为供需双方协商；

——取消了 40Mn2、40Mn2A 钢牌号，增加了 37Mn、34CrMo 钢牌号及相应的化学成分和力学性能要求；

——加严了 34Mn2V、30CrMo 钢牌号磷、硫含量要求；

——提高了中心疏松级别要求；

——修改了检验规则，增加了连铸工艺生产钢坯的复验规则；

——修改了生产工艺的标志内容。

本标准由中国钢铁工业协会提出。

本标准由全国钢标准化委员会归口。

本标准主要起草单位：攀枝花钢铁(集团)公司、江阴兴澄特种钢铁有限公司、攀枝花新钢钒股份有限公司、冶金工业信息标准研究院。

本标准主要起草人：李叙生、何清志、冯超、代华云、李国忠、叶云良、唐历。

本标准所代替标准的历次版本发布情况为：

——GB 13447—1992。

无缝气瓶用钢坯

1 范围

本标准规定了无缝气瓶用钢坯的尺寸、外形、重量及允许偏差、技术要求、试验方法、检验规则、包装、标志及质量证明书。

本标准适用于制造高压无缝气瓶用钢坯。

2 规范性引用文件

下列文件中的条款通过本标准的引用而成为本标准的条款。凡是注日期的引用文件，其随后所有的修改单(不包括勘误的内容)或修订版均不适用于本标准，然而，鼓励根据本标准达成协议的各方研究是否可使用这些文件的最新版本。凡是不注日期的引用文件，其最新版本适用于本标准。

GB/T 222 钢的成品化学成分允许偏差

GB/T 223.11 钢铁及合金化学分析方法 过硫酸铵氧化容量法测定铬量

GB/T 223.14 钢铁及合金化学分析方法 钽试剂萃取光度法测定钒含量

GB/T 223.17 钢铁及合金化学分析方法 二安替吡啉甲烷光度法测定钛量

GB/T 223.23 钢铁及合金化学分析方法 萃取分离-丁二酮肟分光光度法测定镍量

GB/T 223.26 钢铁及合金化学分析方法 硫氰酸盐直接光度法测定钼量

GB/T 223.30 钢铁及合金化学分析方法 对溴苦杏仁酸沉淀分离-偶氮胂Ⅲ分光光度法测定锆量

GB/T 223.53 钢铁及合金化学分析方法 火焰原子吸收分光光度法测定铜量

GB/T 223.60 钢铁及合金化学分析方法 高氯酸脱水重量法测定硅含量

GB/T 223.62 钢铁及合金化学分析方法 乙酸丁酯萃取光度法测定磷量

GB/T 223.63 钢铁及合金化学分析方法 高碘酸钠(钾)光度法测定锰量

GB/T 223.68 钢铁及合金化学分析方法 管式炉内燃烧后碘酸钾滴定法测定硫含量

GB/T 223.71 钢铁及合金化学分析方法 管式炉内燃烧后重量法测定碳含量

GB/T 223.75 钢铁及合金化学分析方法 甲醇蒸馏-姜黄素光度法测定硼量

GB/T 226 钢的低倍组织及缺陷酸蚀检验法

GB/T 228 金属材料 室温拉伸试验方法(GB/T 228—2002,ISO 6892:1998,EQV)

GB/T 229 金属材料 夏比摆锤冲击试验方法(GB/T 229—2007,ISO 148-1:2006,MOD)

GB/T 1979 结构钢低倍组织及缺陷评级图

GB/T 2101 型钢验收、包装、标志及质量证明书的一般规定

GB/T 4336 碳素钢和中低合金钢火花源原子发射光谱分析方法(常规法)

GB/T 10561 钢中非金属夹杂物显微评定方法(GB/T 10561—2005,ISO 4967:1998,IDT)

GB/T 20066 钢和铁 化学成分测定用试样的取样和制样方法(GB/T 20066—2006,ISO 14284:1996,IDT)

3 尺寸、外形、重量及允许偏差

3.1 尺寸

3.1.1 截面尺寸及允许偏差

3.1.1.1 无缝气瓶用钢坯的截面尺寸及允许偏差应符合表1的规定。

表 1 截面尺寸及允许偏差

单位为毫米

边 长	边长允许偏差	对角线长度差	圆角半径
200×200	±4.5	≤6	30
230×230	±5.0	≤8	35
250×250	+6.0 −5.0	≤8	35
280×280	±8.0	≤11	40
注：圆角半径仅用于孔型设计，不作为交货依据。			

3.1.1.2 根据需方要求，经供需双方协议，可供应其他尺寸的钢坯，其边长允许偏差及对角线长度差应在合同中注明。

3.1.2 **长度及允许偏差**

3.1.2.1 钢坯的通常长度为 4 m～12 m。

3.1.2.2 经供需双方协议并在合同中注明，长度 2 m～4 m 的短尺坯允许交货。

3.1.2.3 钢坯定、倍尺长度由供需双方协议并在合同中注明，定倍尺长度允许偏差为 0 mm～50 mm。

3.2 **外形**

3.2.1 钢坯不得有显著扭转。

3.2.2 弯曲度

钢坯的每米弯曲度应不大于 15 mm，总弯曲度应不大于总长度的 1.5%。

3.2.3 钢坯两端的展宽值不得大于钢坯公称尺寸的 10%，钢坯的切斜度应不大于 8 mm。

3.3 **重量**

钢坯按实际重量交货。经供需双方协议，也可按理论重量交货，其钢坯理论单重由供需双方确定。

4 技术要求

4.1 牌号及化学成分

4.1.1 钢的牌号及化学成分(熔炼分析)应符合表 2 的规定。成品允许偏差应符合 GB/T 222 的规定。

4.1.2 残留元素 V、Ti、Nb、B、Zr 含量之和应不大于 0.15%。供方如能保证，可不进行检验。

4.1.3 经供需双方协议，也可提供其他牌号的钢。

表 2 牌号及化学成分(熔炼分析)

牌号	化学成分（质量分数)/%									
	C	Si	Mn	P	S	P+S	V	Cr	Mo	Ni	Cu
34Mn2V	0.30～ 0.37	0.17～ 0.37	1.40～ 1.80	≤0.025	≤0.025	—	0.07～ 0.12	≤0.30	—	≤0.20	≤0.20
37Mn	0.34～ 0.40	0.17～ 0.37	1.40～ 1.75	≤0.030	≤0.030	—	—	≤0.30	—	≤0.20	≤0.20
30CrMo	0.26～ 0.34	0.17～ 0.37	0.40～ 0.70	≤0.020	≤0.020	≤0.030	—	0.80～ 1.10	0.15～ 0.25	≤0.20	≤0.20
34CrMo	0.30～ 0.37	0.17～ 0.37	0.60～ 0.90	≤0.020	≤0.020	≤0.030	—	0.90～ 1.20	0.15～ 0.30	≤0.20	≤0.20

注 1：根据需方要求，牌号 30CrMo、34CrMo 的硫含量可降低到 0.010%，P+S 可降低到 0.025%。

注 2：牌号 34CrMo 等同于 EN 10083.1 中的 34CrMo4。

4.2 制造方法

无缝气瓶用钢采用氧气转炉或电炉冶炼后精炼、真空脱气制造方式。

4.3 交货状态

无缝气瓶用钢坯以热轧状态交货。

4.4 力学性能

4.4.1 用经热处理的试样毛坯制成的试样所测出的力学性能可参照表3的规定。

表3 力学性能

牌号	试样状态	屈服强度 R_{eL}/MPa	抗拉强度 R_m/MPa	断后伸长率 A/%	断面收缩率 Z/%	冲击功 A_{ku}/J
34Mn2V	正火	≥510	≥745	≥16	≥45	≥55
	调质	≥550	≥780	≥12	≥45	≥50
37Mn	正火	≥350	≥650	≥16	—	≥45
	调质	≥640	≥760	≥16	—	≥50
30CrMo	调质	≥785	≥930	≥12	≥50	≥63
34CrMo	调质	≥835	≥980	≥12	≥45	≥63

4.4.2 表3的冲击功为三个试样的算术平均值，三个试样中允许有一个值小于规定值，但不得小于规定值的70%。

4.5 低倍组织

4.5.1 钢坯的横向酸浸低倍试片上不得有肉眼可见的残余缩孔、白点、分层、裂纹、气泡、金属异物和夹杂。皮下夹杂和皮下气泡的深度不得超过2 mm。

4.5.2 酸浸低倍组织级别应符合表4的规定。

4.5.3 采用连铸工艺生产的规格不小于250 mm×250 mm的钢坯，中心疏松级别由供需双方协商确定。

表4 低倍组织

项目名称	一般疏松	中心疏松	偏析
低倍组织级别/级	≤2.0	≤1.5	≤2.5

4.6 非金属夹杂物

非金属夹杂物应按GB/T 10561的A法进行检验，检验结果应符合表5的规定。

表5 非金属夹杂物

A类/级	B类/级	C类/级
≤2.5	≤2.5	≤2.5

4.7 表面质量

4.7.1 钢坯的端面不得有肉眼可见的缩孔、夹杂和分层。

4.7.2 钢坯表面不得有结疤、夹杂、折叠、裂纹和耳子。

4.7.3 钢坯表面允许有深度不大于1 mm的发纹及深度不超过边长允许负偏差的个别划痕、压痕、凹坑和麻点存在。因轧辊刻痕和焊点造成的凹、凸不得大于2 mm。

4.7.4 钢坯表面缺陷应清理。清理应沿钢坯长度方向进行，清理处应圆滑无棱角，清理宽度不得小于清理深度的五倍，同一截面上清理深度(从实际尺寸算起)不得超过公称尺寸的7.5%。

5 试验方法

5.1 检验项目、取样数量、取样方法和试验方法

钢坯的检验项目、取样数量、取样方法和对应试验方法应符合表6的规定。

表 6 检验项目、取样数量、取样方法和试验方法

检验项目	取样数量	取样部位		试验方法
		模铸	连铸	
化学成分	1个/炉	GB/T 20066		GB/T 223、GB/T 4336
拉伸试验	1个/批	相当于钢锭头部钢坯的端头，按图1所示位置切取	任意一支钢坯上按图1所示位置切取	GB/T 228
冲击试验	1组(3个)/批			GB/T 229
低倍组织	1个/批		任意一支钢坯上	GB/T 226、GB/T 1979
非金属夹杂物	1个/批	相当于钢锭头部钢坯的端头 GB/T 10561	任意一支钢坯上 GB/T 10561	GB/T 10561
尺寸、外形	逐支			合适的卡量工具检测
表面质量				目测

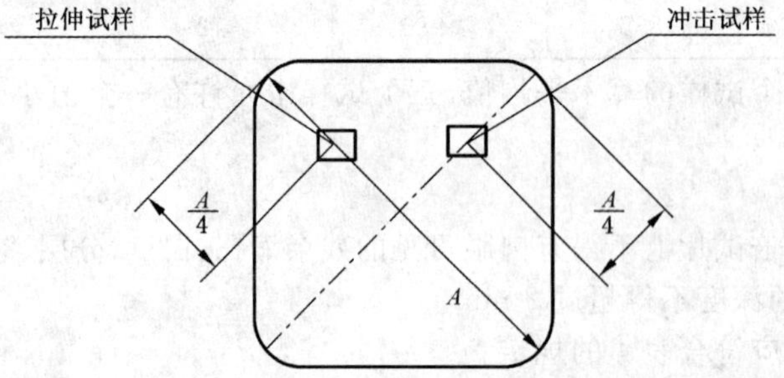

图 1 拉伸试验和冲击试验用试样取样位置示意图

6 检验规则

6.1 检查和验收

钢坯的检查和验收由供方技术质量监督部门负责，需方有权按本标准规定进行验收。

6.2 组批规则

钢坯应按批验收，每批由同一炉号、同一牌号、同一规格的钢坯组成。

6.3 复验与判定规则

6.3.1 冲击试验

初验不合格时，应从同一炉号另一支钢坯上再取三个试样进行复验，前后六个试样检验结果的算术平均值不得小于规定值，小于规定值的单个试样不得多于二个，其中小于70%的试样不得多于一个。

6.3.2 低倍组织、非金属夹杂物、拉伸试验

6.3.2.1 白点不允许复验。

6.3.2.2 对于模铸工艺生产的钢坯，初验不合格时，将初验不合格的钢坯挑出，在该批任何相当于钢锭头部“A”段钢坯的端头取双倍试样进行该不合格项的复验。复验若有一个试样的结果不合格，则该批全部“A”段钢坯不得验收。此时可从取初验样“A”段钢坯另一端再切取试样进行试验。如果试验结果仍有一项不合格，则该批不得验收。

6.3.2.3 对于连铸工艺生产的钢坯，初验不合格时，将初验不合格的钢坯挑出，复验的两个样应分别取自初验样同一铸流和另一铸流轧制的钢坯上，两个复验样复验结果均合格，则整批合格。两个复验样均不合格，则应取样再验，即同一铸流两次检验结果不合格时，则该铸流不合格；如果一次检验不合格，则应对不合格钢坯所在铸流和其他铸流所轧制钢坯上继续取样检验，直到合格为止。

6.3.3 其他

其他检验项目的复验按 GB/T 2101 的规定执行。

7 标志及质量证明书

7.1 标志

在钢坯的一端标明钢的牌号、炉号，对于模铸工艺生产的钢坯，在所有钢锭头部的钢坯端面上必须清楚地打上"A"字，钢锭尾部的钢坯端面上打上"Z"字。对于连铸工艺生产的钢坯应在一端打上流号或顺序号。

7.2 质量证明书

质量证明书的内容应符合 GB/T 2101 的有关规定。

ICS 87.040
G 50

中华人民共和国国家标准

GB/T 13452.2—2008/ISO 2808:2007
代替 GB/T 13452.2—1992

色漆和清漆　漆膜厚度的测定

Paints and varnishes—Determination of film thickness

（ISO 2808:2007,IDT）

2008-05-14 发布　　　　2008-10-01 实施

中华人民共和国国家质量监督检验检疫总局
中国国家标准化管理委员会　发布

前　言

GB/T 13452《色漆和清漆》分为下列几个部分：

——第 1 部分为 GB/T 13452.1—1992《色漆和清漆　总铅含量的测定　火焰原子吸收光谱法》；

——第 2 部分为 GB/T 13452.2—2008《色漆和清漆　漆膜厚度的测定》；

——第 3 部分为 GB/T 13452.3—1992《色漆和清漆　遮盖力的测定　第一部分：适于白色和浅色漆的 Kubelka-Munk 法》；

——第 4 部分为 GB/T 13452.4—2008《色漆和清漆　钢铁表面上涂膜的耐丝状腐蚀试验》。

本部分为 GB/T 13452 的第 2 部分。

本部分等同采用国际标准 ISO 2808:2007《色漆和清漆——漆膜厚度的测定》(英文版)。

为便于使用，对于 ISO 2808:2007，本标准做了下列编辑性修改：

a)　删除了国际标准的前言和引言；

b)　本部分将参考文献中的 ISO 2811-1 改为等同采用该国际标准的国家标准 GB/T 6750，将 ISO 3233 改为修改采用该国际标准的国家标准 GB/T 9272。

本部分代替 GB/T 13452.2—1992《色漆和清漆　漆膜厚度的测定》。

本部分与前版 GB/T 13452.2—1992 的主要技术差异为：

——本部分增加了第 3 章术语和定义；

——本部分测试部分以湿膜厚度、干膜厚度、未固化粉末涂层厚度和粗糙表面上漆膜厚度为主线分为四大章，在每一章又分别列出了相关的测试方法，而前版是以单个测试方法为线索进行排列；

——本部分第 4 章和第 5 章增加了测试湿膜厚度和干膜厚度的方法种类；

——本部分第 6 章和第 7 章增加了测试未固化粉末涂层厚度和粗糙表面上漆膜厚度的内容；

——本部分第 4 章至第 6 章增加了采用光热技术、辐射技术和声学技术的测试方法；

——本部分增加了附录 A，以列表形式概括了各类漆膜厚度的相关测试方法，对每一种测试方法又分别规定了适用的底材、适用范围、现有标准和精密度数据等；

——本部分增加了参考文献。

本部分的附录 A 为资料性附录。

本部分由中国石油和化学工业协会提出。

本部分由全国涂料和颜料标准化技术委员会归口。

本部分起草单位：中化建常州涂料化工研究院。

本部分主要起草人：彭菊芳。

本部分于 1992 年首次发布，本次为第一次修订。

色漆和清漆　漆膜厚度的测定

1　范围

本部分规定了一系列用于测量涂敷至底材上的涂层的厚度的方法,包括测量湿膜厚度、干膜厚度、未固化粉末涂层厚度及粗糙表面上漆膜厚度的方法。在有单个测试方法标准存在时,本部分直接引用这些标准,否则就把这些测试方法详细描述出来。

附录A给出了测试方法概述,对每个测试方法规定了适用范围、现有标准和精密度。

本部分也对与漆膜厚度测量有关的术语作了定义。

2　规范性引用文件

下列文件中的条款通过GB/T 13452的本部分的引用而成为本部分的条款。凡是注日期的引用文件,其随后所有的修改单(不包括勘误的内容)或修订版均不适用于本部分,然而,鼓励根据本部分达成协议的各方研究是否可使用这些文件的最新版本。凡是不注日期的引用文件,其最新版本适用于本部分。

ISO 463　产品几何量技术规范(GPS)　尺寸量具　机械式千分表的设计和计量学特性

ISO 3611　测量外部尺寸用螺旋测微器

ISO 4618:2006　色漆和清漆　术语和定义

ISO 8503-1　涂装油漆和有关产品前钢材预处理　喷射清理钢材的表面粗糙度特性　第1部分:评定磨料喷射清理表面粗糙度的ISO比较样块的技术要求和定义

3　术语和定义

ISO 4618:2006确立的以及下列术语和定义适用于。

3.1

底材　substrate

涂料涂敷或即将涂敷的表面。

[ISO 4618:2006]

3.2

涂层　coating

将涂料单次或多次涂敷至底材后形成的连续层。

[ISO 4618:2006]

3.3

漆膜厚度　film thickness

漆膜表面与底材表面间的距离。

3.4

湿膜厚度　wet-film thickness

涂料涂敷后立即测量得到的刚涂好的湿涂层的厚度。

3.5

干膜厚度　dry-film thickness

涂料硬化后存留在表面上的涂层的厚度。

3.6

未固化粉末涂层的厚度　thickness of uncured powder layer

在粉末涂料涂敷后、烘烤前立即测量得到的刚涂好的粉末涂层的厚度。

3.7

相关表面区域　relevant surface area[1)]

物件表面被涂层覆盖或即将被覆盖的部分，该涂层是物件经久耐用和/或具有漂亮外观所必需的。

3.8

试验区域　test area[1)]

相关表面区域中有代表性的部分，在该区域内以进行商定次数的单次测量作为抽查。

3.9

测量区域　measurement area[1)]

进行单次测量的区域。

3.10

最低局部漆膜厚度　minimum local film thickness[1)]

在特定试样的相关表面区域发现的局部漆膜厚度的最低值。

3.11

最高局部漆膜厚度　maximum local film thickness[1)]

在特定试样的相关表面区域发现的局部漆膜厚度的最高值。

3.12

平均漆膜厚度　mean film thickness[1)]

在试验区域所有单个漆膜厚度测量值的算术平均值或用重量分析法测得的漆膜厚度结果。

3.13

校准　calibration

测量可溯源校准标准的受控和用文件记载的过程，并确定结果在测量仪器的指定精度范围内。

注：初次校准通常由仪器生产商或有资格的实验室在受控环境中采用有文件记载的方法进行。用户再按规定的时间间隔核查初次校验结果。采用校准标准得到的测量结果的合成不确定度低于仪器的指定精度。

3.14

核查　verification

由用户采用参照标准进行的准确性检查。

3.15

参照标准　reference standard

对照已知厚度的试样的厚度值，用户能够核查测量仪器的准确性。

注：参照标准可以是已涂漆的厚度标准或薄片。如果合同方商定，对特殊工件，可将试样的某一部分作为厚度标准。

3.16

调整　adjustment

使测量仪器的厚度读数与参照标准的厚度值一致的操作。

注：在涂层或薄片的厚度已知时，大部分电学测量仪器能在厚度标准或薄片上进行调整。

3.17

准确性　accuracy

厚度标准的测量值与真实值之间的一致性。

---

1)　该性能的测量只有在对漆膜厚度的测量值进行进一步评定时有要求，参见第8章(试验报告)条款k)和l)。

4 湿膜厚度的测定

4.1 总则

附录 A 给出了测定湿膜厚度的方法概述。

4.2 机械法

4.2.1 原理

在所有机械测试方法中，测试仪器的一部分穿过涂层与底材表面接触，仪器的另一部分则同时与涂层表面接触(见图 1)，或者随后与涂层表面接触(见图 2 和图 3)。湿膜厚度即为这两个接触点之间的高度差，该高度差能直接读出。

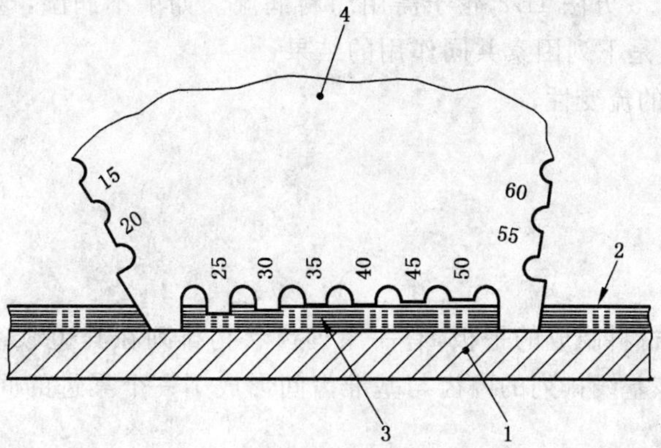

1——底材；
2——涂层；
3——湿接触点；
4——梳规。

图 1 梳规示例

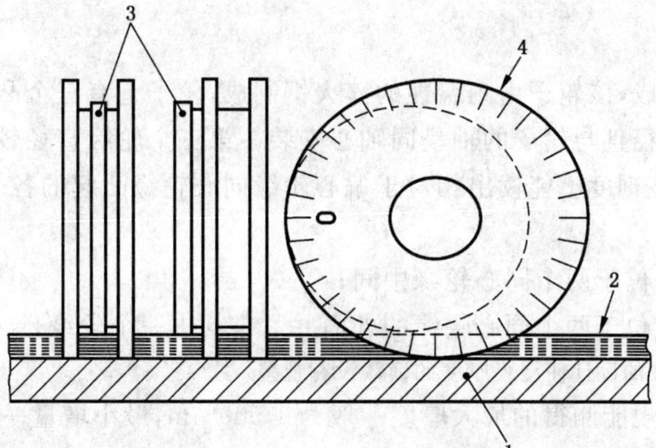

1——底材；
2——涂层；
3——偏心轮缘；
4——轮规。

图 2 轮规示例

4.2.2 适用范围

机械原理适用于所有漆膜-底材组合。在测试区域，底材至少在一个方向上应是平整的。允许在某个面上表面弯曲(如管道的内表面或外表面)。

4.2.3 总则

试验方法分为破坏性方法和非破坏性方法，其归类取决于以下因素：

a) 涂料的流变性；

b) 测试仪器的接触面与涂料间湿接触的性质；

c) 厚度测量是否会使涂层不适合其预期的用途。

由于不能排除有颜料粒子残留在仪表和底材间，所有机械测试方法都包含系统误差：显示的漆膜厚度至少比实际湿膜厚度低颜料粒子的一个平均直径。

在使用轮规时(见 4.2.5 方法 1B)，轮子需用涂料润湿。如果不润湿，这将意味着会带来进一步的系统误差，使读数偏大，这是下列因素共同作用的结果：

——表面张力和涂料的流变性；

——轮规的材料；

——轮子转动的速度。

4.2.4 方法 1A——梳规

4.2.4.1 仪器说明

梳规是一种由耐腐蚀材料制成的平板，有一系列齿状物排列在其边缘(见图 1)。平板角落处的基准齿形成一条基线，沿着该基线排列的内齿与基准齿间形成了一个累进的间隙系列。每一个内齿用给定的间隙深度值标示出来。

市场上能够买到的梳规能测得的最大厚度一般为 2 000 μm，最小增量一般为 5 μm。

4.2.4.2 步骤

确保齿状物干净、没有磨损或破坏。把梳规放在平整的试样表面，使齿状物与试样表面垂直。应有足够的时间使涂料润湿齿状物，然后取走梳规。

如果试样的一个面弯曲，梳规应以与该弯曲面的轴平行的位置放置。

厚度测量结果与测量时间有关，因此应在涂料涂敷后尽快测量厚度。

把被涂料润湿的内齿的最大间隙深度读数记录下来作为湿膜厚度。

4.2.5 方法 1B——轮规

4.2.5.1 仪器说明

轮规是由一个轮子构成，该轮子由耐腐蚀的淬火钢制成，轮子上有三个凸起的轮缘(见图 2)。

两个轮缘具有相同直径且与轮子的轴呈同轴心安装。第三个轮缘直径较小且是偏心安装的。外面的一个轮缘上有刻度，从该刻度上能读出相对于偏心轮缘同心轮缘凸起的各个距离。

有两种模型：

——模型 1，偏心轮缘位于两个同心轮缘中间；

——模型 2，偏心轮缘位于两个同心轮缘的外面并紧靠其中一个轮缘。

注：与模型 1 不同，模型 2 的设计使湿膜厚度的读数没有视差。

市场上能够买到的轮规能测得的最大厚度一般为 1 500 μm，最小增量一般为 2 μm。

4.2.5.2 步骤

用拇指和食指夹住轮轴来握住轮规，将刻度表上读数最大处与表面接触而将同心轮缘按在表面上。

如果试样的一个面弯曲，轮规的轴应与该弯曲面的轴平行。

沿一个方向滚动轮规，然后将轮规从表面上拿起，读取偏心轮缘仍能被涂料润湿的最大刻度读数。清洗轮规，从另一个方向重复这一步骤。

用这些读数的算术平均值计算湿膜厚度。

厚度测量结果与测量时间有关,因此应在涂料涂敷后尽快测量厚度。

为降低表面张力对结果的影响,观察涂料如何润湿偏心轮缘并记录首次接触点的刻度读数。只有使用模型2的轮规才可能这样做。

4.2.6 方法1C——千分表

4.2.6.1 仪器和参照标准

4.2.6.1.1 千分表(见图3)

符合ISO 463要求的机械千分表和电子千分表能达到的测量精度一般分别为5 μm(机械千分表)和1 μm(电子千分表),或者更好。千分表具有模拟或数字显示功能。

千分表的下侧有两个长度相同、与活动的冲杆呈等距离排列的接触脚,并且与冲杆在同一直线上。调整螺钉可对冲杆在导轨中的位置进行微调。

1——底材;

2——涂层;

3——冲杆。

图3 千分表示例

4.2.6.1.2 用于千分表调零的参照标准

要求用平整的参照板进行千分表的调零。参照板由平整的玻璃板构成,其不平度容限不超过1 μm(也可参见ISO 1101[3])。

4.2.6.2 步骤

在参照板上将千分表调零,调整测量触点使之刚好与板接触。

将冲杆从零位旋回。将千分表的接触脚以与底材表面垂直的方向放在试样上,小心将冲杆旋下使测量触点刚好与涂料接触。

厚度测量结果与测量时间有关,因此应在涂料涂敷后尽快测量厚度。

从刻度表上直接读取湿膜厚度值。

4.3 重量分析法

4.3.1 原理

涂敷涂料,将涂敷的涂料质量除以涂料密度以及涂敷的表面面积得到湿膜厚度。

用式(1)计算湿膜厚度 t_w,单位为微米(μm):

$$t_w = \frac{m - m_0}{A \cdot \rho} \quad \cdots\cdots(1)$$

式中:

m_0——未涂漆试样的质量,单位为克(g);

m——已涂漆试样的质量,单位为克(g);

A——涂敷的表面面积，单位为平方米(m^2)；

ρ——涂敷的液体涂料的密度，单位为克/毫升(g/mL)。

注：涂敷的液体涂料的密度可按 GB/T 6750、ISO 2811-2、ISO 2811-3 或 ISO 2811-4 中的规定进行测定。

4.3.2 适用范围

只要液体涂料中高挥发性物质的量较少，重量分析原理通常是适用的。

4.3.3 总则

采用重量分析原理测得的是整个涂敷区域湿膜厚度的平均值。特别是在采用喷涂法施工时，试样的背面应遮住以避免由于背面的部分涂敷(喷逸)造成的测量误差。在称量已涂漆试样前，试样背面的任何遮蔽物都应除去。

4.3.4 方法 2——质量差值法

4.3.4.1 仪器

要求天平的最大称量范围为 500 g，精度为 1 mg。

4.3.4.2 步骤

先称量未涂漆试样的质量，然后再称量已涂漆试样的质量，根据式(1)计算湿膜厚度。

4.4 光热法

4.4.1 原理

通过测定向涂层辐射的热波与返回的波(可以是热波或超声波)之间的时间差来测定漆膜厚度(见图 4)。

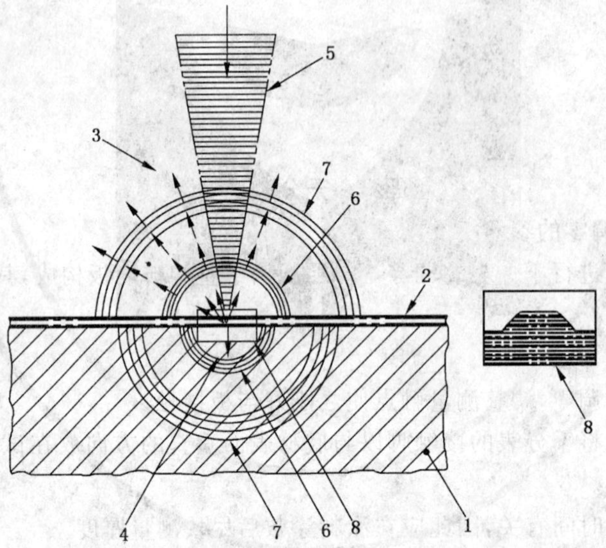

1——底材；

2——涂层；

3——返回的热辐射；

4——被涂层吸收的辐射(取决于涂层厚度和涂层材料)；

5——热辐射；

6——热波；

7——超声波；

8——表面形变。

图 4 光热厚度测量法中辐射与试样的相互作用(显示表面形变)

不管采用何种激励或检测方法，所有光热法原理相同：即以热的形式向试样施加周期性或脉冲式能量，然后检测局部温度的升高情况。

将在试样上测得的时间差与采用相同仪器在固定条件下(激励能量、脉冲长度、激励频率等)，对已知厚度的膜测得的值进行比较得到漆膜厚度(见4.4.4.2)。

4.4.2 适用范围

光热原理基本适用于所有漆膜-底材组合。只要多涂层体系中各涂层之间在导热性和反射性方面能很好地相互区分，该方法也可用于测定各单一涂层的厚度。

所要求的最低底材厚度因所用的测量系统(见4.4.4.1.1)和漆膜-底材组合而异。

4.4.3 总则

测试方法分为破坏性方法和非破坏性方法，其归类取决于涂层的用途。由于产生的局部热效应，涂层吸收热能对涂层可能会有影响(见图4中8)。

4.4.4 方法3——用热性能测定

4.4.4.1 仪器和参照标准

4.4.4.1.1 测量系统

有许多方法可在涂层材料上产生热波及检测试样中加热部位产生的热效应(参见EN 15042-2[18])。热辐射源(如激光源、发光二极管、白炽光源)主要用作涂层的激励系统。

可用下列检测方法：

——检测返回的热辐射(光热辐射测量)；

——检测折射指数的变化(在测量区域上方的热空气中测量)；

——热电检测(测量热流)。

4.4.4.1.2 参照标准

校准时需要用具有不同吸收性能和不同膜厚范围的参照标准(参见EN 15042-2[18])。

4.4.4.2 校准

对每一种漆膜-底材组合(尤其是对每一种涂料)，用参照标准(见4.4.4.1.2)校准测量系统。

4.4.4.3 步骤

按生产商说明操作仪器和测量漆膜厚度。

5 干膜厚度的测定

5.1 总则

附录A给出了测定干膜厚度的方法概述。

5.2 机械法

5.2.1 原理

用测微计或千分表(见5.2.4方法4A)来测量漆膜厚度，即底材加漆膜的总厚度与底材厚度间的差值。

有两种测定漆膜厚度的方法：

a) 在除去涂层前后测量(破坏性方法)

先测量规定区域的总厚度，然后在除去测量区域的涂层后再测量底材的厚度。

b) 在涂敷涂料前后测量(非破坏性方法)

先测量底材厚度，在涂敷涂料后再测定相同测量区域的总厚度。

漆膜厚度可从两个读数的差值计算得到。

深度规(见5.2.5方法4B)或表面轮廓仪(见5.2.6方法4C)能直接测量漆膜厚度，即漆膜表面与暴露的底材表面间的高度差。

注：只有“除去涂层”的测量方式可采用深度规或表面轮廓仪(方法4B和方法4C)进行测定。

5.2.2 **适用范围**

机械原理基本适用于所有漆膜-底材组合。在使用机械仪表测量时，底材和漆膜应有足够的硬度以免测量触点会产生压痕而导致读数错误。

测微计或千分表(方法 4A)也适合测量具有圆形截面的圆柱形试样的漆膜厚度(如电线、管道)。

在有争议时，表面轮廓扫描仪(方法 4C)为仲裁方法。

5.2.3 **总则**

在"涂敷涂料"测量方式下，用有标记孔的样规来保证是在同一点测量底材厚度和总厚度。

注 1：如果是塑料底材，最好采用"涂敷涂料"法，因为在大多数情况下很难在没有造成破坏的情况下就将底材暴露出来。

在"除去涂层"的测量方式下，可在测量区域画圆并作标记。应小心、完整地除去测量区域的涂层而没有造成底材机械性或化学性损伤。在涂敷涂料前可用胶带将底材部分遮住以得到很好确定的由一层至另一层的层次。

在使用深度规或表面轮廓扫描仪(方法 4B 和方法 4C)时，测量区域未除去的涂层应保持完好。

采用表面轮廓扫描仪(方法 4C)时，应能很好地确定底材与漆膜表面间的凸起部分。

对硬底材(如玻璃)，涂层可用机械方法除去；但对次硬的底材(如钢板)，可用化学方法除去涂层，如使用溶剂或脱漆剂。

注 2：对次硬的底材，如钢板，可用直径为 10 mm 的空心钻切透漆膜，然后用溶剂或脱漆剂将形成的涂层圆片除去。

所有需要接触或测量的表面(涂层、底材、试样背面)应干净，没有漆膜残渣。

5.2.4 **方法 4A——厚度差值法**

5.2.4.1 **仪器说明**

5.2.4.1.1 **测微计**

测微计测量时应能精确到 5 μm。测微计应配有齿杆以限制测量杆对测试表面施加的力。

模型 1——固定在基座上

将具有平整测量面的测微计的一端夹紧在有平整基板的刚硬基座上，以使其高度能调节。测量面与基板的上表面平行对准。

模型 2——手握式(见图 5)

这类仪器的通用名是外卡规测微计，尽管它还被称为测量外部尺寸用的螺旋测微器(见ISO 3611)。测微计应符合 ISO 3611 的要求。测量杆的测量面和基准面应平整且相互平行。

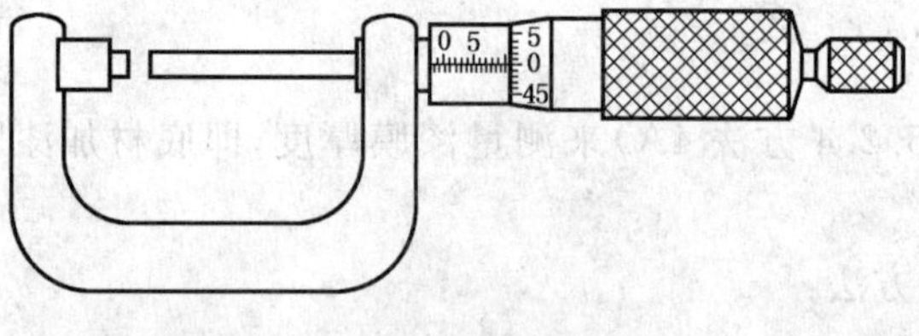

图 5 外卡规测微计

5.2.4.1.2 **千分表**

符合 ISO 463 要求的机械千分表和电子千分表的测量精度通常分别为 5 μm(机械千分表)和 1 μm(电子千分表)，或更好。千分表应配有能抬起测量触点的装置。应根据需要测试厚度的涂层材料的硬度选择测量触点的形状(对硬材料选择球形，对软材料选择平面形)。

模型 1——固定在基座上

如图 6 所示将千分表夹紧在基座上。如果使用平面形测量触点，测量面与基板的上表面平行对准。

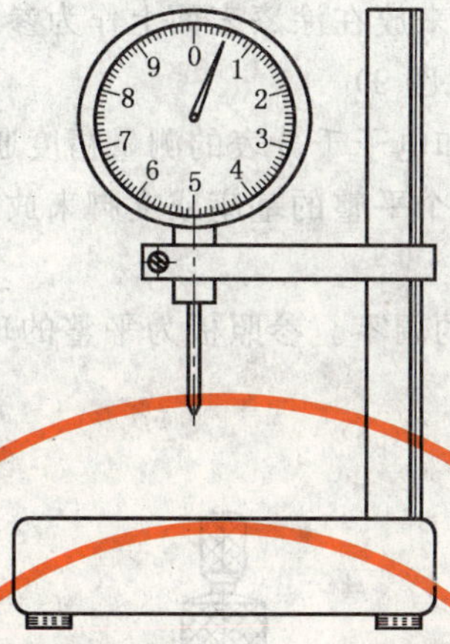

图 6 固定在基座上的千分表

模型 2——手握式

这类千分表应配有手柄。用于提起冲杆的装置的形状应构造成能用一只手操作该厚度测试仪。基准面的可拆卸触点应位于可移动的测量触点的对面。应根据待测材料的硬度选择测量触点的形状(对硬材料选择球形,对软材料选择平面形)。

如果测量触点和基准面都是平面形状(如图 7 所示测量薄片厚度的仪表),测量面应相互平行。

1——仪表孔隙。

图 7 测量薄片厚度的仪表

5.2.4.2 步骤

按 5.2.3 规定准备"除去涂层"和"涂敷涂料"不同测量方式用试样(见 5.2.1)。

当采用"除去涂层"或"涂敷涂料"不同测量方式时,在操作所有仪器时,都应分别使试样的涂漆面或待涂漆的面面向测量杆(测微计,见 5.2.4.1.1)或接触元件(千分表,见 5.2.4.1.2)。

在使用固定在基座上的仪器(5.2.4.1.1 和 5.2.4.1.2 中的模型 1)时,把试样放在基板上。

在使用手握式仪器(5.2.4.1.1 和 5.2.4.1.2 中的模型 2)时,将试样紧贴着固定的测量触点并握住试样。

注:5.2.4.1.1 和 5.2.4.1.2 中的模型 2 中规定的仪器的手柄也能夹紧在基座上,使操作更加方便。

在除去漆膜("除去涂层"方式)或涂敷漆膜("涂敷涂料"方式)后重复上述步骤进行第 2 次测量。

按下述方法进行每次测量:

——当使用 5.2.4.1.1 所述测微计时,移动测量杆至待测表面直到触动齿杆;

——当使用 5.2.4.1.2 所述千分表时,使装有弹簧的接触元件的触头轻轻碰触测试表面。

漆膜厚度值是总厚度读数与底材厚度读数间的差值。

5.2.5 方法 4B——深度规

5.2.5.1 仪器和参照标准

5.2.5.1.1 模型 1——深度测微计(见图 8)

这种类型测微计测量时的测量精度通常为 5 μm 或更好。测微计应配有齿杆以限制接触元件对底材施加的力，应有一个平整的基座或脚来放在涂漆表面上作为参照平面。

5.2.5.1.2 模型2——深度千分表(见图9)

符合ISO 463要求的机械千分表和电子千分表的测量精度通常分别为5 μm(机械千分表)和1 μm(电子千分表)，或更好。千分表应有一个平整的基座或支脚来放在涂漆表面上作为参照平面。

5.2.5.1.3 用作仪表调零的参照标准

要求用平整的参照板来进行仪器的调零。参照板为平整的玻璃板，其不平度容限不超过1 μm(也可参见ISO 1101[3])。

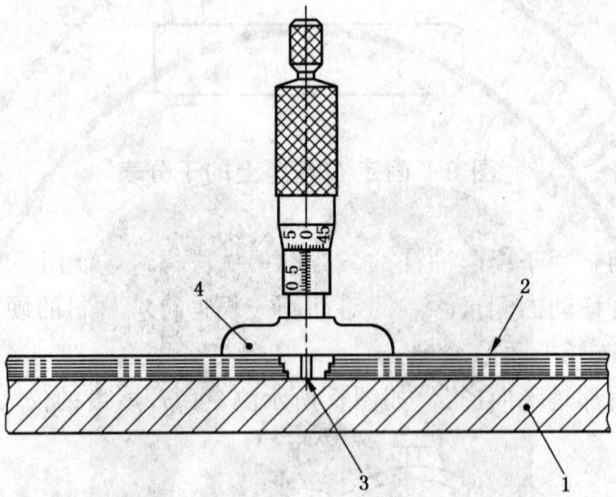

1——底材；
2——涂层；
3——接触元件；
4——平整的基座或脚。

图8 深度测微计

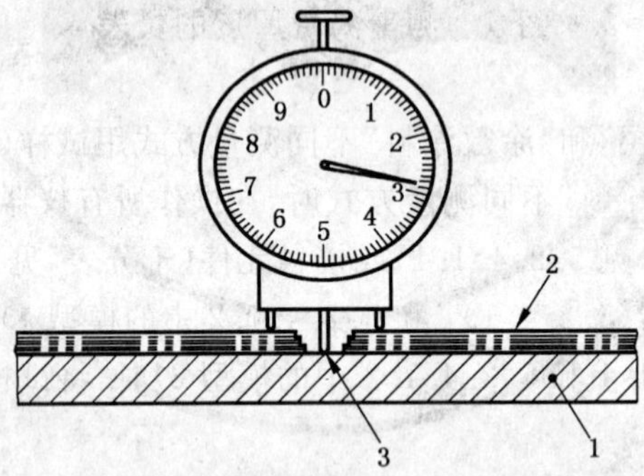

1——底材；
2——涂层；
3——接触元件。

图9 深度千分表

5.2.5.2 步骤

除去测量区域的涂层。通过用参照板(5.2.5.1.3)检查仪器的零点并调零，然后：

a) 在使用深度测微计时，把支脚放在涂层表面，使测量杆位于暴露区域的上方，向下旋动测量杆直至触点接触底材并触动齿杆；

b) 在使用深度千分表时，把接触元件放在暴露的底材上方，其接触脚放在涂层上(如果千分表是有接触脚类型的，应小心确保接触脚与试样表面垂直)。

可从深度读数直接读取漆膜厚度值(如需要，进行零点误差校准)。

5.2.6 方法 4C——表面轮廓扫描

5.2.6.1 仪器说明

该仪器有一个往复移动的触针，触针与合适的具有放大和记录功能的装置相连。为了测量漆膜厚度，要先除去涂层的某一部分，再用仪器来记录底材与涂层间形成的凸起部分的轮廓(见图 10)。选择具有与底材和漆膜表面的不平整度最匹配的触针尖端半径且能自由移动的触针的粗糙度仪或轮廓量规是最合适的。

注：也可采用光学方法或声学方法进行测量(即不与试样发生任何接触)。

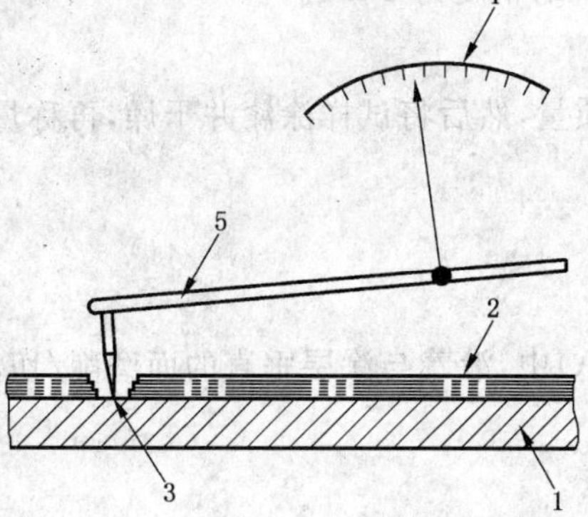

1——底材；
2——涂层；
3——针尖；
4——刻度盘；
5——连杆。

图 10 表面轮廓扫描仪

5.2.6.2 步骤

按 5.2.3 的规定准备试样。用合适的监控绘图仪扫描并记录测量区域的表面轮廓。

下列因素能对读数产生不利影响：

——表面清理得不够干净；

——测量系统的震动；

——使用不合适的针尖。

在记录的漆膜表面轨迹(上线)和底材表面轨迹(下线)的平均高度处分别画参照线。这两条参照线之间的距离即为凸起部分中点处的漆膜厚度。

5.3 重量分析法

5.3.1 原理

干膜厚度 t_d，单位为微米(μm)，是根据未涂漆试样与已涂漆试样的质量差按式(2)计算得到：

$$t_d = \frac{m - m_0}{A \cdot \rho_0} \quad \cdots\cdots(2)$$

式中：

m_0——未涂漆试样的质量，单位为克(g)；

m——已涂漆试样的质量，单位为克(g)；

A——已涂敷的表面面积，单位为平方米(m^2)；

ρ_0——涂敷的干涂膜密度，单位为克每毫升(g/mL)。

注：可按照 GB/T 9272 测定涂料的干涂膜密度。

5.3.2 适用范围

重量分析法具有通用性。

5.3.3 总则

采用重量分析法得到整个涂敷表面区域干膜厚度的平均值。特别是在采用喷涂施工时，试样的背面应遮住以避免因背面的局部施涂(过喷)而造成的测量误差。

5.3.4 方法 5——质量差值法

5.3.4.1 仪器

要求天平最大称量范围为 500 g，精度为 1 mg。

5.3.4.2 步骤

先称量干净的未涂漆试样的质量，然后将试样涂漆并干燥，再称量已涂漆试样的质量，根据式(2)计算干膜厚度。

5.4 光学法

5.4.1 原理

在截面法(见 5.4.4 中方法 6A)中，沿着与涂层垂直的面磨削/切割试样，这样漆膜厚度能直接使用显微镜测量(见图 11)。

1——底材；

2——涂层 1；

3——涂层 2；

4——涂层 3。

图 11 试样截面

在楔形切割法(见 5.4.5 中方法 6B)中，采用切割工具以与表面成规定的角度切割涂层得到规定尺寸的切割(见图 12)。可用式(3)计算漆膜厚度 t：

$$t = b \cdot \tan\alpha \qquad (3)$$

式中：

b——用显微镜测得的投影后的切割半宽(从边缘到底材)；

α——切割角度。

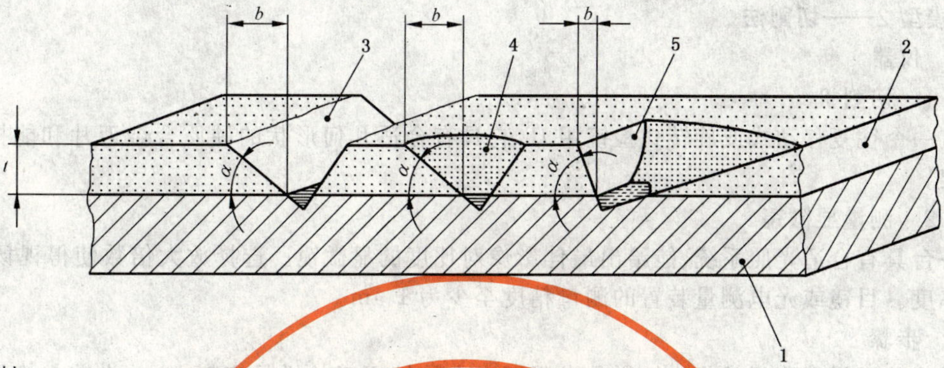

1——底材；

2——涂层；

3——对称切割；

4——锥形镗削；

5——斜面切割。

图 12　对称切割、锥形镗削和斜面切割

用特殊的刀在涂层上能得到对称楔形切割(图 12 中的 3)，用特殊的钻机在涂层上能得到锥形镗削(图 12 中的 4)，用切削工具能得到斜面切口(图 12 中的 5)。

5.4.2　适用范围

光热原理基本适用于所有漆膜-底材组合。只要多涂层体系中各涂层之间能很好地相互区分，该方法也可用于测定各单一涂层的厚度。

如果采用截面法或楔形切割法，底材必须具有能被截切、钻孔或切割的性能。

如有争议，截面法(见 5.4.4 中方法 6A)被认为是仲裁法。

5.4.3　总则

试样应平整，能进行楔形切割(见 5.4.5.2 的注)。

如果涂层材料有弹性，截面法/楔形切割会产生形变使得测量结果无效。切割前冷却试样可降低这种影响。

如果涂层较脆和/或粘结不充分，漆膜剥离使得难以判定涂层与底材间的真实界面，因而读数可能会有误差。

5.4.4　方法 6A——截面法

5.4.4.1　模型 1——采用磨削法

5.4.4.1.1　仪器和材料

5.4.4.1.1.1　磨削、抛光机

用于得到金相制品的仪器是合适的。

5.4.4.1.1.2　嵌入介质

使用对涂层没有不利影响的冷固化树脂作为嵌入介质，得到没有缝隙的嵌入效果。

5.4.4.1.1.3　磨削、抛光介质

使用防水砂纸，如标号为 280 号、400 号和 600 号的砂纸，或合适等级的金刚石浆状物或类似浆状物。

5.4.4.1.1.4　测量显微镜

需要一台具有合适光照系统、能给出最佳影像对比度的显微镜。选择放大倍数使得视场为 1.5～3 倍的漆膜厚度。目镜或光电测量装置的测量精度至少为 1 μm。

5.4.4.1.2　步骤

将试样或有代表性的样品嵌入树脂中(5.4.4.1.1.2)。用磨削、抛光机(5.4.4.1.1.1)沿着与涂层表面垂直的平面湿抛光试样或样品。用更细等级的砂纸重复这一过程。用显微镜测量裸露涂层的厚度。

5.4.4.2 模型 2——切割法

5.4.4.2.1 仪器

5.4.4.2.1.1 切割机

要求有一个往复移动式或旋转式检镜用刀，它具有合适几何形状的硬质合金刀片和能把试样夹紧固定的座架。

5.4.4.2.1.2 测量显微镜

需要一台具有合适光照系统、能给出最佳影像对比度的显微镜。选择放大倍数使得视场为 1.5～3 倍的漆膜厚度。目镜或光电测量装置的测量精度至少为 1 μm。

5.4.4.2.2 步骤

把试样或从试样上取得的代表性样品夹紧固定在检镜用刀的样品座架上，并沿着与涂层表面垂直的面切割。用显微镜测量裸露涂层的厚度。

5.4.5 方法 6B——楔形切割

5.4.5.1 仪器

5.4.5.1.1 总则

楔形切割法需要切割机和测量显微镜，这两者可合并在一台仪器中。

5.4.5.1.2 切割机

切割机是刀具能更换的特殊仪器，能获得规定角度的精密切割。

切割工具(切割刀片、特殊的涂料钻孔机或切削工具)应满足以下条件：

——由硬质合金材料制成；

——有精密的磨削、切割侧面；

——合适的几何形状，以确保获得精确的楔形切割。

标准的切割角度范围为 $\alpha=5.7°$ ($\tan\alpha=0.1$)～$\alpha=45°$ ($\tan\alpha=1$)之间。

5.4.5.1.3 测量显微镜

要求显微镜的放大倍数约为 50 且有光照装置。目镜的测量精度为 20 μm。

5.4.5.2 步骤

用毡制笔尖采用对比色标记出试样的测量区域。穿过标记，对试样进行切割或钻孔并透入底材内。采用显微镜用标记来对切割处或钻孔处进行定位，测量投影半宽度 b，用式(3)计算漆膜厚度(见 5.4.1)。

注：对弯曲面不能用式(3)。然而对弯曲面的锥形镗削，可采用修改后的计算公式。

5.5 磁性法

5.5.1 总则

对大多数干膜厚度磁性测试仪，在读取读数前必须进行检查。在预期的涂膜厚度范围内按生产商说明校验仪器。

5.5.2 原理

根据磁场与底材的相互作用测定漆膜厚度。根据从涂层移开磁体所需要的力(见 5.5.5 中方法 7A)或磁体磁场的改变(分别见 5.5.6、5.5.7 和 5.5.8 中方法 7B、7C 和 7D)来测定漆膜厚度。

5.5.3 适用范围

磁性法适用于金属底材上的涂层。

对方法 7A、7B 和 7C，底材必须是铁磁性的；对方法 7D，底材是非铁磁性的。

涂层的性能使得仪器在接触涂层表面时读数有效。

5.5.4 总则

仪器产生的磁场受下列因素的影响：

——底材的几何形状(尺寸、曲率和厚度)；

——底材的性能(如导磁性、导电性及由于任何前处理所产生的性能)；

——底材的粗糙度；

——其他磁场(底材的残余磁性和外部磁场)。

5.5.5 方法7A——磁吸力脱离测试仪

5.5.5.1 仪器

仪器含有磁体,根据磁体与底材间的吸引力来测定漆膜厚度[见图13a)和13b)]。

注:图13a)所示的仪器任何方位都可使用。图13b)所示的仪器由于重力作用设计成仅能在一个方向使用。

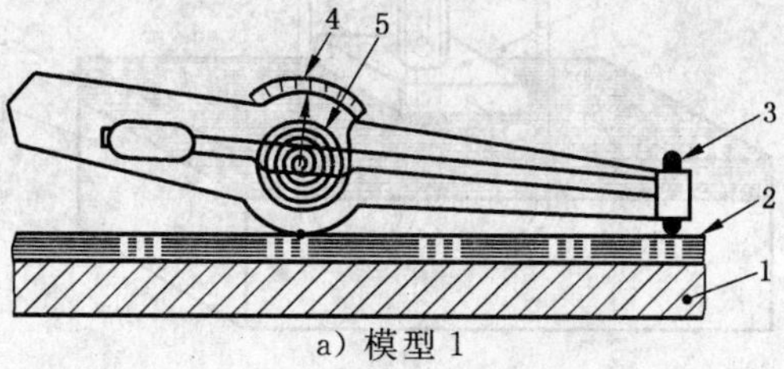

a) 模型1

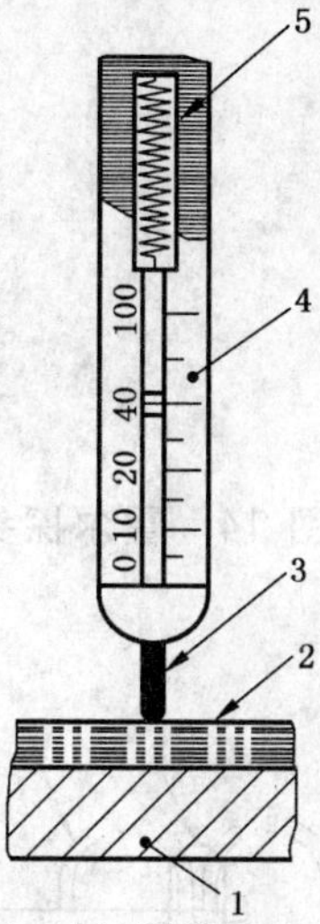

b) 模型2

1——底材;

2——涂层;

3——磁体;

4——刻度表;

5——弹簧。

图13 磁吸力脱离测试仪

5.5.5.2 步骤

将仪器的磁体紧靠涂层放置仪器,以与涂层表面垂直的方向提起磁体远离涂层。漆膜厚度可根据从试样上移去磁体所需要的力得到。

5.5.6 方法7B——磁通量测试仪

5.5.6.1 仪器

仪器含有磁体,根据由于底材的影响所导致的磁体磁场的改变来测定漆膜厚度,用霍尔探头测量磁场(见图14)。

5.5.6.2 步骤

以与涂层表面垂直的方向将仪器放在涂层上,从刻度盘直接读取厚度值或按生产商说明进行计算。

5.5.7 方法7C——诱导磁性测试仪

5.5.7.1 仪器

仪器含有电磁体,根据电磁体接近铁磁性底材时磁场的改变来测定漆膜厚度(见图15)。电磁体会产生低频率(LF,如60 Hz~400 Hz)交变电磁场(参见ISO 2178[5])。

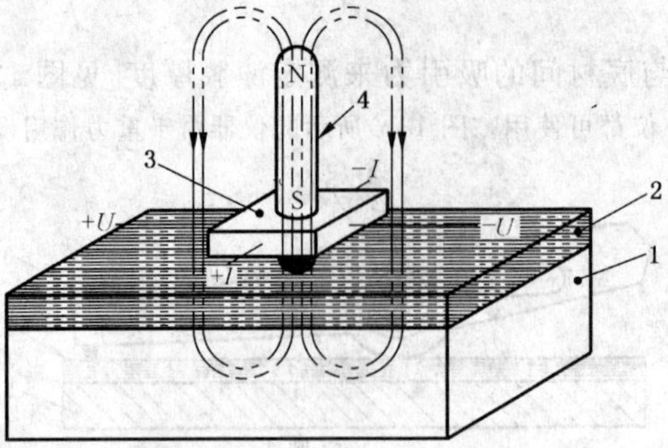

1——底材；

2——涂层；

3——霍尔元件；

4——磁体；

U——霍尔电压；

I——控制电流。

图 14 霍尔探头

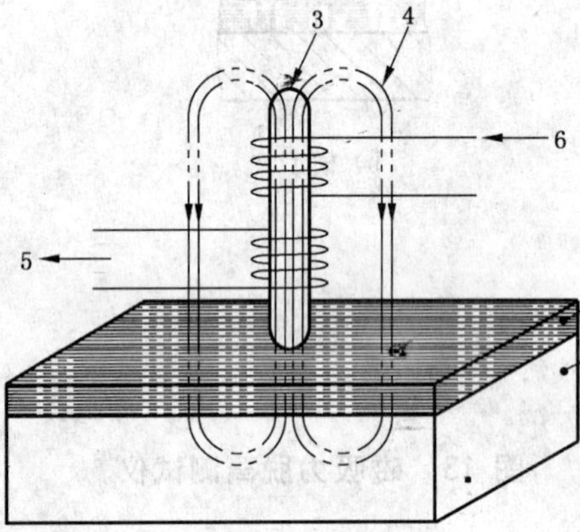

1——底材；

2——涂层；

3——铁磁性磁芯；

4——交变电磁场(LF)；

5——测量信号；

6——电流。

图 15 诱导磁性测试仪的原理

5.5.7.2 步骤

以与涂层表面垂直的方向将仪器放在涂层上，根据磁通量的改变计算漆膜厚度。

5.5.8 方法 7D——涡流测试仪

5.5.8.1 仪器

仪器含有电磁体，根据导电性底材产生的涡流所引起的磁场的改变来测定漆膜厚度(见图 16)。电磁体会产生高频率(HF，如 0.1 MHz～30 MHz)交变电磁场(参见 ISO 2360[6])。

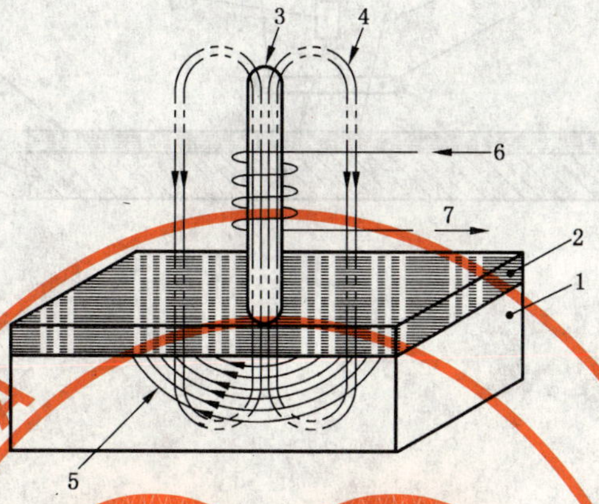

1——底材；
2——涂层；
3——纯铁体磁芯；
4——交变电磁场(HF)；
5——涡流；
6——电流；
7——测量信号。

图 16　涡流测试仪的原理

5.5.8.2　**步骤**

以与涂层表面垂直的位置将仪器放在涂层上。

5.6　**辐射法**

5.6.1　**原理**

用放射性同位素作为辐射源，根据电离辐射与涂层间的相互作用测定漆膜厚度。

5.6.2　**适用范围**

辐射原理适用于任何漆膜-底材组合，只要涂料与底材的原子序数相差至少 5(参见 ISO 3543[10])。

5.6.3　**总则**

漆膜厚度的测量受下列因素的影响：

——底材的几何形状(尺寸、曲率)；

——涂层表面的杂质；

——涂层密度的变化。

5.6.4　**方法 8——β 反散射法**

5.6.4.1　**仪器**

β 反散射仪(见图 17)由以下部分组成：

——辐射源(放射性同位素)主要发射出能量与待测漆膜厚度相适合的 β 粒子；

——探头或测量系统有一系列孔隙，并且含有 β 检测器，能统计出反散射 β 粒子的数量(如盖革计数器)；

——数据处理和显示系统。

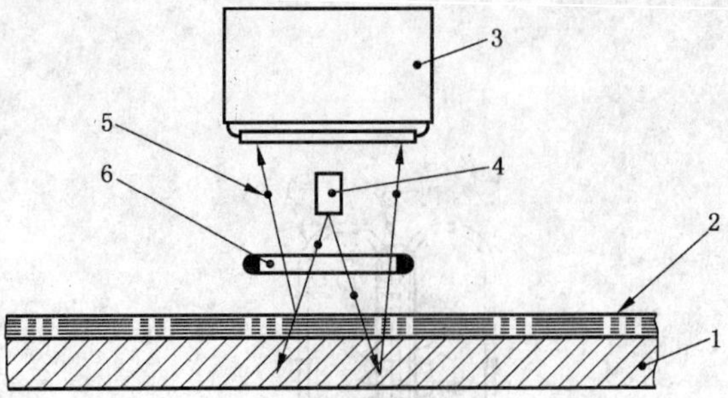

1——底材；

2——涂层；

3——计数器；

4——放射性同位素；

5——反散射粒子；

6——孔隙。

图 17 **β反散射法**

5.6.4.2 校验

如果需要，用标准物质校验和调整仪器，标准物质应尽可能具有与待检试样组成相同的涂层和底材。

5.6.4.3 步骤

按生产商说明操作仪器。

5.7 光热法

5.7.1 原理

通过测定向涂层辐射的热波与返回的波（可以是热波或超声波）之间的时间差来测定漆膜厚度（见图 18）。

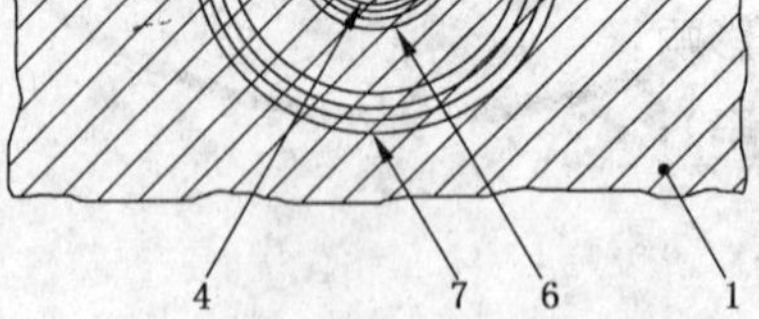

1——底材；

2——涂层；

3——返回的热辐射；

4——被涂层吸收的辐射（取决于涂层厚度和涂层材料）；

5——热辐射；

6——热波；

7——超声波。

图 18 光热厚度测量法中辐射与试样的相互作用

不管采用何种激励或检测方法，所有光热法原理相同：即以热的形式向试样施加周期性或脉冲式能量，然后检测局部温度的升高情况。

将在试样上测得的时间差与采用相同仪器在固定条件下(激励能量、脉冲长度、激励频率等)对已知厚度的膜测得的值进行比较得到漆膜厚度(见5.7.4.2)。

5.7.2 适用范围

光热原理基本适用于所有漆膜-底材组合。只要多涂层体系中各涂层之间在导热性和反射性方面能很好地相互区分，该方法也可用于测定各单一涂层的厚度。

所要求的最低底材厚度因所用的测量系统(见5.7.4.1.1)和漆膜-底材组合而异。

5.7.3 总则

测试方法分为破坏性方法和非破坏性方法，其归类取决于涂层的用途。由于产生的局部热效应，涂层吸收热能对涂层可能会有影响。

5.7.4 方法9——用热性能测定

5.7.4.1 仪器和参照标准

5.7.4.1.1 测量系统

有许多方法可在涂层材料上产生热波及检测试样中加热部位产生的热效应(参见EN 15042-2[18])。热辐射源(如激光源、发光二极管、白炽光源)主要用作涂层的激励系统。

可用下列检测方法：

——检测返回的热辐射(光热辐射测量)；

——检测折射指数的变化(在测量区域上方的热空气中测量)；

——热电检测(测量热流)。

5.7.4.1.2 参照标准

校验时需要用具有不同吸收性能和不同膜厚范围的参照标准(参见EN 15042-2[18])。

5.7.4.2 校验

对每一种漆膜-底材组合(尤其是对每一种涂料)，如果需要，用参照标准(见5.7.4.1.2)校验和调整测量系统。

5.7.4.3 步骤

按生产商说明操作仪器，从显示器上直接读取厚度值或按生产商说明进行计算。

5.8 声波法

5.8.1 原理

在声波法中，漆膜厚度根据超声脉冲穿过涂层的传播时间来测定。

5.8.2 适用范围

声学原理适用于所有漆膜-底材组合。

声速在同一种涂层中是相同的，与邻近涂层或底材中的声速有显著差异。

注：涂层的不均匀性(如有铝粉存在)和底材的不均匀性(如木材的木纹)可能会影响结果。

5.8.3 总则

声场受底材的几何形状(尺寸、曲率和粗糙度)的影响。

5.8.4 方法10——超声波测厚仪

5.8.4.1 仪器

仪器有超声波发送器和接收器，可根据声音传播时间来测定漆膜厚度(见图19)。

5.8.4.2 步骤

将耦合剂涂敷至需要测定厚度的涂层上。将仪器探头面平放在涂层上。按生产商说明操作仪器和测定结果。

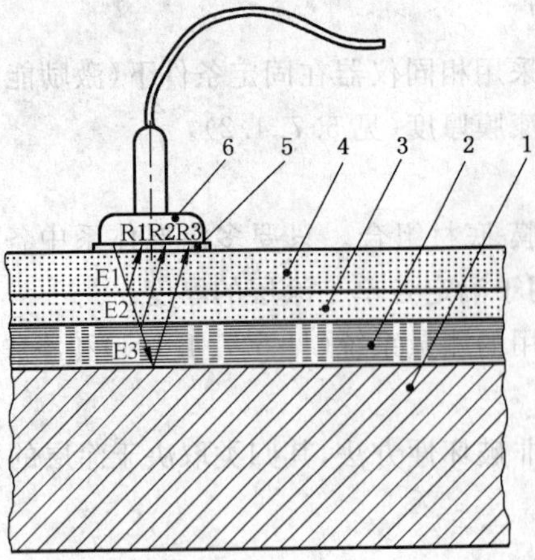

1——底材；

2——涂层 1；

3——涂层 2；

4——涂层 3；

5——耦合剂；

6——探头（发送器和接收器）；

E——渗透进涂层的脉冲；

R——反射脉冲。

图 19 超声波测厚仪

6 未固化粉末涂层厚度的测定

6.1 总则

附录 A 给出了测定未固化粉末涂层厚度的方法概述。

6.2 重量分析法

6.2.1 原理

未固化粉末涂层的厚度 t_p，单位为微米（μm），是根据未涂漆试样与已涂漆试样的质量差按下述式（4）计算得到：

$$t_p = \frac{m - m_0}{A \cdot \rho_p} \quad \cdots\cdots(4)$$

式中：

m_0——未涂漆试样的质量，单位为克（g）；

m——已涂漆试样的质量，单位为克（g）；

A——涂敷的表面面积，单位为平方米（m^2）；

ρ_p——涂敷的未固化粉末涂料的密度，单位为克每毫升（g/mL）。

注：粉末涂料的密度可按 ISO 8130-2 或 ISO 8130-3 测定。

6.2.2 适用范围

重量分析法具有通用性。

6.2.3 总则

采用重量分析法得到整个涂敷表面区域漆膜厚度的平均值。当涂敷粉末时，试样的背面应遮住以避免因背面的局部施涂（喷逸）而造成的测量误差。

6.2.4 方法 11——质量差值法

6.2.4.1 仪器

要求天平最大称量范围为 500 g,精度为 1 mg。

6.2.4.2 步骤

先称量干净的未涂漆试样的质量,涂漆,然后再称量已涂漆试样的质量,根椐式(4)计算漆膜厚度。第二次称量应在粉末涂敷后立即进行。

6.3 磁性法

6.3.1 原理

根据磁场与金属底材间的相互作用测定漆膜厚度。根据磁场的改变得到漆膜厚度值。

6.3.2 适用范围

磁性法适用于涂漆的金属底材。

对方法 12A,底材必须是铁磁性的;对方法 12B,底材是非铁磁性的。

6.3.3 总则

仪器产生的磁场受下列因素的影响:

——底材的几何形状(尺寸和厚度);

——底材的性能(如导磁性、导电性及由于任何前处理所产生的性能);

——底材的粗糙度;

——其他磁场(底材的残余磁性和外部磁场)。

只允许在平整表面上进行测量。

6.3.4 方法 12A——诱导磁性测试仪

6.3.4.1 仪器

仪器含有电磁体,根据电磁体接近铁磁性底材时磁场的改变来测定漆膜厚度(见图 20)。电磁体会产生低频率(LF,如 60 Hz～400 Hz)交变电磁场(参见 ISO 2178[5])。

放置探头时,应将探头对未固化粉末涂层厚度的影响控制到最小。

1——底材;

2——涂层;

3——基板;

4——磁体或涡流探头。

图 20 用于测定粉末涂层厚度的诱导磁性测试仪的探头

6.3.4.2 步骤

以与涂层表面垂直的方向将仪器放在涂层上,从显示器上直接读取厚度值或按生产商说明进行计算。

6.3.5 方法 12B——涡流测试仪

6.3.5.1 仪器

仪器含有电磁体，根据导电性底材产生的涡流所引起的磁场的改变来测定漆膜厚度(见图 16)。电磁体会产生高频率(HF，如 0.1 MHz～30 MHz)交变电磁场(参见 ISO 2360[6])。

放置探头时，应将探头对未固化粉末涂层厚度的影响控制到最小。

6.3.5.2 步骤

以与涂层表面垂直的方向将仪器放在涂层上，从显示器上直接读取厚度值或按生产商说明进行计算。

6.4 光热法

6.4.1 原理

通过测定向涂层辐射的热波与返回的波(可以是热波或超声波)之间的时间差来测定漆膜厚度(见图 18)。

不管采用何种激励或检测方法，所有光热法原理相同：即以热的形式向试样施加周期性或脉冲式能量，然后检测局部温度的升高情况。

将在试样上测得的时间差与采用相同仪器在固定条件下(激励能量、脉冲长度、激励频率等)对已知厚度的膜测得的值进行比较得到漆膜厚度(见 6.4.4.2)。

6.4.2 适用范围

光热原理基本适用于所有漆膜-底材组合。只要多涂层体系中各涂层之间在导热性和反射性方面能很好地相互区分，该方法也可用于测定各单一涂层的厚度。

所要求的最低底材厚度因所用的测量系统(见 6.4.4.1.1)和漆膜-底材组合而异。

6.4.3 总则

测试方法分为破坏性方法和非破坏性方法，其归类取决于涂层的用途。由于产生的局部热效应，涂层吸收热能对涂层可能会有影响。

6.4.4 方法 13——用热性能测定

6.4.4.1 仪器和参照标准

6.4.4.1.1 测量系统

有许多方法可在涂层材料上产生热波及检测试样中受热部位产生的热效应(参见 EN 15042-2[18])。热辐射源(如激光源、发光二极管、白炽光源)主要用作涂层的激励系统。

可用下列检测方法：

——检测返回的热辐射(光热辐射测量)；

——检测折射指数的变化(在测量区域上方的热空气中测量)；

——热电检测(测量热流)。

6.4.4.1.2 参照标准

校验时需要用具有不同吸收性能和不同膜厚范围的参照标准(参见 EN 15042-2[18])。

6.4.4.2 校验

对每一种漆膜-底材组合(尤其是对每一种漆膜材料)，如果需要，可用参照标准(见 6.4.4.1.2)校验和调整测量系统。

6.4.4.3 步骤

按生产商说明操作仪器，从显示器上直接读取厚度值或按生产商说明计算厚度。

7 粗糙表面上漆膜厚度的测量

7.1 总则

底材表面的粗糙度情况会影响漆膜厚度测定结果。因而对喷射清理的钢底材，需要特殊考虑。如果将涂料涂敷至喷射清理的钢底材上，漆膜厚度的测量要比在光滑表面上的测量更为复杂。结果受底材性能的影响，点与点之间可能不同；也受测量设备设计的影响。实际上在测定喷射清理钢底材上漆膜厚度时仪器的设定程序不同，会导致干膜厚度读数的明显不同。

在喷射清理的表面上采用某种类型仪器测量，除了结果不同外，仪器调零也会存在许多问题，如：

——重复性差；

——把薄片放在这种表面上测得的厚度值多变（薄片越厚，薄片厚度的表观增量越大）；

——当钢底材的表面粗糙度未知时会带来不确定性。

本章所述方法的目的是在测定喷射清理钢底材上漆膜厚度时将结果的可变性降至最低，保持操作的一致性。在用诱导磁性测试仪测定粗糙表面上的漆膜厚度时，本方法要求仪器必须预先在光滑钢表面上调零。

本方法从位于粗糙底材表面的峰和谷之间的虚拟平面处测量漆膜厚度，虚拟平面通常在峰下面25 μm 处[即约为喷射清理表面粗糙度的一半（喷射清理表面粗糙度用从底部到峰顶的高度来表示）]，表面处理成 ISO 8503-1 中规定的表面轮廓等级为“细”的表面例外。

本方法描述了喷射清理钢底材上干涂层厚度有代表性的参数的测定。为使结果有意义，用标准方法测得的实际漆膜厚度应不低于 25 μm，最好应大于 50 μm。

ISO 19840[14] 中描述了测定粗糙表面上涂层厚度的其他方法。

7.2 仪器和材料

7.2.1 漆膜厚度测试仪，是诱导磁性类型的，在方法 7C 中使用（见 5.5.7）。

注：配有能计算测定值平均标准偏差和其他统计参数工具的设备应谨慎使用，并且最好应由在统计技术方面经过培训的人员使用。

7.2.2 校验薄片是箔型的，有规定的厚度值（可溯源至国家认可的标准），其厚度与预期的漆膜厚度接近。

注：允许使用未检定的薄片，只要在现场进行校验。

7.2.3 光滑钢板，没有轧制铁鳞和锈，磁性和涂漆钢板相似，厚度至少为 1.2 mm，用于现场校验仪器。

7.3 步骤

7.3.1 校验

如果需要，在使用前按生产商说明校验并调整仪器。对钢板用光滑钢板校验，光滑钢板在使用前用400 号砂纸抛光以除去所有锈蚀物。校验薄片置于探头和光滑钢板之间，用厚度高于和低于预期漆膜厚度的薄片校验。

7.3.2 测量

按仪器生产商说明用测量光滑钢板上干涂层厚度的方法测量粗糙表面上的干涂层厚度。读数次数见 7.3.3。

7.3.3 读数次数

对每个测试区域，建议至少取均匀分布的三个读数。

指导性建议：对平板，每平方米至少取两个测试区域；对梁腹，每米长度取四个测试区域；对凸缘，每米长度取两个测试区域；对管道，每米长度取两个或多个测试区域（取决于管道直径）。

对近海或其他海上工件，通常建议取更多的读数。

8 试验报告

试验报告应包含以下信息：

a) 用于识别待测产品的所有必需信息（生产商、产品名称、批号等）；

b) 注明本标准编号（GB/T 13452.2）；

c) 所用方法和仪器；

d) 试验结果，包括每次测定的结果及其平均值；

e) 与规定的测试步骤的任何差异；

f) 试验时发现的任何异常现象；

g) 试验日期。

如果需要，试验报告还可包含下列信息：

h) 底材的详细情况(材料、厚度及预处理)；

i) 用来涂敷底材的方法，是单一涂层还是多涂层体系；

j) 涂层干燥/固化(包括烘烤)的时间和条件，如需要，在报告中还可记录厚度测量前进行的任何陈化情况；

k) 相关表面区域、测试区域及每个测试区域进行测量的次数；

l) 平均漆膜厚度及其标准偏差、局部漆膜厚度及其标准偏差、局部漆膜厚度的最小值和最大值。

附 录 A
（资料性附录）
方 法 概 述

表 A.1～A.3 给出了本标准规定的测试方法概述。每种方法规定了适用范围、现有标准和精密度。对每一种方法，如果有标准，参照这些标准。

表 A.1 湿膜厚度的测定

原理	方法	底材[a]	适用范围[b]			标准[c]	精密度[d]
机械法（4.2）	1A 梳规（4.2.4）	X	nd/d[e]	c	l/p/f	ASTM D4414	系统误差为±10%或±5 μm，看哪个值更大
	1B 轮规（4.2.5）	X	nd/d[e]	c	l/p/f	ASTM D1212	系统误差为±5%或±5 μm，看哪个值更大
	1C 千分表（4.2.6）	X	nd/d[e]	c	l/p/f		系统误差为±5%或±3 μm，看哪个值更大
重量分析法（4.3）	2 质量差值法（4.3.4）	X	nd	nc	l		没有得到数据
光热法（4.4）	3 热性能（4.4.4）	X	nd	nc	l/p	EN 15042-2	系统误差为±2%或±3 μm，看哪个值更大

[a] X——任何底材。

[b] d——破坏性；

nd——非破坏性；

c——接触；

nc——不接触；

l/p/f——适用于实验室/生产/现场作业。

[c] 有代表性的国际标准或国家标准，在标准中描述了测试方法。

[d] 这些方法的精密度数据由仪器生产商测得，并且用可溯源的校准标准校验。给出的数据是基于仪器生产商和用户的经验值。可能会有出入。

[e] 取决于涂层及涂层的功能。

表 A.2 干膜厚度的测定

原理	方法	底材[a]	适用范围[b]			标准[c]	精密度[d]
机械法（5.2）	4A 厚度差值法（测微计/千分表）（5.2.4）	X	nd/d[e]	c	l	ASTM D1005 DIN 50933	机械式：低限 5 μm，电子式：低限 3 μm
	4B 深度规（测微计/千分表）（5.2.5）	X	d	c	l		机械式：低限 3 μm，电子式：低限 2 μm
	4C 表面轮廓扫描（5.2.6）	X	d	nc	l	ISO 4518	低限 2 μm

表 A.2（续）

原理	方法	底材[a]	适用范围[b]			标准[c]	精密度[d]
重量分析法（5.3）	5 质量差值法（5.3.4）	X	d	c	l/p/f		没有得到数据
光学法（5.4）	6A 截面法（5.4.4）	X	d	c	l	ISO 1463	系统误差为 ±2 μm，再现性±5%
	6B 楔形切割法（5.4.5）	X	d	c	l/p/f	DIN 50986	上限 2 μm，再现性±10%
磁性法（5.5）	7A 磁吸力脱离测试仪（5.5.5）	Fe	nd	c	l/p/f	ISO 2178	系统误差为 ±5 μm，再现性±6%
	7B 磁通量测试仪（5.5.6）	Fe	nd	c	l/p/f		系统误差为 ±3 μm，再现性±5%
	7C 诱导磁性测试仪（5.5.7）	Fe	nd	c	l/p/f	ISO 2178	系统误差为 ±2 μm，再现性±3%
	7D 涡流测试仪（5.5.8）	NFe	nd	c	l/p/f	ISO 2360	系统误差为 ±2 μm，再现性±3%
辐射法（5.6）	8β 反散射法（5.6.4）	X	nd	nc	l/p	ISO 3543	系统误差为 ±2% 或 ±0.5 μm，看哪个值更大
光热法（5.7）	9 热性能（5.7.4）	X	nd	nc	l/p	EN 15042-2	没有得到数据
声波法（5.8）	10 超声波测厚仪（5.8.4）	X	nd	c	l/p/f		系统误差为 ±2 μm，再现性±5%

[a] X/Fe/NFe——任何底材/铁磁性金属/非铁磁性金属。

[b] d——破坏性；

nd——非破坏性；

c——接触；

nc——不接触；

l/p/f——适用于实验室/生产/现场作业。

[c] 有代表性的国际标准或国家标准，在标准中描述了测试方法。

[d] 这些方法的精密度数据由仪器生产商测得，并且用可溯源的校准标准校验。给出的数据是基于仪器生产商和用户的经验值。可能会有出入。

[e] 取决于测量步骤。

表 A.3 未交联粉末涂层漆膜厚度的测定

原理	方法	底材[a]	适用范围[b]			标准[c]	精密度[d]
重量分析法(6.2)	11 质量差值法(6.2.4)	X	nd	nc	l		没有得到数据
磁性法(6.3)	12A 诱导磁性测试仪(6.3.4)	Fe	nd/d[e]	c	l/p	ISO 2178	系统误差为±2 μm,再现性±3%
	12B 涡流测试仪(6.3.5)	NFe	nd/d[e]	c	l/p	ISO 2360	系统误差为±2 μm,再现性±3%
光热法(6.4)	13 热性能(6.4.4)	X	nd/d[e]	nc	l/p	EN 15042-2	系统误差为±2%或±3 μm,看哪个值更大

[a] X/Fe/NFe——任何底材/铁磁性金属/非铁磁性金属。

[b] d——破坏性;

nd——非破坏性;

c——接触;

nc——不接触;

l/p/f——适用于实验室/生产/现场作业。

[c] 有代表性的国际标准或国家标准,在标准中描述了测试方法。

[d] 这些方法的精密度数据由仪器生产商测得,并且用可溯源的校准标准校验。给出的数据是基于仪器生产商和用户的经验值。可能会有出入。

[e] 取决于测量步骤。

参 考 文 献

[1] GB/T 6750 色漆和清漆 密度的测定 比重瓶法

[2] GB/T 9272 色漆和清漆 通过测量干涂层密度测定不挥发物体积分数

[3] ISO 1101 几何产品规范(GPS)——几何容限——形状、方向、位置和偏转的容限

[4] ISO 1463 金属和氧化涂层——涂层厚度的测定——显微法

[5] ISO 2178 磁性底材上的非磁性涂层——涂层厚度的测定——磁性法

[6] ISO 2360 非磁性导电基材上的绝缘涂层——涂层厚度的测定——振幅-灵敏涡流法

[7] ISO 2811-2 色漆和清漆——密度的测定——第2部分:浸没体(测锤)法

[8] ISO 2811-3 色漆和清漆——密度的测定——第3部分:振荡法

[9] ISO 2811-4 色漆和清漆——密度的测定——第4部分:压力杯法

[10] ISO 3543 金属和非金属涂层——厚度的测定——β反散射法

[11] ISO 4518 金属涂层——涂层厚度的测定——测量轮廓法

[12] ISO 8130-2 粉末涂料——第2部分:用气体比较比重瓶测定密度(仲裁法)

[13] ISO 8130-3 粉末涂料——第3部分:用液体置换比重瓶测定密度

[14] ISO 19840 色漆和清漆——用保护性色漆体系进行钢结构的防腐保护——粗糙表面上干膜厚度的测量和认可准则

[15] ASTM D1005 用测微计测量有机涂层干膜厚度的标准试验方法

[16] ASTM D1212 测量有机涂层湿膜厚度的标准试验方法

[17] ASTM D4414 用凹槽测试仪测量湿膜厚度的推荐方法标准

[18] EN 15042-2 用表面波表征表面和测量涂层厚度——第2部分:用光热法测量涂层厚度的导则

[19] DIN 50933 用触针仪采用差值法测量涂层厚度

[20] DIN 50986 涂层厚度的测定——楔形切割法测定漆膜和相关涂层的厚度

ICS 87.040
G 50

中华人民共和国国家标准

GB/T 13452.4—2008/ISO 4623-1:2000
代替 GB/T 13452.4—1992

色漆和清漆 钢铁表面上涂膜的耐丝状腐蚀试验

Paints and varnishes—Determination of resistance to filiform corrosion on steel

(ISO 4623-1:2000, Paints and varnishes—Determination of resistance to filiform corrosion—Part 1:Steel substrates,IDT)

2008-05-14 发布　　2008-10-01 实施

中华人民共和国国家质量监督检验检疫总局
中国国家标准化管理委员会　发布

前　言

GB/T 13452《色漆和清漆》分为下列几个部分：

——第 1 部分为 GB/T 13452.1—1992《色漆和清漆　总铅含量的测定　火焰原子吸收光谱法》；

——第 2 部分为 GB/T 13452.2—2008《色漆和清漆　漆膜厚度的测定》；

——第 3 部分为 GB/T 13452.3—1992《色漆和清漆　遮盖力的测定　第一部分：适于白色和浅色漆的 Kubelka-Munk 法》；

——第 4 部分为 GB/T 13452.4—2008《色漆和清漆　钢铁表面上涂膜的耐丝状腐蚀试验》。

本部分为 GB/T 13452 的第 4 部分。

本部分等同采用国际标准 ISO 4623-1:2000《色漆和清漆——耐丝状腐蚀的测定——第 1 部分：钢结构》(英文版)。

本部分代替 GB/T 13452.4—1992《色漆和清漆　钢铁表面上的丝状腐蚀试验》。

本部分与前版 GB/T 13452.4—1992 的主要技术差异为：

——前版系等效采用 ISO 4623-1:1984；

——将标准名称改为《色漆和清漆　钢铁表面上涂膜的耐丝状腐蚀试验》；

——由采用化学纯氯化钠改为采用分析纯氯化钠配制试验溶液；

——试板的尺寸由 150 mm×100 mm 或商定改为至少 150 mm×75 mm×0.3 mm；

——划痕的长度由 50 mm 改为至少 30 mm；

——丝状腐蚀程度的评价由附录 B 改为直接引用 ISO 4628-10；

——增加了附录 A，将原附录 A 改为附录 B，将原附录 B 取消。

本部分的附录 A 为规范性附录，附录 B 为资料性附录。

本部分由中国石油和化学工业协会提出。

本部分由全国涂料和颜料标准化技术委员会归口。

本部分起草单位：中化建常州涂料化工研究院。

本部分主要起草人：曹晓东。

本部分于 1992 年首次发布，本次为第一次修订。

色漆和清漆 钢铁表面上涂膜的耐丝状腐蚀试验

1 范围

本部分是有关色漆、清漆及相关产品的取样和试验的系列标准之一。

本部分规定了评价钢铁上色漆或清漆涂层阻止由划透涂层的划痕引起丝状腐蚀的保护作用的试验方法。

2 规范性引用文件

下列文件中的条款通过 GB/T 13452 的本部分的引用而成为本部分的条款。凡是注日期的引用文件,其随后所有的修改单(不包括勘误的内容)或修订版均不适用于本部分,然而,鼓励根据本部分达成协议的各方研究是否可使用这些文件的最新版本。凡是不注日期的引用文件,其最新版本适用于本部分。

GB/T 1771 色漆和清漆 耐中性盐雾性能的测定(GB/T 1771—2007, ISO 7253:1996,IDT)

GB/T 3186 色漆、清漆和色漆与清漆用原材料 取样(GB/T 3186—2006,ISO 15528:2000,IDT)

GB/T 6682 分析实验室用水规格和试验方法(GB/T 6682—2008,ISO 3696:1987,MOD)

GB/T 9271 色漆和清漆 标准试板(GB/T 9271—2008,ISO 1514:2004,MOD)

GB/T 9278 涂料试样状态调节和试验的温湿度(GB/T 9278—2008,ISO 3270:1984, Paints and varnishes and their raw materials—Temperatures and humidities for conditioning and testing,IDT)

GB/T 9286 色漆和清漆 漆膜的划格试验(GB/T 9286—1998,eqv ISO 2409:1992)

GB/T 13452.2 色漆和清漆 漆膜厚度的测定(GB/T 13452.2—2008,ISO 2808:2007,IDT)

GB/T 20777 色漆和清漆 试样的检查和制备(GB/T 20777—2006,ISO 1513:1992,IDT)

ISO 483 塑料 通过水溶液来保持相对湿度为恒定值的用于试验和状态调节的小塑料箱

ISO 4628-10 色漆和清漆 涂层破坏的评定 第10部分:强度、数量及普通类型病态程度的表示方法

3 术语和定义

下列术语和定义适用于 GB/T 13452 的本部分。

3.1

丝状腐蚀 filiform corrosion

发生在色漆、清漆或相关产品的涂层下,通常从涂层的曝露边缘或局部破坏开始的呈线状的一种腐蚀。

注1:通常该线在发展的长度和方向上是无规律的,但它们可以看作是近似平行和近似等长。

注2:丝状腐蚀也可能发生在其他保护涂层下面。

4 原理

按规定的方法在被试的涂漆试板上划痕,为使少量的氯化钠引入划痕中,可将样板浸入盐水溶液中或曝露在盐雾中。然后把样板置于温度 40℃,相对湿度 80%的试验箱中。曝露结果的评定准则按 ISO 4628-10 规定或由双方商定。

5 需要补充的资料

对于任一特定的应用而言，本标准规定的试验方法需要用补充资料来完善，补充资料的内容在附录 A、附录 B 中列出。

6 取样

按 GB/T 3186 的规定，取受试产品(或多涂层体系中的每个产品)的代表性样品。

按 GB/T 20777 的规定，检查和制备试验样品。

7 仪器

使用普通实验室仪器和玻璃器皿，以及下列仪器设备：

试验箱：能保持温度(40±2)℃和相对湿度(80±5)%的条件，并有摆放或垂直挂试板的装置以保证相邻样板表面之间的距离大于 20 mm。

注：如果试验箱不能自动控制相对湿度，可用饱和的硫酸铵水溶液的方法得到规定的相对湿度，该溶液可以在 40℃下得到恒定的 79%的相对湿度(见 ISO 483)。附录 B 中有详细说明。

8 试剂——氯化钠溶液(浸泡法)

除非另外商定，用 1 g 分析纯的氯化钠溶解在 1 L 符合 GB/T 6682 规定的三级蒸馏水或去离子水中来制备溶液。将此溶液盛入适当的容器中，以能完全浸泡被试样板(见 9.1 和 10.3.2)。

9 试板

9.1 材料和尺寸

除非另外商定，试板应是符合 GB/T 9271 规定的打磨过的钢板，最小尺寸为 150 mm×75 mm×0.3 mm。

9.2 制备和涂装

除非另外商定，按 GB/T 9271 的规定处理每一块试板，然后用受试产品或体系按规定的方法进行涂装。

除非另外商定，在试板的背面和边缘应涂上被试产品或体系。

若试板的背面和边缘的涂层不同于被试产品，其防腐性应好于被试产品。

9.3 干燥和状态调节

将每一块已涂漆的试板在规定的条件下干燥(或烘烤)并放置(如适用的话)规定的时间。除非另外商定，试验前，试板应在 GB/T 9278 规定的标准条件下状态调节至少 16 h。

9.4 涂层的厚度

应规定或商定涂层厚度，用 GB/T 13452.2 中规定的一种方法测定涂层的厚度。

10 操作步骤

10.1 测定次数

除非另外商定，所有试验平行测定两次。

10.2 试板的划痕

除非另外商定，使用合适的工具在每块试板上刻划两条至少 30 mm 长的划痕。这两条划痕要相互垂直，其间距及与试板边缘的距离都不小于 20 mm(见图 1，在钢板上的划痕位置)。必须保证割刃完全划透涂层，去除划痕上的割屑。用10倍玻璃放大镜观察，确信在整条划痕上能清楚看到金属表面。

注：使用自动划痕仪划出的划痕及重现性比手动划痕工具好。划痕工具的精确性无严格要求，只要能划出一条明晰的细线即可。可使用锐利的刀刃如GB/T 9286规定的单刃切割工具。

单位为毫米

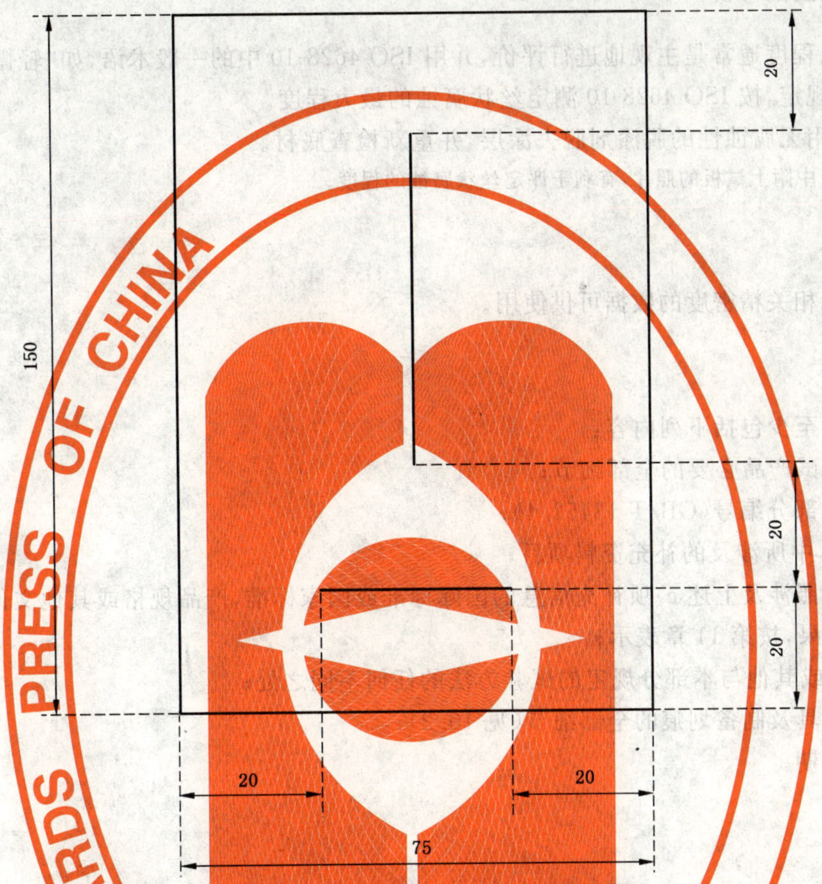

图1 在钢板上的划痕位置

10.3 试验

10.3.1 总则

浸入氯化钠溶液或曝露在盐雾中两种方法都可以引发。浸泡法常用于自干及防腐蚀性差的涂料，对防腐蚀性好的体系，如涂敷在磷化钢板上的汽车涂料，浸泡法可能不会产生丝状腐蚀，对于这类体系，应采用盐雾法。曝露在盐雾中所需的时间取决于所试涂料的防腐蚀性，曝露时间很少超过24 h。应当指出，盐雾法一般不适用于防腐蚀性差的涂料，因为这类涂料会产生由划痕扩散开的严重整板腐蚀，以至把丝状腐蚀掩盖起来。

10.3.2 浸泡法

将带划痕的试板完全浸泡在氯化钠溶液(第8章)中30 s～60 s。

将试板从溶液中取出，把粘附在试板表面的液滴用柔软的纸或布抹去，注意不能抹去划痕中的溶液。将样板放入温度(40±2)℃、相对湿度(80±5)%的试验箱(第7章)中。按上述方法每隔3 d或4 d重复进行浸泡一次，直到规定或商定的试验时间止。

10.3.3 盐雾法

将带划痕的试板曝露在符合GB/T 1771规定的中性盐雾中，曝露时间由有关方商定。

将试板从盐雾箱中取出，把粘附在试板表面的液滴用柔软的纸或布抹去，注意不能抹去划痕中的溶液。将试板放入温度(40±2)℃、相对湿度(80±5)%的试验箱(第7章)中至规定或商定的试验时间。

10.4 试板的检查

在规定再次引发的间隙及试验结束时,检查试板的丝状腐蚀(按 ISO 4628-10 规定或商定)。在试验期内或检查时,不允许试板完全干燥,否则会影响丝状腐蚀的发展。

11 丝状腐蚀程度的评价

对丝状腐蚀程度通常是主观地进行评价,并用 ISO 4628-10 中的一般术语,如"轻微"、"中等"或"严重"表示。如有规定,按 ISO 4628-10 测定丝状腐蚀的最大程度。

若有必要,用无腐蚀性的脱漆剂脱去涂层,并重新检查底材。

注:试验报告中附上试板的照片,有利于评定丝状腐蚀的程度。

12 精密度

目前还没有相关精密度的数据可供使用。

13 试验报告

试验报告应至少包括下列内容:

a) 识别受试产品必要的全部细节;

b) 注明本部分编号(GB/T 13452.4);

c) 附录 A 中所涉及的补充资料项目;

d) 注明参照涉及上述 c)项补充信息的国际标准或国家标准,产品规格或其他文件;

e) 试验结果,按第 11 章表示;

f) 商定的或其他与本部分规定的试验方法的任何不同之处;

g) 划痕工具及制备划痕的全部细节(见 10.2);

h) 试验日期。

附 录 A
（规范性附录）
需要补充的资料

本附录中所列补充资料的条款，使本方法能够进行。

注：所需的资料最好由双方商定，也可以部分或全部来自于受试产品有关的国际标准、国家标准或其他文件中。

a） 底材的材料、厚度和表面处理（见 9.1 和 9.2）；

b） 试验涂层的施工方法及封闭试板的边缘和背面的细节（若需要）（见 9.2）；

c） 干涂层的厚度以微米计，按 GB/T 13452.2 测量的方法不管是单一涂层还是多涂层体系（见 9.4）；

d） 在已涂试板投试前，其干燥（或烘干）及养护（若需要）的时间和条件（见 9.3）；

e） 划痕的制备方法及尺寸（见 10.2）；

f） 引发腐蚀的方法及曝露的周期（见 10.3）；

g） 试验的时间（见 10.3.2 和 10.3.3）；

h） 如何检查试验涂层，什么特征作为评价涂层的耐丝状腐蚀（见 10.4 和第 11 章）。

附 录 B
（资料性附录）
用饱和硫酸铵溶液保持曝露条件的指导说明

B.1 总体装置

把一个盛有用去离子水或蒸馏水配制的饱和硫酸铵溶液的盘子放在不漏气的试验箱的底部。这种容器有平面磨砂边缘，用一块平面玻璃密封。也可使用干燥器，它的下部放置饱和硫酸铵溶液，代替干燥剂，将它置于实验室烘箱中保持在规定的温度。

B.2 保证措施

为了能保持规定的曝露条件，需采取下列保证措施。

a) 盛有饱和硫酸铵溶液的盘子应占有试验器底部的大部分，但不要妨碍加热和空气循环；

b) 硫酸铵溶液应保持饱和状态，可采用将硫酸铵溶液在50℃下进行饱和，然后冷却到规定的试验温度；

c) 试验箱中饱和硫酸铵溶液和空气应处于同样的温度，因此，溶液不应单独加热；

d) 试板应尽可能靠近饱和硫酸铵溶液，但不允许与溶液接触；

e) 温度和相对湿度应在封闭的试验箱中测量；

f) 装置应尽可能小，以便有助于保持平衡。装置的体积若大于10 L，应配有空气循环系统。最终是否需要空气循环系统，取决于试验箱中的相对湿度的均匀性。

ICS 13.180
A 25

中华人民共和国国家标准

GB/T 13459—2008
代替 GB/T 13459—1992

劳动防护服　防寒保暖要求

The requirements on insulation of labour protective clothing in cold condition

2008-07-16 发布　　　　2009-01-01 实施

中华人民共和国国家质量监督检验检疫总局
中国国家标准化管理委员会　发布

前言

本标准代替 GB/T 13459—1992《劳动防护服 防寒保暖要求》。

本标准与 GB/T 13459—1992 相比，主要有以下变化：

——增加了术语定义的英文表述；

——删除了符号章节；

——修改了总保暖量的计算公式；

——修改了服装总保暖量要求；

——删除了原标准的附录 A 服装保暖量测试方法。

本标准的附录 A 为资料性附录。

本标准由全国人类工效学标准化技术委员会提出并归口。

本标准起草单位：总后勤部军需装备研究所、中国标准化研究院、解放军医学图书馆、北京奥山职业装设计研究所。

本标准主要起草人：谌玉红、杨廷欣、张欣、郝俊勤、倪济云、孟春玲、吴汉荣、冉令华、孙本亮。

本标准所代替标准的历次版本发布情况为：

——GB/T 13459—1992。

劳动防护服　防寒保暖要求

1　范围

本标准规定了服装气候分区限值和各区劳动防护服保暖量配置要求。

本标准适用于冬季室外作业职工的防寒服装。常年低温环境作业职工的防寒服装亦可参照执行。

2　规范性引用文件

下列文件中的条款通过本标准的引用而成为本标准的条款。凡是注日期的引用文件，其随后所有的修改单(不包括勘误的内容)或修订版均不适用于本标准，然而，鼓励根据本标准达成协议的各方研究是否可使用这些文件的最新版本。凡是不注日期的引用文件，其最新版本适用于本标准。

GB/T 18398　服装热阻测试方法　暖体假人法

GJB 58A—2006　冬服保暖标准

3　术语和定义

下列术语和定义适用于本标准。

3.1

服装保暖水平　clothing insulation level

服装对人体保暖程度的表征。

3.2

服装保暖量　clothing insulation

服装在人与环境热交换过程中对热流阻力的度量，亦称服装热阻。

3.3

服装气候区　clothing climate zone

按地域冬季综合温度和所需服装保暖量的不同所划分的区域。

3.4

综合温度　synthetic temperature

气温和风的致冷作用的综合表征，以摄氏温度计量。

3.5

总保暖量　clothing total insulation

各服装气候区所需最大配套服装保暖量的总和。

注：含衣表空气滞留层保暖量，不含鞋、帽、手套的保暖量。

4　总保暖量的计算

4.1　综合温度

综合温度的计算方法见 GJB 58A—2006 中 4.1。

4.2　总保暖量

总保暖量按公式(1)计算：

$$I_{e.r} = 3.23 - 0.092\ T_{syn} \quad \cdots\cdots(1)$$

式中：

$I_{e.r}$——总保暖量，单位为克罗(clo)；

T_{syn}——综合温度,单位为摄氏度(℃)。

5 服装气候区划和各区总保暖量的配置要求

5.1 服装气候区,按所处地域的一月份综合温度,划分为Ⅴ(高寒区)、Ⅳ(寒区)、Ⅲ(温区)、Ⅱ(亚热区)、Ⅰ(热区)共五个区。

5.2 各区冬季劳动防护服总保暖量以其分区限值范围的下界值为准,按式(1)计算。Ⅰ区、Ⅱ区按计算结果另加 0.2 clo。

5.3 各区的综合温度分区限值范围及总保暖量配置要求见表 1。

表 1 各服装气候区分区限值范围及总保暖量要求

服装气候区	综合温度 T_{syn} 限值范围/℃	总保暖量要求/clo
Ⅴ	$T_{syn} \leqslant -25$	6.5
Ⅳ	$-25 < T_{syn} \leqslant -15$	5.5
Ⅲ	$-15 < T_{syn} \leqslant -5$	4.6
Ⅱ	$-5 < T_{syn} \leqslant 5$	3.7
Ⅰ	$T_{syn} > 5$	2.8

5.4 服装气候区冬服保暖量采用多层次调节配置,Ⅰ区、Ⅱ区不少于两个调节层次,Ⅲ区、Ⅳ区、Ⅴ区不少于三个调节层次。每个调节层次的保暖量不少于 0.4clo,服装保暖量的测试方法见 GB/T 18398。

5.5 服装气候区保暖量配置偏差,允许按标准值偏离 5%。

5.6 各服装气候区服装配套、总保暖量及各地一月份综合气温示例见附录 A。

附 录 A
（资料性附录）
各服装气候区服装配套、总保暖量及各地一月份综合温度示例

A.1 各服装气候区冬服配套及总保暖量示例

各服装气候区冬服配套及保暖量示例见表 A.1。

表 A.1 各服装气候区冬服配套及保暖量示例

服装气候区	服 装 配 套	区 界 标 志	总保暖量/clo
Ⅴ	250 g/m² 絮片大衣、罩衣裤、200 g/m² 絮片棉衣、250 g/m² 絮片棉裤、绒衣裤、绒背心、针织内衣裤	哈尔滨(不含)以北	6.55
Ⅳ	200 g/m² 絮片大衣、罩衣裤、200 g/m² 絮片棉衣、200 g/m² 絮片棉裤、绒背心、绒裤、针织内衣裤	哈尔滨以南	5.71
Ⅲ	罩衣裤、250 g/m² 絮片棉衣、200 g/m² 絮片棉裤、绒衣裤、针织内衣裤	张家口(不含)以南	4.68
Ⅱ	罩衣裤、200 g/m² 絮片棉衣、绒衣裤、针织内衣裤	郑州(不含)以南	3.83
Ⅰ	罩衣裤、薄绒背心、薄绒裤、针织内衣裤	福州以南	2.95
注：涤丙絮片系中空涤纶絮片与微细丙纶熔喷棉的复合絮片。			

A.2 我国部分地、市一月份综合温度

我国部分地、市一月份综合温度(℃)见图 A.1(根据北京市气象中心资料室提供资料统计计算)。

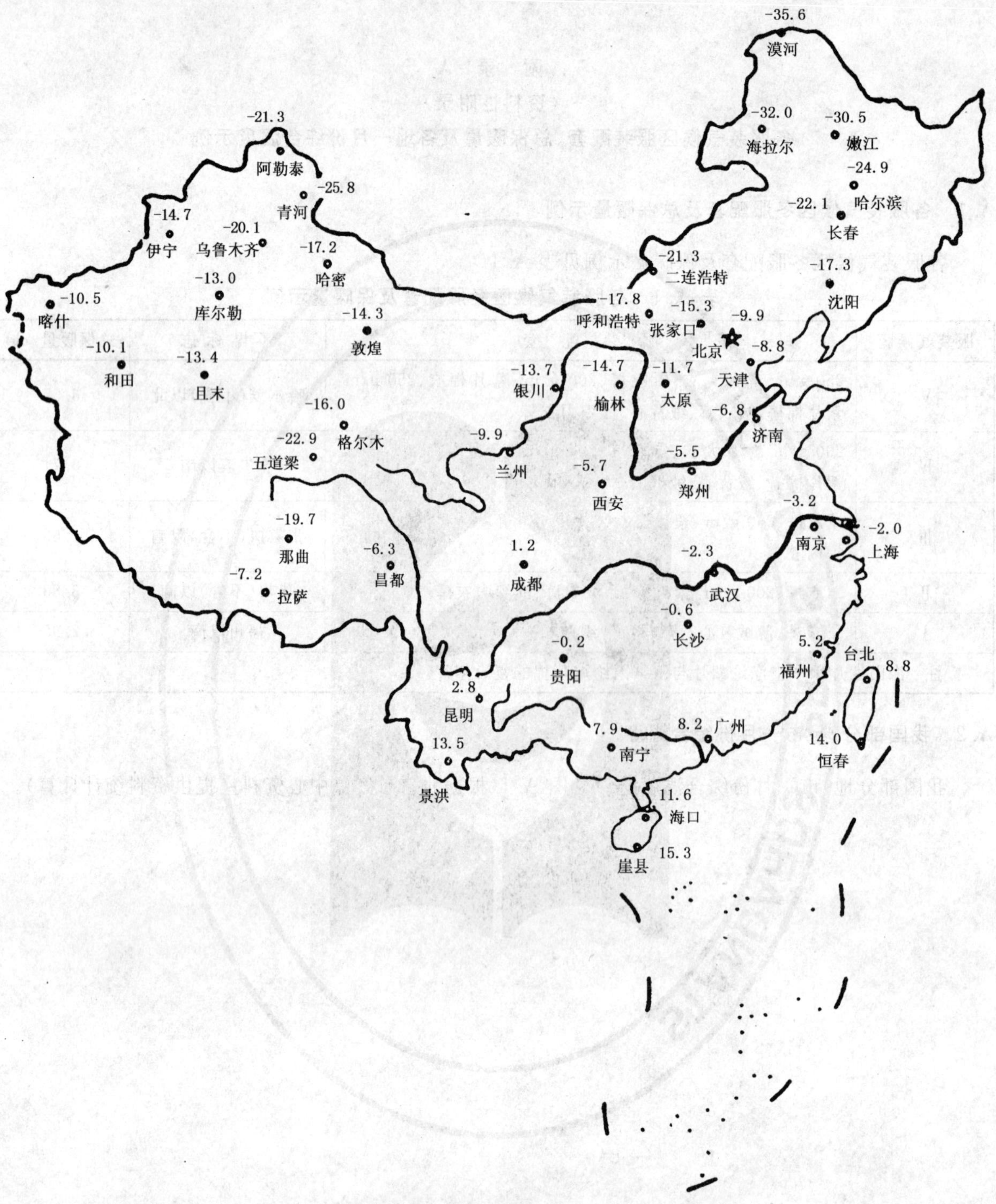

图 A.1　我国部分地、市一月份综合温度

ICS 83.040.01
G 48

中华人民共和国国家标准

GB/T 13460—2008
代替 GB/T 13460—2003

再 生 橡 胶

Reclaimed rubbers

2008-05-12 发布 2008-10-01 实施

中华人民共和国国家质量监督检验检疫总局
中国国家标准化管理委员会 发布

前　言

本标准对应于日本工业标准 JIS K 6313:2006《再生橡胶》,与 JIS K 6313:2006 的一致性程度为非等效。

本标准与 JIS K 6313:2006 的主要差异如下:

——对一些编排格式进行了修改。

——再生橡胶的品种分类,由三类废旧橡胶:内胎、轮胎及其他,按制取再生橡胶所使用的材料重新归为四类。即:通用型再生橡胶、丁基再生橡胶、乙丙再生橡胶、丁腈再生橡胶(第 4 章,表 1)。

——原材料分类的细化。通用型再生橡胶再细分为:轮胎再生橡胶、胶鞋再生橡胶、杂胶再生橡胶和浅色再生橡胶四类,其中轮胎再生橡胶又细分为四个等级,其中特级再生橡胶下分二个等级(第 4 章,表 1)。

——本标准不对拉伸强度保持率进行测定。

——增加一项"加热减量"测定项目(6.2.2)。

——增加一项"有害物质"测定项目(6.2.5)。

——技术指标与规定内容均有所调整,以适应国内橡胶工业产品材料的特点。

本标准代替 GB/T 13460—2003《再生橡胶》。

本标准与 GB/T 13460—2003 的主要差异如下:

——再生橡胶按品种分类,改为按制取再生橡胶所使用的材料来源和质量进行分类(见第 4 章);

——将轮胎再生橡胶、胶鞋再生橡胶、杂胶再生橡胶和浅色再生橡胶统归为一类,即通用型再生橡胶,并将轮胎再生橡胶类按原料细分的四个类别改为特级、优级、一级和合格,特级下分二个等级(见第 4 章的表 1);

——增加一类浅色再生橡胶(见第 4 章的表 1);

——将"低污染再生橡胶"一类删除;

——增加了二个新再生橡胶胶种:乙丙再生橡胶和丁腈再生橡胶,并增加乙丙再生橡胶和丁腈再生橡胶的鉴定配方(见第 4 章的表 1);

——将丁基再生橡胶细分的三类简化为一类(见第 4 章的表 1);

——测试名称由"水分" 改为"加热减量(见 6.2.2);

——增加有害物质限量(见 5.3);

——修改通用型再生橡胶和丁基再生橡胶的鉴定配方(见 6.3.3.1 的表 3);

——修改再生橡胶物理性能测试试样制备的混炼程序和硫化条件(见 6.3.3.1 的表 4、表 5)。

本标准的附录 A 为规范性附录。

本标准由中国石油和化学工业协会提出。

本标准由全国橡胶与橡胶制品标准化技术委员会归口(SAC/TC 35)。

本标准负责起草单位:天津市橡胶工业研究所。

本标准参加起草单位:中橡集团沈阳橡胶研究设计院、南通回力橡胶有限公司、福建环科化工橡胶集团有限公司、唐山兴宇橡塑工业有限公司、江西国燕高新材料科技有限公司、湖南省吉首橡胶厂、隆昌海燕橡胶有限公司、莱芜市福泉橡胶股份有限公司、京东橡胶有限公司、焦作市弘光橡胶有限责任公司、上海肖友橡胶有限公司。

本标准主要起草人：孙新、李子安、刘惠春、倪雪文、严国民、高世兴、张燕斌、高耀富、吴富明、魏军吉、何双成、陈庆海、肖平忠。

本标准所代替标准的历次版本发布情况为：

——GB/T 13460—1992，GB/T 13460—2003。

再 生 橡 胶

警告——使用本标准的人员应有正规实验室工作的实践经验。本标准并未指出所有可能的安全问题。使用者有责任采取适当的安全和健康措施，并保证符合国家有关法规规定的条件。

1 范围

本标准规定了再生橡胶的分类、要求、试验方法、检验规则及包装、标志、贮存和运输等。

本标准适用于由各种废旧橡胶制取的再生橡胶。

2 规范性引用文件

下列文件中的条款通过本标准的引用而成为本标准的条款。凡是注日期的引用文件，其随后所有的修改单(不包括勘误的内容)或修订版均不适用于本标准，然而，鼓励根据本标准达成协议的各方研究是否可使用这些文件的最新版本。凡是不注日期的引用文件，其最新版本适用于本标准。

GB/T 528 硫化橡胶或热塑性橡胶 拉伸应力应变性能的测定(GB/T 528—1998，eqv ISO 37:1994)

GB/T 533 硫化橡胶密度的测定(GB/T 533—1991，eqv ISO 2781:1988)

GB/T 1232.1 未硫化橡胶 用圆盘剪切粘度计进行测定 第1部分：门尼粘度的测定(GB/T 1232.1—2000，neq ISO 289-1:1994)

GB/T 2449—2006 工业硫磺

GB/T 2941 橡胶物理试验方法试样制备和调节通用程序(GB/T 2941—2006，ISO 23529:2004，IDT)

GB/T 3185—1992 氧化锌(间接法)

GB/T 3516—2006 橡胶 溶剂抽出物的测定(ISO 1407:1992，MOD)

GB/T 4498—1997 橡胶 灰分的测定(eqv ISO 247:1990)

GB/T 6038 橡胶试验胶料 配料、混炼和硫化设备及操作程序(GB/T 6038—2006，ISO 2393:1994，MOD)

GB/T 9103—1988 工业硬脂酸

GB/T 9881 橡胶 术语(GB/T 9881—2003，ISO 1382:1996，MOD)

GB/T 11407—2003 硫化促进剂 M

HG/T 2334—1992 硫化促进剂 TMTD

HG/T 2744—1996 硫化促进剂 NS

SJ/T 11365—2006 电子信息产品中有毒有害物质的检测方法

3 定义

GB/T 9881 确立的以及附录 A 中的术语和定义适用于本标准。

4 分类

再生橡胶依据其所使用的材料来源和质量进行分类，方法如表1所示。

表 1 再生橡胶分类

品种			代号	所用材料
通用型再生橡胶	轮胎再生橡胶	特级	TA_1	废载重子午线轮胎胎面部分
			TA_2	
		优级	A_1	废载重子午线轮胎胎体橡胶部分
		一级	A_2	废载重轮胎胎体橡胶部分为主，添加非矿物系软化剂
		合格	A_3	不同规格的废胎橡胶部分
	胶鞋再生橡胶		C	废旧胶面鞋、布面鞋橡胶部分
	杂胶再生橡胶		D	通用型橡胶等为主体的橡胶制品混合废橡胶
	浅色再生橡胶		E	非黑色原料
丁基再生橡胶			B	废丁基橡胶为主要原料
丁腈再生橡胶			F	废丁腈橡胶为主要原料
乙丙再生橡胶			G	废乙丙橡胶为主要原料

5 要求

5.1 外观质量

再生橡胶应质地均匀，不得含有金属片、木片、砂粒及细小纤维等杂质。

5.2 指标性能

再生橡胶的化学、物理性能指标如表 2 所示。

表 2 再生橡胶性能

项目		性能指标										
		TA_1	TA_2	A_1	A_2	A_3	C	D	E	B	F	G
加热减量/%	最大	1.0	1.0	1.0	1.0	1.2	1.2	1.2	1.2	1.0	1.0	1.0
灰分/%	最大	10	10	10	12	15	38	30	48	10	12	20
丙酮抽出物/%	最大	18	18	22	25	28	20	20	25	15	30	30
密度/(Mg/m^3)	最大	1.18	1.18	1.24	1.26	1.35	2.00	1.35	2.00	1.24	1.35	1.35
门尼黏度 ML100℃(1+4)	最大	95	95	80	85	85	80	70	80	70	70	65
拉伸强度/MPa	最小	14.0	12.0	9.0	8.0	6.5	4.6	3.8	4.0	6.8	7.5	5.5
拉断伸长率/%	最小	420	400	360	330	300	200	180	240	460	280	260

5.3 有害物质限量

当有要求时，铅(Pb)、汞(Hg)、镉(Cd)、六价铬(Cr^{6+})、多溴联苯(PBB)和多溴二苯醚(PBDE)等有害物质的限量应符合相关规定。

6 试验方法

6.1 外观

目视检验。

6.2 化学分析试验

6.2.1 试样制备

6.2.1.1 从所抽取的每个胶片(件)中用不带润滑剂的刀各切割相同数量的再生橡胶,根据试验的要求,胶样的总质量应在 1 000 g 以上。

切取时应注意,块状再生橡胶的切割方向应垂直于胶块的最大表面,其他形状再生橡胶的切割方向应垂直于胶片表面。应除去表面覆盖层。

6.2.1.2 用符合 GB/T 6038 的开放式炼胶机将上述方法抽取的胶样在辊温为 50℃±5℃,辊距为 0.5 mm 条件下折叠过辊三次,使试样混合均匀后,轧成胶片备用。

6.2.2 加热减量的测定

6.2.2.1 仪器

a) 称量瓶:ϕ40 mm×35 mm。

b) 干燥器:内装无水氯化钙或变色硅胶。

c) 恒温箱:配备温度均恒自控装置,控制精度±2℃。

d) 天平:感量为 0.000 1 g。

6.2.2.2 试验步骤

将称量瓶[6.2.2.1a)]置于 80℃±2℃的恒温箱[6.2.2.1c)]中烘干至恒量,然后,将 6.2.1 中随机抽取的胶片剪成约 2 mm 宽质量 m 约为 2 g 的胶条放入恒重的称量瓶内称量,其质量为 m_0(精确至 0.000 2 g),再连同称量瓶一起置于上述温度恒温箱中烘干 2 h 取出,立即放入干燥器[6.2.2.1b)]内冷却25 min 后,在 1 h 内称量,其质量为 m_1。

6.2.2.3 计算

加热减量 w 以质量分数表示,按式(1)计算:

$$w=\frac{m_0-m_1}{m}\times 100 \quad \cdots\cdots(1)$$

式中:

m_0——烘干前的试样(包含称量瓶)质量,单位为克(g);

m_1——烘干后的试样(包含称量瓶)质量,单位为克(g);

m——烘干前的试样(不包含称量瓶)质量,单位为克(g)。

6.2.3 灰分的测定

按 GB/T 4498—1997 中 7.2 方法 B 中不添加浓硫酸操作步骤测定灰分。

6.2.4 丙酮抽出物的测定

按 GB/T 3516—2006 中 8.2 规定的方法,测定丙酮抽出物,试剂为丙酮,仪器选用快速抽提器。

丙酮抽出物 X 以质量分数表示,按(2)式计算:

$$X=\frac{m_2-m_3}{m_2}\times 100-w \quad \cdots\cdots(2)$$

式中:

m_2——丙酮抽出前试样的质量,单位为克(g);

m_3——丙酮抽出和干燥后试样的质量,单位为克(g)。

6.2.5 有害物质的测定

6.2.5.1 重金属含量的测定

按 SJ/T 11365—2006 标准中第 5 章规定测定重金属的含量,采用 XRF 光谱法,设备采用 X 射线荧光仪,取样方式采用直接测量样品(不破坏样品)。测试范围包括铅(Pb)、汞(Hg)以及镉(Cd)。

6.2.5.2 多溴联苯(PBB)和多溴二苯醚(PBDE)含量的测定

按 SJ/T 11365—2006 标准中第 6 章规定测定多溴联苯(PBB)和多溴二苯醚(PBDE)的含量,采用气相色谱—质谱(GC-MS)法，选用离子监测模式(SIM)。

6.2.5.3 六价铬(Cr^{6+})含量测定

按 SJ/T 11365—2006 标准中 8.2 测定六价铬(Cr^{6+})含量，采用比色法。

6.3 物理性能试验

6.3.1 密度的测定

按 GB/T 533 测定密度。

6.3.2 门尼黏度的测定

直接抽样检测。

按 GB/T 1232.1 测定门尼黏度。

6.3.3 拉伸强度、拉断伸长率的测定

6.3.3.1 试样制备

取 6.2.1.2 的胶样，在室温下停放 4 h～24 h 后，按下列程序制备试样。

a) 按表 3 进行配合，各种配合剂应符合相应产品标准的规定。

b) 用符合 GB/T 6038 的混炼机进行混炼，混炼温度为 50℃±5℃。

c) 混炼程序见表 4。

d) 混炼胶停放按 GB/T 6038 规定进行。

e) 硫化条件见表 5。

表 3 试验配方

原材料名称	通用型再生橡胶配合/g	丁基再生橡胶配合/g	丁腈再生橡胶配合/g	乙丙再生橡胶配合/g	执行标准
再生橡胶	300	300	300	300	
促进剂 NS	2.4	—	2	—	HG/T 2744—1996
氧化锌（间接法一级）	7.5	8.5	9	15	GB/T 3185—1992
硫磺	3.5	3.5	4.5	4.5	GB/T 2449—2006
硬脂酸	1.0	—	3	3.0	GB/T 9103—1988
促进剂 M	—	0.8	—	1.5	GB/T 11407—2003
促进剂 TMTD	—	1.7	—	3	HG/T 2334—1992

表 4 混炼程序

<table>
<tr><th>工艺程序</th><th>过辊次数/次</th><th>加料时间/min</th><th>辊距/mm</th><th>挡板距离/mm</th></tr>
<tr><td>再生橡胶</td><td>20</td><td>2.0</td><td rowspan="5">1.50±0.10</td><td rowspan="6">150±20</td></tr>
<tr><td>促进剂</td><td>15</td><td>1.5</td></tr>
<tr><td>氧化锌</td><td>20</td><td>2.0</td></tr>
<tr><td>硬脂酸</td><td>10</td><td>1.0</td></tr>
<tr><td>硫磺</td><td>15</td><td>1.5</td></tr>
<tr><td>薄通</td><td>10</td><td>1.0</td><td>0.80±0.20</td></tr>
<tr><td>出片</td><td>10</td><td>1.0</td><td>1.50～2.00</td><td rowspan="2">—</td></tr>
<tr><td>合计</td><td>100</td><td>10.0</td><td>—</td></tr>
</table>

表 5　硫化条件

分　　类	硫化温度	硫化时间
通用型再生橡胶硫化	145℃±1℃	10 min、15 min、20 min
丁基再生橡胶硫化	160℃±1℃	40 min、50 min、60 min
乙丙再生橡胶硫化	160℃±1℃	10 min、20 min、30 min
丁腈再生橡胶硫化	150℃±1℃	20 min、30 min、40 min

6.3.3.2　测定

按 GB/T 2941 进行调节，按 GB/T 528 用 1 型试样测定拉伸性能、拉伸强度、拉断伸长率取三个硫化时间中最佳硫化时间的数值。

7　检验规则

7.1　抽样

从一批成片再生橡胶中抽取的片数越多，所制备试样的代表性越强，但在多数情况下，要根据实际情况考虑一个限度。

随机选择成片再生橡胶数量应符合表 6 规定。

表 6　批与抽样数

批量/片	抽取数量/片
少于 100	3
100～200	5
200 以上	8

7.2　同一班组生产的同一品种的产品可划为一批或若干批。对每一批产品出厂前都应进行物理性能全项检验，抽样应符合 7.1 的相应规定，试样的制备应符合 6.2.1 和 6.3.3.1 的相应规定。

7.3　当有指标不符合时，应取双份试样对不符合项目进行复验；复验结果中有一项不符合时，允许该批产品重新处理。处理后的产品应再进行全项检验，检验中有一项不符合(包括原不合格项目)，应再取双份试样进行复验；复验结果仍有一项不符合时，则该批产品应降级或做不合格品处理。

8　包装、标志、贮存和运输

8.1　包装

产品出厂时，其包装材料及要求由供需双方商定。

8.2　标识

在每一包装上至少应给出以下信息：

a)　生产厂名或商标；

b)　本标准的编号；

c)　产品名称；

d)　产品标号；

e)　产品批号；

f)　生产日期。

8.3　贮存和运输

贮存和运输过程中应有遮盖物，严禁与酸、碱、油和其他影响产品质量的物质一起贮存和运输，贮存环境温度应≤40℃，距热源 1 m 以上，并离地面、墙壁一定距离。

在满足上述贮存要求的条件下，产品自交货之日起 45 d 内，其性能应符合本标准规定。

附 录 A
（规范性附录）
术语及定义

A.1

再生橡胶 reclaimed rubber

再生胶

经热、机械和/或化学作用塑化的硫化橡胶，主要用作橡胶稀释剂、增量剂或加工助剂。

[GB/T 9881—2003]

A.1.1

无污染再生橡胶 non contaminated reclaimed rubber

降解(脱硫)反应时，采用无污染型软化剂或采用无污染工艺制成的符合相应环保要求的再生橡胶。

A.1.2

苯乙烯丁二烯再生橡胶 styrene butadiene reclaim

丁苯再生橡胶

由苯乙烯丁二烯橡胶为主体的各种废旧橡胶制品制取的再生橡胶。

A.1.3

丁基再生橡胶 butyl reclaim

用以丁基橡胶为主体的废汽车内胎、废胶囊、废水胎、密封条、瓶塞及其他橡胶制品的橡胶部分制取的再生橡胶。

A.1.4

丁二烯丙烯腈再生橡胶 butadiene-acrylonitrile reclaim

丁腈再生橡胶

由丁二烯丙烯腈橡胶为主体的各种废旧硫化橡胶制品制取的再生橡胶。

A.1.5

氟再生橡胶 fluoro reclaim

由氟橡胶为主体的各种废旧橡胶制品制取的再生橡胶。

A.1.6

硅再生橡胶 silicone reclaim

由硅橡胶为主体的各种废旧橡胶制品制取的再生橡胶。

A.1.7

胶鞋再生橡胶 reclaimed rubber of footwear

用废旧胶面鞋、布面鞋橡胶部分制取的再生橡胶。

A.1.8

氯丁再生橡胶 chloroprene reclaim

由氯丁橡胶为主体的各种废旧橡胶制品制取的再生橡胶。

A.1.9

内胎再生橡胶 inner tube reclaim

以天然橡胶为主体的废旧内胎为主要原料制取的再生橡胶。

A. 1. 10

浅色再生橡胶　non blackness reclaimed rubber

使用非黑色的浅色废橡胶原料制取的再生橡胶。

A. 1. 11

轮胎再生橡胶　reclaimed rubber of whole tire

用废轮胎的橡胶部分制取的再生橡胶。

A. 1. 12

乙丙再生橡胶　ethylene-propylene-dient reclaim

由乙烯丙烯共聚物橡胶(三元乙丙)为主体的废汽车密封条及其他橡胶制品的橡胶部分制取的再生橡胶。

A. 1. 13

丁二烯再生橡胶　butadiene reclaim

顺丁再生橡胶

由丁二烯橡胶为主体的各种废旧橡胶制品制取的再生橡胶。

A. 1. 14

胎面再生橡胶　reclaimed rubber of tread

用废旧轮胎的胎面橡胶制取的再生橡胶。

A. 1. 15

通用型再生橡胶　reclaimed rubber of general

用以通用型硫化橡胶(包括天然橡胶、异戊橡胶、丁二烯橡胶、丁苯橡胶、顺丁橡胶等)为主体的废轮胎、废汽车内胎橡胶、废力车胎、废自行车内外胎、废胶鞋橡胶及其他橡胶制品的橡胶部分制取的再生橡胶。

A. 1. 16

杂胶再生橡胶　reclaimed rubber of mechanical goods

以天然、顺丁、丁苯橡胶等为主体的橡胶制品混合废橡胶制取的再生橡胶。

A. 1. 17

再生橡胶水分散体　aqueous dispersoid of reclaim

均匀分散在水中的再生橡胶悬浮体,可做胶粘剂或沥青的改性材料。

A. 2

再生工艺　reclaim technology

用废橡胶制取再生橡胶的技术及方法。

A. 2. 1

超声波脱硫法　ultrasonic devulcanization

通过超声波的能量切断硫化橡胶中部分交联键,以使硫化橡胶恢复部分生胶特性的脱硫方法的统称。

A. 2. 2

低温脱硫法　devulcanizing, cold reclaim method

硫化橡胶粉同再生剂按顺序加入搅拌装置,凭借硫化橡胶粉同再生剂在低于 80℃条件下反应进行脱硫的方法。

A. 2. 3

动态高温脱硫法　devulcanizing, dynamic heated method

将硫化橡胶粉与再生剂混合均匀,装入旋转式或带搅拌器的动态脱硫罐内,用蒸气介质加热进行脱硫的方法。

A. 2. 4

废胶 scrap rubber

报废的橡胶或橡胶制品。

A. 2. 5

废胎 scrap tires

失去使用价值的轮胎。

A. 2. 6

高温连续脱硫 devulcanizing, continual high temperature method

硫化橡胶粉同再生剂均匀混合，连续加入带有加热装置的螺旋式脱硫机，进行高温脱硫的方法。

A. 2. 7

化学脱硫法 chemical devulcanization

通过化学反应使硫化橡胶恢复部分生胶特性的脱硫方法的统称。

A. 2. 8

挤压脱水 squeezing process

用挤压设备去除水油法脱硫胶料中部分水份的过程。

A. 2. 9

精炼 refining operation

经捏炼、滤胶后的胶料在精炼机上进行薄通，排除未增塑的颗粒，使胶料进一步增塑和改善再生橡胶外观的过程。

A. 2. 10

快速搅拌脱硫 devulcanizing, high speed mixing method

硫化橡胶粉同再生剂均匀混合，加入快速搅拌脱硫机，凭借高速搅拌摩擦生热进行脱硫的方法。

A. 2. 11

密炼机法脱硫 devulcanizing, banbury method

硫化橡胶粉同再生剂均匀混合，加入特制的本伯里式密炼机，经短时间机械剪切、高温降解的脱硫方法。

A. 2. 12

胎面剥离机 rubber stripping machine

用于将废旧轮胎胎面部分从胎体上剥离的机械。

A. 2. 13

废胎面橡胶 peels

废旧轮胎胎面部位的橡胶。

A. 2. 14

脱硫 devulcanizing

用不同加热方式或其他传能及相应设备，使硫化橡胶粉在再生剂的参与下，获得具有类似生胶性能的化学物理降解过程。

A. 2. 15

微波脱硫法 microwave devulcanization

通过微波的能量切断硫化橡胶中的部分交联键以使硫化橡胶恢复部分生胶特性的脱硫方法的统称。

A.2.16

微生物降解法　microbial degradation

通过微生物所引发的化学反应使硫化橡胶恢复部分生胶特性的脱硫方法的统称。

A.2.17

压出脱硫法　devulcanizing, reclaimator method

硫化橡胶粉同再生剂均匀混合，连续加入螺杆式压出脱硫罐，由机壳夹套中的加热介质加热的脱硫方法。

A.2.18

再生活化剂　reclaim activator

提高塑化反应活性，缩短再生时间的专用助剂。

A.2.19

再生软化剂　reclaim softener

浸润胶料以提高塑性的物理增塑剂。

A.2.19.1

矿物系焦油　mineral tar

矿物焦化过程中产生的以芳烃含量为主的低馏程组分。

A.2.19.2

石油系产品　petrolic products

分馏过程中产生的低挥发分石油系材料。

A.2.19.3

植物系焦油　botanic tar

由植物系材料制取的以有机羧酸酯为主的低馏程组分。

A.3

粉碎　grinding

将废旧橡胶加工成更小尺寸（粒径）的加工工艺。

A.3.1

常温粉碎　ambient grinding

在自然环境温度条件下进行粉碎的方式的统称。

A.3.2

磁选　magnetic separation

用磁选装置去除胶粉中可被磁力吸引的金属类杂质的过程。

A.3.3

粗粉碎　coarse grinding

废橡胶粉碎至粒径大于 1 000 μm（20 目）的粉碎过程。

A.3.4

废胶分选　scrap rubber selection

按废旧橡胶制品种类和质量标准分类挑选，剔除硬质橡胶和老化发黏变质物质的过程。

A.3.5

废胶切碎　scrap rubber chopping

用机械将废橡胶制品剪切成碎块的过程。

A.3.6

废胶洗涤　scrap rubber washing

在洗涤机中用清水冲洗废胶块上的沙粒、尘土及其他杂质的过程。

A. 3. 7

感应分选　inductive separation

用静电感应装置去除胶粉中金属类及其他杂质的过程。

A. 3. 8

纤维分离　defibering

通过风选、筛选或静电分离装置去除胶粉中纤维的过程。

ICS 11.040.40
C 45

GB

中华人民共和国国家标准

GB/T 13461—2008
代替 GB/T 13461—1992

组件式小腿假肢

Modular below knee prosthesis

2008-09-19 发布　　　　2009-03-01 实施

中华人民共和国国家质量监督检验检疫总局
中国国家标准化管理委员会　发布

前　言

本标准代替 GB/T 13461—1992《合成树脂小腿假肢》，本标准与原 GB/T 13461—1992 相比有如下变化：

——更改了标准名称；

——增加了全面负重式(TSB)假肢接受腔、储能脚和硅(凝)胶内衬套等新产品、新技术和新材料。

本标准的附录 A、附录 B 和附录 C 为规范性附录。

本标准由中华人民共和国民政部提出。

本标准由全国残疾人康复和专用设备标准化技术委员会(SAC/TC 148)归口。

本标准起草单位：北京瑞哈国际假肢矫形器贸易有限公司、中国假肢矫形技术中等专业学校、上海假肢厂有限公司、广东省假肢康复中心。

本标准主要起草人：张锐、杨成瑞、方新、吕永兵、区炳祥、吴锡汉。

本标准 1992 年首次发布。

本标准是第一次修订。

组件式小腿假肢

1 范围

本标准规定了小腿截肢者使用的组件式小腿假肢的型号、技术要求、检验方法、检验规则及标志、包装、运输和储存。

本标准适用于小腿截肢者使用的组件式小腿假肢的设计、制作、装配及检验。

2 规范性引用文件

下列文件中的条款通过本标准的引用而成为本标准的条款。凡是注日期的引用文件，其随后所有的修改单(不包括勘误的内容)或修订版均不适用于本标准，然而，鼓励根据本标准达成协议的各方研究是否可使用这些文件的最新版本。凡是不注日期的引用文件，其最新版本适用于本标准。

GB/T 191　包装储运图示标志

GB/T 3293　中国鞋号及鞋楦系列

GB/T 9174　一般货物运输包装通用技术条件

GB/T 10000　中国成人人体尺寸

GB/T 14191　假肢和矫形器术语

GB 14723　下肢假肢通用件

GB/T 18375(所有部分)　假肢　下肢假肢的结构检验

3 术语和定义

GB/T 14191 中确立的以及下列术语和定义适用于本标准。

3.1

储能脚　dynamic foot

具有能量储存和释放功能，以减少穿戴者运动中的能量消耗的假脚。

3.2

可调踝脚　adjustable heel height foot

可以调节后跟高度的脚踝组件。

3.3

硅(凝)胶套　silicone liner

用硅(凝)胶材料制作的假肢接受腔内衬套。

3.4

全面负重式接受腔　total contact socket

通过残肢与接受腔的全面接触，实现全面承重的接受腔。

4 型号

4.1 型号的组成

组件式小腿假肢型号由产品代号和接受腔类型代号组成。其组成形式如下：

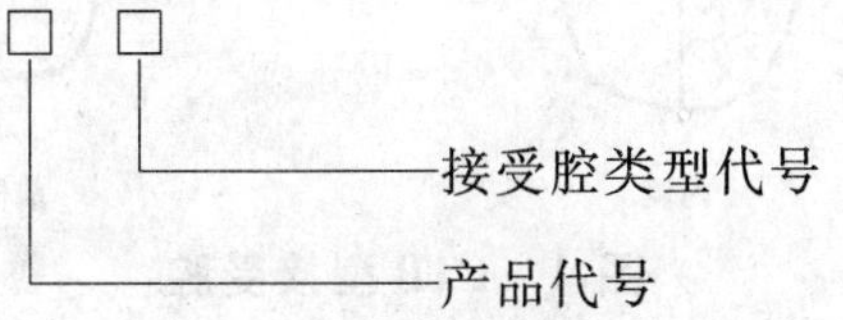

4.2 **产品代号**

用“BK”表示组件式小腿假肢。

4.3 **接受腔类型代号**

用阿拉伯数字表示接受腔类型代号，如表1。

表1 接受腔类型代号

接受腔类型	PTB	PTS	KBM	PTK	TSB
代号	1	2	3	4	5
注：PTB 即带膝上环带的髌韧带承重式小腿假肢。 PTS 即包膝式小腿假肢。 KBM 即髁部插楔式小腿假肢。 PTK 即髁部夹持式小腿假肢。 TSB 即全面负重式小腿假肢。					

4.4 **示例**

示例1：BK1 表示 PTB 小腿假肢。

示例2：BK5 表示 TSB 小腿假肢。

5 技术要求

5.1 **技术文件**

制作组件式小腿假肢必须填写完整的技术文件。文件包括安装假肢病历、假肢处方和测量表。人体尺寸测量应符合 GB/T 10000 的要求。详见附录 A、附录 B 和附录 C。

5.2 **结构**

5.2.1 骨骼式小腿假肢

骨骼式小腿假肢由接受腔、连接件、踝关节、假脚和外装饰套组成。

5.2.2 壳式小腿假肢

壳式小腿假肢由接受腔、壳式腿筒、踝关节和假脚组成。

5.2.3 组件式小腿假肢所使用的零部件应符合 GB 14723 的要求。

5.3 **接受腔**

5.3.1 **类型选择**

5.3.1.1 PTB 型接受腔主要适合在小腿中部或下部 1/3 处截肢者穿用，膝上环带起悬吊作用，形状及固定位置见图 1。

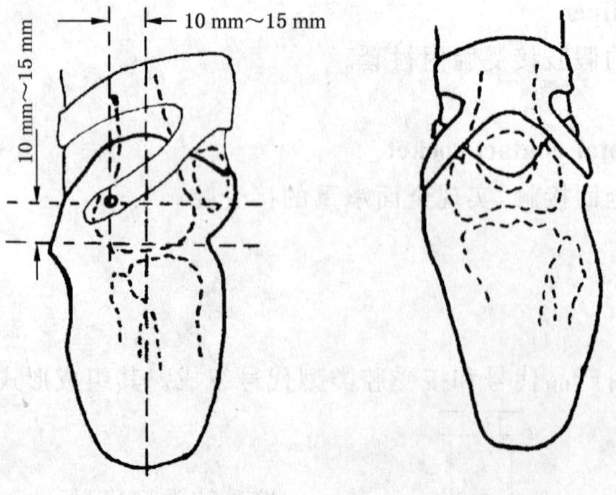

图1 PTB 型接受腔

5.3.1.2 PTS 型接受腔主要适合在小腿上部 1/3 处截肢或膝关节不稳定的小腿截肢者穿用，其包裹住髌骨上沿，以起到悬吊作用，并可以防止膝关节过伸，形状见图 2。

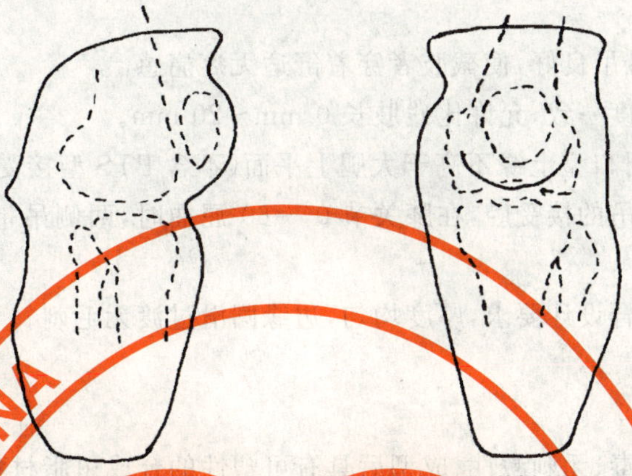

图 2 PTS 型接受腔

5.3.1.3 KBM 型接受腔主要适合在小腿中部或上部 1/3 处截肢者穿用，形状见图 3。其活动楔块的形状应符合股骨内髁的解剖形状，松紧程度以夹住股骨内外髁起到悬吊作用而不影响膝关节的正常运动为准。

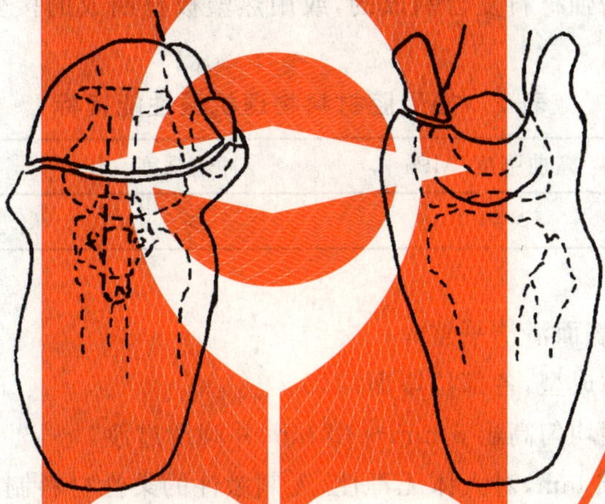

图 3 KBM 型接受腔

5.3.1.4 PTK 型接受腔主要适合在小腿中部或上部 1/3 处截肢者穿用，形状见图 4。接受腔口型内外侧上缘夹住股骨内外髁，起到悬吊作用。

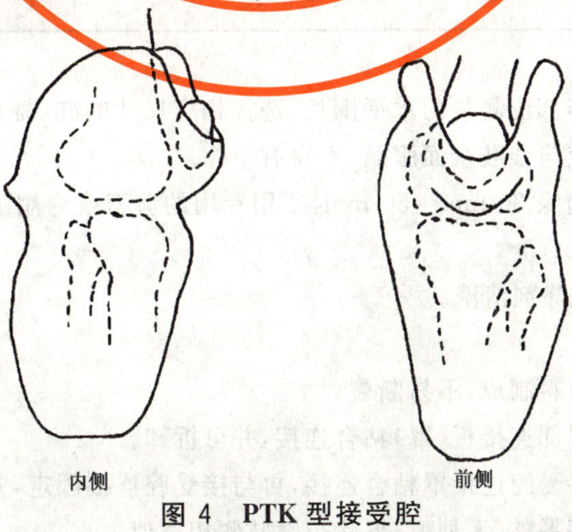

图 4 PTK 型接受腔

5.3.1.5 TSB型接受腔适合各部位小腿截肢者穿用，主要是要求残肢与接受腔必须全面接触，全面承重，可选择合适的接受腔口型。

5.3.2 接受腔要求

5.3.2.1 承重部位合理，悬吊良好，使截肢者穿着舒适无疼痛感。

5.3.2.2 深度应与残肢长度一致，允许比残肢长 0 mm～20 mm。

5.3.2.3 膝关节屈曲 90°时口型上缘不高于大腿上平面(不含 PTS 型接受腔)腘窝部位应不过分受压。

5.3.2.4 利用膝上环带悬吊的接受腔，在膝关节 0°～60°屈曲时，两侧吊带应无松弛现象；大于 60°时，允许略有松弛。

5.3.2.5 口型上缘形状符合设计要求，厚度均匀，边缘圆滑过渡无毛刺。

5.3.2.6 内外壁光滑平整。

5.3.3 接受腔材料

5.3.3.1 应采用对人体无毒、无刺激性、成型后具有可塑性的合成树脂材料或热塑板材，例如丙烯酸树脂、聚乙烯、聚丙烯板材等。

5.3.3.2 应采用根据患者体重及使用情况选用适当种类和层数的经脱脂处理的丙纶、尼龙、玻璃纤维、碳素纤维、涤纶毡等增强材料。

5.3.3.3 采用合成树脂与增强材料复合制成的，或用热塑板材制成的接受腔壁，其物理机械性能应符合表 2 中的要求。

表 2 接受腔材料物理机械性能指标

拉伸强度/MPa	弯曲强度/MPa	冲击强度/(J/m²)	弹性模量/MPa
>29.4	>49.0	>5.9×10^4	>490.0

5.4 软衬套

5.4.1 接缝处应粘合牢固，表面清洁平整。

5.4.2 应在石膏阳模上服贴成型，各部位厚薄均匀。

5.4.3 上缘应比接受腔口型均匀高出 3 mm～10 mm 并圆滑过渡。

5.4.4 应采用厚度 4 mm～6 mm，对人体无毒性、无刺激性的柔性材料制作，如聚乙烯泡沫板等。其物理机械性能应不低于表 3 的要求。

表 3 软衬套物理机械性能指标

拉伸强度/MPa	100%定伸强度/MPa	扯断伸长率/%
>1.0	>0.8	>120.0

5.5 硅(凝)胶套

5.5.1 依据在残肢末端适当部位测量的水平围长，选择相应尺寸的硅(凝)胶套。

5.5.2 穿戴后硅(凝)胶套应与残肢全面服贴，不得有空隙。

5.5.3 上边缘应高于口型边缘 30 mm～50 mm，要用专用的剪刀或专用工具裁剪成波浪形；带织物的要用专用的胶进行边缘处理。

5.5.4 要用 pH 值中性的洗涤剂清洗。

5.6 外装饰套

5.6.1 外装饰套应用泡沫材料制成，不易断裂。

5.6.2 外装饰套下端应与踝部连接板(罩)粘合连接，并可拆卸。

5.6.3 外装饰套上端应与接受腔连接罩粘合连接，再与接受腔连接固定，并可拆卸。

5.6.4 外装饰套表面应打磨平整、无划痕，形状与健肢侧相类似。

5.7 踝关节

5.7.1 单轴踝应可模拟人体的跖屈,背屈功能。

5.7.2 万向踝应可模拟人体的跖屈、背屈和内、外翻功能,以适用用于不平路面行走。

5.7.3 可调踝应可以调整踝的角度,适用不同鞋跟高的截肢者使用。

5.8 假脚

5.8.1 假脚应近似人体足部的外形,能穿上与健侧型号相同的鞋,鞋号应符合 GB/T 3293 的要求。

5.8.2 当假脚与地面接触时,应具有缓冲能力和足够的回弹性。

5.8.3 应根据截肢者本人的习惯及要求选用假脚的类型及跟高。

5.8.4 SACH 脚、单轴脚和万向脚应与相应的踝关节配用。

5.8.5 储能脚应具有能量储存和释放功能,以减少穿戴者运动中的能量消耗。

5.9 连接方式

5.9.1 采用木塑连接盘直接与接受腔连接,应进行外表面二次抽真空工艺加固处理。

5.9.2 采用金属连接件直接与接受腔连接方式的,应保证连接件与复合材料层之间的结合强度,以及连接件埋入部位接受腔局部区域的强度。

5.9.3 采用其他方式与接受腔连接的,应保证连接牢固可靠。

5.9.4 产品交付截肢者使用前,应对各连接部位紧固螺钉进行防松处理。

5.10 对线

5.10.1 工作台对线

工作台对线应根据制造厂提供的产品说明进行,确定接受腔、连接件、关节和假脚的相对关系,并可参照以下各条的要求。

5.10.1.1 额状面上髌骨中央垂线通过踝轴中心,见图 5。

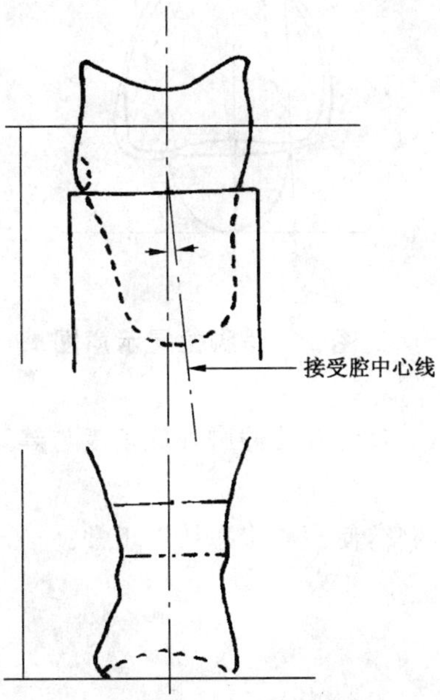

图 5 额状面对线示意图

5.10.1.2 矢状面上髌韧带水平高度中央垂线通过假脚踝轴前方,见图 6。

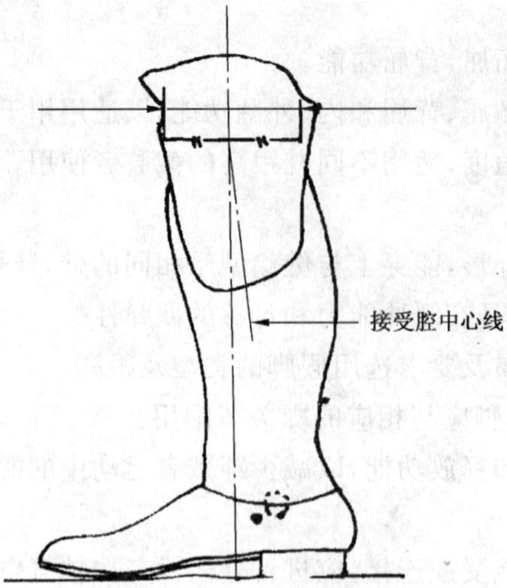

图 6　矢状面对线示意图

5.10.1.3　假脚外旋 6°，见图 7。

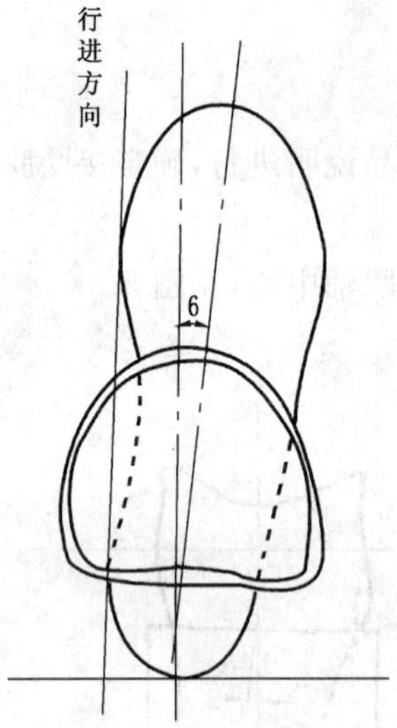

图 7　假脚位置示意图

5.10.2　**静态对线**

截肢者自然站立，调整假肢的稳定性，并使假脚外旋角度与健侧对称。

5.10.3　**动态对线**

观察截肢者行走的步态，通过调整，使假肢步态接近正常。

5.11　**外观**

5.11.1　外形应近似健肢。

5.11.2　颜色应近似肤色。

5.11.3　软性装饰套外应配有肤色袜套。

5.11.4　壳式小腿健肢树脂层外表面应平整、光滑、无明显气孔。

5.12　**尺寸**

5.12.1　高度应与健肢相等，允许比健肢低 0 mm～10 mm。

5.12.2　假脚尺寸应与健侧相等，能穿上与健侧型号相同的鞋。

5.13 质量

5.13.1 骨骼式小腿假肢(按正常配置)质量应不大于 2 kg。

5.13.2 壳式小腿假肢(按正常配置)质量应不大于 1.5 kg。

5.14 强度

5.14.1 金属部件应符合 GB/T 18375 的规定。

5.14.2 假脚应符合 GB/T 18375 的规定。

5.15 接受腔使用期限

在正常情况下接受腔应能使用 24 个月以上。

6 检验方法

6.1 检验工具

皮尺、直尺、接受腔内周测量器、骨盆水平测量仪、角度尺、游标卡尺、台秤、对线平台、深度尺等。

6.2 强度检验

强度检验按 GB/T 18375 的规定进行。

6.3 接受腔检验

6.3.1 内周尺寸使用内周测量器。

6.3.2 深度使用深度尺。

6.3.3 内壁及口型上缘的圆滑平整程度用手感目测。

6.3.4 物理机械性能应按常规工艺配方制成标准样条送检。

6.3.5 口型上缘形状用直尺和目测。

6.3.6 适合程序由截肢者试穿目测并听取截肢者自诉。

6.4 软衬套和硅(凝)胶套检验

6.4.1 厚度用卡尺。

6.4.2 上缘高度用直尺。

6.4.3 粘接质量用手感目测。

6.4.4 物理机械性能应按常规使用材料制成标准样条送检。

6.5 对线检验

6.5.1 按照各型假肢对线要求,将假肢立于对线平台上,利用铅锤观察各方位对线状态。

6.5.2 截肢者穿戴假肢后站立于平地,观察假脚外展角度正确情况及脚底触地情况。

6.5.3 截肢者穿戴假肢后进行在各种路面行走、上下楼梯、骑自行车和下蹲等运动,观察其有无异常。

6.6 尺寸检验

6.6.1 在平台上用直尺测量假肢高度。

6.6.2 截肢者穿戴假肢自然站立,使用骨盆水平尺测定髂脊水平程度以判断假肢高度。

6.6.3 用直尺测量假肢长度。

6.6.4 用皮尺测量各部围长。

6.7 质量检验

质量检验使用精度为二级的 10 kg 台秤进行。

7 检验规则

7.1 产品交付使用前,经检验并签发产品合格证。

7.2 检验内容及方法根据本标准第 5 章及第 6 章中的规定进行。

7.3 当采用的合成树脂及增强材料有下列情况之一时,应按 6.3.4 中的规定重新送检:

a) 合成树脂牌号变更;

b) 增强材料品质变更；

c) 增强材料用量变更。

7.4 当采用的热塑板材的品质或厚度变更时，应按6.3.4中的规定重新送检。

7.5 当采用的柔性材料的品质或厚度变更时，应按6.4.4的规定重新送检。

8 标志、包装、运输、储存

标志、包装、运输、储存应符合GB/T 191及GB/T 9174中的规定。

8.1 标志

应在每件产品的适当部位标有产品型号的标记。标记应有以下内容：

a) 制造单位名称地址；

b) 产品名称型号；

c) 出厂日期；

d) 商标。

8.2 包装

8.2.1 每件产品均应装入深色防尘袋内。

8.2.2 包装内应装入合格证、使用说明书和保修单。

8.3 运输

8.3.1 运输时应避免剧烈震动、磕碰、受压及潮湿。

8.3.2 运输过程中应避免接触易燃品和化学腐蚀剂等有害物质。

8.4 储存

包装完整的产品应储藏于通风干燥处，并与易燃品和化学腐蚀剂等有害物质隔离和避免受压。

附　录　A
（规范性附录）
假　肢　病　历

姓名：__________性别：______国籍（或地区）：________民族：______患者病历编号：______________

年龄：___岁　　身高：____cm　体重：____kg

身份证件类别：□身份证　□护照　□军官（士兵）证　□其他

身份证件号码：____________________________

电话：____________________通讯地址：_________________________________邮编：__________

家庭住址：______________________________________工作单位：__________________________

截肢原因：________________截肢时间：____年___月___日　截肢部位：______________________

病史（现病史、既往病史、家族病史）：____。

其他需要说明的情况：____。

接诊人签字：____________________　　　　　　　　就诊日期：____年___月___日

附　录　B
（规范性附录）
假　肢　处　方

姓名：＿＿＿＿＿＿性别：＿＿＿＿年龄：＿＿＿岁　患者病历编号：＿＿＿＿＿＿＿＿＿＿＿＿＿＿＿＿＿

肢体缺失部位：＿＿＿＿＿＿＿＿＿＿＿＿＿＿＿＿＿＿＿＿＿＿　假肢名称：＿＿＿＿＿＿＿＿＿＿＿＿＿＿＿＿＿＿

接受腔	□单腔　□双层（内腔＋外腔）
□外腔材料	□进口　□国产
	□树脂　□板材　□其他：＿＿＿＿＿＿
□内腔材料	□热塑　□泡沫板　□皮革　□硅胶　□其他：＿＿＿＿＿＿
接受腔类型	□插入式　□全面接触式　□吸着式　□其他＿＿＿＿＿＿

假肢结构：□骨骼式　□壳式

品名	型号	生产厂家	数量	品名	型号	生产厂家	数量
髋				肩			
膝				肘			
踝				手			
脚							

附件：

特殊要求：

＿＿＿＿＿＿（患者或家属签字）同意以上各项假肢配件选择。

假肢制作师（签字）：＿＿＿＿＿＿＿＿＿＿　填写时间：＿＿＿＿年＿＿月＿＿日

附 录 C
（规范性附录）
安装假肢测量表

姓 名		性 别		年 龄	
身 高		体 重		截肢部位	左　右
假肢类型				测量日期	年 月 日

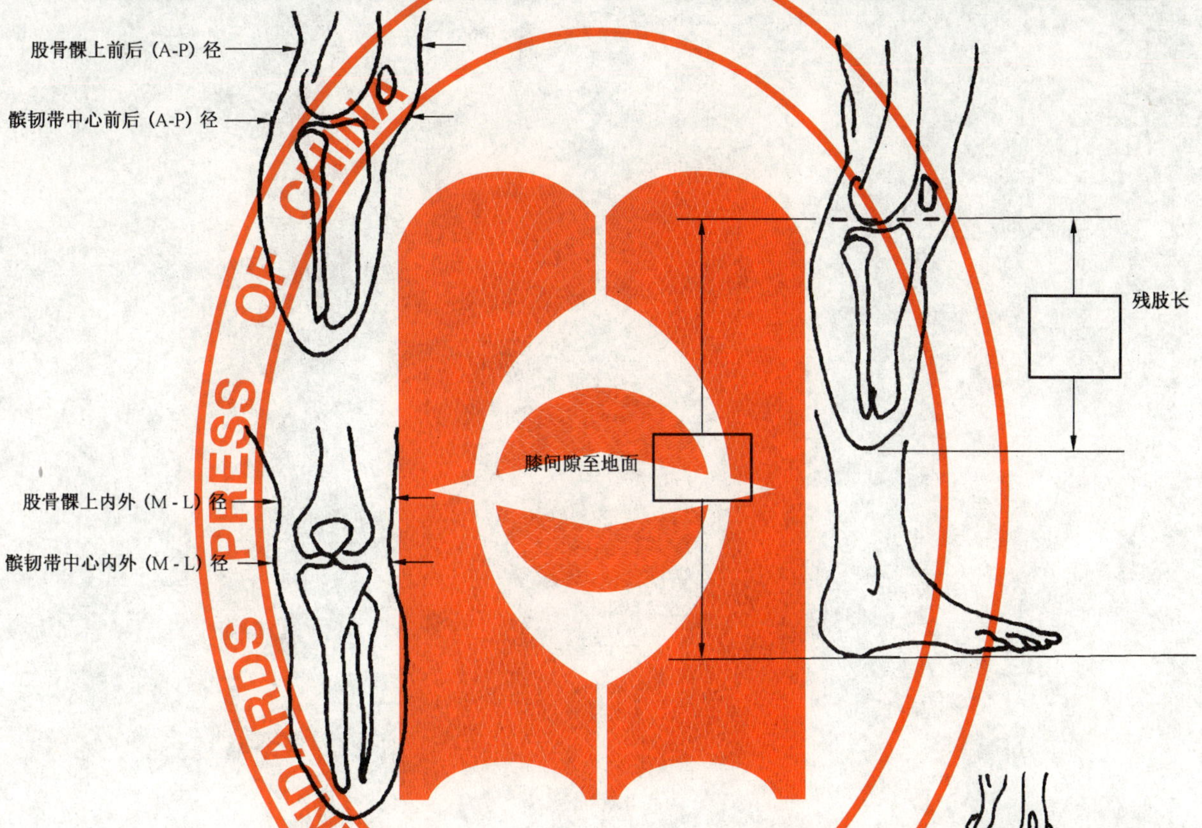

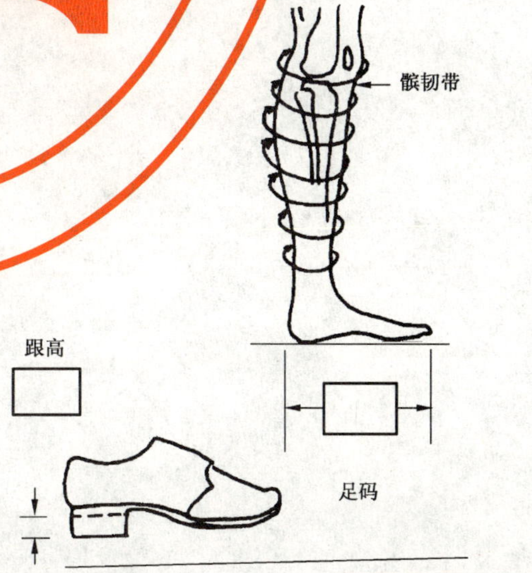

髌韧带以下距离/mm	残肢围长	健肢围长
0		
腓骨小头		
50		
100		
150		
200		
250		
300		

ICS 27.010
F 01

中华人民共和国国家标准

GB/T 13462—2008
代替 GB/T 13462—1992

电力变压器经济运行

Economical operation for power transformers

2008-05-27 发布　　　　2008-11-01 实施

中华人民共和国国家质量监督检验检疫总局
中国国家标准化管理委员会　发布

前　言

本标准代替 GB/T 13462—1992《工矿企业电力变压器经济运行导则》。

本标准与 GB/T 13462—1992 相比主要变化如下：

——删除了原标准名称中的“工矿企业”和“导则”。

——适用范围改为“本标准适用于发电、供电、用电单位运行中的电力变压器的经济运行管理，以及单位新建、改建中电力变压器的配置”。

——删除了原 3.9“有功负荷率”的术语，增加了“无功经济当量”、“相间不平衡负载损耗系数”、“非经济运行区”、“负载经济分配”、“经济容量”、“经济台数”等术语。

——取消原基本计算式的章条，将基本计算公式放到附录 A 中，并在附录 A 中增加了三绕组变压器的基本计算公式。

——在经济运行方式选择中，增加了并列运行的三绕组变压器经济运行方式的选择。

——在经济运行区的确定中，增加了“经济负载系数”、“三绕组变压器最佳经济负载系数”和“三绕组变压器经济运行区”。

——增加了变压器负载调整的内容。

——取消了原经济运行节电量计算的章条。

——增加了“变压器相间不平衡负载的损耗系数”、“无功经济当量”、“基础计算式”和“案例”四个附录。

本标准的附录 A 为规范性附录，附录 B、附录 C、附录 D 和附录 E 为资料性附录。

本标准由全国能源基础与管理标准化技术委员会提出。

本标准由全国能源基础与管理标准化技术委员会合理用电分委员会归口。

本标准负责起草单位：中国标准化研究院、上海威钢能源有限公司、国际铜业协会、中国电力科学研究院、哈尔滨工业大学、国网武汉高压研究所、东北电网公司、上海置信电气股份有限公司。

本标准主要起草人：胡景生、赵跃进、董志恒、翟克俊、张淑珍、张凌宇、胡国元、武斌、于继来、金雅明、王延峰。

本标准于 1992 年首次发布，本次为第一次修订。

电力变压器经济运行

1 范围

本标准规定了电力变压器(以下简称:变压器)经济运行的原则与技术要求,以及确定经济运行方式的计算方法和管理要求。

本标准适用于发电、供电、用电单位运行中的电力变压器的经济运行管理,以及单位新建、改建中电力变压器的配置。

2 规范性引用文件

下列文件中的条款通过本标准的引用而成为本标准的条款。凡是注日期的引用文件,其随后所有的修改单(不包括勘误的内容)或修订版均不适用于本标准,然而,鼓励根据本标准达成协议的各方研究是否可使用这些文件的最新版本。凡是不注日期的引用文件,其最新版本适用于本标准。

GB 1094(所有部分) 电力变压器

GB/T 6451 油浸式电力变压器技术参数和要求

GB/T 10228 干式电力变压器技术参数和要求

GB 20052 三相配电变压器能效限定值及节能评价值

DL/T 985 配电变压器能效技术经济评价导则

3 术语和定义

下列术语和定义适用于本标准。

3.1

变压器经济运行 economical operation for transformers

在确保安全可靠运行及满足供电量需求的基础上,通过对变压器进行合理配置,对变压器运行方式进行优化选择,对变压器负载实施经济调整,从而最大限度地降低变压器的电能损耗。

3.2

综合功率损耗 composite power loss

ΔP_Z

变压器运行中有功功率损耗与因无功功率消耗使其受电网增加的有功功率损耗之和。

3.3

综合功率损耗率 composite power loss rate

$\Delta P_Z\%$

变压器综合功率损耗与其输入的有功功率之比的百分数。

3.4

无功经济当量 reactive economical equivalent

K_Q

变压器无功消耗每增加或减少 1 kvar 时引起受电网有功功率损耗增加或减少的量。

3.5

平均负载系数 average load coefficient

β

一定时间内,变压器平均输出的视在功率与变压器额定容量之比。

3.6

负载波动损耗系数　dissipation coefficient of wavy load

K_T

一定时间内，负载波动条件下的变压器负载损耗与平均负载条件下的负载损耗之比。

3.7

相间不平衡负载损耗系数　dissipation coefficient of interphase lopsided load

K_{Bb}

变压器负载三相不平衡条件下的负载功率损耗与三相平衡条件下的负载功率损耗之比。

3.8

临界综合负载视在功率　apparent power of critical composite loss

S_{LZ}

两种经济运行方式的综合功率损耗特性曲线交点处的负载视在功率。

3.9

经济运行区　economical operation area

综合功率损耗率等于或低于变压器额定负载时的综合功率损耗率的负载区间。

3.10

最佳经济运行区　optimal economoical operation area

综合功率损耗率接近变压器经济负载系数时的综合功率损耗率的负载区间。

3.11

非经济运行区　non-economical operation area

综合功率损耗率高于变压器额定负载综合功率损耗率对应的低负载运行区间。

3.12

视在负荷率　apparent load rate

一定时间内，平均负载视在功率与最大负载视在功率之比的百分率。

3.13

负载经济分配　economical distributed of load

分列运行变压器总损耗达到最小时的变压器间的负载分配。

3.14

经济容量　economical capacity

在变压器寿命周期内，经济效益最佳的变压器设计容量。

3.15

经济台数　economical unit number

在变压器寿命周期内，经济效益最佳的变压器设计台数。

4　基本要求

4.1　选用或更新的变压器应符合 GB 1094、GB/T 6451 和 GB/T 10228 的要求，变压器空载损耗和负载损耗应符合 GB 20052 等相关能效标准。

4.2　应合理选择变压器组合的容量和台数。

4.3　应优化选择变压器综合功率损耗最低的经济运行方式。

4.4　应合理调整变压器负载，在综合功率损耗最低的经济运行区间运行。

5 经济运行方式选择

5.1 并列运行的双绕组变压器经济运行方式的选择

在选择经济运行方式前，应绘制出两种组合方式综合功率损耗的负载特性曲线 $\Delta P_Z = f(s)$，经比较两条负载特性曲线确定出组合(含单台)变压器经济运行方式。

若两种组合方式综合功率损耗的负载特性曲线无交点时，应选用综合功率空载损耗值较小的变压器组合方式运行。

若两种组合方式综合功率损耗的负载特性曲线有交点时(如图1)，应按 A.6 计算出临界综合负载视在功率 S_{LZ}，并将变压器总平均视在功率 S 与临界综合负载视在功率 S_{LZ} 对比。

当负载视在功率 S 小于 S_{LZ} 时，应选用综合功率空载损耗值较小的变压器组合方式运行；

当负载视在功率 S 大于 S_{LZ} 时，应选用综合功率额定负载损耗值较小的变压器组合方式运行。

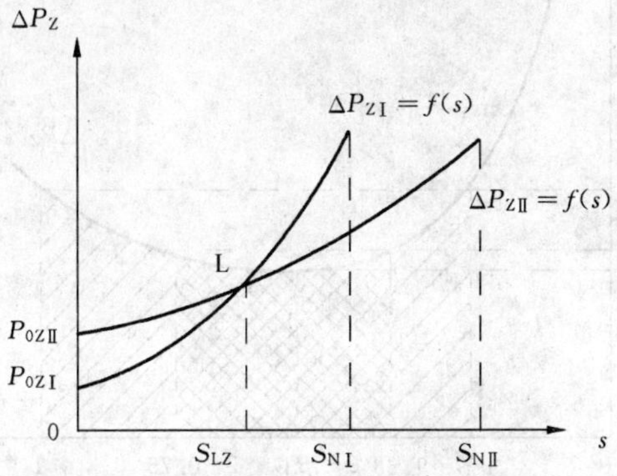

注：$\Delta P_{ZⅠ} = f(s)$ 与 $\Delta P_{ZⅡ} = f(s)$ 分别为变压器两种组合方式综合功率损耗 ΔP_Z 与负载视在功率 S 的函数特性曲线，两条曲线交点 L 的横坐标 S_{LZ} 即为两种组合运行方式的临界综合负载视在功率。

图1 变压器间综合功率损耗特性曲线

5.2 分列运行的双绕组变压器经济运行方式的选择

对二次侧有联络线的分列运行的双绕组变压器，在总供电负载不变情况下，应对共用一台或两台分列运行方式进行比较选择。

在采用一台变压器满足总供电负载的情况下，应对两台分列运行变压器的空载损耗和额定负载损耗进行比较，选择总损耗最低的为共用变压器。再对选定共用变压器与两台变压器分列运行方式进行比较，选择出综合功率损耗最小的运行方式。

共用与分列运行变压器的临界综合负载视在功率按式(A.18)计算，降低的综合功率损耗应按式 A.19 计算。

5.3 并列运行的三绕组变压器经济运行方式的选择

并列运行的三绕组变压器可参照 5.1 选择经济运行方式，临界综合负载视在功率按应式 A.20 进行计算。并列运行的三绕组变压器经济运行方式降低的综合功率损耗应按式(A.21)计算。

6 经济负载系数的计算与经济运行区的划分

6.1 双绕组变压器经济负载系数计算与经济运行区划分

6.1.1 经济负载系数计算

双绕组变压器在运行中，其综合功率损耗率随负载系数呈非线性变化，在其非线性曲线中，最低点为综合功率经济负载系数，其计算式：

$$\beta_{JZ} = \sqrt{\frac{P_{0Z}}{K_T P_{KZ}}} \qquad \cdots\cdots(1)$$

式中：

β_{JZ}——变压器综合功率经济负载系数；

P_{0Z}——变压器综合功率空载损耗,单位为千瓦(kW);

P_{KZ}——变压器综合功率额定负载功率损耗,单位为千瓦(kW);

K_T——负载波动损耗系数。

6.1.2 经济运行区划分

变压器在额定负载运行为经济运行区上限,与上限额定综合功率损耗率相等的另一点为经济运行区下限。经济运行区上限负载系数为1,经济运行区下限负载系数为 β_{JZ}^2,见图2。

6.1.3 最佳经济运行区划分

变压器在75%负载运行为最佳经济运行区上限,与上限综合功率损耗率相等的另一点为最佳经济运行区下限。最佳经济运行区上限负载系数为0.75,最佳经济运行区下限负载系数为 $1.33\beta_{JZ}^2$,见图2。

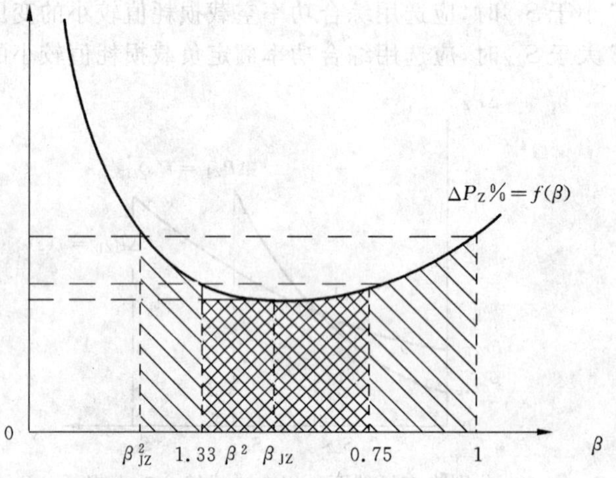

注:$\Delta P_Z\% = f(\beta)$ 为变压器综合功率损耗率与平均负载系数 β 的函数特性曲线。变压器综合功率运行区间的范围划分为,经济运行区为 $\beta_{JZ}^2 \leqslant \beta \leqslant 1$,最佳经济运行区为 $1.33\beta_{JZ}^2 \leqslant \beta \leqslant 0.75$,非经济运行区 $0 \leqslant \beta \leqslant \beta_{JZ}^2$。

图2 双绕组变压器综合功率运行区间划分

6.2 三绕组变压器经济负载系数、最佳经济负载系数计算与经济运行区划分

6.2.1 经济负载系数

当三绕组变压器二次侧与三次侧绕组的负载是任意分配时,对应变压器综合功率损耗率最低点即为综合功率经济负载系数,其电源侧综合功率经济负载系数应按式(A.22)计算。

6.2.2 最佳经济负载系数

当三绕组变压器二次侧与三次侧绕组的负载是经济分配时,对应变压器综合功率损耗率最低点即为综合功率最佳经济负载系数。二次侧与三次侧绕组的负载经济分配系数的计算式见式(A.23)、式(A.24)。三绕组变压器电源侧综合功率最佳经济负载系数应按的计算式见式(A.25)。

6.2.3 经济运行区划分

变压器在额定负载运行为经济运行区上限,与上限额定综合功率损耗率相等的另一点为经济运行区下限。电源侧经济运行区上限负载系数为1;下限负载系数为 β_{JZ1}^2。

6.2.4 最佳经济运行区划分

三绕组变压器综合功率损耗率小于1.2%的运行区为最佳经济运行区。电源侧最佳运行区上限负载系数为 $1.865\beta_{JZ1}$,电源侧最佳运行区下限负载系数为 $0.537\beta_{JZ1}$。

7 变压器负载经济调整

7.1 变压器间负载经济调整

7.1.1 双绕组变压器间负载经济调整

双绕组变压器分列运行时,应合理分配变压器间负载,使变压器总综合功率损耗最小。分列运行的任意一台双绕组变压器综合功率的负载经济分配系数应按式(A.26)计算。

7.1.2 三绕组变压器间负载经济分配

三绕组变压器分列运行时，应合理分配变压器间负载，使变压器总综合功率损耗最小。分列运行的任意一台三绕组变压器电源侧综合功率的负载经济分配系数计算式见式(A.27)：

7.1.3 三绕组变压器二次侧和三次侧绕组间负载经济分配

对于单独运行的三绕组变压器，应通过变压器二次侧和三次侧绕组间负载的合理分配，使变压器总的综合功率损耗最小。

二次侧与三次侧绕组的负载经济分配系数应按式(A.23、A.24)计算。

7.2 调整负荷率和削峰填谷

7.2.1 单位应调整变压器负载曲线(调整负荷率)，降低综合功率损耗率。在总用电量不变的情况下，双绕组变压器降低的综合功率损耗应按式(A.28)计算，三绕组变压器降低综合功率损耗应按式(A.29)计算。

7.2.2 单位应采用削峰填谷的措施，降低综合功率损耗率。双绕组变压器削峰填谷降低综合功率损耗应按式(A.30)计算，三绕组变压器削峰填谷降低综合功率损耗应按式(A.31)计算。

7.3 调整变压器相间不平衡负载

单位应平衡变压器各相间负载，降低变压器总综合功率损耗。变压器总负载不变情况下，降低的综合功率损耗按式(A.32)计算。

8 变压器合理配置

8.1 变压器更新

8.1.1 超过寿命期服役的变压器、国家规定淘汰的老旧变压器应更新，所选用的变压器应符合国家相关能效标准。

8.1.2 对变压器进行经济运行评价，评价为运行不经济，且综合功率损耗大的变压器应更新。

8.2 变压器选择

8.2.1 变压器应选择寿命期内经济效益最佳的容量和台数。

8.2.2 配电变压器选型的技术经济评价应按照 DL/T 985。电力变压器选型的技术经济评价可参照 DL/T 985。应优先选用节电效果大、经济效益好、投资回收期短的变压器。

9 变压器经济运行管理与评价

9.1 经济运行管理

9.1.1 单位应配置变压器的电能计量仪表，完善测量手段。

9.1.2 单位应记录变压器日常运行数据及典型代表日负荷，为变压器经济运行提供数据。

9.1.3 单位应健全变压器经济运行文件管理，保存变压器原始资料；变压器大修、改造后的试验数据应存入变压器档案中。

9.1.4 定期进行变压器经济运行分析，在保证变压器安全运行和供电质量的基础上提出改进措施，有关资料应存档。

9.1.5 单位应按月、季、年做好变压器经济运行工作的分析与总结，并编写变压器的节能效果与经济效益的统计与汇总表。

9.2 经济运行判别与评价

9.2.1 变压器的空载损耗和负载损耗达到能效标准所规定的节能评价值，且运行在最佳经济运行区，经济运行管理应符合9.1的要求，则认定变压器运行经济。

9.2.2 变压器的空载损耗和负载损耗达到能效标准所规定的能效限定值，且运行在经济运行区，经济运行管理应符合9.1的要求，则认定变压器运行合理。

9.2.3 变压器的空载损耗和负载损耗未能达到能效标准所规定的能效限定值或运行在非经济运行区，则认定变压器运行不经济。

附 录 A
(规范性附录)
基础计算式

A.1 功率损耗的动态计算

计算变压器有功、无功和综合功率损耗时应考虑负载波动损耗系数对计算结果的影响,采用动态计算式。

A.2 双绕组变压器功率损耗的动态计算

A.2.1 双绕组变压器平均负载系数计算

$$\beta = \frac{S}{S_N} = \frac{P_2}{S_N \cos\varphi} \qquad (A.1)$$

式中:

β——变压器的平均负载系数;

S——一定时间内变压器平均输出的视在功率,单位为千伏安(kVA);

S_N——变压器的额定容量,单位为千伏安(kVA);

P_2——一定时间内变压器平均输出的有功功率,单位为千瓦(kW);

$\cos\varphi$——一定时间内变压器负载侧平均功率因数。

A.2.2 有功功率损耗计算

$$\Delta P = P_0 + K_T \beta^2 P_k \qquad (A.2)$$

式中:

ΔP——有功功率损耗,单位为千瓦(kW);

K_T——负载波动损耗系数;

P_0——变压器空载功率损耗,单位为千瓦(kW);

P_k——变压器额定负载功率损耗,单位为千瓦(kW)。

A.2.3 无功功率损耗计算

$$\Delta Q = Q_0 + K_T \beta^2 Q_k \qquad (A.3)$$

式中:

ΔQ——无功功率损耗,单位为千乏(kvar);

Q_0——变压器空载励磁功率,单位为千乏(kvar);

Q_k——变压器额定负载漏磁功率,单位为千乏(kvar)。

A.2.4 综合功率损耗计算

$$\Delta P_Z = \Delta P + K_Q \Delta Q = P_{0Z} + K_T \beta^2 P_{kZ} \qquad (A.4)$$

式中:

K_Q——无功经济当量,单位为千瓦每千乏(kW/kvar);

P_{0Z}——变压器综合功率的空载损耗,单位为千瓦(kW);

P_{kZ}——变压器综合功率的额定负载功率损耗,单位为千瓦(kW)。

A.2.5 变压器综合功率空载损耗计算

$$P_{0Z} = P_0 + K_Q Q_0 \qquad (A.5)$$

A.2.6 变压器综合功率额定负载功率损耗计算

$$P_{kZ} = P_k + K_Q Q_k \qquad (A.6)$$

A.3 三绕组变压器功率损耗的动态计算

A.3.1 有功功率损耗计算

$$\Delta P = P_0 + S_1\left(K_{T1}\frac{P_{k1}}{S_{1N}^2} + K_{T2}C_2^2\frac{P_{k2}}{S_{2N}^2} + K_{T3}C_3^2\frac{P_{k3}}{S_{3N}^2}\right) \quad \cdots\cdots(A.7)$$

式中：

K_{T1},K_{T2},K_{T3}——分别为变压器一、二、三次侧的负载波动损耗系数；

S_1——变压器电源侧的工况负载，单位为千伏安(kVA)；

P_{k1},P_{k2},P_{k3}——分别为变压器一、二、三次侧绕组的额定负载损耗，单位为千瓦(kW)；

S_{1N},S_{2N},S_{3N}——分别为变压器一、二、三次侧绕组的额定容量，单位为千伏安(kVA)；

C_2——变压器二次侧负载分配系数，$C_2=S_2/S_1=\beta_2/\beta_1$；

C_3——变压器二次侧负载分配系数，$C_3=S_3/S_1=\beta_3/\beta_1$，$C_2+C_3=1$。

A.3.2 无功功率损耗计算

$$\Delta Q = Q_0 + S_1\left(K_{T1}\frac{Q_{k1}}{S_{1N}^2} + K_{T2}C_2^2\frac{Q_{k2}}{S_{2N}^2} + K_{T3}C_3^2\frac{Q_{k3}}{S_{3N}^2}\right) \quad \cdots\cdots(A.8)$$

式中：

Q_{k1},Q_{k2},Q_{k3}——分别为变压器一、二、三次侧绕组额定负载的漏磁功率，单位为千乏(kvar)。

A.3.3 综合功率损耗计算

$$\Delta P_Z = P_{0Z} + S_1\left(K_{T1}\frac{P_{k1Z}}{S_{1N}^2} + K_{T2}C_2^2\frac{P_{k2Z}}{S_{2N}^2} + K_{T3}C_3^2\frac{P_{k3Z}}{S_{3N}^2}\right) \quad \cdots\cdots(A.9)$$

式中：

P_{k1Z},P_{k2Z},P_{k3Z}——分别为变压器一、二、三次侧绕组额定负载的综合功率损耗，单位为千瓦(kW)。

A.4 变压器损耗率的计算

变压器有功功率损耗率、无功功率损耗率及综合功率损耗率计算式：

$$\Delta P\% = \frac{\Delta P}{P_1}\times 100\% \quad \cdots\cdots(A.10)$$

$$\Delta Q\% = \frac{\Delta Q}{P_1}\times 100\% \quad \cdots\cdots(A.11)$$

$$\Delta P_Z\% = \frac{\Delta P_Z}{P_1}\times 100\% \quad \cdots\cdots(A.12)$$

式中：

$\Delta P\%$——变压器有功功率损耗率，单位为%；

$\Delta Q\%$——变压器无功功率损耗率，单位为%；

$\Delta P_Z\%$——变压器综合功率损耗率，单位为%；

P_1——变压器电源侧有功功率，单位为千瓦(kW)，对双绕组变压器 $P_1=P_2+\Delta P$，对三绕组变压器 $P_1=P_2+P_3+\Delta P$。

A.5 变压器经济运行节电效果的计算

变压器经济运行降低的有功功率、无功功率及综合功率计算式

$$\Delta\Delta P = \Delta P_y - \Delta P_j \quad \cdots\cdots(A.13)$$

$$\Delta\Delta Q = \Delta Q_y - \Delta Q_j \quad \cdots\cdots(A.14)$$

$$\Delta\Delta P_Z = \Delta P_{Zy} - \Delta P_{Zj} \quad \cdots\cdots(A.15)$$

式中：

$\Delta\Delta P$——变压器经济运行降低的有功功率，单位为千瓦(kW)；

$\Delta\Delta Q$——变压器经济运行降低的无功功率，单位为千乏(kvar)；

$\Delta\Delta P_Z$——变压器经济运行降低的综合功率，单位为千瓦(kW)；

y——原运行方式；

j——经济运行方式。

A.6 并列运行的双绕组变压器临界综合负载视在功率计算

$$S_{LZ}=\sqrt{\frac{(P_{\sigma 0Z})_{\mathrm{I}}-(P_{\sigma 0Z})_{\mathrm{II}}}{K_T\left[\left(\frac{P_{\sigma kZ}}{S_{\sigma N}^2}\right)_{\mathrm{II}}-\left(\frac{P_{\sigma kZ}}{S_{\sigma N}^2}\right)_{\mathrm{I}}\right]}} \quad\cdots\cdots(A.16)$$

式中：

S_{LZ}——并列运行的双绕组变压器经济运行方式的临界综合负载视在功率，单位为千伏安(kVA)；

K_T——负载波动损耗系数；

$P_{\sigma 0Z}$——综合功率空载损耗的组合参数，单位为千瓦(kW)；

$P_{\sigma kZ}$——综合功率额定负载损耗的组合参数，单位为千瓦(kW)；

$S_{\sigma N}$——组合变压器额定容量，单位为千伏安(kVA)；

Ⅰ，Ⅱ——分别为变压器两种不同的运行方式。

注：式(A.16)也适用于单台双绕组变压器间技术特性分析。

A.7 并列运行的双绕组变压器经济运行方式下降低综合功率损耗的计算

$$\Delta\Delta P_Z=\Delta P_{Zy}-\Delta P_{Zj}=(P_{\sigma 0Z})_y-(P_{\sigma 0Z})_j+K_T S^2\left[\left(\frac{P_{\sigma kZ}}{S_{\sigma N}^2}\right)_y-\left(\frac{P_{\sigma kZ}}{S_{\sigma N}^2}\right)_j\right] \quad\cdots\cdots(A.17)$$

式中：

$\Delta\Delta P_Z$——并列运行的双绕组变压器经济运行方式降低的综合功率损耗，单位为千瓦(kW)；

y——原运行方式；

j——经济运行方式；

S——负载视在功率，单位为千伏安(kVA)。

A.8 共用变压器经济临界综合负载视在功率的计算

$$S_{gLZ}=\frac{S_{Ng}^2 P_{0Zb}+K_T S_b^2\left[\left(\frac{S_{Ng}}{S_{Nb}}\right)^2 P_{KZb}-P_{KZg}\right]}{2K_T S_b P_{KZg}} \quad\cdots\cdots(A.18)$$

A.9 共用变压器经济运行降低综合功率损耗的计算

$$\Delta\Delta P_Z=P_{0Zb}+K_T S_b^2\left(\frac{P_{kZb}}{S_{Nb}^2}-\frac{P_{kZg}}{S_{Ng}^2}\right)-2K_T\frac{S_b S_g P_{kZg}}{S_{Ng}^2} \quad\cdots\cdots(A.19)$$

式中：

$\Delta\Delta P_Z$——共用变压器经济运行降低的综合功率，单位为千瓦(kW)；

g——共用变压器的技术参数；

b——不共用变压器的技术参数；

S_b，S_g——分别为分列运行变压器的负载视在功率，单位为千伏安(kVA)。

A.10 并列运行的三绕组变压器临界综合负载视在功率的计算

$$S_{LZ1}=\sqrt{\frac{(P_{\sigma0Z})_{\mathrm{I}}-(P_{\sigma0Z})_{\mathrm{II}}}{K_{T1}\left[\left(\frac{P_{\sigma k1Z}}{S_{\sigma1N}^2}\right)_{\mathrm{II}}-\left(\frac{P_{\sigma k1Z}}{S_{\sigma1N}^2}\right)_{\mathrm{I}}\right]+K_{T2}C_2^2\left[\left(\frac{P_{\sigma k2Z}}{S_{\sigma2N}^2}\right)_{\mathrm{II}}-\left(\frac{P_{\sigma k2Z}}{S_{\sigma2N}^2}\right)_{\mathrm{I}}\right]+K_{T3}C_3^2\left[\left(\frac{P_{\sigma k3Z}}{S_{\sigma3N}^2}\right)_{\mathrm{II}}-\left(\frac{P_{\sigma k3Z}}{S_{\sigma3N}^2}\right)_{\mathrm{I}}\right]}}\quad\cdots\cdots(\mathrm{A}.20)$$

式中：

Ⅰ，Ⅱ——变压器两种不同运行方式；

C_2——变压器二次侧负载分配系数；

C_3——变压器三次侧负载分配系数。

A.11 并列运行三绕组变压器经济运行降低综合功率损耗的计算

$$\Delta\Delta P_Z=(P_{\sigma0Z})_y-(P_{\sigma0Z})_j+S_1^2\left\{K_{T1}\left[\left(\frac{P_{\sigma k1Z}}{S_{\sigma1N}^2}\right)_y-\left(\frac{P_{\sigma k1Z}}{S_{\sigma1N}^2}\right)_j\right]+K_{T2}C_2^2\left[\left(\frac{P_{\sigma k2Z}}{S_{\sigma2N}^2}\right)_y-\left(\frac{P_{\sigma k2Z}}{S_{\sigma2N}^2}\right)_j\right]+K_{T3}C_3^2\left[\left(\frac{P_{\sigma k3Z}}{S_{\sigma3N}^2}\right)_y-\left(\frac{P_{\sigma k3Z}}{S_{\sigma3N}^2}\right)_j\right]\right\}\quad\cdots\cdots(\mathrm{A}.21)$$

式中：

$\Delta\Delta P_Z$——并列运行的三绕组变压器经济运行方式降低的综合功率，单位为千瓦(kW)；

S_1——变压器电源侧负载视在功率，单位为千伏安(kVA)；

y——原运行方式；

j——经济运行方式。

A.12 三绕组变压器电源侧综合功率经济负载系数的计算

$$\beta_{JZ1}=\sqrt{\frac{P_{0Z}}{K_{T1}P_{k1Z}+K_{T2}C_2^2\left(\frac{S_{1N}}{S_{2N}}\right)^2P_{k2Z}+K_{T3}C_3^2\left(\frac{S_{1N}}{S_{3N}}\right)^2P_{k3Z}}}\quad\cdots\cdots\cdots\cdots(\mathrm{A}.22)$$

A.13 二次侧与三次侧绕组的负载经济分配系数的计算

$$C_{J2}=\frac{K_{T3}\frac{P_{k3Z}}{S_{3N}^2}}{K_{T2}\frac{P_{k2Z}}{S_{2N}^2}+K_{T3}\frac{P_{k3Z}}{S_{3N}^2}}\quad\cdots\cdots(\mathrm{A}.23)$$

$$C_{J3}=\frac{K_{T2}\frac{P_{k2Z}}{S_{2N}^2}}{K_{T2}\frac{P_{k2Z}}{S_{2N}^2}+K_{T3}\frac{P_{k3Z}}{S_{3N}^2}}\quad\cdots\cdots(\mathrm{A}.24)$$

A.14 三绕组变压器电源侧综合功率最佳经济负载系数的计算

$$\beta_{JJZ1}=\sqrt{\frac{P_{0Z}}{K_{T1}P_{k1Z}+\frac{K_{T2}K_{T3}S_{1N}^2P_{k2Z}P_{k3Z}}{K_{T2}S_{3N}^2P_{k2Z}+K_{T3}S_{2N}^2P_{k3Z}}}}\quad\cdots\cdots(\mathrm{A}.25)$$

A.15 分列运行的任意一台双绕组变压器综合功率的负载经济分配系数的计算

$$J_{Zr}=\frac{\frac{S_{Nr}^2}{K_{Tr}P_{kZr}}}{\sum_{i=1}^{m}\frac{S_{Ni}^2}{K_{Ti}P_{kZi}}}\quad\cdots\cdots(\mathrm{A}.26)$$

式中：

r——第 r 台变压器。

A.16 分列运行的任意一台三绕组变压器电源侧综合功率的负载经济分配系数的计算

$$J_{1Zr}=\frac{S_{1r}}{S_1}=\frac{\dfrac{1}{K_{T1r}\dfrac{1}{S_{1Nr}^2}P_{k1Zr}+K_{T2r}C_{2r}^2\dfrac{1}{S_{2Nr}^2}P_{k2Zr}+K_{T3r}C_{3r}^2\dfrac{1}{S_{3Nr}^2}P_{k3Zr}}}{\sum\limits_{i=1}^{m}\dfrac{1}{K_{T1i}\dfrac{1}{S_{1Ni}^2}P_{k1Zi}+K_{T2i}C_{2i}^2\dfrac{1}{S_{2Ni}^2}P_{k2Zi}+K_{T3i}C_{3i}^2\dfrac{1}{S_{3Ni}^2}P_{k3Zi}}} \quad \cdots\cdots(A.27)$$

式中：

r——第 r 台变压器。

A.17 在总用电量不变的情况下，调整负载曲线双绕组变压器降低的综合功率损耗的计算

$$\Delta\Delta P_Z=(K_{T1}-K_{T2})\frac{S^2P_{\sigma kZ}}{S_{\sigma N}^2} \quad \cdots\cdots(A.28)$$

式中：

$\Delta\Delta P_Z$——调整负荷率降低的综合功率损耗，单位为千瓦(kW)；

K_{T1}——变压器调整负荷率前的负载波动损耗系数；

K_{T2}——变压器调整负荷率后的负载波动损耗系数。

A.18 在总用电量不变的情况下，调整负载曲线三绕组变压器降低综合功率损耗的计算

$$\Delta\Delta P_Z=(K_{T1y}-K_{T1j})\frac{S_1^2P_{\sigma k1Z}}{S_{\sigma 1N}^2}+(K_{T2y}-K_{T2j})\frac{S_2^2P_{\sigma k2Z}}{S_{\sigma 2N}^2}+(K_{T3y}-K_{T3j})\frac{S_3^2P_{\sigma k3Z}}{S_{\sigma 3N}^2} \quad \cdots\cdots(A.29)$$

式中：

y——原负荷率的负载波动损耗系数；

j——调整负荷率后的负载波动损耗系数。

A.19 双绕组变压器削峰填谷降低综合功率损耗的计算

$$\Delta\Delta P_Z=2\Delta S(S_H-S_L-\Delta S)\frac{P_{\sigma kZ}}{S_{\sigma N}^2} \quad \cdots\cdots(A.30)$$

式中：

$\Delta\Delta P_Z$——削峰填谷降低的综合功率损耗，单位为千瓦(kW)；

S_H——变压器原高峰负载的视在功率，单位为千伏安(kVA)；

S_L——变压器原低谷负载的视在功率，单位为千伏安(kVA)；

ΔS——调整负载的视在功率，单位为千伏安(kVA)。

A.20 三绕组变压器削峰填谷降低综合功率损耗的计算

$$\Delta\Delta P_Z=2\Delta S_1(S_{1H}-S_{1L}-\Delta S_1)\frac{P_{\sigma k1Z}}{S_{\sigma 1N}^2}+2\Delta S_2(S_{2H}-S_{2L}-\Delta S_2)\frac{P_{\sigma 2kZ}}{S_{\sigma 2N}^2} \quad \cdots\cdots(A.31)$$
$$+2\Delta S_3(S_{3H}-S_{3L}-\Delta S_3)\frac{P_{\sigma k3Z}}{S_{\sigma 3N}^2}$$

A.21　调整相间不平衡负载降低的综合功率损耗的计算

$$\Delta\Delta P_Z = (K_{Bby} - K_{Bbj})\frac{3S_{\varphi}^2 P_{kZ}}{S_N^2} \qquad \text{(A.32)}$$

式中：

K_{Bby}——原变压器相间负载不平衡度的损耗系数；

K_{Bbj}——降低变压器相间负载不平衡度的损耗系数；

P_{kZ}——变压器单相综合功率的短路损耗，单位为千瓦(kW)；

S_N——变压器单相额定容量，单位为千伏安(kVA)；

S_{φ}——变压器单相平均负载视在功率，单位为千伏安(kVA)。

附 录 B
（资料性附录）
无功经济当量(K_Q)

B.1 计算法

穿越电网的视在功率 S(kVA)所引起的电网功率损失 ΔP_U(kW)为：

$$\Delta P_U = \left(\frac{S}{U}\right)^2 R \times 10^{-3} \quad \cdots\cdots (B.1)$$

如分别用穿越电网的有功功率 P(kW)及无功功率 Q(kvar)来表示电网的功率损耗，式(B.1)可写成：

$$\Delta P_U = \left(\frac{P}{U}\right)^2 R \times 10^{-3} + \left(\frac{Q}{U}\right)^2 R \times 10^{-3} \quad \cdots\cdots (B.2)$$

式(B.2)可分解成下列两式：

$$\Delta P_{UP} = \left(\frac{P}{U}\right)^2 R \times 10^{-3} \quad \cdots\cdots (B.3)$$

$$\Delta P_{UQ} = \left(\frac{Q}{U}\right)^2 R \times 10^{-3} \quad \cdots\cdots (B.4)$$

式中：

ΔP_{UP}——由穿越电网的有功功率 P 所引起电网的功率损耗，单位为千瓦(kW)；

ΔP_{UQ}——由穿越电网的无功功率 Q 所引起电网的功率损耗，单位为千瓦(kW)。

由(B.3)和(B.4)可知，电网的功率损耗可视为由两部分组成，一部分是由有功功率 P 所引起的 ΔP_{UP}，另一部分是由无功功率 Q 所引起的 ΔP_{UQ}。如穿越电网的有功功率 P 保持不变，则电网的功率损耗 ΔP_{UP} 部分是个定值；如穿越电网的无功功率 Q 发生变化，则电网的功率损耗 ΔP_{UQ} 部分是个变值。

如有 A、B 两台变压器，按变压器技术特性进行优化，变压器 A 比 B 节约的无功功率为：$\Delta\Delta Q = \Delta Q_B - \Delta Q_A$。若变压器负载侧无功功率为 Q_2，则变压器 A 和 B 的电源侧无功功率为 $Q_A = Q_2 + \Delta Q_A$，$Q_B = Q_2 + \Delta Q_B$。因此又可写成如下关系式：

$$\Delta\Delta Q = Q_B - Q_A \quad \cdots\cdots (B.5)$$

根据式(B.1)可得变压器 A 和 B 分别运行时，由无功功率 Q_A 和 Q_B 所引起的电网的功率损耗 ΔP_{UQA} 及 ΔP_{UQB} 为：

$$\Delta P_{UQA} = \left(\frac{Q_A}{U}\right)^2 R \times 10^{-3} \quad \cdots\cdots (B.6)$$

$$\Delta P_{UQB} = \left(\frac{Q_B}{U}\right)^2 R \times 10^{-3} \quad \cdots\cdots (B.7)$$

变压器经济运行的无功功率节约所引起的电网有功功率损耗下降值 $\Delta\Delta P_Q$(kW)，由上两式互减得出：

$$\Delta\Delta P_Q = \Delta P_{UQB} - \Delta P_{UQA} = \frac{Q_B^2 - Q_A^2}{U^2} R \times 10^{-3} \quad \cdots\cdots (B.8)$$

式(B.8)被式(B.5)除，可以得出无功经济当量 K_Q 计算式：

$$K_Q = \frac{\Delta\Delta P_Q}{\Delta\Delta Q} = \frac{Q_B + Q_A}{U^2} R \times 10^{-3} \quad \cdots\cdots (B.9)$$

式(B.9)中 $Q_A + Q_B \approx 2Q$，式(B.9)可写成：

$$K_Q \approx \frac{2Q}{U^2} R \times 10^{-3} \approx \frac{2\Delta P_{UQ}}{Q} \quad \cdots\cdots (B.10)$$

B.2 查表法

当变压器连接系统的电阻 R 值无法取得时，即不能用式(B.10)进行无功经济当量 K_Q 计算时，可按变压器在电网中的受电位置(变压次数)及功率因数查表 B.1 取得无功经济当量 K_Q 值。

表 B.1 无功经济当量

变压器受电位置	K_Q
发电厂母线直配	0.04
二次变压	0.07
三次变压	0.10
当功率因数已补偿到 0.9 及以上时	0.04

注：发电厂母线直配指系统的一次变电所及发电厂的直配用户；二次变压指系统的二次变电所；三次变压指配电变压器；当功率因数已补偿到 0.9 及以上时指变压器全年受入端功率因数。

附 录 C
（资料性附录）
负载波动损耗系数(K_T)

C.1 计算法

C.1.1 负载波动损耗系数 K_T 与形状系数 K_f 的关系式

$$K_T = K_f^2 \qquad \cdots\cdots(C.1)$$

C.1.2 形状系数

$$K_f = \sqrt{T}\,\frac{\sqrt{\sum_{i=1}^{T} A_i^2}}{\sum_{i=1}^{T} A_i} \qquad \cdots\cdots(C.2)$$

式中：

T——统计期(工作代表日、月工作日或年工作日)时间，单位为小时(h)；

A_i——每小时记录的电量，单位为千瓦时(kWh)。

C.2 查表法

首先用 T 小时的有功负荷率 γ_{TP}、平均功率因数 $\cos\varphi_{cp}$ 和最大负荷时功率因数 $\cos\varphi_m$ 计算出视在负荷率 γ_T，即 T 小时负载的平均视在功率与最大视在功率之比的百分数。

$$\gamma_T = \gamma_{TP}\frac{\mathrm{com}\varphi_{cp}}{\cos\varphi_m} \qquad \cdots\cdots(C.3)$$

式中：

γ_T——为 T 小时的视在负荷率，单位为%。

根据 T 小时内出现 95%以上最大负载的小时数 T_m，计算出最大负载运行时间的百分率 T_m%，即 T 小时内出现 95%以上的最大负载的时间所占的百分数。

$$T_m\% = \frac{T_m}{T} \times 100\% \qquad \cdots\cdots(C.4)$$

式中：

T_m%——最大负载运行时间百分数，单位为%。

根据 γ_T 和 T_m%值，可在表 C.1 中查出对应的 K_T 值。

表 C.1 负载波动损耗系数表

γ_T \ T_m%	$\frac{1}{T}$	5	10	15	20	25	30	35	40	45	50
1	99.03	(100.0)	—	—	—	—	—	—	—	—	—
2	49.00	(50.00)	—	—	—	—	—	—	—	—	—
3	32.34	(33.33)	—	—	—	—	—	—	—	—	—
4	24.01	(25.00)	—	—	—	—	—	—	—	—	—
5	19.01	20.000	—	—	—	—	—	—	—	—	—
6	15.68	16.510	(16.670)	—	—	—	—	—	—	—	—
7	13.31	14.010	(14.286)	—	—	—	—	—	—	—	—

表 C.1（续）

γ_T \ T_m %	$\frac{1}{T}$	5	10	15	20	25	30	35	40	45	50
8	11.53	12.140	(12.500)	—	—	—	—	—	—	—	—
9	10.14	10.680	(11.111)	—	—	—	—	—	—	—	—
10	9.037	9.519	10.000	—	—	—	—	—	—	—	—
11	8.132	8.568	9.004	(9.091)	—	—	—	—	—	—	—
12	7.379	7.777	8.174	(8.333)	—	—	—	—	—	—	—
13	6.742	7.107	7.473	(7.692)	—	—	—	—	—	—	—
14	6.197	6.535	6.873	(7.143)	—	—	—	—	—	—	—
15	5.725	6.039	6.353	6.667	—	—	—	—	—	—	—
16	5.313	5.606	5.899	6.191	(6.250)	—	—	—	—	—	—
17	4.951	5.225	5.499	5.772	(5.882)	—	—	—	—	—	—
18	4.629	4.887	5.144	5.402	(5.556)	—	—	—	—	—	—
19	4.341	4.584	4.826	5.069	(5.263)	—	—	—	—	—	—
20	4.083	4.312	4.542	4.771	5.000	—	—	—	—	—	—
21	3.851	4.068	4.285	4.502	4.719	(4.762)	—	—	—	—	—
22	3.639	3.845	4.051	4.257	4.463	(4.545)	—	—	—	—	—
23	3.447	3.643	3.839	4.035	4.230	(4.348)	—	—	—	—	—
24	3.272	3.458	3.645	3.831	4.018	(4.167)	—	—	—	—	—
25	3.111	3.289	3.467	3.644	3.822	4.000	—	—	—	—	—
26	2.963	3.133	3.303	3.472	3.642	3.812	(3.846)	—	—	—	—
27	2.827	2.989	3.152	3.314	3.477	3.639	(3.704)	—	—	—	—
28	2.701	2.856	3.012	3.167	3.322	3.478	(3.571)	—	—	—	—
29	2.584	2.733	2.882	3.031	3.180	3.329	(3.448)	—	—	—	—
30	2.476	2.619	2.762	2.905	3.047	3.190	3.333	—	—	—	—
31	2.376	2.513	2.650	2.787	2.924	3.061	3.199	(3.226)	—	—	—
32	2.282	2.414	2.545	2.677	2.809	2.941	3.072	(3.125)	—	—	—
33	2.194	2.321	2.447	2.574	2.701	2.827	2.954	(3.030)	—	—	—
34	2.113	2.235	2.357	2.478	2.600	2.722	2.844	(2.941)	—	—	—
35	2.037	2.154	2.271	2.388	2.506	2.623	2.740	2.857	—	—	—
36	1.965	2.078	2.191	2.304	2.417	2.530	2.643	2.755	(2.778)	—	—
37	1.898	2.007	2.116	2.224	2.333	2.442	2.551	2.659	(2.703)	—	—
38	1.836	1.941	2.045	2.150	2.255	2.360	2.464	2.569	(2.632)	—	—
39	1.777	1.878	1.979	2.080	2.181	2.281	2.382	2.483	(2.564)	—	—
40	1.722	1.819	1.917	2.014	2.111	2.208	2.306	2.403	2.500	—	—
41	1.671	1.765	1.858	1.952	2.046	2.139	2.233	2.327	2.420	(2.439)	—

表 C.1（续）

T_m % / γ_T	$\frac{1}{T}$	5	10	15	20	25	30	35	40	45	50
42	1.622	1.712	1.803	1.893	1.983	2.074	2.164	2.255	2.345	(2.381)	—
43	1.577	1.664	1.751	1.838	1.925	2.012	2.100	2.187	2.274	(2.326)	—
44	1.535	1.619	1.703	1.787	1.870	1.954	2.038	2.122	2.206	(2.273)	—
45	1.495	1.576	1.657	1.737	1.818	1.899	1.980	2.060	2.141	2.222	—
46	1.458	1.536	1.614	1.691	1.769	1.847	1.925	2.003	2.081	2.158	(2.174)
47	1.423	1.498	1.573	1.648	1.723	1.798	1.873	1.948	2.023	2.098	(2.128)
48	1.391	1.463	1.535	1.607	1.679	1.751	1.824	1.896	1.968	2.040	(2.083)
49	1.361	1.430	1.500	1.569	1.639	1.708	1.777	1.847	1.916	1.985	(2.041)
50	1.333	1.400	1.466	1.533	1.600	1.667	1.733	1.800	1.867	1.933	2.000
51	1.308	1.370	1.431	1.493	1.554	1.616	1.677	1.739	1.800	1.862	1.923
52	1.284	1.341	1.398	1.454	1.511	1.568	1.625	1.682	1.738	1.795	1.852
53	1.262	1.314	1.367	1.419	1.472	1.524	1.576	1.629	1.681	1.734	1.786
54	1.242	1.290	1.339	1.387	1.436	1.484	1.532	1.581	1.629	1.678	1.726
55	1.223	1.268	1.312	1.357	1.401	1.446	1.491	1.535	1.580	1.624	1.669
56	1.206	1.247	1.288	1.329	1.370	1.412	1.453	1.494	1.535	1.576	1.617
57	1.190	1.228	1.266	1.304	1.342	1.380	1.417	1.455	1.493	1.531	1.569
58	1.175	1.210	1.245	1.280	1.315	1.350	1.384	1.419	1.454	1.489	1.524
59	1.161	1.193	1.225	1.258	1.290	1.322	1.354	1.384	1.419	1.451	1.483
60	1.148	1.178	1.207	1.237	1.266	1.296	1.326	1.355	1.385	1.414	1.444
61	1.136	1.163	1.191	1.218	1.245	1.273	1.300	1.327	1.354	1.382	1.409
62	1.125	1.150	1.175	1.200	1.225	1.251	1.276	1.301	1.326	1.351	1.376
63	1.115	1.138	1.161	1.184	1.207	1.230	1.253	1.276	1.299	1.322	1.345
64	1.105	1.126	1.147	1.168	1.189	1.211	1.232	1.253	1.274	1.295	1.316
65	1.097	1.116	1.136	1.155	1.174	1.194	1.213	1.232	1.251	1.271	1.290
66	1.088	1.106	1.123	1.141	1.159	1.177	1.194	1.212	1.230	1.247	1.265
67	1.081	1.097	1.113	1.130	1.146	1.162	1.178	1.194	1.211	1.227	1.243
68	1.074	1.089	1.103	1.118	1.133	1.148	1.162	1.177	1.192	1.206	1.221
69	1.067	1.081	1.094	1.108	1.121	1.135	1.148	1.162	1.175	1.189	1.202
70	1.061	1.073	1.086	1.098	1.110	1.123	1.135	1.147	1.159	1.172	1.184
71	1.056	1.067	1.078	1.089	1.100	1.112	1.123	1.134	1.145	1.156	1.167
72	1.050	1.060	1.070	1.080	1.090	1.101	1.111	1.121	1.131	1.141	1.151
73	1.046	1.055	1.064	1.073	1.082	1.092	1.101	1.110	1.119	1.128	1.137
74	1.041	1.049	1.057	1.066	1.074	1.082	1.090	1.098	1.107	1.115	1.123
75	1.037	1.044	1.051	1.059	1.067	1.074	1.081	1.089	1.096	1.104	1.111

表 C.1(续)

T_m % / γ_T	$\frac{1}{T}$	5	10	15	20	25	30	35	40	45	50
76	1.033	1.040	1.046	1.053	1.060	1.067	1.073	1.080	1.087	1.093	1.100
77	1.030	1.036	1.042	1.048	1.054	1.060	1.065	1.071	1.077	1.083	1.089
78	1.027	1.032	1.038	1.043	1.048	1.054	1.059	1.064	1.069	1.075	1.080
79	1.024	1.029	1.033	1.038	1.043	1.048	1.052	1.057	1.062	1.066	1.071
80	1.021	1.025	1.029	1.034	1.038	1.042	1.046	1.050	1.055	1.059	1.063
81	1.018	1.022	1.025	1.029	1.033	1.037	1.040	1.044	1.048	1.051	1.055
82	1.016	1.019	1.022	1.026	1.029	1.032	1.035	1.038	1.042	1.045	1.048
83	1.014	1.017	1.020	1.022	1.025	1.028	1.031	1.034	1.036	1.039	1.042
84	1.012	1.014	1.017	1.019	1.022	1.024	1.026	1.029	1.031	1.034	1.036
85	1.010	1.012	1.014	1.016	1.018	1.021	1.023	1.025	1.027	1.029	1.031
86	1.009	1.011	1.013	1.014	1.016	1.018	1.020	1.022	1.023	1.025	1.027
87	1.007	1.009	1.010	1.012	1.013	1.015	1.016	1.018	1.019	1.021	1.022
88	1.006	1.007	1.009	1.010	1.010	1.013	1.014	1.015	1.016	1.018	1.019
89	1.005	1.006	1.007	1.008	1.009	1.010	1.011	1.012	1.013	1.014	1.015
90	1.004	1.005	1.006	1.006	1.007	1.008	1.009	1.010	1.010	1.011	1.012
91	1.003	1.004	1.004	1.005	1.006	1.007	1.007	1.008	1.009	1.009	1.010
92	1.003	1.004	1.004	1.005	1.005	1.006	1.006	1.007	1.007	1.008	1.008
93	1.002	1.002	1.003	1.003	1.004	1.004	1.004	1.005	1.005	1.006	1.006
94	1.001	1.001	1.002	1.002	1.002	1.003	1.003	1.003	1.003	1.004	1.004
95	1.001	1.001	1.002	1.002	1.002	1.002	1.002	1.002	1.003	1.003	1.003
96	1.001	1.001	1.001	1.001	1.001	1.002	1.002	1.002	1.002	1.002	1.002
97	1.000	1.000	1.000	1.000	1.000	1.001	1.001	1.001	1.001	1.001	1.001
98	1.000	1.000	1.000	1.000	1.000	1.000	1.000	1.000	1.000	1.000	1.000
99	1.000	1.000	1.000	1.000	1.000	1.000	1.000	1.000	1.000	1.000	1.000
100	1.000	1.000	1.000	1.000	1.000	1.000	1.000	1.000	1.000	1.000	1.000

注：表中 $1/T$ 指 T 小时内出现 95％以上最大负载时间不超过 1 h。

表中( )内的值指该负荷率出现最大负载运行时间百分数的极限值。

附 录 D
（资料性附录）
变压器相间不平衡负载的损耗系数(K_{Bb})

D.1 计算法

D.1.1 变压器相负载不平衡度的计算式

$$F_{\varphi}=\frac{S_m-S_x}{S_{\varphi}} \quad \cdots\cdots(D.1)$$

式中：

F_{φ}——相间负载不平衡度；

S_m——三相中的最大负载视在功率，单位为千伏安(kVA)；

S_x——三相中的最小负载视在功率，单位为千伏安(kVA)；

S_{φ}——三相平衡负载的视在功率，单位为千伏安(kVA)。

D.1.2 相间最小负载不平衡度的计算

$$F_x=\frac{S_x-S_{\varphi}}{S_{\varphi}} \quad \cdots\cdots(D.2)$$

式中：

F_x——相间最小负载不平衡度。

D.1.3 变压器相间不平衡负载损耗系数 K_{Bb} 计算式

$$K_{Bb}=1-2\left(\frac{1}{3}F_{\varphi}+F_{\varphi}F_x+F_x^2\right) \quad \cdots\cdots(D.3)$$

D.2 查表法

在表 D.1 中首先查找三相负载不平衡度(表中纵坐标)，再查找相间最小负载不平衡度(表中横坐标)，找出横、纵坐标对应的变压器相间不平衡负载的损耗系数(K_{Bb})。

表 D.1 变压器相间不平衡负载损耗系数 K_{Bb}

F_{φ} \ F_x	−1.0	−0.9	−0.8	−0.7	−0.6	−0.5	−0.4	−0.3	−0.2	−0.1	0
3.0	3.000										
2.9	2.807										
2.8	2.627	2.807									
2.7	2.460	2.620									
2.6	2.307	2.447	2.627								
2.5	2.167	2.287	2.447								
2.4	2.040	2.140	2.280	2.460							
2.3	1.927	2.007	2.127	2.280							
2.2	1.827	1.887	1.987	2.127	2.287						
2.1	1.740	1.780	1.860	1.980	2.140						
2.0	1.667	1.687	1.747	1.847	1.987	2.167					

表 D.1（续）

F_φ \ F_x	−1.0	−0.9	−0.8	−0.7	−0.6	−0.5	−0.4	−0.3	−0.2	−0.1	0
1.9	1.607	1.607	1.647	1.727	1.847	2.007					
1.8	1.560	1.540	1.560	1.620	1.720	1.860	2.040				
1.7	1.527	1.487	1.487	1.527	1.607	1.727	1.887				
1.6	1.507	1.447	1.427	1.447	1.507	1.607	1.747	1.927			
1.5	1.500	1.420	1.380	1.380	1.420	1.500	1.620	1.780			
1.4	1.507	1.407	1.347	1.327	1.347	1.407	1.507	1.647	1.827		
1.3	1.527	1.407	1.327	1.287	1.287	1.327	1.407	1.527	1.687		
1.2	1.560	1.420	1.320	1.260	1.240	1.260	1.320	1.420	1.560	1.740	
1.1	1.607	1.447	1.327	1.247	1.207	1.207	1.247	1.327	1.447	1.607	
1.0	1.667	1.487	1.347	1.247	1.187	1.167	1.187	1.247	1.347	1.487	1.667
0.9		1.540	1.380	1.260	1.180	1.140	1.140	1.180	1.260	1.380	1.540
0.8			1.427	1.287	1.187	1.127	1.107	1.127	1.187	1.287	1.427
0.7				1.327	1.207	1.127	1.087	1.087	1.127	1.207	1.327
0.6					1.240	1.140	1.080	1.060	1.080	1.140	1.240
0.5						1.167	1.087	1.047	1.047	1.087	1.167
0.4							1.107	1.047	1.027	1.047	1.107
0.3								1.060	1.020	1.020	1.060
0.2									1.017	1.007	1.017
0.1										1.007	1.007
0											1.000

附 录 E
（资料性附录）
案 例

E.1 案例分析

E.1.1 案例

某变电所有三台可并列运行的双绕组变压器，其技术参数如表E.1：

表 E.1 技术参数1

	S_N/kVA	P_0/kW	P_k/kW	I_0/%	U_k/%
变压器A	10 000	27.7	80.5	2.8	7.7
变压器B	15 000	36.4	139.2	3.01	7.84
变压器C	20 000	24.2	131.3	0.87	7.54

根据$Q_0=I_0\%S_N\times10^{-2}$、$Q_k=U_k\%S_N\times10^{-2}$、式(A.4)、式(A.5)及$K_Q$取0.04，分别计算出各台变压器的技术参数如表E.2：

表 E.2 技术参数2

	Q_0/kvar	Q_k/kvar	P_{0Z}/kW	P_{kZ}/kW
变压器A	280	770	38.9	111.3
变压器B	452	1 176	54.5	196.5
变压器C	174	1 508	31.2	191.6

E.1.2 分析与计算

分析计算变电所的经济运行方式（K_T取1.002）的步骤如下：

步骤一：单台变压器间经济运行方式的确定

根据式(A.16)分别计算出并列运行的双绕组变压器经济运行方式的临界负载视在功率

a) 变压器A与B之间$S_{LZ}{}^{A\sim B}=8\ 060$(kVA)

b) 变压器A与C之间$S_{LZ}{}^{A\sim C}=\text{j}3\ 484$

c) 变压器B与C之间$S_{LZ}{}^{B\sim C}=\text{j}7\ 687$

根据以上的计算结果，结合相应判定原则，可确定单台变压器运行时C优于A和B。

步骤二：单台与两台间经济运行方式的确定

由于单台变压器C是运行经济的，因此单台和两台间的经济运行方式只存在着C和AC对比及C和BC对比两种情况。

根据式(A.16)分别计算出并列运行的双绕组变压器经济运行方式的临界负载视在功率

a) 变压器C与AC之间$S_{LZ}{}^{C\sim AC}=16\ 525$(kVA)

b) 变压器C与BC之间$S_{LZ}{}^{C\sim BC}=17\ 886$(kVA)

步骤三：两种两台间经济运行方式的确定

同上方法计算出变压器AC和BC间$S_{LZ}{}^{AC\sim BC}=23\ 645$(kVA)

步骤四：两台与三台间经济运行方式的确定

同上方法计算出变压器AC与ABC之间$S_{LZ}{}^{AC\sim ABC}=23\ 967$(kVA)、变压器BC与ABC之间$S_{LZ}{}^{BC\sim ABC}=24\ 100$(kVA)

步骤五：按综合功率损失最小，本例变电所的经济运行方式的负载区间如表E.3。

表 E.3 经济运行方式的负载区间

运行方式	C	AC	BC	ABC
负载 S(kVA)	0～16 525	16 525～23 645	23 645～24 100	24 100～45 000

根据上述对变电所的经济运行方式分析计算，不仅要依据变压器的技术参数和容量来选择变压器运行台数，同时还必须充分考虑到相同台数运行方式之间也存在着经济运行方式。而且只有全面分析相同台数与不同台数运行方式之间的临界条件，才能全面准确地确定变压器的经济运行方式。

ICS 13.220.01
C 80

中华人民共和国国家标准

GB/T 13464—2008
代替 GB/T 13464—1992

物质热稳定性的热分析试验方法

Thermal analysis test methods for thermal stability of materials

2008-06-24 发布 2009-03-01 实施

中华人民共和国国家质量监督检验检疫总局
中国国家标准化管理委员会 发布

前言

本标准技术内容参考采用 ASTM E 537—2002《用差示扫描量热法测量化学品热稳定性的标准试验方法》(英文版)。与 ASTM E 537—2002(英文版)相比,本标准增加了差热分析仪测试化学品热稳定性的方法。用差热分析仪和差示扫描量热仪协同进行物质热稳定性参数的测量,有助于更准确地判断物质热稳定性的反应机理。

本标准代替 GB/T 13464—1992《物质热稳定性的热分析试验方法》。本标准与 GB/T 13464—1992 相比主要差异如下:

——修改了标准的适用范围(见第 1 章);

——增加了规范性引用文件(见第 2 章);

——修改了术语和定义一章的内容(1992 版的第 2 章,本版的第 3 章);

——修改了仪器参数要求中的程序升温速率,由“2 ℃/min～30 ℃/min”改为“2 ℃/min～20 ℃/min”(1992 版的 4.1,本版的 5.1);

——增加了“称重天平”仪器的量程和精度要求(见 5.7);

——增加了试验结果的精确度和偏差要求(见第 9 章)。

本标准的附录 A 为规范性附录,附录 B 为资料性附录。

本标准由中华人民共和国公安部提出。

本标准由全国消防标准化技术委员会第一分技术委员会(SAC/TC 113/SC 1)归口。

本标准起草单位:公安部天津消防研究所。

本标准主要起草人:陈迎春、邓震宇、卓萍、龚承先。

本标准所代替标准的历次版本发布情况为:

——GB/T 13464—1992。

物质热稳定性的热分析试验方法

1 范围

本标准规定了用差热分析仪和/或差示扫描量热仪测量物质热稳定性的试验方法所用的仪器和材料、试样、试验步骤、试验结果、精确度、安全事项和局限性等。

本标准适用于在一定压力下(包括常压)的惰性或反应性气氛中、在－50 ℃～1 500 ℃的温度范围内有焓变的固体、液体和浆状物质热稳定性的评价。

2 规范性引用文件

下列文件中的条款通过本标准的引用而成为本标准的条款。凡是注日期的引用文件,其随后所有的修改单(不包括勘误的内容)或修订版均不适用于本标准,然而,鼓励根据本标准达成协议的各方研究是否可使用这些文件的最新版本。凡是不注日期的引用文件,其最新版本适用于本标准。

GB/T 6425—1986 热分析术语

3 术语和定义

GB/T 6425—1986 确立的以及下列术语和定义适用于本标准。

3.1

物质热稳定性 thermal stability of material

在一定的条件下,物质不发生焓变(仅适用于本标准,见3.2)。

3.2

焓变 exotherm or endotherm

物质发生吸热或放热的任何变化。

3.3

反应焓 reaction enthalpy

用差热分析(DTA)曲线或差示扫描量热(DSC)曲线上反应峰的峰面积值(函数对时间的积分)指征物质的单位质量反应热,单位为毫焦每毫克(mJ/mg)或焦每克(J/g)。

3.4

起始温度 initial temperature

T_i

记录曲线开始偏离基线时对应的温度。

3.5

峰温 temperature of the peak

T_p

放热峰或吸热峰峰顶对应的温度。

3.6

外推起始温度 temperature of the extrapolated onset

T_e

峰前缘上斜率最大的一点作切线与外延基线的交点对应的温度。

3.7

起始放热温度 exotherimic initial temperature

T_{ie}

第一个出现的放热峰的起始温度。

3.8

外推起始放热温度　exotherimic temperature of the extrapolated onset

T_{ee}

放热峰的**外推起始温度**(见3.6)。

3.9

自燃温度　auto-ignition temperature

T_{ea}

对能够发生自燃的物质进行热分析试验,在DTA曲线或DSC曲线上观察到的第一个主放热峰的**外推起始放热温度**(仅适用于本标准,见3.8)。

4　原理

本方法采用差热分析仪或差示扫描量热仪测量物质的焓变温度(包括起始放热温度、外推起始放热温度和峰温)和反应焓的值,以此来评价物质的热稳定性。

5　仪器和材料

5.1　仪器

差热分析仪或差示扫描量热仪。

5.1.1　温度控制器

程序升温速率在2 ℃/min～20 ℃/min范围内,控温精度为±2 ℃;测量样品温度和炉温的热电偶精度为±0.5 ℃。

5.1.2　感应器

温差或功率差的大小在记录仪上能达到40%～95%的满刻度偏离。

5.2　试样容器

试样容器(坩埚)应不与试样和参比物起反应,包括铝坩埚、铂坩埚、陶瓷坩埚等。

5.3　气源

5.3.1　气体纯度

可采用空气、氮气等作为气源,氮气应达到99.9%以上气体纯度。

5.3.2　气体流量控制器

将气体流量控制在10 mL/min～50 mL/min的范围内并稳定在5%的误差以内。

5.4　冷却装置

冷却装置的冷却温度应能达到−50 ℃。

5.5　参比物

参比物在试验温度范围内不发生焓变,并应储存在干燥器中待用。典型的参比物有煅烧的氧化铝、玻璃珠、硅油或空容器等。

5.6　压力条件

如果试验需要在压力条件下进行,应具备:

——能够维持压缩气源试验压力在0.1 MPa～1.27 MPa。

——压力调节转换器可测量并调节试验压力至规定值,误差小于5%。

5.7　称重天平

称重天平的量程不应少于100 mg,精度为±10 μg。

6　试样

6.1　取样

对液体或浆状试样,混匀后取样;对固体试样,粉碎后用圆锥四分法取样。

6.2 试样量

试样量由被测试样的数量、需要稀释的程度、Y 轴量程、焓变大小以及升温速率等因素决定，宜为 1 mg～5 mg，最大用量不超过 50 mg。如果试样有突然释放大量潜能的可能性，应适当减少试样量。

7 试验步骤

7.1 仪器温度校准按附录 A 进行，校准温度精度应在±0.5 ℃范围内。

7.2 宜根据操作手册的要求，对试验仪器进行温度校准，校准温度信号的精度至±0.5 ℃，校准热流信号的精度至±0.5%。

7.3 测量试样的质量并记录。

7.4 将试样和参比物分别放入各自的样品容器中，并使之与试样容器有良好的热接触(对于液体试样，最好加入试样重量 20%的惰性材料，如氧化铝等)。将装有试样和参比物的样品容器一起放入仪器的加热装置内，并使之与热传感元件紧密接触。

7.5 接通气源，并将气体流量控制在 10 mL/min～50 mL/min 的范围内；如果在静止状态下进行测量，则不需要通气。

7.6 根据所用试样的性质和仪器的正常工作温度区间和压力范围来确定试验温度范围和试验压力范围。

7.7 启动升温控制器，控制升温速率在 2 ℃/min～20 ℃/min 的范围内，记录温差 ΔT(或功率差 dH/dT)与温度 T 的关系曲线，即 DTA 曲线(或 DSC 曲线)(如图 1、图 2)。

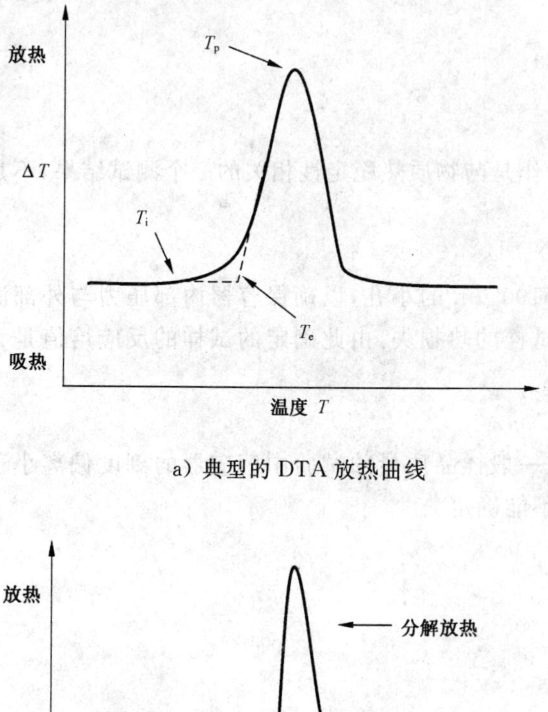

a) 典型的 DTA 放热曲线

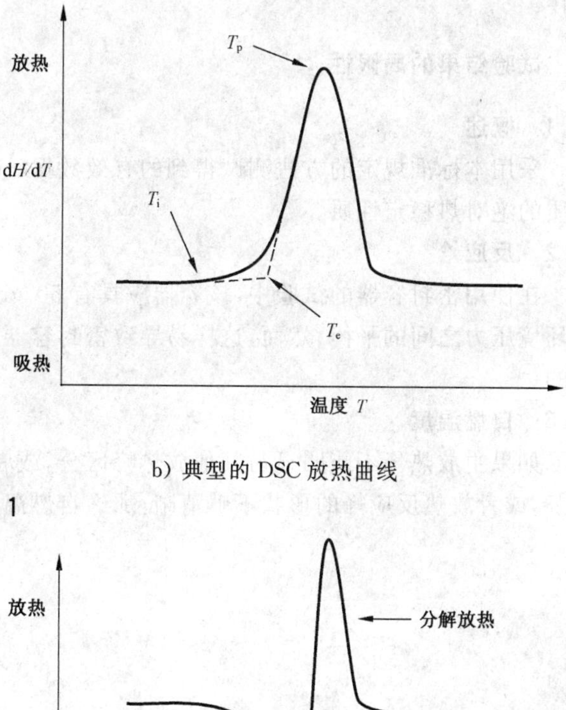

b) 典型的 DSC 放热曲线

图 1

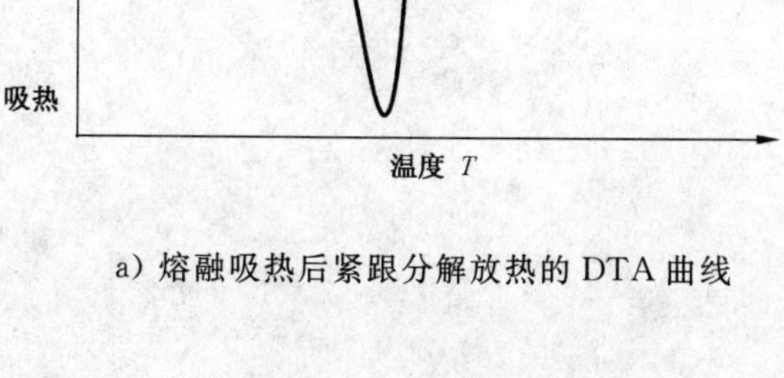

a) 熔融吸热后紧跟分解放热的 DTA 曲线

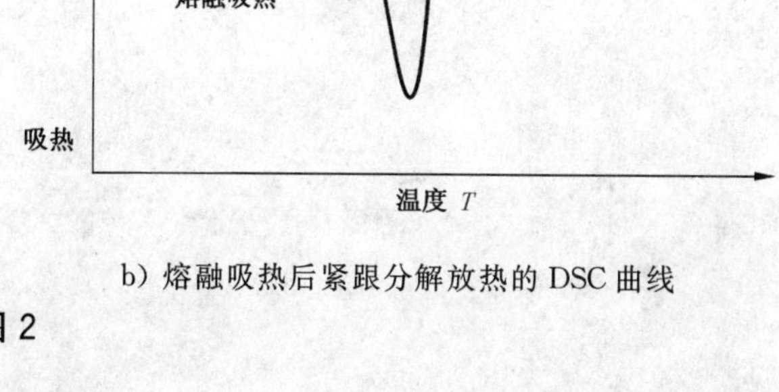

b) 熔融吸热后紧跟分解放热的 DSC 曲线

图 2

8 试验结果

8.1 取三次测定结果的平均值作为试验结果，三次测得结果之间的差值应在精确度范围内，不在精确度范围的结果不应采纳。

8.2 试验报告要求参见附录 B。

9 精确度和偏差

9.1 不同实验室使用不同的生产厂家的不同型号的仪器，多次测试结果的重复度用标准偏差表示其精确度。

9.2 重复度有 95%的置信区间，超出范围的结果不应采纳。

9.3 起始温度的重复标准偏差应不大于 3.4 ℃。

9.4 外推起始温度的重复标准偏差应不大于 0.52 ℃。

9.5 反应焓的重复标准偏差应不大于 4.7%。

10 安全事项

用本标准规定的试验方法进行测量时，为防范被测物质的潜在危险性，在取样和测量时应小心谨慎。如果需要用研磨的方法粉碎试样，应将被测物质视为危险品，并按化学危险品安全操作规程进行操作。

11 试验结果的局限性

11.1 概述

采用本标准规定的方法测试得到的有效数据，应看作是与物质热稳定性相关的一个测试结果，不是物质的绝对热稳定性质。

11.2 反应焓

在使用密封容器的试验中，该容器应具有 50 μm～100 μm 的小孔，以确保容器内部压力与外部测试环境压力之间的平衡；然而，这样易导致密封容器内试样的热损失，由此确定的试样的反应焓值是无效的。

11.3 自燃温度

如果主放热峰不能明显与其他放热峰区分，或者在一般样品质量的试验中感应器的刻度偏离小于 30%，或者放热反应峰的形状不够清晰，那么自燃温度不能确定。

附 录 A
（规范性附录）
差示扫描量热仪和差热分析仪的温度校准方法

A.1 仪器校准

用表 A.1 所列物质（纯度大于 99.9%）的相转变温度进行仪器校准。

表 A.1 校准物质的相转变温度

校准物质	相转变温度	
	℃	K
汞	−38.86	234.29
水	0.00	273.15
二苯醚	26.87	300.02
苯甲酸	122.37	395.52
铟	156.63	429.78
锡	231.97	505.12
铋	271.44	544.59
铅	327.50	600.65
锌	419.58	692.73
锑	630.74	903.89
铝	660.37	933.52
银	961.93	1 235.08

A.2 试验步骤

A.2.1 两点校准法

A.2.1.1 在表 A.1 中选取两种校准物质。其中，一种物质的相转变温度比被测试样的起始放热温度低，另一种物质的相转变温度比被测试样的终止放热温度高，而且要尽可能接近这两个温度。

A.2.1.2 测量各校准物质的表观相转变温度。

A.2.1.2.1 将重量为 5 mg～15 mg 的校准物质和参比物分别放入样品容器中。

A.2.1.2.2 把样品容器放入仪器的加热装置内，用流量为 10 mL/min～50 mL/min 的氮气或其他惰性气体冲洗测量装置，直到测量结束。

A.2.1.2.3 以 10 ℃/min 的升温速率加热校准物质和参比物，使校准物质通过相转变温度，直至基线重新确立。也可以用其他升温速率，但必须与测量试样时的条件相同。

A.2.1.2.4 由得到的 DTA 曲线或 DSC 曲线测量出表观相转变温度（T_e、T_p）（如图 A.1 和图 A.2）。

差示扫描量热计或试样与温感元件分开的差热分析仪用 T_e 作为表观相转变温度；试样与温感元件紧密接触的某些差热分析仪，用 T_p 作为表观相转变温度。

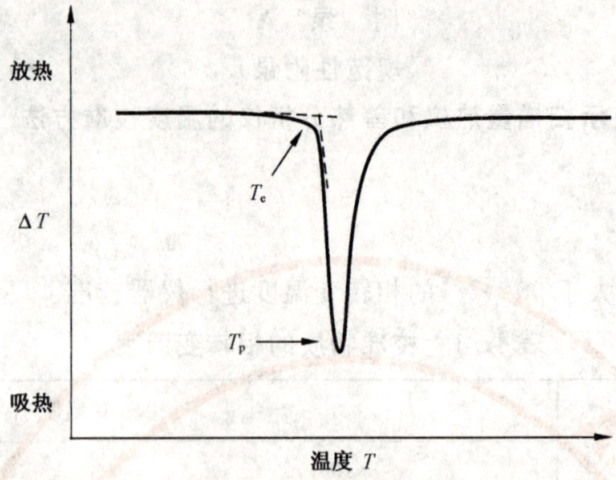

图 A.1　校准物质相转变的 DTA 曲线

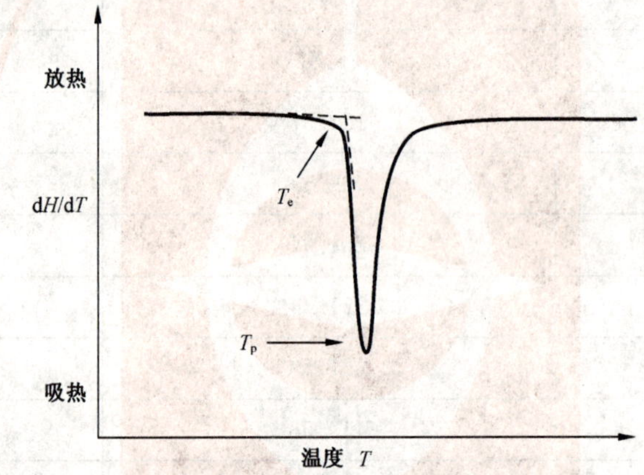

图 A.2　校准物质相转变的 DSC 曲线

A.2.1.3　按 A.3.1 计算实际相转变温度。

A.2.2　一点校准法

A.2.2.1　如果已按 A.2.1 测出了表观相转变温度，并按 A.3.2 计算出斜率值(S)，若 S 值与 1.000 的差值在±0.01 的范围内(试验温度与校正温度相差 100 ℃时)，则用一点校准法。

A.2.2.2　从表 A.1 中选取一种校准物质，使其相转变温度尽量处在被测试样的放热峰内。

A.2.2.3　按 A.2.1.2.1～A.2.1.2.6 的步骤测出校准物质的表观相转变温度。

A.2.2.4　按 A.3.1 计算实际相转变温度。

A.3　计算

A.3.1　计算关系式

假设表观相转变温度(T_0)与实际相转变温度(T)之间存在线性关系，那么它们之间存在下面的关系：

$$T=(T_0\times S)+I \qquad \cdots\cdots(A.1)$$

式中：

S——斜率(标准值为 1.000)；

I——截距。

这两个参数均由 A.3.2 计算得出。

A.3.2 两点校准法

用表 A.1 中的校准物质相转变温度和实际测量的表观相转变温度，通过式(A.2)和式(A.3)计算 S 和 I。

$$S=(T_{S1}-T_{S2})/(T_{01}-T_{02}) \quad \cdots\cdots(A.2)$$

$$I=[(T_{01}\times T_{S2})-(T_{02}\times T_{S1})]/(T_{01}-T_{02}) \quad \cdots\cdots(A.3)$$

式中：

T_{S1}——取自表 A.1 中的 1 号校准物质的相转变温度；

T_{S2}——取自表 A.1 中的 2 号校准物质的相转变温度；

T_{01}——A.2 步骤中测出的 1 号校准物质的表观相转变温度；

T_{02}——A.2 步骤中测出的 2 号校准物质的表观相转变温度。

S 要计算到四位有效数字，I 要精确到 0.01 ℃。

A.3.3 一点校准法

如果用两点校准法测出的斜率值(S)与标准值 1.000 之差在±0.01 的范围内，那么就用一点校准法，只测出截距。

$$I=T_{S1}-T_{01} \quad \cdots\cdots(A.4)$$

利用测出的斜率值(S)和截距(I)，通过式(A.1)计算出被测试样的实际焓变温度。

附 录 B
（资料性附录）
热分析试验报告内容

物质热稳定性的热分析试验报告应包括下述内容：

a） 试验委托单位名称。

b） 试验单位名称和试验负责人。

c） 送样日期和试验日期。

d） 试样和参比物的名称、组成、分子式、重量、状态和纯度等。

e） 仪器型号和样品容器。

f） 气氛的组成和压力、静态或动态、密封程度及动态情况，应注明气体流量。

g） 程序升温速率和试验温度范围。

h） Y 轴灵敏度和 Y 轴量程。

i） 记录 DTA 曲线或 DSC 曲线的所有过程，注明起始温度、外推起始温度、峰温和反应焓的值。

j） 把测定的焓变温度和反应焓换算成实际的焓变温度和反应焓。

k） 用实际的焓变温度和反应焓的值来评价物质的热稳定性。

ICS 23.120
J 72

中华人民共和国国家标准

GB/T 13469—2008
代替 GB/T 13469—1992

离心泵、混流泵、轴流泵和旋涡泵系统经济运行

Economical operation for centrifugal, mixed flow, axial flow and vortex pump systems

2008-05-27 发布 2008-11-01 实施

中华人民共和国国家质量监督检验检疫总局
中国国家标准化管理委员会 发布

前言

本标准代替 GB/T 13469—1992《工业用离心泵、混流泵、轴流泵和旋涡泵系统经济运行》。

本标准与 GB/T 13469—1992 相比主要变化如下：

——突出了系统经济运行改造措施；

——删除了原标准名称中的“工业用”；

——适用范围改为“适用于在用的交流电气传动离心泵、混流泵、轴流泵和旋涡泵系统，新系统设计可参照执行”。删除了原标准中的“适用于企事业单位”；

——删除了原术语，增加了“管网”的术语和定义；

——在经济运行基本要求中增加了对设备、机组、管网、系统的要求；

——分别对机组、管网、系统提出具体评价方法；

——原用“优、良”、“合格”和“不合格”评价术语改为：“运行经济”、“运行合理”和“运行不经济”；

——删除了原标准电能利用率的概念与计算方法，采用机组效率与机组额定效率进行比较的方法作为判别主要依据；

——增加了系统经济运行测试方法一章；

——分别提出管理措施和技术措施。

本标准由全国能源基础与管理标准化技术委员会提出。

本标准由全国能源基础与管理标准化技术委员会合理用电分委员会归口。

本标准主要起草单位：深圳达实智能股份有限公司、中国标准化研究院、沈阳水泵研究所、广一集团广州广一泵业有限公司。

本标准主要起草人：赵跃进、李铁牛、翟克俊、李先瑞、陶洁宇、柯水源、冯麟凯、裴念强。

本标准于 1992 年首次发布，本次为第一次修订。

离心泵、混流泵、轴流泵和旋涡泵系统经济运行

1 范围

本标准规定了交流电气传动的离心泵、混流泵、轴流泵和旋涡泵系统经济运行的基本要求、判别与评价方法、测试方法和改造措施。

本标准适用于在用的交流电气传动离心泵、混流泵、轴流泵和旋涡泵系统，新系统设计可参照执行。

2 规范性引用文件

下列文件中的条款通过本标准的引用而成为本标准的条款。凡是注日期的引用文件，其随后所有的修改单(不包括勘误的内容)或修订版均不适用于本标准，然而，鼓励根据本标准达成协议的各方研究是否可使用这些文件的最新版本。凡是不注日期的引用文件，其最新版本适用于本标准。

GB/T 3216 回转动力泵 水力性能验收试验 1级和2级

GB/T 9481 中小型轴流泵 型式与基本参数

GB/T 12497 三相异步电动机经济运行

GB/T 13007 离心泵效率

GB/T 13466 交流电气传动风机(泵类、空气压缩机)系统经济运行通则

GB/T 13468 泵类系统电能平衡的测试与计算方法

GB/T 13471 节电措施经济效益计算与评价方法

GB 17167 用能单位能源计量器具配备和管理通则

GB 18613 中小型三相异步电动机能效限定值及能效等级

GB 19762 清水离心泵能效限定值及节能评价值

GB/T 21056 风机、泵类负载变频调速节电传动系统及其应用技术条件

JB/T 7743 旋涡泵

3 术语和定义

GB/T 13466 确立的以及下列术语和定义适用于本标准。

3.1

管网 duct network

与泵联接的管道以及管道上的阀门、过滤器等附件的总称。

4 系统经济运行基本要求

4.1 原则要求

泵系统经济运行应符合 GB/T 13466 的要求。

4.2 对设备要求

4.2.1 泵的选型应符合以下要求：

a) 满足系统的使用压力和流量；

b) 泵的选择应符合 GB/T 9481、GB 19762、GB/T 13007、JB/T 7743 等相关标准的规定；

c) 设计运行工况点应在泵制造厂规定的经济工作区内；

d) 根据负载特性确定泵的调节方式。

4.2.2 泵配套的交流电动机应符合 GB 18613 的规定。年运行时间大于 3 000 h、负载率大于 60%的电动机，应采用能效指标符合 GB 18613 中节能评价值的电动机。

4.2.3 在多种工况生产工艺条件下，按负载特性选择匹配的泵，对多机组系统选型时应满足串并联技术条件的要求。

4.2.4 泵的实际性能参数应按照 GB/T 3216 的规定试验验收。

4.2.5 设备的选型应采用寿命周期成本分析方法，选择经济性高的设备。

4.3 对机组要求

4.3.1 机组应与负载特性相匹配，机组控制设备应能满足运行工况变化的要求。

4.3.2 采用多台泵联合运行时，在满足工艺、安全及可靠运行的基础上，应采用高效泵承担基本负荷，使输送单位流量介质电耗最低。

4.3.3 多机组系统并联运行时，应采用等扬程特性的泵；串联运行时，应采用等流量特性的泵；采用调速装置控制调节时，应满足泵串并联运行规则，宜采用变频泵高效节能区串并联运行模式。

4.4 对管网要求

4.4.1 应在优化生产工艺的条件下合理确定管网配置方案和输送半径。

4.4.2 根据生产工艺要求，合理确定管材和管径。

4.4.3 管道中介质速度应按经济流速选取。

4.4.4 管网中应减少管接头、弯头、三通、阀门等管件，减少管道附件阻力损失。

4.4.5 管道通流截面应减少突然扩大缩小、急转弯的分流变向等情况，弯管曲率半径应不小于管道直径的 1.25 倍，减少管道局部阻力损失。

4.4.6 吸入管道要求

a) 条件允许时，宜采用正压吸入或压入式布置；
b) 泵的吸入管道不应有气囊存在，水平吸入管道应在泵的吸入口方向向上倾斜，倾斜度不小于 0.5%；
c) 轴流泵、混流泵和大型离心泵吸入管道布置与流速的选择，应使吸入介质不产生涡流；
d) 在吸入管道上的底阀宜用抽真空或其他方法代替；
e) 为保证泵的吸上性能，输送常温清水的吸入管道介质流速应小于 2 m/s；
f) 对于有吸入真空的泵，吸入管及密封装置应防止漏气。

4.4.7 排出管道要求

a) 分管与总管连接，宜采用斜交连接代替直交连接；
b) 宜采用无附加阻力阀或微阻力阀；
c) 排出管道应采用经济流速，输送常温清水的流速应为 2 m/s～3 m/s。

4.4.8 应减少管网泄漏率。一般情况下，输水管网泄漏率应小于 1%。

4.5 对系统要求

4.5.1 计算系统额定工况点时，应绘制出管网总阻力特性曲线与泵性能曲线，使泵运行在经济工作区内。系统正常运行工况的运行效率应不小于泵额定效率的 80%。

4.5.2 对于负荷变化较大及非连续运行工况，宜采用变频调速装置，变频调速装置的应用技术条件应符合 GB/T 21056 的规定。

4.5.3 当流量变化幅度小于 20%，或年运行时间小于 4 000 h 时，宜采用以下流量调节方法，包括：

a) 小型离心泵可用节流法；
b) 旋涡泵可用旁路分流法；
c) 对混流泵、轴流泵可改变叶片安装角度或调节进口的导向叶片调节流量和扬程；
d) 变流恒压泵；
e) 电动机轻载降压节电技术。

4.5.4 输送高(低)温介质的设备和管网应符合保温技术条件相关标准的要求,减少热(冷)能损耗。

4.5.5 对于不同压力区域的供水,宜充分利用一次网压头,采用分级供应,尽量减少使用压力平衡阀。

4.5.6 在技术及经济条件允许的情况下,宜采用仿真模拟计算对系统进行设计和提出节能优化方案。

4.5.7 在系统运行过程中宜采用可编程控制器、直接数字控制器等自动控制手段对系统进行控制。

4.6 系统经济运行管理

4.6.1 基本要求

4.6.1.1 系统中的三相异步电动机的运行状况应符合 GB/T 12497 的规定。

4.6.1.2 应按照 GB 17167 的规定,在有关部位安装电量、压力、流量等仪器仪表。

4.6.1.3 应建立运行管理、维护、检修等规章制度,包括:

a) 按制造厂的安装使用说明书进行维护,发现异常应及时处理;

b) 定期检修机组设备,及时更换损坏零部件;

c) 定期检查清理管道。

4.6.1.4 应建立维护运行日志和技术档案。

4.6.1.5 应加强管理人员和操作人员的培训。

4.6.2 监测、检查

4.6.2.1 监测与检查可采用巡视、定期仪表检测与集中在线监测的方式。

4.6.2.2 定期检查系统主要部件,维护系统的性能水平与经济运行,主要包括:

a) 定期检查机组设备的振动情况;

b) 定期检查过滤网和叶轮;

c) 轴承润滑和更换;

d) 定期检查管路的泄漏;

e) 定期检查系统阻力。

4.6.2.3 在技术及经济条件允许的情况下,应在线监测系统进出口压力、温度、流量、电量和调节装置的状态等。

4.6.2.4 容量在 45 kW 及以上、年运行时间大于 3 000 h 的泵,宜每年进行一次机组运行效率测量。

5 系统经济运行的判别与评价方法

5.1 系统经济运行计算判别程序

5.1.1 计算步骤

第一步,按照 5.2.1 对使用中的机组额定效率进行计算;

第二步,按照 5.2.2 对使用中的机组运行效率进行计算;

第三步,按照 5.2.3 对系统管网泄漏率进行计算;

第四步,按照 5.2.4 对输送单位流量介质电耗进行计算。

5.1.2 判别程序

第一步,按照 5.3 对设备进行判别与评价;

第二步,按照 5.4 对机组运行进行判别与评价;

第三步,按照 5.5 对管网运行进行判别与评价;

第四步,按照 5.6 对系统运行进行判别与评价。

当以上某一步出现运行不经济的情况时,应查找原因,提出改进方案,并在实施改造措施达到本标准要求后,再进行下一步判别。

5.2 计算方法

5.2.1 机组额定效率

$$\eta_{Je} = \frac{P_{Ye}}{P_{Je}} \times 100\% \qquad \cdots\cdots(1)$$

式中：

η_{Je}——机组额定效率；

P_{Ye}——额定状态下，机组输出的有效功率，单位为千瓦(kW)；

P_{Je}——额定状态下，电源输入机组的有功功率，单位为千瓦(kW)。

机组额定效率也可用下列简化公式计算：

$$\eta_{Je} \approx \eta_{De} \times \eta_{Ce} \times \eta_{Te} \times \eta_{Fe} \quad \cdots\cdots\cdots\cdots(2)$$

式中：

η_{De}——电动机额定效率；

η_{Ce}——传动机构效率；

η_{Te}——调速装置额定效率；

η_{Fe}——泵额定效率。

注：式(2)中效率均为制造厂给出。

5.2.2 机组运行效率

$$\eta_j = \frac{\sum_{i=1}^{n} P_{Yi} \times t_i}{\sum_{i=1}^{n} W_i} \times 100\% \quad \cdots\cdots\cdots\cdots(3)$$

式中：

η_j——记录期内机组总的平均运行效率；

P_{Yi}——记录期内机组在第 i 种负荷下运行时，泵输出的有效功率，单位为千瓦(kW)；

t_i——记录期内机组在第 i 种负荷下的运行时间，单位为时(h)；

W_i——记录期内机组在第 i 种负荷下运行时，电源输入机组的电量，单位为千瓦时(kW·h)；

n——记录期内的负荷变化次数。

5.2.3 系统管网泄漏率

$$\lambda_l = \frac{Q_z - Q'}{Q_z} \times 100\% \quad \cdots\cdots\cdots\cdots(4)$$

式中：

λ_l——系统管网泄漏率；

Q_z——输入管网的总流量，单位为立方米每分(m^3/min)；

Q'——管网输出的总流量，单位为立方米每分(m^3/min)。

5.2.4 输送单位流量电耗

$$\varepsilon = \frac{\sum_{i=1}^{n} W_i}{\sum_{i=1}^{n} Q_i \times t_i} \quad \cdots\cdots\cdots\cdots(5)$$

式中：

ε——输送单位流量电耗，单位为千瓦时每立方米($kW \cdot h/m^3$)；

W_i——记录期内机组在第 i 种负荷下运行时，电源输入机组的电量，单位为千瓦时(kW·h)；

Q_i——记录期内机组在第 i 种负荷下运行时，泵输出的流量，单位为立方米每时(m^3/h)；

t_i——记录期内机组在第 i 种负荷下的运行时间，单位为时(h)。

5.3 对设备判别与评价

设备的额定效率大于 GB 18613 和 GB 19762 中规定的节能评价值，则认定设备的选型符合经济运行要求；设备的额定效率大于 GB 18613 和 GB 19762 中规定的能效限定值，则认定设备的选型经济运行合理；设备的额定效率小于GB 18613和GB 19762中规定的能效限定值，则认定设备的选型不经济。

5.4 对机组运行判别与评价

5.4.1 记录期内实测的机组运行效率与机组的额定效率相比，其比值大于0.85，则认定机组运行经济；其比值在0.70～0.85之间，则认定机组运行合理；其比值小于0.70，则认定机组运行不经济。

5.4.2 如果机组的效率不同，应用有效功率加权计算平均效率作为判别指标。

5.5 对管网运行判别与评价

5.5.1 应在记录期内进行泄漏测试。一般情况下，输水管网泄漏率小于0.5%，则认定管网运行经济；输水管网泄漏率在0.5%～1%之间，认定管网运行合理；输水管网泄漏率大于总流量的1%，认定管网运行不经济。

5.5.2 系统中存在长期起节流作用的阀门和旁通的回流介质，以及不能正常工作的阀门或其他部件，则认定管网运行不经济。

5.5.3 任何安装在管网中的热交换器、过滤器或控制装置，其压力损失超出厂家规定的范围，则认定管网运行不经济。

5.6 对系统运行判别与评价

5.6.1 系统所有设备、机组和管网同时达到5.3、5.4和5.5规定的经济运行要求，则认定系统运行经济；系统所有设备、机组和系统管网其中有达到5.3、5.4和5.5规定的运行合理，并没有运行不经济项时，则认定系统运行合理；系统所有设备、机组和系统管网有一项被判定为运行不经济，则认定系统运行不经济。

5.6.2 不同泵系统输送单位流量介质电耗符合相关标准，则认定系统运行经济；不符合相关标准，则认定系统运行不经济。

6 系统经济运行测试方法

6.1 测试条件

测试应在如下条件下进行：

a) 测试前不应对泵系统作任何改动；

b) 测试应在具有代表性的工况下进行；

c) 泵应在稳定的电压、温度和压力下运行。

6.2 测量仪器仪表要求

测量仪器仪表应符合以下要求：

a) 有功电能表的准确度应不低于1.5级；

b) 有功功率表的准确度应不低于1.0级；

c) 压力表的准确度应不低于1.0级；

d) 流量计的准确度应不低于1.5级；

e) 转速表的准确度应不低于0.25级。

测量仪器仪表应定期检定或校准。

6.3 测量方法

6.3.1 测量时应符合以下要求：

a) 在进行系统测试之前，应收集并核对设备原始技术数据和运行数据；

b) 记录期内系统宜采用在线测量和记录数据方法；

c) 主要测点包括进出口、主分配管路、系统部件的进出口等；

d) 对没有安装在线测量仪器仪表的系统，测量的间隔应反映系统负荷变化规律。

6.3.2 泵系统的测量方法应符合GB/T 13468的规定，泵的试验方法应符合GB/T 3216的规定。

6.4 测试数据处理

验证数据有效性后，应按照5.2进行计算，并按照5.6对系统运行状况进行判别与评价。

7 系统经济运行改造措施

7.1 管理措施

7.1.1 对未达到经济运行要求的系统，应进行节能诊断，并做出评估报告。报告内容应包括系统及运行概况、检测方法与数据分析、预防及管理措施、提高能效的改进措施等。评估报告应保存两年以上。实施改进措施后，应对改进效果进行检测，提供检测报告。

7.1.2 制定科学的管理流程，加强泵系统运行管理。

7.1.3 系统更新改造时，应按照GB/T 13471规定进行经济效益评价。

7.1.4 系统更新改造时，宜采用合同能源管理(EMC)等模式。

7.2 技术措施

7.2.1 当管网运行不经济时，应调整设备运行方式，或采取清洗、更换等措施。

7.2.2 现有系统机组容量裕度过大，运行负载又基本不变，系统长期处于低负载运行可采取下列方法改进：

a) 改变叶轮形状、切割叶轮或重新设计制造叶轮；

b) 更换机组；

c) 降低转速。

ICS 23.120
J 72

中华人民共和国国家标准

GB/T 13470—2008
代替 GB/T 13470—1992

通风机系统经济运行

Economical operation for the fan system

2008-05-27 发布 2008-11-01 实施

中华人民共和国国家质量监督检验检疫总局
中国国家标准化管理委员会 发布

前　言

本标准代替 GB/T 13470—1992《通风机系统经济运行》。

本标准与 GB/T 13470—1992 相比主要变化如下：

——突出了系统经济运行改造措施；

——适用范围改为“适用于在用的交流电气传动通风机系统，新系统设计可参照执行”。删除了原标准中的“适用于企事业单位”；

——删除了原术语，增加了“管网”的术语和定义；

——在经济运行基本要求中增加了对设备、机组、管网、系统的要求；

——分别对设备、机组、管网、系统提出具体评价方法；

——原用“优、良”、“合格”和“不合格”评价术语改为：“运行经济”、“运行合理”和“运行不经济”；

——删除了原标准电能利用率的概念与计算方法，采用机组效率与机组额定效率进行比较的方法作为判别主要依据；

——增加了系统经济运行测试方法一章；

——分别提出管理措施和技术措施。

本标准由全国能源基础与管理标准化技术委员会提出。

本标准由全国能源基础与管理标准化技术委员会合理用电分委员会归口。

本标准主要起草单位：深圳达实智能股份有限公司、中国标准化研究院、沈阳鼓风机研究所、广一集团广州广一泵业有限公司。

本标准主要起草人：赵跃进、李铁牛、翟克俊、李先瑞、朱艳丽、裴念强、刘付云。

本标准于 1992 年首次发布，本次为第一次修订。

通风机系统经济运行

1 范围

本标准规定了交流电气传动的通风机系统经济运行的基本要求、判别与评价方法、测试方法和改造措施。

本标准适用于在用的交流电气传动通风机系统，新系统设计可参照执行。

2 规范性引用文件

下列文件中的条款通过本标准的引用而成为本标准的条款。凡是注日期的引用文件，其随后所有的修改单(不包括勘误的内容)或修订版均不适用于本标准，然而，鼓励根据本标准达成协议的各方研究是否可使用这些文件的最新版本。凡是不注日期的引用文件，其最新版本适用于本标准。

GB/T 10178 工业通风机 现场性能试验

GB/T 12497 三相异步电动机经济运行

GB/T 13466 交流电气传动风机(泵类、空气压缩机)系统经济运行通则

GB/T 13467 通风机系统电能平衡测试与计算方法

GB/T 13471 节电措施经济效益计算与评价方法

GB 17167 用能单位能源计量器具配备和管理通则

GB 18613 中小型三相异步电动机能效限定值及能效等级

GB/T 19075 工业通风机 词汇及种类定义

GB 19761 通风机能效限定值及节能评价值

GB/T 21056 风机、泵类负载变频调速节电传动系统及其应用技术条件

JB/T 2977 工业通风机、透平鼓风机和压缩机名词术语

3 术语和定义

GB/T 19075 和 JB/T 2977 确立的以及下列术语和定义适用于本标准。

3.1

管网 duct network

与通风机联接的通风管道以及管道上的阀门、过滤器、消声器、风口等附件的总称。

4 系统经济运行基本要求

4.1 原则要求

通风机系统经济运行应符合 GB/T 13466 的要求。

4.2 对设备要求

4.2.1 通风机的选型应符合以下要求：

a) 满足系统的使用风压和风量；

b) 通风机的选择应符合 GB 19761 的规定；

c) 设计运行工况点应在通风机制造厂规定的经济工作区内；

d) 根据负载特性确定通风机调节方式。

4.2.2 通风机配套的交流电动机应符合 GB 18613 的规定。年运行时间大于 3 000 h、负载率大于 60%的电动机，应采用能效指标符合 GB 18613 中节能评价值的电动机。

4.2.3 通风机宜采用直联方式，若采用皮带轮变速时，宜采用节能型平带或带齿的毛边 V 型带，以降低传动损失。

4.2.4 在满足工艺条件下，应选用适于负载特性的叶轮类型通风机。

4.2.5 设备的选型应采用寿命周期成本分析，选择经济性高的设备。

4.3 对机组要求

4.3.1 机组应与负载特性相匹配，机组控制设备应能满足运行工况变化的要求。

4.3.2 在装配多台机组时，应采用高效通风机承担基本负荷。采用通风机多台联合运行时，在满足工艺、安全及可靠运行的基础上，应使输送单位容积介质电耗最低。

4.3.3 当流量变化幅度在20%以内，对离心风机应采用进口导叶调节方式；对轴流风机应采用改变动、静叶片安装角的调节方式。

4.3.4 对于负荷变化较大及非连续运行工况，宜采用变频调速装置。变频调速装置的应用技术条件应符合 GB/T 21056 的规定。

4.4 对管网要求

4.4.1 系统中管网应在优化生产工艺的条件下，确定合理配置方案和输送半径。

4.4.2 根据生产工艺要求，合理确定管材和管道尺寸。

4.4.3 合理布置管网，支管宜从主管的上面或侧面连接；减少 90°弯管及其他通流截面突变的管件，减少管道弯曲，通过降压分析和系统优化，降低管网阻力。应减少管网中的弯头、阀门、接头、变径等管件，减少管路附件阻力损失。

4.4.4 合理布局风机进出口管道，进出口管道应有必要的直管段。进口管道不应通过渐扩变径管、急弯管、突变收缩管相连；出口管道不应直接接 90°弯管、不应直接接突然扩大管。

4.4.5 对高速气流管网，转弯处应采用曲率半径大的弯管。分流与汇流时应采用 30°的 Y 形分支管。对中速或低速气流的管网，分流与汇流时应采用 45°或 30°的 Y 形分支管。

4.4.6 管路阻力应平衡，各并联环路压力损失的相对差额在送排风系统中不大于10%。当通过调整管道断面仍无法达到要求时，宜安装调节装置。

4.4.7 通风机管道内风速应符合表 1 的要求。

表 1 通风机管道内风速

类型				风速/(m/s)
风机	进口			7～15
	出口			10～30
通风管道	低速管道	主管道	民用	3.5～4.5
			工用	6～9
		分管道	民用	3
			工用	4～5
		分上升管道	民用	2.5
			工用	4
		大气进气口		2.5
	高速管道	主管道		20～30
风力输送	谷物			15～30
	煤粉			20～40
	水泥			20～40

表 1（续）

类型		风速/(m/s)
风力输送	氧化铝	30～40
	砂	30～45
	橡胶粉末	15
	纱屑	7.5
	金属屑	18
	锯末	15

4.4.8 管道中弯头应采用导流装置，改善气流分布，降低系统阻力和压降。

4.4.9 应减少风管泄漏率，一般送、排风系统风管泄漏率应控制在10%以内，特殊场合应符合特殊规定的要求。

4.5 对系统要求

4.5.1 计算系统额定工况点时，应绘制出管网总阻力特性曲线与通风机性能曲线，使通风机运行在经济工作区内。系统正常运行工况的通风机运行效率应不小于额定效率的70%。

4.5.2 输送单位容积介质电耗应符合相关标准的要求。

4.5.3 当流量变化幅度小于20%或年运行时间小于4 000 h，宜采用旁路分流、节流等流量调节方法。

4.5.4 负荷变化较大或运行较长的系统，应根据通风机特性、系统结构特点及工艺运行要求等运行工况因素采用相应的调速方式。

4.5.5 在技术及经济条件允许的情况下，宜采用仿真模拟计算对系统进行设计和提出节能优化方案。

4.5.6 在系统运行过程中可采用可编程控制器、直接数字控制器等自动控制手段对系统进行控制。

4.6 系统经济运行管理

4.6.1 基本要求

4.6.1.1 系统中的三相异步电动机的运行状况应符合GB/T 12497的规定。

4.6.1.2 应按照GB 17167的规定，在有关部位安装电量、压力、流量等仪器仪表。

4.6.1.3 应建立运行管理、维护、检修等规章制度，包括：

a) 按制造厂的安装使用说明书进行维护，发现异常及时处理；

b) 定期检修机组设备，及时更换损坏零部件；

c) 定期检查清理管道。

4.6.1.4 应建立维护运行日志和技术档案。

4.6.1.5 应加强管理人员和操作人员的培训。

4.6.2 监测、检查

4.6.2.1 监测与检查可采用巡视、定期仪表检测与集中在线监测的方式。

4.6.2.2 定期检查系统主要部件，维护系统的性能水平与经济运行，主要包括：

a) 定期检查机组设备的振动情况；

b) 定期检查过滤网和通风机叶片；

c) 轴承润滑和更换；

d) 皮带调紧或更换；

e) 定期检查管路的泄漏；

f) 定期检查系统阻力。

4.6.2.3 在技术及经济条件允许的情况下，应在线监测系统进出口压力、温度、流量、电量和调节装置的状态等。

5 系统经济运行的判别与评价方法

5.1 系统经济运行计算判别程序

5.1.1 计算步骤

第一步,按照 5.2.1 对使用中的机组额定效率进行计算;

第二步,按照 5.2.2 对使用中的机组运行效率进行计算;

第三步,按照 5.2.3 对系统管网泄漏率进行计算;

第四步,按照 5.2.4 对单位容积介质电耗进行计算。

5.1.2 判别程序

第一步,按照 5.3 对设备进行判别与评价;

第二步,按照 5.4 对机组运行进行判别与评价;

第三步,按照 5.5 对管网运行进行判别与评价;

第四步,按照 5.6 对系统运行进行判别与评价。

当以上某一步出现运行不经济的情况时,应查找原因,提出改进方案,并在实施改造措施达到本标准要求后,再进行下一步判别。

5.2 计算方法

5.2.1 机组额定效率

$$\eta_{Je} = \frac{P_{Ye}}{P_{Je}} \times 100\% \qquad \cdots\cdots(1)$$

式中:

η_{Je}——机组额定效率;

P_{Ye}——额定状态下,机组输出的有效功率,单位为千瓦(kW);

P_{Je}——额定状态下,电源输入机组的有功功率,单位为千瓦(kW)。

机组额定效率也可用下列简化公式计算:

$$\eta_{Je} \approx \eta_{De} \times \eta_{Ce} \times \eta_{Te} \times \eta_{Fe} \qquad \cdots\cdots(2)$$

式中:

η_{De}——电动机额定效率;

η_{Ce}——传动机构效率;

η_{Te}——调速装置额定效率;

η_{Fe}——通风机额定效率。

注:式(2)中效率均为制造厂给出。

5.2.2 机组运行效率

$$\eta_{J} = \frac{\sum_{i=1}^{n} P_{Yi \times t_i}}{\sum_{i=1}^{n} W_i} \times 100\% \qquad \cdots\cdots(3)$$

式中:

η_{J}——记录期内机组总的平均运行效率;

P_{Yi}——记录期内机组在第 i 种负荷下运行时,通风机输出的有效功率,单位为千瓦(kW);

t_i——记录期内机组在第 i 种负荷下的运行时间,单位为时(h);

W_i——记录期内机组在第 i 种负荷下运行时,电源输入机组的电量,单位为千瓦时(kW·h);

n——记录期内的负荷变化次数。

5.2.3 系统管网泄漏率

$$\lambda_1 = \frac{Q_z - Q'}{Q_z} \times 100\% \quad \cdots\cdots(4)$$

式中：

λ_1——系统管网泄漏率；

Q_z——输入管网的总容积流量，单位为立方米每分(m^3/min)；

Q'——管网输出的总容积流量，单位为立方米每分(m^3/min)。

5.2.4 输送单位容积介质电耗

$$\varepsilon = \frac{\sum_{i=1}^{n} W_i}{\sum_{i=1}^{n} Q_i \times t_i} \quad \cdots\cdots(5)$$

式中：

ε——输送单位容积介质电耗，单位为千瓦时每立方米($(kW\cdot h)/m^3$)；

W_i——记录期内机组在第 i 种负荷下运行时，电源输入机组的电量，单位为千瓦时($kW\cdot h$)；

Q_i——记录期内机组在第 i 种负荷下运行时，通风机输出的风量，单位为立方米每时(m^3/h)；

t_i——记录期内机组在第 i 种负荷下的运行时间，单位为时(h)。

5.3 对设备判别与评价

设备的额定效率大于 GB 18613 和 GB 19761 中规定的节能评价值，则认定设备的选型符合经济运行要求；设备的额定效率大于 GB 18613 和 GB 19761 中规定的能效限定值，则认定设备的选型经济运行合理；设备的额定效率小于 GB 18613 和 GB 19761 中规定的能效限定值，则认定设备的选型不经济。

5.4 对机组运行判别与评价

5.4.1 记录期内实测的机组运行效率与机组的额定效率相比，其比值大于 0.85，则认定机组运行经济；其比值在 0.70～0.85 之间，则认定机组运行合理；其比值小于 0.70，则认定机组运行不经济。

5.4.2 如果机组的效率不同，应用有效功率加权计算平均效率作为判别指标。

5.5 对管网运行判别与评价

5.5.1 应在记录期内进行泄漏测试。一般送、排风系统管网泄漏率小于 5%，则认定管网运行经济；泄漏率在 5%～10%之间，认定管网运行合理；泄漏率大于总容积流量的 10%，认定管网运行不经济。

5.5.2 若系统的调节部件失灵或其他零部件不能正常工作、系统连接处有明显泄漏均认定管网运行不经济。

5.6 对系统运行判别与评价

5.6.1 系统所有设备、机组和管网同时达到 5.3、5.4 和 5.5 的经济运行要求，则认定系统运行经济；系统所有设备、机组和管网其中有达到 5.3、5.4 和 5.5 所要求的运行合理，并没有运行不经济项时，则认定系统运行合理；系统所有设备、机组和管网有一项被判定为运行不经济，则认定系统运行不经济。

5.6.2 不同通风机系统输送单位容积介质电耗符合相关标准的为经济运行，不符合相关标准的为不经济。

6 系统经济运行测试方法

6.1 测试条件

测试应在如下条件下进行：

a) 测试前不应对通风机系统作任何改动；

b) 测试应在具有代表性的工况下进行；

c) 通风机应在稳定的电压、温度和压力下运行。

6.2 测量仪器仪表要求

测量仪器仪表应符合以下要求：

a) 有功电能表的准确度应不低于1.5级；

b) 有功功率表的准确度应不低于1.0级；

c) 压力表的准确度应不低于1.0级；

d) 流量计的准确度应不低于1.5级；

e) 转速表的准确度应不低于0.25级。

测量仪器仪表应定期检定或校准。

6.3 测量方法

6.3.1 测量时应符合以下要求：

a) 在进行系统测试之前，应收集并核对设备原始技术数据和运行数据；

b) 记录期内系统宜采用在线测量和记录数据方法；

c) 主要测点包括进出口、主分配管路、系统部件的进出口等；

d) 对没有安装在线测量仪器仪表的系统，测量的间隔应反映系统负荷变化规律。

6.3.2 通风机系统的测量方法应符合GB/T 13467的规定，工业通风机现场试验应符合GB/T 10178的规定。

6.4 测试数据处理

验证数据有效性后，应按照5.2进行计算，并根据5.6的要求对系统运行状况进行判别与评价。

7 系统经济运行改造措施

7.1 管理措施

7.1.1 对未达到经济运行要求的系统，应进行节能诊断，并做出评估报告。报告内容应包括系统及运行概况、检测方法与数据分析、预防及管理措施、提高能效的改进措施等。评估报告应保存两年以上。实施改进措施后，应对改进效果进行检测，提供检测报告。

7.1.2 制定科学的管理流程，加强通风机系统运行管理。

7.1.3 系统更新改造时，应按照GB/T 13471要求进行经济效益评价。

7.1.4 系统更新改造时，宜采用合同能源管理(EMC)等模式。

7.2 技术措施

7.2.1 当管网运行不经济时，应调整设备运行方式，或采取清洗、更换等措施。

7.2.2 现有机组容量裕度过大，长期处于低负载运行，当系统运行负载基本不变时，可采取下列方法改造：

a) 改变叶轮形状、切割叶轮或重新设计制造叶轮；

b) 更换机组；

c) 降低转速。

ICS 27.010
F 01

中华人民共和国国家标准

GB/T 13471—2008
代替 GB/T 13471—1992

节电技术经济效益计算与评价方法

Methods for calculating and evaluating the economic value of electricity saving measures

2008-09-18 发布　　2009-05-01 实施

中华人民共和国国家质量监督检验检疫总局
中国国家标准化管理委员会　发布

前　言

本标准代替 GB/T 13471—1992《节电措施经济效益计算与评价方法》。

本标准与 GB/T 13471—1992 相比，主要变化如下：

——增加了节电技术 CO_2 减排量计算方法(5.3)。

本标准由全国能源基础与管理标准化技术委员会提出。

本标准由全国能源基础与管理标准化技术委员会合理用电分技术委员会归口。

本标准起草单位：中国标准化研究院、北京节能环保中心、清华大学、北京市电力公司。

本标准主要起草人：成建宏、陶毅、彭妍妍、孟昭利、翟克俊。

本标准于 1992 年首次发布。

节电技术经济效益计算与评价方法

1 范围

本标准规定了节电技术节电量及经济效益的计算方法和节电技术项目投资的经济评价方法。

本标准适用于用能单位节电技术经济效益的计算与评价。

2 规范性引用文件

下列文件中的条款通过本标准的引用而成为本标准的条款。凡是注日期的引用文件，其随后所有的修改单(不包括勘误的内容)或修订版均不适用于本标准，然而，鼓励根据本标准达成协议的各方研究是否可使用这些文件的最新版本。凡是不注日期的引用文件，其最新版本适用于本标准。

GB/T 3484 企业能量平衡通则

GB/T 8222 用电设备电能平衡通则

GB/T 13234 企业节能量计算方法

GB 17167 用能单位能源计量器具配备和管理通则

3 术语和定义

下列术语和定义适用于本标准。

3.1

节电技术节电量 electricity saving by energy saving measure

在用电条件可比情况下(生产相同数量的产品，或完成相同工作量)，节电技术实施后与实施前相比用电量减少的数量。

3.2

净现金流量 net cash flow

节电技术投资项目在确定时段内现金流入量(C_1)与现金流出量(C_0)之差额。

3.3

基准收益率 benchmark return rate

i_c

企业、行业或投资者以动态的观点所确定的、可接受的投资项目最低标准的收益水平。

3.4

基准投资回收期 benchmark payback period

T_0

投资回收年限的最大允许值。

3.5

折现率 discount rate

i_s

将技术资产的未来收益还原(或转换)为现在价值的比率。

3.6

节电技术项目投资的财务评价 financial evaluation of energy saving measure project investment

依据国家现行的经济环境(利率汇率水平、价格水平等)和财税政策环境，考察和测算项目的成本、费用、效益和效率,以判定项目的财务合理性。

3.7

节电技术项目投资的国民经济评价　national economic appraisal of energy saving measure project investment

依据国家规定的参数,从社会角度考察、测算项目的费用和效益,以判定项目的经济合理性。

4　节电量和节电率计算

4.1　产品的耗电量按照 GB 17167、GB/T 13234、GB/T 3484、GB/T 8222 的要求进行计量测试和计算。

4.2　节电量按式(1)计算:

$$\Delta A_c = \sum_{i=1}^{m}(a_{qi} - a_{hi})Q_{hi} \qquad \cdots\cdots(1)$$

式中:

ΔA_c——节电量,单位为千瓦时(kW·h)。通常可按照年计算,也可根据需要,按照“确定时段”计算;

a_{qi}——节电技术实施前第 i 种产品单位产量(或单位工作量)实际消耗电量,单位为千瓦时(kW·h);

a_{hi}——节电技术实施后第 i 种产品单位产量(或单位工作量)实际消耗电量,单位为千瓦时(kW·h);

Q_{hi}——节电技术实施后第 i 种产品的年产量(或年工作量);

m——考核节电技术效果的产品(或工作)种类总数量。

i——产品种类,取值 1,2,3,…,m。

4.3　节电率按式(2)计算:

$$a_c = (a_q - a_h)/a_q \times 100\% \qquad \cdots\cdots(2)$$

$$a_q = \sum_{i=1}^{m} a_{qi} \qquad \cdots\cdots(3)$$

$$a_h = \sum_{i=1}^{m} a_{hi} \qquad \cdots\cdots(4)$$

式中:

a_c——技术节电率;

a_q、a_h——在可比条件下,分别为节电技术实施前、后的耗电量,单位为千瓦时(kW·h)。

5　节电技术经济效益计算

5.1　按节电量计算年收益额时,计算方法用式(5):

$$M_n = P \cdot \Delta A_c \cdot (1 + i_s)^{-n} - c_n \qquad \cdots\cdots(5)$$

式中:

M_n——第 n 年节电技术节电量年收益额现值,单位为万元;

P——当年平均电价,单位为元每千瓦时[元/(kW·h)];

c_n——节电技术第 n 年摊派的投资成本,单位为万元。通常可按照年计算,也可根据需要,按照“确定时段”计算;

n——计算期,单位为年(a)。

5.2　按产量计算年收益额时,计算方法用式(6):

$$M_n = \sum_{i=1}^{m} Q_{hi}(S_{hi} - C_{hi})/(1+i_s)^n - \sum_{i=1}^{m} Q_{qi}(S_{qi} - C_{qi}) \quad \cdots\cdots(6)$$

式中：

M_n——节电技术实施后按产量计算的第 n 年收益额现值，单位为万元；

Q_{qi}——实施节电技术前一年、第 i 种产品的年产量；

Q_{hi}——实施节电技术后第 n 年、第 i 种产品的年产量；

S_{qi}——实施节电技术前一年、第 i 种产品单位产量销售价格，单位为万元；

S_{hi}——实施节电技术后第 n 年、第 i 种产品单位产量销售价格，单位为万元；

C_{qi}——实施节电技术前一年、第 i 种产品单位产量成本，单位为万元；

C_{hi}——实施节电技术后第 n 年、第 i 种产品单位产量成本，单位为万元。

5.3 节电技术实施后年 CO_2 减排量按式(7)计算：

$$\Delta W_{CO_2} = \Delta A_c \times EF_i \quad \cdots\cdots(7)$$

式中：

ΔW_{CO_2}——节电技术实施后 CO_2 年减排量，单位为千克(kg)；

EF_i——排放系数，参考值：1 kg/(kW·h)。

6 节电技术经济评价方法

6.1 净现值与净现值率法

6.1.1 净现值是按基准收益率 i_c（财务评价），或社会折现率 i_s（国民经济评价），将各年的净现金流量折现到建设初期的现值之和，按式(8)计算：

$$NPV = \sum_{t=0}^{n} (C_1 - C_0)_t (1+r)^{-t} \quad \cdots\cdots(8)$$

式中：

NPV——净现值，单位为万元；

C_1——现金流入量，单位为万元；

C_0——现金流出量，单位为万元；

$(C_1 - C_0)_t$——第 t 年的净现金流量，单位为万元；

r——可表示 i_c，亦可表示 i_s。

6.1.2 净现值率是净现值与全部投资现值之比，按式(9)计算：

$$NPVR = \frac{(NPV + C)}{C} \times 100\% \quad \cdots\cdots(9)$$

式中：

$NPVR$——净现值率；

C——全部投资现值，单位为万元。

6.1.3 当 $NPV > 0$，$NPVR \geqslant 100\%$ 时，则认为项目可以接受。

6.2 内部收益率法

内部收益率是指投资项目在计算期内各年净现金流量现值累计等于零时的折现率，按式(10)计算：

$$\sum_{t=0}^{n} (C_1 - C_0)_t (1 + IRR)^{-t} = 0 \quad \cdots\cdots(10)$$

式中：

IRR——内部收益率；

n——投资项目寿命期，单位为年(a)。

以 IRR 与 i_c 或 i_s 相比较，进行财务评价时，当 $IRR \geqslant i_c$，认为项目可以接受。进行经济评价时，当

$IRR \geqslant i_s$，认为项目可以接受。

当 IRR 无解或多解时，以 $MIRR$ 计算，按式(11)计算：

$$(C_1 - C_0)_0 (1 + MIRR)^n = \sum_{t=1}^{n} (C_1 - C_0)_t (1 + i_s)^{-(n-t)} \quad \cdots\cdots (11)$$

式中：

$MIRR$——修正内部收益率。

以 $MIRR$ 与 i_c 或 i_s 相比较，进行财务评价时，当 $MIRR \geqslant i_c$，认为项目可以接受。进行经济评价时，当 $MIRR \geqslant i_s$，认为项目可以接受。

6.3 投资回收期法

投资回收期是以投资项目的全部净收益抵偿全部投资所需时间，按式(12)计算：

$$\sum_{t=0}^{T} (C_1 - C_0)_t / (1 + i)^t = 0 \quad \cdots\cdots (12)$$

式中：

T——投资回收期，单位为年(a)。

以 T 与基准投资回收期 T_0 比较，当 $T \leqslant T_0$ 时，认为项目可以接受。

7 节电技术投资方案的评价方法

7.1 差额投资内部收益率法

差额投资内部收益率是两个方案在计算期内各年净现金流量差额的现值之和等于零时的折现率，按式(13)计算：

$$\sum_{t=0}^{n} [(C_1 - C_0)_2 - (C_1 - C_0)_1]_t (1 + \Delta IRR)^{-t} = 0 \quad \cdots\cdots (13)$$

式中：

$(C_1 - C_0)_2$——投资金额大的方案的净现金流量，单位为万元；

$(C_1 - C_0)_1$——投资金额小的方案的净现金流量，单位为万元；

ΔIRR——差额投资内部收益率。

以 ΔIRR 与 i_c 比较，当 $\Delta IRR \geqslant i_c$ 时，则投资金额大的方案较优；反之，投资金额小的方案较优。进行国民经济评价时，应用 ΔIRR 与 i_s 比较，选出较优方案。

7.2 静态差额投资回收期法

静态差额投资回收期是指对比方案投资差额与年运行成本节约额之比，按式(14)计算：

$$T_a = \frac{I_2 - I_1}{R_1 - R_2} \quad \cdots\cdots (14)$$

式中：

T_a——静态差额投资回收期，单位为年(a)；

I_2、I_1——两方案的投资或两方案单位节电量投资，单位为万元；

R_1、R_2——两方案年运行总成本或两方案单位节电量运行成本，单位为万元。

当 $T_a < T_0$ 时，投资金额大的方案较优；反之，投资金额小的方案较优。

ICS 25.140.30
J 47

中华人民共和国国家标准

GB/T 13473—2008
代替 GB/T 13473—1992

钢锤通用技术条件

Steel hammers—General technical requirements

(ISO 15601:2000,Hammers—Technical specifications concerning steel hammer heads—Test procedures,MOD)

2008-12-30 发布 2009-09-01 实施

中华人民共和国国家质量监督检验检疫总局
中国国家标准化管理委员会 发布

前　言

本标准修改采用 ISO 15601:2000《锤　钢锤技术条件和试验方法》(英文版)。

本标准根据 ISO 15601:2000 重新起草。在附录 A 中列出了本国家标准条款和国际标准条款的对照一览表。

考虑到我国国情，在采用 ISO 15601:2000 时，本标准作了一些修改，有关技术性差异已编入正文中，并在它们所涉及的条款的页边空白处用垂直单线标识。在附录 B 中给出了与 ISO 15601:2000 的技术性差异及其原因的一览表以供参考。

本标准与 ISO 15601:2000 的主要差异如下：

——将一些适用国际标准的表述改为适用于我国标准的表述；

——在规范性引用文件中，将 ISO 标准转化为与之对应的国家标准；

——增加引用了 GB/T 2828.1、GB/T 4340.1、GB/T 5305、YB/T 5002(本版的第 2 章)；

——增加了材料的要求(本版的 3.1)；

——增加了表面质量的要求(本版的 3.3)；

——增加了锤体重量偏差要求(本版的 3.4)；

——增加了羊角锤羊角部分的硬度要求(本版的 3.5.4)；

——删去了裂纹探测的要求(ISO 15601:2000 的 3.2)；

——调整了锤柄强度的要求(本版的 3.7)；

——增加了羊角锤的拔钉功能要求(本版的 3.9)；

——增加了材料、锤击面、表面质量、锤体重量、硬度的检验方法(本版的 4.1、4.2、4.3、4.4、4.5)；

——调整了锤柄强度的检验方法(ISO 15601:2000 的 4.3，本版的 4.7)；

——调整了柄套附着力试验方法(ISO 15601:2000 的 4.4，本版的 4.8)；

——增加了羊角锤的拔钉试验方法(本版的 4.9)；

——增加了检验规则(本版的第 5 章)；

——增加了包装、标志、运输与贮存(本版的第 6 章)；

——增加了资料性附录:命名与术语(本版的附录 C)；

——增加了资料性附录:钢锤锤孔(本版的附录 D)；

——增加了资料性附录:钢锤安全使用规则(本版的附录 E)。

本标准代替 GB/T 13473—1992《钢锤通用技术条件》。

本标准与 GB/T 13473—1992 相比主要变化如下：

——将命名和术语作为本标准资料性附录(1992 版的第 3 章，本版的附录 C)；

——增加了锤击面的要求(本版的 3.2)；

——增加了钢锤锤体和锤顶的硬度要求和淬硬层深度要求(本版的 3.5.1、3.5.3)；

——调整了装配性能中最小拉力载荷(1992 版的 4.5.2，本版的 3.6.2)；

——增加了柄套附着力试验要求(本版的 3.8)；

——调整了装配性能的试验方法(1992 版的表 5.5，本版的 4.6)；

——增加了柄套附着力试验方法(本版的 4.8)；

——增加了包装、标志、运输与贮存的要求(本版的第 6 章)；

——增加了本标准与 ISO 15601:2000 的技术性差异及其原因的一览表和章条编号对照(本版的附录 A 和附录 B)。

本标准的附录 A、附录 B、附录 C、附录 D 和附录 E 为资料性附录。

本标准由中国轻工业联合会提出。

本标准由全国五金制品标准化技术委员会工具五金分技术委员会归口。

本标准由上海市工具工业研究所、上海吉益工具有限公司、常州市新华工具有限公司负责起草，宁波长城精工实业有限公司、上海田野(集团)工具有限公司、卡恩捷特工具(上海)有限公司参加起草。

本标准主要起草人：吴祖训、陆韧、叶伟明、邱国庆、陈立海、潘宇杰、林美德、顾青。

本标准所代替标准的历次版本发布情况为：

——GB/T 13473—1992。

钢锤通用技术条件

1 范围

本标准规定了钢锤的技术条件、试验方法、检验规则、包装、标志、运输与贮存。

本标准适用于一般工作条件下的钢锤,本标准适用于锤击硬度不大于46 HRC物件的钢锤。

本标准不适用于锤体重量为100 g以下的钢锤。

2 规范性引用文件

下列文件中的条款通过本标准的引用而成为本标准的条款。凡是注日期的引用文件,其随后所有的修改单(不包括勘误的内容)或修订版均不适用于本标准,然而,鼓励根据本标准达成协议的各方研究是否可使用这些文件的最新版本。凡是不注日期的引用文件,其最新版本适用于本标准。

GB/T 230.1 金属洛氏硬度试验 第1部分:试验方法(A、B、C、D、E、F、G、H、K、N、T标尺)(GB/T 230.1—2004,ISO 6508-1:1999,MOD)

GB/T 2828.1 计数抽样检验程序 第1部分:按接收质量限(AQL)检索的逐批检验抽样计划(GB/T 2828.1—2003,ISO 2859-1:1999,IDT)

GB/T 4340.1 金属维氏硬度试验 第1部分:试验方法(GB/T 4340.1—1999,eqv ISO 6507-1:1997)

GB/T 5305 手工具包装、标志、运输与贮存

YB/T 5002 一般用途圆钢钉

3 技术要求

3.1 材料

3.1.1 钢锤的锤体采用能够达到本标准要求的优质碳素结构钢、合金结构钢或同等以上的钢材。

3.1.2 钢锤的锤柄可采用下列材料:

a) 含水率不大于15%的硬质木材;

b) 钢管和锻钢;

c) 玻璃纤维增强塑料,其玻璃纤维按纵向连续排列。

3.2 锤击面

3.2.1 锤体经锻造成型后,锤击面应经机械加工,除去氧化脱碳层。

3.2.2 锤击面的边缘应有不小于锤击面宽度1/15的倒角,斜度为40°~50°。

3.3 表面质量

3.3.1 钢锤的锤体形状应符合设计要求。

3.3.2 钢锤表面不应有裂纹、毛刺、缺损、锈斑等影响使用性能的缺陷。

3.3.3 钢锤锤体的抛光部分,其表面粗糙度 Ra 值应不大于3.2 μm。

3.3.4 钢锤锤体的油漆等表面处理涂层,应色泽均匀,不应有漏漆、流痕、气泡等影响保护性能和使用寿命的缺陷。

3.4 锤体重量

3.4.1 钢锤的锤体重量应符合设计要求。

3.4.2 钢锤的锤体重量允许偏差按表 1 规定。

表 1 钢锤的锤体重量允许偏差

单位为千克

锤体重量 m	偏差
≤0.20	±0.1 m
>0.20～1.00	±(0.01+0.05m)
>1.00～2.00	±(0.02+0.04m)
>2.00	±(0.03+0.035m)

3.5 **硬度**

3.5.1 钢锤锤击面和锤顶的硬度应为 50 HRC～58 HRC。

3.5.2 钢锤锤孔和锤孔相邻部分的硬度应不大于 35 HRC。

3.5.3 钢锤锤击面经热处理后的淬硬层深度应不小于 3 mm(如图 1 所示),且在此深度内的硬度应不大于锤击面的硬度。

单位为毫米

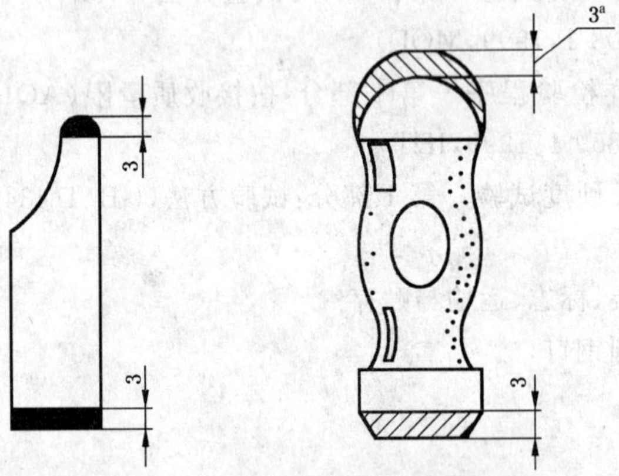

[a] 为圆头锤锤顶淬硬层深度。

图 1 钢锤锤击面淬硬层深度

3.5.4 羊角锤羊角部分的硬度用刮钉(如图 2 所示)方法进行试验,试验后羊角部分应不产生影响使用性能的损伤。

3.6 **装配性能**

3.6.1 钢锤的锤体与锤柄应装配牢固,经敲击试验后,锤体和锤柄不得有裂纹和损伤,锤体与锤柄不得产生移位和松动等影响使用性能的损伤。

3.6.2 钢锤在承受表 2 所示拉脱试验后,锤柄不得有任何松动和移位。

表 2 钢锤抗拉或抗压载荷

锤体重量 m/g	抗拉或抗压载荷 F_{min}/N
100≤m<200	1 400
200≤m<300	1 800
300≤m<400	2 500
400≤m<500	3 500
500≤m<700	3 500

表 2（续）

锤体重量 m/g	抗拉或抗压载荷 F_{min}/N
700≤m<1 250	5 200
1 250≤m<2 000	7 000
2 000≤m<4 000	8 000
4 000≤m<8 000	9 000
8 000≤m<12 000	10 000

3.7 锤柄强度

3.7.1 羊角锤的锤柄强度应符合表 3 的规定，试验后锤柄不得损坏和断裂。

表 3 羊角锤的锤柄强度

锤体重量/kg	载荷/N
0.25	350
0.35	500
0.45～0.55	700
0.65～0.75	850
>0.75	1 000

3.7.2 除了八角锤和焊工锤外，其他钢锤的锤柄强度应符合表 4 的规定，试验后锤柄不得损坏和断裂。

表 4 其他钢锤的锤柄强度（八角锤和焊工锤除外）

锤体重量/kg	载荷/N
≤0.20	100
>0.20～0.30	200
>0.30～0.40	250
>0.40～0.60	300
>0.60～0.80	400
>0.80～1.00	500
>1.00～1.30	600
>1.30～1.50	700
>1.50	800

3.8 柄套附着力

锤柄配有柄套时，应进行柄套附着力试验。试验后柄套不得松脱。

3.9 羊角锤的拔钉功能

羊角锤应有拔钉功能，按表 5 的规定，拔钉后，羊角锤的羊角和锤柄等部位不应有影响使用功能的损伤。

3.10 命名与术语

钢锤的命名与术语参见附录 C。

3.11 钢锤锤孔

钢锤锤孔的型式和尺寸参见附录 D。

3.12 钢锤安全使用规则

钢锤安全使用规则参见附录E。

4 试验方法

4.1 材料

锤体和锤柄材料应符合3.1的规定。

4.2 锤击面

锤击面用目测和通用量具检验，应符合3.2的规定。

4.3 表面质量检验

钢锤的表面质量用目测检验，应符合3.3的规定。

4.4 锤体重量检验

钢锤的锤体重量用案秤检验，应符合3.4的规定。

4.5 硬度试验

4.5.1 钢锤锤击面和锤顶的硬度试验按照GB/T 230.1的规定，在锤击面和锤顶的近中心部位进行，应符合3.5.1的规定。

4.5.2 钢锤锤孔附近的硬度试验按照GB/T 230.1的规定进行，应符合3.5.2的规定。

4.5.3 钢锤锤击面的淬硬层深度试验按照GB/T 4340.1的规定进行，试验后应符合3.5.3的规定。

4.5.4 羊角锤羊角部分的硬度试验如图2所示，将一枚YB/T 5002规定的直径ϕ4.5 mm、长100 mm的圆钉夹紧在台虎钳上，其夹持部分的长度为20 mm，用羊角锤的羊角部分夹紧钉杆，然后在锤柄上加力，此后，钉杆上应有钉屑切落。试验后，应符合3.5.4的规定。

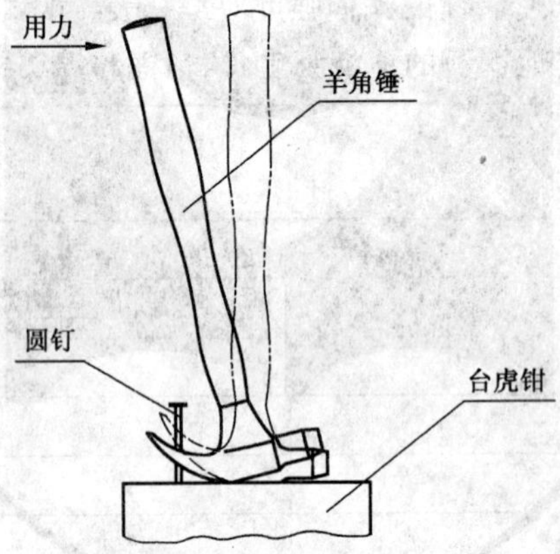

图2 羊角锤羊角部分硬度的刮钉试验

4.6 装配性能试验

4.6.1 敲击试验

钢锤的敲击试验按图3所示，以与钢锤用途和锤体相适应的力，用钢锤锤击面(或锤顶)对表面硬度为36 HRC～46 HRC的钢制品试件连续敲击25次；然后变换角度，以相同的力，用钢锤锤击面(或锤顶)的边缘敲击试件25次。试验后应符合3.6.1的规定。

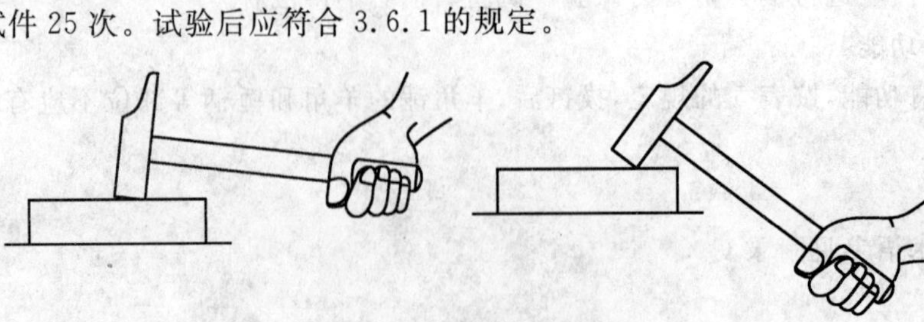

图3 钢锤敲击试验

4.6.2 拉脱试验

钢锤的拉脱试验如图 4 所示，将锤体和锤柄牢牢地固定在抗拉试验机上，按表 2 规定，在手柄一侧施加抗拉载荷或在锤体一侧施加抗压载荷。试验时应缓慢施加相应载荷，试验后应符合 3.6.2 的规定。

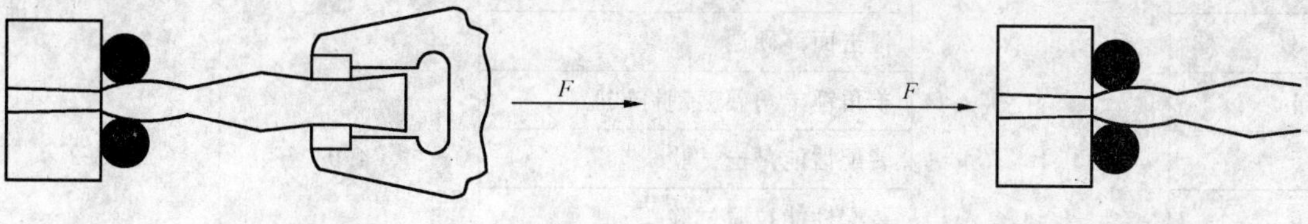

a) 抗拉载荷(手柄一侧)　　b) 抗压载荷(锤体一侧)

图 4　钢锤拉脱试验

4.7 锤柄强度试验

锤柄强度试验如图 5 所示，将钢锤锤体垂直地固定在专用夹具上，按表 3 或表 4 的规定，逐渐、缓慢地向锤柄的尾端施加载荷。当钢锤长度小于 250 mm 时，则应如图 5b)所示，在距离锤柄尾端 10 mm 处施加载荷。试验后应符合 3.7 的规定。

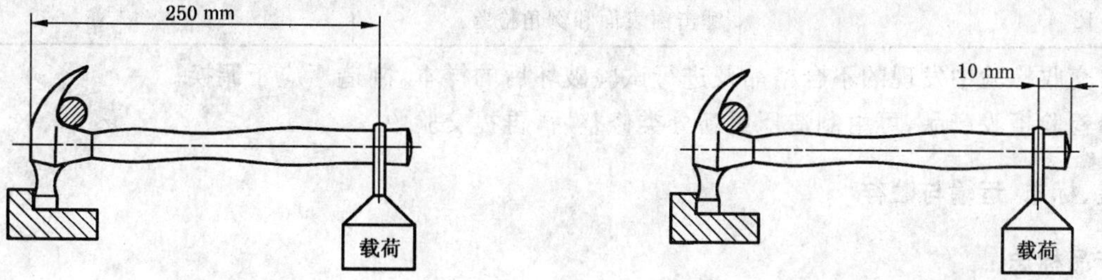

a)　　b)

图 5　锤柄强度试验

4.8 柄套附着力试验

对配有柄套的锤柄，对柄套施加 750 N 的拆卸力进行柄套拆卸试验，试验后应符合 3.8 的规定。

4.9 羊角锤的拔钉试验

羊角锤的拔钉试验按表 5 的规定，将 5 枚 YB/T 5002 规定的圆钉钉入硬质木材中，用羊角锤的羊角夹住圆钉的露出部分，连续快速地将圆钉从木材中拔出。试验后应符合 3.9 的规定。

表 5　羊角锤拔钉试验规格

锤体重量/kg	圆钉规格/mm	钉入深度/mm
0.25～0.35	ϕ3.1×60	50
0.40～0.55	ϕ3.7×80	65
0.65 以上	ϕ4.1×90	80

5 检验规则

5.1 产品应经检验合格后方可出厂并附有产品合格证。

5.2 产品的检验按照 GB/T 2828.1 规定的二次抽样方案进行。

5.3 交收检验的不合格分类、检验项目、接收质量限(AQL)和检验水平按表 6 的规定。

表 6 不合格分类、检验项目、接收质量限(AQL)和检验水平

序号	不合格分类	检验项目	接收质量限(AQL)	检验水平
1	B	锤击面和锤顶硬度	4.0	S-2
2		锤孔硬度		
3		锤击面淬硬层		
4		羊角锤羊角硬度刮钉试验		
5		装配性能敲击试验		
6		装配性能拉脱试验		
7		羊角锤拔钉试验		
8		锤柄强度试验		
9		柄套附着力试验		
10	C	表面质量检验	6.5	Ⅰ
11		锤体重量检验		
12		锤击面表面和倒角检验		

5.4 对交收检验中发现的不合格品及进行试验破坏后的样本,制造厂应予调换。

5.5 经检验拒收产品,可由制造厂重新分类修整后,再提交验收。

6 包装、标志、运输与贮存

6.1 产品标志

6.1.1 钢锤的锤体或锤柄上应有清晰、牢固的产品标志。

6.1.2 产品标志包括钢锤的锤体重量、制造厂商名称或商标。

6.2 包装、包装标志、运输与贮存

钢锤产品的包装、包装标志、运输与贮存按照 GB/T 5305 的规定。

附 录 A
（资料性附录）
本标准与 ISO 15601:2000 技术性差异的章条编号对照

表 A.1 给出了本标准与 ISO 15601:2000 技术性差异章条编号对照的一览表。

表 A.1 本标准与 ISO 15601:2000 技术性差异章条编号对照一览表

本标准章条编号	ISO 15601:2000 章条编号
2	2
3.1	无
3.3	无
3.4	无
3.5.4	无
无	3.2
3.7	4.3
3.9	无
3.10	无
3.11	无
3.12	无
4.1～4.5	无
4.7	4.3
4.8	4.4
4.9	无
5	无
6	无

附 录 B
（资料性附录）
本标准与 ISO 15601:2000 技术性差异及其原因

表 B.1 给出了本标准与 ISO 15601:2000 技术性差异及其原因的一览表。

表 B.1 本标准与 ISO 15601:2000 技术性差异及其原因

本标准的章条编号	技术性差异	原 因
2	引用了采用国际标准的我国标准，增加引用了 GB/T 2828.1、GB/T 4340.1、GB/T 5305、YB/T 5002	以适合我国国情和产品现状
3.1	增加了材料的规定	以适合我国国情
3.3	增加了表面质量的要求	以适合我国产品现状
3.4	增加了锤体重量偏差要求	以适合我国产品现有的检测方法
3.5.4	增加了羊角锤羊角部分的硬度要求	以适合我国产品现有的检测方法
无	删去了裂纹探测的要求	以适合我国产品现有的检测方法
3.7	调整了锤柄强度的要求	以适合我国国情
3.9	增加了羊角锤的拔钉功能要求	以适合我国产品现有的检测方法
3.10	增加了命名与术语	以适合我国国情
3.11	增加了钢锤锤孔	以适合我国国情
3.12	增加了钢锤安全使用规则	以适合我国国情
4.1、4.2、4.3、4.4、4.5	增加了材料、锤击面、表面质量、锤体重量、硬度的检验方法	以适合我国产品现有的检测方法
4.7	调整了锤柄强度的检验方法	以适合我国产品现有的检测方法
4.8	调整了柄套附着力试验方法	以适合我国产品现有的检测方法
4.9	增加了羊角锤的拔钉试验方法	以适合我国产品现有的检测方法
5	增加了检验规则	以适合我国国情
6	对包装、包装标志、运输与贮存作了规定	以适合我国国情

附　录　C
（资料性附录）
命名与术语

C.1　钢锤的命名

C.1.1　钢锤的命名按表C.1规定。

表C.1　钢锤的命名和图示

序号	图　形	命　　名
1	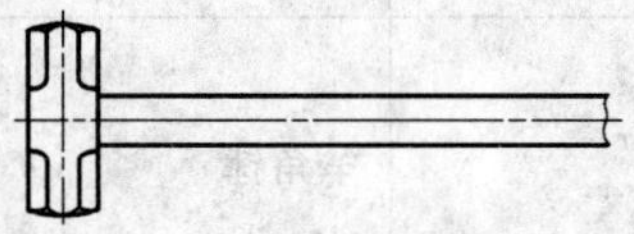	八角锤 double-face sledge hammers
2	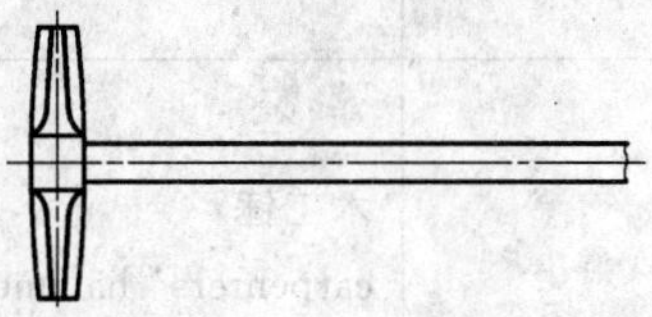	道钉锤 railway track keying hammers
3	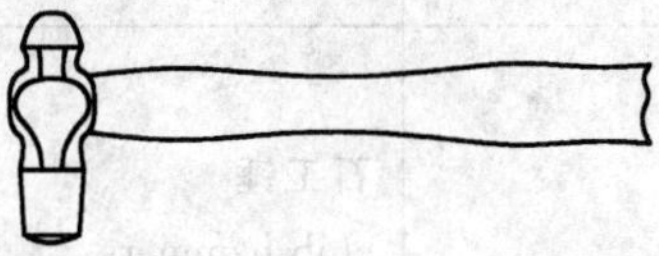	圆头锤 engineers' ball pein hammers
4	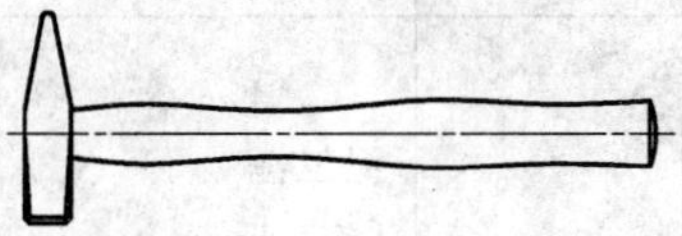	钳工锤 engineers' hammers
5	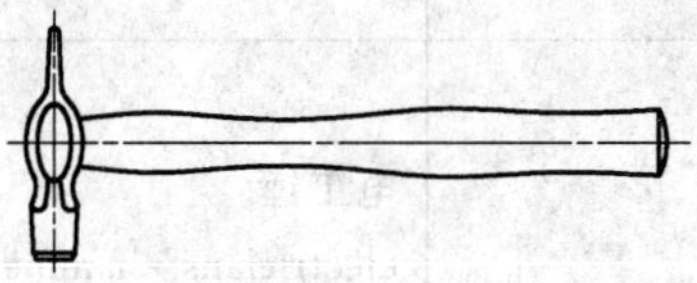	扁尾锤 cross pein hammers
6	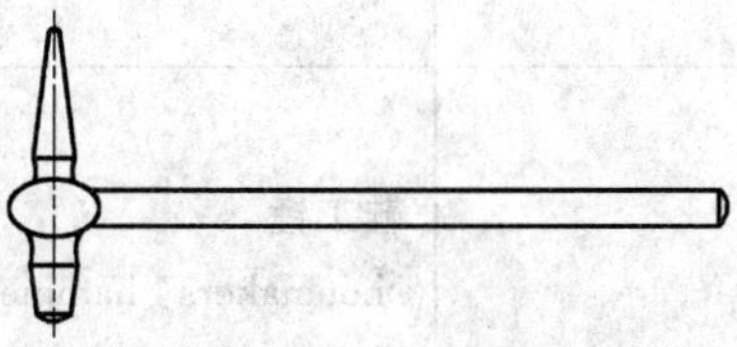	检车锤 cross and ball pein pin hammers
7	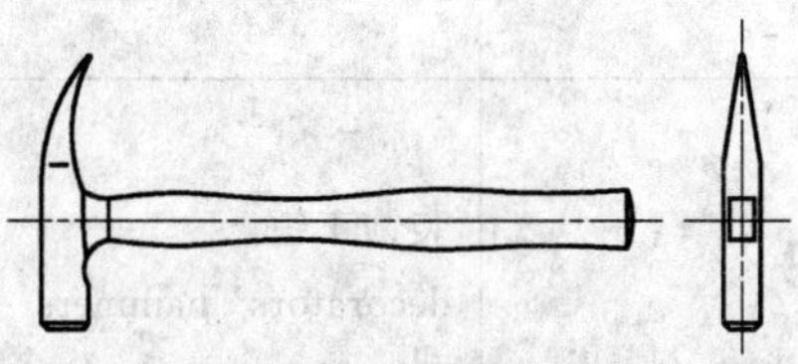	地质锤 geologists' hammers

表 C.1（续）

序号	图　　形	命　　名
8	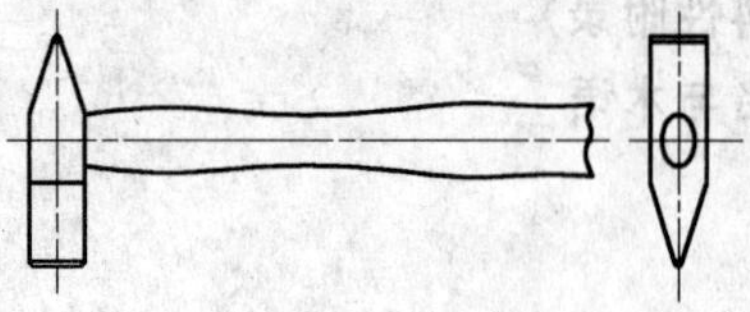	敲锈锤 boiler scaling hammers
9	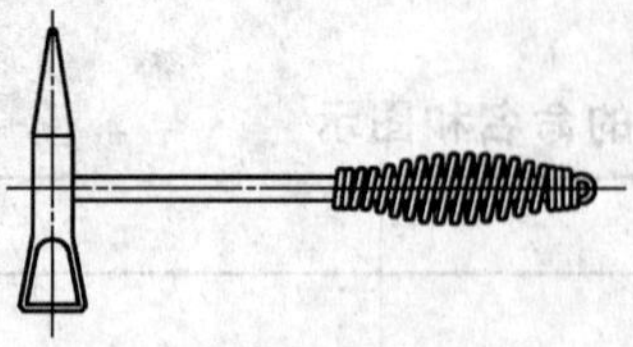	焊工锤 welders' chipping hammers
10	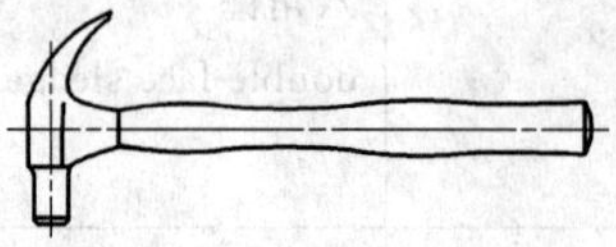	羊角锤 claw hammers
11	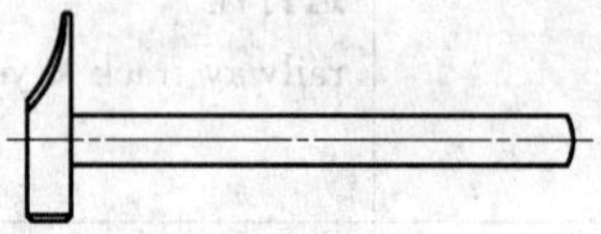	木工锤 carpenters' hammers
12	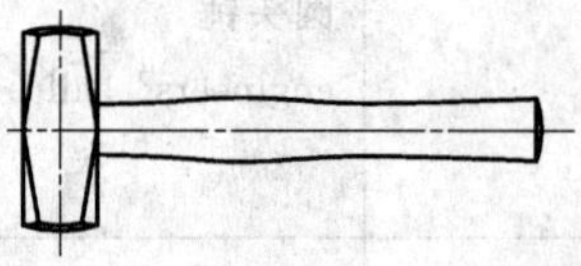	石工锤 club hammers
13	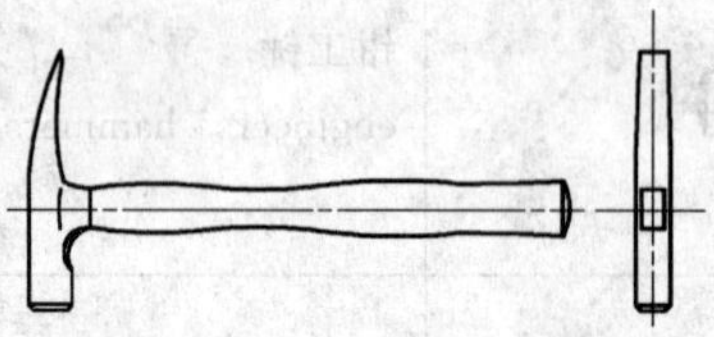	泥工锤 brick hammers
14	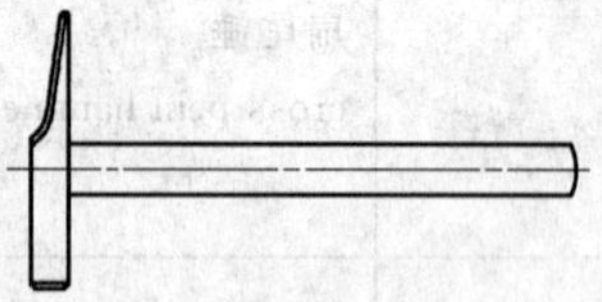	电工锤 electricians' hammers
15	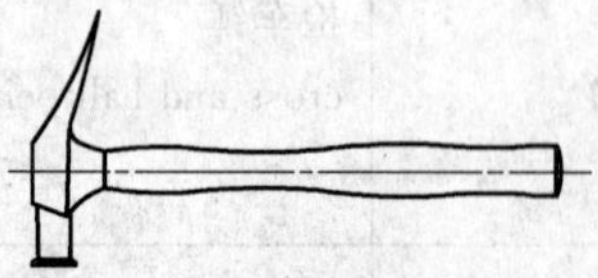	鞋工锤 shoemakers' hammers
16	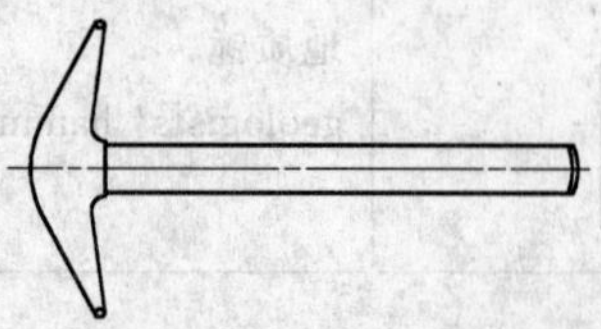	装饰工锤 decorators' hammers

C.1.2 锤柄的命名按表 C.2 规定。

表 C.2 锤柄的命名

序号	图形	命名
1	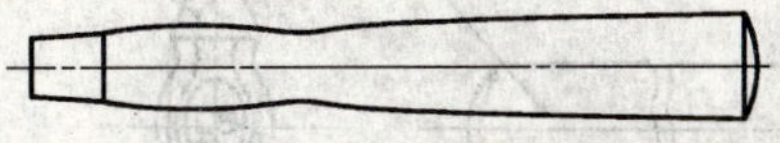	木质锤柄 wood handle
2		钢管锤柄 tubular steel handle
3	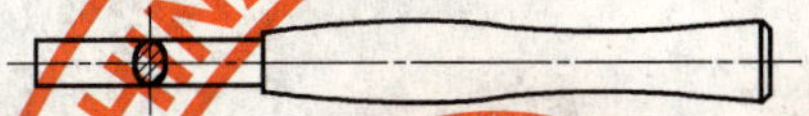	锻钢锤柄 forged steel handle
4		玻璃纤维增强塑料锤柄 fiberglass-reinforced plastic handle
5		弹簧锤柄 spring handle

C.1.3 锤孔的命名按表 C.3 规定。

表 C.3 锤孔的命名

序号	图形	命名
1		A 型锤孔 eye type A
2	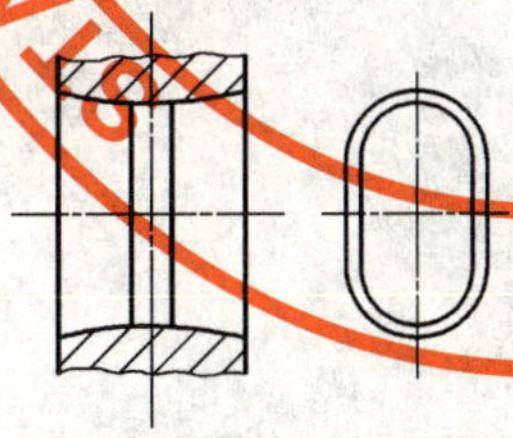	B 型锤孔 eye type B
3	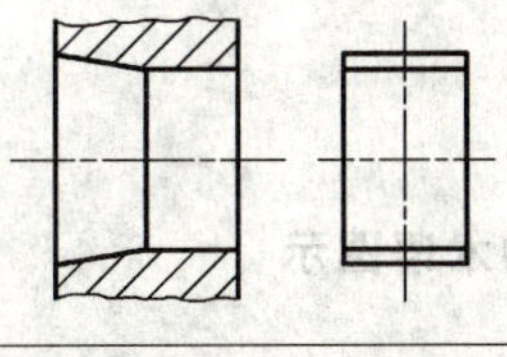	C 型锤孔 eye type C
4	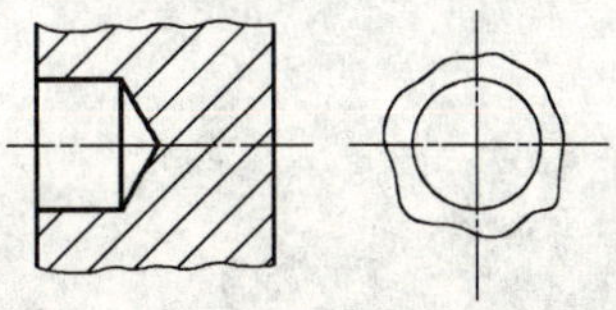	D 型锤孔 eye type D

C.2 术语

钢锤的术语按图 C.1 的规定。

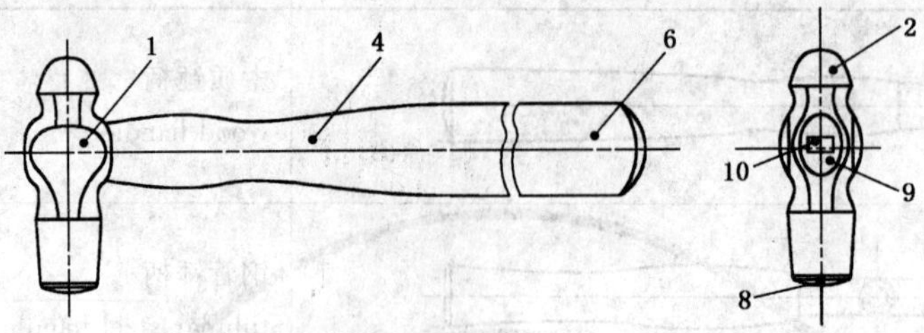

a)

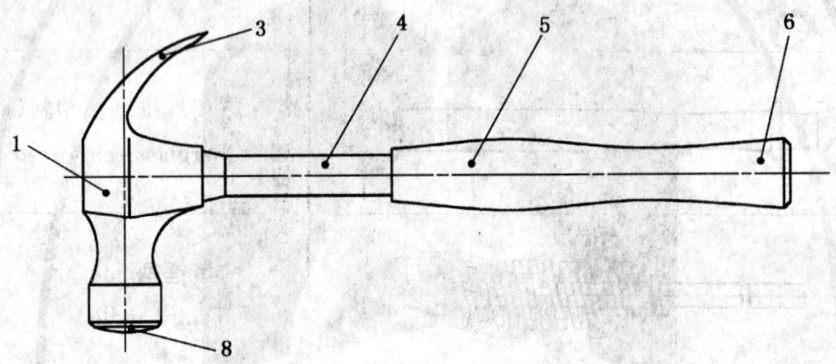

b)

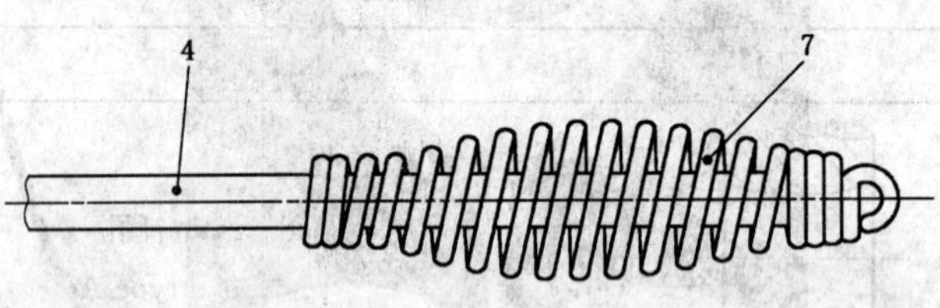

c)

1——锤体；
2——锤顶；
3——羊角部；
4——锤柄；
5——锤柄套；
6——锤柄尾端；
7——弹簧；
8——锤击面；
9——锤孔；
10——倒楔。

图 C.1 钢锤的术语图示

附 录 D
（资料性附录）
钢 锤 锤 孔

D.1 型式

锤孔的型式按形状分为A型、B型、C型和D型四种，如图D.1～图D.4所示。

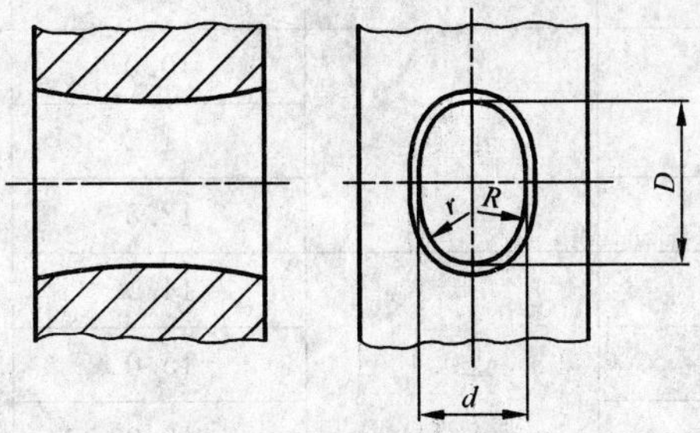

图 D.1 A型锤孔

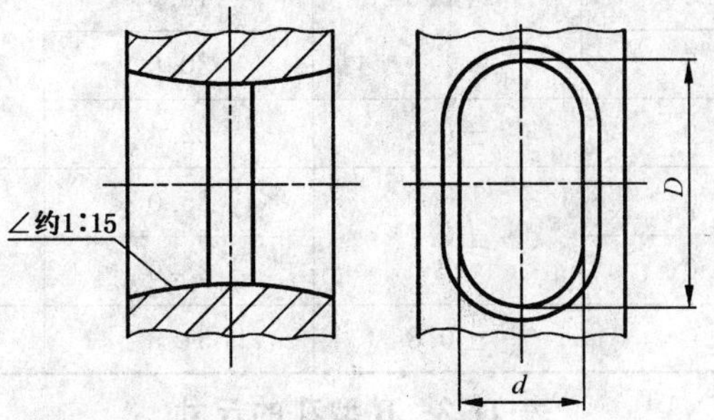

图 D.2 B型锤孔

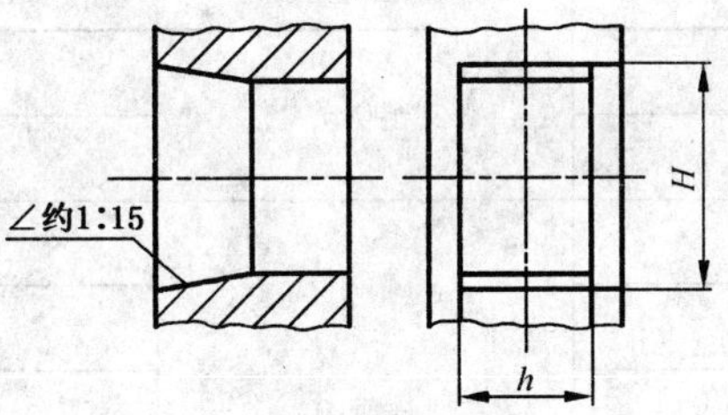

图 D.3 C型锤孔

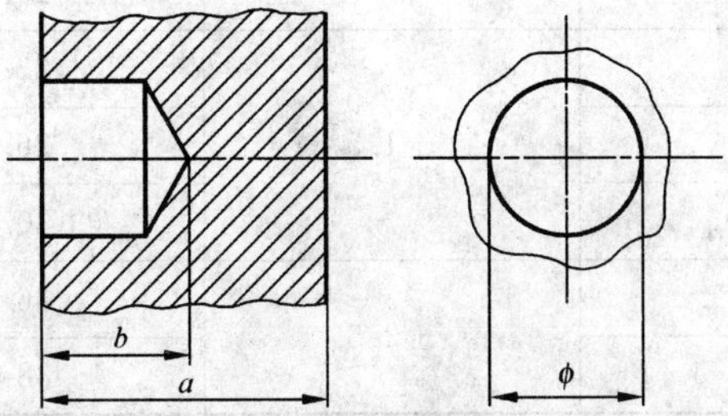

图 D.4 D型锤孔

D.2 基本尺寸

钢锤锤孔的基本尺寸见表 D.1～表 D.4 的规定。

表 D.1 A 型孔的尺寸

单位为毫米

锤孔编号	*D*		*d*		*R*
	基本尺寸	公差	基本尺寸	公差	
A-01	12.5	±0.2	7.1	±0.1	12.5
A-02	16.0		9.0		16.0
A-03	18.0	±0.3	10.0	±0.2	18.0
A-04	20.0		11.2		20.0
A-05	22.4		12.5		22.4
A-06	25.0	±0.4	14.0		25.0
A-07	26.5		15.0		26.5
A-08	28.0		16.0		28.0
A-09	30.0	±0.5	17.0	±0.3	30.0
A-10	31.5		18.0		31.0
A-11	35.5		20.0		35.5
A-12	40.0	±0.6	22.4		40.0
A-13	45.0	±0.7	25.0	±0.4	45.0
A-14	50.0		28.0		50.0
A-15	56.0	±0.8	31.5	±0.5	56.0

表 D.2 B 型孔的尺寸

单位为毫米

锤孔编号	*D*		*d*	
	基本尺寸	公差	基本尺寸	公差
B-01	13.0	±0.7	9.0	±0.7
B-02	17.0		11.0	
B-03	19.0	±1.0	13.0	±1.0
B-04	22.0		14.0	
B-05	24.0		16.0	
B-06	27.0		19.0	
B-07	29.0		20.0	
B-08	32.0	±1.5	22.0	±1.5
B-09	36.0		26.0	
B-10	40.0		30.0	
B-11	46.0	±2.5	36.0	±2.0
B-12	50.0		38.0	

表 D.3　C 型孔的尺寸

单位为毫米

锤孔编号	H max	h max
C-01	23	14
C-02	26	15
C-03	29	17
C-04	33	19

表 D.4　D 型孔的尺寸

单位为毫米

锤孔编号	ϕ		b
	基本尺寸	公差	
D-01	13	$^{+0.2}_{0}$	$1\times\phi\sim2\times\phi$
D-02	18		

附 录 E
（资料性附录）
钢锤安全使用规则

本规则用以指导使用者正确使用钢锤，以防出现意外事故。

E.1 使用钢锤时，应垂直锤击，避免斜向锤击。

E.2 严禁用钢锤锤击面的棱边进行锤击。

E.3 严禁以锤击锤或锤击硬度高于 46 HRC 的金属。

E.4 锤击作业时应戴好护目镜。

E.5 钢锤应进行定期检查，以保证正常使用。

E.6 严禁使用锤柄松动或已损坏的钢锤。

E.7 当钢锤的锤击面过度磨损或出现蘑菇状、碎裂、凹痕等现象时，应立即报废。

E.8 应根据工作要求正确选用合适的钢锤。

E.9 用钢锤锤击凿子、冲头、铁楔一类工件时，其锤击面应大于此类工件的被锤击顶端。

ICS 91.120.10
Q 25

中华人民共和国国家标准

GB/T 13475—2008/ISO 8990:1994(E)
代替 GB/T 13475—1992

绝热 稳态传热性质的测定 标定和防护热箱法

Thermal insulation—Determination of steady-state thermal transmission Properties—Calibrated and guard hot box

(ISO 8990:1994(E),IDT)

2008-06-30 发布 2009-04-01 实施

中华人民共和国国家质量监督检验检疫总局
中国国家标准化管理委员会 发布

前　言

本标准等同采用 ISO 8990:1994(E)《绝热—稳态传热性质的测定—标定和防护热箱法》。

本标准代替 GB/T 13475—1992《建筑构件稳态热传递性质的测定　标定和防护热箱法》。

本标准与 GB/T 13475—1992 相比主要变化如下：

——标准题目做了文字修改；

——第 2 章规范性引用文件做了修改；

——增加了局限性和误差源的相关规定(见 1.6)；

——增加了装置设计要求的相关规定(见第 2 章)；

——增加了设备表面温度的相关规定(见第 2 章)；

——平衡热电堆的输出功率、加热器及风扇等的输入功率的测量准确度做了修订(1992 年版本的 5.7;本版本的 2.8)；

——装置性能评价和标定的相关规定做了修订和补充(见 2.9)；

——修订了试件状态调节的相关规定(1992 年版本的 6.1;本版本的 3.2)；

——删除了原标准中的附录 B、附录 C 和附录 D(见 1992 年版本的附录 B、附录 C 和附录 D)；

——增加了附录 B 参考文献；

——增加了附录 NA。

本标准的附录 A 为规范性附录,附录 B 和附录 NA 为资料性附录。

请注意本标准的某些内容有可能涉及专利,本标准的发布机构不应承担识别这些专利的责任。

本标准由中国建筑材料联合会提出。

本标准由全国绝热材料标准化技术委员会(SAC/TC 191)归口。

本标准负责起草单位:南京玻璃纤维研究设计院。

本标准主要起草人：王佳庆、曹声龤、陈尚、王熙艳、孙文兵。

本标准所替代标准的历次版本发布情况为：

——GB/T 13475—1992。

ISO 前言

国际标准化组织(ISO)是由各国标准化团体(ISO 成员团体)组成的世界性的联合会。制定国际标准的工作通常由 ISO 技术委员会完成,各成员团体若对某技术委员会确定的工作领域感兴趣,均有权参加该委员会的工作。ISO 保持联系的各国际组织(官方或非官方的)也可参加有关工作。在电工技术标准化方面,ISO 与国际电工委员会(IEC)保持密切合作关系。

由技术委员会通过的国际标准草案提交各成员团体表决,需取得至少 75%参加表决的成员团体的同意,才能作为国际标准正式发布。

国际标准 ISO 8990 是由 ISO/TC 163 绝热材料技术委员会/SC 1 试验和测量方法分委员会制定。

附录 A 是本国际标准的完整组成部分。附录 B 仅作为资料。

引　言

很多场合需要绝热材料和绝热结构传热性质的数据，包括判断是否符合规程和规范、设计指导、材料和建筑物性能研究以及模拟试验的验证。

许多绝热材料和系统的传热都是传导、对流和辐射的复杂组合。本国际标准中的方法描述了测量在给定温差下，从试件一边传递至另一边的总热量，不对应于单独的传热模式，因此测试结果能够用于需要这样热性质的场合。然而，传热性质经常与试件自身及边界条件、试件的尺寸、传热方向、温度、温差、气流速度以及相对湿度有关。因此，试验条件必须重现预期的实际应用中的条件，或者评定在试验条件下测定的结果是否具有意义。

还应该记住，只有试件的稳态传热性质的测定和传热特性的计算或解释能代表产品或系统的实际性能，才能认为测定的性质对表征材料、产品或系统的特性是有用的。

此外，只有来自多个样本的多个试件的一系列测量结果具有足够的重现性，那么测定的性质才能代表材料、产品或系统的特征。

防护或标定热箱法的设计和操作是一个复杂的任务。装置的设计者和使用人员必须拥有完整的传热背景知识及精密测量技术的经验。

世界上有许多符合国家标准的标定与防护热箱装置的设计。持续的研究和发展不断对装备和测量技术进行着改进。被测的结构可能有非常大的变化，对试验条件的要求也会大不相同，所以不必要地限制测量方法和将所有的测量都限制在单一的装置都是不对的。因此指定一个特定的设计或尺寸的装置是不现实的。

绝热 稳态传热性质的测定 标定和防护热箱法

1 概述

1.1 范围

本标准规定了装置的设计原理及测定建筑构件和工业用的类似构件的试验室稳态传热性质应满足的最低要求。由于各种要求的变化(尤其是尺寸方面),因此不能限定一个特殊设计的装置和将操作条件规定在较小的范围。

本标准给出了装置,测量技术和必需报告的数据的描述。

本标准不适用于测定特殊构件,如窗,此时需要附加程序,本标准不包括这些程序。

本标准也不考虑湿迁移(或重分布)对热流测量的影响,但在装置的设计和操作时应予考虑,因为湿迁移可能影响试验结果的准确度和确切性。

本标准可测量的热性质是传热系数和热阻,规定了两种可供选择的方法:标定热箱法和防护热箱法。这两种方法都适用于垂直试件(如墙体)以及水平试件(如天花板和楼板)。装置能够足够的大,以便研究原尺寸的构件。

本标准适用于在试验室测量大尺寸的非均质的试件。也适用于测定均质试件,这是进行标定和验证所必需的。

按照本标准规定的方法测量均质试件时,经验表明,通常能够达到的准确度是±5%。然而,对于每一个单独装置的准确度,应使用热传导的均质标准试件,在该装置覆盖的测量范围内进行评定。对于非均质试件准确度的评定则更为复杂,并且还包含对特殊类型的被测的非均质试件中的热流机理分析。这类分析已超出本标准的范围。

本标准不适用于试验过程中有穿过试件的传质现象的测量。

1.2 规范性引用文件

下列文件中的条款通过本标准的引用而成为本标准的条款。凡是注日期的引用文件,其随后所有的修改单(不包括勘误的内容)或修订版均不适用于本标准,然而,鼓励根据本标准达成协议的各方研究是否可使用这些文件的最新版本。凡是不注日期的引用文件,其最新版本适用于本标准。

ISO 7345:1987 绝热材料——物理量和定义

1.3 术语和定义

ISO 7345:1987 确定的以及下列术语和定义适用于本标准。

1.3.1

平均辐射温度 mean radiant temperature

试件"可见的"诸表面温度的适当加权值,用于确定传到试件表面的辐射热流量(见附录A)。

1.3.2

环境温度 environmental temperature

空气温度和辐射温度的加权值,用于确定试件表面的热流量(见附录A)。

1.4 符号和单位

本标准所用符号及其单位如下:

i　内部，通常为热侧

e　外部，通常为冷侧

s　表面

n　环境

λ　导热系数　[W/(m·K)]

R　热阻　[(m²·K)/W]

U　传热系数　[W/(m²·K)]

h　表面换热系数　[W/(m²·K)]

Φ　热流量　[W]

Φ_P　加热或冷却的总输入功率　[W]

Φ_1　通过试件的热流量　[W]

Φ_2　平行于试件的不平衡热流量　[W]

Φ_3　通过计量箱壁的热流量　[W]

Φ_4　迂回热损，绕过试件侧面的热流量　[W]

Φ_5　周边热损，在试件边界平行于试件的热流量　[W]

A　垂直于热流的面积　[m²]

q　热流密度　[W/m²]

d　试件厚度　[m]

T_a　空气温度　[K]

T_r　平均辐射温度　[K]

T_n　环境温度　[K]

T_s　表面温度　[K]

$R=A(T_{si}-T_{se}/\Phi_1$

$R_s=1/h$

$R_{si}=A(T_{ni}-T_{si})/\Phi_1$

$R_{se}=A(T_{se}-T_{ne})/\Phi_1$

$R_u=1/U$

$U=\Phi_1/A(T_{ni}-T_{ne})$

$\Phi_1=\Phi_P-\Phi_3-\Phi_2$　[对于防护热箱]

$\Phi_1=\Phi_P-\Phi_3-\Phi_4$　[对于标定热箱]

注1：虽然对于不透明、均质的、板状试件能用 $\lambda=d/R_s$ 关系式得到导热系数，但本方法不直接测量导热系数。

1.5　原理

1.5.1　概述

两种类型的装置，防护热箱(GHB)和标定热箱(CHB)，都意图模仿通常的试件两边为均匀温度的流体(通常是大气)的边界条件。

将试件放置在已知环境温度的热室与冷室之间，在稳定状态下测量空气温度和表面温度以及输入热室的功率。由这些测量数值计算出试件的传热性质。

试件表面的热交换由对流和辐射组成。前者取决于空气温度和气流速度，后者取决于试件表面和试件“可见的”表面的温度和总半球辐射率。对流传热和辐射传热的作用合并成“环境温度”和表面传热系数的概念。

传热系数是用两侧环境温度定义的，因此要求有适合的测量温度方法来确定环境温度。在测试低热阻的试件时，表面换热系数是非常重要的，此时表面换热系数是总热阻的重要组成部分。测试中或高热阻的试件时，如果试件两侧的空气温度和辐射温度的温差都小到满足准确度的要求，在试验时也可以只记录空气温度。

作为特殊的情况，在热箱中靠近试件热面有一个辐射板作为热源。这种情况下，传递至试件表面的热量中，将以辐射成分为主。这种带辐射板的方法可以用于测量试件的热阻，但不适合直接测量在常规表面换热系数下的传热系数。

1.5.2 防护热箱法

在防护热箱法中(见图 1)，计量箱被防护箱围绕，控制防护箱的环境温度，使试件内不平衡热流量 Φ_2 和流过计量箱壁的热流量 Φ_3 减至最小。理想状态是装置内安装一个均质试件，计量箱内部与外部的温度均匀一致，而且冷侧温度和表面换热系数是均匀一致时，那么计量箱内、外空气温度的平衡将意味在试件表面上温度平衡，反之亦然，即 $\Phi_2=\Phi_3=0$。穿过试件的总热流量将等于输入计量箱的热量。

实际上，对于每个装置和试验中的试件，确定不平衡时都有局限(不平衡分辨力，见 1.6.1.1)。

1.5.3 标定热箱法

标定热箱法的装置(见图 2)置于一个温度受到控制的空间内，该空间的温度可与计量箱内部的温度不同。采用高热阻的箱壁使得流过箱壁的热损失 Φ_3 较低。输入的总功率 Φ_P 应根据箱壁热流量 Φ_3 和侧面迂回热损 Φ_4 进行修正。图 3 绘出试件、试件框架及相邻接的热侧和冷侧箱体的迂回热流的路径。用测试已知热阻的标定试件来确定箱壁损失及迂回损失的修正值。为标定迂回损失，标定试件应与被测试件具有相同的厚度、热阻范围和预定使用的温度范围。

1.6 局限性与误差源

欲达到某个要求的准确度，装置的使用受到许多与装备设计、标定、操作和试件性质(例如厚度，热阻和均质性)等有关因素的限制。

1.6.1 由装置引起的局限性及误差

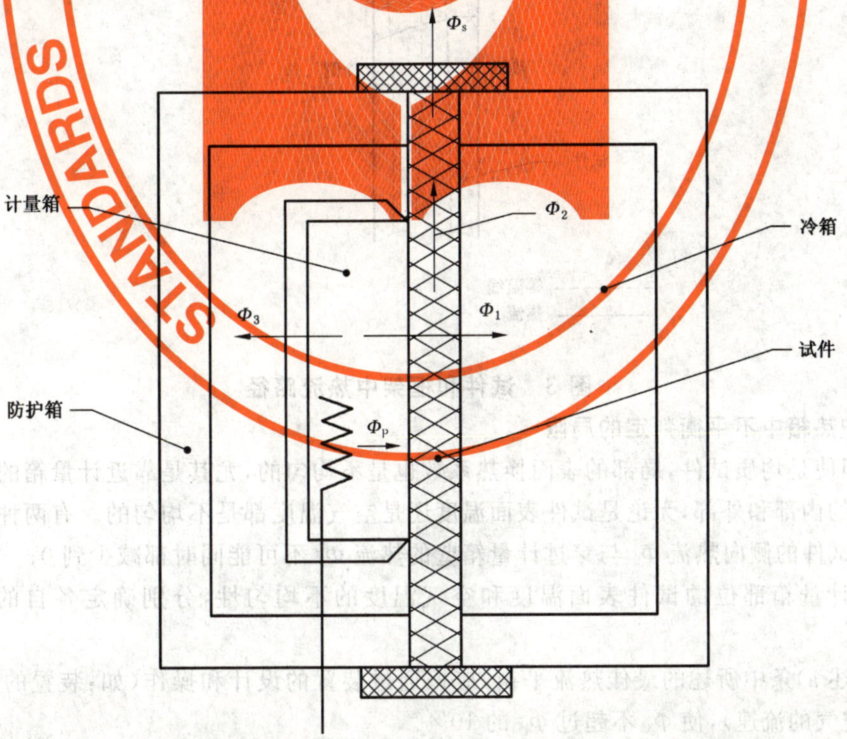

图 1 防护热箱

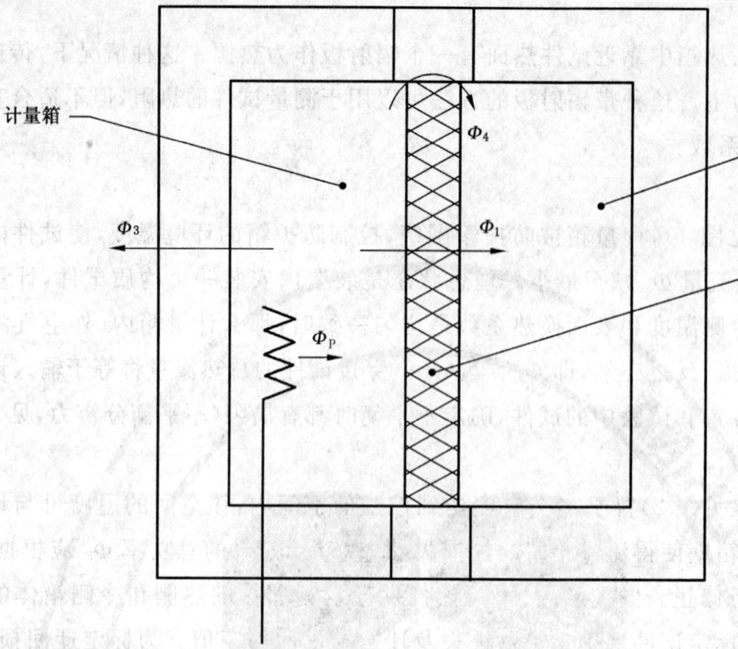

图 2 标定热箱

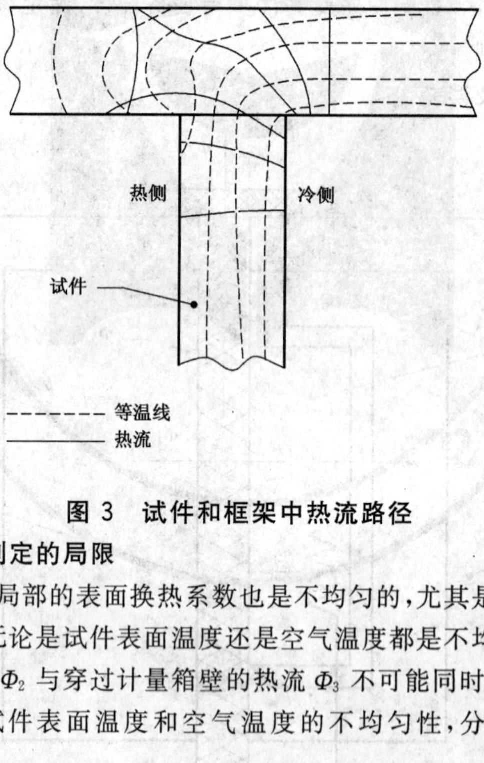

图 3 试件和框架中热流路径

1.6.1.1 防护热箱中不平衡判定的局限

实际上，即使是均质试件，局部的表面换热系数也是不均匀的，尤其是靠近计量箱的边界。因而，靠近计量箱周边的内部和外部，无论是试件表面温度还是空气温度都是不均匀的。有两种后果：

a) 穿过试件的侧向热流 Φ_2 与穿过计量箱壁的热流 Φ_3 不可能同时都减少到 0；

b) 靠近计量箱部位的试件表面温度和空气温度的不均匀性，分别确定各自的最佳的不平衡判定。

为获得上述 a)条中所述的最佳热流平衡，应该通过装置的设计和操作(如：装置的几何形状、防护空气的空间、空气的流速)，使 Φ_3 不超过 Φ_P 的 10%。

试件的非均质性将增加局部表面换热系数及试件表面温度的不均匀性。应评估穿过计量箱壁和试件内的不平衡热流，必要时进行修正。为此，计量箱壁应具备热流计作用。另外，在试件表面安装穿越计量区域周边的热电堆。在日常试验中，不平衡检测能够用标定和计算简化。

1.6.1.2 计量区域的尺寸

计量区域的定义是：

a) 对于防护热箱法，当试件厚度大于或等于鼻锥的宽度时，为鼻锥中心到鼻锥中心的区域，如果试件厚度比鼻锥宽度薄，为鼻锥周边内部的区域；

b) 对于标定热箱法，就是计量箱周边内部的区域。

计量区域的尺寸决定试件的最大厚度。对于防护热箱法来说，计量区域尺寸与试件厚度之比和防护区域宽度与试件厚度之比，受与防护热板法类似的原理所控制。

试件的尺寸还限制建筑物的有代表性的部分试验的可能性。因而，在解释结果时造成误差和困难。

热箱法试验的测量误差是部分正比例于计量区域周边的长度。随着计量区域的增大，其相对影响减小。在防护热箱中，计量区域的最小尺寸是试件厚度的 3 倍或者 1 m×1 m，取其大者。

标定热箱法的试件最小尺寸是 1.5 m×1.5 m。

防护热箱周边误差是沿试件表面的热流量 Φ_2、它是由计量区和防护区之间的不平衡、或者非均质性所造成。标定热箱的周边误差是由于迂回热损 Φ_4 造成的，它包括试件边缘热流量的扭曲。

1.6.1.3 最小输入功率

输入到计量箱的总功率 Φ_P 包括输入到加热器、电扇、传感器、执行元件等的功率。其中某些功率不可能减小到零，因而确定了必须通过试件的最小热流。通过冷却热箱可以降低其数值，但这将引入更多的与测量冷却流量的准确度有关的不确定度。

最小功率也受到包括 Φ_3 在内的计量箱总输入功率的不确定度的限制。

上述所有因素设定了比值$(T_{si}-T_{se})/R_u$的低限。

1.6.1.4 最大输入功率

要求的温度均匀性和表面换热系数限制了最大输入功率。为维持空气温度的高度均匀，大热流量就意味着大的空气流流过试件的表面，这将影响表面的传热机理。防护热箱法中，在降低试件热阻的情况下，为获得给定的准确度，严格要求计量和防护箱内对流和辐射传热是等值的。

1.6.2 由试件导致的局限性和误差

1.6.2.1 试件厚度和热阻

对于给定的装置设计，试件厚度受试件的性质和边界条件的限制。厚度上限受边缘热损 Φ_5 或者侧面迂回热损 Φ_4 的影响，尽管这些热损随着试件厚度的增加而降低，但与 Φ_1 和降低测量准确度相比，它们显得更重要。

1.6.2.2 试件非均质性

大多数建筑和工业构件的试件都是非均质的。试件的非均质性将会影响热流密度的模式，它既不是一维的、也不是均匀的。试件厚度的变化也会引起试件热流密度模式重大的局部变化。这些对温度和局部传热系数方面的影响是不一致的，这使得以下问题变得更困难或者甚至不可能：

a) 确定表面的平均温度；

b) 在防护热箱装置中不平衡的检测；

c) 计量面积的确定；

d) 对于给定的非均质试件的测量结果的误差分析。

特殊的例子包括：

a) 高导热系数的饰面层。这将形成不平衡热流 Φ_2 和迂回热损 Φ_4 的低热阻通路。沿着计量箱周边切开饰面层能有所帮助。当各层是均质的，可选用防护热板法或热流计法单独测量每一层材料来解决。

b) 水平和垂直结构件，如龙骨，他们的影响大多数情况是对称的。

c) 试件由不同材料制成的部分。不同的材料两侧的温差是不同的。在两种材料交界处存在热流。当交界处不是远离计量箱周边时，这意味着温度的不均匀性，它既影响了不平衡的检测，也影响计量面积的确定性。局部表面换热系数也受到了非均质的影响。

d) 试件内存在空洞时,试件内存在的自然对流能造成不可知的不平衡热流量 Φ_2。应该评估安装隔板的效果。

不可能为所有类型的问题提供一种直接的解决方案。操作者应充分认识不规则的影响。

如果试件存在巨大的非均质性,推断非均质性的重要性和影响有助于预测试件的热品质。如果试件的预测热品质和测量值之间存在无法解释的巨大差异,至少应在存在差异的地方仔细检查试件,鉴别试件的实际尺寸、大小和材质等与规定的任何差异。应报告任何与原有规格不一致的非规律性。

1.6.2.3 试件含湿量

在测试过程中的湿迁移对测试结果有很大影响。不可能规定一个标准的试验前的状态调节方法。作为最低要求,应该报告状态调节的方法。对于多数试件,如果不把测试精确度降低到一个不可接受的水平,通常不可能把温差减小到使湿迁移慢到可以视为稳态传质的情况。应该意识到不仅通过试件的湿迁移会影响结果,而且试件内的湿气重分布和相变也都会影响结果。

1.6.2.4 温度相关性

试件热阻和传热系数通常是穿过试件本身的温差的函数。在报告和解释测试结果时应考虑这个因素。

2 装置设备

2.1 概述

如 1.1 中提到的,规定一个装置的设计细节是不实际的,因此,本章只给出了必须遵循的要求以及必须考虑的内容。

图 1 和图 2 显示的是被测试件的典型布置型式和装置的主要组成部分;图 4 及图 5 显示的是可供选择的布置型式。也可以使用可完成相同目的的其他布置。图 1 中箱壁和图 2 中框架对通过试件的传热的影响取决于箱壁或框架的形状和材质、试件的厚度和热阻、以及温差和空气速度等试验条件。装置的设计和构造应该适合于被测试件的预期类型和预期的试验条件。

2.2 设计要求

装置的尺寸应与预期的用途相匹配,须考虑以下因素:

——计量面积必须足够大,使试验面积具有代表性。对于有模数的构件,计量面积应精确地为模数的整倍数;

——由于在计量区域的边缘不能维持一维热流,因此计量面积与计量区域的周长之比对两种型式热箱的测试准确度都会有影响。这些在计量区域边缘的误差热流作为计量热流的一部分而被测量,并且它将随着计量面积的减少而增加;

——防护热箱中,由于表面系数和计量区域外围附近的空气温度的不均匀性导致不平衡热流 Φ_2;

——防护热箱中,相当数量的热量通过计量箱的鼻锥进入试件。鼻锥的密封材料的有限厚度导致了偏离一维热流;

——边缘绝热材料和边缘的边界条件都会影响防护热箱的周边热损 Φ_5,在标定热箱中,则影响迂回热损 Φ_4。

由于试件在靠近计量区域边缘的非均质性,使所有这些问题变得更为复杂。

总的来说,计量箱的尺寸决定了装置其他组成部分的最小尺寸。计量箱的深度不应超过保持预期的边界条件(要求的边界层厚度等)和布置设备所需要的尺寸。

所有与试件表面进行热辐射交换的表面的辐射率可以是高的也可以是低的。大多数建筑和工业部件的典型的实际应用情况是高辐射率(0.8 或更高)。

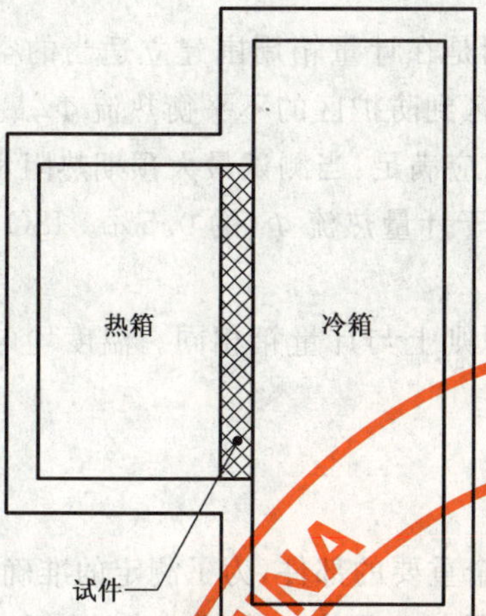

图 4

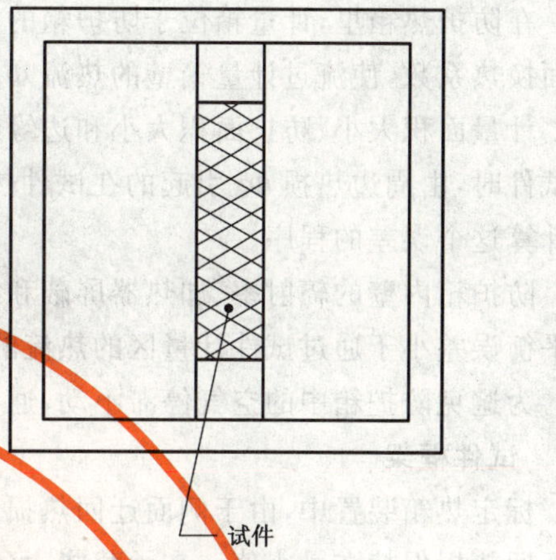

图 5

低辐射率环境需要一个更大的对流成分，例如更高的气流速度，以达到常规的表面换热系数。这使表面系数分布状态发生实质性的改变，它能提供更好的温度均匀性，但是这种情况能产生一种完全不同于真实用途的虚假热品质。尤其是它不适合于具有透气性表面的试件。

2.3 计量箱

2.3.1 箱壁结构

选择箱壁的绝热材料时，应考虑预期的试件热阻和温差范围，以保证计量箱的热损失误差对试件热流测定的影响不超过 0.5%。箱壁应该是热均匀体，有助于箱体内达到均匀的温度，便于用热电堆或其他热流传感器测量流过箱壁的热流量。

此外，由于热源（如发热器、电扇等等）与箱壁存在局部辐射交换，因此它们会影响箱体内侧的温度均匀性。

箱壁可以用合适的绝热材料的板制成，比如，中间为泡沫塑料并有适当饰面层的夹心板。

箱壁、周边密封条和试件应形成一个空气和水-水蒸气密封的箱体，以避免空气和湿气的传递造成误差。

防护热箱装置中，计量箱应紧贴试件以形成一个气密性的连接。鼻锥密封垫的宽度不应超过计量宽度的 2%或 20 mm。

2.3.2 供热和空气循环

供热和空气循环应满足平行于试件表面的气流的横向温度差不超过热、冷侧空气温差的 2%。均质试件在边界层外测量的沿着气流方向的空气温度梯度不得超过 2 K/m。

通常最适合的是电阻加热器。热源应该用绝热反射罩屏蔽，使得辐射到计量箱壁和试件上的热量减至最小。

采用强迫对流时，建议在计量箱中设置平行于试件表面的导流屏。导流屏应与计量箱内面同宽，而上下端有空隙以便空气循环。导流屏在垂直其表面的方向上可以移动，以调节平行于试件表面的空气速度。采用自然对流时，为屏蔽试件表面免受加热器的辐射传热，也可能需要导流屏。

2.2 中有关表面辐射率的考虑，也适用于导流屏。

在垂直位置测量时，自然对流所形成的循环应能达到所需的温度均匀性和表面换热系数。当自然对流引起空气移动时，试件同导流屏之间的距离应远大于边界层的厚度，或者不用导流屏。当自然对流循环不能满足所要求的条件时，应安装循环风扇。当风扇电动机安装在计量箱内时，必须测量电动机消耗的功率并加到加热器消耗的功率上。如果只有风叶在计量箱内，应准确测量轴功率并加到加热器消耗的功率上。测量的准确度应达到试件热流量测量误差小于 0.5%。

2.4 防护箱

在防护热箱里，计量箱位于防护箱的内部。防护箱的作用是在计量箱周围建立适当的空气温度和表面换热系数，使流过计量箱壁的热流 Φ_3 及试件表面从计量区到防护区的不平衡热流 Φ_2 最小。

计量面积大小、防护面积大小和边缘绝热材料之间的关系应满足：当测试最大预期热阻和厚度的均质试件时，由周边热损 Φ_5 引起的在试件热流量的误差应该小于计量热流 Φ_1 的 0.5%。ISO 8302 有定量计算这个误差的程序。

防护箱内壁的辐射率、加热器屏蔽和温度稳定性等要求原则上与计量箱相同。温度均匀性应满足不平衡误差小于通过试件计量区的热流的 0.5%的要求。

为避免防护箱中的空气停滞不动，通常需要安装循环风扇。

2.5 试件框架

标定热箱装置中，由于侧面迂回热损，使得试件框架是一个重要的部件，为了测定的准确度，应将侧面迂回热损保持在最小值。在承载能力(即支承试件)与高热阻的之间有一个折衷办法，朝向试件的面应为低传热性能。

典型的防护热箱装置中，不用试件框架，边缘绝热材料可将侧向热流减到最小。如果使用试件框架，应按 2.4 的要求，使侧向热流减到最小。

2.6 冷箱

在标定热箱装置中，冷箱的尺寸取决于计量箱的尺寸；在防护热箱装置中，冷箱的尺寸取决于防护箱的尺寸。可采用如图 1，图 2，图 4 和图 5 所示的布置。

箱壁的构造应减少制冷设备的载荷并防止结露。箱体的内表面的辐射应与要求的辐射换热一致。关于辐射率、加热器的热辐射屏蔽、温度稳定性和温度均匀性的要求原则上与计量箱相同

制冷系统蒸发器的出口处经常设置电阻加热器，以精确调节冷箱温度。如同计量箱一节提到的，为使箱内空气均匀分布，可设置导流屏。建议气流方向与自然对流方向相同。电机、风扇、蒸发器和加热器应进行辐射屏蔽。

空气速度应可以调节，以满足测试需要的表面换热系数，并应测量流速。对于建筑构件在模拟自然条件时，风速一般为 0.1 m/s～10 m/s。

2.7 温度测量

如果可能，测量空气温度和试件表面温度的温度传感器应该尽量均匀分布在试件的计量区域上，并且热侧和冷侧互相对应布置。

测量所有与试件进行辐射换热的设备的表面温度，以便计算平均辐射温度。

除非已经知道温度分布，否则用于测量空气温度和表面温度的传感器数量应至少为每平方米 2 个，并且不得少于 9 支。

为提高准确度，可用示差接法测量试件两侧的空气温差、表面的温差和计量箱壁两侧表面的温差。

2.7.1 试件表面的温度测量

试件表面温度的测量应采用挑选过的传感器，传感器安装到表面的方法应不改变测试点的温度。

下述方法能够满足要求：采用线径小于 0.25 mm 的热电偶，用粘结剂或胶带将热电偶的接点及至少 100 mm 长的热电偶丝固定在被测表面(最佳的等温途径)，形成良好的热接触，粘结剂或胶带的辐射率应接近被测表面的辐射率。

表面换热系数应尽可能接近最终使用条件。通过在相似的环境中测试均质试件，可以获得表面换热系数的资料。在所有情况下解释结果时都应特别小心。

对于非均质试件。指定的温度传感器数量将不能保证测得可靠的平均表面温度。对于中度非均质试件，每一个温度变化区域都应放置辅助的传感器。试件的表面平均温度是每个区域的表面平均温度的面积加权平均值。

这种方法不可用于很不均质的试件。这种情况下，不能测定试件的热阻 R_s，只能测定通过由试件两侧的环境温差定义的传热系数 U。

建议的比较非均质和非常不均质试件的指南是：由非均质性导致的表面温度的局部差异超过表面到表面平均温差的20%时，应作为显著非均质的证据。

2.7.2 **空气温度测量**

空气温度应由具有适当的时间常数的系统来测量。空气温度传感器应进行辐射屏蔽，除非显示出屏蔽和不屏蔽之间的差别很小，能够满足准确度的要求。

在自然对流情况下，温度传感器应该置于边界层的外面。大多数情况边界层厚度为几厘米。紊流情况下边界层的厚度可能超出 0.1 m。

强迫对流时，试件与导流屏之间应有完全扩展的紊流。应设置温度传感器测量空气的容积空气温度（绝热混合温度）。

2.7.3 **热电堆**

用于监视流过计量箱壁热流量的热电堆接点的安装要求，与表面温度传感器的要求相同。假设穿过箱壁的热流率密度是均匀的，箱壁面积每 0.25 m^2 至少要有一对热接点。由于与箱壁的局部辐射换热，箱内的加热器、电扇等会影响均匀性，因此为获得需要的准确度要使用更多数量的热接点。

在防护热箱法中，用于监测在计量区域和防护区域之间试件表面的不平衡热流 Φ_2 的热电堆的要求同上，数量为沿计量区边缘长度每 0.5 m 至少安装一对热接点。

平衡传感器的最佳位置是一个非常重要的问题。由于计量箱鼻锥的存在造成沿着计量区边缘的表面温度不均匀，因此传感器不能离鼻锥太近。因为侧面迂回热损会导致在防护区域的试件表面温度的不均匀性，传感器也不能离鼻锥太远。表面热交换系数的局部不均匀性也会导致额外的一些问题。应该认识到非均匀性对热电堆读数的可靠性有着非常严重的影响。

2.7.4 **设备表面温度**

设备内表面温度应按前述试件表面温度的测定方法进行测定。

2.7.5 **温度控制**

稳态时，至少在两个连续的测量周期内，计量箱内温度的随机波动和长期漂移应小于试件两侧空气温差的±1%。上述要求主要用于计量箱的温度，原则上亦适用于防护箱和冷箱温度。另外，防护箱的温度控制系统引起的附加不平衡热流量误差应小于 Φ_1 的 0.5%。

2.8 **测量仪器**

温差测量的准确度应是试件冷、热箱两侧空气温差的±1%，建议由测量仪表增加的不确定性不大于 0.05 K。绝对温度的测量准确度为两侧空气温差的±5%。

平衡热电堆的输出功率、加热器及风扇等的输入功率的测量准确度，应满足由于测量仪表的准确度引起的试件热流量 Φ_1 的附加测量误差小于 1.5%（参看在 2.3.2 结尾有关风扇功率的测试要求）。

2.9 **性能评价和标定**

2.9.1 **性能初步检查**

装置安装完成后，要进行初步检查以保证满足设计的要求。这一检查应在具有预期热阻范围的已知是均质的试件上进行。

初步检查应包括温度的均匀性和稳定性、热面和冷面的空气速度及表面换热系数、不平衡对准确度的影响，以及（适合时）边缘环境。

2.9.2 **补充测量**

穿过部分试件或设备的局部热流能用热流计测定。作为设备一部分的材料的导热系数能用防护热板或类似的方法测定。

红外线扫描系统能用来定位热桥和空气泄露，也可以找出表面温度测试点的合适位置。建好空气循环系统后，应进行一个横穿气幕（气流的边界层）的速度扫描，以验证形成了均匀的气幕。

2.9.3 标定

2.9.3.1 验证用试件

设备的性能应用覆盖预期热阻使用范围的已知热阻的均质试件来验证。试件可用高密度矿物纤维板或老化的泡沫塑料制成,它们已用防护热板装置进行过测定。板之间的接缝不应形成热桥。试件的两个面应该有阻止空气和湿气渗透的面层。

2.9.3.2 计量箱壁的标定

在防护热箱和标定热箱装置中,计量箱壁都应加以标定。标定的目的是根据计量箱壁的热流量 Φ_3 修正输入到计量箱的 Φ_P 值。在防护热箱装置中,标定会受 Φ_2 的影响;而在标定热箱装置中,会受 Φ_4 的影响。

用已知均质试件以不同的计量箱壁的温差进行稳态测定,绘出计量箱壁热电堆输出值与 Φ_3 的曲线或方程。当温差只有几度时(正常试验的极端情况),这个关系可假定为线性关系。详细的程序,参见参考文献[12]和[13]。

2.9.3.3 侧面迂回热损的标定

对于给定的设备,侧面迂回热损 Φ_4 大体上是试件厚度、试件热阻和框架结构的函数。用已知均质试件在稳态下试验,得到侧面迂回热损的标定系数。因为侧面迂回热损与试件厚度为非线性关系,标定试件的厚度应覆盖预期使用的厚度范围。如果试件的单位厚度的热阻值变化很大,标定过程应重复进行以覆盖预期使用的 R/d 范围。

作为选择,可以使用适合的计算程序,例如有限元法或有限差分法,评估侧面迂回热损。但是,这些程序应通过一些标定试验来验证。

由于测面迂回热损与装置热、冷侧的温差及装置与所置房间的温差有关,标定试验应覆盖装置预期使用的温度条件的范围。

3 测量步骤

3.1 概述

测试人员有必要熟悉前面章节的内容。由于测试目的多样 ,因此测试程序也有意较为概括。

对于特殊试件,应该确定测试方法是否适用的,是否其他方法更好,例如防护热板法,热流计法,或是计算。根据对试件的检查和分析,试验性地评估其热性能值的可能范围。也应该评估可获得的精确度,并且可获得的精确度应该与试验的目的有关系。

3.2 试件的状态调节

对热流受到湿气影响的试件,应记录状态调节情况。当有意义的时候,应记录试件在测试前后的质量,或者应在试验前后钻取芯样。

3.3 试件的选择与安装

试件应选用或制成有代表性的。对非均质试件应作如下考虑。对于防护热箱法,决定检测不平衡(空气到空气或空气到表面)的最精确的方法。当靠近计量区域周围的表面温度很均匀时,检测试件表面不平衡和评价流过箱体的热流 Φ_3 是最精确的方案。当靠近计量区周围出现不均匀性时,唯一可能的解决方案是空气到空气的平衡,那么,不平衡热流 Φ_2 则是一个未知的误差源。防护热箱法中,如有可能,应将热桥对称地布置在计量区域和防护区域之间的分界线上,这样,热桥面积的一半在计量箱内,另一半在防护箱内。

如果试件是有模数的,计量箱的尺寸应是模数的适当的倍数。计量箱的周边应同模数线外周重合或在模数线之间的中间位置。

如果不能满足这些要求,只好将计量箱放在不同位置做多次试验,并且要非常谨慎地考虑这些结果,如果适用,可辅以温度、热流的测量和计算。

标定热箱法中，应考虑试件边缘的热桥对侧面迂回传热的影响。就像上面提到的，可能有必要将计量箱放在不同位置做多次试验，在这种情况下，标定热箱法意味着代表建筑物不同部分的不同试件。

试件安装时周边应密封，不让空气或湿分从边缘进入试件，也不从热的一侧传到冷的一侧，反之亦然。

试件边缘应该绝热，使 Φ_5 减少到符合准确度的要求。

应考虑是否需要密封试件的每个表面，以避免空气渗透进试件以及是否需要控制热侧的空气露点。

在防护热箱法中，应该考虑试件中是否有要求用隔板将其分隔的连续空腔以及是否应在计量箱周边将高导热系数的饰面切断。

如果试件表面不平整，在与计量箱周边密封接触的区域，可能需要用砂浆、嵌缝材料或其他适当的材料填平，确保计量箱与防护箱之间的气密性。

如果试件尺寸小于计量箱所要求的试件尺寸，将试件安装在遮蔽板内，例如将试件嵌入一个墙内。

在遮蔽板和试件之间的边界区域中热流不是单向的；选择与试件相同热阻及厚度的遮蔽板，能够将此个问题减到最小。在一些实例中，这是不可能的，比如在窗的测试中。在这种情况下，当遮蔽板的热阻不同于安装窗户的墙体时，在窗框中的热流线与它们最终使用时不同，将难以预料其准确度。为了比较与解释试验结果，这些试件安装问题需要试件安装的规则，这超出了本标准的范围。

3.4 测试条件

测试条件的选择应考虑最终的使用条件和对准确度的影响。试验平均温度和温差都影响测试结果。通常建筑应用中平均温度一般在 10 ℃～20 ℃，最小温差为 20 ℃。根据试验目的调节热、冷侧的空气速度。调节温度控制器使 Φ_2 或 Φ_3 之一或二者尽可能小或等于 0。见 ISO 8302 中不平衡的叙述。

3.5 测量周期

对于稳态法试验，达到稳态所要求的时间取决于试件的热阻和热容量、表面系数、试件中存在的传质或湿气的重分布、设备的自动控制器的类型和性能等因素。由于这些因素的变化，所以不可能给出一个单一的稳态评判标准。

稳态要求的一个例子是：在达到接近稳定后，来自两个至少为 3 h 的测量周期的 Φ_P 和 T 的测量值及 R 或 U 的计算值，其偏差小于 1%，并且结果不是单方向变化。对于高热阻或高质量或者两者具备的试件，这个最低要求可能不充分，应延长试验时间。

3.6 计算

对于稳态法，1.4 中定义的平均传热性质按 2.7 和 2.8 的规定计算。

3.6.1 均质试件

对于均质试件或像 2.7.1 描述的不均匀度小于 20% 的试件，可根据表面温度计算热阻 R，根据环境温度计算传热系数 U 和表面换热系数 h。通常，由测量的 R 值得到总热阻值时，采用建筑规范的（表面热阻的）常用值。

3.6.2 非均质试件

当试件超出上述均匀性的极限值或者试件有特殊的几何形状时，仅能根据环境温度 T_{ni} 和 T_{ne} 计算传热系数 U。

3.6.3 结果评价

试验结果应与 3.1 中试验性评估值进行比较。存在明显差异时，应仔细检查试件，找出与它的技术规格有明显差异的地方，然后根据检查结果重新评估。如果试验性评估值与测量数据仍存在有不可解释的差异，可能是计算过程过于简单或者有试验的误差，应进行研究。

3.7 检测报告

检测报告应包含以下信息：

a) 所有背离本标准的声明和清单；

b) 如果适用，试验室的标识及其地址、试验日期和试验者；

c) 测试装备的信息，尺寸及内表面辐射率；

d) 试件的标志和描述，包括传感器的位置；

e) 试件状态调节程序，试件试验前后的质量、含湿量及其测定程序；

f) 试件方位及传热的方向；

g) 热、冷侧的平均气流速度和方向；

h) 总输入功率和通过试件的净传热。

按 3.6.1 规定确定的热阻 R 的试验报告，还应包括 i)～p)项的信息。

注 2：i)～m)项中报告的数值是在初始瞬态期后所有读数或测量周期的平均值。

i) 热侧、冷侧的空气温度；

j) 热侧、冷侧的表面温度；

k) 热侧、冷侧表面温度的面积加权平均值；

l) 计算的热阻和为计算传热系数，取自建筑规范的表面换热系数常用值；

m) 不确定度；

n) 试验持续时间；

o) 附加测量，例如，作为试件一部分的材料的含湿量情况；

p) 与试验有关的其他信息，例如，试验结果同 3.1 中的初始估计值有明显或不能解释的偏差，试件的检查结果和对偏差的可能解释。

按 3.6.2 中规定确定的传热系数 U 的试验报告，还应包括 q)～w)的信息。

注 3：q)～w) 项中报告的数值是在初始瞬态期后所有读数或测量周期的平均值。

q) 热侧、冷侧的空气温度；

r) 热侧、冷侧计算的环境温度；

s) 由均质试件计算的传热系数和表面换热系数；

t) 估计的准确度；

u) 试验持续时间；

v) 附加测量，如，作为试件一部分的材料的导热系数和含湿量测量情况；

w) 与测量有关的其他信息，如，试验结果同 3.1 中的初始估计值有明显或不能解释的偏差，试件的检查结果和对偏差的可能解释。

附 录 A
（规范性附录）
表面换热及环境温度

热量传入试件或从试件中传出是通过箱内其他表面的辐射热交换和试件表面的对流换热进行的。对于第一种传热机理，传热量取决于所有与试验板进行辐射换热表面的平均的辐射温度；第二种传热机理，传热量取决于邻近的空气温度。因此，通过试件的热流受到冷、热两个侧面中任何一个侧面的辐射和空气温度的影响。

A.1 环境温度

试件任何一个侧面的热平衡方程可写成：

$$\frac{\Phi}{A}=\varepsilon h_{\mathrm{r}}(T'_{\mathrm{r}}-T_{\mathrm{s}})+h_{\mathrm{c}}(T_{\mathrm{a}}-T_{\mathrm{s}}) \qquad \text{(A.1)}$$

式中：

$\frac{\Phi}{A}$——单位面积的热流量，单位为瓦每平方米（W/m^2）；

T'_{r}——所有与试件进行辐射换热表面的平均的辐射平均温度，单位为开尔文或摄氏度（K 或℃）；

T_{a}——邻近试件的空气温度，单位为开尔文或摄氏度（K 或℃）；

T_{s}——试件的表面温度，单位为开尔文或摄氏度（K 或℃）；

ε——辐射率；

h_{r}——辐射换热系数，单位为瓦每平方米开尔文[$W/(m^2\cdot K)$]；

h_{c}——对流换热系数，单位为瓦每平方米开尔文[$W/(m^2\cdot K)$]。

为便于确定传至表面的热流，将空气温度和辐射温度适当的加权，合并成一个单一的符号——环境温度 T_{n}。可写为：

$$\frac{\Phi}{A}=\frac{1}{R_{\mathrm{s}}}(T_{\mathrm{n}}-T_{\mathrm{s}}) \qquad \text{(A.2)}$$

这里 R_{s} 是表面热阻，用式（A.3）和式（A.4）代入，式（A.2）与式（A.1）相等：

$$T_{\mathrm{n}}=\frac{\varepsilon h_{\mathrm{r}}}{\varepsilon h_{\mathrm{r}}+h_{\mathrm{c}}}T'_{\mathrm{r}}+\frac{h_{\mathrm{c}}}{\varepsilon h_{\mathrm{r}}+h_{\mathrm{c}}}T_{\mathrm{a}} \qquad \text{(A.3)}$$

与

$$R_{\mathrm{s}}=\frac{1}{\varepsilon h_{\mathrm{r}}+h_{\mathrm{c}}} \qquad \text{(A.4)}$$

通常用两个箱子的环境温度之差来确定传热系数，而式（A.2）是用于确定表面热阻。

然而，实际上热箱和冷箱中 T'_{r} 和 T_{a} 经常都是很接近的，特别在试件热阻远大于表面热阻，或者使用强迫对流时，此时 h_{c} 比 $\varepsilon h_{\mathrm{r}}$ 大得多。在这些情况下，根据试件两侧的空气温度来确定传热系数是充分的，这里，对于所考虑的装置和采用的测试条件来说，已确定产生的误差可忽略不计。

确定试件的热阻，仅需表面平均温度。

A.2 环境温度的计算

如 $\varepsilon h_{\mathrm{c}}$ 及 h_{c} 值已知，并已测得 T'_{r} 及 T_{a} 值时，可用式（A.3）计算环境温度。

如果靠近试件表面设有平行的导流屏，它的平均温度可取为 T'_{r}，并且

$$\frac{1}{\varepsilon}=\frac{1}{\varepsilon_1}+\frac{1}{\varepsilon_2}-1$$

其中 ε_1 和 ε_2 分别是导流屏与试件表面的辐射率。

对于涂无光泽黑漆的导流屏($\varepsilon_1=0.97$)，大多数建筑材料将给定 $\varepsilon=0.9$,但应对每个试件单独考虑。辐射换热系数 $h_r=4\sigma T_m^3$,这里 σ 是斯蒂芬常数[5.67×10^{-8} W/($m^2\cdot K^4$)],T_m 是适合的平均辐射绝对温度,从以下可知：

$$T_m^3=\frac{(T'^2_r+T_s^2)(T'_r+T_s)}{4}$$

或

$$T_m\approx\frac{T'_r+T_s}{2}$$

如果除导流屏外,还有其他表面对试件直接辐射,则必须测量这些表面的温度,并且用适当的视角系数(或形状因子)将它们合并得到 T'_r。

对流换热系数 h_c 与多个因素有关,如空气-表面温差、表面的粗糙度、空气速度、热流方向,因而不易预计。

对于垂直表面的自然对流,典型的 $h_c=3.0$ W/($m^2\cdot K$)。强迫对流时,h_c 远大于 3.0 W/($m^2\cdot K$)。

当 h_c 值不确定时,可以根据式(A.1)、式(A.2),消去 h_c 得到：

$$T_n=\frac{T_a\dfrac{\Phi}{A}+\varepsilon h_r(T_a-T'_r)T_s}{\dfrac{\Phi}{A}+\varepsilon h_r(T_a-T'_r)}\quad\cdots\cdots\cdots\cdots(A.5)$$

这个表达式对于热流传入或传出表面均是正确的。对传入表面的热流 Φ 的符号取正值(即热面为正,冷面为负)。

使用式(A.4)需要知道试件平均表面温度 T_s。对于不均匀的试件,这可能是不知道的,此时,可用式(A.3)计算 T_n,式(A.3)中的 h_c 值可由另一个均匀试件的试验中得到。

例如：

在一次传热系数实验中,得到以下读数：

输入至计量箱的功率:$\Phi=31.8$ W

计量面积:$A=1.5\ m^2$

则流经试件单位面积的热流量:$\Phi/A=21.2\ W/m^2$

热侧温度：

空气平均温度:$T_{a1}=30.98$ ℃

导流屏的平均温度:$T'_{r1}=29.78$ ℃

表面平均温度:$T_{s1}=27.60$ ℃

因此：

$T_m=\frac{1}{2}(T'_{r1}+T_{s1})=28.69$ ℃ $=301.7$ K

和 $h_r=4\times5.67\times10^{-8}\times301.7^3=6.23$ W/($m^2\cdot K$)

取 $\varepsilon=0.9$,则 $\varepsilon h_r=5.61$ W/($m^2\cdot K$)

h_c 值未知,用方程式(A.5)：

$$T_{n1}=\frac{30.98\times21.20+5.61\times(30.98-29.78)\times27.60}{21.20+5.61\times(30.98-29.78)}=30.17\ ℃$$

冷侧温度：

空气平均温度:$T_{a2}=7.39$ ℃

导流屏的平均温度:$T'_{r2}=7.69$ ℃

表面平均温度:$T_{s2}=8.75$ ℃

因此：

$T_m = 281.3\ K$，所以用 $\varepsilon = 0.9$，得 $\varepsilon h_r = 4.54$，由方程式(A.5)得

$$T_{n2} = \frac{7.39 \times (-21.20) + 4.54 \times (7.39 - 7.69) \times 8.75}{(-21.20) + 4.54 \times (7.39 - 7.69)} = 7.47\ ℃$$

所以：

$$U = \frac{\Phi}{A(T_{n1} - T_{n2})} = 0.93\ W/(m^2 \cdot K)$$

表面热阻为：

热侧，

$$R_{s1} = \frac{A(T_{n1} - T_{s1})}{\Phi} = 0.12\ (m^2 \cdot K)/W$$

冷侧，

$$R_{s2} = \frac{A(T_{n2} - T_{s2})]}{\Phi} = 0.06\ (m^2 \cdot K)/W$$

附 录 B
（资料性附录）
参 考 文 献

［1］ ISO 8301:1991 绝热 稳态热阻及相关特性的测定 热流计法

［2］ ISO 8302:1991 绝热 稳态热阻及相关特性的测定 防护热板法

［3］ ISO 9251:1987 绝热 传热状态和材料特性 词汇

［4］ ISO 9288:1989 绝热 辐射传热 物理量及定义

［5］ ASTM C 236 用防护热箱法测量建筑组件的稳态热性能试验方法

［6］ ASTM C 976 用标定热箱法测量建筑组件的热性能试验方法

［7］ BS 874:1973 绝热性能的测定方法和绝热术语定义

［8］ Nordtest NT Building 119 用热箱法测定热阻

［9］ ASTM STP 554,MUMAW,J. R. 标定热箱法:测量大墙体热导率的有效方法

［10］ ASTM STP 789,ORLAND,R. D.，HOWANSKI，J. W.，DERDERIAN，G. D. and SHU，L. S. 防护热箱设备试验程序的发展

［11］ ASTM STP 789,GOSS,W. P. and OLPAK，Ahmet 一种可旋转的热试验设备的设计和标定

［12］ ASTM STP 789，LAVINE，A. G，RUCKER，J. L. and WILKE 标定热箱法的侧面迂回损失的标定

［13］ GUY and NIXON 防护热箱法详细验证步骤

［14］ ONEGA,R. J. and BURNS 侧面迂回热损失

附 录 NA
（资料性附录）
补 充 说 明

ISO 7345 中有关的术语已转化在国家标准 GB/T 4132—1996 中，ISO 8301 和 ISO 8302 已转化为国家标准 GB/T 10294 和 GB/T 10295，本标准使用者可参照使用。

ICS 59.080.40
G 42

中华人民共和国国家标准

GB/T 13489—2008
代替 GB/T 13489—1992

橡胶涂覆织物燃烧性能测定

Rubber coated fabrics—Determination of the burning behaviour

2008-05-14 发布　　　　2008-10-01 实施

中华人民共和国国家质量监督检验检疫总局
中国国家标准化管理委员会　发布

前　言

本标准代替 GB/T 13489—1992《橡胶涂覆织物燃烧性能测定》。

本标准与 GB/T 13489—1992 相比主要变化如下：

——引用文件由 HG/T 2867 替代 GB/T 7539；

——删除了原标准 4.1.6 表中"大于"一词(1992 年版的 4.1.6;本版的 3.2.1.6 中表 1)；

——增加了警告词。

本标准附录 A 为资料性附录。

本标准由中国石油和化学工业协会提出。

本标准由全国橡胶与橡胶制品标准化技术委员会涂覆制品分技术委员会(SAC/TC 35/SC 10)归口。

本标准起草单位:中橡集团沈阳橡胶研究设计院。

本标准主要起草人:马琳。

本标准所代替标准的历次版本发布情况为：

——GB/T 13489—1992。

橡胶涂覆织物燃烧性能测定

警告——使用本标准的人员应熟悉正规实验室操作规程。本标准无意涉及因使用本标准可能出现的所有安全问题。制定相应的安全和健康制度并确保符合国家法规是使用者的责任。

1 范围

本标准规定了垂直向橡胶涂覆织物试样受小火焰作用和受酒精喷灯作用的原理、仪器、试样、试验步骤和结果等。

方法 A(垂直向试样小火焰试验方法)

适用于以棉纤维、尼龙纤维、聚酯纤维等为骨架材料的各种橡胶涂覆织物或制品的燃烧性能试验，也适用于涂覆织物材料燃烧性能的质量控制和配方对比试验。以橡胶为主的橡塑并用涂覆织物或制品的燃烧性能试验也应参照使用。

方法 B(垂直向试样酒精喷灯试验方法)

适用于以玻璃纤维或石棉纤维等为骨架材料的各种橡胶涂覆织物或制品的燃烧性能试验，也适用于涂覆织物材料燃烧性能的质量控制和配方对比试验。以橡胶为主的橡塑并用涂覆织物或制品的燃烧性能试验也应参照使用。

本标准不适用评定实际使用条件下的着火危险性。

2 规范性引用文件

下列文件中的条款通过本标准的引用而成为本标准的条款。凡是注日期的引用文件，其随后所有的修改单(不包括勘误的内容)或修订版均不适用于本标准，然而，鼓励根据本标准达成协议的各方研究是否可使用这些文件的最新版本。凡是不注日期的引用文件，其最新版本适用于本标准。

HG/T 2867　橡胶或塑料涂覆织物　调节和试验的标准环境(HG/T 2867—1997，idt ISO 2231：1989)

3 方法 A(垂直向试样小火焰试验方法)

3.1 原理

把试样夹紧在框架里，垂直悬挂，其下端在规定的火焰中燃烧一定时间，测定移开火焰后，试样的有焰燃烧时间、无焰燃烧时间及损毁长度，用以评定试样的燃烧性能。

3.2 仪器

3.2.1 垂直燃烧试验仪

3.2.1.1 燃烧试验箱

用薄金属板或其他材料制成的前面装有玻璃门的直立长方形燃烧箱，箱内尺寸为 329 mm×329 mm×767 mm。箱顶有排气孔，为防止箱外气流的影响，距箱顶外 30 mm 处加装顶板一块。箱两侧下部开有通风孔。箱顶有支架可承挂试样夹，使试样夹与前门垂直并位于试样箱中心。试样夹的底部位于点火器喷口顶点之上 17 mm～20 mm 处。箱底铺有石棉板。仪器构造如图 1 所示。

注：如不具备自动测试燃烧仪，可以参照附录 A 装置进行试验。

3.2.1.2 试样夹

用以固定试样，防止卷曲并保持试样于垂直位置。试样夹由两块厚 2.0 mm、长 422 mm、宽 89 mm 的 U 型不锈钢板制成，其内框尺寸为 356 mm×51 mm，如图 2 所示。试样固定于两板中间，两边用夹子夹紧。

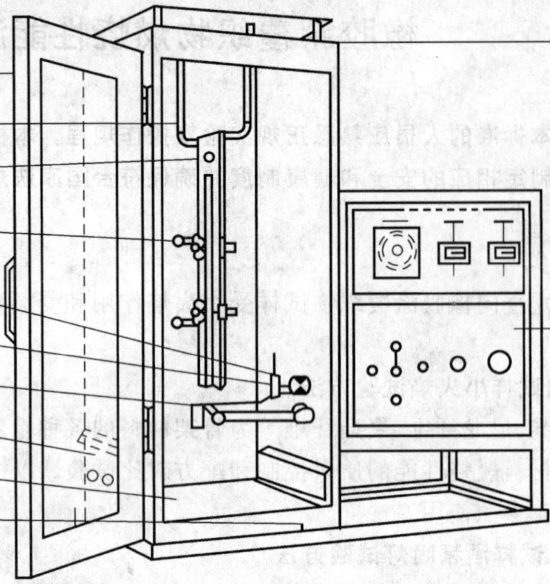

图 1 燃烧试验箱构造图

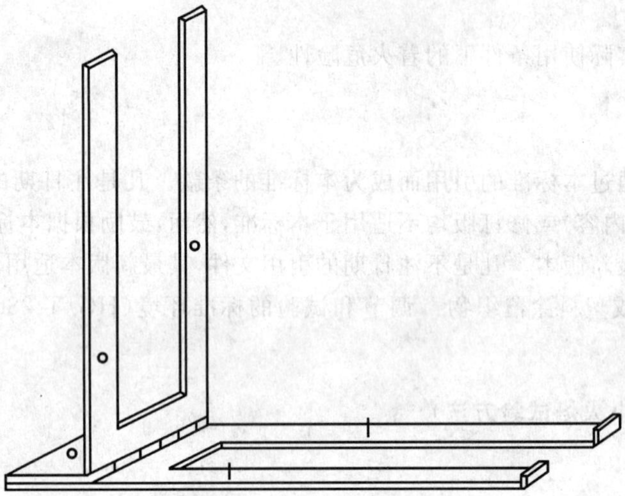

图 2 试样夹

3.2.1.3 点火器

采用如图 3 所示的点火器。点火器管口内径为 11 mm，管头与垂直线成 25°角。

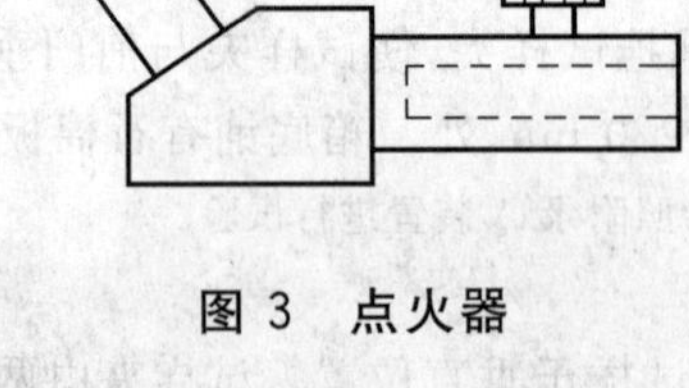

图 3 点火器

3.2.1.4 燃气

丙烷或丁烷，火焰温度应为 520 ℃±20 ℃。

3.2.1.5 控制部分

有电源开关、电火花点火开关、条件转换开关、点火器自动开关、试样点燃时间设定器、有焰燃烧时间计时器、有焰燃烧时间计量停止开关、气源供给指示灯、气体调节阀等。

3.2.1.6 重锤

应附加挂钩,以便将重锤挂在测试后试样一侧的下端,用以测定损毁长度。共有不同质量的重锤五个,按照表1中所规定的试样单位面积质量不同而选择使用。

表1 试样单位面积质量与选用重锤质量的关系

试样单位面积质量/(g/m²)	重锤质量/g
101 以下	54.5
101～207 以下	113.4
207～338 以下	226.8
338～650 以下	340.2
650 以上	453.6

3.2.2 手动计时器

具有 0.2 s 或更小分度值的秒表等计时装置。

3.2.3 量具

不锈钢直尺,分度值为 1 mm。

3.3 试样

3.3.1 样品应距整卷涂覆织物边部最少 0.1 m,端部最少 1 m 处裁取。每一待试样品取六个试样为一组,三个经向,三个纬向。纬向试样:试样的宽度方向应与样品的经向边平行,纬向试样不应取自同一纬纱。经向试样:试样的宽度方向应与样品的纬向边平行,经向试样不应取自同一经纱。

3.3.2 试样尺寸 300 mm×80 mm,长的一边要与织物经向或纬向平行。

3.3.3 试样应在 HG/T 2867 规定的标准环境中停放 16 h 以上,停放后立即进行试验。

3.4 试验步骤

3.4.1 接通电源及燃气气源。

3.4.2 将试验箱前门关好,按下电源开关,指示灯亮表示电源已通。将条件转换开关放在火焰高度测定位置,打开气体供给阀门,连续按点火开关,点着点火器。按启动开关,使点火器移动。打开左侧气孔门,用火焰高度测量装置测量并用气阀调节火焰高度至 40 mm±2 mm。移开火焰高度测量装置,将条件转换开关定于试验位置。

3.4.3 检查有焰燃烧时间是否在零位。

3.4.4 将点燃时间设定于规定时间,应根据不同涂覆织物情况选定点燃时间,范围是 5 s～15 s,通常为 12 s。

3.4.5 将停放处理后的试样放入试样夹中,试样下沿应与试样夹两下端相平齐。将试样夹连同试样垂直悬挂于试验箱中。

3.4.6 关闭箱门,按着点火器,待 30 s 火焰稳定后,按启动开关,使点火器移至试样中间正下方,点燃试样。

3.4.7 规定的点燃时间后,点火器恢复原位,有焰燃烧计时器开始自动计时,待有焰燃烧停止,立即按计时器的停止开关,计时器上所示数值乘以 0.1 即为秒数或用手动计时器计时。如有无焰燃烧时,待有焰燃烧熄灭后(如无有焰燃烧,则为点火器离开试样后)即启动秒表直至无焰燃烧熄灭再停止秒表,观察并记录试样的滴落情况。

点燃试样期间,决不可以向上移动火焰去追随正在收缩的试样自由端。

3.4.8 取出试样夹,卸下试样,先沿其长方向炭化处对折一下,然后在试样下端一侧,距底边约 6 mm 处,挂上与试样单位面积质量相称的重锤(见 3.2.1.6),再用手缓缓地提起试样下端的另一侧,让重锤悬空,测量试样断开的长度即为损毁长度。

3.4.9 待试样移开后，清除试样箱中的烟雾再进行下一个试验。

3.5 结果表示

试样的有焰燃烧时间(s)、无焰燃烧时间(s)、损毁长度(mm)各以六个试样的平均值表示，并列出各试样的实测值。有焰燃烧和无焰燃烧时间应精确到 0.1 s，损毁长度应精确到 1 mm。

3.6 试验报告

试验报告应包括下列内容：

a) 本国家标准编号及试验方法 A；

b) 试样名称、橡胶、织物种类；

c) 试样的停放步骤；

d) 试验结果：有焰燃烧时间、无焰燃烧时间、损毁长度(均为平均值)及各个结果的实测值；

e) 点燃试样的时间；

f) 点火器、燃气种类；

g) 燃烧时试样的状态，如炭化、卷曲、收缩等情况；

h) 试样环境温度、湿度；

i) 试验日期和人员。

4 方法 B(垂直向试样酒精喷灯试验方法)

4.1 原理

试样垂直夹持在支架上，其下端在规定的酒精喷灯火焰中燃烧一定时间，测定移开火焰后，试样的有焰燃烧时间、无焰燃烧时间，用以评定试样的燃烧性能。

单位为毫米

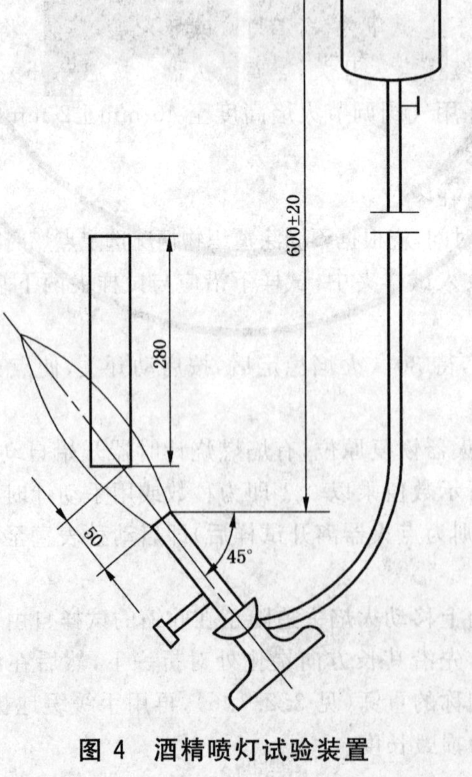

图 4 酒精喷灯试验装置

4.2 装置

4.2.1 试验装置(如图4所示):燃料从燃料瓶经过透明聚乙烯塑料软管进入酒精喷灯。喷灯、试样支架均放在通风试验箱内,以保证在弱光下进行试验。

4.2.2 酒精喷灯:燃烧管内径19 mm,管长150 mm。结构特征和尺寸符合图5的要求。

单位为毫米

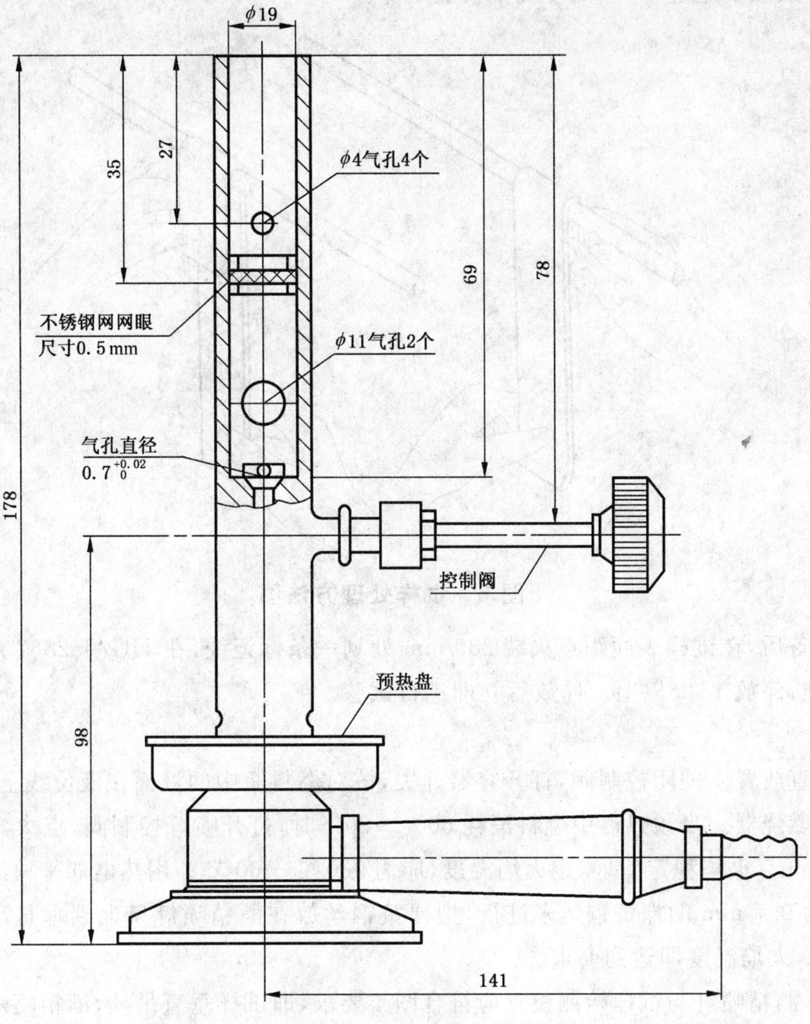

图5 酒精喷灯

4.2.3 试样支架:配有试样夹,能调节试样的垂直高度和试样的左右位置。

4.2.4 滑座及拉杆:能使喷灯垂直或与水平面成45°放置,并能调节喷灯火焰在试样前后的位置。

4.2.5 通风试验箱:试验在通风的试验箱内进行,在试验过程中不能排风。

4.2.6 量具:不锈钢直尺,分度值为1 mm。

4.2.7 计时器:具有0.2 s或更小分度值的秒表或自动计时装置。

4.3 燃气

95%乙醇和5%甲醇的混合物。

4.4 试样

4.4.1 试样应距整卷涂覆织物边部最少0.1 m、端部最少1 m处裁取。每一待试样品取六个试样为一组,三个经向,三个纬向。纬向试样:试样的宽度方向应与样品的经向边平行,纬向试样不应取自同一纬纱。经向试样:试样的宽度方向应与样品的纬向边平行,经向试样不应取自同一经纱。

4.4.2　试样长为 360 mm±5 mm，宽为 50 mm±1 mm。

4.4.3　若试样要求水浸处理，长为 460 mm±5 mm，宽为 50 mm±1 mm。水浸方法如下：

为除掉试样上疏松的表面物，将试样绕在一根直径为 6 mm～8 mm 的固定杆上，随后从一头拉至另一头，然后再拉回。如图 6 所示位置。该操作在每条试样正反两面各进行十次。在拉扯试样期间，试样与杆的接触面成 180°角。然后在每件试样的两端各剪掉 50 mm，并于室温下把试样浸没在水中 3 h～4 h，接着将试样放在不超过 50 ℃的环境中彻底干燥。

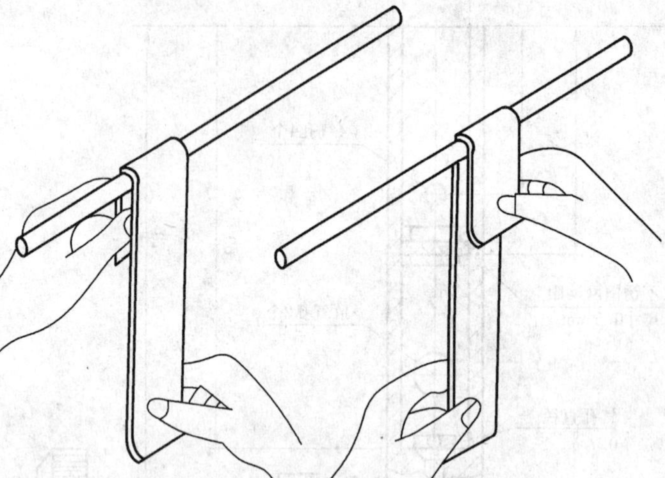

图 6　试样处理方法图

4.4.4　试样制备后，在试样表面距点火端 280 mm 处划一条标记线，在 HG/T 2867 规定的标准温度和湿度下自由悬挂，停放 16 h 以上。停放后立即进行试验。

4.5　试验步骤

4.5.1　喷灯垂直放置。关闭控制阀，打开容器开关，核对燃料瓶中的液面在液位线上，然后点燃预热盘中的燃料，加热燃烧器。当预热盘中燃料消耗 60%～80%时，打开喷灯控制阀，点火。调节火焰高度为 150 mm～180 mm。火焰稳定后，测定火焰温度，应为 960 ℃±60 ℃。用热电偶来检测火焰温度。也可以用一根直径为 0.7 mm 的裸黄铜丝来进行，把裸黄铜丝放在酒精喷灯口上端垂直高度约 50 mm 处，若 6 s 内能熔化，火焰温度即达到要求。

4.5.2　测试时，酒精喷灯与试样检测位置应符合图 4 要求，即试样垂直吊挂，酒精喷灯倾斜 45°角，其试样下端离燃烧器喷口中心为 50 mm。试样下端的一个角用夹子夹住，以防燃烧时试样打卷、漂移。

4.5.3　将喷灯火焰移到试样下端。每个试样在火焰中保持规定的时间后，立即撤离火焰。撤离火焰的同时，按动秒表，直至试样或滴落物上的任何有焰燃烧或无焰燃烧停止为止。记下试样的有焰燃烧和无焰燃烧持续时间。

4.5.4　试样的点燃时间以引燃为准，薄的试样(厚度为小于 1.0 mm)为 5 s～15 s；厚的试样(厚度为大于或等于 1.0 mm)为 15 s～60 s。

从开始施加火焰到试样有焰燃烧或无焰燃烧熄灭后至少 30 s 内，应仔细地、连续地观察试样的燃烧情况。

4.5.5　如果发现试样的有焰燃烧或无焰燃烧蔓过标记线时，该材料不应再用此法进行试验。

4.5.6　燃烧试验从开始到结束，燃料液面与喷灯口距离应始终保持 600 mm±20 mm。

4.6　结果表示

六个试样测得的有焰燃烧时间之和与无焰燃烧时间之和(以秒表示)即为试验结果。并分别列出有焰燃烧时间与无焰燃烧时间的最大值。

4.7 试验报告

试验报告应包括下列内容：

a) 本国家标准编号及试验方法 B,试样的名称,牌号,制造单位；

b) 试样的制备方法；

c) 试样的尺寸和预处理情况；

d) 试验结果；

e) 其他试验现象(熔融、卷曲、滴落、滴落物是否燃烧等)；

f) 试样环境温度、湿度；

g) 试验日期和人员。

附　录　A
（资料性附录）
可选用的试验装置

A.1　若不具备自动测试燃烧仪，可以使用简易的垂直燃烧试验装置。点火器可用本生灯（灯口内径为 9.5 mm）或其他类似点火器，但火焰高度应保持 40 mm±2 mm。试样下端中心距点火器灯口距离应为 20 mm±1 mm。有焰燃烧时间和无焰燃烧时间可用秒表测量。

A.2　若无试样夹，可用简易夹子夹住样品，但试样一定要保持所要求的位置。

A.3　在不具备燃气的情况下，可使用石油液化气和天然气等燃气气源。

上述测试结果仅供非仲裁性试验。

ICS 29.160.30
K 26

中华人民共和国国家标准

GB/T 13501—2008
代替 GB/T 13501—1992

封闭式制冷压缩机用电动机绝缘相容性试验方法

Test methods for insulation compatibility of electric motors for hermetic refrigeration compressors

2008-07-16 发布　　2009-04-01 实施

中华人民共和国国家质量监督检验检疫总局
中国国家标准化管理委员会　发布

前言

本标准代替GB/T 13501—1992《封闭式制冷压缩机用电动机绝缘耐氟试验方法》，并按照GB/T 1.1—2000的要求重新进行了编排。

本标准与标准GB/T 13501—1992的不同主要有：

——改名为《封闭式制冷压缩机用电动机绝缘相容性试验方法》。

——增加了“前言”部分。

——将原标准的“2　引用标准”修改为“2　规范性引用文件”，并增加了内容。

——增加了“3　术语和定义”的条款。

——将原标准正文中的“绝缘结构”改为“电气绝缘结构”。

——在6.1中增加了对在其他制冷剂中使用的电气绝缘结构的试验要求。

——在表2和表A.1“试验参数”和“试验用工质”栏中取消了R12和R502两种制冷剂，增加R134a、R404A、R410A、R407C、R600a等制冷剂。

——将表2和附录A中表A.1的“试验温度”栏修改为“釜内试验温度”，并将原标准用大写英文字母表示“耐热等级”改为用摄氏温度数值表示。在表A.1釜内试验温度栏中增加180 ℃的耐热等级与内容。

——表2的注2中增加“R134a、R404A、R410A、R407C、R600a等制冷剂所使用的冷冻机油可由供需双方协商确定”。

——在6.2.6中增加了升温时间的要求。

——增加了“6.2.7　试验周期数”的内容。

——在表A.1中，将“试验周期”改为“试验时间”，并增加了试验时间的具体规定。

本标准的附录A为规范性附录。

本标准由中国电器工业协会提出。

本标准由全国旋转电机标准化技术委员会归口。

本标准主要起草单位：中国电器科学研究院、珠海凌达压缩机有限公司、横店集团联宜电机有限公司、广州威凯检测技术研究所。

本标准主要起草人：刘浩、杨昭特、郑满、范少稳、王建伟。

本标准所代替标准的历次版本发布情况为：

——GB/T 13501—1992。

封闭式制冷压缩机用电动机
绝缘相容性试验方法

1 范围

本标准规定了封闭式制冷压缩机用电动机(以下简称电动机)电气绝缘相容性试验(制冷剂+冷冻机油)中的试验设备与仪器、测量仪器、样品准备、试验方法、参数、程序、检测和记录。

本标准适用于在R22、R134a、R404A、R410A、R407C、R600a等制冷剂中工作的、功率在90 kW及以下的封闭式制冷压缩机用电动机。使用其他制冷剂的也可参照执行。

2 规范性引用文件

下列文件中的条款通过本标准的引用而成为本标准的条款。凡是注日期的引用文件,其随后所有的修改单(不包括勘误的内容)或修订版均不适用于本标准,然而,鼓励根据本标准达成协议的各方研究是否可使用这些文件的最新版本。凡是不注日期的引用文件,其最新版本适用于本标准。

GB/T 16630—1996 冷冻机油

JB/T 4750—2003 制冷装置用压力容器

JB/T 6738—1993 封闭式制冷压缩机用单相异步电动机 通用技术条件

JB/T 10597—2006 封闭式制冷压缩机用三相异步电动机 通用技术条件

3 术语和定义

下列术语和定义适用于本标准。

3.1

封闭制冷压缩机 hermetic refrigeration compressor

压缩机和电动机装在一个外壳内的制冷压缩机。这类压缩机没有外伸或轴封。

3.2

制冷剂 refrigerant

制冷系统中实现制冷循环的流体介质。它在低温和低压下吸收热量,而在较高的温度和压力下排出热量,通常还包含着流体物态的改变。

3.3

电气绝缘材料 electrical insulating material

EIM

具有可忽略不计的电导率,或者由这类材料的简单组合,在电气装置中用以隔离不同电位的导电部件的固体(材料)。

3.4

电气绝缘结构 electrical insulation system

EIS

用于电气设备的与导电部分在一起的含有一种或多种电气绝缘材料(EIM)的绝缘组合。

3.5

耐热等级 thermal class

电气绝缘材料/电气绝缘系统(EIM/EIS)的耐热性表示方法,为与EIM/EIS相对应的最高使用温度(摄氏温度)的数值。

3.6

相容性 compatibility

在封闭式制冷压缩机内两种或多种材料与试验用工质(制冷剂+冷冻机油)一起时,彼此不会出现有害影响的特性。

4 试验设备与仪器

4.1 高压釜应符合下列要求

试验设备应符合 JB/T 4750—2003 的相关要求。

a) 能长期承受 6 MPa 气压,釜内升温至 200 ℃时具有良好的密封性;

b) 具有满足试验条件所规定的控制系统;

c) 釜盖上装有压力表,并具有保证试验安全性和可靠性的保护系统,如爆破膜安全装置等。

4.2 高压试验装置

电压量程范围满足试验要求,试验变压器的容量应不小于 0.5 kVA。试验装置的整定跳闸电流按电动机的功率分档,应符合表 1 的规定。

表 1

电动机功率/kW	≤0.75	>0.75～7.5	>7.5～90
整定跳闸电流/mA	5	10	30

4.3 气体检漏仪

检测浓度范围为 10^{-6}～10^{-2}(体积比),响应时间为瞬时。

4.4 电接点压力表

压力量程范围为 0 MPa～6 MPa,准确度等级应不低于 1.5 级。

4.5 直流电阻电桥

准确度等级应不低于 0.1 级。

4.6 兆欧表

应采用 500 V 的兆欧表。

5 样品的准备

耐制冷剂电气绝缘结构应由经过绝缘相容性试验评定的材料组成。

绝缘结构相容性试验的样品应采用该绝缘结构的被试定、转子,做成的带有轴伸,并能正常运转的电动机。对功率大于 4 kW 的电动机,可采用同结构、同工艺、同极数而功率为 1.1 kW～4 kW 的电动机进行试验。

对电动机上的漆包线、槽绝缘、浸渍漆、绑扎线、引出线、接插件等绝缘材料的绝缘相容性试验方法按附录 A 的规定进行。

6 试验方法、参数与程序

6.1 电动机电气绝缘结构绝缘相容性试验方法与参数

试验采用制冷剂-高压釜-正反转(或频繁起动)法,对在 R22、R134a、R404A、R410A、R407C、R600a 等制冷剂中使用的电气绝缘结构,其试验用工质与试验参数按表 2 的规定。

对在其他制冷剂中使用的电气绝缘结构,其试验用工质可参考表 2 的规定,或按客户提供的试验用工质进行试验,其他试验参数也可参考表 2 的规定。

表 2

<table>
<tr><td colspan="2" rowspan="2">试验参数</td><td colspan="6">制 冷 剂</td></tr>
<tr><td>R22</td><td>R134a</td><td>R404A</td><td>R410A</td><td>R407C</td><td>R600a</td></tr>
<tr><td colspan="2">试验用工质</td><td>冷冻机油
+R22</td><td>冷冻机油
+R134a</td><td>冷冻机油
+R404A</td><td>冷冻机油
+R410A</td><td>冷冻机油
+R407C</td><td>冷冻机油
+R600a</td></tr>
<tr><td colspan="2" rowspan="4">釜内试验温度</td><td colspan="2">耐热等级/℃</td><td colspan="2">釜内试验温度/℃</td><td colspan="2">试验温度极限偏差/℃</td></tr>
<tr><td colspan="2">120</td><td colspan="2">140</td><td colspan="2" rowspan="3">$^{0}_{-3}$</td></tr>
<tr><td colspan="2">130</td><td colspan="2">150</td></tr>
<tr><td colspan="2">155</td><td colspan="2">175</td></tr>
<tr><td colspan="2">试验压力</td><td colspan="6">(2.5±0.3)MPa</td></tr>
<tr><td rowspan="2">试验周期</td><td>三相</td><td colspan="6">正转 14 s—断电 2 s—反转 14 s—断电 2 s 为一个周期,计作一次</td></tr>
<tr><td>单相</td><td colspan="6">运转 14 s—断电 82 s 为一个周期,计作一次</td></tr>
<tr><td colspan="8">注 1：试验用工质中冷冻机油与制冷剂的质量比 1：1。
注 2：冷冻机油应符合 GB/T 16630—1996 冷冻机油的规定,并经加热至 120 ℃,保持 1 h 的干燥处理。
对于 R134a、R404A、R410A、R407C、R600a 等制冷剂所使用的冷冻机油可由供需双方协商确定。
注 3：制冷剂含水量应小于 80 mg/kg。
注 4：釜内试验温度为各级耐热等级增加 20 ℃。</td></tr>
</table>

6.2 试验程序

6.2.1 试验样品的安装

在进行电气绝缘结构试验时,将被试电动机安装于高压釜内,接好引出线。架高釜盖,使釜内外空气流通。

6.2.2 干燥处理

接通电源,将釜体和试验样品加热至 120 ℃,保持 4 h,然后加入冷冻机油,合上釜盖,抽真空,使釜内真空度达到 50 Pa,保持 0.5 h 。

6.2.3 冷却

关闭高压截止阀,断开电源,使高压釜和试验样品自然冷却至室温。

6.2.4 通入制冷剂

经过高压截止阀通入适量的制冷剂。

6.2.5 检漏

用气体检漏仪检漏,应确保在试验期间不漏气,最大允许泄漏量为 10^{-6}(体积比)。

6.2.6 升温与升压

试验开始时,先测量电动机绕组的直流电阻和环境温度,然后接通电源,使釜体升温,釜内压力自然上升。从环境温度升温到表 2 规定的温度应不超过 4 h,并应将釜内温度和压力稳定在表 2 所规定的数值。

在釜体升温和升压时即开始使电动机按表 2 的规定作周期性的正反转动或作频繁起动。

釜内试验温度 t 的测定采用测量电动机绕组的直流电阻,t 按式(1)计算:

$$t = R(k + t_1)/R_1 - k \qquad (1)$$

式中：

t_1——试验开始时的绕组线圈温度,单位为摄氏度(℃)；

R_1——试验开始时的绕组线圈直流电阻,单位为欧姆(Ω)；

t——在测量时的绕组线圈温度,单位为摄氏度(℃)；

R——在测量时的绕组线圈直流电阻,单位为欧姆(Ω);

k——常数,对铜绕组为 234.5,铝绕组为 225。

6.2.7 试验周期数

试验周期数应按 JB/T 6738—1993 或 JB/T 10597—2006 的相关规定。

7 检测

7.1 试验前的检查

电动机在试验安装前应测量绕组对地的绝缘电阻,安装后应测量绕组的直流电阻及当时的环境温度。

在干燥处理、冷却、通入制冷剂和检漏后,对绕组进行 1 min 的耐电压试验,试验电压为 1 000 V 加两倍电动机的额定电压,但应不低于 1 500 V。

7.2 试验期间的检查

在绕组温度达到规定的试验温度 1 h 后,应立即测量绕组对地的绝缘电阻。

试验期间,每天测量一次绕组对地的绝缘电阻和绕组直流电阻。

7.3 试验结束后的检测

对考核正反转(或频繁起动)极限寿命次数(周期)时,试验应进行至电动机电气绝缘结构损坏为止,记录寿命次数,并在高压釜中及规定的试验温度、压力条件下,测量绕组对地绝缘电阻和绕组直流电阻。

对考核正反转(或频繁起动)次数(周期)时,试验应进行至规定的次数时停止,并在高压釜中及规定的试验温度、压力条件下,测量绕组对地绝缘电阻和绕组直流电阻,并进行耐电压试验。

试验后,拆机检查绕组绝缘的外观状况,作好记录。

8 记录

试验过程中应按表 3 所规定的项目作出记录。

表 3

试验日期	试验时间	釜内温度/℃	试验压力/MPa	周期数或次数/次	绕组温度/℃	绕组直流电阻/Ω	绕组绝缘电阻/MΩ	耐电压情况	外观检查

附　录　A
（规范性附录）
电气绝缘材料绝缘相容性试验方法

A.1　试验样品的准备

电气绝缘材料相容性试验的样品应从受试的绝缘材料中随机抽取。

A.2　试验方法、参数与程序

A.2.1　试验方法与参数

试验采用制冷剂-高压釜法。对在表A.1规定的制冷剂中使用的电气绝缘材料，其试验参数与试验用工质按表A.1的规定进行试验。

对在其他制冷剂中使用的电气绝缘材料，其试验用工质可参考表A.1的规定，或按客户提供的试验用工质进行试验，其他试验参数也可参考表A.1的规定。

表 A.1

试验参数	制冷剂					
	R22	R134a	R404A	R410A	R407C	R600a
试验用工质	冷冻机油 +R22	冷冻机油 +R134a	冷冻机油 +R404A	冷冻机油 +R410A	冷冻机油 +R407C	冷冻机油 +R600a
釜内试验温度	耐热等级/℃		釜内试验温度/℃		试验温度极限偏差/℃	
	120		140		$_{-3}^{0}$	
	130		150			
	155		175			
	180		200			
试验压力	(2.5±0.3)MPa					
试验时间	试验连续进行，试验时间应按JB/T 6738—1993或对应电气绝缘材料标准的相关规定。在特殊情况时，也可按用户要求的试验时间进行					

A.2.2　试验程序

A.2.2.1　试验样品的安装

在进行电气绝缘材料试验时，将温度测量线圈架空，装在高压釜的中央位置，线圈两端分别接两根引出线至釜外。线圈可用耐制冷剂的铜漆包线绕制，匝数为100匝，直径为60 mm，所用漆包线径为ϕ0.6 mm～0.8 mm。被试材料安装在温度测量线圈周围，其体积应不超过釜内容积的1/3。架高釜盖，使釜内外空气流通。

A.2.2.2　干燥处理

接通电源，将釜体和试验样品加热至120 ℃，保持4 h，然后加入冷冻机油，合上釜盖，抽真空，使釜内真空度达到50 Pa，保持0.5 h。

A.2.2.3　冷却

关闭高压截止阀，断开电源，使高压釜和试验样品自然冷却至室温。

A.2.2.4　通入制冷剂

经过高压截止阀通入所适量的制冷剂。

A.2.2.5 检漏

用气体检漏仪检漏，应确保在试验期间不漏气。

A.2.2.6 升温与升压

试验开始时，先测量测温线圈的电阻和环境温度，然后接通电源，使釜体升温，随着温度的升高，釜内压力自然上升。应在4 h内使温度升到表A.1规定的数值并开始计时。

试验期间，将釜内温度和压力稳定在表A.1所规定的数值。

釜内试验温度 t 的测定采用测量测温线圈的直流电阻，t 按式(A.1)计算：

$$t = R(234.5 + t_1)/R_1 - 234.5 \quad \cdots\cdots\cdots\cdots (A.1)$$

式中：

t_1——试验开始时的测温线圈温度，单位为摄氏度(℃)；

R_1——试验开始时的测温线圈直流电阻，单位为欧姆(Ω)；

t——在测量时的测温线圈温度，单位为摄氏度(℃)；

R——在测量时的测温线圈直流电阻，单位为欧姆(Ω)。

A.3 检测

在试验前和试验结束后，对应电气绝缘材料的电气和机械性能进行检测并作记录，测试方法和要求应按相应的材料标准的规定。

ICS 33.020
M 04

中华人民共和国国家标准

GB/T 13504—2008
代替 GB/T 13504—1992

汉语清晰度诊断押韵测试(DRT)法

Diagnostic Rhyme Test (DRT) method of Chinese articulation

2008-07-16 发布　　　　2008-12-01 实施

中华人民共和国国家质量监督检验检疫总局
中国国家标准化管理委员会　发布

前　言

本标准代替 GB/T 13504—1992《汉语清晰度诊断押韵测试(DRT)法》。

本标准与 GB/T 13504—1992 相比主要变化如下：

——对原标准的个别文字或内容做出适当的订正、修改或补充；

——将原标准的附录 A、B、C 和 D 都修订为规范性附录；

——增加了目次、前言、引言和附录 E；

——本标准与 GB/T 16532—1996 仍维持配套关系，仍可配套使用。

本标准的附录 A、附录 B、附录 C、附录 D 为规范性附录，附录 E 为资料性附录。

本标准由教育部语言文字信息管理司提出并归口。

本标准由中国电子科技集团公司第三十研究所负责起草。

本标准主要起草人：张知易。

本标准所代替标准的历次版本发布情况为：

——GB/T 13504—1992。

引　言

GB/T 13504—1992 自发布实施之日起在军事、民用通信领域得到了广泛的应用，作为音质评价的重要方法，特别是在语音信号编码、处理技术研究，通信终端、设备系统研制及用户验收通信产品等方面，该标准为促进我国通信事业的发展发挥了重要的作用。

为使标准内容和形式更加科学、严密，以期在军事、民用领域发挥出更大更好的作用，本次对该标准的修订严格按照 GB/T 1.1—2000《标准化工作导则　第1部分：标准的结构和编写规则》要求的格式编写，并且对个别文字做出了适当的修改或补充。

本标准规定的测试法基于辅音能量较弱，但它们又携带大量语言信息的原理，以及辅音本身因发音方式、部位和传输路径不同，各类辅音之间表现出不同声学特征的事实，而把辅音的理解作为测试目标。它基于音韵学的区别特征原理，按汉语辅音的六大区别特征，采用押韵的测试体制及测试项的字前辅音仅靠单一的区别特征相区别的原则，形成按本标准执行足够使用的测试用的字表。

本方法将被测系统的传输性能和测试结果直接关联了起来。根据多特征通道的诊断性得分，就可分析出系统的一般性能缺陷，从而为改进系统设计、“医治”它的某些“毛病”提供了依据。

汉语清晰度诊断押韵测试(DRT)法

1 范围

本标准规定了汉语清晰度诊断押韵测试(以下简称 DRT)法使用的押韵字表、测试的条件、计分方法及 DRT 清晰度的等级。

本标准适用于各种语言传输设备或系统,语言处理技术、电声器件及厅堂等的清晰度估价,也适用于说话人语言障碍或听音人听力障碍的分析诊断。

2 规范性引用文件

下列文件中的条款通过本标准的引用而成为本标准的条款。凡是注日期的引用文件,其随后所有的修改单(不包括勘误的内容)或修订版均不适用于本标准,然而,鼓励根据本标准达成协议的各方研究是否可使用这些文件的最新版本。凡是不注日期的引用文件,其最新版本适用于本标准。

GB/T 7341 听力计

3 术语和定义

下列术语和定义适用于本标准。

3.1

浊音性 Voiced(缩写为 Vo.)

清/浊性对立,是每种语言辅音分类系统中都具有的重要属性。汉语半元音/$W^{(U)}$/和/$Y^{(i)}$/具有浊音的某些性质,也划归这一类。

3.2

鼻音性 Nasality(缩写为 Na.)

鼻音也属浊音,但由于它们传输函数的特殊性,不仅有极点,而且有零点,所以将鼻音单独列为一类特征。

3.3

送气性 Aspirated(缩写为 As.)

辅音激励送气,不送气是汉语辅音一大特征,全部塞音和塞擦音都具有送气、不送气的对立性。

3.4

低沉性 Graveness(缩写为 Gr.)

低沉音与尖锐音相对立,表现发音部位在唇部这一明显的位置特征。其频谱能量表现为在低频端较集中。

3.5

紧密性 Compactness(缩写为 Co.)

紧密音与分散音相对立,伴随能量的增加,在语音频谱中频段的一个窄带内,能量较集中。

3.6

持续性 Sustention(缩写为 Su.)

持续音是持续时间较长,能量逐渐增加,高频成分能量较强的一类音。主要是摩擦音,浊音也具有持续性。

4 辅音区别特征分类结构

本标准采用的浊音性、鼻音性、送气性、低沉性、紧密性、持续性六种辅音区别特征分类结构见附录 A。

5 基本字表

本标准包括两个基本字表，各有108对押韵字。其中，每一对字为一测试项，两项为一组，每类特征包括9个测试组，每组基本押同一韵。而每类特征中，由出现率较高的九个韵母分别与区别特征单一对立的辅音(即声母)相结合，而构成押韵的测试组，如附录B所示。

6 测试方法

本方法仅对一般涉及语音信号编码技术、语音处理及通信系统(或设备)的音质评价测试给出一些可遵循的建议。其他范围的应用应有所差别，可根据本标准的原则和实际应用的需要做符合规范的相应调整。

6.1 测试条件

6.1.1 发音环境

对实验室条件的系统测试，直接发音应在背景噪声低于35 dB(A)，混响时间低于0.5 s (500 Hz)的室内进行。若用磁带送音，则录音带应由发音人用测量传声器，在混响时间可以忽略的环境中录制而成，其放大器应无幅度失真，谐波失真小于1%，动态范围大于50 dB，频响在125 Hz～6 300 Hz内，波动为±2 dB。

6.1.2 发音人

一般情况下，至少应由中青年男、女各一人担任发音员。他们应能讲标准的普通话，无方言特征和怪奇的音色，且能根据汉语拼音方案符号注音流畅发音。

6.1.3 听音环境

用双耳机听音时，应采用宽频带耳机。其频率响应至少在80 Hz～5 000 Hz范围内不均匀度应为±2 dB，环境噪声应小于或等于50 dB(A)。如果用扬声器放音，则听音区声场的不均匀度应控制在3 dB内，扬声器的频响至少在200 Hz～4 000 Hz内是基本平坦的，背景噪声应低于40 dB(A)，混响时间应低于0.5 s (500 Hz)左右。对已有耳机或扬声器的系统测试，可以使用被测系统自身的耳机或扬声器。

6.1.4 听音人

一般应由10名以上，男女基本各半的16～35岁中青年人员组成测试小组。他们应听力正常，当用符合GB/T 7341规定的纯音听力计测试时，听力损失于500 Hz、1 000 Hz、2 000 Hz、4 000 Hz上的测试平均低于10 dB。应无耳疾，具有初中以上文化程度，能根据汉语拼音方案符号注音正确听辨普通话。

6.2 发音材料

任何评定测试，每次至少选用包括男女声发音的字表8张～10张，应随机地分别由两基本字表各派生出4张～5张。为方便测试和结果的处理，建议仅在每种区别特征中完成随机化。

每张发音字表，应从每类特征的九组押韵字中，各选出一项来构成。每测试项的两个字之一都可选为被测的发音字，但每项只选一个字。如附录D中的D.1。

6.3 发音方式

字表发音前，发音人应先报发音表号，然后按顺序发音。

被测字的发音字应出现在如下引导句中，即：第九组，读×字；九是序号，×是被测的发音字。

6.4 发音速度

按汉语连续语言3字/s的速度发音。整句读音约2 s，然后停顿约2 s，总共4 s。

6.5 发音注意点

强调发音务求自然，整个句子读音力求平稳。被测字应自然出现在句中，不得以提高音量、音调及延长持续时间等任何方式强调，也不得在它之前停顿。要注意多音字的读音，一定按汉语拼音方案注音符号注明的声、韵、调读音。

6.6 发音声级

按正常通话条件，当话筒距嘴 4 cm 时，发音的声压级控制在 94 dB(A)左右。这是发音期间，测试项或引导句单字达到的最大声级的算术平均值。整个发音过程中力求稳定，应用音量表监示。

6.7 发音次数

每个被测字一般只准一次发音，仅因技术原因，允许重复一次发音。

6.8 听音和记录

6.8.1 听音声级

用双耳机听音时，送音音量调整到耳朵感觉舒适的程度(最好能借助仿真耳来进行测定)，耳机产生的声压级应为 72 dB 左右。直接用扬声器听音时，则听音人所在位置的声压级应为 65 dB 左右。正式测听前，测试主持人应用 6.6 同样的方法和材料将音量调定。听音人不得自己随意调整音量。

6.8.2 测听前的准备

与发音字表相对应的记录表(见附录 D 的 D.2)，必须事先按发音的顺序印好，测试前交测试人员备用。主持人交待听记要求，强调听记过程中要注意力集中。每个测试字都要独立做出回答的记录，不得参照旁人的记录；同时注意座位不宜过于分散。

6.8.3 记录方式

听音人根据声的刺激，依次在记录表中相应的测试项上明显地圈上他听到的那个发音字。对每个测试项的发音字都必须做出回答记录。

6.9 记录表的核对

听完全部测试发音字表后，可对记录表采用以下三种方式之一进行核对。

a) 公布发音字表，听音人交换记录表，相互进行核对；

b) 主持人主持核对，听音人相互交换记录表，主持人按发音字表复述发音字或放原始录音，由听音人进行核对；

c) 由主持人自己对照发音字表核对每张记录表。

如果实验中发现有被发音人误读的字，则该项不参与所属特征的计分。每张表的每类特征中，最多允许误读两个字，否则重新发音，重做测试。

7 测试训练

7.1 发音人的训练

按 6.3～6.6 的规定，让发音人用发音字表进行反复练习，达到上述测试发音的要求。

7.2 听音人的训练与考核

听音人应首先熟悉两张基本字表的正确读音，然后在面对面的传递条件下，以正式测试的方式，由发音人读 2 张～3 张非正式测试的字表，听音人按 6.8.3 的方式作记录。清晰度得分达到 100%者，可作为正式听音人参加测试。

7.3 针对被测系统的训练

除非被测试系统比较特殊，如低比特率的分析合成系统(声码器)或其他音质较差的语言传递装置(如语言置乱器)，才有必要对听音人员进行习惯受试系统话音的训练，一般不做习惯性训练。

8 计分

8.1 计分公式

为校正二字选一回答中可能引入的猜测成分，采用如下公式计算 DRT 清晰度的得分：

$$A = \frac{R-W}{T} \times 100\% \qquad \cdots\cdots(1)$$

式中：

R——正确回答数；

W——错误回答数；

T——总的测试项数。

8.2 区别特征得分的计算

为诊断起见，一般按以下步骤分别计算男、女发音人的区别特征的清晰度得分。

a) 计算第 k 张记录表第 i 个队员的第 j 类特征得分：

$$A_{ijk} = \frac{R-W}{T} \times 100\% \qquad \cdots\cdots(2)$$

式中：

$i=1,2,\cdots,N$；

$j=\text{Vo.},\text{Na.},\cdots,\text{Su.}$；

$k=1,2,\cdots,M$；($M=M_1$，男发音人的发音字表数；$M=M_2$，女发音人的发音字表数)。

b) 计算第 i 个听音人的第 j 类特征得分，即：

$$A_{ij} = \frac{1}{M}\sum_{k=1}^{M} A_{ijk} \qquad \cdots\cdots(3)$$

式中：

M——M_1 或 M_2。

c) 由计算全体听音人得分的算术均值，即：

$$\langle A_j \rangle = \frac{1}{N}\sum_{i=1}^{N} A_{ij} \qquad \cdots\cdots(4)$$

来得到第 j 类特征的得分。考虑到得分的分布应是正态的，本标准建议采用95%的置信度，则 j 类特征得分的真值 A_j 由下式给出：

$$A_j = \langle A_j \rangle \pm K\sigma_{N,j} \qquad \cdots\cdots(5)$$

$$\sigma_{N,j} = \sigma_{N-1,j} / \sqrt{N} \qquad \cdots\cdots(6)$$

$$\sigma_{N-1,j} = \sqrt{\frac{1}{N-1}\sum_{i=1}^{N}(A_{ij} - \langle A_j \rangle)^2} \qquad \cdots\cdots(7)$$

式(5、6、7)中：

$\sigma_{N,j}$——均值偏差；

$\sigma_{N-1,j}$——队员得分作为样本的标准偏差；

K——在给定置信度下，对应于自由度 $N-1$ 时的 t 分布值，可查表得到(见附录C的C.1)。如果有该剔除的奇异值，则 $N-1$ 是剔除奇异值后的真正自由度。

8.3 总的DRT清晰度得分的计算

将各区别特征得分予以平均，便得到总的清晰度得分，即：

$$A = \frac{1}{6}\Sigma A_j \qquad \cdots\cdots(8)$$

式中：

$j=\text{Vo.},\text{Na.},\cdots,\text{Su.}$。

8.4 计算男、女发音人的得分均值

$$\overline{A} = \frac{1}{2}(A_{M_1} + A_{M_2}) \qquad \cdots\cdots(9)$$

8.5 剔除准则

本方法采用Chauvenet标准来剔除测试得分中的奇异值，即凡是：

$$A_{ij\,\max} - \langle A_j \rangle / \sigma_{N-1,j} \qquad \cdots\cdots(10)$$

或

$$A_{ij\,\min}-\langle A_j\rangle/\sigma_{N-1,j} \qquad \cdots\cdots(11)$$

大于对应于自由度 $N-1$ 下的 Chauvenet 值（见附录 C 的 C.2）时，则此 $A_{ij\max}$ 或 $A_{ij\min}$ 得分予以剔除，然后重复步骤 8.2～8.5 重算结果。

如果自由度退化到小于 5，则建议重做测试。若测试用表超过 6 张，则自由度可以放宽到 4。

8.6 被测试系统的 DRT 清晰度得分等级

本方法建议采用表 1 所示的五个等级。

表 1 DRT 清晰度得分等级

DRT 清晰度(%)	音质评价
100>A≥95	优 (Excellent)
95>A≥85	良好 (Good)
85>A≥75	中等 (Fair)
75>A≥65	差 (Poor)
65>A	不可接受 (Unacceptable)

附　录　A
（规范性附录）
诊断押韵测试中采用的辅音特征分类结构

标准中诊断押韵测试中采用的辅音特征分类结构如表 A.1 所示。

表 A.1　诊断押韵测试中采用的辅音特征分类结构

辅音 / 特征类	b	p	m	f	d	t	n	l	g	k	h	j	q	x	zh	ch	sh	r	z	c	s	W(u)	Y(i)
浊音性(Vo.)	−	−	+	−	−	−	+	+	−	−	−	−	−	−	−	−	−	+	−	−	−	+	+
鼻音性(Na.)	−	−	+	−	−	−	+	−	−	−	−	−	−	−	−	−	−	−	−	−	−	−	−
送气性(As.)	−	+	−	−	−	+	−	−	−	+	−	−	+	−	−	+	−	−	−	+	−	−	−
低沉性(Gr.)	+	+	+	+	−	−	−	−	0	0	0	−	−	−	0	0	0	0	−	−	−	+	−
紧密性(Co.)	−	−	−	−	−	−	−	−	+	+	+	−	−	−	+	+	+	+	−	−	−	−	+
持续性(Su.)	−	−	+	+	−	−	+	+	−	−	+	−	−	+	−	−	+	+	−	−	+	+	+

注：①“＋”表示特征是，“－”表示特征非，“0”表示与本特征无关。
②字尾的音“n”和“ng”不做测试，故不包括在本表内。

附 录 B
(规范性附录)
基 本 字 表

B.1 基本字表1

浊音性(Voiced)

瓦(wǎ)——法(fǎ)
喇(lǎ)——洒(sǎ)

力(lì)——细(xì)
日(rì)——是(shì)

万(wàn)——饭(fàn)
烂(làn)——散(sàn)

容(róng)——红(hóng)
龙(lóng)——雄(xióng)

扰(rǎo)——好(hǎo)
老(lǎo)——小(xiǎo)

污(wū)——夫(fū)
入(rù)——数(shù)

惹(rě)——舍(shě)
伟(wěi)——匪(fěi)

润(rùn)——顺(shùn)
乱(luàn)——绚(xuàn)

翁(wēng)——风(fēng)
扔(rēng)——生(shēng)

鼻音性(Nasality)

麻(má)——娃(wá)
拿(ná)——拉(lá)[1)]

蒙(mēng)——翁(wēng)
能(néng)——棱(léng)

注:1) 这里读拉个口子的"拉"。

满(mǎn)——晚(wǎn)
碾(niǎn)——脸(liǎn)

没(mò)——卧(wò)
诺(nuò)——落(luò)

妹(mèi)——位(wèi)
内(nèi)——类(lèi)

孟(mèng)——瓮(wèng)
浓(nóng)——隆(lóng)

莽(mǎng)——往(wǎng)
娘(niáng)——良(liáng)

模(mú)——无(wú)
奴(nú)——炉(lú)

闷(mèn)——问(wèn)
闹(nào)——涝(lào)

送气性(Aspirated)

怕(pà)——罢(bà)
差(chà)——炸(zhà)

替(tì)——地(dì)
次(cì)——自(zì)

看(kàn)——干(gàn)
叹(tàn)——但(dàn)

宠(chǒng)——种(zhǒng)
统(tǒng)——懂(dǒng)

朝(cháo)——着(zháo)
槽(cáo)——凿(záo)

扯(chě)——者(zhě)
科(kē)——割(gē)

庆(qìng)——静(jìng)
秤(chèng)—政(zhèng)

苦(kǔ)——古(gǔ)
普(pǔ)——捕(bǔ)

湍(tuān)——端(duān)
穿(chuān)——专(zhuān)

低沉性(Graveness)

把(bǎ)——打(dǎ)
瓦(wǎ)——喇(lǎ)

半(bàn)——蛋(dàn)
盼(pàn)——探(tàn)

冒(mào)——闹(nào)
报(bào)——道(dào)

撇(piē)——切(qiē)
憋(biē)——接(jiē)

峰(fēng)——僧(sēng)
崩(bēng)——增(zēng)

比(bǐ)——己(jǐ)
米(mǐ)——你(nǐ)

平(píng)——情(qíng)
明(míng)——宁(níng)

父(fù)——素(sù)
木(mù)——怒(nù)

便(pián)——前(qián)
棉(mián)——年(nián)

紧密性(Compactness)

札(zhá)——达(dá)
查(chá)——拤(qiá)

砍(kǎn)——坦(tǎn)
眼(yǎn)——缆(lǎn)

超(chāo)——操(cāo)
招(zhāo)——遭(zāo)

社(shè)——涩(sè)
课(kè)——特(tè)

证(zhèng)——赠(zèng)
承(chéng)——曾(céng)

知(zhī)——资(zī)
师(shī)——丝(sī)

哄(hòng)——送(sòng)
共(gòng)——动(dòng)

库(kù)——兔(tù)
遇(yù)——虑(lǜ)

管(guǎn)——短(duǎn)
缓(huǎn)——选(xuǎn)

持续性(Sustention)

哈(hā)——嘎(gā)
沙(shā)——渣(zhā)

翻(fān)——班(bān)
三(sān)——担(dān)

少(shǎo)——找(zhǎo)

系(xì)——记(jì)
事(shì)——制(zhì)

松(sōng)——综(zōng)
轰(hōng)——工(gōng)

辅(fǔ)——补(bǔ)

好(hǎo)——稿(gǎo)
舌(shé)——哲(zhé)
和(hé)——革(gé)
胜(shèng)——正(zhèng)
缝(fèng)——蹦(bèng)
数(shǔ)——主(zhǔ)
涮(shuàn)——转(zhuàn)
算(suàn)——钻(zuàn)

B.2 基本字表 2

浊音性(Voiced)

蛙(wā)——发(fā)
拉(lā)——瞎(xiā)
然(rán)——含(hán)
完(wán)——繁(fán)
绕(rào)——少(shào)
烙(lào)——扫(sào)
热(rè)——贺(hè)
乐(lè)——色(sè)
稳(wěn)——粉(fěn)
仍(réng)——横(héng)
为(wèi)——费(fèi)
锐(ruì)——会(huì)
浪(làng)——丧(sàng)
让(ràng)——上(shàng)
芦(lú)——俗(sú)
无(wú)——服(fú)
卵(luǎn)——选(xuǎn)
软(ruǎn)——缓(huǎn)

鼻音性(Nasality)

妈(mā)——挖(wā)
那(nà)——腊(là)
蛮(mán)——玩(wán)
难(nán)——兰(lán)
美(měi)——尾(wěi)
馁(něi)——垒(lěi)
忙(máng)——王(wáng)
囊(náng)——郎(láng)
门(mén)——文(wén)
脑(nǎo)——老(lǎo)
梦(mèng)——瓮(wèng)
凝(níng)——灵(líng)
抹(mǒ)——我(wǒ)
挪(nuó)——罗(luó)
猛(měng)——滃(wěng)
农(nóng)——隆 (lóng)
目(mù)——误(wù)
怒(nù)——路(lù)

送气性(Aspirated)

喀(kā)——咖(gā)
他(tā)——搭(dā)
颤(chàn)——站(zhàn)
灿(càn)——赞(zàn)
起(qǐ)——几(jǐ)
尺(chǐ)——只(zhǐ)
通(tōng)——东(dōng)
空(kōng)——公(gōng)

跑(pǎo)——饱(bǎo)
考(kǎo)——稿(gǎo)

趣(qù)——巨(jù)
处(chù)——住(zhù)

撤(chè)——这(zhè)
客(kè)——个(gè)

窜(cuàn)——钻(zuàn)
款(kuǎn)——馆(guǎn)

坑(kēng)——更(gēng)
听(tīng)——丁(dīng)

低沉性(Graveness)

爸(bà)——大(dà)
怕(pà)——踏(tà)

鼻(bí)——敌(dí)
皮(pí)——其(qí)

犯(fàn)——散(sàn)
慢(màn)——难(nàn)

病(bìng)——定(dìng)
命(mìng)——宁(nìng)

炮(pào)——套(tào)
卯(mǎo)——恼(nǎo)

五(wǔ)——鲁(lǔ)
铺(pū)——突(tū)

别(bié)——结(jié)
灭(miè)——镍(niè)

偏(piān)——天(tiān)
边(biān)——颠(diān)

萌(méng)——能(néng)
朋(péng)——疼(téng)

紧密性(Compactness)

咖(kā)——它(tā)
扎(zhā)——搭(dā)

已(yǐ)——里(lǐ)
使(shǐ)——死(sǐ)

产(chǎn)——惨(cǎn)
赶(gǎn)——胆(dǎn)

控(kòng)——痛(tòng)
重(zhòng)——纵(zòng)

要(yào)——烙(lào)
照(zhào)——造(zào)

呼(hū)——苏(sū)
出(chū)——粗(cū)

隔(gé)——则(zé)
折(zhé)——得(dé)

宽(kuān)——圈(quān)
转(zhuǎn)——卷(juǎn)

成(chéng)——层(céng)
迎(yíng)——零(líng)

持续性(Sustention)

发(fà)——霸(bà)
煞(shà)——诈(zhà)

习(xí)——笛(dí)
实(shí)——值(zhí)

闪(shǎn)——展(zhǎn)
喊(hǎn)——敢(gǎn)

耸(sǒng)——总(zǒng)
哄(hǒng)——拱(gǒng)

臊(sào)——到(dào)

富(fù)——不(bù)

耗(hào)——告(gào)

奢(shē)——遮(zhē)
喝(hē)——哥(gē)

讽(fěng)——绷(běng)
省(shěng)——整(zhěng)

虚(xū)——居(jū)

宣(xuān)——捐(juān)
欢(huān)——官(guān)

附 录 C
（规范性附录）
数 值 参 考

C.1 *t* 分布值（对于95%的置信度）

当置信度为95%时，*t* 分布值如表C.1所示。

表 C.1 *t* 分布值

自由度	2	3	4	5	6	7	8	9	10	11	12	13	14	15	16	17	18	19	20	…
t-双侧值	4.30	3.18	2.78	2.56	2.45	2.37	2.31	2.26	2.23	2.20	2.18	2.16	2.15	2.13	2.12	2.11	2.10	2.09	2.09	

C.2 Chauvenet 剔除准则

Chauvenet 剔除准则如表C.2所示。

表 C.2 Chauvenet 剔除准则

样本数	3	4	5	6	7	8	9	10	11	12	13	14	16	18	20	…
Chauvene 值	1.38	1.53	1.64	1.73	1.80	1.86	1.91	1.96	2.00	2.04	2.07	2.10	2.15	2.20	2.24	

附 录 D
（规范性附录）
测试用表实例

D.1 发音字表例子

发音字表 No. 3

浊音性(Voiced)	鼻音性(Nasality)
第 1 组读　为(wéi)字	第 1 组读　兰(lán)字
第 2 组读　选(xuǎn)字	……
第 3 组读　贺(hè)字	……
第 4 组读　瞎(xiā)字	……
第 5 组读　无(wú)字	……
第 6 组读　让(ràng)字	
第 7 组读　扫(sào)字	第 7 组读　门(mén)字
第 8 组读　稳(wěn)字	第 8 组读　隆(lóng)字
第 9 组读　繁(fán)字	第 9 组读　那(nà)字
送气性(Aspirated)	低沉性(Graveness)
……	……
……	……
……	……
紧密性(Compactness)	持续性(Sustention)
……	第 1 组读　欢(huān)字
……	第 2 组读　笛(dí)字
……	第 3 组读　发(fà)字
	第 4 组读　总(zǒng)字
	第 5 组读　奢(shē)字
	第 6 组读　不(bù)字
	第 7 组读　告(gào)字
	第 8 组读　展(zhǎn)字
	第 9 组读　绷(běng)字

D.2 记录表例子

发音字表 No. 3

测试系统名称________________________________

听音人________性别________日期________________年________月________日

浊音性(Vo.)	鼻音性(Na.)
1. 为(wèi)——费(fèi) 2. 卵(luǎn)——选(xuǎn) 3. 热(rè)——贺(hè) 4. 拉(lā)——瞎(xiā) 5. 无(wú)——服(fú) 6. 让(ràng)——上(shàng) 7. 烙(lào)——扫(sào) 8. 稳(wěn)——粉(fěn) 9. 完(wán)——繁(fán)	1. 难(nán)——兰(lán) ⋮ 7. 门(mén)——文(wén) 8. 农(nóng)——隆(lóng) 9. 那(nà)——腊(là)
正确回答数________错误回答数________	正确回答数________错误回答数________ ⋮
持续性(Su.)	
1. 欢(huān)——官(guān) 2. 习(xí)——笛(dí) 3. 发(fà)——霸(bà) 4. 耸(sǒng)——总(zǒng) 5. 奢(shē)——遮(zhē) 6. 富(fù)——不(bù) 7. 耗(hào)——告(gào) 8. 闪(shǎn)——展(zhǎn) 9. 讽(fěng)——绷(běng)	

附 录 E
（资料性附录）
DRT 测试得分统计表例子

被测系统：600 bit/s 声码器 **测试时间：2005 年 8 月 20 日**

发 音 人：男声（Male） **用 表 量：6 张（总用表量的一半）**

听音人姓名	浊音性(Vo.)	鼻音性(Na.)	送气性(As.)	低沉性(Gr.)	紧密性(Co.)	持续性(Su.)	平均(Mean)
张海南	100	51.85	96.3	85.19	81.48	96.3	
刘红梅	100	81.48	92.6	81.48	92.6	85.19	
石 舒	100	40.74	92.6	85.19	77.78	88.89	
胡 薇	***96.3***	55.56	92.6	74.07	74.07	92.6	
张德治	100	44.44	96.3	81.48	92.6	92.6	
王知琢	100	70.37	96.3	92.6	92.6	92.6	
达 维	100	85.19	100	96.3	92.6	85.19	
田彩虹	100	88.89	92.6	96.3	96.3	92.6	
安 红	100	81.48	100	92.6	***55.56***	88.89	
丰兆义	100	74.07	96.3	81.48	70.37	92.6	
平均 $\overline{A}_{M_1}$	**100**	**67.81**	**95.56**	**86.67**	**85.6**	**90.75**	**87.73**
$K\sigma_{M_1,N,j}$	0.00	±12.80	±2.09	±5.33	±7.47	±2.57	±5.04

注：1. 女声（Female）统计表格式一样，仅表格中数据不同而已；

2. 男女声表中的得分平均就是系统的 DRT；

3. 表格中加黑、斜体的数字是按 Chauvent 准则应予剔出的数字。

ICS 85.040
Y 31

中华人民共和国国家标准

GB/T 13506—2008
代替 GB/T 13506—1992

漂白亚硫酸盐木浆

Bleached sulfite pulp

2008-08-19 发布　　2009-05-01 实施

中华人民共和国国家质量监督检验检疫总局
中国国家标准化管理委员会　发布

前　言

本标准是对 GB/T 13506—1992《漂白亚硫酸盐木浆》的修订。

本标准代替 GB/T 13506—1992。

本标准与 GB/T 13506—1992 相比,主要变化如下:

——对抗张指数作了修订;

——对撕裂指数作了修订;

——对尘埃度作了修订。

本标准由中国轻工业联合会提出。

本标准由全国造纸工业标准化技术委员会(SAC/TC 141)归口。

本标准起草单位:中国制浆造纸研究院、延边石岘白麓纸业股份有限公司。

本标准主要起草人:于泓、崔立国。

本标准所代替标准的历次版本发布情况为:

——GB/T 13506—1992。

本标准由全国造纸工业标准化技术委员会(SAC/TC 141)负责解释。

漂白亚硫酸盐木浆

1 范围

本标准规定了漂白亚硫酸盐木浆的分类、要求、试验方法、检验规则和标志、包装、运输、贮存。

本标准适用于制造各种纸和纸板用的漂白亚硫酸盐木浆。

2 规范性引用文件

下列文件中的条款通过本标准的引用而成为本标准的条款。凡是注日期的引用文件，其随后所有的修改单(不包括勘误的内容)或修订版均不适用于本标准，然而，鼓励根据本标准达成协议的各方研究是否可使用这些文件的最新版本。凡是不注日期的引用文件，其最新版本适用于本标准。

GB/T 451.2 纸和纸板定量的测定(GB/T 451.2—2002,eqv ISO 536:1995)

GB/T 453 纸和纸板抗张强度的测定(恒速加荷法)(GB/T 453—2002,idt ISO 1924-1:1992)

GB/T 455 纸和纸板撕裂度的测定(GB/T 455—2002,eqv ISO 1974:1990)

GB/T 462 纸、纸板和纸浆 分析试样水分的测定(GB/T 462—2008,ISO 287:1985,ISO 638:1978,MOD)

GB/T 740 纸浆 试样的采取(GB/T 740—2003,ISO 7213:1981,IDT)

GB/T 1539 纸板 耐破度的测定(GB/T 1539—2007,ISO 2759:2001,IDT)

GB/T 2828.1 计数抽样检验程序 第1部分:按接收质量限(AQL)检索的逐批检验抽样计划(GB/T 2828.1—2003,ISO 2859-1:1999,IDT)

GB/T 7974 纸、纸板和纸浆亮度(白度)的测定 漫射/垂直法(GB/T 7974—2002,neq ISO 2470:1999)

GB/T 7979 纸浆 二氯甲烷抽提物的测定

GB/T 8940.2 纸浆亮度(白度)试样的制备(GB/T 8940.2—2002,eqv ISO 3688:1999)

GB/T 10739 纸、纸板和纸浆试样处理和试验的标准大气条件(GB/T 10739—2002,eqv ISO 187:1990)

GB/T 10740 纸浆尘埃和纤维束的测定(GB/T 10740—2002,eqv ISO 5350:1998)

GB/T 12914 纸和纸板 抗张强度的测定(GB/T 12914—2008,ISO 1924-1:1992,ISO 1924-2:1992,MOD)

QB/T 3702 实验室打浆 瓦利(Valley)打浆机法(QB/T 3702—1999,eqv ISO 5264-1:1979)

QB/T 3703 纸浆实验室纸页的制备 常规纸页成型器法(QB/T 3703—1999,eqv ISO 5269-1:1998)

QB/T 3704 纸浆 实验室纸页物理性能的测定方法(QB/T 3704—1999,eqv ISO 5270:1998)

3 分类

3.1 漂白亚硫酸盐木浆代号为B,按树种分为针叶木 B_Z 浆和阔叶木 B_K 浆。

3.1.1 B_Z 浆按质量分为 B_Z-A、B_Z-B、B_Z-C 三个等级。

3.1.2 B_K 浆按质量分为 B_K-B、B_K-C、B_K-D 三个等级。

3.2 漂白亚硫酸盐木浆(B浆)为浆板。

4 要求

漂白亚硫酸盐木浆(B浆)的技术要求应符合表1或合同规定。

表 1

<table>
<tr><th colspan="3" rowspan="3">指标名称</th><th rowspan="3">单位</th><th colspan="6">规定</th></tr>
<tr><th colspan="3">B_Z</th><th colspan="3">B_K</th></tr>
<tr><th>B_Z-A</th><th>B_Z-B</th><th>B_Z-C</th><th>B_K-B</th><th>B_K-C</th><th>B_K-D</th></tr>
<tr><td colspan="2" rowspan="3">机械强度
在打浆度为45°SR、
抄片定量为60 g/m^2时</td><td>抗张指数 ≥</td><td>N·m/g</td><td>74.0</td><td>64.0</td><td>40.0</td><td>42.0</td><td>30.0</td><td>27.0</td></tr>
<tr><td>耐破指数 ≥</td><td>kPa·m^2/g</td><td>4.50</td><td>3.00</td><td>2.50</td><td>2.00</td><td>1.50</td><td>1.50</td></tr>
<tr><td>撕裂指数 ≥</td><td>mN·m^2/g</td><td>5.20</td><td>4.20</td><td>3.90</td><td>3.30</td><td>2.50</td><td>2.50</td></tr>
<tr><td colspan="3">亮度(白度) ≥</td><td>%</td><td>84.0</td><td>83.0</td><td>82.0</td><td>84.0</td><td>82.0</td><td>82.0</td></tr>
<tr><td colspan="3">二氯甲烷抽出物 ≤</td><td>%</td><td>0.80</td><td>1.00</td><td>1.10</td><td>1.80</td><td>2.00</td><td>2.00</td></tr>
<tr><td rowspan="3">尘埃度</td><td>500 g绝干浆中</td><td>0.1 mm^2～2.5 mm^2 小尘埃 ≤</td><td>mm^2/500g</td><td>50</td><td>100</td><td>150</td><td>80</td><td>150</td><td>200</td></tr>
<tr><td rowspan="2">10张浆板中
(相当于5m^2)</td><td>3.0 mm^2～5.0 mm^2 较大尘埃 ≤</td><td rowspan="2">个/5m^2</td><td>不应有</td><td>6</td><td>6</td><td>6</td><td>6</td><td>6</td></tr>
<tr><td>大于5.0 mm^2的大尘埃，斑点、铁锈、树脂块</td><td colspan="6">不应有</td></tr>
<tr><td colspan="2" rowspan="2">水分 ≤</td><td>3月份～10月份</td><td rowspan="2">%</td><td colspan="6">25.0</td></tr>
<tr><td>11月份～2月份</td><td colspan="6">20.0</td></tr>
</table>

5 试验方法

5.1 试样的采取按GB/T 740进行，试样的处理和试验的标准大气条件按GB/T 10739进行。

5.2 定量按GB/T 451.2测定。

5.3 抗张指数按QB/T 3702、QB/T 3703、QB/T 3704制备，并按GB/T 453或按GB/T 12914测定，仲裁时按GB/T 12914测定。

5.4 耐破指数按QB/T 3702、QB/T 3703、QB/T 3704制备，并按GB/T 1539测定。

5.5 撕裂指数按QB/T 3702、QB/T 3703、QB/T 3704制备，并按GB/T 455测定。

5.6 亮度(白度)按GB/T 8940.2制备试样，并按GB/T 7974测定。

5.7 二氯甲烷抽出物按GB/T 7979测定。

5.8 尘埃按GB/T 10740测定。

5.9 水分按GB/T 462测定。

6 检验规则

6.1 以一次交货的数量为一批，检查批的单位产品以件计。

6.2 生产厂应保证所生产的漂白亚硫酸盐木浆符合本标准规定。每批木浆交货时应按产品等级、净重、生产日期、编号，填写产品合格证。

6.3 计数抽样检验程序按GB/T 2828.1规定进行。接收质量限(AQL)：亮度AQL＝4.0；尘埃度、水分AQL＝6.5。抽样方案采用正常检验二次抽样方案，检查水平为特殊检查水平S-2，见表2。纸浆的机械强度和二氯甲烷抽出物是用所抽样本的混合试样进行测定。若不合格可进行再次测定；若仍不合格，则判为批不合格。

表 2

批量/件	正常检验二次抽样方案　检验水平 S-2				
	样本量	AQL＝4.0		AQL＝6.5	
		Ac	Re	Ac	Re
2～150	3	0	1	—	—
	2	—	—	0	1
151～1 200	3	0	1	—	—
	5	—	—	2	2
	5(10)	—	—	1	2
1 201～3 500	5	—	—	0	2
	5(10)	—	—	1	2
	8	1	2	—	—
	8(16)	2	2	—	—

6.4　在抽样检验时，应先检查样本外部的包装情况，然后从中采取试样进行检验。

6.5　可接收性的确定

6.5.1　若不合格，可进行再次抽样或以第二样本混合试样测定，若仍不合格则判为批不合格。

6.5.2　亮度、尘埃度、水分三项指标，如果第一样本中发现的不合格品数小于或等于第一接收数，应认为该批是可接收的；如果第一样本中发现的不合格品数大于或等于第一拒收数，应认为该批是不可接收的。如果第一样本中发现的不合格品数介于第一接收数与第一拒收数之间，应检验由方案给出样本量的第二样本并累计在第一样本和第二样本中发现的不合格品数。如果不合格品累计数小于或等于第二接收数，则判定批是可接收的；如果不合格品累计数大于或等于第二拒收数，则判定该批是不可接收的。

6.6　需方有权检查该批产品的质量是否符合本标准的要求，若对产品质量有异议，应在到货后一个月内通知供方，由供需双方共同取样进行复验，如不符合本标准规定，则判为批不可接收，由供方负责处理；若符合本标准的规定，则判为批可接收，由需方负责处理。

7　标志、包装、运输和贮存

7.1　漂白亚硫酸盐木浆的包装为平板浆包。每件浆包质量应不大于 170 kg。如果采用浆板包装，包皮应计入净重之内，如果采用质量低于本标准的漂白亚硫酸盐浆板包装，则包皮不能计入净重之内。

7.2　每件木浆用 450 g/m^2～600 g/m^2 漂白亚硫酸盐浆板两层包装，并用直径不小于$\phi(2.8\pm0.07)$mm 的铁丝按井字形捆紧。

7.3　每件漂白亚硫酸盐木浆的包皮表面应明显标出牌号、批号、等级及商标，以示识别。

7.4　运输时应使用有篷而洁净的运输工具。也可以用无篷车厢运输，但应用苫布盖好，以防雨、雪沾湿产品。

7.5　漂白亚硫酸盐木浆应妥善保管，以防雨、雪和地面湿气的影响。

7.6　在运输或堆垛时，不应将产品从高处扔下。

ICS 67.120.10
X 71

中华人民共和国国家标准

GB/T 13515—2008
代替 GB/T 13515—1992

火腿罐头

Canned ham

2008-09-10 发布　　2009-06-01 实施

中华人民共和国国家质量监督检验检疫总局
中国国家标准化管理委员会　发布

前　言

本标准代替 GB/T 13515—1992《火腿罐头》。

本标准与 GB/T 13515—1992 相比主要变化如下：

——修改了本标准的适用范围；

——产品质量分级由“优级品”、“一级品”和“合格品”修订为“优级品”和“一级品”；

——增加了蛋白质、脂肪要求。

本标准由全国食品工业标准化技术委员会罐头分技术委员会提出并归口。

本标准起草单位：中国罐头工业协会、中国食品发酵工业研究院。

本标准主要起草人：郭淑明、仇凯。

本标准所代替标准的历次版本发布情况为：

——GB/T 13515—1992。

火 腿 罐 头

1 范围

本标准规定了火腿罐头的产品代号、技术要求、检验方法、检验规则、标签以及包装、运输和贮存要求。

本标准适用于火腿罐头的生产、销售和监督检查。

2 规范性引用文件

下列文件中的条款通过本标准的引用而成为本标准的条款。凡是注日期的引用文件，其随后所有的修改单(不包括勘误的内容)或修订版均不适用于本标准，然而，鼓励根据本标准达成协议的各方研究是否可使用这些文件的最新版本。凡是不注日期的引用文件，其最新版本适用于本标准。

GB 1907 食品添加剂 亚硝酸钠

GB/T 4789.26 食品卫生微生物学检验 罐头食品商业无菌的检验

GB/T 5009.5 食品中蛋白质的测定

GB 5461 食用盐

GB 5749 生活饮用水卫生标准

GB 7718 预包装食品标签通则

GB/T 9695.7 肉与肉制品 总脂肪含量测定

GB 9959.1 鲜、冻片猪肉

GB 9959.2 分割鲜、冻猪瘦肉

GB/T 10786 罐头食品的检验方法

GB/T 12457 食品中氯化钠的测定

GB 13100 肉类罐头卫生标准

QB/T 1006 罐头食品检验规则

QB/T 3600 罐头食品包装、标志、运输和贮存

定量包装商品计量监督管理办法(中华人民共和国国家质量监督检验检疫总局第75号令)

3 术语和定义

下列术语和定义适用于本标准。

3.1

火腿罐头 canned ham

以分割猪瘦肉为原料，经预处理、注射盐水(嫩化)、滚揉腌制、装罐、密封、高温杀菌制成的罐头产品。

4 产品代号

火腿罐头代号：33。

5 技术要求

5.1 原辅材料

5.1.1 猪肉

应符合 GB 9959.1 或 GB 9959.2 的要求。

5.1.2 食用盐

应符合 GB 5461 的要求。

5.1.3 亚硝酸钠

应符合 GB 1907 的要求。

5.1.4 水

应符合 GB 5749 的要求。

5.2 感官要求

产品的感官要求应符合表 1 的要求。

表 1

项　目	优　级　品	一　级　品
色泽	表面呈玫瑰红色或淡粉红色	表面呈玫瑰红色或淡粉红色，局部略黄
滋味、气味	具有腌制火腿罐头应有的滋气味、无异味	
组织形态	质地紧密柔嫩，结成一块，形态完整；胶冻凝结良好，呈半透明状，可以切成 5 mm 左右的完整薄片，切面允许有微量脂肪层，表面亦允许有微量脂肪析出	质地紧密尚柔嫩，结成一块，形态基本完整，表面允许有收缩和缺角现象；胶冻凝结较好，呈半透明状，可切成 7 mm 左右的薄片，切面允许有少量脂肪层；表面有少量脂肪析出

5.3 理化要求

产品的理化要求应符合表 2 的要求。

表 2

项　目		优　级　品	一　级　品
净含量		应符合中华人民共和国国家质量监督检验检疫总局令第 75 号《定量包装商品计量监督管理办法》的规定	
固形物含量（质量分数）/ %	≥	75	
蛋白质（质量分数）/ %	≥	13	11
脂肪（质量分数）/ %	≤	9	
氯化钠（质量分数）/ %		1.5～2.5	

5.4 锡、无机砷、铅、总汞、镉、锌、亚硝酸盐含量

产品的锡、无机砷、铅、总汞、镉、锌、亚硝酸盐含量应符合 GB 13100 的规定。

5.5 微生物指标

产品的微生物指标应符合罐头食品商业无菌要求。

5.6 缺陷

产品的感官和理化要求不符合标准，应记作缺陷，缺陷分类见表 3。

表 3

类　别	缺　陷
严重缺陷	有明显异味； 硫化铁明显污染内容物； 有有害物质，如碎玻璃、毛发、昆虫、金属屑等
一般缺陷	有一般极少杂质，如棉线、合成纤维丝等； 净含量超过允许负偏差； 感官要求有数量限制的指标超标

6 检验方法

6.1 感官要求

按 GB/T 10786 规定的方法检验。

6.2 净含量

按 GB/T 10786 规定的方法测定。

6.3 固形物含量

按 GB/T 10786 规定的方法测定。

6.4 蛋白质

按 GB/T 5009.5 规定的方法测定。

6.5 脂肪

按 GB/T 9695.7 规定的方法测定。

6.6 氯化钠

按 GB/T 12457 规定的方法测定。

6.7 锡、无机砷、铅、总汞、镉、锌、亚硝酸盐

按 GB 13100 规定的方法检验。

6.8 微生物指标

按 GB/T 4789.26 规定的方法测定。

7 检验规则

应符合 QB/T 1006 的规定。其中，感官要求、净含量、固形物含量、氯化钠、微生物指标为出厂检验必检项目。

8 标签

8.1 应符合 GB 7718 的有关规定。

8.2 标签上应标明固形物含量(以克计)。罐头固形物含量在 245 g 以下的允许偏差为±11%，固形物含量在 246 g～500 g 时的允许偏差为±8.9%，固形物含量在 1 600 g 以上的允许偏差为±4%。每批产品平均固形物含量不低于标示值。

9 包装、运输和贮存

应符合 QB/T 3600 的有关规定。

ICS 67.080.20
X 77

中华人民共和国国家标准

GB/T 13517—2008
代替 GB/T 13517—1992

青豌豆罐头

Canned green peas

(CODEX STAN 58—1981,NEQ)

2008-09-10 发布　　2009-06-01 实施

中华人民共和国国家质量监督检验检疫总局
中国国家标准化管理委员会　发布

前　言

本标准对应于CAC CODEX STAN 58—1981《青豌豆罐头》，与CAC CODEX STAN 58—1981的一致性程度为非等效。

本标准代替GB/T 13517—1992《青豌豆罐头》。

本标准与GB/T 13517—1992相比主要变化如下：

——修改了标准的适用范围；

——质量分级由“优级品”、“一级品”和“合格品”修订为“优级品”和“一级品”；

——修订了感官要求、净含量、固形物含量要求。

本标准由全国食品工业标准化技术委员会罐头分技术委员会提出并归口。

本标准起草单位：中国罐头工业协会、中国食品发酵工业研究院。

本标准主要起草人：郭淑明、梁仲康、仇凯。

本标准所代替标准的历次版本发布情况为：

——GB/T 13517—1992。

青 豌 豆 罐 头

1 范围

本标准规定了青豌豆罐头的产品分类及代号、技术要求、检验方法、检验规则、标签以及包装、运输和贮存要求。

本标准适用于青豌豆罐头的生产、销售和监督检查。

2 规范性引用文件

下列文件中的条款通过本标准的引用而成为本标准的条款。凡是注日期的引用文件，其随后所有的修改单(不包括勘误的内容)或修订版均不适用于本标准，然而，鼓励根据本标准达成协议的各方研究是否可使用这些文件的最新版本。凡是不注日期的引用文件，其最新版本适用于本标准。

GB/T 4789.26 食品卫生微生物学检验 罐头食品商业无菌的检验

GB 5461 食用盐

GB 5749 生活饮用水卫生标准

GB 7718 预包装食品标签通则

GB/T 10786 罐头食品的检验方法

GB 11671 果、蔬罐头卫生标准

GB/T 12457 食品中氯化钠的测定

QB/T 1006 罐头食品检验规则

QB/T 3600 罐头食品包装、标志、运输和贮存

定量包装商品计量监督管理办法(中华人民共和国国家质量监督检验检疫总局[2005]第75号令)

3 术语和定义

下列术语和定义适用于本标准。

3.1

青豌豆罐头 canned green peas

以鲜嫩的青豌豆[*Pisum sativum* L.(不包括 *macrocarpum* 亚种)]为原料，经过清洗、装罐、密封、杀菌等工艺加工制成的罐头食品。

3.2

斑点豆 seriously blemished peas

有污染物或有明显的褐色或黑色斑点的青豌豆。

3.3

轻度斑点豆 blemished peas

原料因积压等原因而产生轻度小黑点的豌豆。

3.4

红花豆 red flower peas

在扬花期开红花，加热后显紫褐色的豌豆。

3.5

黄色豆 yellow peas

整粒豆几乎完全是黄色的豌豆。

3.6

虫害豆　worm-eaten peas

受虫蛀带有痕迹的豌豆。

3.7

破片　pea fragments

单片叶子、破损子叶和脱落的豌豆皮，不包括已脱皮而仍完整的豌豆。

3.8

外来植物性物质　extraneous plant material

豆蔓、豆叶、豆荚或非故意添加的无害的植物性物质。

4　产品分类及代号

青豌豆按豆粒大小分为5类：

4.1　一号豆，直径5 mm～7 mm，产品代号为801。

4.2　二号豆，直径7 mm～8 mm，产品代号为801 2。

4.3　三号豆，直径8 mm～9 mm，产品代号为801 3。

4.4　四号豆，直径9 mm～10 mm，产品代号为801 4。

4.5　五号豆，直径10 mm以上，产品代号为801 5。

5　技术要求

5.1　原辅材料

5.1.1　青豌豆

应采用新鲜或速冻良好、未受病虫害侵蚀、成熟适度的青豌豆，不得使用红花豆。

5.1.2　食用盐

应符合GB 5461的要求。

5.1.3　水

应符合GB 5749的要求。

5.2　感官要求

产品的感官要求应符合表1要求。

表1

项　目	优　级　品	一　级　品
色泽	豆粒为青黄色或淡黄绿色，允许汤汁略有混浊	豆粒为青黄色或淡黄色，允许汤汁中有少量混浊
滋味、气味	具有青豌豆罐头应有的滋味及香味，无异味	
组织形态	质地软硬适度，同一罐中豆粒大小大致均匀；允许污斑豆、红花豆、虫害豆的总量不超过固形物质量（下同）的1%，轻度斑点豆不超过4%，破片不超过8%，黄色豆不超过1.5%，外来植物性物质不超过0.5%，但以上五项总量不超过10%	质地软硬适度，同一罐中豆粒大小大致均匀；允许污斑豆、红花豆、虫害豆的总量不超过固形物质量（下同）的1%，轻度斑点豆不超过5%，破片不超过10%，黄色豆不超过2%，外来植物性物质不超过0.5%，但以上五项总量不超过13%

5.3　理化要求

5.3.1　净含量

产品的净含量应符合中华人民共和国国家质量监督检验检疫总局[2005]第75号令《定量包装商品